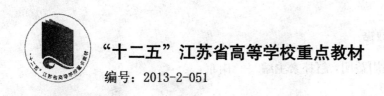

"十二五"江苏省高等学校重点教材

编号：2013-2-051

物理化学简明教程

总主编　姚天扬　孙尔康

主　编　周益明　赵朴素

副主编　韦　波　缪建文　夏昊云

编　委　（按姓氏笔画为序）

　　　　刘炳华　朱银燕　李玉红

　　　　陈婷婷　宋华菊　吴　平

主　审　沈文霞

南京大学出版社

图书在版编目（CIP）数据

物理化学简明教程 / 周益明，赵朴素主编. — 南京：
南京大学出版社，2014.10
高等院校化学化工教学改革规划教材
ISBN 978 - 7 - 305 - 14086 - 0

Ⅰ. ①物… Ⅱ. ①周… ②赵… Ⅲ. ①物理化学－高
等学校－教材 Ⅳ. ①O64

中国版本图书馆 CIP 数据核字（2014）第 238262 号

出版发行　南京大学出版社
社　　址　南京市汉口路 22 号　　　　邮　编　210093
出 版 人　金鑫荣

丛 书 名　**高等院校化学化工教学改革规划教材**
书　　名　**物理化学简明教程**
主　　编　周益明　赵朴素
责任编辑　贾　辉　蔡文彬　　　　编辑热线　025 - 83686531

照　　排　南京南琳图文制作有限公司
印　　刷　南京人民印刷厂
开　　本　787×960　1/16　印张 25.75　字数 562 千
版　　次　2014 年 10 月第 1 版　2014 年 10 月第 1 次印刷
ISBN 978 - 7 - 305 - 14086 - 0
定　　价　49.00 元

网址：http://www.njupco.com
官方微博：http://weibo.com/njupco
官方微信号：njupress
销售咨询热线：(025) 83594756

序

    教材建设是高等学校教学改革的重要内容,也是衡量教学质量提高的关键指标。高校化学化工基础理论课教材在近几年教学改革中取得了丰硕成果,编写了不少有特色的教材或讲义,但就其内容而言基本上大同小异,在编写形式和介绍方法以及内容的取舍等方面不尽相同,充分体现了各校化学基础理论课的改革特色,但大多数限于本校自己使用,面不广、量不大。由于各校化学基础课教师相互交流、相互讨论、相互学习、相互取长补短的机会少,各校教材建设的特色得不到有效推广,不能实施优质资源共享;又由于近几年教学经验丰富的老师纷纷退休,年轻教师走上教学第一线,特别是江苏高校广大教师迫切希望联合编写有特色的化学化工理论课教材,同时希望在编写教材的过程中,实现教师之间相互教学探讨,既能实现优质资源共享,又能加快对年轻教师的培养。

    为此,由南京大学化学化工学院姚天扬、孙尔康两位教授牵头,以地方院校为主,自愿参加为原则,组织了南京大学、南京理工大学、苏州大学、南京师范大学、南京工业大学、南京邮电大学、南通大学、苏州科技学院、南京晓庄师院、淮阴师范学院、盐城工学院、盐城师范学院、常熟理工学院、淮海工学院、淮阴工学院、江苏第二师范学院、南京大学金陵学院、南理工泰州科技学院等18所江苏省高等院校,同时吸收了解放军第二军医大学、湖北工业大学、华东交通大学、湖南文理学院、衡阳师范学院、九江学院等6所省外院校,共计24所高等学校的化学专业、应用化学专业、化工专业基础理论课一线主讲教师,共同联合编写"高等院校化学化工教学改革规划教材"一套,该系列教材包括《无机化学(上、下册)》、《无机化学简明教程》、《有机化学(上、下册)》、《有机化学简明教程》、《分析化学》、《物理化学(上、下册)》、《物理化学简明教程》、《化工原理(上、下册)》、《化工原理简明教程》、《仪器分析》、《无机及分析化学》、《大学化学(上、下册)》、

《普通化学》、《高分子导论》、《化学与社会》、《化学教学论》、《生物化学简明教程》、《化工导论》等 18 部。

该系列教材适合于不同层次院校的化学基础理论课教学任务需求,同时适应不同教学体系改革的需求。

该系列教材体现如下几个特点:

1. 系统介绍各门基础理论课的知识点,突出重点,突出应用,删除陈旧内容,增加学科前沿内容。

2. 该系列教材将基础理论、学科前沿、学科应用有机融合,体现教材的时代性、先进性、应用性和前瞻性。

3. 教材中充分吸取各校改革特色,实现教材优质资源共享。

4. 每门教材都引入近几年相关的文献资料,特别是有关应用方面的文献资料,便于学有余力的学生自主学习。

该系列教材的编写得到了江苏省教育厅高教处、江苏省高等教育学会、相关高校化学化工系以及南京大学出版社的大力支持和帮助,在此表示感谢!

该系列教材已被评为"十二五"江苏省高等学校重点教材。

该系列教材是由高校联合编写的分层次、多元化的化学基础理论课教材,是我们工作的一项尝试。尽管经过多次讨论,在编写形式、编写大纲、内容的取舍等方面提出了统一的要求,但参编教师众多,水平不一,在教材中难免会出现一些疏漏或错误,敬请读者和专家提出批评和指正,以便我们今后修改和订正。

编委会
2014 年 5 月于南京

前　言

　　物理化学是化学科学中的一门重要分支学科，它是从化学现象与物理现象的联系入手，研究总结物质变化过程中最具普遍性的基本规律。简单来说，物理化学是阐述化学中道理的一门学科。

　　物理化学课程是化学类各专业及材料科学、环境科学、食品科学、生物制药、农学等相关专业的一门重要的专业基础课程，通过该课程的学习，可以掌握物理化学的基本理论和研究方法，培养和提高学生的理性、缜密的逻辑思维能力，进而达到培养创新思维和创新能力的目的。

　　物理化学学科知识的传授离不开物理化学教材，因此，编写教材是一件非常有意义的工作。按照国内大多数高校将"物理化学"和"结构化学"分两门开设的惯例，我们编写的此教材是不含"结构化学"的物理化学教材。全书所用的物理量均采用了国际单位制(SI)所规定的符号和单位；书中带有"＊"号的内容，可根据课时情况和教学要求选用；书末附有每章的部分习题答案。

　　本教材所有参编者高度重视编写工作，在自己繁重的正常工作之余，挤出时间收集整理素材、撰写书稿，并不厌其烦地一遍又一遍地修改，力求保证全书内容"简明"的实至名归。

　　本教材由周益明教授和赵朴素教授担任主编并统稿和定稿。全书共11章(含绪论)，承担编写任务的有：周益明(南京师范大学，绪论、附录)，韦波(常熟理工学院，第1章)，李玉红(常熟理工学院，第2章)，陈婷婷(南通大学，第3章)，夏昊云(南京理工大学泰州科技学院，第4章)，宋华菊(南京晓庄学院，第5章)，吴平(南京师范大学，第6章)，赵朴素(淮阴师范学院，第7章)，缪建文(南通大学，第8章)，刘炳华(淮阴师范学院，第9章)，朱银燕(南京师范大学，第10章)。

　　本书在准备和编写过程中，得到了南京大学姚天扬教授和孙尔康教授的大力支持和指导。南京大学的沈文霞教授在百忙中对全书进行了细致的主审，提出了许多有益的意见和建议。在此谨向他们表示衷心的感谢。

　　此外，在编写此书的过程中，编者参考了国内外的一些物理化学教学用书，努力学习其宝贵经验，我们将其主要者列于书末，并在此向相关作者一并表示感谢。

　　限于编者水平，书中叙述不清、取材不当甚至错讹之处在所难免，恳望读者不吝批评和指正。

编　者

2014 年 5 月

前　言

目 录

绪　论

§0.1　物理化学的研究目的和内容

　　大家一定记得镁条在空气中点燃的实验吧,发出耀眼的白光、放热以及光亮镁条变成白色固体等现象,给我们留下了难以忘怀的印象。这是个极其典型的实验,它向人们展示了化学变化与物理现象是相伴而生的。研究这两者之间的关系及其规律,人们便可认清化学变化的本质,从而实现在化学世界中自由翱翔。

　　那么,这和我们要学习的物理化学有关吗? 答案是肯定的。

　　20 世纪 50 年代,北京大学黄子卿教授曾总结道:"一种学科,从物理现象和化学现象的联系找出物质变化的基本原理叫做物理化学。"因此,物理化学是以物理学的思想和实验手段,借助数学来定量研究化学变化过程中最基本的宏观、微观的规律和理论,它是化学学科的一个重要分支,是阐述化学道理的一门学科,被誉为"化学的灵魂"。

　　物理化学为探讨和解决三个方面的问题,形成相应的分支学科:

　　其一,为解决化学变化的方向和限度问题,建立了"化学热力学"。后来,为了弥补其不过问系统微观行为的不足,又产生了"统计热力学"。其二,为解决化学反应进行的速度和机理问题,建立了"化学动力学"。其三,为探究物质结构和性能的关系,研究分子结构和化学键,建立了"结构化学"。这些构成了物理化学理论体系的四大支柱。

　　物理化学学科在一个多世纪的发展过程中,还相继形成了诸如热化学、电化学、光化学、催化化学、胶体与表面化学等分门物理化学,虽然各有特殊的研究对象,分别探讨各自体系的特殊规律,但它们都是以物理化学的四大理论支柱为基础而发展起来的。随着科学技术的高度发展,学科间渗透还不断促成新的分支学科的诞生,如"分子反应动力学"、"激光化学"、"生物电化学"等应运而生,使得物理化学这一学科不断繁荣和发展。

§0.2　物理化学的研究方法

　　物理化学的发展完全符合"实践—理论—实践"的认识过程。此外,由于学科本身的特殊性,物理化学作为一个整体还有如下独特的研究方法。

1. 宏观方法——热力学方法

热力学以大数量粒子的集合体即宏观系统作为研究对象,采用经验概括的热力学第一定律、第二定律为理论基础,建立了一系列描述系统的宏观性质的热力学函数,进而用以判断变化的方向和限度。热力学方法在处理问题时,无需知道构成宏观系统的内部粒子的微观结构,也无需知道宏观系统发生变化的过程细节,而只关注系统的起始和终了状态,然后通过宏观热力学状态函数变化值来推知结果。实践证明,这种宏观的热力学方法颇为有效且结论十分可靠,至今未发现实践中有违背热力学方法所得结论的情况。

2. 微观方法——量子力学方法

量子力学以单个粒子如电子、原子核、原子、分子或其他结构单元即微观系统作为研究对象,在能量量子化的基础上,建立单个粒子的量子力学的基本方程——薛定谔(Schrödinger)方程,从该方程的解得知描述该粒子运动状态的量子态和能级。随着计算技术的不断发展,量子力学所能解决的粒子越来越复杂,所得结果越来越精确,但量子力学方法依旧无法直接用于大数量粒子构成的宏观系统。

3. 微观方法与宏观方法的桥梁——统计热力学方法

宏观系统毕竟是由数量级达 10^{23} 个微观粒子(如 2g H_2 中含有 6.023×10^{23} 个 H_2 分子)所构成的,每个粒子对该宏观系统的热力学性质一定有贡献。但微观粒子运动瞬息万变,这种贡献又如何计量呢? 这就需要用统计平均的方法,从量子力学精确所得的单个粒子的运动规律,来推断大数量粒子所构成的宏观系统的简单可循的规律。统计热力学方法属于从微观到宏观的方法。它在量子力学方法和热力学方法之间架起了一座桥梁,将两者有机地结合起来。从某种意义上来说,统计热力学解决了宏观热力学与生俱来的"只知其然不知其所以然"的困惑。

在本课程中主要应用热力学的方法,对统计热力学方法也作一些初步介绍,至于量子力学方法除在统计热力学中直接用到的一些重要结论外,其他则留待单独开设的结构化学课程中学习。

§0.3 物理化学课程的学习方法

物理化学作为化学学科的明星学科,在化学人才培养中具有举足轻重的地位。由国内70多位专家经调查研究撰写的自然科学学科发展战略调研报告中指出:凡是具有较好物理化学素养的大学本科毕业生,适应力强,后劲足。由于有较深的理论基础、较宽的学术视野、较好的思维习惯和敏感度,他们容易触类旁通,快速适应新环境,开辟新的阵地,抢占各类制高点。

有人说当前是"知识爆炸"的时代,这种说法是否科学姑且不论,但是各种科学知识以惊人的速度在飞速增长却是不争的事实。因此,我们必须非常重视培养获取知识的能力。由于物理化学课程具有典型的学科交叉性,对化学人才思维能力、实验能力、创造能力的培养和提高更具奠基性和无可替代性,因此,对初学者来说首先得有一个健康的学习心理:必须端正学习态度,要有持之以恒、坚忍不拔、迎难而上的意志品质;其次,在学习过程中,逐渐培养对课程学习的兴趣和热情,找到最适合于自己学习物理化学的方法,不断实践,逐步达到较为熟悉或融会贯通的境界。

关于如何学习物理化学这门课程,可谓仁者见仁智者见智,方法多多,难求一统。但还是有一些重要共识,即除了一般学习中行之有效的方法如要进行预习,抓住重点和善于及时总结以外,针对物理化学课程的特点,还必须十分重视以下几个方面:

(1) 注重概念的理解和应用。物理化学既然是阐述化学中深刻道理的一门学科,那么讲究逻辑推理便是其首当其冲的特征。合理的逻辑推理需要基本原理、基本概念和基本假设作为前提,而基本概念又是其中的根本基石。因此,对于物理化学中的一些重要概念,在开始时可以试着采用英语学习中最简单但受益最快的背诵法,做到倒背如流。这样,即使再一次碰到这个概念时,我们可以采用把此概念的涵义代入其中去理解,便可消除理解上的障碍,慢慢地就懂得教材中所讲概念之间的联系,并能用自己的语言去总结和表达,在自己的脑海中架构起知识的主线。例如,在"相平衡"一章中有许多概念,其中"相"是一个重要的概念,初学者容易将其与物态混为一谈,但若将"相是系统内部物理性质和化学性质完全均匀的一部分"这样的严格定义记住并代入理解,许多困惑便迎刃而解。

(2) 注重公式推导的关键之处的把握。物理化学课程中的公式,相对于化学类其他课程,无疑是多了不少,而且每个公式都有其适用条件,这是物理化学课程的又一典型特征。如果要求记住那么多公式和相应的适用条件,这是很困难甚至可以说是不可能的。只要有一个条件没有考虑到就会犯错误,就可以使你的计算或证明全部失败,这是非常令人烦恼的,也是使人觉得物理化学难学的根本原因。解决这个问题的有效方法是自己学会推导公式,逐步深刻领会和把握公式推导的关键。实际上,物理化学中要牢记并可直接使用的重要公式就那么几个,其他公式都可由其导出,而且在推导公式的过程中每步所需增加的适用条件自然就产生了,最终所得的公式的限制条件就很明确,根本无需去死记硬背。

当然,在推导公式的过程中无疑要用到一些微积分知识,这些知识是相对简单和固定的,可以自行学习或教师在课堂上集中温习,换句话说,在物理化学的学习中,数学只是解决物理化学问题时的工具而已,因此,我们关注的重点在于经严密的数理逻辑推理所得的结论的物理意义及其可解决的实际问题。

(3) 重视习题。初学物理化学的人都有这样的经历,即"看看书中内容全懂,可一做题就错,或干脆是茫然不知所措",这其实就反映了做题的重要性。学习物理化学的目的在于要运用它,而演算习题是将所学的物理化学内容联系实际的第一步,是培养自己独立思考问题和解决问题的重要环节,通过解题可以有效检验并加深自己对课程内容的理解。可以说,不会解题就等于没有掌握物理化学。

然而,解题要讲究"量",没有一定量的习题积累,难免有孤陋寡闻的感觉。但解题更要注重"质",这不仅体现在所做的题要有典型代表性,更体现在要善于反思和总结解题关键,从而达到举一反三、融会贯通的目的,这也是培养自己对物理化学课程学习兴趣的有效途径。

(4) 重视利用优质教学资源,切实培养学习能力。大学生的学习已经不再是唯一的课堂学习模式了,培养和提高自己的学习能力,是大学生的重要任务。除了课堂学习外,我们还要学会利用教材以外的参考书来巩固和加深自己所学知识的理解,扩大自己的知识视野。

更为重要的是,当前知识传播的途径除了传统的课堂学习外,网络等媒体已成为人们尤其是年轻人学习知识的重要途径。随着课程资源尤其是大规模开放式网络课程(Massive Open Online Courses,简称 MOOC,幕课)资源的不断丰富,人们可以非常便捷地利用国内外名校的优质教学资源,在线聆听国内外名师的精彩授课,满足自己的求知欲。物理化学课程的学习也不例外。

§0.4 物理量的表示及运算

物理化学中涉及到很多物理量及物理量之间的关系,涉及到物理量的实验测量和理论计算。正确掌握物理量的规范表示方法和运算规则,不仅是学好物理化学的基础,也是培养严谨的科学态度和掌握严密的科学方法的重要保证。

0.4.1 物理量的表示

物理量是对现象、物质(或物体)进行定性区别和定量确定的一种属性,如温度、压力、体积等。定性区别是指量的物理属性的差别,例如几何量、力学量、电学量、热学量等;定量确定是指量的大小,通常在同一类量中选定某一特定的量作为参考量,并称之为单位,则其他量都可用一个数值与这个单位的乘积表示,以确定量的大小,即物理量=数值×单位。根据物理量的定义,量 A 可表示为:

$$A=\{A\} \cdot [A]$$

其中$\{A\}$为数值,$[A]$为单位。

例如:$p=101\ 325\ Pa$,即$\{p\}=101\ 325$,$[p]=Pa$;$S=5.76\ J \cdot K^{-1}$,即$\{S\}=5.76$,$[S]=J \cdot K^{-1}$。

量通常用拉丁字母或希腊字母表示,有时用上、下标作说明标注。量用斜体印刷,例如

$p,V,\rho,C_V,C_{p,m}$ 等，但"pH"例外。标注中的物理量用斜体，其他说明为正体。

量的单位一般用小写字母表示，但源于人名的单位，第一个字母用大写。单位符号需正体印刷，如 m、s、Pa、J、mol、K 等。以前常用的某些单位，如 Å、dyn、atm、erg、cal 等为非法定单位，但 atm、cal 等单位在一些书或学术期刊中尚有使用。

量的数值必须与所使用单位相对应，可用量与单位的比值 $A/[A]=\{A\}$ 表示。特别是在图、表中一般应使用特定单位表示量的数值，如 $p/\mathrm{Pa}=101\,325,T/\mathrm{K}=298.2$。作图时，纵、横坐标应分别为 $y/[y]$ 和 $x/[x]$，即用数值表示。

几点注意：① 对物理量的文字表述，应符合上述量的表达式，如说"物质的量为 n mol"、"热力学温度为 T K"都是错误的，正确的说法应是："物质的量为 n"、"热力学温度为 T"；② 在定义物理量时不要指定或暗含单位，例如物质的摩尔体积不能定义为 1mol 物质的体积，而应定义为单位物质的量的体积；③ 量与所用单位无关，因此量方程式也与单位无关，即无论选用何种单位来表示都不影响量之间的关系，因此量方程式中，没有必要指明量的单位。

0.4.2　量制与量纲

约定选取的基本量和相应导出量的特定组合叫做量制，如 SI 单位制等。附录中的表 1 列出了 SI 单位制的七个基本量及其单位。对于其他物理量，可由七个基本量导出，例如：

力
$$F = ma = m\frac{\mathrm{d}v}{\mathrm{d}t} = m\left(\frac{\mathrm{d}^2 l}{\mathrm{d}t^2}\right) = \{F\}\cdot\mathrm{kg}\cdot\mathrm{m}\cdot\mathrm{s}^{-2} = \{F\}\cdot\mathrm{N}$$

压力
$$p = \frac{F}{l^2} = \{p\}\cdot\mathrm{N}\cdot\mathrm{m}^{-2} = \{p\}\cdot\mathrm{Pa}$$

能量
$$E = F\cdot l = \{E\}\cdot\mathrm{N}\cdot\mathrm{m} = \{E\}\cdot\mathrm{J}$$

量制中基本量的幂乘积叫做量纲。量纲只表示量的属性，而不表示量的大小。A 的量纲表示为 $\dim A$。在 SI 单位制中，七个基本量，即长度、质量、时间、电流、热力学温度、物质的量、发光强度的量纲分别为 L、M、T、I、Θ、N、J（正体大写字母表示）。则物理量 A 的量纲通式为：

$$\dim A = \mathrm{L}^\alpha \mathrm{M}^\beta \mathrm{T}^\gamma \mathrm{I}^\delta \Theta^\varepsilon \mathrm{N}^\xi \mathrm{J}^\eta$$

例如，力的量纲　　　　$\dim F = \mathrm{LMT}^{-2}$

压力的量纲　　　　$\dim p = \mathrm{L}^{-1}\mathrm{MT}^{-2}$

能量的量纲　　　　$\dim E = \mathrm{L}^2\mathrm{MT}^{-2}$

应该注意区分量纲与量的单位，量纲表示量的属性，而单位确定量的大小，不可将两者混为一谈。

对量纲指数为零（即 $\alpha、\beta、\gamma、\delta、\varepsilon、\xi、\eta$ 均为零）的量称为量纲 1 的量，即 $\dim A=1$。例如，化学计量数、相对分子质量、质量分数、标准平衡常数、活度因子等均为量纲 1 的量。

在表示量纲 1 的量时要注意：

（1）不能使用 ppm（百万分之一）、ppb（十亿分之一）等符号，因为它们既不是计量单位符号，也不是"量纲 1 的量"单位的专用名称。

（2）由于百分符号（％）是纯数字，所以称质量百分或体积百分是无意义的，它们的正确表述应是质量分数（w）或体积分数（φ）。例如，$H_2SO_4\% = 98\%$ 和 $B\% = 0.21$ 的写法均不规范，正确的写法是：$w(H_2SO_4) = 0.98$，$\varphi_B = 0.21$。

（3）任何量纲 1 的量也是物理量，具有一切物理量的特征。它们的 SI 单位名称都是汉字数字"一"，单位符号是阿拉伯数字"1"。若称"某量无量纲"或"某量无单位"都是错误的。

0.4.3 量的计算

在进行量的计算时，通常采用量方程式，即先列出各量之间的关系式，再将数值和单位代入后进行运算。例如，计算在 25 ℃，100 kPa 下理想气体的摩尔体积 V_m 时，采用量方程式的计算为：

$$V_m = \frac{RT}{p} = \frac{8.314\ J\cdot mol^{-1}\cdot K^{-1}\times(273.15+25)K}{100\times10^3\ Pa}$$
$$= 2.479\times10^{-2}\ m^3\cdot mol^{-1}$$

为了简便起见，也可不列出每一个物理量的单位，而直接给出最后单位，即

$$V_m = \frac{RT}{p} = \left\{\frac{8.314\times(273.15+25)}{100\times10^3}\right\}m^3\cdot mol^{-1} = 2.479\times10^{-2}\ m^3\cdot mol^{-1}$$

量的计算还可以列数值方程式。例如，计算上述理想气体的摩尔体积为

$$V_m/(m^3\cdot mol^{-1}) = \frac{(R/J\cdot K^{-1}\cdot mol^{-1})\cdot(T/K)}{p/Pa}$$

$$= \frac{8.314\times(273.15+25)}{100\times10^3} = 2.479\times10^{-2}$$

则
$$V_m = 2.479\times10^{-2}\ m^3\cdot mol^{-1}$$

当对一物理量进行指数、对数或三角函数运算时，非"量纲 1 的量"均需除以其单位化作纯数后再进行运算。例如：

$$\ln(k/[k]) = -E_a/RT + \ln(A/[A])$$
$$\ln\{T\} + (\gamma-1)\ln\{V\} = 常数$$
$$\ln(p/[p]) = -\Delta_{vap}H_m/RT + C$$

0.4.4 物理量名称的术语规则

当一物理量无专门名称时，常用系数、因子、参量（参数）、比率（比）、常量（常数）等术语来命名。

1.. 系数和因子

设量 A 正比于量 B，即

$$A = kB$$

若 A 与 B 有不同的量纲,则 k 称为"系数",如亨利系数、沸点升高系数、反应速率系数等;若 A 与 B 具有相同的量纲,则 k 称为"因子",如压缩因子 Z、逸度因子 γ 等。

2. 参量或参数,比或比率

量方程式中的某些物理量或物理量的组合可称为参量或参数,如范德华参量、临界参量、指前参量等。

由两个量所得量纲 1 的商称为比率或比,如热容比($C_p/C_V = \gamma$)、对比温度($\tau = T/T_c$)等。

3. 常量或常数

在任何情况下均有同一量值的物理量称为普适常量或普适常数,如摩尔气体常量 R、阿伏伽德罗常量 L、普朗克常量 h、法拉第常量 F 等等。这些常量也是物理量,由数值和单位组成,并需斜体印刷。

0.4.5　几点说明

以上关于物理量的表示、运算以及涉及到的术语规则等完全是按照国家技术监督局1993 年颁布的《中华人民共和国国家标准》GB3100～3102 - 93 的规定表述的,原则上应该严格执行这些规定。但由于物理化学中涉及的物理量及其关系和运算相当繁杂,加上历史上延续下来的习惯用法的影响,目前许多教材中为了简化教学和使用方便,仍采用了一些简化方法和沿袭了一些习惯用法,为此,本书做如下说明:

(1) 物理化学中常常出现一些物理量的变化值与 0 之间的关系式,例如" $Q > 0$ 表示吸热, $Q < 0$ 表示放热";" $\Delta U = 0$ ";" $\Delta S \geqslant 0$ ";" $\Delta G \leqslant 0$ "等等。这些式子也是量方程式,按照物理量的表示方法,式子左方是物理量或物理量的增量,右方则为数值 0,原则上两者是不能列等式或进行比较的,而应将物理量除以单位变成数值后方可与 0 比较。但为了简化与方便,本教材仍写成上述形式,请读者在学习过程中注意理解和使用。

(2) 为了简化起见,本书中量 A 的对数不记作 $\ln(A/[A])$,只记作 $\ln A$,相关的公式推导中也作同样处理,例如上面提到的三个对数式简化为

$$\ln k = -E_a/RT + \ln A$$
$$\ln T + (\gamma - 1)\ln V = 常数$$
$$\ln p = -\Delta_{vap}H_m/RT + C$$

还有其他一些类似的情况,请读者学习时务必注意。

(3) 本书多采用简化的量方程式进行计算,即在计算过程中,不列出每一个物理量的单位,而在算式后面直接给出最后的单位。

(4) 对于只表示 y-x 的示意关系的图表,本书仍可能对纵、横坐标只标注 y 和 x。

§0.5 气 体

在物质的三种聚集状态——固态、液态、气态中,气态有着最简单的定量描述。虽然一些知识在大学物理课程中已经接触,但我们依旧需要提及。原因是除了气体的性质最为简单、易于处理外,更重要的是在处理气体的过程中,彰显了物理化学中常用的一个绝技妙法,那就是"先理想后修正"的思想。

气体具有流动性,属于流体。气体能充满容纳它的容器。为方便起见,常把气体分为理想气体和真实气体(也称为非理想气体)。下面我们重点讨论这两类气体的状态方程式,作为后面各章讨论的基础。

0.5.1 理想气体状态方程式

理想气体(ideal gas)是指分子间无相互作用力,分子无体积的气体。从三个经验定律(波义耳定律、盖·吕萨克定律、阿伏伽德罗定律)可以导出理想气体的状态方程式:

$$pV=nRT \quad 或 \quad pV_m=RT$$

式中,p、V、T、n 分别为理想气体的压力、体积、温度、物质的量,R 为摩尔气体常量($R=$ 8.314 5 J·K^{-1}·mol^{-1}),V_m 为理想气体的摩尔体积($V_m=V/n$)。

因此,理想气体也可定义为:在任何温度和压力下都符合 $pV=nRT$ 关系式的气体。

若将 n 用 m/M 代替(m 是气体分子的质量,M 是气体分子的摩尔质量),并结合密度的定义 $\rho=m/V$,则理想气体的状态方程式变换为 $pV=mRT/M$,即得

$$\rho=m/V=pM/(RT)$$

该式反映了理想气体密度变化的规律,表达了气体的质量、体积、温度、压力以及化学组成(表现为摩尔质量 M)之间的函数关系。

同样,若将 n/V 用物质的量浓度 c 代替,则理想气体的状态方程式变换为

$$p=nRT/V=cRT$$

该式表达了理想气体的温度、压力以及物质的量浓度之间的函数关系。

理想气体的概念是一种科学抽象的概念,客观实际中并不存在这种气体。但在高温低压下,任何真实气体的行为都很接近理想气体的行为。因此,理想气体只能看作是真实气体在压力趋于零时的极限情况,是所有气体的共性。从微观分子模型角度来看,真实气体与理想气体的不同在于,前者分子间有相互作用而且分子本身具有一定的体积,而后者则没有,分子被当作粒子来看待。在低压和压力趋于零的情况下,真实气体的气体密度小,气体分子间距离大,相互作用力弱;相较于容纳气体的容器的体积,气体分子本身的体积可以忽略不计,因此,真实气体在低压下均能较好地服从理想气体状态方程式。

以上讨论的仅是纯理想气体的行为。

对多种气体分子构成的混合理想气体而言,将混合气体作为整体考虑同样遵守理想气体状态方程式:

$$pV = n_总RT = m_总RT/\langle M \rangle$$

式中,p、V、T分别为混合理想气体的总压力、总体积、温度,$n_总$、$m_总$、$\langle M \rangle$分别为混合气体的总物质的量、总质量、平均摩尔质量。

$\langle M \rangle$与各组分的摩尔质量之间的关系为:

$$\langle M \rangle = \sum_B y_B M_B$$

式中,y_B、M_B分别为混合气体中任一B组分的物质的量分数和摩尔质量。$y_B = n_B/n_总$(n_B为B组分的物质的量)分数,显然,$\sum_B y_B = 1$。

各组分对整个混合气体的贡献符合道尔顿(Dalton)分压定律及阿马格(Amagat)分体积定律。

分压定律可表述为:混合理想气体的总压p等于各气体组分的分压力p_B之和。即

$$p = \sum_B p_B$$

所谓组分B的分压力p_B,是指组分B单独存在并具有与混合气体相同温度和体积时所产生的压力。即

$$p_B V = n_B RT$$

而对于整个混合理想气体而言,关系式$pV = n_总RT$仍然满足。两式相比较可得:

$$\frac{p_B}{p} = \frac{n_B}{n_总} = y_B$$

即

$$p_B = y_B p$$

上式表明气体混合物中某组分的分压力等于其物质的量分数与总压的乘积。因此,必然有$p = \sum_B p_B$,此即分压定律。

此外,由于n_B/V为混合理想气体中组分B的物质的量浓度,因此关系式$p_B V = n_B RT$也可改写成

$$p_B = n_B RT/V = c_B RT$$

分体积定律可表述为:混合理想气体的总体积V等于各气体组分的分体积V_B之和。即

$$V = \sum_B V_B$$

所谓组分B的分体积V_B,是指组分B与混合气体同温、同压下单独存在时所占据的体积。也就是

$$pV_B = n_B RT$$

而对于整个混合理想气体而言，关系式 $pV = n_{总}RT$ 仍然满足。两式相比较可得：

$$\frac{V_B}{V} = \frac{n_B}{n_{总}} = y_B$$

即

$$V_B = y_B V$$

上式表明各组分的分体积等于该组分的物质的量分数与总体积的乘积。因此，必然有 $V = \sum_B V_B$，此即分体积定律。分体积定律在化工上应用比较广泛，因为在某些场合下它的应用比分压定律更直接和方便。

0.5.2　真实气体状态方程式

真实气体(real gas)分子间存在相互作用力，分子本身也具有一定的体积，而且随着实际气体类型的不同，此两者情形复杂多变，因此，描述真实气体的状态方程式是复杂多样的，通常均是经验的、半经验半理论的方程。这类方程已有近 200 种，各有一定的适用范围。这里我们不作具体讨论。

我们要介绍的是物理化学中常用的"先理想后修正"的思想处理真实气体，从而得到具有普遍化意义的真实气体状态方程式。

前已述及，真实气体与理想气体的不同在于，前者分子间有相互作用而且分子本身具有一定的体积，而后者则没有。因此，我们可以根据真实气体在分子间作用力和分子体积对理想气体偏差的情形，考虑真实气体的状态方程式。

有两种方法考虑：

(1) 将分子间作用力和分子体积对理想气体的偏差分别考虑。

如以 b 表示 1 mol 真实气体所需引入的体积修正值，则能供该 1 mol 气体自由活动的空间体积应该是 $V_m - b$，而不是 V_m，也就是说应该用 $V_m - b$ 代替理想气体状态方程式中的 V_m。因此，当只考虑对体积偏差的校正时，真实气体的状态方程式为：

$$p(V_m - b) = RT$$

b 为与气体性质有关的参量，约为 1 mol 气体本身体积的 4 倍。

在考虑气体分子间存在引力的情况下，气体碰撞器壁所施的压力比理想气体要小。这是因为处于气体内部的分子所受各向分子间的引力，其合力为零。当分子靠近器壁，假定器壁对分子不产生引力（理想器壁），则分子在垂直器壁方向所受引力是指向气体内部并垂直于器壁，恰好与分子碰撞器壁的方向相反，对分子碰撞器壁的压力将产生削弱的效果。这种由于分子内聚力而引起的压力修正值称为内压力，其值为 a/V_m^2，a 为一与气体性质有关的参量。因此，若既考虑分子间作用力又考虑分子体积的校正时，真实气体的状态方程式为：

$$(p+a/V_m^2)(V_m-b)=RT$$

此即范德华(van de Waals)方程式。

(2) 将分子间作用力和分子体积对理想气体的偏差合并在一起考虑。

此时,真实气体对理想气体的偏离用一个称为压缩因子(用符号 Z 表示)的物理量来衡量,这样,真实气体的状态方程式可写成类似于 $pV_m=RT$ 的简单形式:

$$pV_m=ZRT$$

此式被称为真实气体的普遍化状态方程式,在化工计算上常采用。

对于理想气体,在任意温度、压力下,$Z=1$。

对于真实气体,当 $p\rightarrow 0$ 时,$Z\rightarrow 1$;其他压力下,$Z\neq 1$,说明此时气体对理想气体发生了偏离:若 $Z>1$,表示在该温度压力下真实气体比理想气体难压缩,这是由于真实气体分子本身占有体积;若 $Z<1$,表示实际的 pV_m 比理想气体状态预计的 pV_m 要小,即在该温度压力下真实气体比理想气体更易压缩,这是由于实际气体中存在引力所致。

实际工作中,通常根据对应状态原理,利用压缩因子图可求得真实气体在相应的温度压力下的压缩因子 Z,在此不再赘述。

综上所述,我们在解决气体状态方程式的问题时,先对气体进行高度抽象理想化,提出理想气体的模型,得出具有简单形式的理想气体状态方程式。尔后,从各个角度对真实气体与理想气体的偏差进行校正,进而得到真实气体的状态方程式。这是物理化学处理问题时常采用的一个极其有效的方法。

第1章 热力学第一定律及其应用

本章基本要求

1. 正确理解热力学的基本概念,如系统与环境、状态与状态函数、过程与途径、热力学平衡状态、可逆过程等。

2. 掌握热、功、热力学能、焓、热容等热力学量的定义及其应用。

3. 理解并掌握热力学第一定律的内容及其意义,熟练计算各种单纯 pVT 变化过程、相变化过程、化学变化过程的 Q、W、ΔU 和 ΔH。

4. 掌握热力学第一定律对理想气体和真实气体的应用,熟知理想气体的热力学性质,了解焦耳-汤姆逊效应的原理及其实际用途。

5. 掌握热力学第一定律在热化学中的应用,深刻理解反应进度、热化学方程式、热力学标准态、盖斯定律,掌握以各种标准摩尔热力学量变(如生成焓、燃烧焓等)数据计算化学反应焓变。

6. 明确反应热与温度的关系,掌握应用基尔霍夫定律计算不同温度下的反应热。

关键词

热力学第一定律,基本概念,理想气体中的应用,真实气体中的应用,热化学中的应用

热力学是研究自然界中与热现象有关的各种过程中能量转化所遵循的规律的科学,是自然科学中建立最早的学科之一。它是随着蒸气机的发明和使用而发展起来,起初主要研究热功的转换规律。19 世纪中叶,焦耳(Joule)在热功当量实验基础上建立了能量守恒定律,即热力学第一定律。开尔文(Kelvin)和克劳修斯(Clausius)分别于 1848 年和 1850 年在卡诺(Carnot)工作的基础上建立了热力学第二定律。这两个定律的建立标志着热力学系统的形成。之后随着化学能、电能、辐射能等的发现和研究,热力学的研究范围扩大为研究热和这些能之间相互转换的关系。热力学第一定律和热力学第二定律是热力学的主要理论基础,是人们生活实践、生产实践和科学实验的总结。虽然它们不能用数学或其他理论加以推导或证明,但其正确性已由无数次的实验结果所证实,具有高度的可靠性和普遍性。1912 年能斯特(Nernst)根据低温实验的结果,结合统计理论建立了热力学第三定律,进一步丰富和完善了热力学体系。

人们用热力学中的三大定律研究化学过程以及与化学有关的物理过程,就形成了热力学的一个重要分支——化学热力学。其主要内容是根据热力学第一定律研究化学变化过程

中的能量转化及热效应；利用热力学第二定律解决化学变化以及相变化的方向性和进行的限度的判断等问题；根据热力学第三定律解决规定熵的求算问题，从而辅助热力学第二定律更加方便地解决实际问题。化学热力学是解决生产实际问题的一种非常重要的工具。在工艺路线的选择、最佳合成工艺条件的确定、工业装置的设计等方面发挥了巨大的作用。

　　热力学从热力学三大定律出发，通过严格的逻辑推理和数学运算得到物质在变化过程中各种宏观性质之间的关系式。它的研究对象是由大数量粒子组成的宏观集合体，它只需知道系统的起始状态和最终状态以及过程进行的外界条件，就可进行相应的计算，不考虑物质的微观结构，也不需要知道过程进行的细节。这既是热力学方法的优点，使之可以简易方便地解决问题，但也决定了热力学方法的局限性。其局限性表现在：① 知其然不知其所以然。热力学只能判断在一定条件下一个过程的方向和进行的限度，但不能给出微观的说明，不能解释过程能够进行的内在原因以及机理。② 能够判断"可能性"，但不能回答"现实性"。因为热力学中不涉及时间的概念，不能给出过程进行的速率和所需的时间，因此热力学只能判断过程是否能发生的"可能性"，但与时间、速率相关的"现实性"问题无法回答。如何把"可能性"变为"现实性"，还要依靠动力学的相关理论来解决。

【扩展内容】

热力学的发展过程及进展[1-2]。

§1.1　基本概念

1.1.1　系统与环境

　　热力学把作为研究对象的那部分物质称为系统，系统以外与系统密切相关且有相互作用的部分称为环境。系统与环境之间的界面可以是真实的，也可以是虚构的。物理化学中所研究的系统，根据系统与环境之间能量和物质的交换情况，分成三类：

　　（1）敞开系统。系统和环境之间，既有物质的交换，又有能量的交换。

　　（2）封闭系统，也称为密闭系统。系统和环境之间，仅有能量的交换，没有物质的交换。本书所讨论的对象除非特别说明，均指的是封闭系统。

　　（3）隔离系统，也称为孤立系统。这种系统和环境之间既没有物质的交换，也没有能量的交换。系统与环境之间没有任何相互作用。显然这种系统在客观上是不存在的，但为了研究问题的方便，在适当的条件下可以近似地把一个系统看成是隔离系统。通常将系统和环境作为一个整体进行研究时，可将该整体视为隔离系统。

　　系统的选择可以是任意的，并无定则，可以根据客观情况之需要、研究问题的角度、处理问题的方便选择不同的物质作为系统。

1.1.2　系统的性质、状态和状态函数

热力学系统是由大量原子、分子、离子等微观粒子组成的宏观集合体,而这个集合体所表现出来的一些宏观物理量,如温度、压力、体积、质量、密度、黏度、电导率、表面张力等叫做热力学系统的宏观性质(简称热力学性质)。根据它们的数值与系统中物质的量之间的关系,将这些热力学性质可以分为两类:

(1) 广度性质,又称为容量性质。其数值与系统的物质的量成正比,具有加和性。如体积、质量、热力学能等。

(2) 强度性质。此种性质的数值取决于系统自身的特点,与系统中物质的量无关,不具有加和性,如温度、压力等。两个广度性质之比就成为系统的一强度性质,特别是一广度性质除以系统物质的量,就转换成强度性质。例如:强度性质密度是质量与体积的比值;摩尔体积是体积与物质的量之比,而摩尔体积也为一强度性质。

系统的状态是指系统的所有宏观性质的综合表现。用来描述系统状态的宏观性质,如温度、压力、体积等,则称为状态函数。当所有的状态函数都不随时间而发生变化时,则称系统处于一定的状态。而当任意一个状态函数的数值发生改变时,则系统的热力学状态就发生变化。

状态函数是热力学研究方法中引入的一个重要的概念,它具有以下特点:

(1) 系统的状态函数只取决于系统的状态,当系统的状态确定后,系统的状态函数就有确定的值。

(2) 当系统从一个状态变化到另一个状态时,状态函数的改变量仅取决于系统的起始状态和终了状态,与系统变化的具体途径无关。即

状态函数的改变量=系统终态的函数量值-系统始态的函数量值

(3) 状态函数的变化量在数学上可用全微分表示。例如对于一定量的理想气体系统,其压力可以表示为温度和体积的函数,即 $p = f(T, V)$,当系统的状态发生微小的变化时,引起的系统压力的变化可用全微分表示为:

$$dp = \left(\frac{\partial p}{\partial T}\right)_V dT + \left(\frac{\partial p}{\partial V}\right)_T dV \tag{1.1}$$

即全微分 dp 是决定压力 p 的所有变量都发生微小变化时的总结果。

(4) 对于循环过程,所有状态函数的数值均不改变。系统从某一状态出发,经历一系列变化后又回到原来的状态,这种过程称为循环过程。系统经历循环过程后状态恢复原状,因此状态函数的变化值为零。

状态函数的特性可以用下面四句话来概括,即"异途同归,值变相等;周而复始,数值还原"。

由于系统的各状态函数间有一定的关系,因此只需确定其中几个状态函数的数值,其他

状态函数也就随之而定,当然系统的状态也就随之确定了。至于最少用几个状态函数才能确定系统的状态,热力学无法预测。经验告诉我们,对纯物质单相系统,确定它的状态只需三个状态函数,例如温度、压力和物质的量(T,p,n)或温度、体积和物质的量(T,V,n)。而对封闭系统,因为其物质的量为一定值,则只需两个状态函数就可以确定其状态。对于多种物质组成的系统(假设有 S 种物质),要用 $T,p,n_1,n_2,\cdots,n_S$ 或 $T,V,n_1,n_2,\cdots,n_S$ 共 $S+2$ 种状态函数来规定其状态。

1.1.3 热力学平衡态

当系统的热力学性质不随时间而变化,就称系统处于热力学平衡态。真正的热力学平衡态应该同时包括以下四个平衡:

(1) 热平衡:系统各个部分的温度相同。

(2) 力平衡:系统各部分的压力相同,系统与环境的边界不发生相对位移。

(3) 相平衡:若为多相系统,物质在各相之间的分布达到平衡,在相间没有物质的净转移。达到平衡后,各相的组成和数量不随时间而改变。

(4) 化学平衡:若系统各物质间可以发生化学反应,则达到平衡后,系统组成不随时间而变化。

在以后的讨论中,如果不特别说明系统处于某种状态,即指处于这种热力学平衡态。

1.1.4 相与相变

系统内部物理性质和化学性质完全均匀的部分称为相,用来描述系统中物质存在的聚集形态。一种物质通常有气态、液态和固态三种形态,分别用符号 g、l 和 s 表示。例如液态的水和固态的水,因为其性质不完全相同,所以就属于不同的相。而水蒸气和苯蒸气可以处于同一气相,液态苯则和液态水处于不同的相。完全溶解的水溶液视为一个相。

相变是指物质从一种聚集形态转变为另一种聚集形态,包括液体的汽化、气体的液化、液体的凝固、固体的融化、固体的升华、气体的凝华、固体不同晶型间的转换等。

1.1.5 过程与途径

系统从一个状态到另一个状态的变化称为一个热力学变化过程,简称为过程。完成过程的具体步骤称为途径。系统的变化过程可分为简单状态变化(即单纯 pVT 变化)过程、相变化过程和化学变化过程等。这些过程,根据变化的条件可分为:

(1) 等温过程:环境温度保持不变的条件下,系统状态发生变化时,系统的始态、终态温度相同且等于环境温度的过程。

(2) 等压过程:环境压力(外压)保持不变的条件下,系统在变化过程中,其始态压力等于终态的压力,且等于环境压力的过程。

（3）等容过程：系统在变化过程中保持体积不变的过程。在刚性密闭容器中发生的变化一般是等容过程。

（4）绝热过程：在系统状态变化的过程中，系统与环境间无热的交换。理想的绝热过程实际上是不存在的。通常在绝热容器中发生的过程可看作是绝热过程；另外当变化太快，系统与环境间来不及热交换或热交换极少时，也可以近似看作是绝热过程。

（5）循环过程：系统从始态出发，经过一系列变化后又回到了原来状态的过程。在该过程中，所有状态函数的变化量均为零。

对于始终态一定的过程的来说，系统状态函数的变化值不因变化途径的不同而异，仅取决于系统的始终态。

§1.2 热力学第一定律

热力学第一定律实际上就是能量守恒与转化定律在热力学中的具体应用。所谓的能量守恒与转化定律，即"自然界中的一切物质都具有能量，能量不能凭空产生，也不能消失，它只能从一种形式转化为另一种形式，在转化过程中，能量的总值保持不变"。英国物理学家焦耳（Joule）和德国物理学家迈尔（Mayer）为该定律的确立做出了重大贡献。1840年左右，焦耳和迈尔通过大量的实验证实，热和功一样都是能量的一种形式，并发现了热和功之间相互转化的定量关系，即著名的热功当量：

$$1\ Cal=4.184\ J$$
$$1\ J=0.239\ Cal \tag{1.2}$$

热功当量的确定为能量守恒定律的建立奠定了牢固的实验基础。热力学第一定律是人们长期实践经验的总结，直到今天，无论在宏观世界还是在微观世界，都没有发现违反热力学第一定律的过程发生。

根据热力学第一定律，要想制造一种机器，它既不靠外界供给能量，自身也不消耗能量，却能连续不断地对外做功，这是不可能的。人们把这种假想的机器称为第一类永动机。因此，热力学第一定律也可以表述为："第一类永动机是不可能造成的"。

1.2.1 热力学能

一般来说，系统的总能量可以分为三部分：动能、势能和热力学能，其中热力学能也称为内能，用符号 U 表示。在化学热力学中，通常研究宏观静止的系统，不做整体运动，所有其动能为零；并且系统一般没有特殊的外力场（如电磁场、离心力场等）的存在，所以也不考虑其势能。因此，只需考虑系统的热力学能，它是系统内部能量的总和，包括了分子运动的平动能、转动能、振动能、电子及核的能量以及分子之间的相互作用的势能等。由于人们尚无法得知系统在所有微观层次上的粒子的动能和粒子之间的势能,因此当系统处于一状态时,其热力学能的绝对值是无法确定的。但这一点对解决实际问题并无妨碍,因为热力学只关注系统发生一个过程后热力学能的变化值。

假设系统由状态 A 变化到状态 B 有两个途径,可以证明,无论该变化经由哪一种途径进行,系统的总能量的变化值都必然相等。证明过程可以用反证法证明如下:

假定系统分别沿两个不同的途径Ⅰ和Ⅱ,由状态 A 变化至状态 B 时给环境的总能量不相等,则令系统沿途径Ⅰ由 A 到 B,再让系统沿途径Ⅱ由 B 回到 A,每经过一次这样的循环,就有多余的能量产生,这就构成了第一类永动机,显然这是违反热力学第一定律的。因此,任意一系统状态发生变化时,其总能量的变化只取决于系统的始态和终态,而与变化的途径无关。这也就是说,当系统的状态一定时,系统内部的能量是一定值,即热力学能是一状态函数。因为其值与系统所含物质的量成正比,所以热力学能是一个广度性质。

既然热力学能为一状态函数,所以决定热力学能的变量数和决定系统状态的变量数一样多。对纯物质单相封闭系统,只要确定两个状态函数,系统的状态就确定了。状态一定,作为状态函数的热力学能 U 也就随之定了,所以可将热力学能看成是任意两个状态函数的函数,比如:

$$U = f(T, V) \quad \text{或} \quad U = f(T, p) \tag{1.3}$$

如果系统的状态发生了微小的变化,则热力学能变化可以表示为 dU,根据多元函数的微分,其在数学上是全微分,由式(1.3)可以得出:

$$dU = \left(\frac{\partial U}{\partial T}\right)_V dT + \left(\frac{\partial U}{\partial V}\right)_T dV \quad \text{或} \quad dU = \left(\frac{\partial U}{\partial T}\right)_p dT + \left(\frac{\partial U}{\partial p}\right)_T dp \tag{1.4}$$

1.2.2　热和功

系统能量的变化必须依赖于系统与环境之间的能量传递来实现,能量传递的形式可以分为两种,一种叫做热,另外一种叫做功。

1. 热

系统和环境之间因温度差而引起的能量传递称为热,用符号 Q 表示。其单位是能量单位焦耳(J)。从微观角度来看,热是大量质点以无序运动方式传递的能量,分子无规则运动的强度越大,则表征其强度的物理量——温度就越高。当两个不同温度的物体相接触时,由于无规则运动的混乱程度不同,两者就可能通过分子的碰撞而交换能量,这种交换能量的方式就是热。热力学规定,当系统从环境吸热时,热的数值为正,即 $Q>0$;系统向环境放热时,取负值,即 $Q<0$。

2. 功

系统和环境之间传递的除了热以外的其他各种形式的能量均称为功,用符号 W 表示。

功的单位也是焦耳(J)。功的正负采用国际纯粹与应用化学联合会(IUPAC)的规定：当系统对环境做功时，W 取负值，即 $W < 0$；当环境对系统做功时，取正值，即 $W > 0$。从微观角度看，功是大量质点以有序运动形式传递的能量。热力学将功分为膨胀功(W_e)和非膨胀功(W_f)两大类。膨胀功是指系统反抗外力时由于体积变化而与环境交换的能量；膨胀功以外的各种功统称为非膨胀功，如电功、表面功等。在无特殊说明的情况下，一般说功即指膨胀功。

热和功都不是状态函数，它们的数值与具体的变化途径有关，如果说系统在某一状态有多少热或者多少功是毫无意义的。系统从状态 A 变化到状态 B，采取的途径不同，过程中传递的热量和做的功也不一定相同。热和功的微小变化用符号"δ"表示，以区别于状态函数用的全微分符号"d"。

1.2.3　热力学第一定律的数学表达式

根据热力学第一定律，一系统由状态(1)变到状态(2)，在此过程中若系统与环境的热交换为 Q，与环境的功的交换为 W，则系统的热力学能的变化为：

$$\Delta U = U_2 - U_1 = Q + W \tag{1.5}$$

若系统发生了微小的变化，热力学能的变化 dU 为：

$$dU = \delta Q + \delta W \tag{1.6}$$

式(1.5)和式(1.6)就是封闭系统的热力学第一定律的数学表达式。用文字表述为：在封闭系统中状态函数改变时，其热力学能的增量等于系统从环境吸收的热与环境对系统所做功之和。

§1.3　膨胀功的计算

1.3.1　膨胀功

功的概念最初来源于机械功，它等于力 F 乘以在力的方向上所发生的位移 l，即

$$W = F \cdot l \tag{1.7}$$

而膨胀功在热力学中有比较特殊的意义。下面以图 1.1 中气体的膨胀为例，说明膨胀功的计算方法。将一定量的气体置于横截面为 A 的圆筒中，筒上有一无质量、无摩擦力的理想活塞。桶内气体的压力为 p_i，外压为 p_e。若 $p_i > p_e$，则筒内气体膨胀，假设活塞向上移动的距离为 dl，此时，系统要对抗恒外压做功，所做的膨胀功为

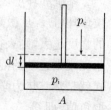

图 1.1　膨胀功

$$\delta W_e = -F_e dl = -\left(\frac{F_e}{A}\right)(Adl) = -p_e dV \tag{1.8a}$$

则
$$W_e = \sum_{V_1}^{V_2} \delta W_e = -\sum_{V_1}^{V_2} p_e dV \tag{1.8b}$$

对于该过程,所得膨胀功为负值,表明该过程系统对环境做功。式(1.8)就是计算膨胀功的最基本公式,它对气体、液体、固体都适用,且不论是膨胀过程还是压缩过程都适用。

下面分别来计算上述气体在等温条件下从相同的始态(1)膨胀到相同的终态(2),但所经历的途径不同时的膨胀功。

1. 自由膨胀

若施加在活塞上的外压 p_e 为零,这种膨胀过程称为自由膨胀。此时,由于 $p_e=0$,所以 $W_{e,1}=0$,即系统对外不做功。

2. 等外压膨胀

若外压 p_e 保持恒定不变,则系统所做膨胀功为

$$W_{e,2} = \sum_{V_1}^{V_2}(-p_e dV) = -p_e(V_2 - V_1) \tag{1.9}$$

$W_{e,2}$ 的绝对值相当于图 1.2(a)中阴影部分的面积。

3. 多次等外压膨胀

若系统在膨胀过程是由几个等外压过程所组成,比如假设由两个等外压过程组成,如图 1.3(b)所示:第一步保持外压为 p_e',体积从 V_1 膨胀到 V';第二步在外压为 p_e 时,体积从 V' 膨胀到 V_2。整个过程的膨胀功为

$$W_{e,3} = -p_e'(V' - V_1) - p_e(V_2 - V') \tag{1.10}$$

$W_{e,3}$ 的绝对值相当于图 1.2(b)中阴影部分的面积。显然,在始终态相同时,系统对环境多次等外压膨胀所做的功比一步等外压膨胀的功多。依此类推,分步越多,系统对环境所做的功也就越大。

4. 外压 p_e 始终比内压 p_i 小无穷小的膨胀过程

在膨胀过程中,不断调整外压,始终使外压小于内压,且两者始终相差无限小,即 $p_i - p_e = dp$,该过程系统所做膨胀功为

$$W_{e,4} = -\int_{V_1}^{V_2} p_e dV = -\int_{V_1}^{V_2}(p_i - dp)dV = -\int_{V_1}^{V_2} p_i dV + \int_{V_1}^{V_2} dp dV = -\int_{V_1}^{V_2} p_i dV$$

$$\tag{1.11}$$

上式中忽略了二级无穷小 $dpdV$。$W_{e,4}$ 的绝对值相当于图 1.2(c)中阴影部分的面积,显然,与上两个过程相比,这种膨胀过程系统做功最大。

如果气体为理想气体且温度恒定,则可将理想气体状态方程代入上式,得

$$W_{e,4} = -\int_{V_1}^{V_2} p_i dV = -\int_{V_1}^{V_2} \frac{nRT}{V} dV = -nRT\ln\frac{V_2}{V_1} = -nRT\ln\frac{p_1}{p_2} \qquad (1.12)$$

由此可见,上述四种情况虽然始终态相同,但功的数值却不相同,证明了功是与途径有关的量。

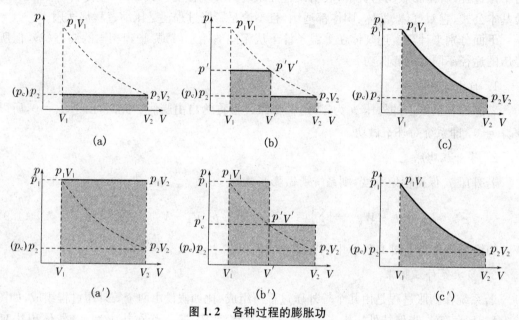

图 1.2 各种过程的膨胀功

1.3.2 可逆过程

上述第四种膨胀过程属于热力学中一种极为重要的过程——可逆过程。系统从始态(1)经过一系列中间状态到达终态(2),如果此过程反向进行,系统由状态(2)经过这一系列中间态到达状态(1),此时系统已恢复原状,若同时环境也恢复了原状而未留下任何不可消除的变化,那么就说从(1)态到(2)态(或从(2)态到(1)态)的过程是热力学可逆过程。反之,如果用任何方法都不能使系统和环境完全复原,则称为不可逆过程。

例如若使上述第四种膨胀过程逆向进行,保持外压始终比内压大一个无穷小 dp,直到气筒中的气体被压缩到状态(1),则该过程系统所做功为

$$W'_{e,4} = -\int_{V_2}^{V_1} p_e dV = -\int_{V_2}^{V_1} (p_i + dp) dV = -\int_{V_2}^{V_1} p_i dV \qquad (1.13)$$

上式中也忽略了二级无穷小 $dpdV$。与前面式(1.12)相比,由于积分上下限互换,所以 $W'_{e,4} = -W_{e,4}$,两者的绝对值均等于图 1.2(c)和图 1.2(c′)中阴影部分的面积。这就说明,系统恢复原状后,环境中没有功的得失。另一方面,因为系统恢复原状,所以 $\Delta U = 0$。根据

热力学第一定律 $Q+W=0$，所以 $Q=0$，即系统没有吸收或放出热，那么环境也没有热的得失。这样，系统恢复原状的同时，环境也恢复了原状，所以第四种膨胀过程就是一个可逆过程。

再看第二种等压膨胀过程逆向进行，要使系统恢复原状，需要加一个与 p_1 相等的恒定外压，直到回到状态（1），此过程的功为

$$W'_{e,2}=-p_1(V_1-V_2) \tag{1.14}$$

$W'_{e,2}$ 的绝对值相当于图 1.2（a'）中阴影部分的面积，可以看出 $|W'_{e,2}|>|W_{e,2}|$。同样，可以求算第三种过程逆向进行时的功：

$$W'_{e,3}=-p'_e(V'-V_2)-p_1(V_2-V') \tag{1.15}$$

从图 1.2（b'）可以看出 $|W'_{e,3}|>|W_{e,3}|$。所以这两个过程逆向进行，系统恢复原状后，环境中有功的损失，而得到了等量的热。这是一个不可消除的变化，所以过程 2 和过程 3 都是不可逆过程。

从图 1.2 可以看出，在可逆膨胀过程 4 中，由于外压 p_e 始终比内压 p_i 小无穷小的数值，亦即系统在膨胀时对抗了最大的外压，所以该过程所做功最大；而在压缩过程中，可逆过程 4 的环境消耗的功最小。所以，在等温可逆过程中，系统对环境做最大功，环境对系统做最小功。

总之，热力学可逆过程具有下列几个特点：

（1）状态变化时的推动力与阻力相差无穷小，系统与环境始终无限接近于平衡态；整个过程是由一连串非常接近于平衡态的状态所构成。

（2）系统进行可逆过程时，完成任一有限的变化过程均需无限长的时间。

（3）系统由始态变化到终态，再循原过程返回完成一个循环后，系统和环境均恢复原状，变化过程无任何耗散效应。

（4）在等温可逆膨胀过程中系统对环境做最大功，在等温可逆压缩过程中，环境对系统做最小功。

严格来说，可逆过程是一个极限的理想过程，实际过程只能无限趋近于它，自然界中并没有真正的可逆过程。例如极缓慢地加热或冷却物体的过程及在气液两相平衡共存时的液体蒸发或气体的冷凝的过程、通过可逆电池进行的化学反应等，都可视为可逆过程。可逆过程的概念如同科学中其他理想的概念一样，是一种科学的抽象，但它有着重大的理论意义和实际意义。比如当把可逆过程与实际过程比较后，能够确定提高实际过程效率的可能性和最高限度；再如随后即将学到，很多重要的热力学函数的变化值，只有利用可逆过程才能进行求算，而这些函数的变化值对解决实际问题常常起着重要的不可缺少的作用。

1.3.3　可逆相变的膨胀功

在一封闭系统中，当物质发生相变化时，在一定的温度和一定的压力下，该相变是可以可逆地进行的。因为压力一定，外压 p_e 与内压 p 始终相差无穷小，所以相变过程的膨胀功为

$$W = -\int_{V_1}^{V_2} p_e \mathrm{d}V = -\int_{V_1}^{V_2} (p - \mathrm{d}p)\mathrm{d}V = -\int_{V_1}^{V_2} p\mathrm{d}V = -p\Delta V \tag{1.16}$$

式中，p 为两相平衡时的压力，ΔV 为相变化时体积的变化。

假如相变是发生在气态(看成理想气体)与凝聚态(液态和固态)之间，且终态为气态，则由于

$$\Delta V \approx V(\mathrm{g}) = \frac{nRT}{P} \tag{1.17}$$

所以，可逆过程涉及气态的相变的膨胀功为

$$W = -p\Delta V = -p\frac{nRT}{p} = -nRT \tag{1.18}$$

式中 n 为所蒸发的液体或所形成的蒸气的物质的量。式(1.18)可适用于液体的蒸发或者固体的升华，但对固液相变化和固体晶型的转化却不能应用。

§1.4 等容热、等压热和焓

化学化工实验及生产中，常常遇到等容过程和等压过程，比如在体积固定的密闭反应器或设备中进行的各种过程为等容过程，在大气压下敞开的容器中进行的过程为等压过程。下面对这两类典型过程中的热进行讨论。

1.4.1 等容热(Q_V)

在封闭系统中，因等容过程 $\mathrm{d}V=0$，则其膨胀功为零。若该过程中没有非膨胀功交换，即 $\delta W_f = 0$，则过程的总功 $\delta W = 0$。

由式(1.6)可得

$$\delta Q_V = \mathrm{d}U \tag{1.19}$$

积分后可得

$$Q_V = \Delta U \tag{1.20}$$

因此，在不作非膨胀时 Q_V 在量值上与过程的 ΔU 相等。因为 ΔU 的数值只取决于始终态，因此等容热 Q_V 的数值也只取决于系统的始终态。但是，要注意两者只是量值上相等，在概念上不能混同。

1.4.2 等压热(Q_P)与焓

如果系统变化是等压过程，即 $p_2 = p_1 = p_e = p$，所以 $\delta W_e = -p\mathrm{d}V$，若 $\delta W_f = 0$，则根据式(1.6)可得

$$\delta Q_p - p\mathrm{d}V = \mathrm{d}U \tag{1.21}$$

移项得

$$\delta Q_p = dU + p dV = dU + d(pV) = d(U + pV) \tag{1.22}$$

定义

$$H = U + pV \tag{1.23}$$

则有

$$\delta Q_p = dH \tag{1.24}$$

积分后得

$$Q_p = \Delta H \tag{1.25}$$

式中,H 称为焓,根据其定义式(1.23),由于 U、p 和 V 都是状态函数,所以它们的组合($U + pV$)即焓 H 也是系统的状态函数,属于广度性质,其单位为 J。上式表明,封闭系统在不做非膨胀功的等压过程中所吸收的热在数值上等于系统焓的增量。因为 ΔH 是状态函数的变化,其数值只取决于始终态,因此等压热 Q_p 的数值亦只取决于系统的始终态。

焓 H 虽然是在推导等压热的过程中引入的,但并不是只有等压过程才有焓变 ΔH。焓是系统的状态函数,系统任意一个确定的状态都有一个确定的焓值,但其绝对值同热力学能一样是无法确定的。同样,任意一个状态改变的过程也都对应一个 ΔH。其单位是能量单位 J,但它并不是系统的一种能量,它并没有确定的物理意义。之所以要定义这样一个函数,完全是因为在实际应用中处理热力学问题的方便。

在用式(1.20)和式(1.25)时,要切记其适用条件,即封闭系统、无非膨胀功、等容或等压。三个条件缺一不可。同时,这两个公式既适用于组成不变的均相系统,也适用于有相变化和化学变化的系统。

【例 1 - 1】 已知 1 mol $CaCO_3(s)$ 在 900 ℃、101.3 kPa 下分解为 $CaO(s)$ 和 $CO_2(g)$ 时吸热 178 kJ,计算 Q、W、ΔU 及 ΔH。

解: $$CaCO_3(s) \Longrightarrow CaO(s) + CO_2(g)$$

因为是等压过程,且 $\delta W_f = 0$,所以 $\quad \Delta H = Q_p = 178 \text{ kJ}$

忽略掉凝聚态的体积,则反应前后体积变化为:$\Delta V = V(CO_2)$

将该气体看作理想气体,所以

$$W = -pV(CO_2) = -nRT = -1 \text{ mol} \times 8.314 \text{ J} \cdot \text{K}^{-1} \cdot \text{mol}^{-1} \times 1173.15 \text{ K} = -9.75 \text{ kJ}$$

$$\Delta U = Q + W = 178 \text{ kJ} + (-9.75 \text{ kJ}) = 168.3 \text{ kJ}$$

1.4.3 相变热

纯物质在相变过程中吸收或放出的热称为相变热。如果相变是在等温、等压条件下进行的,比如常压下液体的蒸发和固体的融化等,在此条件下的相变热即等压热。根据式(1.25),当无非膨胀功时,等压相变热在量值上等于系统的相变焓,即

$$Q_p = \Delta_\alpha^\beta H \qquad (1.26)$$

其中 $\Delta_\alpha^\beta H$ 表示由 α 相转变为 β 相变化过程的相变焓,该表示方法便于清晰地描述相变转化的方向。气、液、固之间转化过程的相变焓,也常用转化的英文名称作下标。如:$\Delta_{vap} H_m$ (B)表示 B 物质的摩尔蒸发焓,$\Delta_{fus} H_m$ (B)表示 B 物质的摩尔熔化焓,$\Delta_{sub} H_m$ (B)表示 B 物质的摩尔升华焓。因为 H 为状态函数,系统经过一个循环过程再回到原态时,ΔH_m(循环)=0。因此,相反的相变过程,它们对应的相变焓在量值上必然刚好为相反的值,即 $\Delta_\alpha^\beta H_m = -\Delta_\beta^\alpha H_m$。

应当注意,不能说相变热就是相变焓,因为两者概念不同,它们只是在等温、等压下量值相等;如果在等温、等容条件下,则相变热在量值上等于相变的热力学能的变化。

§1.5 热 容

热容的定义:对没有相变和化学变化的均相封闭系统,物质升高单位热力学温度时所吸收的热称为该物质的热容,用符号 C 表示,单位是 $J \cdot K^{-1}$。用公式表示为

$$C = \frac{\delta Q}{dT} \qquad (1.27)$$

1 mol 物质的热容称为摩尔热容,以 C_m 表示,单位是 $J \cdot K^{-1} \cdot mol^{-1}$,$C = nC_m$。根据式(1.27),由于 δQ 是过程变量,如果不指定变化过程,热容就是一个数值不确定的物理量。通常只有在等容或等压的条件下,热容方有一定的数值。其中等容下的热容称为等容热容,用符号 C_V 表示,等压下的热容称为等压热容,用符号 C_p 表示,根据式(1.20)和(1.25)有

$$C_V = \frac{\delta Q_V}{dT} = \left(\frac{\partial U}{\partial T}\right)_V \qquad (1.28)$$

$$C_p = \frac{\delta Q_p}{dT} = \left(\frac{\partial H}{\partial T}\right)_p \qquad (1.29)$$

上两式的使用条件均为无相变和化学变化且不做非膨胀功的均相封闭系统。可以看出,C_V 和 C_p 都是状态函数,且为广度性质。其相应的摩尔等容热容 $C_{V,m}$ 和摩尔等压热容 $C_{p,m}$ 都是强度性质。分别将式(1.28)和式(1.29)定积分得

$$\Delta U = \int_{T_1}^{T_2} C_V dT = \int_{T_1}^{T_2} nC_{V,m} dT \qquad (1.30)$$

$$\Delta H = \int_{T_1}^{T_2} C_p dT = \int_{T_1}^{T_2} nC_{p,m} dT \qquad (1.31)$$

只要知道该物质的等容热容或等压热容,就可以通过上面两式计算温度改变时的 ΔU 及 ΔH,但使用时要注意上述提到的使用条件。

热容是热力学的基本数据之一,在处理实际问题时有广泛而重要的应用。热容可以通

过实验测得,主要是由量热实验直接测得,有时也可以用统计力学的方法来求算。人们已经由实验数据归纳了关于热容的许多经验关系式,主要有以下两种表示形式:

$$C_{p,m} = a + bT + cT^2 \tag{1.32}$$

$$C_{p,m} = a + bT + c'T^{-2} \tag{1.33}$$

式中 a、b、c 和 c' 都是经验常数,由各种物质自身的特性决定。一些物质的摩尔等压热容的经验常数可在本书的附录 7 中查到。应用上述经验公式时应注意以下几点:

(1) 查到的常数值只能在指定的温度范围内使用,如果超出这个范围,就不适用。

(2) 在实际计算过程中,如果温度变化范围不是很大,又没有特别说明,一般可以把物质的热容看作常量进行处理,这样可以避免复杂的积分,得到的结果也相差不大。

(3) 高温下使用公式(1.33)产生的误差较小,所以高温技术的文献中常用后者。

§1.6 热力学第一定律对理想气体的应用

理想气体是重要的热力学模型之一,热力学理论对它的应用最为成功,得到的规律也简单明了。真实气体在低压时近似服从理想气体的规律,在讨论凝聚相系统的性质时往往也需要知道理想气体的性质。因此,理想气体就成为首要的研究对象。本节主要从理想气体的简单状态变化入手,即过程中只有气体的 p、V、T 变化而不发生相变化或化学变化,来了解热力学第一定律的实际应用。

1.6.1 理想气体的热力学能和焓——盖·吕萨克-焦耳实验

为了研究气体的热力学能与体积的关系,盖·吕萨克于 1807 年、焦耳于 1843 年分别设计了如下实验,见图 1.3。在有绝热壁的水浴槽中放有两个容量相等的金属大容器,中间用旋塞连接,左侧充以低压气体,右侧抽成真空。实验中打开旋塞,使气体向真空膨胀,最终系统达到平衡,然后通过水浴中的温度计观察水温的变化。实验结果发现水浴的温度没有变化,$\Delta T = 0$。这说明系统(即气体)与环境之间没有热交换,即 $Q = 0$;同时,由于气体是向真空膨胀,其功 $W = 0$。因此,根据热力学第一定律,该过程的 $\Delta U = 0$。这一实验事实说明,低压气体向真空膨胀时,体积增大,但温度不变,热力学能也不变。

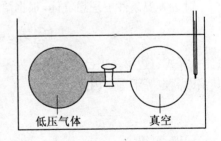

低压气体　　真空

图 1.3 盖·吕萨克-焦耳实验装置示意图

将公式(1.4)用于焦耳实验,则

$$dU = \left(\frac{\partial U}{\partial T}\right)_V dT + \left(\frac{\partial U}{\partial V}\right)_T dV$$

$$dU = \left(\frac{\partial U}{\partial T}\right)_p dT + \left(\frac{\partial U}{\partial p}\right)_T dp$$

根据实验结果，$dT = 0, dU = 0, dV > 0, dp < 0$，则

$$\left(\frac{\partial U}{\partial V}\right)_T = 0 \qquad\qquad (1.34)$$

$$\left(\frac{\partial U}{\partial p}\right)_T = 0 \qquad\qquad (1.35)$$

上面两式表明：在等温时，气体的热力学能不随着体积或压力的改变而改变。因此，气体的热力学能仅是温度的函数，而与体积、压力无关，即

$$U = f(T) \qquad\qquad (1.36)$$

这个结论有时也称为焦耳定律。实际上，这个结论只对理想气体是正确的，对于真实气体来说，并不正确。精确实验表明，真实气体向真空膨胀时，仍存在很小的温度变化，只不过这种温度变化随着气体起始压力的减小而变小。因此，可以认为只有理想气体的热力学能才是温度的函数，与体积或压力无关。

上述结论可以从分子运动的观点作解释。在通常温度下，气体的热力学能是分子的动能和分子间相互作用的位能之和。分子的热运动仅与温度有关，分子间相互作用的位能与分子间的距离有关，即与气体的体积有关。对于真实气体，分子间存在着相互作用，所以真实气体的热力学能与温度和体积有关。而理想气体是真实气体当压力趋向于零时的极限情况，分子间的相互作用完全可以忽略，因此，理想气体的热力学能仅是热运动的动能之和，而与体积无关。

对于等温条件下理想气体，根据焓的定义式 $H = U + pV$，可得

$$\left(\frac{\partial H}{\partial V}\right)_T = \left(\frac{\partial U}{\partial V}\right)_T + \left(\frac{\partial (pV)}{\partial V}\right)_T$$

式中，等式右边第一项已经被证明为零；第二项，对于理想气体有 $pV = nRT = $ 常数，因此其偏微商也等于零。因此

$$\left(\frac{\partial H}{\partial V}\right)_T = 0 \qquad\qquad (1.37)$$

同理，可得

$$\left(\frac{\partial H}{\partial p}\right)_T = 0 \qquad\qquad (1.38)$$

因此，理想气体的焓亦仅是温度的函数，与体积或压力无关，即 $H = f(T)$。所以，对理想气体的等温过程，有

$$\Delta U = 0 \qquad\qquad \Delta H = 0$$

对于理想气体的等温可逆膨胀，结合式(1.5)和式(1.12)可得

$$Q = -W = nRT\ln\frac{V_2}{V_1} = nRT\ln\frac{p_1}{p_2} \qquad (1.39)$$

1.6.2 理想气体的 C_V 和 C_p

对于理想气体,根据式(1.28)和式(1.29)

$$C_V = \left(\frac{\partial U}{\partial T}\right)_V \qquad C_p = \left(\frac{\partial H}{\partial T}\right)_p$$

则

$$dU = C_V dT = nC_{V,m} dT \qquad (1.40)$$

$$dH = C_p dT = nC_{p,m} dT \qquad (1.41)$$

或

$$\Delta U = \int_{T_1}^{T_2} C_V dT = \int_{T_1}^{T_2} nC_{V,m} dT \qquad (1.42)$$

$$\Delta H = \int_{T_1}^{T_2} C_p dT = \int_{T_1}^{T_2} nC_{p,m} dT \qquad (1.43)$$

上两式对于理想气体的任意简单状态变化过程都适用,而不必局限于等容或等压过程。在关于理想气体的实际计算中,只要能得到过程的温度变化 ΔT,用这两个公式就可以求得 ΔU 和 ΔH。

根据焓的定义式 $H = U + pV$,将等号两边微分得

$$dH = dU + d(pV)$$

将式(1.40)、式(1.41)和理想气体状态方程代入,可得

$$C_p dT = C_V dT + nR dT$$

所以

$$C_p - C_V = nR \quad 或 \quad C_{p,m} - C_{V,m} = R \qquad (1.44)$$

此即理想气体等压热容与等容热容之间的关系式。

理想气体在常温下,对单原子分子系统,$C_{V,m} = \frac{3}{2}R$,$C_{p,m} = \frac{5}{2}R$;对双原子分子或线型多原子分子系统,$C_{V,m} = \frac{5}{2}R$,$C_{p,m} = \frac{7}{2}R$;对非线型多原子分子系统,$C_{V,m} = 3R$,$C_{p,m} = 4R$。

【扩展内容】

理想气体任一过程的热容及其应用[3]。

1.6.3 理想气体的绝热过程

系统在状态发生变化的过程中,既没有从环境吸热也没有放热到环境中去,这种过程就

称为绝热过程。绝热过程可以可逆地进行,也可以不可逆地进行。当气体发生绝热膨胀时,因为不能从环境中吸热,对外做功所消耗的能量不能从外界得到补偿,只能降低自身的热力学能,于是系统的温度必然降低。因此,可通过绝热膨胀来获得低温。

对于理想气体,在绝热过程中,因为 $Q = 0$,根据热力学第一定律及式(1.42)可得

$$\Delta U = W = \int_{T_1}^{T_2} C_V \mathrm{d}T = \int_{T_1}^{T_2} n C_{V,m} \mathrm{d}T \tag{1.45}$$

该公式无论绝热过程是否可逆都是成立的。

若是理想气体的绝热可逆过程,并且不做非膨胀功时,因为是可逆条件下,可以用系统压力代替外压计算膨胀功,所以上式可以写为

$$n C_{V,m} \mathrm{d}T = - p\mathrm{d}V$$

将 $p = nRT/V$ 代入并整理,得

$$n C_{V,m} \mathrm{d}T = - nRT \frac{\mathrm{d}V}{V}$$

$$C_{V,m} \frac{\mathrm{d}T}{T} = - R \frac{\mathrm{d}V}{V}$$

若理想气体的 $C_{V,m}$ 为一常量,则对上式积分得

$$C_{V,m} \ln \frac{T_2}{T_1} = - R \ln \frac{V_2}{V_1}$$

又因理想气体的 $\dfrac{T_2}{T_1} = \dfrac{p_2 V_2}{p_1 V_1}$,$C_{p,m} - C_{V,m} = R$,代入上式可得

$$C_{V,m} \ln \frac{p_2}{p_1} = C_{p,m} \ln \frac{V_1}{V_2}$$

或

$$\frac{p_2}{p_1} = \left(\frac{V_1}{V_2}\right)^{C_{p,m}/C_{V,m}}$$

令 $C_{p,m}/C_{V,m} = \gamma$,γ 称为热容比,代入得

$$p_1 V_1^\gamma = p_2 V_2^\gamma \tag{1.46}$$

$$\text{或} \qquad pV^\gamma = 常数 \tag{1.47}$$

以 $V = \dfrac{nRT}{p}$ 或 $p = \dfrac{nRT}{V}$ 代入式(1.47),得

$$p^{1-\gamma} T^\gamma = 常数 \tag{1.48}$$

$$TV^{\gamma-1} = 常数 \tag{1.49}$$

式(1.47)~(1.49)称为理想气体的绝热可逆过程方程式,其应用条件为:封闭系统、无非膨胀功、理想气体、绝热可逆过程。要注意该方程与理想气体状态方程的区别:前者是理想气体在绝热可逆这样一个特定过程所特有的 p、V、T 之间的关系,是一个过程方程式;后者是理想气体在任何一个状态都应遵守的 p、V、T 之间的关系,是一个状态方程式。

绝热可逆过程和等温可逆过程中的 p-V 关系可用图 1.4 来表示。两过程的 p、V 关系

分别为：

绝热可逆过程：$pV^\gamma =$ 常数；

等温可逆过程：$pV =$ 常数。

若两过程从同一始态 $A(p_1 V_1)$ 出发，膨胀到相同的体积 V_2 的终态，因为 $\gamma > 1$，所以绝热线 AC 的斜率的绝对值比等温线 AB 的要大。根据膨胀功的定义，$p\text{-}V$ 线下所覆盖的面积代表膨胀功的大小，所以理想气体在等温可逆过程中所做的功大于绝热可逆过程。

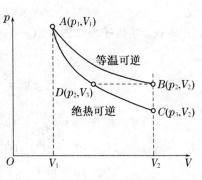

图 1.4 绝热可逆与等温可逆过程 p 和 V 关系示意图

当绝热不可逆过程是无非膨胀功的等外压膨胀或压缩时，式(1.45)仍然成立。因为这时所做的膨胀功可表示为 $W = -p_e(V_2 - V_1)$，同时若 $C_{V,m}$ 为一常量，则式(1.45)可以写为

$$\int_{T_1}^{T_2} nC_{V,m}\mathrm{d}T = -p_e(V_2 - V_1) \tag{1.50}$$

即

$$nC_{V,m}(T_2 - T_1) = -p_e(V_2 - V_1) \tag{1.51}$$

【例 1-2】 在 273 K 和 1 010 kPa 时，10 dm³ 单原子理想气体经过下列几种不同过程膨胀到最后压力为 101 kPa。试计算该气体在各个过程的 W、Q、ΔU 和 ΔH。(1) 等温可逆膨胀；(2) 绝热可逆膨胀；(3) 在恒外压 101 kPa 下绝热膨胀。

解： 根据题设条件可知：$n = \dfrac{pV}{RT} = \dfrac{1\,010 \times 10^3\ \mathrm{Pa} \times 10 \times 10^{-3}\ \mathrm{m^3}}{8.314\ \mathrm{J \cdot K^{-1} \cdot mol^{-1}} \times 273\ \mathrm{K}} = 4.45\ \mathrm{mol}$

(1) 等温可逆膨胀，$\Delta U = 0$，$\Delta H = 0$

$$W = nRT\ln\frac{p_2}{p_1}$$

$$= 4.45\ \mathrm{mol} \times 8.314\ \mathrm{J \cdot K^{-1} \cdot mol^{-1}} \times 273\ \mathrm{K} \times \ln\frac{101}{1010}$$

$$= -23.3\ \mathrm{kJ}$$

$$Q = -W = 23.3\ \mathrm{kJ}$$

(2) 绝热可逆膨胀，$Q = 0$

由 $p_1^{1-\gamma}T_1^{\gamma} = p_2^{1-\gamma}T_2^{\gamma}$，$\gamma = C_{p,m}/C_{V,m} = \dfrac{5R}{2} \cdot \dfrac{2}{3R} = \dfrac{5}{3}$，得

$$T_2 = T_1\left(\frac{p_2}{p_1}\right)^{1-\gamma/\gamma} = 273\ \mathrm{K} \times \left(\frac{101}{1010}\right)^{0.4} = 108.7\ \mathrm{K}$$

所以 $\Delta U = W = \displaystyle\int_{T_1}^{T_2} nC_{V,m}\mathrm{d}T = nC_{V,m}(T_2 - T_1)$

$$= 4.45\ \mathrm{mol} \times (1.5 \times 8.314\ \mathrm{J \cdot K^{-1} \cdot mol^{-1}}) \times (108.7 - 273)\ \mathrm{K} = -9.12\ \mathrm{kJ}$$

$$\Delta H = nC_{p,m}(T_2 - T_1)$$
$$= 4.45\,\text{mol} \times (2.5 \times 8.314\,\text{J} \cdot \text{K}^{-1} \cdot \text{mol}^{-1}) \times (108.7 - 273)\text{K} = -15.2\,\text{kJ}$$

（3）绝热等外压膨胀，$Q = 0$

$$nC_{V,m}(T_2 - T_1) = -p_e(V_2 - V_1)$$
$$n\frac{3R}{2}(T_2 - T_1) = -p_2 nR\left(\frac{T_2}{p_2} - \frac{T_1}{p_1}\right)$$

代入 p_2、p_1 和 T_1，得　　$T_2 = T_1\frac{16}{25} = \frac{16}{25} \times 273\,\text{K} = 174.4\,\text{K}$

所以　$\Delta U = W = nC_{V,m}(T_2 - T_1)$
$$= 4.45\,\text{mol} \times (1.5 \times 8.314\,\text{J} \cdot \text{K}^{-1} \cdot \text{mol}^{-1}) \times (174.4 - 273)\text{K} = -5.46\,\text{kJ}$$
$$\Delta H = nC_{p,m}(T_2 - T_1)$$
$$= 4.45\,\text{mol} \times (2.5 \times 8.314\,\text{J} \cdot \text{K}^{-1} \cdot \text{mol}^{-1}) \times (174.7 - 273)\text{K} = -9.09\,\text{kJ}$$

由以上结果可以看出：

（1）等温可逆过程所做的功最大，绝热不可逆过程所做的功最小。

（2）由同一始态出发，经过绝热可逆过程和绝热不可逆过程不可能到达相同的终态。

（3）绝热不可逆过程可用式(1.51)得到只含有一个未知温度的方程式，求得温度，然后就可以进行过程能量的求算。

【扩展内容】

理想气体直线过程的吸热与放热的讨论[4-7]。

§1.7　热力学第一定律对真实气体的应用——焦耳-汤姆逊效应

1.7.1　焦耳-汤姆逊实验

　　焦耳于 1843 年所做的气体自由膨胀实验是不够精确的，1852 年焦耳和英国物理学家汤姆逊设计了新的实验，装置如图 1.5 所示。在一绝热圆筒中放置一个多孔塞，开始时多孔塞和左端活塞之间封闭一段气体，右端活塞紧贴多孔塞。向右缓慢推动左端活塞，气体就通过多孔塞进入右端，并且推动右端活塞向右运动。由于多孔塞具有节流作用，气体压力会降低（$p_1 > p_2$）。缓慢推动左端活塞，可

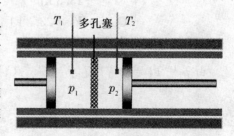

图 1.5　焦耳-汤姆逊实验装置示意图

保持整个过程中左端气体压力 p_1 和右端气体压力 p_2 恒定不变。待达到稳定态后，气体由高

压向低压流动时温度的变化就可直接测量出来。这种维持一定压力差的绝热膨胀过程称为节流膨胀。实验结果发现,气体流经多孔塞后温度发生了改变,两边的温度稳定在 T_1 和 T_2,且 $T_1 \neq T_2$。常温下多数气体在节流膨胀后温度降低,而少数气体如 H_2、He 则温度反而升高。

设某一定量的气体在 p_1 和 T_1 时的体积为 V_1,经节流膨胀过程,膨胀到较低的压力 p_2 后其体积为 V_2,则在左端,此部分气体与环境交换的功为

$$W_1 = - p_1 \Delta V_1 = - p_1(0 - V_1) = p_1 V_1$$

在右端,此部分气体与环境交换的功为

$$W_1 = - p_2 \Delta V_2 = - p_2(V_2 - 0) = - p_2 V_2$$

因此,整个节流膨胀过程此部分气体与环境交换的总功为

$$W = W_1 + W_2 = p_2 V_2 - p_1 V_1$$

因为该过程为一绝热过程,$Q = 0$,所以根据热力学第一定律可得 $\Delta U = W$,把上式代入,得

$$U_2 - U_1 = p_2 V_2 - p_1 V_1$$

移项得
$$U_2 + p_2 V_2 = U_1 + p_1 V_1$$

所以
$$H_2 = H_1 \quad 或 \quad \Delta H = 0 \tag{1.52}$$

即在节流膨胀过程前后,气体的焓不变。总之,气体的节流膨胀是一个绝热、等焓、降压的不可逆过程。

1.7.2 焦耳-汤姆逊系数

在节流膨胀实验中,真实气体的压力和温度都发生了变化。将温度变化与压力变化的比值定义为焦耳-汤姆逊系数,用偏微分表示为

$$\mu_{J-T} = \left(\frac{\partial T}{\partial p} \right)_H \tag{1.53}$$

μ_{J-T} 表示经过节流膨胀后气体的温度随着压力的变化率,它是 T 和 p 的函数。因为节流膨胀过程 $dp < 0$,若气体的 $\mu_{J-T} > 0$,则 $dT < 0$,这表示该气体节流膨胀后温度下降;若气体的 $\mu_{J-T} < 0$,则 $dT > 0$,这表示该气体节流后温度上升。若气体的 $\mu_{J-T} = 0$,则该气体节流后温度不变。理想气体的 μ_{J-T} 总是等于零。

真实气体在 $\mu_{J-T} = 0$ 时对应的温度称为转化温度。如 H_2 在 195 K 时 $\mu_{J-T} = 0$,因此其转化温度就是 195 K;当温度高于 195K 时,$\mu_{J-T} < 0$;当低于 195 K 时,$\mu_{J-T} > 0$。

真实气体在绝热条件下其温度随压力而改变这一性质已被广泛应用于现代日常生活,比如空调、冰箱等制冷设备。显然,应用于制冷设备的气体,其焦-汤系数的绝对值必须较大,如氟利昂、氨气。前者由于对大气的臭氧层有破坏作用,已不再用于制冷设备的生产。

图 1.6 为冰箱的制冷原理。NH_3 的 $\mu_{J\text{-}T} > 0$，在冰箱外被压缩成高压气体时温度升高，因此在冰箱外侧的散热管中向环境放热。当该高压气体被导入冰箱内节流管（管内有填充物减压）后进行节流膨胀时，因气体压力降低使温度降低，从而从冰箱内吸热。节流膨胀后的 NH_3 再经压缩泵在冰箱外压缩。其总结果是：环境对系统（冰箱）做功，将热量从低温处（冰箱内）移到了高温处（冰箱外大气）。

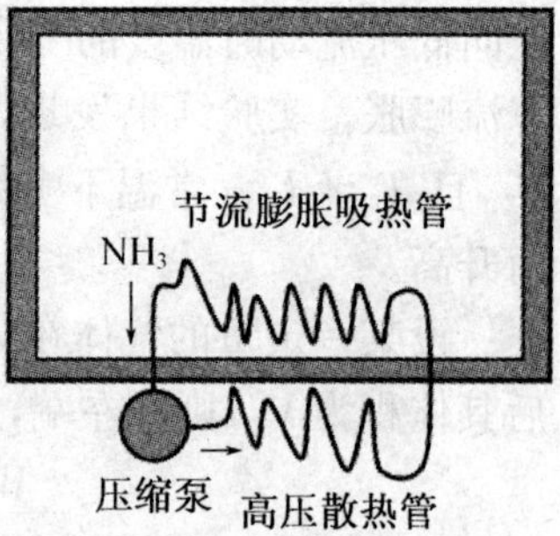

图 1.6　冰箱工作原理示意图

【扩展内容】

（1）满足焦耳定律的气体与焦耳-汤姆逊系数 $\mu = 0$ 的气体有哪些不同点，以及它们与理想气体的关系[8-9]。

（2）焦耳-汤姆逊系数与真实气体的液化的关系[10]。

§1.8　热化学

化学化工生产中离不开化学反应，而化学反应过程中，常伴有气体的产生或消失，所以化学反应常以热和体积功的形式与环境进行能量交换。一般来说，化学反应过程中的膨胀功的数量与反应热相比是很小的。因此，化学反应的能量交换以热为主。测量和研究化学反应热效应的科学称为热化学。热化学实质上可以看作是热力学第一定律在化学中的具体应用。热化学的实验数据，具有实用和理论上的价值，例如，反应热的多少就与实际生产中的机械设备、热量交换以及工艺流程的设计等问题有关。另一方面反应热的数据，在计算平衡常数和其他热力学函数时也十分重要。

1.8.1　反应进度

在讨论化学反应时，需要引入一个重要的物理量——反应进度，用符号 ξ 表示。它在反应焓变的计算、化学平衡和反应速率的表示式中被普遍使用。

对于化学反应：

$$aA \ + \ eE \ =\!=\!= \ cC \ + \ dD$$

反应前各物质的量　　　　$n_A(0)$　　　$n_E(0)$　　　$n_C(0)$　　　$n_D(0)$

反应后各物质的量　　　　n_A　　　　　n_E　　　　　n_C　　　　　n_D

该时刻的反应进度 ξ 的表示式为

$$\xi = \frac{n_B - n_B(0)}{\nu_B} \tag{1.54}$$

其中 B 表示参与反应的任一种物质；ν_B 为反应方程式中的化学计量系数，对于产物 ν_B 取正值,对于反应物 ν_B 取负值。ξ 的单位为 mol。显然,对于同一化学反应,不论是采用反应物还是产物中的哪一种物质来计算 ξ,所得 ξ 的值都是相同的。但是 ξ 的数值与反应计量方程式的写法有关。当反应按所给反应方程式的计量系数进行一个单元的化学反应时,其反应进度就等于 1 mol。

由于热力学能和焓都是系统的容量性质,因此一个化学反应的 $\Delta_r U$ 或 $\Delta_r H$ 的数值必然与反应进度成正比。当反应进度 ξ 为 1 mol 时,其等容热效应和等压热效应分别以 $\Delta_r U_m$ 和 $\Delta_r H_m$ 表示,称为反应的摩尔热力学能变和摩尔焓变,其单位为 $J \cdot mol^{-1}$,显然

$$\Delta_r U_m = \frac{\Delta_r U}{\xi} \qquad \Delta_r H_m = \frac{\Delta_r H}{\xi} \tag{1.55}$$

1.8.2　化学反应热效应

在等压或等容条件下,当产物的温度与反应物的温度相同且在反应过程中只做膨胀功不做其他功时,化学反应所吸收或放出的热,称为此过程的热效应,通常也称为反应热。在实验中一般采用量热计来测量热效应。其测量原理是:使物质在量热计中作绝热变化,从量热计的温度改变,可以计算出应从量热计中取出或加入多少热量才能恢复到始态的温度。所得结果就是等温变化中的热效应。

若反应在等压条件下进行,则其热效应称为等压热效应 Q_p,根据式(1.25)

$$Q_p = \Delta_r H_m$$

$\Delta_r H_m$ 表示系统的摩尔反应焓变,其代表了生成物总焓与反应物总焓之差,即

$$Q_p = \Delta_r H_m = \sum H(\text{产物}) - \sum H(\text{反应物}) \tag{1.56}$$

若反应在等容条件下进行,则其热效应称为等容热效应 Q_V,根据式(1.20)

$$Q_V = \Delta_r U_m$$

$\Delta_r U_m$ 表示系统的摩尔反应热力学能变,其代表了生成物总热力学能与反应物总热力学能之差,即

$$Q_V = \Delta_r U_m = \sum U(\text{产物}) - \sum U(\text{反应物}) \tag{1.57}$$

通常所谓的反应热如不特别注明,都是指等压热效应,即反应是在等压条件下进行的。而常用量热计所测的热效应是等容热效应(Q_V),因此需要知道 Q_V 与 Q_p 的关系。

设某等温反应可经由等温等压和等温等容两个过程进行,如图 1.7 所示。

图中(1)、(2)两个过程所达到的终态是不一样的(产物虽相同,但 p、V 不同),可以经由过程(3),使生

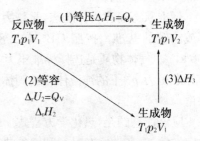

图 1.7　Q_p 与 Q_V 的关系

成物的压力回复到 p_1。由于 H 是状态函数，故

$$\Delta_r H_1 = \Delta_r H_2 + \Delta H_3 = [\Delta_r U_2 + \Delta(pV)_2] + \Delta H_3$$

即

$$Q_p = [Q_V + \Delta(pV)_2] + \Delta H_3$$

式中 $\Delta(pV)_2$ 代表反应过程(2)始态和终态的 (pV) 之差。即

$$\Delta(pV)_2 = (pV)_{\text{终态2}} - (pV)_{\text{始态2}}$$

对于凝聚态而言，反应前后的 p、V 值相差不大，可忽略不计。因此只需考虑气体组分的 (pV) 之差。若假设气体为理想气体，则

$$\Delta(pV)_2 = \Delta nRT_1$$

式中 Δn 是 1 mol 反应前后气体的物质的量之差值。对于理想气体，H 或 U 只是温度的函数，因此在等温条件下 $\Delta H_3 = 0$ 或 $\Delta U_3 = 0$，对于其他物质 ΔH_3 或 ΔU_3 非常小，其数值与化学反应热相比，一般来说是微不足道的，可以忽略不计，因此等容热效应与等压热效应的关系为

$$Q_p = Q_V + \Delta nRT \quad \text{或} \quad \Delta_r H_m = \Delta_r U_m + \Delta nRT \tag{1.58}$$

1.8.3 热化学方程式的写法

表示化学反应与热效应关系的方程式称为热化学方程式。与书写一般的化学方程式不同，书写热化学方程式时要注意以下几点：

(1) 写出化学反应方程式，确定反应物与产物前的系数。

(2) 标明各物质的物态、温度及压力，气态用(g)表示，液态用(l)表示，固态用(s)表示，如果固态有多种晶型，则应注明晶型，如 C(石墨)或 C(金刚石)；如果是溶液中溶质间的反应，则需注明溶剂，对水作溶剂则以(aq)表示，并注明溶质的浓度。习惯上，如果不注明压力和温度，则都是指压力为 100 kPa，温度为 298.15 K。

(3) 反应的热效应写在化学方程式之后，两者之间用分号或逗号隔开。等温等压反应以 $\Delta_r H_m$ 表示，等温等容反应以 $\Delta_r U_m$ 表示，其后面注明温度、压力。当温度为 298.15 K 时，可以不注明。如果反应是在标准状态下进行，热效应可表示为 $\Delta_r U_m^\ominus(T)$ 或 $\Delta_r H_m^\ominus(T)$，称为标准摩尔热效应。

标准状态简称为标准态，是热力学中为了研究和计算方便，人为规定的某种状态作为计算或比较的基准。按照 GB 3102.8—93 中的规定，标准态时的压力即标准压力 $p^\ominus = 100$ kPa。气体物质是选择标准压力 $p^\ominus$ 下的纯理想气体作为标准态；液体和固体是分别选择标准压力 $p^\ominus$ 下的纯液体或纯固体作为标准态。多组分系统标准态的选取将在第 3 章中讨论。

应该注意的是，热化学方程式所表示的反应热效应都是表示一个已经完成的反应的热效应。例如，在 300 ℃时氢和碘的热化学方程式

$$H_2(g, p^\ominus) + I_2(g, p^\ominus) = 2HI(g, p^\ominus) \quad \Delta_r H_m^\ominus(573.15\text{K}) = -12.84 \text{ kJ·mol}^{-1}$$

此式并不表示 573.15 K 时,将 1 mol $H_2(g)$ 和 1 mol $I_2(g)$ 放在一起就有 12.84 kJ 的热放出;而是代表有 2 mol HI(g)生成时,才有 12.84 kJ 热放出。

1.8.4　盖斯定律

1840 年,俄国化学家盖斯在分析总结了大量热化学实验数据后,发现"任何一个化学反应,无论是一步完成还是分几步完成,过程的热效应值总是相同"。换言之,即反应的热效应只与系统始、终态有关,而与变化途径无关,这就是盖斯定律。盖斯定律是热力学第一定律的必然结果,因为 H(或 U)是状态函数,只要化学反应的始终态确定并且反应过程无非膨胀功,则 $\Delta_r H_m$(即 Q_p)或 $\Delta_r U_m$(即 Q_V)便是定值,而与通过什么具体途径来完成这一反应无关。

盖斯定律的意义与作用在于能使热化学方程式像普通代数方程那样进行运算,从而可以根据已经准确测定了的热效应,来计算难于测定或根本不能测定的热效应;可以根据已知的热效应,计算出未知的热效应。

例如,C(s)和 $O_2(g)$ 反应生成 CO(g)的热效应就不能直接用实验测定,因为产物中必然混有 CO_2,但可以间接地根据下列两个热化学方程式求出:

(1) $C(s) + O_2(g) = CO_2(g)$　$\Delta_r H_m^\ominus(298.15\ K) = -393.5\ kJ \cdot mol^{-1}$

(2) $CO(g) + \frac{1}{2}O_2(g) = CO_2(g)$　$\Delta_r H_m^\ominus(298.15\ K) = -282.8\ kJ \cdot mol^{-1}$

反应式(1)-反应式(2) 得到化学反应方程式

$$C(s) + \frac{1}{2}O_2(g) = CO(g)$$

因此,根据盖斯定律,该反应的热效应为

$$\begin{aligned}
\Delta_r H_m^\ominus &= \Delta_r H_m^\ominus(1) - \Delta_r H_m^\ominus(2) \\
&= -393.5\ kJ \cdot mol^{-1} - (-282.8\ kJ \cdot mol^{-1}) \\
&= -110.7\ kJ \cdot mol^{-1}
\end{aligned}$$

需要注意的是,使用盖斯定律计算 $\Delta_r H_m$ 时,各分步反应所处条件应与总反应条件相同,各方程式中相同物质应处于同一状态,才能进行计算。

§1.9　几种热效应

等温等压下的化学反应的焓变 $\Delta_r H_m$ 等于生成物焓的总和与反应物焓的总和之差。如果能知道参加化学反应的各种物质的焓的绝对值,则可以很方便地计算其化学反应焓变。但实际上,焓的绝对值是无法求得的。为了解决这一困难,人们采用一种相对的标准来求算焓的改变量。生成焓和燃烧焓就是常用的两种相对的标准焓值,利用它们结合盖斯定律,就可使反应热效应的求算大大简化。

1.9.1 标准摩尔生成焓

在指定温度和标准压力 $p^\ominus$ 下,由最稳定单质生成 1 mol 某物质 B 时的等压反应热,称作该物质 B 的标准摩尔生成焓,用符号 $\Delta_f H_m^\ominus$(B,相态,T)表示,下标"f"表示生成。这个反应也叫做物质 B 的生成反应。注意,必须是生成 1 mol 物质 B,且生成物只有一种。例如在 298.15 K、$p^\ominus$ 下

$$\frac{1}{2}H_2(g) + \frac{1}{2}Cl_2(g) \Longrightarrow HCl(g) \quad \Delta_r H_m^\ominus = -92.3 \text{ kJ·mol}^{-1}$$

则 HCl(g) 在 298.15 K 时的标准摩尔生成焓 $\Delta_f H_m^\ominus$(HCl,g,298.15 K)$= -92.3$ kJ·mol^{-1}。

根据上述生成焓的定义,显然有这样一种规定,即"各种最稳定单质的标准摩尔生成焓在任何温度时均为零"。这样,对于具有多种形态的单质,就要规定其最稳定的单质,如碳规定为石墨,硫规定为正交硫,锡规定为白锡。磷比较特殊,虽然红磷比白磷稳定,但因白磷容易制得,因此一直将白磷作为单质磷的标准参考态。

298.15 K 时,一些物质的标准摩尔生成焓的数据可从本书附录 7 或相关热力学手册中查到。如果已知反应式中各物质的标准摩尔生成焓,则给定反应的标准摩尔焓变 $\Delta_r H_m^\ominus$ 为

$$\Delta_r H_m^\ominus(T) = \sum_B \nu_B \Delta_f H_m^\ominus(B, T) \tag{1.59}$$

其中 B 代表参与反应的任一种物质,ν_B 为反应方程式中 B 的化学计量系数。

【**例 1-3**】 试计算如下反应在 298.15 K 下的 $\Delta_r H_m^\ominus$:

$$C_2H_5OH(l) + 3O_2(g) \Longrightarrow 2CO_2(g) + 3H_2O(g)$$

解:由式(1.59)得

$$\Delta_r H_m^\ominus(T) = [2\Delta_f H_m^\ominus(CO_2,g) + 3\Delta_f H_m^\ominus(H_2O,g)] - [\Delta_f H_m^\ominus(C_2H_5OH,l) + 3\Delta_f H_m^\ominus(O_2,g)]$$

查表得:$\Delta_f H_m^\ominus(CO_2,g) = -393.51$ kJ·mol^{-1},$\Delta_f H_m^\ominus(H_2O,g) = -241.82$ kJ·mol^{-1},$\Delta_f H_m^\ominus(C_2H_5OH,l) = -277.69$ kJ·mol^{-1}。

由标准摩尔生成焓的定义知 $\Delta_f H_m^\ominus(O_2,g) = 0$

将以上数据代入前式,得

$$\Delta_r H_m^\ominus(T) = \{[2 \times (-393.51) + 3 \times (-241.82)] - [(-277.69) + 0]\} \text{kJ·mol}^{-1}$$
$$= -1\,234.79 \text{ kJ·mol}^{-1}$$

有许多化合物的生成焓并不是由单质反应而得到的,也就是说并不是所有的化合物都可以由单质直接合成。所以有些化合物的生成焓是由盖斯定律间接得到的,另外也可以由键焓估计生成焓。

1.9.2　离子的标准摩尔生成焓

对于有离子参加的反应,若能知道离子的摩尔生成焓,则同样可以按式(1.59)计算该反应的摩尔焓变,只是在式中应用离子的摩尔生成焓数据去代替物质的摩尔生成焓数据。

离子的摩尔生成焓是指从稳定单质生成无限稀释水溶液中该离子的摩尔焓变。若在298.15 K 以及各物质均处于标准状态时,则此焓变为离子标准摩尔生成焓,以 $\Delta_f H_m^\ominus(B, aq)$ 表示。例如 298.15 K 时,反应

$$H_2(g) + \frac{1}{2}O_2(g) === H_2O(l) \qquad \Delta_r H_m^\ominus = -285.8 \text{ kJ·mol}^{-1}$$

$$H_2O(l) === H^+(\infty, aq) + OH^-(\infty, aq) \qquad \Delta_r H_m^\ominus = 55.84 \text{ kJ·mol}^{-1}$$

两式相加,得

$$H_2(g) + \frac{1}{2}O_2(g) === H^+(\infty, aq) + OH^-(\infty, aq) \qquad \Delta_r H_m^\ominus(\infty, aq) = -229.96 \text{ kJ·mol}^{-1}$$

所得结果为 H^+ 和 OH^- 标准摩尔生成焓之和。可见,不能通过实验测定或设计辅助反应方程计算,求得单独一种离子的标准摩尔生成焓。若人为规定某种离子的标准摩尔生成焓为零作为一种基准,由此可以得到其他离子的标准摩尔生成焓,并可用它们来计算有离子参与的反应的标准摩尔反应焓。通常规定 298.15 K、$p^\ominus$ 下,H^+ 的 $\Delta_f H_m^\ominus(H^+, \infty, aq) = 0$,显然,由上述结果,可求得 OH^- 的 $\Delta_f H_m^\ominus(OH^{-1}, \infty, aq) = -229.96 \text{ kJ·mol}^{-1}$。

以 H^+ 和 OH^- 的标准摩尔生成焓为基础,可求得其他离子的标准摩尔生成焓。例如,已知 HCl(g)的标准摩尔生成焓和溶解焓分别为:

$$\frac{1}{2}H_2(g) + \frac{1}{2}Cl_2(g) === HCl(g) \qquad \Delta_f H_m^\ominus = -92.30 \text{ kJ·mol}^{-1}$$

$$HCl(g) === H^+(\infty, aq) + Cl^-(\infty, aq) \qquad \Delta_{sol} H_m^\ominus = -75.14 \text{ kJ·mol}^{-1}$$

则　　$\Delta_f H_m^\ominus(H^+, \infty, aq)) + \Delta_f H_m^\ominus(Cl^-, \infty, aq) = -167.44 \text{ kJ·mol}^{-1}$

因为规定:　　$\Delta_f H_m^\ominus(H^+, \infty, aq) = 0$

所以　　$\Delta_f H_m^\ominus(Cl^-, \infty, aq) = -167.44 \text{ kJ·mol}^{-1}$

本书附录 8 列出了一些常见离子在 298.15 K、$p^\ominus$ 下的标准摩尔生成焓。

【例1-4】　溶液中有 1 mol Ca^{2+},其浓度很稀,25 ℃时通入过量 $CO_2(g)$ 后产生 $CaCO_3$ 沉淀,求沉淀反应的标准摩尔焓变。

解:设为无限稀释的溶液,发生下列反应:

$$Ca^{2+}(\infty, aq) + CO_2(g) + H_2O(l) === CaCO_3(s) + 2H^+(\infty, aq)$$

$$\Delta_r H_m^\ominus = [\Delta_f H_m^\ominus(CaCO_3, s) + 2\Delta_f H_m^\ominus(H^+, \infty, aq)]$$

$$- [\Delta_f H_m^\ominus(Ca^{2+}, \infty, aq) + \Delta_f H_m^\ominus(CO_2, g) + \Delta_f H_m^\ominus(H_2O, l)]$$

$$= (-1\,207.6 + 0) \text{ kJ·mol}^{-1} - (-542.83 - 393.5 - 285.8) \text{ kJ·mol}^{-1}$$

$$=14.5 \text{ kJ·mol}^{-1}$$

1.9.3 标准摩尔燃烧焓

在指定温度和标准压力 $p^\ominus$ 下，1 mol 物质被氧完全氧化（燃烧）时的等压热效应，称为该物质的标准摩尔燃烧焓，用符号 $\Delta_c H_m^\ominus$(B，相态，T)表示，下标"c"表示燃烧。所谓物质被完全氧化，一般指该化合物中的 C 变为 $CO_2(g)$，H 变为 $H_2O(l)$，N 变为 $N_2(g)$，S 变为 SO_2(g)等。可见燃烧焓的数值会随指定燃烧产物的不同而不同。因此，手册或数据表上的燃烧焓数据，对燃烧产物都有明确的规定。例如，在 298.15 K，$p^\ominus$ 下，$CH_3COOH(l)+2O_2(g)$ ===$2CO_2(g)+2H_2O(l)$反应的 $\Delta_r H_m^\ominus=-870.3$ kJ·mol^{-1}，则 $CH_3COOH(l)$ 在 298.15 K 时的标准摩尔燃烧焓为 $\Delta_c H_m^\ominus$(CH_3COOH，l，298.15 K)$=-870.3$ kJ·mol^{-1}。

标准摩尔燃烧焓对于绝大部分有机化合物特别有用，因绝大部分有机物不能由元素直接化合而成，故生成热无法测得，而绝大部分有机物均可燃烧，用燃烧热比较方便。一些物质在 298.15 K 的标准摩尔燃烧焓数据列于本书附录 9 中。从燃烧焓也可计算反应焓变。如果已知反应式中各物质的标准摩尔燃烧焓，则标准摩尔反应焓变为

$$\Delta_r H_m^\ominus(T)=-\sum_B \nu_B \Delta_c H_m^\ominus(B,T) \tag{1.60}$$

许多有机化合物与氧进行完全氧化反应很容易，而要由单质直接合成却难以在实验中进行。因此，有些化合物的标准摩尔生成焓是可以由标准摩尔燃烧焓计算得出的。

【例 1-5】 已知在 298.15 K 时苯乙烯(g)的 $\Delta_c H_m^\ominus=-4\,437$ kJ·mol^{-1}，试求同温度下苯乙烯(g)的 $\Delta_f H_m^\ominus$。已知 298.15 K 下 $\Delta_f H_m^\ominus(CO_2,g)=-393.5$ kJ·mol^{-1}，$\Delta_f H_m^\ominus(H_2O,l)=-285.8$ kJ·mol^{-1}。

解： 298.15 K、$p^\ominus$ 时，苯乙烯(g)的生成反应为

$$8C(石墨)+4H_2(g)===C_6H_5C_2H_3(g)$$

若由 $\Delta_c H_m^\ominus$ 计算，其标准摩尔反应焓即为苯乙烯的 $\Delta_f H_m^\ominus$，即

$$\Delta_f H_m^\ominus=\Delta_r H_m^\ominus=-[\Delta_c H_m^\ominus(C_6H_5C_2H_3,g)-8\Delta_c H_m^\ominus(C,石墨)-4\Delta_c H_m^\ominus(H_2,g)]$$

由于

$$C(石墨)+O_2(g)===CO_2(g)$$

$$H_2(g)+\frac{1}{2}O_2(g)===H_2O(l)$$

故 $\Delta_c H_m^\ominus$(C，石墨)、$\Delta_c H_m^\ominus(H_2,g)$ 分别与 $\Delta_f H_m^\ominus(CO_2,g)$、$\Delta_f H_m^\ominus(H_2O,l)$ 相等，因此将相关数据代入上式，得

$$\Delta_f H_m^\ominus=\Delta_r H_m^\ominus=-[-4\,437-8\times(-393.5)-4\times(-285.8)]\text{kJ·mol}^{-1}$$

$$=-146 \text{ kJ·mol}^{-1}$$

使用燃烧焓时应注意数据的可靠性,因为燃烧焓数值都较大,当用它们来求较小的反应焓变时,原始数据一个很小的误差就有可能造成所求数据很大的误差。

【扩展内容】

(1) 在无机晶体中依据生成热与电负性、生成热与离子极化力、生成热与变价元素化合价的关系,来判断无机晶体的化学键类型,从而可以利用晶体热化学性质来判断化学键类型[11]。

(2) 采用电化学方法获取纳米材料的热力学函数[12]。

§1.10　反应焓变与温度的关系——基尔霍夫定律

在各种手册上一般只能查到各物质在 298.15 K、$p^{\ominus}$ 下的生成焓、燃烧焓等热化学数据,而实际上许多反应并不是在这种条件下进行的。在压力不很高的情况下,压力对反应热效应的影响可以忽略不计。所以如何利用 298.15 K 下的数据来计算其他温度下的化学反应热效应,具有一定的理论意义和实际意义,这将为过程能量的衡算和高温过程的设计奠定基础。

设在温度为 T、压力为 p 时,有化学反应:

$$aA \ + \ eE \ = \ cC \ + \ dD$$

当等压且无非膨胀功时,有

$$\Delta_r H_m = \sum_{产物} n_B H_m(B) - \sum_{反应物} n_B H_m(B)$$

对上式等号两边在等压条件对温度 T 求偏导数得

$$\left(\frac{\partial \Delta_r H_m}{\partial T}\right)_p = \sum_{产物} n_B \left(\frac{\partial H_m(B)}{\partial T}\right)_p - \sum_{反应物} n_B \left(\frac{\partial H_m(B)}{\partial T}\right)_p$$

根据等压热容的定义式

$$C_{p,m}(B) = \left(\frac{\partial H_m(B)}{\partial T}\right)_p$$

代入上式得

$$\left(\frac{\partial \Delta_r H_m}{\partial T}\right)_p = \sum_{产物} n_B C_{p,m}(B) - \sum_{反应物} n_B C_{p,m}(B) = \sum \nu_B C_{p,m}(B)$$

令 $\sum \nu_B C_{p,m}(B) = \Delta_r C_{p,m}$,则

$$\left(\frac{\partial \Delta_r H_m}{\partial T}\right)_p = \Delta_r C_{p,m} \tag{1.61}$$

上式表明等压条件下化学反应的热效应随着温度的变化是由于生成物与产物的等压热容存在差值而引起的。若产物的热容总和大于反应物的热容总和,即 $\Delta_r C_{p,m} > 0$,则随着温度升高,反应的等压热效应会增大;若 $\Delta_r C_{p,m} < 0$,则反应的等压热效应会随着温度的升高而减

小;若 $\Delta_r C_{p,m} = 0$,则热效应不随温度而改变。

对式(1.61)作定积分得

$$\int_{\Delta_r H_{m,1}}^{\Delta_r H_{m,2}} d(\Delta_r H_m) = \int_{T_1}^{T_2} \Delta_r C_{p,m} dT$$

$$\Delta_r H_m(T_2) = \Delta_r H_m(T_1) + \int_{T_1}^{T_2} \Delta_r C_{p,m} dT \tag{1.62}$$

式(1.61)和式(1.62)都称为基尔霍夫方程,前者是微分式,后者是积分式。根据式(1.32)或式(1.33),通过查表可以得到参加反应的各物质的等压摩尔热容与温度的关系式,然后代入式(1.61),就可以用已知温度下的反应热效应来求算另一温度下的热效应。若在温度区间 $T_1 \sim T_2$ 内,参加反应的各物质的等压摩尔热容不随温度的变化而变化,则得到最简化的基尔霍夫方程为

$$\Delta_r H_m(T_2) = \Delta_r H_m(T_1) + \Delta_r C_{p,m}(T_2 - T_1) \tag{1.63}$$

上述基尔霍夫方程适用于在所讨论的温度范围内所有参加化学反应的物质均不发生物态变化的情况,因为有物态变化的热容随温度变化不是一连续函数。若有物质发生了物态变化,则要按照状态函数法,设计途径,由已知温度下的热效应,结合有关物质在相变温度下的摩尔相变热及有关等压摩尔热容,求算另一温度下的热效应。

另外,运用基尔霍夫方程计算反应焓与温度关系的方法,亦可近似用于物质在物态变化时相变焓与温度的关系。

【例 1-6】 已知合成氨反应:

$$\frac{1}{2} N_2(g) + \frac{3}{2} H_2(g) = NH_3(g) \qquad \Delta_r H_m^\ominus(298.15\ K) = -46.11\ kJ \cdot mol^{-1}$$

试计算常压、500 K 的始态下于等温等容过程中生产 1 mol $NH_3(g)$ 的 Q_V。已知 298.15~500 K 温度范围内各物质的平均摩尔热容分别为:$\overline{C}_{p,m}(N_2, g) = 29.65\ J \cdot K^{-1} \cdot mol^{-1}$、$\overline{C}_{p,m}(H_2, g) = 28.56\ J \cdot K^{-1} \cdot mol^{-1}$、$\overline{C}_{p,m}(NH_3, g) = 40.12\ J \cdot K^{-1} \cdot mol^{-1}$。气体可视为理想气体。

解:对理想气体反应,因为混合过程焓变为零,在等温条件下有

$$\Delta_r H_m(500\ K) = \Delta_r H_m^\ominus(500\ K)$$

$$\Delta_r \overline{C}_{p,m} = \overline{C}_{p,m}(NH_3) - \frac{1}{2}\overline{C}_{p,m}(N_2) - \frac{3}{2}\overline{C}_{p,m}(H_2)$$

$$= \left\{ 40.12 - \frac{1}{2} \times 29.65 - \frac{3}{2} \times 28.56 \right\} J \cdot K^{-1} \cdot mol^{-1}$$

$$= -17.55\ J \cdot K^{-1} \cdot mol^{-1}$$

根据基尔霍夫方程(1.62)得

$$\Delta_r H_m(T_2) = \Delta_r H_m(T_1) + \Delta_r C_{p,m}(T_2 - T_1)$$

$$\Delta_r H_m(500 \text{ K}) = \Delta_r H_m^\ominus(500 \text{ K}) = \Delta_r H_m^\ominus(298.15 \text{ K}) + \int_{298.15\text{K}}^{500\text{K}} \Delta_r \overline{C}_{p,m} dT$$

$$= \Delta_r H_m^\ominus(298.15 \text{ K}) + \Delta_r \overline{C}_{p,m}(500 - 298.15)\text{K}$$

$$= \{-46.11 - 17.55 \times 10^{-3} \times (500 - 298.15)\} \text{ kJ} \cdot \text{mol}^{-1}$$

$$= -49.65 \text{ kJ} \cdot \text{mol}^{-1}$$

由式(1.58)有

$$\Delta_r H_m(500 \text{ K}) = \Delta_r U_m(500 \text{ K}) + \Delta n R T$$

故

$$\Delta_r U_m(500 \text{ K}) = \Delta_r H_m(500 \text{ K}) - \Delta n R T$$

$$= \left\{-49.65 - \left(1 - \frac{1}{2} - \frac{3}{2}\right) \times 8.314 \times 500 \times 10^{-3}\right\} \text{ kJ} \cdot \text{mol}^{-1}$$

$$= -45.49 \text{ kJ} \cdot \text{mol}^{-1}$$

即

$$Q_V = \Delta_r U_m(500 \text{ K}) = -45.49 \text{ kJ} \cdot \text{mol}^{-1}$$

参考文献

[1] 王竹溪. 热力学发展史概要. 物理通报, 1962, 4:145
[2] 何应森. 热力学的新进展. 化学通报, 1989, 4:35
[3] 严子浚. 理想气体任一过程的热容及其应用. 物理通报, 1998, 2:4
[4] 杨婷婷, 滕保华. 浅析理想气体直线过程的吸放热. 物理通报, 2011, 4:14
[5] 岑敏锐. 理想气体吸热与放热的讨论. 物理与工程, 2006, 16(5):28
[6] 伍文宜. 理想气体直线过程的讨论. 大学物理, 1996, 15(7):48
[7] 伍文宜. 理想气体直线过程的再讨论. 大学物理, 1998, 17(2):17
[8] 杜宜瑾. 气体的内能、焦耳-汤姆逊系数与理想气体. 大学物理, 1984, 5:30
[9] 严子浚. 关于"气体的内能、焦耳-汤姆逊系数与理想气体"的讨论. 大学物理, 1985, 11:12
[10] 韩梅. 焦耳-汤姆逊系数和真实气体液化的关系. 大学化学, 1988, 3(3):44
[11] 池乃书. 生成热与化学键类型. 大学化学, 1988, 3(3):20
[12] 王路得, 黄在银, 范高超, 周泽广, 谭学才. 电化学方法测定纳米材料的热力学函数. 中国科学: 化学, 2012, 42(1):47

思考题

1. 下列说法是否正确, 为什么?

(1) 当系统的状态一定时, 所有的状态函数都有一定的数值; 当系统的状态发生变化时, 所有的状态函数的数值也随之发生变化。

(2) 凡是系统的温度升高时就一定吸热,而温度不变时,系统既不吸热也不放热。

(3) 因 $Q_V=\Delta U$,$Q_p=\Delta H$,所以 Q_V、Q_p 都是状态函数。

(4) 气体经绝热自由膨胀后,因 $Q=0$,$W=0$,所以 $\Delta U=0$,气体温度不变。

(5) 1 mol 水在 $p^\ominus$ 下由 25 ℃升温至 120 ℃,其 $\Delta H=\int_{T_1}^{T_2} C_{p,m}\mathrm{d}T$。

(6) 可逆过程一定是循环过程,循环过程一定是可逆过程。

(7) 反应 A(g)＋2B(g)══C(g)的 $\Delta_r H_m$(298.15K)>0,则此反应进行时必定吸热。

2. 如图 1.8,设有一电热丝浸于水中,通以电流,如果按下列几种情况作为系统,试问 ΔU、Q、W 值的正、负或零。

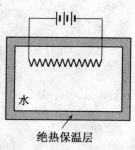

图 1.8

(1) 以电热丝为系统。

(2) 以电热丝和水为系统。

(3) 以电热丝、水、电源和绝热层为系统。

(4) 以电热丝、电源为系统。

3. 一理想气体从某一状态出发,经绝热可逆压缩或经恒温可逆压缩到一固定的体积,哪一种压缩过程所需的功大? 为什么? 如果是膨胀,情况又将任何?

4. 从同一初态(p_1,V_1)分别经可逆的绝热膨胀与不可逆的绝热膨胀至终态体积都是 V_2 时,理想气体压力力相同吗? 为什么?

5. 将置于室内的一电冰箱的箱门打开,使其制冷机运转,能否降低全室温度? 为什么?

6. 下列关系式中,请指出哪几个是准确的,哪几个是不准确的,并简单说明理由。

(1) $\Delta_c H_m^\ominus$(金刚石,s)＝$\Delta_f H_m^\ominus$(CO_2,g)

(2) $\Delta_c H_m^\ominus$(H_2,g)＝$\Delta_f H_m^\ominus$(H_2O,g)

(3) $\Delta_c H_m^\ominus$(N_2,g)＝$\Delta_f H_m^\ominus$($2NO_2$,g)

(4) $\Delta_c H_m^\ominus$(SO_2,g)＝0

(5) $\Delta_f H_m^\ominus$(C_2H_5OH,g)＝$\Delta_f H_m^\ominus$(C_2H_5OH,l)＋$\Delta_{vap} H_m^\ominus$(C_2H_5OH,l)

7. 试写出下列过程中 ΔU、ΔH、Q、W 的求算公式,并判断何者为零。

(1) 理想气体的自由膨胀过程　　　　(2) 理想气体的等压膨胀过程

(3) 理想气体的等温压缩过程　　　　(4) 理想气体的绝热可逆膨胀过程

(5) 0 ℃、$p^\ominus$ 下冰融化为水的过程　　(6) 绝热等容没有非膨胀功时发生的化学变化过程

习　题

1. 如果一个系统从环境吸收了 40 J 的热,而系统的热力学能增加了 200 J,问系统从环境得到了多少功? 如果该系统在膨胀过程中对环境做了 10 kJ 的功,同时吸收了 28 kJ 的热,求此系统的热力学能的变化值。

2. 1 mol 理想气体的温度和压力分别为 300 K、1 000 kPa,在等温条件下,分别经下述三种不同途径膨胀到终态压力为 1 kPa,求算系统在不同途径变化时的膨胀功。

(1) 自由膨胀;

（2）反抗恒外压 1 kPa 膨胀；

（3）等温可逆膨胀。

3. 2 mol 某理想气体的 $C_{p,m}=3.5R$，由始态 100 kPa、50 dm³，先等容加热使压力升高到 200 kPa，再等压冷却到体积为 25 dm³。求整个过程的 Q、W、ΔU 和 ΔH。

4. NH₃ 的 $C_{p,m}=(24.8+37.519\times10^{-3}T-7.382\times10^{-8}T^2)$ J·K⁻¹·mol⁻¹，在等压条件下将 298 K 的 1 mol NH₃ 加热到 698 K，计算该过程中的 Q、W、ΔU 和 ΔH。假设 NH₃ 为理想气体。

5. 1 mol C₆H₆(g) 在 $p^{\ominus}$、353.4 K(正常沸点)下冷凝为液体，已知苯的汽化热为 394.4 J·g⁻¹，试计算该过程的 Q、W、ΔU 和 ΔH。假设液体体积可以忽略不计。

6. 1 mol 水在 100 ℃、100 kPa 下变成同温同压下的水蒸气(可视为理想气体)，然后再等温可逆膨胀到 10 kPa，计算全过程的 ΔU 和 ΔH。已知水的摩尔汽化焓 $\Delta_{vap}H_m(373.15\ \text{K})=40.67$ kJ·mol⁻¹。

7. 已知水在 100 ℃、100 kPa 下的摩尔蒸发焓 $\Delta_{vap}H_m(373.15\ \text{K})=40.67$ kJ·mol⁻¹，试计算在 100 ℃ 的真空容器中，1 kg 水全部蒸发为水蒸气，并且水蒸气的压力恰好为 100 kPa，假设水蒸气可视为理想气体，计算该过程的 Q、W、ΔU 和 ΔH。

8. 范德华方程为 $\left(p+\dfrac{a}{V_m^2}\right)(V_m-b)=RT$，证明对遵守范德华方程的 1 mol 真实气体，其等温可逆过程所做的功可用下式求算：

$$W=-RT\ln\frac{V_{m,2}-b}{V_{m,1}-b}-a\left(\frac{1}{V_{m,2}}-\frac{1}{V_{m,1}}\right)$$

9. 有 1 mol 单原子分子理想气体在 0 ℃、100 kPa 时经一变化过程，体积增大一倍，$Q=1674$ J，$\Delta H=2\ 092$ J。

（1）试求算终态的温度、压力及此过程的 W 和 ΔU；

（2）如果该气体经等温和等容两步可逆过程到达上述终态，试计算 Q、W、ΔU 和 ΔH。

10. 证明：$\left(\dfrac{\partial U}{\partial T}\right)_p=C_p-p\left(\dfrac{\partial V}{\partial T}\right)_p$；$\left(\dfrac{\partial H}{\partial T}\right)_V=C_V+V\left(\dfrac{\partial p}{\partial T}\right)_V$

11. 已知邻二甲苯的正常沸点为 144.4 ℃，该温度下的 $\Delta_{vap}H_m=36.6$ kJ·mol⁻¹，其液体的 $C_{p,m}(l)=0.203$ kJ·K⁻¹·mol⁻¹，其气体的 $C_{p,m}(g)=0.160$ kJ·K⁻¹·mol⁻¹。有 20 mol 邻二甲苯由 298.15 K、100 kPa 加热蒸发为 443.15 K 的蒸气，求算此过程的 Q 和 ΔH。

12. 已知水在 100 ℃、100 kPa 时的摩尔蒸发焓为 $\Delta_{vap}H_m(373.15\ \text{K})=40.67$ kJ·mol⁻¹，水和水蒸气在 25～100 ℃ 间的平均摩尔等压热容分别为 $C_{p,m}(l)=75.75$ J·K⁻¹·mol⁻¹，$C_{p,m}(g)=33.76$ J·K⁻¹·mol⁻¹。求水在 25 ℃ 的摩尔蒸发焓。

13. 1 mol N₂(g) 在 298.15 K 和 100 kPa 时，经绝热可逆过程压缩到 5 dm³，试计算终态的温度、压力及过程所做的 W、ΔU 和 ΔH。设 N₂ 为理想气体。

14. 气体氦从 0 ℃、500 kPa、10 dm³ 的始态经(1) 绝热可逆膨胀；(2) 对抗恒外压 10⁵ Pa 做绝热不可逆膨胀，使气体的终态压力均为 10⁵ Pa，分别计算上述两个过程的 W、ΔU 和 ΔH。

15. 1 mol 单原子理想气体从始态 298 K、200 kPa，经下列途径使体积加倍，试计算每种途径的终态压力及各过程的 Q、W 及 ΔU，并画出 p-V 示意图。

（1）等温可逆膨胀；

（2）绝热可逆膨胀；

(3) 沿着 $p/Pa = 1.0 \times 10^4 V_m/(dm^3 \cdot mol^{-1}) + b$ 的途径可逆变化。

16. 带活塞的绝热容器中有一绝热隔板,隔板两侧分别为 2 mol、0 ℃的单原子理想气体 A 及 5 mol、100 ℃的双原子理想气体 B,两气体的压力均为 100 kPa,活塞外的压力维持在 100 kPa 不变。今将容器内的隔板撤去,使两种气体混合达到平衡。求终态时的温度及过程的 W 及 ΔU。

17. 已知 CO_2 的 $\mu_{J-T} = 1.07 \times 10^{-5}$ K·Pa^{-1},$C_{p,m} = 36.6$ J·K^{-1}·mol^{-1},试求算 50 g CO_2 在 25 ℃下由 10^5 Pa 等温压缩至 10^6 Pa 时的 ΔH。如果实验气体为理想气体,则 ΔH 又应为何值?

18. 已知 100 kPa 下冰的熔点为 0 ℃,其比熔化焓为 $\Delta_{fus}H = 333.3$ J·g^{-1}。水和冰的平均质量等压热容分别为 $C_{p,m}(l) = 4.184$ J·g^{-1}·K^{-1},$C_{p,m}(s) = 2.000$ J·g^{-1}·K^{-1}。今在绝热容器内向 1 kg 温度为 50 ℃的水中投入 0.8 kg 温度为 −20 ℃的冰。求终态的温度及终态时水和冰的质量。

19. 在 25 ℃下,一密闭恒容的容器中有 10 g 固体萘 $C_{10}H_8$(s) 在过量的 O_2(g) 中完全燃烧生成 CO_2(g) 和 H_2O(l),过程放热 401.727 kJ。求:

(1) $C_{10}H_8$(s) $+ 12O_2$(g) $== 10CO_2$(g) $+ 4H_2O$(l) 的反应进度;

(2) $C_{10}H_8$(s) 的 $\Delta_c U_m$;

(3) $C_{10}H_8$(s) 的 $\Delta_c H_m$。

20. 已知反应:

(1) CO(g) $+ H_2O$(g) $== CO_2$(g) $+ H_2$(g),$\Delta_r H_m^{\ominus}$(298.15 K) $= -41.2$ kJ·mol^{-1}

(2) CH_4(g) $+ 2H_2O$(g) $== CO_2$(g) $+ 4H_2$(g),$\Delta_r H_m^{\ominus}$(298.15 K) $= 165.0$ kJ·mol^{-1}

计算反应 CH_4(g) $+ H_2O$(g) $== CO$(g) $+ 3H_2$(g) 的 $\Delta_r H_m^{\ominus}$(298.15K)。

21. 在 298.15 K 及 100 kPa 时,已知环丙烷、石墨和氢气的燃烧焓为 $\Delta_c H_m^{\ominus}$(298.15 K) 分别为 $-2\,092$ kJ·mol^{-1}、-393.8 kJ·mol^{-1}、-285.84 kJ·mol^{-1}。若已知丙烷 C_3H_6(g) 的标准摩尔生成焓为 $\Delta_f H_m^{\ominus}$(298.15 K) $= 20.52$ kJ·mol^{-1},试求:

(1) 环丙烷的标准摩尔生成焓 $\Delta_f H_m^{\ominus}$(298.15 K);

(2) 环丙烷异构化变为丙烯的摩尔反应焓变 $\Delta_r H_m^{\ominus}$(298.15 K)。

22. 利用附录中的 $\Delta_f H_m^{\ominus}$(298.15 K) 数据,计算下列反应的 $\Delta_r H_m^{\ominus}$(298.15 K) 和 $\Delta_r U_m^{\ominus}$(298.15 K),假定反应中各气体物质均可视为理想气体。

(1) H_2S(g) $+ \dfrac{3}{2} O_2$(g) $== H_2O$(l) $+ SO_2$(g)

(2) CO(g) $+ 2H_2$(g) $== CH_3OH$(l)

(3) Fe_2O_3(s) $+ 2Al$(s) $== Al_2O_3$(g) $+ 2Fe$(s)

23. 已知 C_2H_5OH(l) 在 298.15 K 时的标准摩尔燃烧焓为 -1367 kJ·mol^{-1},试用 CO_2(g) 和 H_2O(l) 在 298.15 K 时的生成焓,计算 C_2H_5OH(l) 在 298.15 K 时的标准摩尔生成焓。

24. 已知反应 C(石墨)$+ H_2O$(g) $== CO$(g) $+ H_2$(g) 的 $\Delta_r H_m^{\ominus}$(298.15 K) $= 133$ kJ·mol^{-1},各参加反应物质 C(石墨)、H_2O(g)、CO(g)、H_2(g) 在 25～125 ℃的平均摩尔等压热容分别为 8.64 J·g^{-1}·K^{-1}、33.51 J·g^{-1}·K^{-1}、29.11 J·g^{-1}·K^{-1}、28.0 J·g^{-1}·K^{-1}。计算该反应在 125 ℃时的 $\Delta_r H_m^{\ominus}$。

25. 计算反应 $CaCO_3$(s) $== CaO$(s) $+ CO_2$(g) 的 $\Delta_r H_m^{\ominus} = f(T)$ 方程式及在 1 000 ℃、100 kPa 反应进行时的 Q、W、$\Delta_r U_m$ 和 $\Delta_r H_m$。相关的热力学数据请在附录中查找。

26. 已知反应 I_2(s) $+ H_2$(g) $== 2HI$(g) 在 18 ℃的 $\Delta_r H_m^{\ominus} = 49.45$ kJ·mol^{-1}。I_2(s) 的熔点是 113.5 ℃,其熔化

熔为 16.74 kJ·mol^{-1}；I$_2$(l)的沸点是 184.3 ℃，其汽化熔为 42.68 kJ·mol^{-1}；I$_2$(s)、I$_2$(l)及 I$_2$(g)的平均摩尔等压热容分别为 55.65 J·K^{-1}·mol^{-1}、62.67 J·K^{-1}·mol^{-1}、36.86 J·K^{-1}·mol^{-1}。试计算反应 I$_2$(g)＋H$_2$(g)══2HI(g)在 200 ℃的反应焓变 $\Delta_r H_m^{\ominus}$。

第 2 章　热力学第二定律

本章基本要求

　　1. 了解一切自发过程的共同特征,明确热力学第二定律的意义。

　　2. 理解熵是状态函数的概念与意义,掌握用熵变判断过程方向与限度的条件。掌握熵变的计算。

　　3. 明确吉布斯函数的定义及吉布斯函数变化在特殊情况下的物理意义,理解熵判据、吉布斯函数判据、亥姆霍兹函数判据,重点掌握吉布斯函数判据的运用条件及其应用,会计算简单过程、相变过程和化学变化的吉布斯函数变化量。

　　4. 掌握热力学函数间的关系、热力学基本公式。

　　5. 了解热力学第三定律及其意义,掌握标准规定熵的意义及计算。

关键词

　　卡诺定理,热力学第二定律,熵判据,吉布斯函数判据,热力学第三定律

　　从热力学第一定律我们已经知道,自然界的变化都遵循能量守恒原则,但热力学第一定律不能告诉我们变化的方向和限度。自然界发生的变化都不违反热力学第一定律,但不违反热力学第一定律的变化未必能自发发生。一个明显的例子是,热可以从高温物体自动流向低温物体,而它的逆过程即热从低温物体流向高温物体,则是不能自动发生的。因此,关于变化的方向和限度这两个问题的解决有赖于热力学第二定律。

§2.1　自发过程的共同特征

　　所谓自发过程是指在某些特定条件下任其自然发展而发生的过程。人们之所以对自发过程感兴趣,是由于自发过程可以对外做功。实践经验告诉我们,一切自发过程都是不可逆的,且其不可逆性可归结为热功转化的不可逆性。下面予以举例说明。

2.1.1　焦耳实验中的理想气体向真空膨胀

　　如果要使已膨胀的气体恢复原来的体积和压力,则需要对系统做功 W。由于是等温过程,恢复过程中系统 $\Delta U = 0$,则根据热力学第一定律,系统应对环境放热 $|W|$。因此环境失

去了 W 的功,获得了 $|W|$ 的热。上述过程能否成为可逆过程,取决于环境获得的热能否全部转化为功,能,则上述过程可逆,不能,则上述过程不可逆。

2.1.2 热由高温物体传向低温物体

这显然是一个自发过程,过程的极限是两物体温度相等。这个过程能否变成一个可逆过程呢? 这就要看系统恢复原状的同时,环境能否也恢复为原状而不留下任何永久性的变化。假设有一种冷冻机,如图 2.1 所示,环境对其做功 W 后,可将低温热源获得的热 Q_1 全部吸收,并向高温热源传热 Q_2。根据热力学第一定律,$|Q_2| = |Q_1| + W$。接着再从高温热源取出多获得的数值为 $|W|$ 的热还给环境。如此,高低温热源都回到了原状,而环境失去了 W 的功,获得了 $|W|$ 的热。过程能否可逆,取决于环境获得的热能否全部转化为功。事实上这是不可能的。

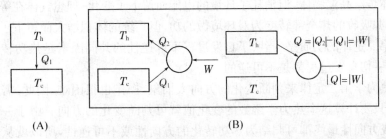

图 2.1　热从高温物体传给低温物体(A)及其恢复过程(B)

从上述两个例子我们可以看到,自发过程的不可逆性与热功转化的不可逆性是密切关联的。实践经验告诉我们,"功可以全部转化为热,而热不可以全部转化为功而不引起任何其他的变化。"因此,自发过程都是不可逆的。这就是一切自发过程的共同特征,也是热力学第二定律的基础。

理论上说,如果我们需要判断某过程是否为可逆过程,只需要建立一种联系,将该问题转化为"热能否全部转化为功而不引起其他任何的变化"。但是,在建立联系的过程中,往往会出现错误,使得这一方法变得并不简单。因此,仅仅了解自发过程的共同特征还不足以判断过程的自发性,还需要通过定量计算的方式来简化这一任务。

§2.2　热力学第二定律

热力学第二定律即是为了从理论计算上解决判断过程可逆性这一问题出发的。其表述有以下几种:

(1) 克劳修斯(Clausius)表述:不可能把热由低温物体传到高温物体,而不引起其他变化。

（2）开尔文（Kelvin）表述：不可能从单一热源吸热使之完全变为功，而不引起其他变化。

从单一热源吸热使之全部转化为功而不留下其他变化的机器称为第二类永动机。所以热力学第二定律也可表述为：第二类永动机是不可能制造成功的。

历史上曾经有许多违反热力学第二定律的案例。首个成型的第二类永动机装置是1881年美国人约翰·嘎姆吉（John Gamgee）为美国海军设计的零发动机。这一装置利用海水的热量将液氨汽化，推动机械运转。但是这一装置无法持续运转，因为汽化后的液氨在没有低温热源存在的条件下无法重新液化，因而不能完成循环。

应当明确，克劳修斯说法并不意味着热不能由低温物体传给高温物体；开尔文说法也不是说热不能全部转化功，它们强调只是不能留下其他的变化，例如开动制冷机（如冰箱）可使热由低温物体传给高温物体，但消耗了环境的电能而留下了变化；理想气体在等温可逆膨胀中，从单一热源吸收的热全部转变为对环境做的功，但系统的体积增大而留下了变化。

热力学第二定律的实质是：指明了自发过程不可逆性的共同因素是热功转换的不可逆性，从而断定一切自发过程都是不可逆的。

由于用热力学第二定律来判断变化的方向太抽象，操作也很困难，因此，需要找到一个热力学函数，只要计算这个热力学函数的变化值就可判断变化的方向。由于一切自发过程的不可逆性或方向性最终都可归结为热功转化的方向性或不可逆性，所以就从热功转化的定律中去找这个热力学函数。

§2.3　卡诺循环与卡诺定理

2.3.1　卡诺循环

1824年，法国青年工程师卡诺（Carnot）设计了一台理想的热机，用以探讨热功转化的极限问题，称为卡诺热机。事实上，正是在研究了卡诺的结论和热力学第一定律后，克劳修斯和开尔文才提出了热力学第二定律。

卡诺热机在两个温度不同的无限大热源（高温热源 T_2 和低温热 T_1）间工作，从高温热源吸热（$Q_2 > 0$），对外做功（$W < 0$），剩余能量以热的形式释放给低温热源（$Q_1 < 0$）。汽缸中的工作物质是理想气体，在两个热源间的循环方式见图2.2。

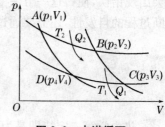

图 2.2　卡诺循环

该循环有两个温度不同的等温可逆过程：$A \to B$ 的等温可逆膨胀和 $C \to D$ 的等温可逆

压缩；两个可逆绝热过程：$B{\rightarrow}C$ 的绝热可逆膨胀和 $D{\rightarrow}A$ 的绝热可逆压缩，该循环称为卡诺循环，是一个可逆循环。

完成一个卡诺循环后，卡诺热机所做的净功 $|W|$ 为 $p{\sim}V$ 图上曲边四边形 $ABCD$ 所包围的面积。

由热力学第一定律，可有：

$A{\rightarrow}B$ 等温可逆膨胀：$\Delta U_2 = 0$，$Q_2 = -W_2 = nRT_2\ln\dfrac{V_B}{V_A}$。

$C{\rightarrow}D$ 等温可逆压缩：$\Delta U_1 = 0$，$Q_1 = -W_1 = nRT_1\ln\dfrac{V_D}{V_C}$。

$\left.\begin{array}{l} B{\rightarrow}C \text{ 绝热可逆膨胀：} Q_3 = 0,\ T_2 V_B^{\gamma-1} = T_1 V_C^{\gamma-1} \\ D{\rightarrow}A \text{ 绝热可逆压缩：} Q_4 = 0,\ T_2 V_A^{\gamma-1} = T_1 V_D^{\gamma-1} \end{array}\right\} \Rightarrow \dfrac{V_B}{V_A} = \dfrac{V_C}{V_D}$

因此，$Q_1 + Q_2 = nR(T_2 - T_1)\ln\dfrac{V_B}{V_A}$。由于是循环过程，$\Delta U = 0$，所以 $Q = -W$，亦即 $Q_1 + Q_2 = -W$，$-W$ 即为系统对外做的净功的绝对值。

这样，理想气体卡诺热机的效率为

$$\eta_R = \frac{-W}{Q_2} = \frac{Q_1 + Q_2}{Q_2} = \frac{nR(T_2 - T_1)\ln\dfrac{V_B}{V_A}}{nRT_2\ln\dfrac{V_B}{V_A}} = \frac{T_2 - T_1}{T_2} \tag{2.1}$$

卡诺循环是一个可逆循环，可以证明，任意可逆循环所做的功在数值上等同于无限多个小卡诺循环的加和（见下节），因而，卡诺热机的效率也是所有可逆热机的效率 η_R。

对上式中还需要说明的是，经过一个卡诺循环后，气缸中的理想气体复原，高温热源 T_2 损失了 $|Q_2|$ 的热量，低温热源 T_1 得到 $|Q_1|$ 的热量，循环做的总功（绝对值）为四边形 $ABCD$ 的面积。也就是经卡诺循环后，高温热源 T_2 流出的热量 Q_2 一部分转变为 W，余下的热量 Q_1 流到低温热源 T_1，所以有 $Q_1 + Q_2 = -W$。

由式（2.1）可得到一个重要的结论，即在卡诺循环中，

$$\frac{Q_1 + Q_2}{Q_2} = \frac{T_2 - T_1}{T_2}$$

所以有

$$\frac{Q_1}{T_1} + \frac{Q_2}{T_2} = 0 \tag{2.2}$$

即卡诺热机的两个热源的热温商之和等于 0。这个关系式在后续推导熵函数过程中起到奠基的作用。

由式（2.1）可知，卡诺热机的效率只与两个热源的温度有关，两个热源温差越大，效率越高，热量利用率越高。事实上，多数情况下，式（2.1）中的 T_1 可理解为环境的温度，可见，只

有当环境温度为 0K 时,卡诺热机的效率才能达到 100%,这显然是不太可能的;而如果环境温度 T_1 为室温(298 K),显然卡诺热机的效率决定于高温热源 T_2 的大小,T_2 越高,效率就越高。这就为提高热机的做功效率指明了方向。

2.3.2 卡诺定理

同样条件下,由于可逆过程可以对环境做最大功,可以知道卡诺热机(可逆热机)的效率是同条件下所有热机中最高的。因而可以得到卡诺定理:所有工作于同温热源和同温冷源之间的热机,其效率都不超过可逆热机(即卡诺热机)。也就是卡诺热机效率 η_R 大于不可逆热机效率 η_{IR},即

$$\eta_R > \eta_{IR} \tag{2.3}$$

另外,还可得到卡诺定理的推论:可逆热机(卡诺热机)的效率与工作物质无关。

结合式(2.1)和式(2.3),可知,对于任意工作物质在 T_1,T_2 的热源间作任意不可逆循环,则有

$$\eta_{IR} = \frac{-W}{Q_2} = \frac{Q_1 + Q_2}{Q_2} < \eta_R = \frac{T_2 - T_1}{T_2}$$

即 $\dfrac{Q_1 + Q_2}{Q_2} < \dfrac{T_2 - T_1}{T_2}$,可得到

$$\frac{Q_1}{T_1} + \frac{Q_2}{T_2} < 0 \tag{2.4}$$

即不可逆循环两个热源的热温商之和小于 0。该式在下节中推导克劳修斯不等式中起到非常重要的作用。

§2.4 熵与克劳修斯不等式

虽然卡诺定理及热力学第二定律推动了人类利用热能方式的进步,但该定律更广泛的应用在于判断过程(包括化学反应)自发进行的方向。下面就从卡诺定理出发,讨论判断过程方向的熵函数。

2.4.1 熵的定义

卡诺热机中两个热源的"热温商"之和等于零,$\dfrac{Q_1}{T_1} + \dfrac{Q_2}{T_2} = 0$,对无限小的卡诺循环,则有无限小的卡诺循环的两个热源的热温商之和等于 0,即 $\dfrac{\delta Q_1}{T_1} + \dfrac{\delta Q_2}{T_2} = 0$。

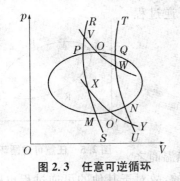

图 2.3　任意可逆循环

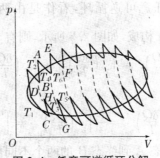

图 2.4　任意可逆循环分解
为一连串小卡诺循环

卡诺循环是一个由两个热源和四个可逆过程组成的特殊的可逆循环,从它得到的热源的热温商之和等于 0 能否推广到任意可逆循环中去呢?

假如任意可逆循环能用一系列小卡诺循环之和来代替,由于每个小卡诺循环的热源热温商之和等于 0,那么任意可逆循环的热源的热温商之和也等于 0。

图 2.3 中的椭圆代表任意的可逆循环,其覆盖的面积即为该循环所做功的绝对值。现取该循环路径上的两点 P、Q,分别通过该两点作绝热线,与可逆循环相交于 M、N。再作等温线 VW 和 XY,要求使得斜边三角形 VPO 和 OQW 面积相等,$XO'M$ 与 $YO'N$ 面积相等。这样,就得到一个卡诺循环 $VWYX$,并且该卡诺循环所做的功(即面积大小)与原可逆循环的一部分 $PQNM$ 相等。

仿照上述方式,可在任意可逆循环中划分出一连串的卡诺循环,如图 2.4。其中虚线所代表的绝热线路径在前后两个卡诺循环中遵循相反的方向,因而其做功量可以相互抵消。因此可得到,这些卡诺循环组合成的锯齿状边界的途径的做功数值几乎等于椭圆所代表的可逆循环的做功量,微弱的差异在于椭圆左右两端的边界处。

再进一步,如果沿着椭圆可逆循环路径划分的卡诺循环无限小,则这些卡诺循环边界的锯齿形状就越小,从而越趋近于与可逆循环的路径重合。

因此,之前的假定完全可以实现,即任意可逆循环可用一系列小卡诺循环之和来代替,因而任意可逆循环的热源的热温商之和也等于 0,即

$$\sum_i \left(\frac{\delta Q_i}{T_i} \right)_R = 0$$

式中,R 表示可逆,T_i 表示第 i 个热源的温度,在可逆过程中也是系统的温度。

另外,由于任意可逆循环热源无限多,且其变化途径是连续并封闭的,因此上式可表示为环形积分的形式:

$$\oint \left(\frac{\delta Q}{T} \right)_R = 0 \tag{2.5}$$

这个公式能够得到什么结论呢?

现在将一任意可逆循环,看作是由两个任意的可逆过程

$A \xrightarrow{R_1} B \xrightarrow{R_2} A$ 构成,如图 2.5 所示,则有

$$\oint \left(\frac{\delta Q}{T}\right)_R = \int_A^B \left(\frac{\delta Q}{T}\right)_{R_1} + \int_B^A \left(\frac{\delta Q}{T}\right)_{R_2} = 0$$

即

$$\int_A^B \left(\frac{\delta Q}{T}\right)_{R_1} = -\int_B^A \left(\frac{\delta Q}{T}\right)_{R_2} = \int_A^B \left(\frac{\delta Q}{T}\right)_{R_2}$$

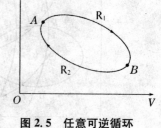

图 2.5　任意可逆循环

这样,从始态 A 到终态 B 的两个不同可逆过程的热温商之和相等。由于所选用的可逆循环及可逆过程都是任意的,故对于其他的可逆过程也同样如此。

可以看出,变量 $\left(\frac{\delta Q}{T}\right)_R$ 的积分值与途径无关,仅由始终态决定,显然它具有状态函数变化值的特点,即 $\left(\frac{\delta Q}{T}\right)_R$ 的积分值 $\int \left(\frac{\delta Q}{T}\right)_R$ 一定是一个客观存在的状态函数的变化值。克劳修斯将这个积分值定义为状态函数熵的变化量:

$$\Delta S_{A \to B} = S_B - S_A \stackrel{\text{def}}{=} \int_A^B \left(\frac{\delta Q}{T}\right)_R \tag{2.6}$$

即系统由状态 A 变到状态 B,系统的熵变等于始、终态 A、B 间的可逆过程的热温商之和。

若变化无限小,则系统的熵变表示为:

$$dS \stackrel{\text{def}}{=} \left(\frac{\delta Q}{T}\right)_R \tag{2.7}$$

式(2.6)和式(2.7)分别是积分、微分形式的熵变的定义式,本书中所有计算熵变的公式都是由此两式出发得到的。

需要说明的是,熵 S 是状态函数,其变化量 ΔS 只取决于始、终态 A、B,与 A、B 间是否经历可逆过程无关,即不论 $A \to B$ 经历的是可逆还是不可逆过程,ΔS 都有确定的数值。但该数值的求解需要设计 $A \to B$ 的可逆过程来计算。

另外需要注意的是,熵是系统的容量性质,具有加和性,其单位是 $J \cdot K^{-1}$。

2.4.2　热力学第二定律的数学表达式

由卡诺定理得到的不可逆循环的两个热源的热温商之和小于 0,即 $\frac{Q_1}{T_1} + \frac{Q_2}{T_2} < 0$,同样可以推广到有许多热源的任意不可逆循环中去,得到任意不可逆循环的所有热源的热温商之和小于 0,即

$$\sum_i \left(\frac{\delta Q_i}{T_i}\right)_{IR} < 0 \tag{2.8}$$

式中,IR 表示不可逆,i 为所有热源中任一个热源。

现有一个不可逆循环,$A \to B$ 是不可逆的,$B \to A$ 是可逆的,当然整个循环就是不可逆的。这样有 $\sum\limits_i \left(\dfrac{\delta Q_i}{T_i}\right)_{A \to B,\,\mathrm{IR}} + \int_B^A$

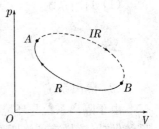

图 2.6　任意不可逆循环

$\left(\dfrac{\delta Q}{T}\right)_R < 0$, 即 $\int_A^B \left(\dfrac{\delta Q}{T}\right)_R > \sum\limits_i \left(\dfrac{\delta Q_i}{T_i}\right)_{A \to B,\,\mathrm{IR}}$, 亦即

$$\Delta S_{A \to B} > \sum_i \left(\frac{\delta Q_i}{T_i}\right)_{A \to B,\,\mathrm{IR}} \qquad (2.9)$$

可以看出,对确定的始终态(始态 A,终态 B),系统的熵变(即系统经历可逆过程的热温商之和)大于系统经历不可逆过程时的热温商。

这里要注意熵变 ΔS 是状态函数的变化量,只与始终态有关。相反,热温商之和是与具体过程或途径有关的,也就是说,即便始终态确定,不同过程或路径的热温商之和一般是不同的。

因此,结合式(2.6)和式(2.9)可知,对于状态 A 到状态 B 之间发生的过程,通过比较 $\Delta S_{A \to B}$(始终态之间的熵变)与 $\sum\limits_i \left(\dfrac{\delta Q_i}{T_i}\right)_{A \to B}$ 的大小,可以判断过程是否可逆以及是否可能发生,即

$$\begin{cases} \Delta S_{A \to B} > \sum\limits_i \left(\dfrac{\delta Q_i}{T_i}\right)_{A \to B} & \text{不可逆过程} \\[2mm] \Delta S_{A \to B} = \sum\limits_i \left(\dfrac{\delta Q_i}{T_i}\right)_{A \to B} & \text{可逆过程} \\[2mm] \Delta S_{A \to B} < \sum\limits_i \left(\dfrac{\delta Q_i}{T_i}\right)_{A \to B} & \text{不可能发生的过程} \end{cases} \qquad (2.10a)$$

上式即称为克劳修斯不等式,也是热力学第二定律的数学表达式,也称为熵判据。

注意,式(2.10a)的使用范围是封闭系统,即与环境没有物质交换,但可能有能量交换的系统。本书中,如无特殊指定,通常公式的适用范围都是封闭系统。

事实上,人们更感兴趣的是过程是不是自发,而不是可逆不可逆,因为自发过程有做功的能力,这是热力学研究的根本动力。前已述及,自发过程都是不可逆的;那么反过来,不可逆过程是否都是自发过程呢? 不一定。有一些不可逆过程,可能是由于环境对系统输入了额外的功而导致的,并非是系统本身的性质使然,所以要加以区分。所以没有额外功的不可逆过程即为自发过程。该表述对后续的其他判据如吉布斯函数判据、亥姆霍兹函数判据都是适用的。对于封闭系统来说,其"封闭系统"的前提并不一定导致环境对系统输入功(包括膨胀功和非膨胀功),所以,熵判据中,只有当环境不对系统输入功(总功,包括膨胀功和非膨胀功)时,不可逆过程才是自发过程。

下面讨论几种常见系统的熵判据：

（1）封闭系统

$$\Delta S_{A \to B} \begin{matrix} > \\ = \\ < \end{matrix} \sum_i \left(\frac{\delta Q_i}{T_i} \right)_{A \to B} \begin{cases} \text{不可逆过程（若环境不对系统作净功，则为自发过程）} \\ \text{可逆过程} \\ \text{不可能发生的过程} \end{cases} \quad (2.10b)$$

（2）隔离系统

由于隔离系统与环境间没有热的交换，所以过程热温商等于0，另外，又因为环境不对系统做功，这样克劳修斯不等式（熵判据）变为

$$\Delta S_{A \to B} \begin{matrix} > \\ = \\ < \end{matrix} 0 \begin{cases} \text{自发过程} \\ \text{平衡态} \\ \text{不可能发生的过程} \end{cases} \quad (2.11)$$

对隔离系统，环境对系统不干涉，如发生不可逆过程，则该过程必定是自发的，这说明系统本身有推动力。相应地，隔离系统中发生的可逆过程或当熵达到极大值时，系统处于平衡态。

在隔离系统中，如发生不可逆过程（即自发过程），则 $\Delta S > 0$，系统熵不断增大，只要未达到平衡态，S 仍增加，一直到平衡态，S 达最大。所以隔离系统中 $\Delta S = 0$ 表示系统到达平衡态，熵 S 值达到最大是自发过程进行的限度。即在隔离系统中：

$$S \xrightarrow[\Delta S > 0]{\text{不可逆过程}} S_{max} \xrightarrow[\Delta S = 0]{\text{平衡态}} S_{max}$$

以上说明隔离系统中发生的任意不可逆过程总是向熵值增大的方向进行，而可逆过程毕竟是一个理想过程，实际上是不可能发生的，所以隔离系统中发生的实际过程都使系统的熵增大，或者隔离系统的熵值永不减少。这就是熵增加原理。

（3）绝热系统

绝热系统中发生任意过程，过程的热温商等于0，所以熵判据变为：

$$\Delta S_{A \to B} \begin{matrix} > \\ = \\ < \end{matrix} 0 \begin{cases} \text{不可逆过程} \\ \text{可逆过程} \\ \text{不可能发生的过程} \end{cases} \quad (2.12)$$

可以看到，绝热系统中一切可能发生的实际过程（不可逆过程）$\Delta S > 0$，系统的熵总是增加的，所以熵增加原理对绝热系统也适用。但同样要注意的是，这里 $\Delta S > 0$ 仅表示不可逆过程；只有另外附加环境不对系统做净功的条件，才能确认为自发过程。比如理想气体在恒外压下绝热压缩，$\Delta S > 0$，是不可逆过程，但由于需环境对系统做功，因而不是自发过程。又如理想气体绝热自由膨胀，是绝热系统中 $\Delta S > 0$ 的不可逆过程，由于环境未对系统做功，因而也是自发过程。

§2.5　熵变的计算及其应用

根据式(2.6)即熵变 ΔS 的定义式可知,ΔS 只等于始终态间的任意一条可逆路径的热温商之和。这就意味着只有通过设计可逆过程,才能计算各种变化过程的熵变值。

由于熵变是状态函数的变化量,所以不论经历的是可逆过程还是不可逆过程,只要始终态相同,熵变 ΔS 的数值都相同。因此,不可逆过程的熵变也可以利用可逆过程的公式进行计算,只要从同样的始态出发时可以达到同样的终态即可。

2.5.1　单纯 pVT 变化过程

1. 等温过程

假定系统由状态 A 等温变化为状态 B,即

$$A \xrightarrow{\text{等温}} B$$

任何系统熵变 ΔS 的求解都可由其定义式(2.6)出发,等温过程中,温度为常量,因而可简化计算式为

$$\Delta S = \int_A^B (\frac{\delta Q}{T})_R = \frac{Q_R}{T} \tag{2.13}$$

这里的可逆热效应 Q_R 可由热力学第一定律求解,即 $Q_R = \Delta U - W_R$。注意,式(2.13)的前提条件仅有等温,也就是说,该公式对于所有等温过程,包括组成不变的固体、液体、气体的等温 pV 变化过程。

如果是理想气体的等温 pV 变化过程,由于理想气体等温过程 $\Delta U = 0$,又不做非膨胀功,即 $W_f = 0$,则 $Q_R = -W_{e,R}$,即

$$\Delta S = \frac{-W_{e,R}}{T} = \frac{1}{T} \int_{V_1}^{V_2} p\mathrm{d}V = nR\ln\frac{V_2}{V_1} = nR\ln\frac{p_1}{p_2} \tag{2.14}$$

2. 等压变温过程

假定系统由 T_1 温度下的状态 A 等压变为 T_2 温度下的状态 B,即

$$A(T_1) \xrightarrow{\text{等压}} B(T_2)$$

这一过程中,假定温度变化是通过等压下可逆路径进行的,即在等压下采用无数个无限大热源,其温度依次仅与系统温度相差无限小量 $\mathrm{d}T$,然后将系统依次与这些大热源接触,使得系统的温度每次上升(或下降)无限小量 $\mathrm{d}T$,直至达到终态。因此,可由熵变的定义式出发:

$$\Delta S = \int_{T_1}^{T_2} \frac{\delta Q_R}{T} \xrightarrow{\text{等压}} \int_{T_1}^{T_2} \frac{\delta Q_p}{T} = \int_{T_1}^{T_2} \frac{C_p \mathrm{d}T}{T} \tag{2.15}$$

当 C_p 为常数时(如温度变化范围不大),上式可继续简化为

$$\Delta S = C_p \ln \frac{T_2}{T_1} \tag{2.16}$$

注意式(2.15)和式(2.16)只适用于等压下系统的温度变化过程,不论是固体、液体或气体都可以,但该过程不能有相变或化学变化。另外,在使用式(2.15)或式(2.16)计算熵变时,是不需要考虑变温过程是可逆还是不可逆的,因为即使是不可逆变温,也可以在相同始终态之间设计一条可逆变温途径。

3. 等容变温过程

假定系统由 T_1 温度下的状态 A 定容变为 T_2 温度下的状态 B,即

$$A(T_1) \xrightarrow{\text{等容}} B(T_2)$$

同前文所述,假定温度变化通过等容下可逆路径进行,同样可由熵变的定义式出发:

$$\Delta S = \int_{T_1}^{T_2} \frac{\delta Q_R}{T} \overset{\text{等容}}{=\!=\!=} \int_{T_1}^{T_2} \frac{\delta Q_V}{T} = \int_{T_1}^{T_2} \frac{C_V \mathrm{d}T}{T} \tag{2.17}$$

当 C_V 为常量时,上式可继续简化为

$$\Delta S = C_V \ln \frac{T_2}{T_1} \tag{2.18}$$

与前面类似,式(2.17)和式(2.18)只适用于等容下系统的温度变化过程,不论是固体、液体或气体都可以,但过程不能有相变或化学变化;同样地,也不需要考虑变温过程是否为可逆。

【例 2 - 1】 1 mol 理想气体在等温下体积增加 5 倍,求系统的熵变:(1) 设为可逆过程;(2) 设为向真空膨胀过程。

解:画出方框图:

(1) 因为是等温可逆过程,可直接应用公式:

$$\Delta S = nR \ln \frac{V_2}{V_1} = \{1 \times 8.314 \times \ln 5\} \mathrm{J} \cdot \mathrm{K}^{-1} = 13.38 \, \mathrm{J} \cdot \mathrm{K}^{-1}$$

(2) 理想气体向真空膨胀是等温不可逆过程。而 ΔS 等于可逆过程中的热温商,所以 ΔS 不能用理想气体真空膨胀过程中的热温商来求算。由于这一过程与等温可逆过程的始终态相同,而 ΔS 是状态函数的变化值,只决定于始终态而与路径无关,所以 $\Delta S = 13.38 \, \mathrm{J} \cdot \mathrm{K}^{-1}$。

若问理想气体向真空膨胀是否为自发过程? 还需将 ΔS 与过程的热温商进行比较,且确认环境是否对系统做功。

由焦耳-盖·吕萨克实验知,理想气体真空膨胀 $dT=0$,$Q=0$,过程为恒温且热效应为 0,则过程的热温商之和为 $Q/T=0$。$\Delta S>Q/T$,表明过程不可逆。另外,理想气体向真空膨胀过程中没有非膨胀功,外压力为 0(真空)导致也没有膨胀功,因此环境未对系统做功。因而可以确认该不可逆过程也是自发过程。

事实上,理想气体真空膨胀系统是一个隔离系统,因此由 $\Delta S>0$ 也可判断其为自发过程。

对过程(2),它又是一个绝热不可逆膨胀,能否在相同始终态间设计一条绝热可逆膨胀过程来求其 ΔS 呢?显然是不行的,因为绝热可逆过程的 $\Delta S=0$。熵变的数值不同,说明由同样的始态出发,经绝热不可逆过程和绝热可逆过程是不能达到相同的终态的。

【例 2-2】 在恒温 273 K 时,将一个 22.4 dm³ 的盒子用隔板从中间隔开。一边放 0.5 mol O_2,另一边放 0.5 mol N_2,抽去隔板后,两种气体均匀混合。试求过程中的熵变。

O_2 (0.5 mol)	N_2 (0.5 mol)	273 K	O_2 (0.5 mol) + N_2 (0.5 mol)
p_{O_2},V_{O_2}	p_{N_2},V_{N_2}	→	p,$V=V_{O_2}+V_{N_2}$

解:设为理想气体。上述混合是混合前每种气体压力都相等,且等于混合后气体总压力的等温过程。对每一种气体,混合过程为等温膨胀过程。所以

$$\Delta S_{O_2}=n_{O_2}R\ln\frac{V}{V_{O_2}}=n_{O_2}R\ln\frac{n_{总}}{n_{O_2}}=-n_{O_2}R\ln y_{O_2}$$

$$\Delta S_{N_2}=n_{N_2}R\ln\frac{V}{V_{N_2}}=n_{N_2}R\ln\frac{n_{总}}{n_{N_2}}=-n_{N_2}R\ln y_{N_2}$$

$$\Delta_{mix}S=\Delta S_{O_2}+\Delta S_{N_2}=-n_{O_2}R\ln y_{O_2}-n_{N_2}R\ln y_{N_2}$$

$$=-\left\{2\times0.5\times8.314\ln\frac{1}{2}\right\}J\cdot K^{-1}=5.76\ J\cdot K^{-1}>0$$

推而广之,对混合前每种理想气体的 p 都相等,且都等于混合后气体总压的多种理想气体的等温混合过程,有

$$\Delta_{mix}S=-\sum n_B R\ln y_B>0 \tag{2.19}$$

由于是理想气体等温过程,所以 $\Delta U=0$,而 $W=0$(以多种理想气体为系统,混合前后体积不变),所以 $Q=0$。这种与环境无能量交换的封闭系统即为隔离系统,又因 $\Delta_{mix}S>0$,所以上述理想气体混合过程为自发过程。

注意,若混合过程不满足"等温,起始压力都相等且等于终态气体压力"的条件,式 (2.19)就不能用,此时可考虑为各种气体分别膨胀至终态体积的方式进行熵变的计算。

4. 理想气体 p、V、T 均改变的过程

考虑由始态 $A(p_1$、V_1、$T_1)$ 变为终态 $B(p_2$、V_2、$T_2)$ 的过程。一般要根据已知的条件设

计为前述三种简单过程的组合,然后将每一步的熵变加和起来即可。

(1) 若已知 $A(V_1, T_1)$ 和 $B(V_2, T_2)$

先设计等温过程到达 C,使体积等于终态体积 V_2(注意其压力与终态压力不等),再设计等容变温过程到达终态 B,如图 2.7。

$$\Delta S = nR\ln\frac{V_2}{V_1} + \int_{T_1}^{T_2}\frac{C_V\mathrm{d}T}{T} \overset{C_{V,m}为常量}{=} nR\ln\frac{V_2}{V_1} + nC_{V,m}\ln\frac{T_2}{T_1}$$

(2) 若已知 $A(p_1, T_1)$ 和 $B(p_2, T_2)$

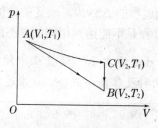

图 2.7 已知始终态体积、温度的设计路径

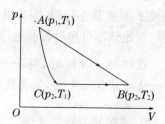

图 2.8 已知始终态压力、温度的设计路径

先设计等温过程到达 C,使压力等于终态压力 p_2(注意其体积与终态不等),再设计等压变温过程到达终点 B,如图 2.8。

$$\Delta S = nR\ln\frac{p_1}{p_2} + \int_{T_1}^{T_2}\frac{C_p\mathrm{d}T}{T}$$
$$\overset{C_{p,m}为常量}{=} nR\ln\frac{p_1}{p_2} + nC_{p,m}\ln\frac{T_2}{T_1}$$

思考:若已知 $A(p_1, V_1)$ 和 $B(p_2, V_2)$,如何设计路径?

【例 2-3】 如右图所示,有一绝热系统,中间为导热隔板,且不能滑动,右边容积为左边的 2 倍,已知气体的 $C_{V,m} = 28.03$ J·K⁻¹·

1 mol O_2	2 mol N_2
282 K	298 K

mol⁻¹,试求:(1) 不抽掉隔板达平衡后的 ΔS;(2) 抽掉隔板达平衡后的 ΔS。

解:(1) 气体看作理想气体。不抽掉隔板最后达热平衡,平衡温度设为 T。则由 $Q=0$,$W=0$ 可得 $\Delta U=0$。

亦即 $\Delta U_{O_2} + \Delta U_{N_2} = 0$

因此,$n_{O_2}C_{V,m}(T - T_{左}) + n_{N_2}C_{V,m}(T - T_{右}) = 0$,

$$1\ \mathrm{mol} \times (T - 283\ \mathrm{K}) = 2\ \mathrm{mol} \times (298\ \mathrm{K} - T)$$
$$T = 293\ \mathrm{K}$$

$$\Delta S = \Delta S_{O_2} + \Delta S_{N_2} \overset{等容变温}{=} n_{O_2}C_{V,m}\ln\frac{T}{T_{左}} + n_{N_2}C_{V,m}\ln\frac{T}{T_{右}}$$

$$= 1\ \text{mol} \times 28.03\ \text{J} \cdot \text{K}^{-1} \cdot \text{mol}^{-1} \times \ln\frac{293\ \text{K}}{283\ \text{K}} + 2\ \text{mol} \times 28.03\ \text{J} \cdot \text{K}^{-1} \cdot \text{mol}^{-1} \times \ln\frac{293\ \text{K}}{298\ \text{K}}$$

$$= 0.024\ 8\ \text{J} \cdot \text{K}^{-1}$$

(2) 抽去隔板，则对 O_2 和 N_2 均为变温变容过程，且终态时温度也均为 293 K，因此，

$$\Delta S_{O_2} = n_{O_2} R \ln\frac{3V}{V} + n_{O_2} C_{V,m} \ln\frac{T}{T_{左}}$$

$$= 1\ \text{mol} \times 8.314\ \text{J} \cdot \text{K}^{-1} \cdot \text{mol}^{-1} \times \ln 3 + 1\ \text{mol} \times 28.03\ \text{J} \cdot \text{K}^{-1} \cdot \text{mol}^{-1} \times \ln\frac{293\ \text{K}}{283\ \text{K}}$$

$$= 10.11\ \text{J} \cdot \text{K}^{-1}$$

$$\Delta S_{N_2} = n_{N_2} R \ln\frac{3V}{2V} + n_{N_2} C_{V,m} \ln\frac{T}{T_{右}}$$

$$= 2\ \text{mol} \times 8.314\ \text{J} \cdot \text{K}^{-1} \cdot \text{mol}^{-1} \times \ln\frac{3}{2} + 2\ \text{mol} \times 28.03\ \text{J} \cdot \text{K}^{-1} \cdot \text{mol}^{-1} \times \ln\frac{293\ \text{K}}{298\ \text{K}}$$

$$= 5.79\ \text{J} \cdot \text{K}^{-1}$$

$$\Delta S = \Delta S_{O_2} + \Delta S_{N_2} = \{10.11 + 5.79\}\ \text{J} \cdot \text{K}^{-1} = 15.90\ \text{J} \cdot \text{K}^{-1}$$

2.5.2　相变的过程

1. 可逆相变

在两相平衡温度、压力下，等温等压的相变是可逆的相变化过程。要注意这里温度 T 和压力 p 并不是任意的，两者必须满足 Clapeyron 方程（详见第 4 章）。简单来说主要包含两种情况。第一种，我们熟悉的熔点、沸点、升华温度、相转变温度等，若不指明通常和标准大气压相对应，如：

$$H_2O(l, 373\ \text{K}, 101.3\ \text{kPa}) \Longrightarrow H_2O(g, 373\ \text{K}, 101.3\ \text{kPa})$$
$$H_2O(l, 273\ \text{K}, 101.3\ \text{kPa}) \Longrightarrow H_2O(s, 273\ \text{K}, 101.3\ \text{kPa})$$

第二种，若温度为任意值，则压力应为该温度下物质所属状态的饱和蒸气压，如：

$$H_2O(l, 298\ \text{K}, 0.316\ 8 \times 101.3\ \text{kPa}) \Longrightarrow H_2O(g, 298\ \text{K}, 0.316\ 8 \times 101.3\ \text{kPa})$$

也就是说，可逆汽化是指在一等温、压力为该温度下液体饱和蒸气压时的汽化；可逆升华是指在一等温、压力为该温度下固体饱和蒸气压时的升华；可逆熔化是在一等压、温度为该压力下固体熔点温度下的熔化。

总之，可逆相变是相平衡温度、压力下的相变，是等温等压的可逆相变。所以可逆相变热 $Q_R \overset{\text{等压}}{=} Q_p \overset{W_f=0}{=} \Delta_{相变}H$，因此

$$\Delta S = \frac{Q_R}{T} = \frac{\Delta_{相变}H}{T} \begin{cases} = \Delta_{fus}H/T & (\text{fus—熔化}) \\ = \Delta_{vap}H/T & (\text{vap—汽化}) \\ = \Delta_{sub}H/T & (\text{sub—升华}) \end{cases} \tag{2.20}$$

2. 不可逆相变

凡不在相平衡的温度、压力下进行的相变,称为不可逆相变。这时不可直接用式(2.20),应设计为可逆相变与其他简单过程的组合,再将每一步的熵变加和起来。

【例2-4】 计算−5℃下1 mol水在101.3 kPa下凝固为冰的熵变,并判断是否为自发过程。已知水的正常熔化热 $\Delta_{fus}H = 334.7\text{J} \cdot \text{g}^{-1}$,$C_{p,m}(H_2O, l) = 75.3\ \text{J} \cdot \text{K}^{-1} \cdot \text{mol}^{-1}$,$C_{p,m}(H_2O, s) = 35.4\ \text{J} \cdot \text{K}^{-1} \cdot \text{mol}^{-1}$。

解: 水的正常熔化热 $\Delta_{fus}H$ 是指正常凝固点下的熔化热,即101.3 kPa下熔点273 K下的可逆熔化热。因此题中所述过程为不可逆相变过程,所以 $\Delta S_{268\,K} \neq \Delta_{fre}H_m(268\,K)/T$,即使求出了 $\Delta_{fre}H_m(268\,K)$ 也无济于事。故设计始终态相同的可逆途径计算 ΔS。令268 K水等压可逆升温到273 K,再在273 K、101.3 kPa下可逆凝固成273 K、101.3 kPa的冰,然后再等压可逆降温到268 K,如图所示:

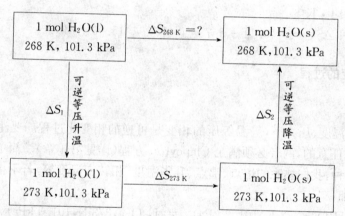

$$\Delta S_1 = \int_{268K}^{273K} \frac{C_{p,m}(H_2O, l)dT}{T} = C_{p,m}(H_2O, l) \times \ln\frac{273}{268} = 75.3\ \text{J} \cdot \text{K}^{-1} \cdot \text{mol}^{-1} \times \ln\frac{273}{268}$$
$$= 1.39\ \text{J} \cdot \text{K}^{-1} \cdot \text{mol}^{-1}$$

$$\Delta S_2 = \int_{273K}^{268K} \frac{C_{p,m}(H_2O, s)dT}{T} = C_{p,m}(H_2O, s) \times \ln\frac{268}{273} = 35.4\ \text{J} \cdot \text{K}^{-1} \cdot \text{mol}^{-1} \times \ln\frac{268}{273}$$
$$= -0.65\ \text{J} \cdot \text{K}^{-1} \cdot \text{mol}^{-1}$$

$$\Delta S_{273K} = \frac{\Delta_{fre}H_m}{T_{fre}} = -\frac{\Delta_{fus}H_m}{T_{fre}} = \left(\frac{-334.7 \times 18}{273}\right)\text{J} \cdot \text{K}^{-1} \cdot \text{mol}^{-1} = -22.07\ \text{J} \cdot \text{K}^{-1} \cdot \text{mol}^{-1}$$

所以 $\Delta S_{268K} = \Delta S_1 + \Delta S_2 + \Delta S_{273K} = \{1.39 - 0.65 - 22.07\}\ \text{J} \cdot \text{K}^{-1} \cdot \text{mol}^{-1}$
$$= -21.33\ \text{J} \cdot \text{K}^{-1} \cdot \text{mol}^{-1}$$

若要判断过程是否为自发,还需将熵变与过程的热温商进行比较。

因为 $\Delta H_{273K} = 273\ \text{K} \times \Delta S_{273K} = \{273 \times (-22.07)\}\text{J} \cdot \text{mol}^{-1} = -6\ 025\text{J} \cdot \text{mol}^{-1}$

所以 $\Delta H_{268\text{K}} = \Delta H_{273\text{K}} + \int_{273}^{268} \Delta C_p \mathrm{d}T = \left\{ -6025 + \int_{273}^{268} (35.4 - 75.3) \mathrm{d}T \right\} \text{J} \cdot \text{mol}^{-1}$

$\qquad\qquad\quad = -5\,825\ \text{J} \cdot \text{mol}^{-1}$

$\dfrac{Q}{T} = \dfrac{\Delta H_{268\text{K}}}{T} = \left\{ \dfrac{-5825}{268} \right\} \text{J} \cdot \text{K}^{-1} \cdot \text{mol}^{-1} = -21.74\ \text{J} \cdot \text{K}^{-1} \cdot \text{mol}^{-1}$

即 $\Delta S > \dfrac{Q}{T}$，且环境没有对系统做功，故该过程为自发过程。

从上例中可总结出，$\Delta S_{268\text{K}} = \Delta S_1 + \Delta S_2 + \Delta S_{273\text{K}} = \Delta S_{273\text{K}} + n \int_{273\,\text{K}}^{268\,\text{K}} \dfrac{C_{p,\text{m}}(\text{s}) - C_{p,\text{m}}(\text{l})}{T} \mathrm{d}T$，
用通式表示，则为

$$\Delta S_{T_2} = \Delta S_{T_1} + n \int_{T_1}^{T_2} \dfrac{\Delta C_{p,\text{m}}}{T} \mathrm{d}T, \quad \Delta C_{p,\text{m}} = C_{p,\text{m}}(\text{终}) - C_{p,\text{m}}(\text{始}) \tag{2.21}$$

上式在使用中一定要注意温度和热容的始终态的位置。该公式还适用于有温度变化的化学变化过程，不同点在于 $\Delta C_{p,\text{m}} = \sum \nu_B C_{p,\text{m}}(B)$。

对不可逆相变，寻找可逆途径的基本方法是：

(1) 确定一个可逆相变的始终态，该可逆相变的温度和压力其中之一与问题中所涉条件相同。

(2) 将始态和终态分别与可逆相变的始终态联系起来，建立简单的可逆过程（仅变化温度或压力）。

2.5.3 化学反应变化过程

基本思路是，将所发生的化学反应变化过程设计成可逆原电池进行，具体内容参见第7章。

§2.6 熵的本质和规定熵的计算

因发明大分子质谱仪而获得2002年度诺贝尔化学奖的姜·范恩在其唯一的著作《热的简史》（原名《引擎、能量与熵》）中将热机必须遵循的定则描述为"她"（Heat Engine Rule, HER）："她"有点像个女奇侠，盖世无双，斗篷飘飘，好一个爱管闲事、无所不在的"节度使"，到处要管"能量"最多能怎么用；最后还以喜剧收场，名正言顺地黄袍加身，成了世间真相和基本原理之一的热力学第二定律。

热力学第二定律的核心内容就是熵判据。那么，有如此神通功能的"熵"到底是一个怎样的物理量呢？它的本质是什么呢？本节将略作介绍，详细的内容可见第6章。

也许我们可以从熵变的定义——可逆过程的热温商之和——窥见一斑，熵必定是和热

有关的物理量,而由热我们自然而然联想到微观的分子热运动。事实上正是如此,要想讨论熵,必须从物质的微观状态说起。

2.6.1 微观状态数

何为微观状态呢? 我们用一个宏观的例子来解释。假定有一个盒子,想象其中间有一个虚拟的分隔,盒子中有 A、B、C、D 四个不同颜色的小球。接下来我们在水平方向任意晃动这个盒子,然后突然停下来。四个小球出现在盒子两边的情况会有 16 种,如图 2.8 所示。而这 16 种情况又可以根据盒子两边球的个数分成五类。这五类情况分别是:

(4,0)分布,1 种;(3,1)分布,4 种;

(2,2)分布,6 种;(1,3)分布,4 种;

(0,4)分布,1 种。

如果四个球变成四个 H_2 分子,H_2 分子不断无规律地热运动就类似于上述摇晃运动,盒子中所有 H_2 分子的状态的总和即是其宏观状态,这一分布于盒中两侧的宏观状态有 16 种(即 2^N,N 为分子个数)微观状态,而这 16 种微观状态又归为五种分布。宏观状态的"微观状态数",也称为这一宏观状态的"热力学概率",以符号 Ω 表示。Ω 越大,表示系统越混乱,所以又称为"混乱度"。

A	B	C	D	
ABCD				1
ABC		D		
ABD		C		
ACD		B		4
BCD		A		
AB		CD		
AC		BD		
AD		BC		
BC		AD		6
BD		AC		
CD		AB		
D		ABC		
C		ABD		
B		ACD		4
A		BCD		
		ABCD		1

图 2.8　四种不同颜色小球的可能分布情形

把球变成分子还有一点不同在于,球可以静止于某一种状态(如 ABC 在左,D 在右),但分子却是不断运动的,不可能静止为某一种微观状态,其宏观状态只是各种不同概率的微观分布的统计平均值。

2.6.2 熵与系统混乱度

从上面的例子中可以看出,所有分子集中于盒子一边的"有序分布"的微观状态数最小,只有一种;而盒子两边各 2 个分子的"均匀且混乱分布(宏观表现是均匀的,微观状态是混乱的)"的微观状态数是最大的。当分子数增加到 L(阿佛伽德罗常量,6.02×10^{23} mol^{-1})个分子时,上述分布的所有可能的微观状态数为 2^L,非常大;其中"均匀且混乱分布"的微观状态数几乎和所有可能的微观状态数相等。

如果开始时将 L 个分子集中在盒子的一侧,用隔板挡着,那么抽去隔板后,分子会自发扩散成为均匀分布的平衡态。可以看到自发过程发生后,系统的微观状态数或混乱度增大,

即 Ω 增大,其中绝大多数为"均匀且混乱分布"的微观状态;而对于上述隔离系统,发生自发过程后,熵是增加的,即 $\Delta S>0$,S 增大。可见 S 与 Ω 两者同步增加,所以系统的熵值 S 和微观状态数 Ω 之间一定存在某种函数关系。实际上,因熵是容量性质,具有加和性,而复杂事件的热力学概率应是各个简单、互不相关事件概率的乘积,所以两者之间应是对数关系。即

$$S = k\ln\Omega \tag{2.22}$$

此即玻耳兹曼公式。其中 k 为玻耳兹曼常量,$k = R/L$,即 1.38×10^{-23} J•K^{-1}。

由式(2.22)可以看出,Ω 增加则 S 也增加,亦即混乱越大,系统的熵 S 越大。所以熵 S 是系统混乱度的量度。这就是熵的统计意义或称物理意义。式(2.22)被刻在玻耳兹曼的墓碑上。

了解了熵的物理意义,我们来进一步理解热力学第二定律。热力学第二定律指出,一切自发过程都是不可逆的,且其不可逆性都可归结为热功转化的不可逆性,即功可以全部转化为热,而热不能全部转化为功而不引起其他变化。热是和分子的混乱运动相关联的,而功对应于整个系统内分子的有序运动。所以一切自发过程都是由有序变为无序的过程,都是向着混乱度增加的方向进行;如果要想从无序变为有序,则需要额外施加功。这就是热力学第二定律的本质。

下面举例说明熵 S 遵循的一些规律:

(1) 某一物质,T 增加,分子热运动加剧,电子的激发态增多,电子可以排布在更多的能级上,微观状态数增多,或系统混乱度增加,S 增加,$\Delta S>0$。

(2) 一般情况下,同一种物质,$S_{固} < S_{液} < S_{气}$。固态排列最为有序,气态最无序,液态介于中间。

(3) 同样温度、状态情况下,分子中原子越多,分子所能进行的运动形态越多(如振动),其混乱度 Ω 也越大,则其熵也越大。如同系物:

$$S_{CH_4} < S_{C_2H_6} < S_{C_3H_8}$$

(4) 同分异构体中,对称性最高的熵最小。

(5) 化学反应:

气相分解反应 $A(g) \longrightarrow B(g) + C(g)$,反应后分子数增多,混乱度增加,因而 $\Delta S>0$;

气相加成反应如 $CH_2 = CH_2(g) + HCl(g) \longrightarrow CH_3 - CH_2Cl(g)$,反应后分子数减少,混乱度下降,因而 $\Delta S<0$;

复相反应 $A(s) + B(l) \longrightarrow C(s) + D(g)$,反应物为凝聚相,而产物中有气体,所以 $\Delta S>0$。

2.6.3　热力学第三定律及规定熵的计算

热力学第三定律的主要内容是能斯特热定理。1906 年,德国化学家能斯特(Nernst W)

研究化学反应在低温下的性质时得到一个结论:任何凝聚系在等温过程中的 ΔG 和 ΔH 随温度的降低是以渐近的方式趋于相等,并在 0 K 时两者不但相互会合,而且共切于同一水平线。这一假设可表示为

$$\lim_{T \to 0} \Delta S = 0$$

即凝聚相系统在等温过程的熵变,随热力学温度而趋于零。

在此基础上,普朗克(Plank)于 1911 年提出:"在绝对零度时,一切物质的熵等于零。"

1920 年,路易斯(Lewis)和吉布森(Gibson)加上完美晶体的条件,形成了热力学第三定律的一种说法:"在热力学温度为零度时,一切完美晶体的量热熵等于零。"即

$$S_{0K, 纯物质完美晶体} = 0 \tag{2.23}$$

有了热力学第三定律,我们就可计算得到任何纯物质在温度 T 时的熵值了,这种熵值称为规定熵。规定熵 S_T 定义:在压力 p 下,把纯物质从 0 K 下的完美晶体升温至 T 时的熵变称为该物质在 T, p 下的规定熵 S_T,即

$$\Delta S = S_T - S_{0K} = S_T$$

实际应用时常用标准摩尔熵值,它与规定熵 S_T 的区别在于压力规定为 $p^\ominus$ 以及物质的量规定为 1 mol。标准摩尔熵 $S_{m,T}^\ominus$ 定义:在 $p^\ominus$ 下,将 1 mol 纯物质从 0 K 升高到 T 时的熵变称为该物质的标准摩尔熵,因为 T 一般取 298 K,所以用 $S_{m,298K}^\ominus$ 表示。本书附录中列举了一些物质在 $p^\ominus$,298K 下的标准摩尔熵 $S_{m,298K}^\ominus$。

标准摩尔熵 $S_{m,298K}^\ominus$ 的用途主要是:

① 由 $S_{m,298K}^\ominus$ 可在等压下求其他 T 下的 $S_{m,T}^\ominus$;

$$dS = \frac{\delta Q_R}{T} = \frac{C_p dT}{T}, \int_{S_{m,298K}^\ominus}^{S_{m,T}^\ominus} dS \xlongequal{\frac{p^\ominus}{1\,mol}} \int_{298K}^{T} \frac{C_{p,m} dT}{T}, 因此 S_{m,T}^\ominus = S_{m,298K}^\ominus + \int_{298K}^{T} \frac{C_{p,m} dT}{T}。当然,$$

这里的前提是变温过程中不存在相变。

② 计算化学变化和相变化的熵变:

$$\Delta_r S_m^\ominus(298K) = \sum_B \nu_B S_{m,298K}^\ominus(B) \tag{2.24}$$

③ 求出另一温度 T 的化学反应或相变化的熵变 $\Delta_r S_m^\ominus(T)$:

$$\Delta_r S_m^\ominus(T) = \Delta_r S_m^\ominus(298K) + \int_{298K}^{T} \frac{\Delta_r C_{p,m} dT}{T}, \Delta_r C_{p,m} = \sum_B \nu_B C_{p,m}(B)$$

§2.7 亥姆霍兹函数和吉布斯函数

对隔离系统,可以用系统的熵变来判断过程是否自发,但对于更广泛出现的封闭系统,除了要计算系统的熵变外,还要计算过程的热温商,这就显得非常复杂。一般化学变化和相

变化常在等温等容或等温等压下进行,所以最好能在这两种特定条件下找到新的判据。为此定义了两个新的热力学函数,即亥姆霍兹(Helmholz)函数 A 和吉布斯(Gibbs)函数 G。这两个函数都可以从热力学第二定律的数学表达式即克劳修斯不等式推出。

2.7.1 亥姆霍兹函数

等温时,$\sum \dfrac{\delta Q_i}{T_i} = \dfrac{Q}{T}$,克劳修斯不等式可转化为 $\Delta S \geqslant \dfrac{Q}{T}$,其中">"表示过程不可逆,"$=$"表示过程可逆,若出现"$<$"则表示是一个不可能发生的过程。因为 $Q = \Delta U - W$,所以

$$\Delta S \geqslant \frac{\Delta U - W}{T}$$

因此有

$$T\Delta S - \Delta U \geqslant -W$$

其中 W 包含体积功 W_e 和非膨胀功 W_f。将上式换一种写法,则有

$$(TS_2 - TS_1) - (U_2 - U_1) \geqslant -W$$

或

$$-[(U_2 - TS_2) - (U_1 - TS_1)] \geqslant -W$$

令

$$A = U - TS \tag{2.25}$$

A 称为亥姆霍兹函数或亥姆霍兹自由能,是状态函数的组合,故也是状态函数。因此有

$$\Delta A_T \leqslant W \tag{2.26}$$

其中"$<$"对应于过程不可逆,"$=$"对应于过程可逆,若出现"$>$"的情况则表示是一个不可能发生的过程。

若等温等容,$\Delta V = 0$,则 $W_e = 0$,则有

$$\Delta A_{T,V} \leqslant W_f \tag{2.27}$$

式中各符号的含义与式(2.26)相同,都来源于封闭系统的克劳修斯不等式。但要注意,这两式都只能判断过程是否可逆,不能判断过程是否为自发。

当环境不对系统做功时,式(2.26)和式(2.27)分别变为

$$\Delta A_T \leqslant 0 \tag{2.28}$$

$$\Delta A_{T,V} \leqslant 0 \tag{2.29}$$

此时,由于环境不对系统做功,系统中所有不可逆过程都是自发进行的,所以式(2.28)和式(2.29)中"$<$"对应于过程自发,"$=$"对应于过程达到平衡。(2.26)～(2.29)式都称为亥姆霍兹函数判据。

从式(2.26)和式(2.27)中的"$=$"我们可以理解亥姆霍兹函数变化量的物理意义。在等温情况下,亥姆霍兹函数增量 ΔA_T 等于可逆过程中环境对系统所做的总功 W_r(最小功),但

在不可逆过程中,要想达到同样的亥姆霍兹函数增量,则需要做更多的总功;反过来,如果系统对环境做功,等温情况下,在可逆过程中可以对环境做最大功($-W_r$)的数值即为其亥姆霍兹函数的降低值$-\Delta A_T$,而在不可逆过程中所能做的功将减少。要注意,由于亥姆霍兹函数是状态函数,只要始终态相同,不论是可逆过程还是不可逆过程,其变化量 ΔA 都是相等的。

类似地,在等温、等容情况下,亥姆霍兹函数增量 $\Delta A_{T,V}$ 等于可逆过程中环境对系统所做的非膨胀功 $W_{f,r}$(最小功),但在不可逆过程中,要想达到同样的亥姆霍兹函数增量,则需要做更多的非膨胀功;反过来,如果系统对环境做功,等温情况下,在可逆过程中可以对环境做最大非膨胀功($-W_{f,r}$),其值即为其亥姆霍兹函数的降低值$-\Delta A_{T,V}$,而在不可逆过程中所能做的非膨胀功将减少。

鉴于上述论述,我们看出,在等温或者等温等容系统中,系统的亥姆霍兹函数 A 如果处于较大的数值,则其有减小的趋势,也就具备了做功的可能,因此亥姆霍兹函数 A 又称为功函。

2.7.2 吉布斯函数

与亥姆霍兹函数判据的推导类似,在等温、等压情况下,$\sum \dfrac{\delta Q_i}{T_i} = \dfrac{Q}{T} = \dfrac{\Delta U - W}{T} = \dfrac{\Delta U + p\Delta V - W_f}{T}$,结合克劳修斯不等式,可知

$$\Delta S \geqslant \frac{\Delta U + p\Delta V - W_f}{T}$$

上式可写为

$$T\Delta S - \Delta U - p\Delta V \geqslant -W_f$$

进一步:

$$(T_2 S_2 - T_1 S_1) - (U_2 - U_1) - (p_2 V_2 - p_1 V_1) \geqslant -W_f$$

令

$$G = U - TS + pV = H - TS = A + pV \tag{2.30}$$

G 称为吉布斯函数或吉布斯自由能,是状态函数的组合,所以亦为状态函数。则有

$$\Delta G_{T,p} \leqslant W_f \tag{2.31}$$

其中"$<$"对应于过程不可逆,"$=$"对应于过程可逆,若出现"$>$"的情况则表示是一个不可能发生的过程。符号的含义同样来源于封闭系统的克劳修斯不等式。

当环境不对系统做非膨胀功时,式(2.31)可变为:

$$\Delta G_{T,p} \leqslant 0 \tag{2.32}$$

此时,式中"$<$"对应于过程自发,"$=$"对应于过程达到平衡。以上两式称为吉布斯函数

判据。

从式(2.31)中的"="也可以了解吉布斯函数变化量的物理意义:在等温等压的情况下,吉布斯函数增量 $\Delta G_{T,p}$ 等于可逆过程中环境对系统所做的非膨胀功 $W_{f,r}$(同时也是最小功),但在不可逆过程中,要想达到同样的吉布斯函数增量,则需要做更多的非膨胀功;反过来,如果系统对环境做功,等温情况下,在可逆过程中可以对环境做最大非膨胀功的数值($-W_{f,r}$)即为其吉布斯函数的降低值$-\Delta G_{T,p}$,而在不可逆过程中所能做的非膨胀功将减少。要注意,由于吉布斯函数是状态函数,只要始终态相同,不论是可逆过程还是不可逆过程,其变化量 ΔG 都是相等的。

2.7.3　过程自发性判据的总结

过程自发性的判断是热力学第二定律的核心内容,需要注意的是,各种判据的使用必须与其前提条件相对应。我们将常用的判据列举如下:

(1) 隔离系统(U,V 不变,即 $dU=0,dV=0$),$\Delta S_{U,V}\geqslant 0\left\{\begin{array}{l}\text{自发}\\\text{平衡}\end{array}\right.$

(2) 封闭系统,$\Delta S\geqslant\sum\dfrac{\delta Q_i}{T_i}\left\{\begin{array}{l}\text{不可逆(若环境不对系统做功,则为自发)}\\\text{可逆}\end{array}\right.$

以上两不等式中,若出现"<"的情况,则为不可能发生的过程。

(3) 等温系统,环境不对系统做功时,$\Delta A_T\leqslant 0\left\{\begin{array}{l}\text{自发}\\\text{平衡}\end{array}\right.$

(4) 等温等容系统,环境不对系统做功时,$\Delta A_{T,V}\leqslant 0\left\{\begin{array}{l}\text{自发}\\\text{平衡}\end{array}\right.$

(5) 等温等压系统,环境不对系统做非膨胀功时,$\Delta G_{T,p}\leqslant 0\left\{\begin{array}{l}\text{自发}\\\text{平衡}\end{array}\right.$

判据(3)~(5)中,若出现">"的情况,则为不可能发生的过程。(3)~(5)中若不指明环境有否对系统做功,则可能出现 $\Delta A_T>0$、$\Delta A_{T,V}>0$、$\Delta G_{T,p}>0$ 的情况,只是这些过程并非自发,应是由环境对系统输入功而推动的。

以上五种情况的判据中,(1)和(5)又更为常用。事实上,除了以上判据外,还有等熵等容时的热力学能判据、等熵等压时的焓判据,但由于等熵条件不常出现,所以也不常用,感兴趣的同学可以自行阅读相关资料。

从上述总结中还可看出,熵判据与另外两种函数判据符号的不同,这可以从热力学第二定律的本质来理解。熵 S 是与热、与混乱运动有关的物理量,所以熵增加、混乱度增大的方向是自发的;相反,亥姆霍兹函数 A 和吉布斯函数 G 是与功、与有序运动相关的物理量,而有序性降低的方向(也就是混乱度增大的方向)也是自发的。

另外,上述(2)~(5)判据的前提中都提到做功的问题,如果过程发生时,系统对环境做了功,该如何判断呢? 事实上,系统对环境做功的能力本就是一种自发性的体现。比如等温等压下一个可对环境做非膨胀功的过程,若其 $\Delta G_{T,p} < 0$,那么过程的自发性是无疑的。

§2.8 热力学函数的一些重要关系式

到目前为止,我们已经学习了 5 个重要的热力学状态函数 U、S、H、A、G。这些状态函数的变化量或与过程的热、功有关,或用于判断过程的自发性,因而其求解是非常重要的。除了结合前提条件,依据相应公式求解外,还可根据各变量之间的数学关系进行推导,原因在于,这些状态函数的变化量与具体途径无关。接下来本节将介绍这些变量之间的数学关系,读者若想对上述计算达到得心应手、融会贯通,则对本节的研读将会有所助益。

2.8.1 热力学函数之间的关系

对于我们已经学过的 5 个重要的热力学状态函数 U、S、H、A、G 而言,根据定义它们之间有如下关系:

$$H = U + pV$$
$$A = U - TS$$
$$G = H - TS$$
$$G = A + pV$$

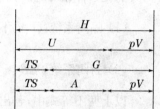

图 2.9 热力学函数间的关系

上述表达式中,前三个式子为相应物理量的定义式,最后一个式子可由前三个式子推导而得。这些表达式中,所有能直接相加减的项都具备能量量纲。需注意的是,这些定义式没有任何前提条件。如焓 H 的定义式可变化为 $\Delta H = \Delta U + \Delta(pV)$,且没有任何限定条件。

2.8.2 热力学基本公式

封闭系统中,由热力学第一定律可知, $dU = \delta Q + \delta W = \delta Q - p_{外} dV + \delta W_f$,这里非膨胀功用 δW_f 表示,膨胀功 $\delta W_e = - p_{外} dV$。

对于可逆过程, $p_{外} dV = pdV$, $\delta W_f = \delta W_{f,r}$,结合热力学第二定律,有 $\delta Q = TdS$,所以

$$dU = TdS - pdV + \delta W_{f,r} \tag{2.33}$$

由于 $H = U + pV$,则 $dH = dU + d(pV) = TdS - pdV + \delta W_{f,r} + Vdp + pdV$,所以有

$$dH = TdS + Vdp + \delta W_{f,r} \tag{2.34}$$

又 $A = U - TS$,所以

$$dA = - SdT - pdV + \delta W_{f,r} \tag{2.35}$$

又 $G = H - TS$,所以

$$dG = - SdT + Vdp + \delta W_{f,r} \tag{2.36}$$

当系统不做非膨胀功时,上述四个基本公式可写为

$$\begin{cases} dU = TdS - pdV & (2.37a) \\ dH = TdS + Vdp & (2.37b) \\ dA = -SdT - pdV & (2.37c) \\ dG = -SdT + Vdp & (2.37d) \end{cases}$$

这四个公式称为热力学基本公式,只能适用于没有非膨胀功的双变量封闭系统。所谓双变量系统,指的是只需两个变量就可以确定系统状态的系统,如只有一种物质及相态的封闭系统,或虽有多种物质但各物质含量保持不变(即不发生化学反应或达到化学平衡),虽有多种相态但各物质的各相态含量保持不变(即不发生相变化或达到相平衡)的系统。

式(2.37b)～式(2.37d)均可由式(2.37a)推导得到,而在式(2.37a)导出时,由热力学第一定律出发,引用了可逆过程的条件,以 TdS 代 δQ,以 $-pdV$ 代 δW_e,所以上述四个公式皆是可逆过程中得到的。但因为 dU、dH、dA、dG 皆是状态函数的变化值,只决定于始终态,而与途径无关,与实际过程可逆与否无关。所以上述四个公式对没有非膨胀功的双变量系统中的不可逆过程(如不可逆的单纯 pVT 变化)也适用。

【例 2-5】　热力学基本公式 $dG = -SdT + Vdp$ 可适用于哪个过程?

(A) 298K,$p^\ominus$ 的水蒸发过程　　　(B) 理想气体向真空膨胀

(C) 电解水制取氢　　　　　　　　(D) $N_2 + 3H_2 \longrightarrow 2NH_3$ 未达到平衡

解:由于(A)过程为不可逆相变,(C)过程输入了非膨胀功,(D)过程是未达平衡的化学变化,都不满足热力学基本公式的适用条件,故答案为(B)。

2.8.3　对应系数关系式

从上面的四个基本公式还可衍生出一些关系式,如对式(2.37a),即 $dU = TdS - pdV$,体积 V 恒定时,$dV = 0$,等式两边再同时对熵 S 求导,可得

$$\left(\frac{\partial U}{\partial S}\right)_V = T \qquad (2.38)$$

若熵 S 恒定,则 $dS = 0$,式(2.37a)两边再同时对体积 V 求导,可得

$$\left(\frac{\partial U}{\partial V}\right)_S = -p \qquad (2.39)$$

以同样的方式处理式(2.37b)～式(2.37d),我们还可以得到

$$\left(\frac{\partial H}{\partial S}\right)_p = T, \qquad \left(\frac{\partial H}{\partial p}\right)_S = V \qquad (2.40)$$

$$\left(\frac{\partial A}{\partial T}\right)_V = -S, \qquad \left(\frac{\partial A}{\partial V}\right)_T = -p \qquad (2.41)$$

$$\left(\frac{\partial G}{\partial T}\right)_p = -S, \qquad \left(\frac{\partial G}{\partial p}\right)_T = V \tag{2.42}$$

以上八个公式并称为对应系数关系式。

2.8.4　Maxwell 关系式

状态函数具有二阶偏导数与求导次序无关的性质,根据这一性质,可由热力学基本公式推导出麦克斯韦关系式。

如对(2.37a)式,即 $dU = TdS - pdV$,热力学能 U 分别依次对 S、V 求导和对 V、S 求导相等,可得:

$$\left(\frac{\partial}{\partial V}\left(\frac{\partial U}{\partial S}\right)_V\right)_S = \left(\frac{\partial}{\partial S}\left(\frac{\partial U}{\partial V}\right)_S\right)_V$$

根据式(2.38)和式(2.39),可得

$$\left(\frac{\partial T}{\partial V}\right)_S = -\left(\frac{\partial p}{\partial S}\right)_V \tag{2.43}$$

类似地,依据其他热力学基本公式和相应的对应系数关系式,可得

$$\left(\frac{\partial T}{\partial p}\right)_S = \left(\frac{\partial V}{\partial S}\right)_p \tag{2.44}$$

$$\left(\frac{\partial S}{\partial V}\right)_T = \left(\frac{\partial p}{\partial T}\right)_V \tag{2.45}$$

$$\left(\frac{\partial S}{\partial p}\right)_T = -\left(\frac{\partial V}{\partial T}\right)_p \tag{2.46}$$

式(2.43)~式(2.46)称为 Maxwell 关系式,可看作由热力学基本公式右侧交叉微商获得。由 Maxwell 关系式,可用容易由实验测定的偏微商来代替不易直接测定的偏微商,如因为 $\left(\frac{\partial S}{\partial V}\right)_T = \left(\frac{\partial p}{\partial T}\right)_V$,所以可用 $\left(\frac{\partial p}{\partial T}\right)_V$ 代替 $\left(\frac{\partial S}{\partial V}\right)_T$。

2.8.5　热力学函数基本关系式的一些应用

(1) 求 $\left(\frac{\partial U}{\partial V}\right)_T$。

由于 $dU = TdS - pdV$,等式两边在等温下同除以 dV,得 $\left(\frac{\partial U}{\partial V}\right)_T = T\left(\frac{\partial S}{\partial V}\right)_T - p$。

因 $\left(\frac{\partial S}{\partial V}\right)_T$ 不易求得,应用麦克斯韦关系式 $\left(\frac{\partial S}{\partial V}\right)_T = \left(\frac{\partial p}{\partial T}\right)_V$,代入上式可得 $\left(\frac{\partial U}{\partial V}\right)_T = T\left(\frac{\partial p}{\partial T}\right)_V - p$。

对气体只要知道其状态方程式(即 p、V、T、n 关系式),就可求出 $\left(\frac{\partial p}{\partial T}\right)_V$,进而求出

$\left(\dfrac{\partial U}{\partial V}\right)_T$。

(2) 求 $\left(\dfrac{\partial H}{\partial p}\right)_T$。

由于 $dH = TdS + Vdp$，等式两边在等温下同除以 dp，得

$$\left(\frac{\partial H}{\partial p}\right)_T = T\left(\frac{\partial S}{\partial p}\right)_T + V$$

因麦克斯韦关系式 $\left(\dfrac{\partial S}{\partial p}\right)_T = -\left(\dfrac{\partial V}{\partial T}\right)_p$，所以

$$\left(\frac{\partial H}{\partial p}\right)_T = V - T\left(\frac{\partial V}{\partial T}\right)_p$$

只要知道了气体的状态方程式，则可求出 $\left(\dfrac{\partial V}{\partial T}\right)_p$，进而可求 $\left(\dfrac{\partial H}{\partial p}\right)_T$。

(3) 单组分均相封闭系统由状态(1)变为状态(2)，求解热力学能变化量和焓变。

对单组分均相封闭系统，U 可写成：$U = f(T, V)$，即

$$dU = \left(\frac{\partial U}{\partial T}\right)_V dT + \left(\frac{\partial U}{\partial V}\right)_T dV = C_V dT + \left[T\left(\frac{\partial p}{\partial T}\right)_V - p\right]dV$$

所以

$$\Delta U = \int_{T_1}^{T_2} C_V dT + \int_{V_1}^{V_2}\left[T\left(\frac{\partial p}{\partial T}\right)_V - p\right]dV$$

类似地，单组分均相封闭系统，H 可写成：$H = f(T, p)$，即

$$dH = \left(\frac{\partial H}{\partial T}\right)_p dT + \left(\frac{\partial H}{\partial p}\right)_T dp = C_p dT + \left[V - T\left(\frac{\partial V}{\partial T}\right)_p\right]dp$$

所以

$$\Delta H = \int_{T_1}^{T_2} C_p dT + \int_{p_1}^{p_2}\left[V - T\left(\frac{\partial V}{\partial T}\right)_p\right]dp$$

利用热力学基本关系式还可以求解很多复杂的热力学问题，本书因篇幅所限，将不再赘述。感兴趣的读者可参考相关书籍。

§2.9　ΔG 的计算

吉布斯函数变化量 ΔG 与等温等压情况下系统的做功能力相关，同时也是该条件下过程自发性的判据，而等温等压过程也是在实际生产中经常涉及到的，因此吉布斯函数变化量 ΔG 的计算非常重要。本节主要对 ΔG 的计算方法进行详细讲述，读者可类比思考亥姆霍兹函数变化量 ΔA 的求解方法。

主要思路有四条：

(1) 根据定义式，如由 $G = H - TS$ 可推出 $\Delta G = \Delta H - \Delta(TS)$，当满足等温条件时，则

有 $\Delta G = \Delta H - T\Delta S$；类似地，对于亥姆霍兹函数，$A = U - TS$，等温时可得 $\Delta A = \Delta U - T\Delta S$。对于其他热力学状态函数的求解，同样可以应用这一方法。这一思路的优势在于，限定条件少，具有普适性。

（2）根据热力学基本公式，$\mathrm{d}G = -S\mathrm{d}T + V\mathrm{d}p$，同时对公式两侧进行积分计算即可，且在等温或等压时公式还可简化。需要注意的是，所考虑过程必须满足没有非膨胀功且是双变量系统的前提。

（3）根据变量的物理意义，$\Delta G_{T,p} = W_{\mathrm{f,max}}$，因而适当时候可采用电功、表面功等非膨胀功的求解公式。

（4）对于复杂的过程，可设计可逆路径来求解 ΔG，注意所设计的每一步骤，必须能通过上述思路求解其 ΔG。

所有的计算思路都需谨记，ΔG 是状态函数的变化量，这一概念的掌握通常可简化计算。下面将分别就不同过程应用上述思路讲述如何求解 ΔG。

2.9.1 等温下的简单 p、V 变化

由思路（1），等温时有 $\Delta G_T = \Delta H - T\Delta S$。如果系统是理想气体，则 $\Delta H = 0$，因此

$$\Delta G_{T,\text{理想气体}} = 0 - T\Delta S = -T\left(nR\ln\frac{V_2}{V_1}\right) = nRT\ln\frac{V_1}{V_2}$$

或由思路（2），$\mathrm{d}G_T = -S\mathrm{d}T + V\mathrm{d}p = V\mathrm{d}p$，所以

$$\Delta G_T = \int_{p_1}^{p_2} V\mathrm{d}p$$

如果系统是理想气体，则上式可变化为

$$\Delta G_{T,\text{理想气体}} = \int_{p_1}^{p_2} \frac{nRT}{p}\mathrm{d}p = nRT\ln\frac{p_2}{p_1} = nRT\ln\frac{V_1}{V_2}$$

可见结果与思路（1）殊途同归。如果系统为固体或液体，则 V 可看作常量，则有

$$\Delta G_{T,\text{固体或液体}} = \int_{p_1}^{p_2} V\mathrm{d}p = V(p_2 - p_1) \approx 0$$

相比于气体的体积，固体和液体的体积是非常小的数值，因此上式的计算结果通常很小，在多数情况下可近似为 0。

2.9.2 等温等压下的可逆相变

由思路（1），$\Delta G_T = \Delta H - T\Delta S$，对于可逆相变，依据式（2.20），有 $\Delta H = T\Delta S$，因此其 $\Delta G = 0$。

或由思路（2），$\mathrm{d}G = -S\mathrm{d}T + V\mathrm{d}p$，等温等压的可逆相变符合双变量系统且没有非膨胀功的前提条件，因而 $\Delta G = 0$。

【例 2-6】 1 mol 甲苯在其正常沸点 383.15 K 时蒸发为气态,求该过程的 $\Delta_{vap}H_m^\ominus$、Q、W、$\Delta_{vap}U_m^\ominus$、$\Delta_{vap}G_m^\ominus$、$\Delta_{vap}S_m^\ominus$、$\Delta_{vap}A_m^\ominus$,已知该温度下甲苯的汽化热为 362 kJ·kg^{-1}。

解: 这是甲苯在等温等压下的可逆相变,所以 $\Delta_{vap}G_m^\ominus=0$。

$$Q_p = M \times 362 \text{ kJ·kg}^{-1} = 0.092\,14 \text{ kg·mol}^{-1} \times 362 \text{ kJ·kg}^{-1} = 33.35 \text{ kJ·mol}^{-1}$$

因为等压,$W_f=0$,

故 $\Delta_{vap}H_m^\ominus = Q_p = 33.35 \text{ kJ·mol}^{-1}$

$$W = -p^\ominus(V_g - V_l) \approx -p^\ominus V_g = -nRT$$
$$= -1 \text{ mol} \times 8.314 \text{ J·mol}^{-1} \cdot \text{K}^{-1} \times 383.15 \text{ K} = -3.186 \text{ kJ}$$

$$\Delta_{vap}U_m^\ominus = \frac{\Delta_{vap}U^\ominus}{\xi} = \frac{Q+W}{\xi} = \frac{33.35 \text{ kJ} - 3.186 \text{ kJ}}{1 \text{ mol}} = 30.16 \text{ kJ·mol}^{-1}$$

因为等温可逆,所以 $\Delta_{vap}A_m^\ominus = \dfrac{W_r}{\xi} = \dfrac{-3.186 \text{ kJ}}{1 \text{ mol}} = -3.186 \text{ kJ·mol}^{-1}$

$$\Delta_{vap}S_m^\ominus = \frac{Q_r}{\xi T} = \frac{33.35 \text{ kJ}}{1 \text{ mol} \times 383.15 \text{ K}} = 87.04 \text{ J·K}^{-1}·\text{mol}^{-1}$$

2.9.3　不可逆相变过程

1. 应用 $\Delta G_T = \Delta H - T\Delta S$

只要分别求出 ΔH 和 ΔS,即可计算 ΔG,主要步骤如下:

(1) 首先计算 $p^\ominus$,298K 下相变的 ΔH 和 ΔS,即通过查表获得各物质的 $\Delta_f H_m^\ominus$(298 K) 或 $\Delta_c H_m^\ominus$(298 K),求解 $\Delta_{trs}H_m^\ominus$(298 K);并通过查表获得各物质的 $S_m^\ominus$(298 K),求解 $\Delta_{trs}S_m^\ominus$(298 K)。

(2) 运用基尔霍夫公式和式(2.21),求解 $p^\ominus$、任意 T 下相变的 ΔH 和 ΔS,即

$$\Delta_{trs}H_m^\ominus(T) = \Delta_{trs}H_m^\ominus(298 \text{ K}) + \int_{298 \text{ K}}^{T} \Delta C_{p,m}dT, \Delta C_{p,m} = C_{p,m}(终态) - C_{p,m}(始态)$$

$$\Delta_{trs}S_m^\ominus(T) = \Delta_{trs}S_m^\ominus(298 \text{ K}) + \int_{298 \text{ K}}^{T} \frac{\Delta C_{p,m}}{T}dT, \Delta C_{p,m} = C_{p,m}(终态) - C_{p,m}(始态)$$

2. 设计为可逆相变与其他简单过程的组合

设计可逆路径求解不可逆相变 ΔG 的基本原则与前文求解 ΔS 的设计原则类似。不同点在于,变温过程的 ΔG 通常不易求解,因此求解 ΔG 时所设计步骤通常是等温的。接下来将结合具体的例子进行讲述。

【例 2-7】 101.3 kPa、373 K 条件下,1 mol 液态水向真空汽化为同温同压下的水蒸气,求这一过程的 ΔG。

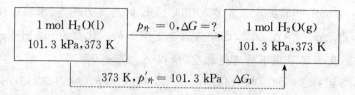

解：这不是可逆汽化（因为 $p_1 = p_2 \neq p_外$，而可逆相变必须等温、等压），可在始、终态之间设计一条等温等压可逆汽化过程，其 $\Delta G_1 = 0$，所以 $\Delta G = \Delta G_1 = 0$。

注意：因为 $\Delta G = 0$，所以真空汽化为可逆过程？不是。以 ΔG 大小判断过程可逆与否，必须是在等温等压（$T_1 = T_2 = T_外$，$p_1 = p_2 = p_外$）的条件下才可。因本题具备等温的条件，因而可用 ΔA_T 的大小来判断是否为自发过程。

【例 2-8】 已知 298 K 时纯水的饱和蒸气压为 3 167 Pa，求 101.325 kPa、298 K 条件下，1 mol 水蒸气凝结为同温同压下的液态水的 ΔG，并判断过程是否为自发。

解：设计可逆途径如图所示：

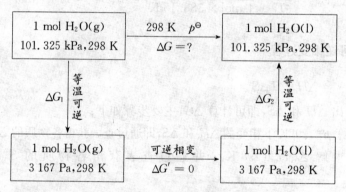

$$\Delta G_1 = \int_{p_1}^{p_2} V_g \mathrm{d}p = nRT\ln\frac{p_2}{p_1} = RT\ln\frac{3\ 167}{101\ 325} = -8\ 590\ \text{J}$$

$$\Delta G_2 = \int_{p_1}^{p_2} V_l \mathrm{d}p = V_l(p_2 - p_1) = 18 \times 10^{-6}\ \text{m}^3 \cdot \text{mol}^{-1} \times (101\ 325 - 3\ 167)\text{N} \cdot \text{m}^{-2}$$
$$= 1.766\ \text{J}$$

所以 $\Delta G = \Delta G_1 + \Delta G_2 + \Delta G' = \{-8\ 590 + 1.766 + 0\}\text{J} = -8588\text{J} < 0$

因为 $\Delta G_{T,p} < 0$，所以过程自发。

事实上，对液体、固体，压力的变化对 ΔG 影响很小，可以忽略，所以 $\Delta G_2 \approx 0$。

【例 2-9】 在 298 K、$p^\ominus$ 下，C(金刚石)和 C(石墨)的摩尔熵分别为 2.45 和 5.71 J·K^{-1}·mol^{-1}，其燃烧热依次为 -395.40 kJ·mol^{-1} 和 -393.51 kJ·mol^{-1}，密度分别为 3 513 kg·m^{-3} 和 2 260 kg·m^{-3}。试问：

(1) 在 298 K、$p^{\ominus}$ 下，石墨转化成金刚石的 $\Delta_{\text{trs}} G_m^{\ominus}$。

(2) 哪一种晶型较为稳定？

(3) 增加压力能否使稳定的晶体变成不稳定的晶体，如有可能，则需要加多大的压力？

解：(1) $\Delta_r H_m^{\ominus} = \Delta_c H_m^{\ominus}$(石墨)$- \Delta_c H_m^{\ominus}$(金刚石)$= \{-393.51-(-395.40)\}$ kJ $\cdot$ mol^{-1}

$$= 1.89 \text{ kJ} \cdot \text{mol}^{-1}$$

$\Delta_r S_m^{\ominus} = S_m^{\ominus}$(金刚石)$- S_m^{\ominus}$(石墨)$= (2.45-5.71)$ J $\cdot$ K^{-1} $\cdot$ mol^{-1} $= -3.26$ J $\cdot$ K^{-1} $\cdot$ mol^{-1}

$\Delta_r G_m^{\ominus} = \Delta_r H_m^{\ominus} - T\Delta_r S_m^{\ominus} = \{1.89 \times 1\,000 - 298 \times (-3.26)\}$ J $\cdot$ mol^{-1} $= 2\,861.48$ J $\cdot$ mol$^{-1} > 0$

(2) $\Delta_r G_m^{\ominus}$ 的计算结果说明 298 K、$p^{\ominus}$ 下，石墨$\rightarrow$金刚石的反应不能自发，所以石墨更稳定。

(3) $\left(\dfrac{\partial \Delta_r G_m}{\partial p} \right)_T = \Delta_r V_m \Rightarrow \displaystyle\int_{\Delta_r G_m^{\ominus}}^{\Delta_r G_m(p)} \mathrm{d}\Delta_r G_m = \int_{p^{\ominus}}^{p} \Delta_r V_m \mathrm{d}p,$

因此，$\Delta_r G_m(p) - \Delta_r G_m^{\ominus} = \Delta_r V_m (p - p^{\ominus})$

当 $\Delta_r G_m(p) < 0$ 时，石墨$\rightarrow$金刚石的反应可以自发，则

$$\Delta_r G_m^{\ominus} + \Delta_r V_m (p - p^{\ominus}) < 0 \Rightarrow 2\,861.48 + \left(\frac{12 \times 10^{-3}}{3\,513} - \frac{12 \times 10^{-3}}{2\,260} \right)(p - 10^5) < 0$$

即 $p > 1.51 \times 10^9 \text{ Pa}$

因此，压力增加到 1.51×10^9 Pa 以上，可使石墨自发变成金刚石。

众所周知，金刚石因其硬度大，晶莹透亮，被看作贵重物质，天然的较大颗粒的金刚石多被用来当作首饰。而工业上切割用的多为人造的小颗粒金刚石，人造金刚石的反应过程多涉及高压，即是利用了上述原理。2012 年 9 月，俄罗斯公布了一个 20 世纪 70 年代发现的钻石矿。该矿位于西伯利亚东部地区的一个直径超过 100 km 的陨石坑内，储量估计超过万亿克拉，能满足全球宝石市场 3 000 年的需求。为什么陨石坑内出现钻石矿？相信与陨石撞击地球瞬间产生的高压有关。

2.9.4　等温等压下的化学变化

对于等温等压下的化学反应，如 aA$+b$B$=\!=\!=g$G$+h$H，常应用 $\Delta_r G_m^{\ominus} = \Delta_r H_m^{\ominus} - T\Delta_r S_m^{\ominus}$ 求算 $\Delta_r G_m^{\ominus}$。若在 $p^{\ominus}$，298 K 下，可通过查表获得各物质的 $\Delta_f H_m^{\ominus}$(298 K) 或 $\Delta_c H_m^{\ominus}$(298 K)，求解 $\Delta_r H_m^{\ominus}$(298 K)；并通过查表获得各物质的 $S_m^{\ominus}$(298 K)，求解 $\Delta_r S_m^{\ominus}$(298 K)，则也可求得 $\Delta_r G_m^{\ominus}$(298 K)。

如为其他温度，则与不可逆相变 ΔG 的求法类似，结合 298 K 或已知温度下的 $\Delta_r H_m^{\ominus}$ 和 $\Delta_r S_m^{\ominus}$ 计算值，运用基尔霍夫公式和式(2.21)，计算所需温度下的 $\Delta_r H_m^{\ominus}$ 和 $\Delta_r S_m^{\ominus}$，再运用 $\Delta_r G_m^{\ominus} = \Delta_r H_m^{\ominus} - T\Delta_r S_m^{\ominus}$，即可求解 $\Delta_r G_m^{\ominus}$ 的大小。

【例 2 - 10】　在 298.15 K 和 $p^{\ominus}$ 时，反应 H$_2$(g)$+$HgO(s)$=\!=\!=$Hg(l)$+$H$_2$O(l) 的

$\Delta_r H_m^\ominus$ 为 195.8 J·mol^{-1}。若设计为可逆电池,在电池 H$_2$($p^\ominus$)| KOH(0.1 mol·kg^{-1})| HgO(s)| Hg(l) 中进行上述反应,电池的电动势为 0.926 5 V,试求上述反应的 $\Delta_r S_m^\ominus$ 和 $\Delta_r G_m^\ominus$。

解:等温等压($p^\ominus$)可逆过程中,系统吉布斯函数的减少等于所做的最大非膨胀功,$-\Delta_r G_m^\ominus = -W_{f,max}$,所以 $\Delta_r G_m^\ominus = W_{f,max} = -zEF$。

z 为发生 $\xi = 1$ mol 电池反应时得失电子的物质的量,本题中,$z = 2$。

$$\Delta_r G_m^\ominus = -2 \times 0.926\,5 \text{ V} \times 96\,500 \text{ C·mol}^{-1} = -178.8 \text{ kJ·mol}^{-1}$$

$$\Delta_r S_m^\ominus = \frac{\Delta_r H_m^\ominus - \Delta_r G_m^\ominus}{T} = \frac{195.8 \text{ J·mol}^{-1} - (-178.8 \times 10^3 \text{ J·mol}^{-1})}{298.15 \text{ K}}$$

$$= 600.3 \text{ J·K}^{-1}\text{·mol}^{-1}$$

2.9.5 ΔG 随 T 的变化

等压下,如果已知温度 T_1 时某化学变化(或相变化)的 ΔG_1,如何求得另一温度 T_2 下该反应的 ΔG_2?

这个问题可转化为求解 $\left(\dfrac{\partial \Delta G}{\partial T}\right)_p$ 的表达式,即

$$\left(\frac{\partial \Delta G}{\partial T}\right)_p = \left[\frac{\partial (G_2 - G_1)}{\partial T}\right]_p = \left(\frac{\partial G_2}{\partial T}\right)_p - \left(\frac{\partial G_1}{\partial T}\right)_p$$

根据热力学基本公式,即 $dG = -SdT + Vdp$,可推导出:

$$\left(\frac{\partial \Delta G}{\partial T}\right)_p = -S_2 - (-S_1) = -\Delta S$$

等温时有 $\Delta S = \dfrac{\Delta G - \Delta H}{T}$,则 $T\left(\dfrac{\partial \Delta G}{\partial T}\right)_p - \Delta G = -\Delta H$,即

$$\frac{T\left(\dfrac{\partial \Delta G}{\partial T}\right)_p - \Delta G}{T^2} = \frac{-\Delta H}{T^2}$$

因为 $\left(\dfrac{u}{v}\right)' = \dfrac{vu' - uv'}{v^2}$ 或 $\dfrac{d\left(\dfrac{u}{v}\right)}{dx} = \dfrac{v\dfrac{du}{dx} - u\dfrac{dv}{dx}}{v^2}$,对比得 $\begin{cases} v = T \\ u = \Delta G, \text{ 故} \\ x = T \end{cases}$

$$\left[\frac{\partial\left(\dfrac{\Delta G}{T}\right)}{\partial T}\right]_p = -\frac{\Delta H}{T^2} \tag{2.47}$$

该式称为吉布斯-亥姆霍兹公式,将其移项,定积分:

$$\int_{\frac{\Delta G_1}{T_1}}^{\frac{\Delta G_2}{T_2}} d\left(\frac{\Delta G}{T}\right) = -\int_{T_1}^{T_2} \frac{\Delta H}{T^2} dT$$

可得

$$\frac{\Delta G_2}{T_2} = \frac{\Delta G_1}{T_1} - \int_{T_1}^{T_2} \frac{\Delta H}{T^2} dT \qquad (2.48)$$

这样可从 T_1 时的 ΔG_1，求算 T_2 时的 ΔG_2。计算时需将反应的焓变 ΔH 与温度的关系式（基尔霍夫公式）代入式(2.48)，再进行积分计算即可。如果反应的焓变 ΔH 与温度无关，则式(2.48)可简化为

$$\frac{\Delta G_2}{T_2} = \frac{\Delta G_1}{T_1} + \Delta H \left(\frac{1}{T_2} - \frac{1}{T_1} \right) \qquad (2.49)$$

另外，ΔA 随 T 变化的关系式：

$$\left(\frac{\partial \Delta A}{\partial T} \right)_V = -\Delta S = \frac{\Delta A - \Delta U}{T}$$

可推导出

$$\left[\frac{\partial \left(\frac{\Delta A}{T} \right)}{\partial T} \right]_V = -\frac{\Delta U}{T^2} \qquad (2.50)$$

也称为吉布斯-亥姆霍兹公式。

【例 2-11】 已知 $p^\ominus$、298 K 下有如下表中的数据：

	$\Delta_f H_m^\ominus / J \cdot mol^{-1}$	$S_m^\ominus / J \cdot K^{-1} \cdot mol^{-1}$	$C_{p,m} / J \cdot K^{-1} \cdot mol^{-1}$
Sn(白)	0	52.30	26.15
Sn(灰)	−2 197	44.76	25.73

问在 $p^\ominus$、283 K 下白锡和灰锡谁更稳定?

解：本题要求解 283K 时 Sn(白) $\xrightarrow{p^\ominus}$ Sn(灰) 变化中的 ΔG_2。

298 K 时，Sn(白) $\xrightarrow{p^\ominus}$ Sn(灰) 的 ΔG_1 可算出：

$\Delta H_1 = \Delta_f H_{m,Sn,灰}^\ominus - \Delta_f H_{m,Sn,白}^\ominus = \{-2\,197 - 0\} J \cdot mol^{-1} = -2\,197\ J \cdot mol^{-1}$

$\Delta S_1 = S_{m,Sn,灰}^\ominus - S_{m,Sn,白}^\ominus = \{44.76 - 52.3\} J \cdot K^{-1} \cdot mol^{-1} = -7.54\ J \cdot K^{-1} \cdot mol^{-1}$

$\Delta G_1 = \Delta H_1 - T_1 \Delta S_1 = \{-2\,197 - 298 \times (-7.54)\} J \cdot mol^{-1} = 49.9\ J \cdot mol^{-1} > 0$

所以 $p^\ominus$、298 K 下，Sn(白) → Sn(灰) 变化过程不能自发进行，白锡稳定。

现判断 $p^\ominus$、283 K 下谁稳定，则需求 $p^\ominus$、283K 的 ΔG_2。

方法一：ΔG 在等压下随 T 的变化，用吉布斯-亥姆霍兹公式：

$$\frac{\Delta G_2}{T_2} = \frac{\Delta G_1}{T_1} - \int_{T_1}^{T_2} \frac{\Delta H}{T^2} dT$$

由基尔霍夫定律：

$$\Delta H = \Delta H_0 + \int \Delta C_p dT = \Delta H_0 + (25.73 - 26.15)T = \Delta H_0 - 0.42T$$

用 $\Delta H(298\ K) = -2\ 197\ J$ 代入, 求得 $\Delta H_0 = -2\ 072$, 故 $\Delta H = -2\ 072 - 0.42T$

这样, $\dfrac{\Delta G_2}{283} = \dfrac{49.9}{298} - \displaystyle\int_{298K}^{283\ K} \dfrac{-2\ 072 - 0.42T}{T^2} dT = \dfrac{49.9}{298} + \int_{298K}^{283K} \dfrac{2\ 072}{T^2} dT + \int_{298K}^{283K} \dfrac{0.42}{T} dT$

$$= \dfrac{49.9}{298} + 2\ 072 \times \left(\dfrac{1}{298} - \dfrac{1}{283} \right) + 0.42 \times \ln \dfrac{283}{298}$$

解得 $\Delta G_2 = -63\ J \cdot mol^{-1} < 0$

所以 $p^{\ominus}$、283K 下, Sn(白) → Sn(灰) 变化能自发进行, 灰锡更稳定。

方法二: $\Delta G_{283K} = \Delta H_{283K} - 283\ K \times \Delta S_{283K}$

$$\Delta H_{283K} = \Delta H_{298K} + \int_{298K}^{283K} \Delta C_p dT, \Delta S_{283K} = \Delta S_{298K} + \int_{298K}^{283K} \dfrac{\Delta C_p}{T} dT$$

ΔH_{298K}、ΔS_{298K}、ΔC_p 可从已知条件求出, 所以 ΔH_{283K}、ΔS_{283K} 可求出, 即

$$\Delta G_{283K} = \Delta H_{283K} - 283\ K \times \Delta S_{283K} = -63\ J \cdot mol^{-1} < 0$$

Sn(白) → Sn(灰) 变化能自发进行, 灰锡更稳定。

一题往往有多种解法, 要根据已知条件选择比较简单的解法。

【例 2-12】 1 mol 过冷水在 268 K、101 325 Pa 下凝固为同温同压下的冰, 计算:

(1) 最大非膨胀功;

(2) 最大功;

(3) 此过程在 $100 \times p^{\ominus}$ 下进行, 相应的最大非膨胀功又为多少?

已知水在熔点时的热容差为 $C_{p,m}(l) - C_{p,m}(s) = 37.3\ J \cdot K^{-1} \cdot mol^{-1}$, $\Delta_{fus}H_m(273\ K) = 6.01\ kJ \cdot mol^{-1}, \rho_{\text{水}} = 990\ kg \cdot m^{-3}, \rho_{\text{冰}} = 917\ kg \cdot m^{-3}$。

解: 因为 $W_{max} = \Delta A_T$, 即等温下, 封闭系统所得的最大功等于 ΔA, 因为 $W_{f.max} = \Delta G_{T,p}$, 即等温等压下, 封闭系统所得的最大非膨胀功等于 ΔG, 所以求等温下的最大功和等温等压下的最大非膨胀功, 也就是求算 ΔA_T 和 $\Delta G_{T,p}$。

(1) 应用 $\Delta G_{268K} = \Delta H_{268K} - T\Delta S_{268K}$, 则

$$\Delta H_{268K} = \Delta H_{273K} + \int_{273K}^{268K} \Delta C_p dT = -5.824\ kJ \quad (\Delta H_{273K} = -6.01\ kJ)$$

上式中 $\Delta C_p = C_{p,m}(s) - C_{p,m}(l) = -37.3\ J \cdot K^{-1}$

$$\Delta S_{268K} = \Delta S_{273K} + \int_{273K}^{268K} \dfrac{\Delta C_p}{T} dT = \dfrac{\Delta H_{273K}}{273\ K} + (-37.3\ J \cdot K^{-1}) \times \ln \dfrac{268}{273}$$

$$= \left\{ \dfrac{-6\ 010}{273} + (-37.37) \times \ln \dfrac{268}{273} \right\} J \cdot K^{-1}$$

$$= -21.33\ J \cdot K^{-1}$$

$$\Delta G_{268K} = \Delta H_{268K} - 268\ K \times \Delta S_{268K} = -107\ J$$

所以 $W_{f.max} = \Delta G_{268K} = -107\ J$。

(2) $\Delta A = \Delta G - \Delta(pV) = \Delta G - p\Delta V = \Delta G - p(V_s - V_1)$

$$= -107 \text{ J} - 101\ 325 \text{ Pa} \times \left(\frac{18 \times 10^{-3} \text{ kg}}{917 \text{ kg} \cdot \text{m}^{-3}} - \frac{18 \times 10^{-3} \text{ kg}}{990 \text{ kg} \cdot \text{m}^{-3}} \right) = -107.3 \text{ J}$$

所以 $W_{\max} = \Delta A_T = -107.3 \text{ J}$。

(3) $\left(\dfrac{\partial \Delta G}{\partial p} \right)_T = \Delta V$，则

$$\Delta G_2 = \Delta G_1 + \Delta V(p_2 - p_1) = -107 \text{ J} + \Delta V(p_2 - p_1) = -92.58 \text{ J}$$

所以 $W_{f,\max} = \Delta G_2 = -92.58 \text{ J}$。

【**例 2-13**】 计算 1 mol 过冷苯(l)在 268.2 K，101.325 kPa 下凝固过程的 ΔS 和 ΔG。已知 268.2 K 时固态苯和液态苯的饱和蒸气压分别为 2 280 Pa 和 2 675 Pa。268 K 时苯的熔化热为 9 860 J·mol^{-1}。

解：这是一个不可逆凝固过程，根据题目给出的条件设计可逆过程如右图：

$$\Delta G = \Delta G_1 + \Delta G_2 + \Delta G_3 + \Delta G_4 + \Delta G_5$$

ΔG_1、ΔG_3、ΔG_5 均为等温简单过程

中的 ΔG，可用 $\Delta G = \displaystyle\int_{p_1}^{p_2} V \mathrm{d}p$ 求出，ΔG_2、ΔG_4 均为等温等压可逆相变。

$$\Delta G_1 = \int_{101\ 325\ \text{Pa}}^{2\ 675\ \text{Pa}} V_1 \mathrm{d}p = V_1 (2\ 675 \text{ Pa} - 101\ 325 \text{ Pa})$$

$$\Delta G_5 = \int_{2\ 280\ \text{Pa}}^{101\ 325\ \text{Pa}} V_s \mathrm{d}p = V_s (101\ 325 \text{ Pa} - 2\ 280 \text{Pa})$$

由于 V_1、V_s 很小，所以 $\Delta G_1 \approx \Delta G_5 \approx 0$。

$\Delta G_2 = 0$，$\Delta G_4 = 0$（等温等压可逆相变）。

$$\Delta G_3 = nRT \ln \frac{p_2}{p_1}$$

$$= 1 \text{ mol} \times 8.314 \text{ J} \cdot \text{K}^{-1} \cdot \text{mol}^{-1} \times 268.2 \text{ K} \times \ln \frac{2\ 280 \text{ Pa}}{2\ 675 \text{ Pa}} = -356.4 \text{J} = \Delta G$$

$$\Delta S = \frac{\Delta H - \Delta G}{T} = \frac{(-9\ 860 \text{ J} \cdot \text{mol}^{-1}) \times 1 \text{ mol} - (-356.4 \text{ J})}{268.2 \text{ K}} = -35.44 \text{ J} \cdot \text{K}^{-1}$$

思考题

1. 为什么熵判据和亥姆霍兹函数判据、吉布斯函数判据判断过程为自发的不等号方向不同？

2. 已知某一温度 T_1 下反应的吉布斯函数变化量 ΔG_1，求解另一温度 T_2 下该反应的吉布斯函数变化量 ΔG_2，有哪些方法？需要哪些数据？

3. 如果某反应的 ΔH 与温度无关，反应的 ΔS、ΔG 与温度的关系如何？

习 题

1. 假定有一座重达 10^9 kg 的冰山，漂进水温为 22 ℃的墨西哥湾流中。如果我们设计一个热机，以湾流为高温热源、以冰山（0 ℃）为低温热源，当冰山融化时，能够产生的最大功是多少？已知 1 kg 冰融化可吸收热量约 334.9 kJ。

2. 10 g H_2（假定为理想气体）在 27 ℃、10^5 Pa 时，等温、外压力为 10^6 Pa 下进行压缩，终态压力为 10^6 Pa，试求算此过程 ΔS，并与实际过程的热温商进行比较。

3. 2 mol 某单原子分子理想气体其始态为 10^5 Pa，273 K，经过一绝热压缩过程至终态为 5×10^5 Pa、546 K。试求算该过程的 ΔS，并判断此过程是否为可逆。

4. 已知水的汽化焓 $\Delta_{vap}H^{\ominus} = 2\,259$ J·g^{-1}，1 mol 水在 100 ℃及标准压力下向真空蒸发为同温同压下的水蒸气，试求算该过程的 ΔS，并与实际过程的热温商进行比较以判断此过程是否为自发过程。

5. 试计算 -10 ℃、标准压力下，1 mol 的过冷水变成同温同压下的冰这一过程的 ΔS，并与实际过程的热温商进行比较以判断此过程能否进行。已知水和冰的热容分别为 4.184 J·K^{-1}·g^{-1} 和 2.092 J·K^{-1}·g^{-1}，0 ℃ 时冰的熔化焓 $\Delta_{fus}H^{\ominus} = 334.72$ J·g^{-1}。

6. 10 g 理想气体 He 在 127 ℃、5×10^5 Pa 时，等温、外压力为 10^6 Pa 下进行压缩直至平衡。计算此过程的 Q、W、ΔU、ΔH、ΔS、ΔA、ΔG。

7. 水在 100 ℃及标准压力下的蒸发焓为 2 259 J·g^{-1}，求 1 mol 100 ℃及标准压力下的水变为 100 ℃及 5×10^4 Pa 的水蒸气的 ΔU、ΔH、ΔA、ΔG。

8. 试计算 -5 ℃及标准压力下的 1 mol 水变成同温同压的冰的 ΔG，并判断此过程能否进行。已知 -5 ℃时水和冰的饱和蒸气压分别为 422 Pa 和 402 Pa。

9. 在 298 K 及标准压力下有下列相变化：

$$CaCO_3（文石）\longrightarrow CaCO_3（方解石）$$

已知此过程的 $\Delta G_m = -800$ J·mol^{-1}，$\Delta V_m = 2.75$ cm^3·mol^{-1}。试问在 298 K 时需加多大压力时文石才是稳定相？

10. 试根据摩尔生成焓 $\Delta_f H_m^{\ominus}$（298 K）和标准摩尔规定熵 $S_m^{\ominus}$（298 K）的数据，求算下列反应的 $\Delta_r G_m^{\ominus}$（298 K）：

(1) $H_2(g) + \dfrac{1}{2}O_2(g) \longrightarrow H_2O(l)$

(2) $H_2(g) + Cl_2(g) \longrightarrow 2HCl(g)$

(3) $CH_4(g) + \dfrac{1}{2}O_2(g) \longrightarrow CH_3OH(l)$

11. 一次，在某个大洋洲国家进行政府大选。竞选的焦点之一是如何发展经济，以提高民众收入，争取更多选民的支持。该国有丰富的天然气资源，于是竞争双方都在此问题上大做文章。执政党提出了用甲

烷制取乙酸的方案,据说可产生巨大的经济效益:

反应(1):$CH_4(g) + CO_2(g) \longrightarrow CH_3COOH(g)$

反对党也不甘寂寞,提出了更加诱人的主张:

反应(2):$2CH_4(g) + H_2O(g) \longrightarrow C_2H_5OH(g) + 2H_2(g)$

该反应的原料用水,比 CO_2 更经济易得;而乙醇是应用更为广泛的化工原料。H_2 又是最清洁的能源。此外反对党还宣布,他们已经发现了反应(2)的高效催化剂,使该方案的成功似乎更使人信服。最后,竞选以反对党获胜而告结束。不过令人不解的是,新政府成立后,有关上述两个反应的问题就不再有消息传出了,请你分析一下其中的奥秘。

12. 某一化学反应若在等温等压下($298\ K$、$p^{\ominus}$)进行,放热 $40.0\ kJ$,若使反应通过可逆电池来完成,则吸热 $4.0\ kJ$。计算:

(1) 该化学反应的 $\Delta_r S_m$,该反应在等温等压下($298\ K$、$p^{\ominus}$)烧杯中能否自发进行?

(2) 反应系统可能做的最大功为多少?

13. 正丁烷在 $298\ K$、$100\ kPa$ 下完全氧化,$C_4H_{10}(g) + \dfrac{13}{2}O_2(g) \longrightarrow 4CO_2(g) + 5H_2O(l)$。已知 $\Delta_r H_m^{\ominus} = -2\ 877\ kJ \cdot mol^{-1}$,$\Delta_r S_m^{\ominus} = -432.7\ J \cdot K^{-1} \cdot mol^{-1}$。假定可以利用此反应建立起一个完全有效的燃料电池,求:

(1) $298\ K$ 时的最大电功;

(2) $298\ K$ 时的最大总功。

14. 苯在正常沸点 $353\ K$ 下的 $\Delta_{vap} H_m^{\ominus} = 30.77\ kJ \cdot mol^{-1}$,今将 $353\ K$ 及 $p^{\ominus}$ 下的 $1\ mol\ C_6H_6(l)$ 向真空等温蒸发为同温同压的苯蒸气(设为理想气体)。试求:

(1) 此过程中苯吸收的热量 Q 和做的功 W;

(2) 苯的摩尔汽化熵 $\Delta_{vap} S_m^{\ominus}(353\ K)$ 及摩尔汽化吉布斯自由能 $\Delta_{vap} G_m^{\ominus}(353\ K)$;

(3) 过程的热温商;

(4) 应用有关原理,判断上述过程是否自发?

15. 在 $298.15\ K$ 的等温情况下,两个瓶子中间有旋塞相通,开始时,一个放 $0.2\ mol\ O_2$,压力为 $0.2 \times 101.325\ kPa$,另一个放 $0.8\ mol\ N_2$,压力为 $0.8 \times 101.325\ kPa$,打开旋塞后,两气互相混合,计算:

(1) 终了时瓶中的压力;

(2) 混合过程中的 Q、W、ΔU、ΔS;

(3) 如等温下可逆地使气体回到原状,计算过程中的 Q 和 W。

16. 证明:

(1) $\left(\dfrac{\partial S}{\partial V}\right)_U = \dfrac{p}{T}$

(2) $\mu_{J-T} = -\dfrac{1}{C_p}\left[V - T\left(\dfrac{\partial V}{\partial T}\right)_p\right]$

(3) $\left(\dfrac{\partial p}{\partial V}\right)_S = \gamma\left(\dfrac{\partial p}{\partial V}\right)_T$ ($\gamma = C_p/C_V$)

17. 某气体的状态方程为 $p(V_m - b) = RT$(b 为大于零的常数)。

(1) 试用热力学证明的方法说明该气体经绝热自由膨胀后,温度如何变化?

(2) 试求等温可逆膨胀过程中 W、Q 及 ΔH 的表达式。

18. 1 mol 理想气体 He，由 273 K、$3\,p^{\ominus}$ 绝热可逆膨胀到 $2\,p^{\ominus}$，求此过程中的 ΔS、ΔA 和 ΔG。假设 He 在 298 K、$p^{\ominus}$ 时的熵为 $S_m^{\ominus}(298\ \mathrm{K})=126.06\ \mathrm{J\cdot K^{-1}\cdot mol^{-1}}$。

19. 298.2 K、$p^{\ominus}$ 下进行反应：

$$Cd(s)+PbCl_2(aq)\longrightarrow CdCl_2(aq)+Pb(s)$$

若反应在可逆电池中进行，测得电动势 $E=0.188\,0\ \mathrm{V}$，$Q=-27.63\ \mathrm{kJ\cdot mol^{-1}}$。求反应的 $\Delta_r U_m$、$\Delta_r H_m$、$\Delta_r S_m$、$\Delta_r A_m$ 和 $\Delta_r G_m$。

第3章 多组分系统热力学

本章基本要求

1. 理解偏摩尔量的定义及其物理意义,掌握偏摩尔量的加和公式和吉布斯-杜亥姆方程。

2. 理解化学势的定义及其与偏摩尔量的区别和联系,掌握组成可变的均相多组分系统的热力学基本方程式及其应用。

3. 掌握纯组分理想气体及其混合物中任一组分 B 的化学势的表达式,理解理想气体的化学势的标准态的意义。

4. 了解真实气体组分的化学势的表达式,掌握逸度、逸度因子的定义,理解真实气体的标准态的意义。

5. 掌握拉乌尔定律表达式及其应用,理解理想液态混合物的概念及其形成过程的通性,熟悉理想液态混合物中任一组分 B 的化学势的表达式及其化学势的标准态。

6. 掌握亨利定律及其各种表达形式,理解理想稀溶液的概念及其溶剂、溶质的化学势的表达式以及化学势的标准态的意义。

7. 掌握稀溶液的依数性,了解以化学势的表达式和相平衡的原理推导依数性的方法。

8. 掌握活度、活度因子的概念及其计算方法,了解真实液态混合物与理想液态混合物的偏差,了解真实溶液与理想稀溶液的偏差。

关键词

均相多组分系统,偏摩尔量,化学势,理想液态混合物,稀溶液的依数性,逸度,活度

前面讨论的热力学系统均是纯物质,也就是单组分系统。但是,实际情况下会遇到多种物质组成的系统,如溶液、混合气体等,即多组分系统。所谓多组分系统(multi-component system)即是两种或两种以上物质所形成的系统。既然是多组分,就涉及到彼此分散的问题,即系统可以是均相的,也可以是多相的。在这一章中,我们主要讨论的是均相系统(homogeneous system)。

§3.1 偏摩尔量

对于均相多组分系统(包括敞开或组成发生变化的均相多组分系统),仅确定系统的温

度和压力并不能确定系统的状态,还须确定系统中各种物质的量(或浓度)方可确定系统的状态,这是因为系统中不止一种物质,所以物质的量(n_B)也是决定系统状态的量。故在均相多组分系统中引进新的物理量代替纯物质系统的摩尔量,即偏摩尔量(partial molarquantity)。偏摩尔量总是对系统中某组分而言的,不存在系统偏摩尔量的概念,这一点需要理解清楚。

3.1.1　偏摩尔量的定义

不论何种系统,质量总是具有加和性的,即系统的质量等于构成该系统的各个组分的质量之和。但是除质量以外,其他容量性质一般都不具有加和性。对于单组分系统的容量性质,我们知道系统的某容量性质就等于该组分的摩尔量与其物质的量的积。对于多组分系统,系统的某容量性质是否还等于各组分的摩尔量与其物质的量的积的和呢?如 25 ℃、$p^\ominus$下,100 mL 水$+$100 mL 乙醇约等于 190 mL,同样温度压力下,150 mL 水$+$50 mL 乙醇既不等于 200 mL 也不等于 190 mL。

由此可见,在讨论两种或两种以上的物质所构成的均相系统时,必须引用新的概念来代替对应于纯物质所用的摩尔量的概念。

设一个均相系统是由组分 $1,2,\cdots,k$ 所组成的,系统的某一容量性质 Z(例如 V、G、S、U、H 等)除了与温度、压力有关外,还与系统中各组分的数量即物质的量 $n_1,n_2,\cdots,n_k$ 有关,写作函数的形式为

$$Z = Z(T,p,n_1,n_2,\cdots,n_k)$$

全微分,有

$$dZ = \left(\frac{\partial Z}{\partial T}\right)_{p,n_1,n_2,n_3\cdots,n_k} dT + \left(\frac{\partial Z}{\partial p}\right)_{T,n_1,n_2,n_3\cdots,n_k} dp + \left(\frac{\partial Z}{\partial n_1}\right)_{T,p,n_2,n_3\cdots,n_k} dn_1$$
$$+ \left(\frac{\partial Z}{\partial n_2}\right)_{T,p,n_1,n_3,\cdots,n_k} dn_2 + \cdots \left(\frac{\partial Z}{\partial n_k}\right)_{T,p,n_1,n_2,n_3,\cdots,n_{k-1}} dn_k$$

在等温、等压下,上式可写为

$$dZ = \sum_{B=1}^{k} \left(\frac{\partial Z}{\partial n_B}\right)_{T,p,n_{C(C\neq B)}} dn_B \tag{3.1}$$

定义

$$Z_B = \left(\frac{\partial Z}{\partial n_B}\right)_{T,p,n_{C(C\neq B)}} \tag{3.2}$$

则式(3.1)可写作:

$$dZ = Z_1 dn_1 + Z_2 dn_2 + \cdots + Z_k dn_k = \sum_{B=1}^{k} Z_B dn_B \tag{3.3}$$

Z_B 称为物质 B 的某种容量性质 Z 的偏摩尔量。偏摩尔量是描述多组分系统状态必须用到的一个重要概念。它的物理意义是,在等温、等压条件下,在大量的系统中,保持除 B 以外的其他组分的量不变(即 n_C 不变,C 代表除 B 以外的其他组分),加入 1 mol 某物质对系

统容量性质 Z 的贡献。

因 Z 是代表混合系统的 U、H、S、A、G、V 等广度性质的量,所以对物质 B 来说也有相应的偏摩尔热力学能 U_B、偏摩尔焓 H_B、偏摩尔熵 S_B、偏摩尔亥姆霍兹函数 A_B 和偏摩尔吉布斯函数 G_B 等。

对于纯物质 B,偏摩尔量 Z_B 与摩尔量 Z_m 相同。为了与均相多组分系统中 B 的偏摩尔量 Z_B 有所区别,纯物质的偏摩尔量或其摩尔量以后用 Z_B^* 来表示。

这里要强调指出,只有广度性质的量才有偏摩尔量,偏微分的下角标均为 $T, p, n_{C(C \neq B)}$,即只有在等温、等压、除 B 以外的其他组分保持不变时,某广度性质的量对组分 B 的物质的量的偏微分才称为偏摩尔量。

3.1.2　偏摩尔量的加和公式

偏摩尔量是强度性质,与均相多组分系统的浓度有关,而与均相多组分系统的总量无关。如果在等温、等压下,按照最终系统中各物质的比例,同时加入物质 $1, 2, \cdots, k$,由于是按原比例同时加入的,所以在过程中各组分的浓度保持不变,因此各组分的偏摩尔量 Z_B 的数值也不改变。这样,对式(3.3)进行定积分便得加入 $n_1, n_2, \cdots, n_k$ 后,系统的总 Z 为

$$Z = Z_1 \int_0^{n_1} \mathrm{d}n_1 + Z_2 \int_0^{n_2} \mathrm{d}n_2 + \cdots + Z_k \int_0^{n_k} \mathrm{d}n_k = n_1 Z_2 + n_2 Z_2 + \cdots + n_k Z_k = \sum_{B=1}^{k} n_B Z_B$$

$$(3.4)$$

式(3.4)称为偏摩尔量的加和公式。若一定温度、压力下,有 A、B 两组分组成的均相系统,A 的物质的量为 n_A,偏摩尔体积为 V_A;B 的物质的量为 n_B,偏摩尔体积为 V_B,则系统的总体积为

$$V = n_A V_A + n_B V_B \tag{3.5}$$

此式表明,系统的总体积等于各组分偏摩尔体积与其物质的量的乘积之和。

Z 既然代表系统任何容量性质,那么应有

$$V = \sum_{B=1}^{k} n_B V_B \qquad U = \sum_{B=1}^{k} n_B U_B$$

$$H = \sum_{B=1}^{k} n_B H_B \qquad S = \sum_{B=1}^{k} n_B S_B$$

$$A = \sum_{B=1}^{k} n_B A_B \qquad G = \sum_{B=1}^{k} n_B G_B$$

$$(3.6)$$

上述公式表明,在多组分系统中各组分的偏摩尔量并不是彼此无关的,它们必须满足偏摩尔量的加和公式。

3.1.3　吉布斯-杜亥姆公式——系统中偏摩尔量之间的关系

倘若在系统中不是按比例地同时添加各组分,则在过程中系统各组分的浓度将有所改

变,此时系统的任何一个容量性质的偏摩尔量 $Z_1, Z_2, \cdots, Z_k$ 也同时改变。在等温、等压下,将式(3.4)微分,得

$$dZ = (n_1 dZ_1 + Z_1 dn_1) + (n_2 dZ_2 + Z_2 dn_2) + \cdots + (n_k dZ_k + Z_k dn_k)$$
$$= (n_1 dZ_1 + n_2 dZ_2 + \cdots + n_k dZ_k) + (Z_1 dn_1 + Z_2 dn_2 + \cdots + Z_k dn_k)$$
$$= \sum_{B=1}^{k} n_B dZ_B + \sum_{B=1}^{k} Z_B dn_B$$

与式(3.3)比较,得

$$n_1 dZ_1 + n_2 dZ_2 + \cdots + n_k dZ_k = 0 \quad \text{或} \quad \sum_{B=1}^{k} n_B dZ_B = 0 \tag{3.7}$$

如除以系统的总的物质的量,则得

$$x_1 dZ_1 + x_2 dZ_2 + \cdots + x_k dZ_k = 0 \quad \text{或} \quad \sum_{B=1}^{k} x_B dZ_B = 0 \tag{3.8}$$

式中 x_B 是组分 B 的物质的量分数。式(3.7)和式(3.8)均称为吉布斯-杜亥姆(Gibbs-Duhem)公式,这些公式都只是在等温、等压下才能使用。

这些公式表明了在等温、等压下,各组分的偏摩尔量之间不是彼此无关的,而是具有一定的联系,表现为互为盈亏的关系,即当一些组分的偏摩尔量增加时,另一些组分的偏摩尔量必将减少,并符合式(3.7)和式(3.8)。在讨论多组分系统的问题时,它和偏摩尔量的加和公式都是很重要的公式。

§3.2 化学势

化学势是一个非常重要的物理量,它贯穿热力学与统计热力学两部分,具有能量特征,能从某一侧面反映系统的某一性质;尤其在统计热力学中,化学势更是起到了非常重要的作用。本节主要介绍化学势的定义,并在此基础上进一步阐述化学势的一些重要作用。

3.2.1 化学势的定义

由于实际所遇到的系统常常会有质量或各组分含量的变化,为了处理敞开系统或组成可发生变化的多组分封闭体系的热力学关系,解决变化的方向和限度问题,吉布斯(Gibbs)和路易斯(G. N. Lewis)提出了化学势的概念。

当某均相系含有不止一种物质时,系统的任何性质都是系统中各组分的物质的量以及 p、V、T、S 等热力学函数中任意两个独立变量的函数。例如,热力学能 U 是容量性质,若系统中含有物质 $1, 2, \cdots, k$,相应的物质的量分别为 $n_1, n_2, \cdots, n_k$,则

$$U = U(S, V, n_1, n_2, \cdots, n_k)$$

其全微分的形式为

$$dU = \left(\frac{\partial U}{\partial S}\right)_{V,n_B} dS + \left(\frac{\partial U}{\partial V}\right)_{S,n_B} dV + \sum_{B=1}^{k} \left(\frac{\partial U}{\partial n_B}\right)_{S,V,n_{C(C\neq B)}} dn_B \tag{3.9}$$

下标中 n_B 表示所有各组分的物质的量 $n_1, n_2, \cdots, n_k$ 均不变,最后一项中的下标 $n_{C(C\neq B)}$ 表示除了组分 B 外其余各组分的物质的量均不变。令

$$\mu_B \stackrel{\text{def}}{=} \left(\frac{\partial U}{\partial n_B}\right)_{S,V,n_{C(C\neq B)}} \tag{3.10}$$

μ_B 称为物质 B 的化学势(chemical potential)。当熵、体积以及除 B 组分以外的各个组分的物质的量均不变时,若增加 dn_B,则相应的热力学能变化为 dU,dU 与 dn_B 的比值为 μ_B。

对于组成不变的系统,四个热力学基本公式及由其导出的关系式在这里仍然适用,即

$$\left(\frac{\partial U}{\partial S}\right)_{V,n_B} = T, \quad \left(\frac{\partial U}{\partial V}\right)_{S,n_B} = -p$$

故式(3.9)可写成

$$dU = TdS - pdV + \sum_{B=1}^{k} \mu_B dn_B \tag{3.11}$$

对于吉布斯函数的定义式 $G = H - TS = U - TS + pV$,可得

$$dG = dU - TdS - SdT + pdV + Vdp$$

将式(3.11)代入后,得

$$dG = -SdT + Vdp + \sum_{B=1}^{k} \mu_B dn_B \tag{3.12}$$

若选 $T, p, n_1, n_2, \cdots, n_k$ 为独立变量,$G = G(T, p, n_1, n_2, \cdots, n_k)$,$G$ 的全微分为

$$dG = \left(\frac{\partial G}{\partial T}\right)_{p,n_B} dT + \left(\frac{\partial G}{\partial p}\right)_{T,n_B} dp + \sum_{B=1}^{k} \left(\frac{\partial G}{\partial n_B}\right)_{T,p,n_{C(C\neq B)}} dn_B$$

$$= -SdT + Vdp + \sum_{B=1}^{k} \left(\frac{\partial G}{\partial n_B}\right)_{T,p,n_{C(C\neq B)}} dn_B$$

与式(3.12)比较得

$$\left(\frac{\partial G}{\partial n_B}\right)_{T,p,n_{C(C\neq B)}} = \mu_B \tag{3.13}$$

按照上述方法还可从 H 和 A 的定义式(对于 H 选 $S, p, n_1, n_2, n_3, \cdots, n_k$ 为独立变量;对于 A 选 $T, V, n_1, n_2, n_3, \cdots, n_k$ 为独立变量)同样可以得到化学势的类似表达式。即

$$\mu_B = \left(\frac{\partial U}{\partial n_B}\right)_{S,V,n_{C(C\neq B)}} = \left(\frac{\partial H}{\partial n_B}\right)_{S,p,n_{C(C\neq B)}} = \left(\frac{\partial A}{\partial n_B}\right)_{T,V,n_{C(C\neq B)}} = \left(\frac{\partial G}{\partial n_B}\right)_{T,p,n_{C(C\neq B)}} \tag{3.14}$$

式(3.14)中,四个偏微分都叫做化学势,这是化学式的广义含义。应该特别注意其下角标,每个热力学函数所选取的独立变量彼此不同,如果选择不当,常会引起错误。不能把任意热力学函数对 n_B 的偏微分都叫做化学势。此外,我们还可看出,吉布斯函数所表达的化学势实际上就是偏摩尔吉布斯函数。

至此,对于组成可变的热力学系统,可以把四个热力学基本公式写为

$$dU = TdS - pdV + \sum_{B=1}^{k} \mu_B dn_B \qquad (3.15a)$$

$$dH = TdS + Vdp + \sum_{B=1}^{k} \mu_B dn_B \qquad (3.15b)$$

$$dA = -SdT - pdV + \sum_{B=1}^{k} \mu_B dn_B \qquad (3.15c)$$

$$dG = -SdT + Vdp + \sum_{B=1}^{k} \mu_B dn_B \qquad (3.15d)$$

上述包含化学势的四个公式中,最后一个用得最多,因为无论在实际生产或是在实验室里所进行的各种物理的或化学的过程,常常是在等温、等压下进行的,所以常用 ΔG 来判断过程的方向。以后我们讲化学势,如果没有特别注明,一般是对吉布斯函数而言的。这是一个较为特殊,也是一个用得较多的化学势。

3.2.2 化学势在相平衡中的应用

设某系统中有 α 和 β 两相,在两相中均不止一种物质。在等温、等压下,设有微量的 B 物质从 β 相转移到 α 相中,此时 α 相的吉布斯函数变化 $dG^\alpha = \mu_B^\alpha dn_B^\alpha$,$\beta$ 相的吉布斯函数变化 $dG^\beta = \mu_B^\beta dn_B^\beta$,但 α 相之所得应等于 β 相之所失,即 $dn_B^\alpha = -dn_B^\beta$。此时系统的吉布斯函数的总变化量为

$$dG = dG^\alpha + dG^\beta = \mu_B^\alpha dn_B^\alpha + \mu_B^\beta dn_B^\beta$$

α 相所得等于 β 相所失,即

$$dn_B^\alpha = -dn_B^\beta$$

当系统达平衡时应有 $dG = 0$,所以

$$(\mu_B^\alpha - \mu_B^\beta)dn_B^\alpha = 0 \qquad (3.16)$$

由于 $dn_B^\alpha \neq 0$,因此

$$\mu_B^\alpha = \mu_B^\beta \qquad (3.17)$$

此式表明,组分 B 在 α、β 两相中达平衡时,该组分在两相中的化学势相等。

如果上述转移过程是自发进行的,则 $(dG)_{T,p} < 0$,因此式(3.16)可写成

$$(\mu_B^\alpha - \mu_B^\beta)dn_B^\alpha < 0$$

又因为假设的 B 物质是由 β 相转移到 α 相中,即 $dn_B^\alpha > 0$,故 $\mu_B^\alpha < \mu_B^\beta$。由此可见,自发变化的方向是物质 B 从 μ_B 较大的相流向 μ_B 较小的相,直到物质 B 在两相中 μ_B 相等的时候为止。$\mu_B^\alpha = \mu_B^\beta$ 时,说明 B 物质在 α 相和 β 相中达到平衡。若系统不止两相,则有

$$\mu_B^\alpha = \mu_B^\beta = \cdots = \mu_B^p$$

此即多组分多相系统的相平衡条件。

3.2.3 化学势与压力、温度的关系

根据偏微分的运算规则可以导出化学势与温度、压力的关系。

1. 化学势与压力的关系

$$\left(\frac{\partial \mu_B}{\partial p}\right)_{T,n_B,n_{C(C\neq B)}} = \left[\frac{\partial}{\partial p}\left(\frac{\partial G}{\partial n_B}\right)_{T,p,n_{C(C\neq B)}}\right]_{T,n_B,n_{C(C\neq B)}} = \left[\frac{\partial}{\partial n_B}\left(\frac{\partial G}{\partial p}\right)_{T,n_B,n_{C(C\neq B)}}\right]_{T,p,n_{C(C\neq B)}}$$

$$= \left(\frac{\partial V}{\partial n_B}\right)_{T,p,n_{C(C\neq B)}} = V_B$$

即
$$\left(\frac{\partial \mu_B}{\partial p}\right)_{T,n_B,n_{C(C\neq B)}} = V_B \tag{3.18}$$

V_B 就是物质 B 的偏摩尔体积。我们在前面曾证明过,对于纯物质来说,$\left(\frac{\partial G}{\partial p}\right)_T = V$,与式 (3.18)比较,如果把吉布斯函数换成 μ_B,则体积 V 也要换成偏摩尔体积 V_B。

2. 化学势与温度的关系

$$\left(\frac{\partial \mu_B}{\partial T}\right)_{p,n_B,n_{C(C\neq B)}} = \left[\frac{\partial}{\partial T}\left(\frac{\partial G}{\partial n_B}\right)_{T,p,n_{C(C\neq B)}}\right]_{p,n_B,n_{C(C\neq B)}} = \left[\frac{\partial}{\partial n_B}\left(\frac{\partial G}{\partial T}\right)_{p,n_B,n_{C(C\neq B)}}\right]_{T,p,n_{C(C\neq B)}}$$

$$= \left[\frac{\partial}{\partial n_B}(-S)\right]_{T,p,n_{C(C\neq B)}} = -S_B$$

即
$$\left(\frac{\partial \mu_B}{\partial T}\right)_{p,n_B,n_{C(C\neq B)}} = -S_B \tag{3.19}$$

S_B 就是物质 B 的偏摩尔熵。

按定义,$G = H - TS$,在等温、等压、$n_{C(C\neq B)}$ 不变的条件下,将此式中各项对 n_B 微分:

$$\left(\frac{\partial G}{\partial n_B}\right)_{T,p,n_{C(C\neq B)}} = \left(\frac{\partial H}{\partial n_B}\right)_{T,p,n_{C(C\neq B)}} - T\left(\frac{\partial S}{\partial n_B}\right)_{T,p,n_{C(C\neq B)}}$$

即
$$\mu_B = H_B - TS_B \tag{3.20}$$

同理可证:

$$\left[\frac{\partial\left(\frac{\mu_B}{T}\right)}{\partial T}\right]_{p,n_B,n_{C(C\neq B)}} = \frac{T\left(\frac{\partial \mu_B}{\partial T}\right)_{p,n_B,n_{C(C\neq B)}} - \mu_B}{T^2} = -\frac{TS_B + \mu_B}{T^2} = -\frac{H_B}{T^2} \tag{3.21}$$

把这些公式与纯物质公式相比较,可以推知,在多组分系统中的热力学公式与纯物质的公式具有类似的形式,所不同者只是偏摩尔量代替相应的摩尔量而已。对于纯物质来说,它不存在偏摩尔量,而只有摩尔量。

§3.3 气体物质的化学势

由于不知道纯物质的吉布斯函数的绝对值,也就不知道多组分系统中各物质的化学势的绝对值,但在化学势的应用中,所关注的是过程中物质化学势的改变量,而不是其绝对值。因此,对物质处于不同状态(如气态、液态、固态、溶液中组分等)时,可各选定一个标准态,其化学势称为标准态化学势,对于其他状态下物质的化学势则通过与标准态化学势比较得到,进而解决化学势作为自发变化方向和限度的判据问题。

由于气体物质的状态方程式相对简单,且物质在气-液或气-固相变化达到平衡时,气体物质的化学势与其液体或固体物质的化学势相等,因此,求得气体物质的化学势,也就间接求得与其平衡的液体或固体物质的化学势,这就是我们首先讨论气体物质化学势的原因。

3.3.1 理想气体

1. 纯组分理想气体的化学势

纯组分物质的偏摩尔量就是其摩尔量,则纯组分物质的化学势就是其摩尔吉布斯函数。对纯组分 B 的理想气体,当温度保持不变,而压力改变时,根据

$$V_B = V_m \quad \text{和} \quad \mu_B = G_B = G_m$$

结合式(3.18),在温度恒定条件下得

$$\left(\frac{\partial G_B}{\partial p}\right)_T = \left(\frac{\partial \mu_B}{\partial p}\right)_T = V_B = V_m \tag{3.22}$$

或

$$d\mu_B = V_B dp = V_m dp \tag{3.23}$$

理想气体的摩尔体积为 $V_m = \dfrac{RT}{p}$,代入上式得

$$d\mu_B = V_m dp = \frac{RT}{p} dp = RT d\ln p \tag{3.24}$$

进行定积分,压力从标准压力 $p^\ominus$ 到任意 p,化学势从标准态 $\mu_B^\ominus$ 积分到任意 μ_B,即

$$\int_{\mu_B^\ominus}^{\mu_B} d\mu_B = RT \int_{p^\ominus}^{p} d\ln p$$

$$\mu_B = \mu_B^\ominus(T) + RT\ln(p/p^\ominus) \tag{3.25}$$

此式即为纯组分理想气体化学势的表达式。将处于标准压力 $p^\ominus = 10^5$ kPa 及任意选定温度的状态下的理想气体选定为理想气体的标准态,上式中 $\mu_B^\ominus(T)$ 就是理想气体的标准态化学势。

【例 3-1】 求 3 mol 乙炔气体从 15 ℃和 250 kPa 变为 15 ℃和 150 kPa 时的 ΔG。

解：
$$\Delta G = G_2 - G_1 = n\mu_2 - n\mu_1 = n(\mu_2 - \mu_1)$$

根据式
$$\mu_1 = \mu^\ominus(288\ \mathrm{K}) + RT\ln\left(\frac{p_1}{p^\ominus}\right)$$

$$\mu_2 = \mu^\ominus(288\ \mathrm{K}) + RT\ln\left(\frac{p_2}{p^\ominus}\right)$$

所以
$$\Delta G = nRT\ln\frac{p_2}{p_1} = \left\{3 \times 8.314 \times 288 \times \ln\frac{150}{250}\right\}\mathrm{J} = -3\,669\ \mathrm{J}$$

2. 理想气体混合物中组分 B 的化学势

理想气体混合物又称混合理想气体,在这类系统中无分子间的相互作用,故混合后每一组分的性质与混合前相同。实际气体只有在低压下以及混合过程中没有化学反应发生时,才可近似当作理想气体处理。

可以用以下模型来建立起混合气体中某一组分的化学势。

由实验得知,金属钯可以作为氢气的半透膜,它只让氢气自由通过而不让其他气体通过。如图 3.1 所示,在一密闭容器中用钯膜隔成两部分:左边为氢气,右边为氢气和氮气的混合物,当氢气通过钯膜在容器两边扩散达到平衡时,两边氢气的压力应相等,其化学势亦应相等。

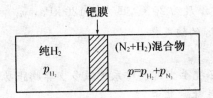

图 3.1　混合理想气体中某一组分的化学势

$$(p_{\mathrm{H_2}})_{混合物} = (p_{\mathrm{H_2}})_{纯} = p_{\mathrm{H_2}}^* \tag{3.26}$$
$$(\mu_{\mathrm{H_2}})_{混合物} = (\mu_{\mathrm{H_2}})_{纯} = \mu_{\mathrm{H_2}}^* \tag{3.27}$$

已知

$$\mu_{\mathrm{H_2}}^* = (\mu_{\mathrm{H_2}}^*)_{纯} = \mu_{\mathrm{H_2}}^\ominus + RT\ln\left(\frac{p_{\mathrm{H_2}}^*}{p^\ominus}\right)$$

$$\tag{3.28}$$

$$(\mu_{\mathrm{H_2}})_{混} = \mu_{\mathrm{H_2}}^\ominus + RT\ln\left(\frac{p_{\mathrm{H_2}}^*}{p^\ominus}\right) = \mu_{\mathrm{H_2}}^\ominus + RT\ln\left[\frac{(p_{\mathrm{H_2}})_{混}}{p^\ominus}\right]$$

可见,在混合理想气体中某一组分的化学势公式与在纯组分时类似,不同之处是用它在混合系统中的分压力代替纯组分的压力。若将以上模型推广至任意气体 B,则可得其在纯态时及在混合理想气体中的化学势分别为

$$\mu_B^* = \mu_B^{\ominus}(T) + RT\ln\left(\frac{p_B^*}{p^{\ominus}}\right) \tag{3.29}$$

$$\mu_B = \mu_B^{\ominus}(T) + RT\ln\left(\frac{p_B}{p^{\ominus}}\right) \tag{3.30}$$

式中 B 代表任意 B 组分,符号 * 代表纯态,p_B^* 代表纯组分理想气体 B 的压力,p_B 代表混合系统中 B 组分的分压力,$\mu_B^{\ominus}(T)$ 均指纯态时的标准态化学势,即上式中的 $\mu_B^{\ominus}(T)$ 仅为温度的函数。

理想气体混合物总压 p 与各组分分压 p_B 的关系遵从道尔顿分压定律 $p_B = py_B$,将其代入式(3.30)得

$$\mu_B = \mu_B^{\ominus}(T) + RT\ln\left(\frac{py_B}{p^{\ominus}}\right)$$

$$\mu_B = \left[\mu_B^{\ominus}(T) + RT\ln\left(\frac{p}{p^{\ominus}}\right)\right] + RT\ln y_B \tag{3.31}$$

把等式右方括号中的两项合并,于是得

$$\mu_B = \mu_B^*(T,p) + RT\ln y_B \tag{3.32}$$

式中 y_B 是理想气体混合物中 B 组分的物质的量分数;$\mu_B^*(T,p)$ 是纯气体 B 在指定 T、p 时的化学势,p 是总压,这个状态显然不是标准态。

【例 3-2】 欲将 500 L 温度为 20 ℃,压力为 120 kPa,$y_{O_2} = 0.2$ 的氮氧混合气体分开,使它们都变为 20 ℃,120 kPa 的纯气体。

(1) 求该过程的 ΔG;

(2) 要完成这项工作,环境至少需要对系统做多少非膨胀功?

解: 视这些气体为理想气体。其中

$$n_{O_2} = \frac{p_{O_2} V}{RT} = \frac{y_{O_2} pV}{RT} = \left\{\frac{0.2 \times (120 \times 10^3) \times 0.5}{8.314 \times 293}\right\} \text{mol} = 4.926 \text{ mol}$$

同理可算得 $n_{N_2} = 19.704$ mol。

(1) 根据偏摩尔量的加和公式:

$$\Delta G = \left(\sum_B n_B\mu_B\right)_{终} - \left(\sum_B n_B\mu_B\right)_{始} = \sum_B n_B\left[\mu_{B(终)} - \mu_{B(始)}\right]$$

将上式代入后可得

$$\Delta G = \sum_B n_B RT\ln\frac{p_{B(终)}}{p_{B(始)}} = \sum_B n_B RT\ln\frac{p}{y_B p} = \sum_B n_B RT\ln\frac{1}{y_B}$$

$$= \left\{4.926 \times 8.314 \times 293\ln 5 + 19.704 \times 8.314 \times 293\ln\left(\frac{5}{4}\right)\right\} \text{J}$$

$$= 30.0 \times 10^3 \text{ J} = 30.0 \text{ kJ}$$

(2) 在一定温度和压力下,根据吉布斯函数判据 $\Delta G \leqslant W_f$(小于为不可逆,等于为可

逆)可知,要实现上述分离过程,环境至少需要对系统作 30.0 kJ 的非膨胀功。

【例 3 - 3】 对于下列反应,在 398 K 下 $\Delta_r G_{m,1} = -457.2$ kJ·mol^{-1},那么在相同温度下的 $\Delta_r G_{m,2}$ 是多少?

(1) $2H_2(g, 100 \text{ kPa}) + O_2(g, 100 \text{ kPa}) \Longrightarrow 2H_2O(g, 100 \text{ kPa})$

(2) $2H_2(g, 10 \text{ kPa}) + O_2(g, 40 \text{ kPa}) \Longrightarrow 2H_2O(g, 70 \text{ kPa})$

解: $\Delta_r G_m = \sum_B \nu_B \mu_B$

因为 $\quad \mu_B(T, p) = \mu_B^{\ominus}(T) + RT \ln \dfrac{p_B}{p^{\ominus}}$

所以 $\quad \Delta_r G_m = \sum_B \nu_B \mu_B^{\ominus} + \sum_B RT \ln \left(\dfrac{p_B}{p^{\ominus}} \right)^{\nu_B}$

即 $\quad \Delta_r G_m = \Delta_r G_m^{\ominus} + RT \ln \left[\prod_B \left(\dfrac{p_B}{p^{\ominus}} \right)^{\nu_B} \right]$

又因为 $\Delta_r G_m^{\ominus} = \Delta G_{m,1} = -457.2$ kJ·mol^{-1},所以

$$\Delta_r G_{m,2} = \left\{ [-457.2 \times 10^3] + 8.314 \times 398 \ln \frac{(70/100)^2}{(10/100)^2 (40/100)} \right\} \text{J·mol}^{-1}$$

$$= -441.3 \text{ kJ·mol}^{-1}$$

3.3.2 真实气体

1. 纯组分真实气体的化学势

对于真实气体,p 与 V 的关系复杂,所得化学势表示式也十分复杂,不便于应用。为了克服这一困难,路易斯(G. N. Lewis)于 1901 年提出了一个解决办法,即仍保留理想气体化学势表示的简单形式,而用一校正的压力 f 代替了压力 p。f 称为逸度(fugacity)或有效压力(effective pressure),于是纯组分真实气体 B 的化学势表示为

$$\mu_B = \mu_B^{\ominus}(T) + RT \ln \frac{f}{p^{\ominus}} \tag{3.33}$$

逸度 f 定义为实际压力 p 乘以校正因子 γ,即

$$f = \gamma p \tag{3.34}$$

校正因子 γ 又称为逸度因子或逸度系数,它承担了各种因素形成的偏差,其值不仅与气体特征性有关,还与气体所处温度和压力有关。显然,当气体压力趋于零时成为理想气体,此时 $\lim\limits_{p \to 0} \dfrac{f}{p} = 1$,亦即 $\gamma = 1$

2. 真实气体混合物中组分 B 的化学势

对于真实气体混合物中的每个组分,按相同办法处理,只需将理想气体混合物的化学势表达式中的分压 p_B 改写为 f_B 就成为实际气体混合物的表达式:

$$\mu_B = \mu_B^{\ominus}(T) + RT\ln\frac{f_B}{p^{\ominus}} \tag{3.35}$$

式中 f_B 是混合气体中组分 B 的逸度,可将其视为校正分压,即

$$f_B = \gamma_B p_B = \gamma_B p y_B$$

式中 γ_B 是混合气体中 B 的逸度因子,它承担了各种因素形成的偏离,其值不仅与气体特征性有关,还与气体所处温度和压力有关。p 为混合气体总压,y_B 是混合气体中 B 的物质的量分数。

从以上各种化学势表达式看出,对于气体物质的标准态,不论是纯态还是混合物,不论是理想气体还是真实气体,都是当 $p_B = p^{\ominus}$ 时,表现出理想气体特性的纯组分的化学势。

§3.4 稀溶液中的两个经验定律

3.4.1 拉乌尔定律

纯液体在一定温度下有一定的饱和蒸气压。大量实验事实证明,往纯液体中加入非挥发性溶质后,溶液的蒸气压比纯物质的蒸气压低,其降低的数值与加入溶质质量成正比。这是因为加入溶质后单位体积溶液中含有的溶剂分子数量减少。拉乌尔(Raoult)于 1887 年在大量实验事实基础上提出如下经验定律:在恒温下,稀溶液中溶剂的蒸气压等于纯溶剂的蒸气压乘以溶液中溶剂的物质的量分数。这就是拉乌尔定律。若以 A 表示溶剂,B 表示溶质,则拉乌尔定律可表示为

$$p_A = p_A^* x_A \tag{3.36}$$

其中,p_A^* 是温度为 T 时纯溶剂的饱和蒸气压,它除了与温度有关外,还与溶剂的本性和外界压力有关,p_A 为溶液中溶剂的物质的量分数为 x_A 时的蒸气压。若溶液中只有 A、B 两组分,则有

$$\Delta p = p_A^* - p_A = p_A^* - p_A^* x_A = p_A^* x_B \tag{3.37}$$

$$\frac{p_A^* - p_A}{p_A^*} = x_B \tag{3.38}$$

上式中 $p_A^* - p_A$ 为加入 x_B 后溶剂蒸气压的降低的绝对数值,而 $\dfrac{p_A^* - p_A}{p_A^*}$ 为溶剂蒸气压降低的相对数值,称为蒸气压的相对降低。式(3.38)可作为拉乌尔定律的另一种表达形式。即"在一定温度和压力下,稀溶液中溶剂蒸气压的相对降低值等于溶质的物质的量分数"。

蒸气压可用来衡量溶液中某一组分分子逸入气相倾向的大小,这种倾向和该组分在溶液中所处状态有关。研究溶液蒸气压随温度、压力和浓度变化的规律,是讨论溶液其他平衡

性质变化规律(如冰点下降、沸点上升等现象)的基础。

拉乌尔定律最初是从不挥发的非电解质稀溶液总结出来的经验定律,后来又推广到溶剂、溶质都是液态的系统。在使用拉乌尔定律时应注意以下几点:

(1) 用拉乌尔定律计算溶剂的蒸气压时,若溶剂分子有缔合现象,如水分子通常会发生缔合,在计算溶剂的物质的量时,其摩尔质量仍采用气态分子的摩尔质量,如水的摩尔质量仍用 $18.01\ \text{g}\cdot\text{mol}^{-1}$,而不考虑分子的缔合等因素。

(2) 拉乌尔定律是一个稀溶液定律,溶液越稀,溶剂的蒸气压越服从拉乌尔定律。因为在稀溶液中,溶剂分子之间的引力受溶质分子的影响很小,即溶剂分子周围的环境与纯溶剂几乎相同,所以溶剂的蒸气压与溶质分子的性质无关。但当溶液浓度很大时,溶质分子对溶剂分子之间的引力就有影响,因此溶剂的蒸气压不仅与溶剂的浓度有关,还与溶质的性质有关,从而就偏离拉乌尔定律。

(3) 拉乌尔定律一般只适用于非电解质溶液,电解质溶液中的组分因存在电离现象,故拉乌尔定律不再适用。

表 3.1 列举了 293.2 K 温度下甘露醇水溶液蒸气压降低实验值与根据拉乌尔定律计算值的数据。

表 3.1　293.2 K 时甘露醇水溶液的蒸气压降低值

	$p_{H_2O}^{*}=2.334\ \text{kPa}$	
质量摩尔浓度 m /(mol 甘露醇/1 kg H_2O)	($p_{H_2O}^{*}-p_{H_2O}$)/($10^{-3}\ \text{kPa}$) 实验值	($p_{H_2O}^{*}-p_{H_2O}$)/($10^{-3}\ \text{kPa}$) 计算值
0.098 4	4.093 0	4.463
0.197 7	8.186	8.826
0.296 2	12.290	12.910
0.493 0	20.478	20.620
0.693 4	28.82 0	28.840
0.892 2	37.220	37.000
0.990 8	41.280	41.010

由表中数据比较,可见实验值与计算值相当符合。

拉乌尔定律指出,一定温度和压力下,溶液中某一组分 A 的蒸气压,仅取决于它在溶液中所占物质的量分数 x_A,而与其他因素无关。以上现象的发生可近似地解释为加入 B 组分之后,在其中心分子 A 周围的部分 A 分子虽然为 B 分子所代替,然而 A 和 B 分子间的引力与 A 和 A 分子间的引力相同,组分 B 的加入仅降低了 A 分子所占总分子数的比例,而没有改变其周围分子对中心分子的相互作用。故组分 A 的蒸气压仅因 A 分子所占百分数减少有了相应的降低,而与其物质的量分数成正比。

【例 3-4】 80 ℃时苯和甲苯的饱和蒸气压分别为 1 000 kPa 和 37.8 kPa。80 ℃时若与某液态混合物达到平衡时的气相组成为 $y_苯 = 0.500$,求液相的组成(设两组分均服从拉乌尔定律)。

解: 若气体服从道尔顿分压定律:

$$y_苯 = \frac{p_苯}{p_苯 + p_{甲苯}}$$

由于两组分均服从拉乌尔定律:

$$y_苯 = \frac{p_苯^* x_苯}{p_苯^* x_苯 + p_{甲苯}^* x_{甲苯}} = \frac{p_苯^* x_苯}{p_苯^* x_苯 + p_{甲苯}^* (1 - x_苯)}$$

因此,液态混合物的组成为

$$x_苯 = \frac{p_{甲苯}^*}{p_{甲苯}^* - p_苯^* + p_苯^* / y_苯} = \frac{38.7}{38.7 - 100 + \dfrac{100}{0.500}} = 0.279$$

$$x_{甲苯} = 1 - x_苯 = 1 - 0.279 = 0.721$$

3.4.2　亨利定律

1803 年亨利(Henry)在研究气体在液体中的溶解度时,总结出稀溶液的另一条重要经验规律叫做亨利定律。即"在一定温度和平衡状态下,气体在液体里的溶解度(用物质的量分数表示)和该气体的平衡分压力成正比"。以 B 表示溶液中的溶质,有

$$p_B = k_{x,B} x_B \tag{3.39}$$

式中 p_B 和 x_B 分别代表挥发性溶质 B 在气相中的平衡分压和它在溶液中溶解的物质的量分数,$k_{x,B}$ 称为亨利系数,$k_{x,B}$ 与 p_B 具有相同的量纲,亨利系数与系统的温度、压力、溶剂和溶质的本性有关。表 3.2 列举了一些气体 298 K 下溶于水时的亨利系数 $k_{x,B}$ 的数值。

表 3.2　298 K 下,一些气体在水中的亨利系数 $k_{x,B}$(单位:kPa)

H_2	N_2	O_2	CO_2	CH_4
7.1211×10^6	8.68×10^6	4.40×10^6	1.66×10^6	4.18×10^6

由于在稀溶液中,有

$$x_B = \frac{n_B}{n_A + n_B} \approx \frac{n_B}{n_A} = \frac{n_B}{\left(\dfrac{W_A}{M_A}\right)} = M_A \frac{n_B}{W_A} = M_A m_B$$

上式中 M_A 和 W_A 分别为溶剂的摩尔质量和质量,M_A 为一常量,而 $\dfrac{n_B}{W_A}$ 相当于所溶解溶质(B)的质量摩尔浓度 m_B,作出上述近似处理后,$p_B = k_{x,B} x_B$ 可改写成

$$p_B = k_{m,B} m_B \tag{3.40}$$

式中 $k_{m,B} = k_{x,B} M_A$，此式是亨利定律的另一种表示形式。

同理，在稀溶液中，若溶质的浓度用物质的量浓度 c_B 表示，亦可得

$$p_B = k_{c,B} c_B \tag{3.41}$$

以上 $k_{m,B}$ 和 $k_{c,B}$ 亦称为亨利系数。

从微观上看，当溶液很稀时，每个溶质分子的周围几乎都被溶剂分子所围绕着，环境是均匀的。因而，单位时间内溶质分子自液相逸入气相的倾向仅取决于溶液中溶质分子所占分子数比例，故其气相平衡分压力与它在液相中的物质的量分数 x_B 成正比。

虽然亨利定律是在研究气体溶解时提出来的，但是进一步的研究发现，亨利定律对含挥发性溶质的稀溶液也适用。在使用亨利定律时须注意：

(1) 温度越高或溶质 B 的平衡分压力 p_B 越低，则溶液中溶质 B 的浓度就越低，使用亨利定律就越准确。这一性质可用于气体的提纯分离。

(2) 对混合气体，当总压力不大时，亨利定律能分别适用于每一种气体，可以近似地认为与其他气体无关。

(3) 溶质 B 在气相中的分子状态必须与溶液中相同。如 HCl(g) 溶于苯中是以 HCl 分子的形式存在，可用亨利定律，但若是溶于水中，则 HCl 分子解离为 H^+ 和 Cl^-，亨利定律就不适用了。如果是 NH_3(g) 溶解于水中，部分 NH_3 分子与水反应生成 NH_4^+ 和 OH^-，则用亨利定律时要将反应掉的 NH_3 的量从溶解 NH_3 中扣除，只考虑游离态的 NH_3 的浓度。

【例 3-5】 标准状况下氧气在水中的溶解度为 4.490×10^{-2} dm³·kg⁻¹。试求 0 ℃时氧气在水中的溶解度的亨利系数 k_{x,O_2}、k_{m,O_2} 和 c_{c,O_2}。已知 0 ℃时水的密度为 1.000 kg·dm⁻³。

解： 因为标准状况下氧气的摩尔体积为 22.41 dm³·mol⁻¹，有

$$x_{O_2} = \frac{n_{O_2}}{n_{H_2O} + n_{O_2}} = \frac{\dfrac{4.490 \times 10^{-2}}{22.41}}{\dfrac{1\,000}{18.0} + \dfrac{4.490 \times 10^{-2}}{22.41}} = 3.610 \times 10^{-5}$$

$$m_{O_2} = \frac{n_{O_2}}{W_{H_2O}} = \left\{ \frac{4.490 \times 10^{-2}}{22.41} \right\} \text{mol·kg}^{-1} = 2.002 \times 10^{-3} \text{ mol·kg}^{-1}$$

$$c_{O_2} = \rho_{H_2O} m_{O_2} = 2.002 \times 10^{-3} \text{ mol·dm}^{-3}$$

由亨利定律，$p_{O_2} = k_{x,O_2} x_{O_2}$，$p_{O_2} = k_{m,O_2} m_{O_2}$，$p_{O_2} = k_{c,O_2} c_{O_2}$，有

$$k_{x,O_2} = \frac{p_{O_2}}{x_{O_2}} = \left\{ \frac{101\,325}{3.610 \times 10^{-5}} \right\} \text{Pa} = 2.807 \times 10^9 \text{ Pa}$$

$$k_{m,O_2} = \frac{p_{O_2}}{m_{O_2}} = \left\{ \frac{101\,325}{2.002 \times 10^{-3}} \right\} \text{Pa·kg·mol}^{-1}$$

$$= 5.061 \times 10^7 \text{ Pa·kg·mol}^{-1}$$

$$k_{c,O_2} = \frac{p_{O_2}}{c_{O_2}} = \left\{\frac{101\ 325}{2.\ 002 \times 10^{-3}}\right\} Pa \cdot dm^3 \cdot mol^{-1}$$
$$= 5.\ 061 \times 10^7 Pa \cdot dm^3 \cdot mol^{-1}$$

【例 3-6】 空气中含氧的物质的量分数约为 0.21,试由表 3.2 中数据,计算 298 K 下 1 dm³ 水中溶解的氧气体积。

解: 由表 3.2 知 298 K 时 $k_{x,O_2} = 4.40 \times 10^6$ kPa,当空气压力为 101.325 kPa 时,氧气分压力

$$p_{O_2} = y_{O_2} p = 0.21 \times 101.325 \text{ kPa} = 21.3 \text{ kPa}$$

因此

$$x_{O_2} = \frac{p_{O_2}}{k_{x,O_2}} = \frac{21.3}{4.40 \times 10^6} = 4.84 \times 10^{-6}$$

而 1 dm³ 水的物质的量为

$$n_{H_2O} = \frac{W_{H_2O}}{M_{H_2O}} \approx \left\{\frac{1\ 000}{18.\ 02}\right\} \text{ mol} = 55.5 \text{ mol}$$

$$x_{O_2} = \frac{n_{O_2}}{n_{O_2} + nH_2O} = \frac{n_{O_2}}{n_{O_2} + 55.5} = 4.8 \times 10^{-6}$$

解得 $n_{O_2} = 2.68 \times 10^{-4}$ mol

即在 1 dm³ 水中可溶解 2.68×10^{-4} mol 的 O_2,换算为该温度下气体的体积为

$$V_{O_2} = \frac{n_{O_2} RT}{p} = \frac{2.\ 628 \times 10^{-4} \text{ mol} \times 8.\ 314 \text{ J} \cdot mol^{-1} \cdot K^{-1} \times 298 \text{ K}}{101.\ 325 \text{ kPa}}$$
$$= 6.\ 43 \times 10^{-3} dm^3 = 6.\ 43 \text{ cm}^3$$

即 1 dm³ 水中可溶解 6.43 cm³ O_2。

亨利定律本质上描述了化合物在气液两相中的分配,而亨利系数是化学物质环境风险评价的一个重要参数。由于人类制造并使用了大量的化学物质,并使这些物质进入自然环境中,亨利系数在预测和模拟化合物(特别是挥发性和半挥发性有机污染物)在环境介质中的迁移分配是一个非常重要的参数。

§3.5 理想液态混合物中各组分的化学势

3.5.1 理想液态混合物的定义

液态混合物中的任一组分在全部浓度范围内都遵从拉乌尔定律者称为理想液态混合物。从微观角度来讲,各组分的分子大小及作用力,彼此近似或相等,当一种组分的分子被另一种组分的分子取代时,没有能量的变化或空间结构的变化。换言之,当各组分混合时,没有焓变和体积的变化。即 $\Delta_{mix} H = 0, \Delta_{mix} V = 0$(或者 $H_B = H_{m,B}^*, V_B = V_{m,B}^*$),这也可以

作为理想液态混合物的定义。

一般液态混合物大都不具有理想液态混合物的性质。可看作理想液态混合物的有光学异构体的混合物、同位素化合物的混合物、立体异构体的混合物以及紧邻同系物的混合物等。由于理想液态混合物所服从的规律比较简单，并且实际上许多液态混合物在一定的浓度区间的某些性质上表现得很像理想液态混合物，所以引入理想液态混合物的概念，不仅在理论上有价值，而且也有实际意义。以后可以看到，从理想液态混合物所得到的公式只要作适当的修正，就能用之于实际情形。

3.5.2　理想液态混合物中各组分的化学势

根据理想液态混合物的定义，可以导出其中任一组分化学势的表达式。

设温度 T 时，当理想液态混合物与其蒸气达平衡时，理想液态混合物中任一组分 B 与气相中该组分的化学势相等，即

$$\mu_B(l) = \mu_B(g)$$

与液态理想混合物平衡的蒸气，由于压力不大，可认为是理想气体的混合物，故有

$$\mu_B(l) = \mu_B(g) = \mu_B^{\ominus}(g) + RT\ln\frac{p_B}{p^{\ominus}} \tag{3.42}$$

对于液相，由于它是理想液态混合物，任一组分都遵从拉乌尔定律，$p_B = p_B^* x_B$（p_B^* 是纯 B 的蒸气压）。将 p_B 代入式(3.42)，得

$$\mu_B(l) = \mu_B^{\ominus}(g) + RT\ln\frac{p_B^*}{p^{\ominus}} + RT\ln x_B \tag{3.43}$$

对于纯的液相 B，$x_B = 1$，故在温度 T 和压力 p 时，式(3.42)为

$$\mu_B^*(l) = \mu_B^{\ominus}(g) + RT\ln\frac{p_B^*}{p^{\ominus}} \tag{3.44}$$

将 $\mu_B^*(l)$ 的表示式代入式(3.43)，得

$$\mu_B(l) = \mu_B^*(l) + RT\ln x_B \tag{3.45}$$

式中 $\mu_B^*(l)$ 是纯 B 液体在温度 T 和压力 p 下的化学势，此压力并不是标准压力，故 $\mu_B^*(l)$ 并不是纯 B 液体的标准态化学势。

已知 $\left(\dfrac{\partial \mu_B}{\partial p}\right)_{T, n_B, n_{C(C \neq B)}} = V_B$，对此式从标准压力 $p^{\ominus}$ 到压力 p 进行积分得

$$\mu_B^*(l) = \mu_B^{\ominus}(l) + \int_{p^{\ominus}}^{p} \left(\frac{\partial \mu_B}{\partial p}\right)_T dp = \mu_B^{\ominus}(l) + \int_{p^{\ominus}}^{p} V_B^*(l) dp \tag{3.46}$$

通常 p 和 $p^{\ominus}$ 的差别不是很大，故可以将积分项忽略，于是式(3.45)可写作

$$\mu_B(l) = \mu_B^{\ominus}(l) + RT\ln x_B \tag{3.47}$$

式(3.47)就是理想液态混合物中任一组分 B 的化学势表达式，在全部浓度范围内都能使用，此式也可作为理想液态混合物的热力学定义。

【例 3 - 7】 苯和甲苯形成理想液态混合物,在 303 K 时纯苯(A)和纯甲苯(B)的饱和蒸气压分别为 15 799 Pa 和 4 893 Pa,若将等物质的量的苯和甲苯混合,求在 303 K 平衡时,气相中各组分的物质的量分数和质量分数各为多少?

解: 根据拉乌尔定律和道尔顿分压力定律:

$$p_A = p_A^* x_A = 15\ 799\ \text{Pa} \times 0.5 = 7\ 900\ \text{Pa}$$

$$p_B = p_B^* x_B = 4\ 893\ \text{Pa} \times 0.5 = 2\ 447\ \text{Pa}$$

$$p_总 = p_A + p_B = 10\ 347\ \text{Pa}$$

气相中,

$$y_A = p_A / p_总 = 0.7635$$

$$y_B = 1 - y_A = 0.2365$$

$$\begin{aligned} w_A &= n_A M_A / (n_A M_A + n_B M_B) = y_A M_A / y_A M_A + y_B M_B \\ &= (0.7635 \times 78) / [0.7635 \times 78 + (0.2365 \times 92)] \\ &= 0.732 \end{aligned}$$

$$w_B = 0.268$$

3.5.3　理想液态混合物的通性

由于理想液态混合物中各组分与混合前纯态时各组分分子间作用力和分子体积都相同,故在等温等压下各组分混合时没有体积变化,且没有热效应,即焓不变。并可以证明,在形成理想液态混合物的过程中具有混合熵和混合吉布斯函数。

混合体积 $\quad \Delta_{mix}V = V_{混合后} - V_{混合前} = \sum_B n_B V_B - \sum_B n_B V_{m,B}^* = 0 \quad$ (3.48)

混合焓 $\quad \Delta_{mix}H = H_{混合后} - H_{混合前} = \sum_B n_B H_B - \sum_B n_B H_{m,B}^* = 0 \quad$ (3.49)

混合热力学能 $\quad \Delta_{mix}U = \Delta_{mix}H - p\Delta_{mix}V = 0 \quad$ (3.50)

混合熵 $\quad \Delta_{mix}S = -R\sum_B n_B \ln x_B > 0 \quad$ (3.51)

混合吉布斯函数 $\quad \Delta_{mix}G_B = RT\sum_B n_B \ln x_B \quad$ (3.52)

由于 $x_B < 1$,所以 $\Delta_{mix}S > 0$,$\Delta_{mix}G < 0$,而混合过程是在等温、等压及 $W_f = 0$ 条件下进行,故该混合过程是自发过程。

§3.6　理想稀溶液中物质的化学势及分配定律

3.6.1　理想稀溶液的定义

一定的温度和压力下,在一定的浓度范围内,溶剂遵守拉乌尔定律,溶质遵循亨利定律的溶液被称为理想稀溶液,这就是理想稀溶液的定义。

理想稀溶液的定义与理想液态混合物的定义不同,理想液态混合物不区分为溶剂和溶质,任意组分都遵守拉乌尔定律;而理想稀溶液区分为溶剂和溶质(通常溶液中含量多的组分叫做溶剂,含量少的组分叫做溶质),溶剂遵守拉乌尔定律,溶质却不遵守拉乌尔定律。理想稀溶液的微观和宏观特征也不同于理想液态混合物,理想稀溶液各组分分子体积并不相同,溶质与溶质间的相互作用和溶剂与溶质分子各自之间的相互作用大不相同;宏观上,当溶剂和溶质混成理想稀溶液时,会产生吸热或放热现象及体积变化。

3.6.2　理想稀溶液中物质的化学势

以二组分系统为例。由定义可知在理想稀溶液中溶剂服从拉乌尔定律,溶质服从亨利定律。因此,理想稀溶液中溶剂的化学势应与理想液态混合物中任一组分化学势的推导过程相同,表达式也相同,即

$$\mu_A = \mu_A^*(T, p) + RT\ln x_A \tag{3.53}$$

式中 μ_A^* 表示在 T, p 时纯溶剂 A(即 $x_A = 1$)的化学势。如果压力不太高,忽略压力对溶剂体积的影响,近似认为 $\mu_A^* \approx \mu_A^\ominus$,则上式变为

$$\mu_A = \mu_A^\ominus(T, p) + RT\ln x_A \tag{3.54}$$

对于溶质来说,在一定温度、压力下达到平衡时其化学势为

$$\mu_B(l) = \mu_B(g) = \mu_B^\ominus(T) + RT\ln\left(\frac{p_B}{p^\ominus}\right)$$

此时溶质符合亨利定律,当浓度以物质的量分数表示时有 $p_B = k_{x,B}x_B$,代入后得

$$\mu_B = \mu_B^\ominus(T) + RT\ln\left(\frac{k_{x,B}}{p^\ominus}\right) + RT\ln x_B$$

令 $\mu_B^\ominus(T) + RT\ln\left(\frac{k_{x,B}}{p^\ominus}\right) = \mu_B^*(T, p)$,得

$$\mu_B = \mu_B^*(T, p) + RT\ln x_B \tag{3.55}$$

式中 $\mu_B^*(T, p)$ 可看作 $x_B = 1$,且服从亨利定律的那个假想状态的化学势(由于符合亨利定律,且在 $x_B = 1$ 的状态,对应于图 3.2 中 R 点,而 R 点客观上并不存在的)。

需要指出的是,虽然式(3.55)是根据挥发性溶质导出的化学势表达式,但对于非挥发性溶质依然适用。

另外,由于亨利定律还可表示为 $p_B = k_{m,B}m_B$ 或 $p_B = k_{c,B}c_B$,故溶质的化学势还可表示为

$$\mu_B = \mu_B^\ominus(T) + RT\ln\left(\frac{k_{m,B}m^\ominus}{p^\ominus}\right) + RT\ln\frac{m_B}{m^\ominus}$$

$$= \mu_B^\ominus(T, p) + RT\ln\frac{m_B}{m^\ominus} \tag{3.56}$$

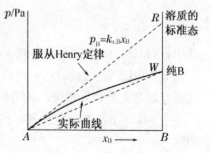

图 3.2　溶液中溶质的标准态
　　　　(浓度为 x_B)

或

$$\mu_B = \mu_B^{\ominus}(T) + RT\ln\left(\frac{k_{c,B}c^{\ominus}}{p^{\ominus}}\right) + RT\ln\frac{c_B}{c^{\ominus}}$$

$$= \mu_B^{\ominus}(T,p) + RT\ln\frac{c_B}{c^{\ominus}} \tag{3.57}$$

通常取 $m^{\ominus} = 1\ \mathrm{mol \cdot kg^{-1}}$，$c^{\ominus} = 1\ \mathrm{mol \cdot L^{-1}}$，$\mu_B^{\ominus}(T,p)$、$\mu_B^{\ominus}(T,p)$ 都是标准态时且服从亨利定律的状态的化学势，但系统不一定服从亨利定律，如图 3.3 所示。

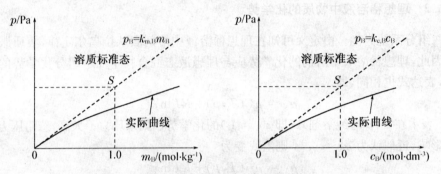

图 3.3　溶液中溶质的标准态(浓度分别为 m_B、c_B)

很显然，由于浓度用三种不同的方法表示，这三个假想的标准态的数值不可能相等，但对于同一个溶质 B，无论用什么方法表示，其化学势 μ_B 应该是同一个数值。

3.6.3　分配定律

所谓分配定律就是"在一定的温度、压力下，如果一种物质溶解在两个同时存在的互不相溶的液体里，达到平衡后，该物质在两相中的浓度之比有定值"。用公式表示为

$$\frac{c_B(\alpha)}{c_B(\beta)} = K \tag{3.58}$$

式中 $c_B(\alpha)$，$c_B(\beta)$ 分别是在溶剂 α 和 β 相中的溶质 B 的物质的量浓度。K 称为分配系数。影响 K 的因素有：温度、压力、溶质的性质和两种溶剂的性质等。当溶液浓度不大时，该式能很好地与实验结果相符。证明如下：

令 $\mu_B(\alpha)$，$\mu_B(\beta)$ 分别代表 α 和 β 两相中溶质 B 的化学势。在一定温度、压力下，达到平衡时

$$\mu_B(\alpha) = \mu_B(\beta)$$

因为

$$\mu_B(\alpha) = \mu_B^{\ominus}(\alpha) + RT\ln\frac{c_B(\alpha)}{c^{\ominus}}$$

$$\mu_B(\beta) = \mu_B^{\ominus}(\beta) + RT\ln\frac{c_B(\beta)}{c^{\ominus}}$$

所以
$$\mu_B^{\ominus}(\alpha) + RT\ln\frac{c_B(\alpha)}{c^{\ominus}} = \mu_B^{\ominus}(\beta) + RT\ln\frac{c_B(\beta)}{c^{\ominus}}$$

则
$$\frac{c_B(\alpha)}{c_B(\beta)} = \exp\left[\frac{\mu_B^{\ominus}(\beta) - \mu_B^{\ominus}(\alpha)}{RT}\right] = K(T, p) \tag{3.59}$$

分配定律在化工生产上是很有意义的,可用作物质的提纯和萃取,比用分馏、蒸馏、汽化、凝固、结晶等方法都要简单和经济,例如碘在水中和 CCl_4 中的分配系数是 81,可利用它很简单而迅速地提纯碘。分配定律是工业萃取过程的原理。在工业上萃取过程有大量应用,如润滑油生产中的溶剂脱沥青、溶剂脱蜡、溶剂精制等。萃取法是从高浓度含酚废水中回收酚类物质的主要方法,利用酚在萃取剂中和水中溶解度的不同而达到回收酚和净化含酚废水的目的。

使用分配定律时要求溶质在两液相中的浓度均不大,并且要求溶质在两液相中具有相同的存在形式。如溶质 B 在 α 相中完全以 B_m 形式存在,在 β 相中完全以 B_n 的形式存在,在两相间达到如下相平衡 $nB_m(\alpha) = mB_n(\beta)$,则分配定律的形式为
$$[c(B_m, \alpha)]n/[c(B_n, \beta)]m = K_c$$
这是分配定律的普遍形式。当 $m = n$,即 B 在两相中具有相同形式分子时,也可得出式(3.58)。

【例 3-7】 计算萃取效率。

设有溶液体积 V_1,含某溶质的质量为 m,用与原溶剂不互溶的溶剂萃取,每次用溶剂的体积 V_2,经过 n 次萃取后,溶液中剩余溶质的质量 m_n 为多少?

解: 设为稀溶液,c_1 为原溶液的浓度;c_2 为萃取到体积为 V_2 的溶剂中的浓度。

第一次,萃取后原溶液 V_1 中剩余溶质的质量 m_1,则
$$K = \frac{c_1}{c_2} = \frac{m_1/(V_1M)}{(m - m_1)/(V_2M)}$$

所以
$$m_1 = m\frac{KV_1}{KV_1 + V_2}$$

第二次,萃取后原溶液中剩余溶质的质量 m_2,则
$$K = \frac{c_1'}{c_2'} = \frac{m_2/(V_1M)}{(m_1 - m_2)/(V_2M)}$$

得
$$m_2 = m_1\frac{KV_1}{KV_1 + V_2} = m\left(\frac{KV_1}{KV_1 + V_2}\right)^2$$

可以导出,第 n 次萃取后:$m_n = m\left(\frac{KV_1}{KV_1 + V_2}\right)^n$

萃取效率,即萃取出溶质的质量与溶液中原有质量之比为
$$\frac{m - m_n}{m} = 1 - \left(\frac{KV_1}{KV_1 + V_2}\right)^n$$

因为 $\dfrac{KV_1}{KV_1+V_2}<1$，所以 n 增加，$\dfrac{m-m_n}{m}$ 增大。

结果表明，一定量萃取溶剂，少量多次萃取效率高。

3.6.4　超临界萃取分离技术

当气体超过临界温度并受到很大压力时，成为超临界流体。此类流体不但具有溶剂萃取功能而且具有蒸馏功能，因为流体经过降压或升温均会降低流体密度，减弱溶解能力，因此只要调节压力和温度，就可起到分馏作用。不同的物质可采用不同气体。石油炼制中是用丙烷等作为超临界溶剂的。近年来超临界应用技术得到很大发展，如酒精厂从发酵液中提出 1 加仑酒精，采用超临界二氧化碳萃取，比一般的蒸馏法可节能 50%。有些高值药品、生物制剂、难于分离的低气压物质如硅酮油之类也适用此法萃取。

超临界流体萃取技术的发展对环境保护有双重意义，一是此技术很少或不造成污染；二是此技术可以用于环境治理。在对环境有毒物质研究上的应用上，人们可以从不同环境介质（沉积物、城市大气飘尘、土壤、水、岩石、动植物组织等）中萃取某些污染物，如碳氢化合物、氯苯、杀虫剂、除草剂等，也可用来测定上述基质中的重金属甚至放射性物质。从土壤中清除有机废物是利用超临界流体溶解有机物的能力，从而将这些物质从土壤中提取出来。目前，此技术主要用于土壤中有机物的分析。在分析过程中，先用超临界流体将土壤中的有机物全部萃取出来，计算其含量，然后用适当方法分析其组成。这一方法避免了用有机溶剂从土壤中萃取有机物的缺点，如需蒸发有机溶剂、环境污染、蒸发过程中部分物质的损失等。而土壤中污染物的处理技术目前尚属于中试阶段，还未见大规模应用的报道。由于该技术具有提取速度快、自动化程度高、溶质不易被破坏等特点，使它在某些特殊的环境研究及控制领域也得到应用，如在超临界流体中进行化学反应及催化化学反应、气体抗溶提取以及纸浆厂污水、污泥超临界水氧化处理等。

§3.7　稀溶液的依数性

稀溶液的依数性是指溶剂的类型和溶质的数量确定后，这些性质只取决于所含溶质粒子的数目，而与溶质的本性无关。

3.7.1　溶剂的蒸气压降低

在一定温度下，溶液上方溶剂 A 的饱和蒸气压为

$$p_A = p_A^* x_A \tag{3.60}$$

与纯溶剂相比较，液面上方 A 的饱和蒸气压降低值为 $\Delta p_A = p_A^* - p_A = p_A^*(1-x_A)$，即

$$\Delta p_A = p_A^* x_B \tag{3.61}$$

这就是说,稀溶液中溶剂的饱和蒸气压降低值只与溶质的总浓度有关,而与溶质的本性即溶质的种类无关。

如果溶质都是非挥发性的,那么溶液的饱和蒸气总压 p 就等于溶液中溶剂 A 的饱和蒸气压 p_A。与纯溶剂相比,溶液的饱和蒸气压降低值 Δp 就等于溶液上方溶剂 A 的饱和蒸气压降低值 Δp_A,即

$$\Delta p = \Delta p_A = p_A^* x_B \tag{3.62}$$

所以,由非挥发性溶质组成的稀溶液,其饱和蒸气总压的降低值 Δp 也遵守依数性,其值只与溶质的总浓度有关,而与溶质的本性无关。

【例 3-8】 在 20 ℃下,乙醇的饱和蒸气压为 5.930 kPa。把 15 g 某非挥发性有机物 B 溶解在 1 000 g 乙醇后,溶液上方的饱和蒸气压为 5.866 kPa。计算该有机物的摩尔质量。

解: 由于 $\Delta p = \Delta p_乙 = p_乙^* x_B$,所以

$$x_B = \frac{\Delta p}{p_乙^*} = \frac{5.930 - 5.866}{5.930} = 0.010\,8$$

又因为

$$x_B = \frac{m_B/M_B}{m_B/M_B + m_乙/M_乙}$$

即

$$0.010\,8 = \frac{15/M_B}{15/M_B + 1\,000/46}$$

所以

$$M_B = 63.2\,\text{g}\cdot\text{mol}^{-1}$$

3.7.2 凝固点降低

同一种物质,不论从固体到气体还是从液体到气体,状态变化过程都是吸热的。结合化学平衡移动原理,温度升高时,与固体或液体呈平衡的蒸气的压力都会升高。即温度升高时,固体和液体的饱和蒸气压都会增大。而且由于从固体到气体吸收的热(即升华热)大于从液体到气体吸收的热(即蒸发热),所以温度升高时,固体的饱和蒸气压比液体的饱和蒸气压增大得更快。

液体的凝固点是指在一定压力下,固态纯溶剂与溶液达到平衡时的温度,常用 T_f 表示。该温度也称作固体的熔点。此处所讨论的溶液凝固时,只析出纯固体溶剂,而不析出固溶体(固态溶液)。在凝固点,固体纯溶剂的化学势等于溶液中溶剂的化学势,固体溶剂的饱和蒸气压等于溶液中溶剂的饱和蒸气压。换句话说,凝固点就是固液两相中溶剂的饱和蒸气分压相等时的温度。如图 3.4 所示,其中 T_f^* 是纯溶剂的凝固点。由于溶液中溶剂的饱和蒸气压会下降,结果导致溶液的凝固点 T_f 必然低于 T_f^*,即溶液的凝固点必然降低。

如果溶液凝固时析出的不是纯固体溶剂而是固溶体,则这种溶液与纯液体溶剂相比较,其凝固点可能降低也可能升高。因为与纯固体溶剂相比较,固溶体中溶剂的饱和蒸气分压

也会降低,它的饱和蒸气分压与溶液中溶剂的饱和蒸气分压相等时的温度才是该溶液的凝固点。参见图 3.4,若固溶体中溶剂的饱和蒸气压降低较少,则溶液的凝固点就会比纯溶剂的凝固点低;若固溶体中溶剂的饱和蒸气压降低较多,则溶液的凝固点就会比纯溶剂的凝固点高。

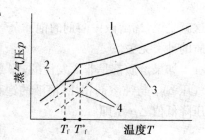

图 3.4　溶液的凝固点下降示意图
1—纯液体 A 的 p_A- T 曲线
2—纯固体 A 的 p_A- T 曲线
3—溶液中溶剂 A 的 p_A- T 曲线
4—固溶体中溶剂 A 的 p_A- T 曲线

在 T 温度和 p 压力下,当溶液与纯固体溶剂 A 处于平衡状态时,即

$$A(\text{s,纯}) \rightleftharpoons A(\text{溶液},x_A)$$

根据相平衡条件 $\mu_A^*(\text{s},T,p) = \mu_A(\text{溶液},T,p,x_A)$

根据常压下的化学势表达式,上式可改写为

$$\mu_A^\ominus(\text{s},T) = \mu_A^\ominus(\text{l},T) + RT\ln x_A$$

所以　　　　　　　　$-RT\ln x_A = \mu_A^\ominus(\text{l},T) - \mu_A^\ominus(\text{s},T)$

即　　　　　　　　　$-RT\ln x_A = \dfrac{\Delta_{\text{fus}}G_m^\ominus}{T}$

其中,$\Delta_{\text{fus}}G_m^\ominus$ 是 T 温度下的标准摩尔熔化吉布斯函数。

因为

$$\left[\frac{\partial\left(\dfrac{\Delta_{\text{fus}}G_m^\ominus}{T}\right)}{\partial T}\right]_p = -\frac{\Delta_{\text{fus}}H_m^\ominus}{T^2}$$

所以

$$\left(\frac{\partial\ln x_A}{\partial T}\right)_p = \frac{\Delta_{\text{fus}}H_m^\ominus}{RT^2} \tag{3.63}$$

上式中的 $\Delta_{\text{fus}}H_m^\ominus$ 是 T 温度下标准摩尔熔化焓。由于溶液中溶剂组分 A 的标准态是指 T 温度 $p^\ominus$ 压力下纯液体 A 所处的状态,所以 $\Delta_{\text{fus}}H_m^\ominus$ 是 T 温度、$p^\ominus$ 压力下纯固体 A 的摩尔熔化焓。又因 $\Delta_{\text{fus}}H_m^\ominus$ 与同温度非标准压力下纯 A 的摩尔熔化焓 $\Delta_{\text{fus}}H_m^*(A)$ 近似相等,所以上式可改写成

$$\left(\frac{\partial\ln x_A}{\partial T}\right)_p = \frac{\Delta_{\text{fus}}H_m^*(A)}{RT^2}$$

此式反映了液固平衡时,溶液里溶剂的活度与平衡温度即凝固点之间的关系,亦即凝固点与溶液组成的关系。定积分可得

$$\int_{x_A=1}^{x_A} \text{d}\ln x_A = \int_{T_f^*}^{T_f} \frac{\Delta_{\text{fus}}H_m^*(A)}{RT^2}\text{d}T$$

当左边的积分下限取 $x_A = 1$ 时,对应着纯固体 A 与纯液体 A 之间的平衡,其平衡温度就是纯 A 的凝固点,故右边的积分下限就是 T_f^*。当左边的积分上限取 x_A 时,对应着纯固体 A 与浓度为 x_A 的溶液之间的平衡,其平衡温度就是该溶液的凝固点 T_f,故右边的积分上限是 T_f。在 $T_f \rightarrow T_f^*$ 这个较小的温度范围内,可将 $\Delta_{\text{fus}}H_m^*(A)$ 近似当作常量,故积分可得

$$\ln x_A = -\frac{\Delta_{fus} H_m^*(A)}{R}\left(\frac{1}{T_f} - \frac{1}{T_f^*}\right) = -\frac{\Delta_{fus} H_m^*(A)(T_f^* - T_f)}{RT_f T_f^*}$$

所以,与纯溶剂相比,溶液的凝固点降低值为

$$\Delta T_f = T_f^* - T_f = -\frac{RT_f T_f^*}{\Delta_{fus} H_m^*(A)}\ln x_A \qquad (3.64)$$

由式(3.64)可以看出:

(1) 以拉乌尔定律为参考时,x_A 总小于 1,所以必然 $\Delta T_f > 0$。即与纯溶剂相比,溶液的凝固点必然降低。

(2) 用凝固点降低法可以测定溶液中溶剂 A 的浓度 x_A。

(3) 溶液的浓度越大,x_A 就越小,溶液的凝固点降低得就越多。

(4) 在凝固过程中,随着纯固体 A 的析出,溶液的浓度越来越大,浓度 x_A 越来越小,所以溶液的凝固点会越来越低。因此,溶液通常不可能在某一温度下全部凝固。这与纯液体 A 的凝固过程明显不同。

再加两个近似条件:① 对稀溶液,$T_f^* T_f \approx (T_f^*)^2$;② 因为 $x_B \ll 1$,则 $\ln x_A = \ln(1 - x_B) \approx -x_B$,因此

$$\Delta T_f = \frac{R(T_f^*)^2}{\Delta_{fus} H_m^*(A)} x_B = \frac{R(T_f^*)^2}{\Delta_{fus} H_m^*(A)} m_B M_A = k_f \cdot m_B \qquad (3.65)$$

$$k_f = R(T_f^*)^2 M_A / \Delta_{fus} H_m^*(A) \qquad (3.66)$$

其中比例系数 k_f 为凝固点降低系数,它只取决于溶剂本身,而与共存的溶质无关;m_B 为非电解质溶质的质量摩尔浓度。

凝固点降低法不仅可以测定原料乳中的含水量,用于质量检测;还可测定溶质的相对分子量,如测定葡萄糖的摩尔质量;利用凝固点降低的性质,制备冷却剂。例如采用 NaCl 和冰,或用 $CaCl_2 \cdot 2H_2O$ 和冰,最新研究的盐化物沥青混合料是将盐化物替代部分或全部填料直接添加到沥青混合料中形成的新型沥青混合料,由于盐分的逐渐析出,从而降低道路表面水的冰点,延迟道路积雪结冰,为冬季道路抑制冻结问题提出新的解决方案;汽车散热器的冷却水在冬季常需加入适量的甘油或乙二醇等,以防止水的冻结等应用都是基于凝固点降低原理。

同时,溶液凝固点下降在冶金工业中也具有指导意义。金属热处理要求较高的温度,但又要避免金属工件受空气的氧化或脱碳,往往采用盐熔剂来加热金属工件。一般金属的 k_f 都较大,例如 Pb 的 $k_f \approx 130$ K·kg/mol,说明 Pb 中加入少量其他金属,Pb 的凝固点会大大下降,利用这种原理可以制备许多低熔点合金。

3.7.3 渗透压

半透膜是指能选择性地允许某些分子或离子透过的膜状物,如动物的膀胱膜、肠衣膜、细胞膜等天然的半透膜;如硝酸纤维、聚醋酸乙烯酯、聚醋酸酰胺等。把不同物质通过半透

膜迁移的现象叫做渗透。

如图 3.5,其半透膜只允许水分子(纯溶剂)透过。该装置中虽有半透膜,但是左右两侧最初被另一个隔板完全隔开,两侧的液位相同。当把隔板抽取以后,水分子就可以通过半透膜渗透。可以从左向右渗透,也可以从右向左渗透。最终达到渗透平衡时,溶液方的液位较高,纯水方的液位较低,两边的液位差为 h。设溶液的密度为 ρ,则在纯溶剂的液面高度处,两边的压力差为 ρgh。此压力差叫做渗透压,常用 π 表示,即

$$\pi = \rho gh$$

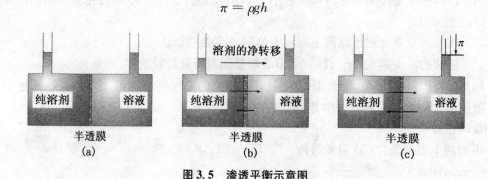

图 3.5 渗透平衡示意图

上述渗透过程可表示为

$$A(纯溶剂) \Longrightarrow A(溶液, x_A)$$

最初,在 T 温度和 p 压力下,溶液中溶剂水(A)的化学势可表示为

$$\mu_A(T, p) = \mu_A^*(T, p) + RT\ln x_A$$

由于 $x_A < 1$,所以在实验温度和压力下,水溶液中水的化学势 $\mu_A(T, p)$ 必然小于纯水的化学势 $\mu_A^*(T, p)$。纯水会通过半透膜向溶液方渗透,会使溶液方的液位升高。在溶液方液位升高的过程中,在两侧相同的液位处溶液方的压力会增大。当水在半透膜两侧的化学势相等时,就达到了渗透平衡。这时

$$\mu_A^*(T, p) = \mu_A^*(T, p + \pi) + RT\ln x_A$$

将纯物质的化学势与压力的关系式,代入后可得

$$\mu_A^\ominus(T) + \int_{p^\ominus}^{p} V_m^*(A)\,dp = \mu_A^\ominus(T) + \int_{p^\ominus}^{p+\pi} V_m^*(A)\,dp + RT\ln x_A$$

所以

$$0 = \int_{p}^{p+\pi} V_m^*(A)\,dp + RT\ln x_A$$

在 $p \rightarrow p+\pi$ 压力范围,可把纯水的摩尔体积 $V_m^*(A)$ 看作常量,所以

$$\pi = \frac{RT}{V_m^*(A)}\ln x_A \tag{3.67}$$

当溶液很稀时, $\ln x_A = \ln(1 - x_B) = -x_B = -\dfrac{M_A}{\rho_A}c_B = -V_m^*(A)c_B$,因此

$$\pi = c_B RT \tag{3.68}$$

c_B 为溶质 B 的物质的量浓度,单位 $mol \cdot m^{-3}$,得到的渗透压的单位为 Pa。

动、植物本身的细胞液中含有盐分,这个盐分的浓度是基本恒定的,也就是细胞内外要维持一定的渗透压。植物就是依靠这种渗透压使得地下的淡水不断向植物根须中渗透,并通过树皮中的毛细管将水和营养输送到高大的枝叶上。农田中施肥太浓会把植物"烧死",因为肥料的溶液太浓,植物细胞中的水会向外渗透,因而造成植物缺水而枯萎死亡。盐碱地中的土壤含盐太多,植物中的水也会向外渗透,因而植物无法生存或长势不良。

动物的细胞膜内外也要维持一定的渗透压,如果由于夏天或剧烈运动后出汗太多,使水分和盐分大量流失,则必须及时补充。但是不能光喝淡水,还必须同时补充盐分,使细胞内外的渗透压不能相差太大。例如,输液用的生理盐水和给马拉松运动员沿途提供的含一定盐分和营养成分的饮料,这些液体的渗透压与血液细胞内外的渗透压相近,所以输液和给运动员补充的水分饮料用的是等渗溶液。

所谓反渗透,就是在溶液上加一个额外的压力,如果这个压力超过了溶液的渗透压,那么溶液中的溶剂分子就会透过半透膜向纯溶剂一方渗透,使溶剂体积增加,这一过程叫做反渗透。如今渗透和反渗透在肾衰竭患者的血液透析、海水淡化和污水处理等方面已有广泛应用。

【例 3 - 9】　在常压下,使某个水溶液逐渐降温到 $-0.087 \ ^\circ\text{C}$ 时,开始析出纯冰。求 $15 \ ^\circ\text{C}$ 下该溶液的渗透压。已知常温下水的密度接近 $1\ 000 \ kg \cdot m^{-3}$,水的凝固点降低常数为 $1.86 \ K \cdot mol^{-1} \cdot kg$。

解:由 $\Delta T_f = k_f \cdot m_B$,得

$$m_B = \frac{\Delta T_f}{k_f} = \left\{ \frac{0.087}{1.86} \right\} \ mol \cdot kg^{-1} = 0.046 \ 77 \ mol \cdot kg^{-1}$$

$$x_B \approx \frac{c_B M_A}{\rho_A} \approx m_B M_A$$

$$c_B \approx m_B \cdot \rho_A = 0.046 \ 77 \ mol \cdot kg^{-1} \times 1\ 000 \ kg \cdot m^{-3} = 46.77 \ mol \cdot m^{-3}$$

$$\pi = c_B RT = \{46.77 \times 8.314 \times (273.2 + 15)\} Pa$$
$$= 112 \ 100 \ Pa = 112.1 \ kPa$$

3.7.4　沸点升高

沸点是指在一定压力下,气-液两相平衡时的温度,也就是溶液的饱和蒸气总压等于外压时的温度,常用 T_b 表示。如果溶液中的溶质是非挥发性的,则溶液上方的蒸气压仅由溶剂 A 的蒸气分压组成,即 $p = p_A$。在 T 温度、p 压力下,当这种溶液与其蒸气处于平衡状态时

$$A(\text{溶液}, T, p, x_A) \Longleftrightarrow A(g, T, p_A = p)$$

这时

$$\mu_A(T, p, x_A) = \mu_A(g, T, p_A = p)$$

在常压下，上式可展开为

$$\mu_A^{\ominus}(l,T) + RT\ln x_A = \mu_A^{\ominus}(g,T) + RT\ln\frac{p}{p^{\ominus}}$$

其中，$\mu_A^{\ominus}(l,T)$ 和 $\mu_A^{\ominus}(g,T)$ 分别是 T 温度下液体 A 和气体 A 的标准态化学势。移项得

$$RT\ln\frac{p^{\ominus}x_A}{p} = \mu_A^{\ominus}(g,T) - \mu_A^{\ominus}(l,T) = \Delta_{vap}G_m^{\ominus}$$

即

$$R\ln\frac{p^{\ominus}x_A}{p} = \frac{\Delta_{vap}G_m^{\ominus}}{T}$$

此处的 $\Delta_{vap}G_m^{\ominus}$ 是 T 温度下溶剂 A 的标准摩尔蒸发吉布斯函数。

因为

$$\left[\frac{\partial\left(\frac{\Delta_{vap}G_m^{\ominus}}{T}\right)}{\partial T}\right]_p = -\frac{\Delta_{vap}H_m^{\ominus}}{T^2}$$

所以

$$R\left(\frac{\partial\ln x_A}{\partial T}\right)_p = -\frac{\Delta_{vap}H_m^{\ominus}}{T^2},$$

即

$$\left(\frac{\partial\ln x_A}{\partial T}\right)_p = -\frac{\Delta_{vap}H_m^{\ominus}}{RT^2} \tag{3.69}$$

此处 $\Delta_{vap}H_m^{\ominus}$ 是 T 温度下溶剂 A 的标准摩尔蒸发热。由于溶液中溶剂型组分 A 的标准态是指 T 温度、$p^{\ominus}$ 压力下纯液体 A 所处的状态，故 $\Delta_{vap}H^{\ominus}_m$ 是 T 温度、$p^{\ominus}$ 压力下纯液体 A 的摩尔蒸发热，而且它与 T 温度、p 压力下纯液体 A 的摩尔蒸发热 $\Delta_{vap}H_m^*(A)$ 近似相等（因为压力对焓变影响很小）。所以上式可写为

$$\left(\frac{\partial\ln x_A}{\partial T}\right)_p = -\frac{\Delta_{vap}H_m^*(A)}{RT^2} \tag{3.70}$$

定积分得

$$\int_{x_A=1}^{x_A}d\ln x_A = \int_{T_b^*}^{T_b}-\frac{\Delta_{vap}H_m^*(A)}{RT^2}dT$$

当左边的积分下限取 $x_A = 1$ 时，对应着纯液体 A 与纯气体 A 之间的平衡，其平衡温度就是纯液体 A 的沸点 T_b^*，故右边的积分下限是 T_b^*。当左边的积分上限取 x_A 时，对应着气体 A 与浓度为 x_A 的溶液之间的平衡，其平衡温度就是该溶液的沸点 T_b，所以右边的积分上限是 T_b。积分结果为

$$\ln x_A = \frac{\Delta_{vap}H_m^*(A)}{R}\left(\frac{1}{T_b}-\frac{1}{T_b^*}\right) = -\frac{\Delta_{vap}H_m^*(T_b-T_b^*)}{RT_bT_b^*}$$

所以

$$\Delta T_b = T_b - T_b^* = -\frac{RT_bT_b^*}{\Delta_{vap}H_m^*(A)}\ln x_A \tag{3.71}$$

由上式可以看出：

（1）以拉乌尔定律为参考时，x_A 总小于 1，所以 $\Delta T_b > 0$。这就是说，与纯溶剂相比，溶液的沸点必然升高。

（2）用沸点升高法可以测定溶液中溶剂 A 的浓度 x_A。

（3）溶液的浓度越大，x_A 就越小，溶液沸点升高得就越多。

（4）由于溶质是非挥发的，所以在蒸发过程中，溶液的浓度会越来越大，浓度 x_A 越来越小，溶液的沸点会越来越高。因此，溶液蒸发过程中不可能在某一温度下完成。这与纯液体 A 的蒸发过程明显不同。

当溶液很稀时（即 x_B 很小），x_A 接近于 1，在这种情况下，第一，沸点升高很小，即 $T_b T_b^* = (T_b^*)^2$；第二，溶剂 A 遵守拉乌尔定律，$\ln x_A = \ln(1-x_B) = -x_B$；第三，$x_B = M_A m_B$，所以，溶液很稀时，$\Delta T_b = \dfrac{R(T_b^*)^2 M_A}{\Delta_{vap} H_m^*(A)} m_B$。

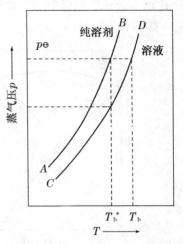

图 3.6　溶液沸点上升示意图

若令
$$k_b = \frac{R(T_b^*)^2 M_A}{\Delta_{vap} H_m^*(A)}$$

则
$$\Delta T_b = k_b m_B \tag{3.72}$$

k_b 是一个只与溶剂 A 的本性有关的常数，被称为溶剂 A 的沸点升高系数。由上式可以看出，稀溶液的沸点升高只与单位质量溶剂中含有的非挥发性溶质的粒子数有关，而与溶质的本性无关。

§3.8　非理想多组分系统中物质的化学势

3.8.1　非理想多组分系统对理想模型的偏差

非理想多组分系统可分为两种类型，即非理想液态混合物和非理想溶液，其各组分既不服从拉乌尔定律，也不服从亨利定律，出现了一定偏差。如非理想液态混合物对理想液态混合物的偏差有以下两种情况：

一种情况是对拉乌尔定律产生正偏差，实际液态混合物在一定浓度时的蒸气压比同浓度理想液态混合物的蒸气压大，即实际蒸气压大于拉乌尔定律的计算值，这种情况称为"正偏差"。实验表明，当液态混合物中某一种物质发生正偏差时，另一种物质一般亦发生正偏差，因此混合物的总蒸气压亦发生正偏差。由纯物质混合形成具有正偏差的混合物时，往往发生吸热现象。在具有正偏差的混合物中，各物质的化学势大于同浓度时理想液态混合物中各物质的化学势。产生正偏差的原因，往往是由于 A 和 B 分子间的吸引力小于 A 和 A

及 B 和 B 分子间的吸引力。此外,当形成混合物时,若 A 分子发生解离,亦容易产生正偏差。如图 3.7 所示。

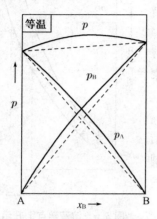

图 3.7　对拉乌尔定律的正偏差

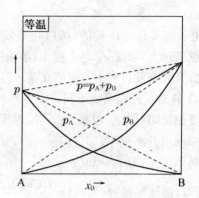

图 3.8　对拉乌尔定律的负偏差

另一种情况是对拉乌尔定律产生负偏差,实际蒸气压小于拉乌尔定律的计算值,这种情况称为"负偏差"。实验表明,当液态混合物中某物质发生负偏差时,另一物质一般亦发生负偏差,因此溶液的总蒸气压亦发生负偏差。由纯物质混合形成具有负偏差的混合物时,往往发生放热现象。在具有负偏差的混合物中,各物质的化学势要小于同浓度时理想液态混合物中各物质的化学势。产生负偏差的原因,往往是由于 A 和 B 分子间的吸引力大于 A 和 A 及 B 和 B 分子间的吸引力。此外,若分子间发生化学作用,形成缔合分子或化合物时,亦容易产生负偏差。如图 3.8 所示。

3.8.2　非理想液态混合物中物质的化学势及活度的概念

对于理想液态混合物来说,其中任何物质 B 的化学势均可表示为以下的关系式:

$$\mu_B = \mu_B^{\ominus}(l) + RT\ln x_B \tag{3.73}$$

对非理想液态混合物,上式已不适用。因此就必须找到能够表示非理想液态混合物中物质 B 的化学势的表示式,为了使非理想液态混合物中物质的化学势表示式与理想液态混合物中物质的化学势表示式有相似的简单形式,路易斯仿照实际气体化学势的处理方法,将实际液态混合物组分 B 的浓度 x_B 乘上一校正因子 γ_B,于是非理想液态混合物中物质 B 的化学势就可表示为

$$\mu_B = \mu_B^{\ominus}(l) + RT\ln\gamma_B x_B$$

或

$$\mu_B = \mu_B^{\ominus}(l) + RT\ln a_B \tag{3.74}$$

式中,a_B 称为物质 B 的活度。很明显,$a_B = \gamma_B x_B$,γ_B 称为物质 B 的活度系数或活度因子,

它表明实际混合物与理想混合物的偏差程度。对理想混合物来说，$\gamma_B = 1$，即 $a_B = x_B$。蒸气压呈正偏差的混合物，$a_B > x_B$，故 $\gamma_B > 1$；蒸气压呈负偏差的混合物，$a_B < x_B$，故 $\gamma_B < 1$。

用上式表示非理想混合物中物质的化学势时，校正的仅仅是物质 B 的浓度，而没有改变标准态化学势 $\mu_B^\ominus$，所以 $\mu_B^\ominus$ 依然是理想液态混合物中物质 B 的标准态化学势，即物质 B 处于真正纯态（$x_B = 1, \gamma_B = 1$）时的化学势。

3.8.3 非理想溶液中物质的化学势及其活度

非理想溶液中的溶剂不符合拉乌尔定律，溶质也不符合亨利定律。为了使非理想溶液中溶剂和溶质的化学势分别与理想稀溶液中的形式相同，也是以活度代替浓度。

对于非理想溶液中的溶剂 A，在温度 T 和压力 p 下，则

$$\mu_A = \mu_A^\ominus(l) + RT\ln a_A$$

式中，$a_A = \gamma_A x_A$ 称为溶剂 A 的活度，γ_A 为活度因子。其标准态为 $x_A = \gamma_A = 1$ 且符合拉乌尔定律的状态。

对于非理想溶液中的溶质，则采用理想稀溶液中的溶质的化学势形式来表示，即以亨利定律为基准来校正其浓度，此时溶质的化学势可表示为

$$\mu_B = \mu_{B,x}^\ominus(\text{sln}) + RT\ln(\gamma_B x_B) = \mu_{B,x}^\ominus(\text{sln}) + RT\ln a_{B,x}$$

或

$$\mu_B = \mu_{B,m}^\ominus(\text{sln}) + RT\ln(\gamma_B m_B/m^\ominus) = \mu_{B,m}^\ominus(\text{sln}) + RT\ln a_{B,m}$$

或

$$\mu_B = \mu_{B,c}^\ominus(\text{sln}) + RT\ln(\gamma_B c_B/c^\ominus) = \mu_{B,c}^\ominus(\text{sln}) + RT\ln a_{B,c}$$

其标准态依然是理想稀溶液中溶质的标准态，即分别是 $\gamma_B = 1, x_B = 1$；$\gamma_B = 1, m_B = m^\ominus$；$\gamma_B = 1, c_B = c^\ominus$ 且符合亨利定律的假想态。值得注意的是，选择不同的标准态，其活度值亦随之不同。

3.8.4 活度的计算

由于

$$p_A = p_A^* x_A$$

$$\ln x_A = \frac{\Delta_{\text{fus}} H_m^\ominus}{R}\left(\frac{1}{T_f^*} - \frac{1}{T_f}\right)$$

$$\ln x_A = \frac{\Delta_{\text{vap}} H_m^\ominus}{R}\left(\frac{1}{T_b} - \frac{1}{T_b^*}\right)$$

$$\pi V_m^*(A) = -RT\ln x_A$$

分别表示理想稀溶液中溶剂的浓度与其蒸气压、凝固点、沸点和渗透压的关系。若以式 $\mu_B = \mu_B^\ominus(l) + RT\ln a_B$ 表示非理想溶液中溶剂的化学势，不难导出：

$$p_A = p_A^* a_A \tag{3.75}$$

$$\ln a_A = \frac{\Delta_{fus} H_m^\ominus}{R}\left(\frac{1}{T_f^*} - \frac{1}{T_f}\right) \tag{3.76}$$

$$\ln a_A = \frac{\Delta_{vap} H_m^\ominus}{R}\left(\frac{1}{T_b} - \frac{1}{T_b^*}\right) \tag{3.77}$$

$$\ln a_A = -\frac{\pi V_m^*(A)}{RT} \tag{3.78}$$

通过实验测定非理想溶液的蒸气压、凝固点、沸点或渗透压,就可以运用以上四式求算非理想溶液中溶剂的活度 a_A 值,但式(3.75)和式(3.77)只适用于非挥发性溶质的非理想溶液。至于溶质活度 a_B 的求算因比较得杂,在此不作介绍。

【例 3-10】 实验测得某水溶液的凝固点为 $-15\,℃$,求该溶液中水的活度以及 $25\,℃$ 时该溶液的渗透压。

解: 冰的熔化热 $\Delta_{fus} H_m^\ominus = 6025 \mathrm{J \cdot mol^{-1}}$,设为常数;其正常凝固点为 $0\,℃$,即 $T_f^* = 273\,\mathrm{K}$,溶液的凝固点为 $-15\,℃$,即 $T_f = 258\,\mathrm{K}$,则有

$$\ln a_A = \frac{\Delta_{fus} H_m^\ominus}{R}\left(\frac{1}{T_f^*} - \frac{1}{T_f}\right) = \frac{6\,025}{8.\,314}\left(\frac{1}{273} - \frac{1}{258}\right) = -0.\,1543$$

所以该溶液中水的活度 $a_A = 0.\,857$。

纯水的摩尔体积为 $V_m^*(A) = 18\,\mathrm{cm^3 \cdot mol^{-1}} = 1.\,8 \times 10^{-5}\,\mathrm{m^3 \cdot mol^{-1}}$,则 $25\,℃$ 时该溶液的渗透压为

$$\pi = \frac{-RT\ln a_A}{V_m^*(A)} = \left\{\frac{8.\,314 \times 298 \times 0.\,1543}{1.\,8 \times 10^{-5}}\right\}\mathrm{Pa}$$

$$= 2.\,12 \times 10^{-7}\,\mathrm{Pa}$$

3.8.5　活度因子的测定与计算

非理想多组分系统的活度或活度因子的计算,是研究非理想多组分系统化学要解决的问题之一。活度因子代表了组分 B 对于非理想多组分系统理想模型的偏差,它与非理想多组分系统的温度、压力、浓度等许多因素有关,因此求算它是一个极其复杂的问题。至今,人们还无法完全从理论上计算活度因子,只能通过实验进行测定,并与相关因素进行关联。活度因子可通过下面几种方法进行测算。

1. 蒸气压测定法(适用于挥发性组分)

根据非理想多组分系统蒸气压与活度的关系式:

$$p_B = p_B^* a_{x,B}\,(对拉乌尔定律修正)$$

$$p_B = k_{x,B} a_{x,B}\,(对亨利定律修正)$$

可得

$$a_{x,B} = p_B / p_B^*$$

$$a_{x,B} = p_B / k_{x,B}$$

式中，p_B、p_B^*、$k_{x,B}$ 均可通过蒸气压测定给出，各活度因子通过活度定义式计算。

2. 溶液依数性测定法

若将理想稀溶液依数性公式中各浓度分别用各活度代替，这些公式均适用于实际溶液。反之，若测定了实际溶液的凝固点降低、沸点升高（非挥发性溶质）及渗透压等数值，进而计算出活度因子。

【例 3 - 11】 常压下，一个浓度为 $0.132\ 0\ mol \cdot kg^{-1}$ 的水溶液的凝固点为 $-0.28\ ℃$，凝固时只析出纯冰。求该溶液中水的活度及活度因子。已知冰的摩尔熔化热为 $6.010\ kJ \cdot mol^{-1}$，冰的熔点为 $0\ ℃$。

解：$\ln a_A = -\dfrac{6.010 \times 10^3}{8.314}\left(\dfrac{1}{273.15 - 0.28} - \dfrac{1}{273.15}\right) = -2.716 \times 10^{-3}$

$$a_A = 0.997\ 3$$

在该溶液中水的浓度为

$$x_A = \frac{n_A}{n_A + n_B} = \frac{1\ 000/18.02}{1\ 000/18.02 + 0.132\ 0} = 0.997\ 6$$

所以

$$\gamma_A = \frac{a_A}{x_A} = \frac{0.997\ 3}{0.997\ 6} = 0.999\ 7$$

思考题

1. 偏摩尔量是强度性质，应该与物质的数量无关，但浓度不同时其值亦不同，如何理解？

2. 拉乌尔定律与亨利定律有何异同？

3. 为什么稀溶液的沸点升高、凝固点下降、渗透压以及溶剂蒸气压下降称为依数性？引起依数性的最基本原因是什么？

4. 在溶剂中一旦加入溶质就能使溶液的蒸气压降低，沸点升高，凝固点降低并且具有渗透压。这句话是否准确？为什么？

5. 如果在水中加入少量的乙醇，则四个依数性将发生怎样的变化，为什么有这样的变化？如果加 $NaCl$、$CaCl_2$ 又会怎样？

6. 想一想下面现象的原因是什么。

(1) 冬天下雪后在路面上撒足够的盐可防止结冰。

(2) 盐碱地里庄稼总是长势不良，农田施太浓的肥料，庄稼会被"烧死"。

(3) 被砂锅里的浓汤烫伤的程度要比开水烫伤的程度更严重。

(4) 北方冬天吃冻梨前，现将冻梨放在凉水里浸泡一段时间后，发现冻梨表面结了一层薄冰，而里边却已经解冻了。

7. 试证明:在两种物质组成的溶液中,溶质的物质的量分数 x_B、质量摩尔浓度 m_B 和物质的量浓度 c_B 三者之间存在下列关系:

$$x_B = \frac{c_B M_A}{\rho - c_B M_B + c_B M_A} = \frac{m_B M_A}{1 + m_B M_A}$$

式中,ρ 为溶液的密度,M_A 和 M_B 分别为溶剂和溶质的摩尔质量。并进一步证明在溶液很稀时,上式可简化为

$$x_B = \frac{c_B M_A}{\rho_A^*} = m_B M_A$$

式中,ρ_A^* 为纯溶剂的密度。

习 题

1. 室温下,在 1 kg 纯水中溶解液态物质 B 的物质的量为 n_B,已知所形成溶液的体积与溶解的溶质 B 的物质的量 n_B 之间的关系为

$$V/cm^3 = 1\,002.93 + 23.189 n_B/\text{mol} + 2.197\,(n_B/\text{mol})^{3/2} - 0.178\,(n_B/\text{mol})^2$$

试求当溶质的质量摩尔浓度 $m_B = 0.20 \text{ mol} \cdot \text{kg}^{-1}$ 时,溶质 B 和溶剂 $A[H_2O(l)]$ 的偏摩尔体积。

2. 25 ℃和标准压力下,有一物质的量分数为 0.4 的甲醇-水混合物。如果往大量的此混合物中加 1 mol 水,混合物的体积增加 17.35 cm^3;如果往大量的此混合物中加 1 mol 甲醇,混合物的体积增加 39.01 cm^3。试计算将 0.4 mol 的甲醇和 0.6 mol 水混合后混合物的体积为多少?此混合过程中体积的变化为多少?已知 25 ℃和标准压力下甲醇的密度为 0.791 1 $g \cdot cm^{-3}$,水的密度为 0.997 1 $g \cdot cm^{-3}$。

3. 298 K 和标准压力下,苯(A)与甲苯(B)可以形成液态混合物,求下列过程中所需做的可逆非膨胀功。

(1) 将 1 mol 苯从始态混合物 $x_{A,1} = 0.8$,用甲苯稀释到终态 $x_{A,2} = 0.6$;

(2) 从(1)中 $x_{A,2} = 0.6$ 的终态混合物中分离出 1 mol 纯苯。

4. 试证明:

$$\mu_B = \left(\frac{\partial G}{\partial n_B}\right)_{T,p,n_{C(C \neq B)}} = \left(\frac{\partial A}{\partial n_B}\right)_{T,V,n_{C(C \neq B)}} = \left(\frac{\partial H}{\partial n_B}\right)_{S,p,n_{C(C \neq B)}} = \left(\frac{\partial U}{\partial n_B}\right)_{S,V,n_{C(C \neq B)}}$$

5. 试证明:

(1) $\left(\dfrac{\partial \mu_B}{\partial T}\right)_p = -S_B$ 　　　　　　 (2) $\left(\dfrac{\partial \mu_B}{\partial p}\right)_T = V_B$

(3) $\left(\dfrac{\partial H_B}{\partial T}\right)_p = C_{p,B}$ 　　　　　　 (4) $\mu_B = H_B - TS_B$

6. 在 413 K 时,纯 $C_6H_5Cl(l)$ 和纯 $C_6H_5Br(l)$ 的蒸气压分别为 125.24 kPa 和 66.10 kPa。假定两种液体形成某理想液态混合物,在 101.33 kPa 和 413 K 时沸腾,试求:

(1) 沸腾时理想液态混合物的组成;

(2) 沸腾时液面上蒸气的组成。

7. 现有蔗糖($C_{12}H_{22}O_{11}$)溶于水形成某一浓度的稀溶液,其凝固点为 -0.200 ℃,计算此溶液在 25 ℃ 时的蒸气压。已知水的 $k_f = 1.86 \text{ K} \cdot \text{mol}^{-1} \cdot \text{kg}$,纯水在 25 ℃ 时的蒸气压为 $p^* = 3.167 \text{ kPa}$。

8. 已知 0 ℃、101.325 kPa 时，O_2 在水中的溶解度为 4.49 $cm^3/100g$，N_2 在水中的溶解度为 2.35 $cm^3/100g$。试计算被 101.325 kPa，体积分数 $y(N_2) = 0.79$，$y(O_2) = 0.21$ 的空气所饱和了的水的凝固点较纯水的降低了多少？

9. 已知樟脑（$C_{10}H_{16}O$）的凝固点降低系数为 40 $K \cdot mol^{-1} \cdot kg$。

(1) 某一溶质相对分子质量为 210，溶于樟脑形成质量分数为 5% 的溶液，其凝固点降低多少？

(2) 另一溶质相对分子质量为 9 000，溶于樟脑形成质量分数为 5% 的溶液，其凝固点降低多少？

10. 已知 20 ℃ 下此溶液的密度为 1.024 $g \cdot cm^{-3}$，纯水的饱和蒸气压 $p^* = 2.339$ kPa。在 20 ℃ 下将 68.4 g 蔗糖（$C_{12}H_{22}O_{11}$）溶于 1 kg 的水中。求：

(1) 此溶液的蒸气压；

(2) 此溶液的渗透压。

11. 在 100 g 苯中加入 13.76 g 联苯（$C_6H_5C_6H_5$），所形成溶液的沸点为 82.4 ℃。已知纯苯的沸点为 80.1 ℃。求苯的沸点升高系数和摩尔蒸发焓。

12. 人的血液（可视为水溶液）在 101.325 kPa 下于 −0.56 ℃ 凝固。已知水的 $k_f = 1.86$ $K \cdot mol^{-1} \cdot kg$。求：

(1) 血液在 37 ℃ 时的渗透压；

(2) 在同温度下，1 dm^3 蔗糖（$C_{12}H_{22}O_{11}$）水溶液中需含有多少克蔗糖才能与血液有相同的渗透压。

13. 吸烟对人体有害，香烟中主要含有致癌物质尼古丁（Nicotine）。经分析得知其中含 H 的质量分数为 0.093，含 C 的质量分数为 0.720，含 N 的质量分数为 0.187。现将 0.60 g 尼古丁溶于 12.0 g 水中，所得溶液在标准压力下的凝固点为 −0.62 ℃，试确定该物质的分子式。已知水的凝固点降低系数为 $k_f = 1.86$ $K \cdot kg \cdot mol^{-1}$。

14. 100 g 水中溶解 29 g NaCl 形成的溶液，在 100 ℃ 时的蒸气压为 8.29×10^4 Pa，求此溶液在 100 ℃ 时的渗透压（100 ℃ 时水的比容为 1.043 $cm^3 \cdot g^{-1}$）。

15. 氯仿（A）和丙酮（B）混合形成溶液，其中丙酮的物质的量分数 $x_B = 0.713$。在 28 ℃ 时，溶液的总蒸气压为 2.94×10^4 Pa，蒸气中丙酮的物质的量分数 $y_B = 0.818$。该温度时，纯氯仿的蒸气压为 2.96×10^4 Pa。求该溶液中氯仿的活度和活度因子。

16. 15 ℃ 时，将 1 mol 氢氧化钠和 4.559 mol 水混合形成溶液的蒸气压为 596 Pa，而纯水的蒸气压为 1 705 Pa。求：

(1) 该溶液中水的活度；

(2) 该溶液的沸点；

(3) 在该溶液中和在纯水中，水的化学势相差多少？

第4章 相平衡

本章基本要求

1. 掌握相平衡的一些基本概念,会熟练运用相律来判断系统的组分数、相数和自由度数。

2. 能看懂各种类型的相图,理解相图中的点、线和面的含义及自由度的变化情况,并会进行简单分析。

3. 在双液系相图中,掌握完全互溶、部分互溶和完全不互溶相图的特点,了解如何利用相图进行有机物的分离提纯。

4. 学会用热分析法绘制二组分低共熔相图,会对相图进行分析,并了解二组分低共熔相图和水盐相图的应用。

5. 对三组分系统,了解相图在萃取分离及盐类提纯方面的实际应用。

关键词

相平衡,相律,单组分相图,二组分相图,三组分相图

相变化是自然界普遍存在的一种突变现象,也是让我们充满了意外的领域,如超导、超流都是科学史上与相变有关的重大发现。相变化过程是物质从一个相态变化到另一个相态的过程,相平衡状态是这一过程的相对极限。相平衡是热力学的重要应用之一,主要研究多相系统的相变化规律。在工业生产中很多过程如提纯、分离常涉及到的结晶、蒸馏、萃取、吸收等都涉及到物质在不同相中的分配,而相平衡可为此提供理论依据。因此,研究相平衡有着重要的现实意义。

相平衡的研究方法主要有热力学方法和几何方法,前者应用热力学原理来探索相平衡的本质,具有简明、定量化的特点;而后者则是将系统的相平衡状态与各种条件(温度、压力、组成)的关系以图的形式表现出来,这样构成的图形我们称为相图,它可以直观地表明系统中可能发生的变化。

本章中我们首先用热力学方法推导相平衡所遵循的共同规律——相律,揭示平衡系统中相数、组分数和独立变数之间的关系。通过相律帮助我们从实验数据正确地画出相图,正确地阅读和应用相图。

§4.1　基本概念

在推导相律与各系统相平衡关系之前先介绍几个基本概念。

4.1.1　相(phase)

在系统中物理性质和化学性质完全均匀的那部分,热力学上称为一个相。

在多相系统中,相与相之间存在着明显的界面。越过界面,其物理或化学性质发生突变。系统中,所具有相的总数,称为相数,以符号 P 表示。同一系统在不同的条件下,可以有不同的相和相数。例如:水在 101.325 kPa 下,温度高于 100 ℃时是气态;温度等于100 ℃时是液态水和气态水共存状态;而在 611 Pa 及 0.01 ℃时固态冰、液态水和气态水三相共存。

相平衡系统中的气相、液相和固相的数目,分别存在如下规律:

(1) 气相:气体分子能够无限制地均匀混合,所以,系统中无论有多少种气体,只有一相。

(2) 液相:由于液体的相互溶解情形不同,系统中可以出现一个、两个,甚至三个液相共存的情况。

(3) 固相:如果各种固体间没有达到分子程度的分散、混合,即没有形成固溶体,那么,系统中有多少种物质,就有多少个固相,不论这些物质研得多么细,混得多么均匀。如:$CaCO_3(s)$ 和 $CaO(s)$ 的混合物是两相;同一种固体的同素异晶体共存时是多相(α-SiO_2 和 β-SiO_2 共存时是两相)。

4.1.2　相变化和相平衡

物质从一种相态转移到另一种相态的过程称为相变化。这种转变的极限就是相平衡。当系统达到相平衡时,每相内物质的种类和数量都不再随时间变化,所以相平衡也是一种动态平衡。由第 3 章多组分系统热力学可知,相平衡的条件是各组分在各相中的化学势相等。

4.1.3　相图

多相系统的状态与所处条件之间的关系可有多种表达方式,如实验数据的方程式解析法(如拉乌尔定律)以及实验数据的图解法(相图)。所以相图就是描述多相系统的状态与所处条件关系的几何图形,是研究相平衡的重要工具。根据不同的划分方式,相图可进行如下分类:

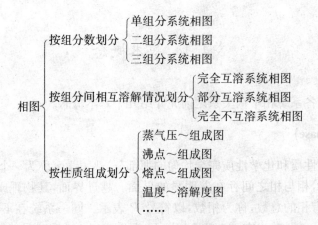

本章按照组分数划分的方式介绍一些典型的相图,使初学者学会看相图的方法,并能利用相图解决简单的实际问题。

4.1.4　组分(component)

(1) 物种数(numberof substance):系统中含有物质种类的数目,用 S 表示。

系统中有几种物质,物种数就是几。但要注意的是,处于不同聚集态的同一种化学物质,如液态水和水蒸气,只能算同一种物质。

(2) 独立组分数(number of independent component):表示系统中各相组成所需的最少独立物种数,称为独立组分数,简称组分数,用 C 表示。物种数和组分数是两个不同的概念,组分数的引入,只是为了处理相平衡问题时的方便,并无明确的物理意义。

(3) 组分数与物种数的关系:　　　$C = S - R - R'$　　　　　　　　　　　　　　　(4.1)

独立反应数 R:以 S 种物质作为反应物和产物,系统内能够发生的独立化学反应的数目,称为独立反应数。独立反应是指不能由其他反应方程的线性组合得到的反应。如系统中有 C、CO、CO_2、H_2O、H_2 等共五种物质,以这五种物质可以构成的反应有:

① $C + H_2O \Longrightarrow CO + H_2$

② $C + CO_2 \Longrightarrow 2CO$

③ $CO + H_2O \Longrightarrow CO_2 + H_2$

但三个反应之间存在着①-②=③的关系。因此,只有两个反应是独立的。那么独立反应数是 2 而不是 3。这时,系统的组分数 $S = 5$,因此 $C = S - R = 5 - 2 = 3$,即只要有三种物质就可以构成上面的系统。

独立浓度限制条件数 R':在 S 种物质中,如果有几种物质在同一相中的浓度总是能够保持某种数量关系,其所能存在的独立浓度关系式的数目称为独立浓度限制条件数。如 N_2、H_2、NH_3 系统:如果三者的量是随意的,那么只有一个独立反应数,$R = 1$,没有浓度限制条件,$R' = 0$;如果初始状态时 $N_2 : H_2 = 1 : 3$,则 $N_2 : H_2 = 1 : 3$ 的浓度关系始终存在,有一个独立的浓度限制条件，$R'=1$。但应注意的是浓度限制条件是对处于同一相的物质而言的。如果物质不是处于同一相，则不能应用。如：$CaCO_3(s) = CaO(s) + CO_2(g)$，这是三相平衡系统。如果系统是由 $CaCO_3(s)$ 分解而来的，尽管 CaO 和 CO_2 物质的量相等，但由于两者不是处于同一相中，则不存在独立浓度限制条件，$R'=0$，所以组分数 $C=3-1=2$。

对于同一个客观系统，它的物种数是多少，会随着人们主观考虑问题的方法、角度不同而不同。但无论用什么方法、角度考虑问题，指定系统的组分数都是一个定值。

4.1.5 自由度数(number of degree of freedom)

在一定范围内可以独立改变而不会引起相态变化(包括相的数目和形态)的系统强度性质(如温度、压力及浓度)的数目称为系统的自由度数或独立变量数，以符号 f 表示。$f=0,1,2$ 分别称为无变量系统、单变量系统和双变量系统，$f>2$ 称为多变量系统，$f<0$ 无意义。

例如，当水以单一液相存在时，在一定范围内，温度和压力均可随意改变而水的液态不会改变，故该系统有两个自由度 $f=2$。

当水与其蒸气平衡共存时，若任意指定压力，为保持水与水蒸气两相存在，温度只能是水在该压力下的沸点，否则就会引起其中一相消失；同样，若指定温度，压力只能是水在该温度下的饱和蒸气压，否则就会引起其中一相消失。故自由度数 $f=1$。

当系统中有水-冰-气三相共存时，由于温度(0.01 ℃)和压力(611 Pa)都已确定，不能任意改变，所以在三相点时系统的 $f=0$，为无变量系统。若稍微改变系统的温度或压力，则三相中的某一相必消失而转变为两相共存。

需要指出的是，系统的平衡状态只与强度性质有关，所以在自由度中只包括强度性质。当强度性质确定后，系统的平衡状态就可以确定，但容量性质仍然可以改变。

要确定一个相平衡系统的自由度数，对简单系统可凭经验加以推断，但对复杂系统，则需要借助相律加以确定。

§4.2 相 律

任何多相平衡系统的组分数 C、相数 P 及自由度数 f 三者之间是相互关联、相互制约的。它们之间遵守的数量关系称为相律。相律是吉布斯于 1876 年根据热力学原理推导出来的。它是相平衡系统的基本规律，也是物理化学中最具有普遍性的规律之一。

4.2.1 相律的推导

相律的推导过程就是确定一个多组分多相系统自由度数(独立变量数)的过程。由于自由度数＝总变量数－非独立变量数，而每一个非独立变量数都可以通过一个与独立变量关联的方程式来表示,故自由度数=总变量数-总方程式数。

假设有 S 种物质分布于 P 个相的每一相中的多相平衡系统,根据相平衡条件则系统中每种物质在各相中的化学势相等,因此每一种物质有 $(P-1)$ 个化学势相等的方程式,故 S 种物质共有 $S\times(P-1)$ 个化学势相等的方程式。

考虑各物质间的化学平衡,存在一个化学平衡,就有一个化学平衡条件。若存在 R 个相互独立的化学平衡,就有 R 个关联方程。

若各物质间存在 R' 个限制物质浓度关系的条件,则各物质又存在 R' 个关联方程式。因此关联各变量的方程式总数为 $S\times(P-1)+R+R'$。

在不考虑电场、磁场等情况下,影响相平衡系统相态的总变量有温度、压力及各相中 $(S-1)$ 种物质的相对含量。所以有 P 个相的系统的总变量数为 $P\times(S-1)+2$。

根据自由度数=总变量数-总方程式数,可推导得

$$f=C-P+2 \qquad\qquad (4.2)$$

通过相律给出平衡系统的自由度数或相数后,可以帮助我们判断从实验得出的相图是否正确,也可以帮助我们了解平衡系统中的相态共存情况,为我们研究相平衡系统提供了很大的帮助。

4.2.2 关于相律的几点说明

(1) 由于相律推导过程中应用了平衡条件,因此相律只适用于平衡系统。

(2) 在推导相律时,曾假设在每一相中均有 S 种物质存在,但若实际情况不符合此假设,也不影响相律的形式。这是因为若在某相中少了某种组分,则该相中也少了一个浓度变量数,平衡条件中的化学势等式相应地也减少一个,两者相互抵消,不影响结果。

(3) 若系统中温度、压力不相同,则需修正补充。如渗透平衡系统,则要增加 1 个压力变量数,相律变为 $f=C-P+3$。

(4) 式(4.2)中的 2 只代表温度和压力两个变量。当影响系统平衡状态的外界条件除了温度、压力外,还有其他的因素(如电场、磁场、重力场及表面现象等作用),共有 n 个因素,则"2"应改为 n,即 $f=C-P+n$。对于凝聚系统,由于压力对其影响甚小,可视为恒压,则相律可以变为 $f=C-P+1$;对于恒温恒压系统,$f=C-P$。

相律以简明的形式表达了系统的 f、P、C 之间的数量关系,根据公式可以得出某平衡系统中最多可以有几相共存,可以确定系统的自由度数。但到底是那几相共存,相律解释不了,还必须依靠相图来解决。

【例 4-1】 求纯水在三相平衡时的自由度 f。

解:水在三相平衡时有 $C=1$,$P=3$,则

$$f=C-P+2=1-3+2=0$$

自由度 $f=0$,说明水在气、液、固三相平衡时,温度、压力都不能任意变化。与实验事实

相符。

【例 4-2】 一定温度下 $MgCO_3(s)$ 在密闭抽空容器中,分解为 $MgO(s)$ 和 $CO_2(g)$,求系统的相数、组分数和自由度数。

解:该平衡系统中 $MgCO_3(s) \longrightarrow MgO(s) + CO_2(g)$
$$S = 3; R = 1; R' = 0$$

因 $MgCO_3(s)$ 分解时,虽产生了 $MgO:CO_2 = 1:1$,但两者为不同的相,其浓度依赖条件不存在:$R' = 0, C = S - R - R' = 3 - 1 - 0 = 2, P = 3$,则 $f = C - P + 1 = 2 - 3 + 1 = 0$。

【例 4-3】 下列化学反应,同时达平衡时(900~1 200 K),则
$$CaCO_3(s) \Longrightarrow CaO(s) + CO_2(g)$$
$$CO_2(g) + H_2(g) \Longrightarrow CO(g) + H_2O(g)$$
$$CO(g) + H_2O(g) + CaO(s) \Longrightarrow CaCO_3(s) + H_2(g)$$

求系统的自由度数。

解:$S = 6, R = 2, R' = 0$,所以 $C = 6 - 2 = 4, P = 3$,则 $f = 6 - 3 + 2 = 3$。

【例 4-4】 碳酸钠与水可组成三种水合物:$Na_2CO_3 \cdot H_2O$、$Na_2CO_3 \cdot 7H_2O$ 和 $Na_2CO_3 \cdot 10H_2O$,试说明 101.3 kPa 下,与碳酸钠水溶液和冰共存的含水盐最多可以有几种?

解:此系统由 Na_2CO_3、H_2O 及三种含水盐构成,$S = 5$。但每形成一种含水盐,就存在一个化学平衡,因此独立组分数 $C = S - R - R' = S - 3 - 0 = 2$。

定压下,相律表达式为
$$f = C - P + 1 = 2 - P + 1 = 3 - P$$

自由度数最少时,相数最多,即
$$P_{max} = 3 - f_{min} = 3 - 0 = 3$$

故相数最多为 3。根据题意,已有碳酸钠水溶液和冰两相,因此只可能再有一种含水盐存在,即 101.3 kPa 下,与碳酸钠水溶液和冰共存的含水盐最多只能有一种。

§4.3 单组分系统的相图

4.3.1 单组分系统相律依据和相图特征

单组分系统是指组分数为 1 的系统,一般是纯物质构成的系统。

由相律 $f = C - P + 2$ 可知,当组分数 C 确定时,相数 P 和自由度 f 之间存在制约关系:系统 P 越多,f 越少;反之,P 越少,f 越多。但由于 f 最少只能为零,所以与其对应的系统

相数有一最大值。同样,系统相数最少为 1,在此条件下系统自由度数最多。因此,当外界条件和系统组分数确定时,即可由相律确定应该用多少变量才能完整地描述系统的平衡性质以及系统在平衡状态时可以具有的最多相数。

在数学上,无变量、单变量、双变量和三变量系统可分别以点、线、面和体等图形来表示。所以,在一定条件下根据相图的几何特征就可以确定系统在某一状态时有多少相处于平衡。

对于单组分系统,$C=1$,根据相律 $f=C-P+2=3-P$,由于 f 最小为 0,此时 $P=3$,所以单组分系统最多只能有三相共存。而 P 最小为 1,此时 $f=2$,说明只要有两个独立变量(如 T、p)就可以表征系统的状态。再以实验数据为基础作出变量之间的关系图,就成为各类相图,如 p-T 图、p-V 图等。对于多组分系统还要引入其他变量(如物质的量分数 x),可作 p-x、T-x、T-p-x 相图等等。

4.3.2 单组分系统的两相平衡

两相平衡共存是单组分系统最常遇到的相平衡问题。当两相平衡共存时,$P=2$,$f=1$。它表明单组分系统两相共存时,温度和压力之中只有一个可以自由改变。当两相平衡系统温度任意改变时,则压力只能按一定规律随温度而变),反之亦然。也就是说,温度和压力之间必然存在一种函数关系,这就是著名的 Clapeyron 方程。

1. Clapeyron 方程

在温度 T 和压力 p 下,某种纯物质 B 在 α 和 β 两相间达到相平衡

$$B(\alpha, T, p) \Longrightarrow B(\beta, T, p)$$

根据相平衡条件

$$\mu_\alpha^* = \mu_\beta^*$$

若温度由 T 变成 $T+\mathrm{d}T$,相应地,压力将由 p 变成 $p+\mathrm{d}p$,系统重新达到相平衡

$$B(\alpha, T+\mathrm{d}T, p+\mathrm{d}p) \Longrightarrow B(\beta, T+\mathrm{d}T, p+\mathrm{d}p)$$

此时有

$$\mu_\alpha^* + \mathrm{d}\mu_\alpha^* = \mu_\beta^* + \mathrm{d}\mu_\beta^*$$

可见

$$\mathrm{d}\mu_\alpha^* = \mathrm{d}\mu_\beta^*$$

对于纯物质 B $\mathrm{d}\mu_B^* = \mathrm{d}G_m^* = -S_m^* \mathrm{d}T + V_m^* \mathrm{d}p$

因此, $\mathrm{d}\mu_\alpha^* = -S_{m,\alpha}^* \mathrm{d}T + V_{m,\alpha}^* \mathrm{d}p$

$$\mathrm{d}\mu_\beta^* = -S_{m,\beta}^* \mathrm{d}T + V_{m,\beta}^* \mathrm{d}p$$

故 $-S_{m,\alpha}^* \mathrm{d}T + V_{m,\alpha}^* \mathrm{d}p = -S_{m,\beta}^* \mathrm{d}T + V_{m,\beta}^* \mathrm{d}p$

$$\frac{\mathrm{d}p}{\mathrm{d}T} = \frac{S_{m,\beta}^* - S_{m,\alpha}^*}{V_{m,\beta}^* - V_{m,\alpha}^*} = \frac{\Delta S_m^*}{\Delta V_m^*}$$

ΔS_m^* 为摩尔相变熵,指温度 T、压力 p 时 1 mol B 物质从 α 相转移到 β 相所引起的系统

的熵变。ΔV_m^* 为摩尔相变体积,指温度 T、压力 p 时 1 mol B 物质从 α 相转移到 β 相所引起的系统体积的变化。因为 $\Delta S_m^* = \Delta H_m^* / T$, ΔH_m^* 为摩尔相变焓,故

$$\frac{\mathrm{d}p}{\mathrm{d}T} = \frac{\Delta H_m^*}{T \Delta V_m^*} \tag{4.3}$$

式(4.3)就是表示单组分系统两相平衡时温度 T 和压力 p 之间关系的 Clapeyron 方程。它是由法国工程师 Clapeyron(1799~1864)通过大量实验总结出来的,后来克劳修斯用热力学方法证明了此式。

【例 4 - 5】　0 ℃ 时,冰的熔化焓 $\Delta_{fus} H_m^* [H_2O(s)] = 6\,008$ J·mol^{-1},摩尔体积 $V_m^* [H_2O(s)] = 19.652$ cm³·mol^{-1},水的摩尔体积 $V_m^* [H_2O(l)] = 18.018$ cm³·mol^{-1}。试计算欲使冰点降低 1 K,压力需改变多少?

解: 根据 Clapeyron 方程

$$\begin{aligned}
\frac{\mathrm{d}p}{\mathrm{d}T} &= \frac{\Delta H_m^*}{T \Delta V_m^*} = \frac{\Delta_{fus} H_m^* [H_2O(s)]}{T \{V_m^* [H_2O(l)] - V_m^* [H_2O(s)]\}} \\
&= \frac{6\,008 \text{ J·} mol^{-1}}{273.2 \text{ K} \times (18.018 - 19.652) \times 10^{-6} \text{ m}^3 \cdot mol^{-1}} \\
&= -1.346 \times 10^7 \text{ Pa·} K^{-1} \\
&= -13.46 \text{ MPa·} K^{-1}
\end{aligned}$$

因此,欲使冰点下降 1 K,压力需增大 13.46 MPa。

由于推导该公式时未引入任何假设,所以 Clapeyron 方程适用于任何单组分系统的任意两相平衡。

2. Clausius-Clapeyron 方程——蒸气压与温度的关系

若将 Clapeyron 方程应用到有气相的平衡系统时,方程可进一步简化为另一种形式。对于包含气相的纯物质两相平衡系统(如 B(l) $\Longrightarrow$ B(g),B(s) $\Longrightarrow$ B(g) 系统),由于通常 $V_m^*(g) \gg V_m^*(l)$ 及 $V_m^*(g) \gg V_m^*(s)$,计算 ΔV_m^* 时可忽略 $V_m^*(l)$ 或 $V_m^*(s)$。若蒸气可当作理想气体,则 $\Delta V_m^* \approx V_{m,g}^* = \dfrac{RT}{p}$,代入(4.3)得

$$\frac{\mathrm{d}p}{\mathrm{d}T} \approx \frac{\Delta H_m^*}{T V_{m,g}^*} = \frac{\Delta H_m^*}{T(RT \cdot p^{-1})} = \frac{p \Delta H_m^*}{RT^2}$$

$$\frac{\mathrm{d}p}{p} = \frac{\Delta H_m^*}{RT^2} \mathrm{d}T \tag{4.4}$$

或

$$\mathrm{d}\ln[p/\text{Pa}] = \frac{\Delta H_m^*}{RT^2} \mathrm{d}T \tag{4.5}$$

式(4.4)或式(4.5)即为 Clausius-Clapeyron 方程,简称克-克方程。p 是在温度 T 时与液相或固相呈平衡的蒸气的压力,即该物质在温度 T 时的蒸气压。克-克方程定量地表示

了单组分系统的蒸气压与温度间的关系,但此方程的准确度比 Clapeyron 方程低。

若温度变化范围不大时,ΔH_m^* 可看作与温度无关,将式(4.5)不定积分,得克-克方程的不定积分式

$$\ln[p/\mathrm{Pa}] = -\frac{\Delta H_m^*}{R} \cdot \frac{1}{T} + C \tag{4.6}$$

或

$$\lg[p/\mathrm{Pa}] = -\frac{\Delta H_m^*}{2.303RT} + B = \frac{A}{T} + B \tag{4.7}$$

式中 B、C 是积分常数。上式是物理化学手册中常见的液体或固体的饱和蒸气压的公式。通过实验,在一定温度范围内,测得的饱和蒸气压随温度的变化,以 $\lg p$ - $1/T$ 作图,得到一直线,其斜率是 $A = -\dfrac{\Delta H_m^*}{2.303R}$,这样通过斜率就可以求得摩尔汽化热 ΔH_m^*。

若 ΔH_m^* 可视为常数,对式(4.5)做定积分,则有

$$\int_{p_1}^{p_2} \mathrm{d}\ln[p/\mathrm{Pa}] = -\frac{\Delta H_m^*}{R} \int_{T_1}^{T_2} \frac{1}{T^2} \mathrm{d}T$$

$$\ln \frac{p_2}{p_1} = \frac{\Delta H_m^*(T_2 - T_1)}{RT_1 T_2} \tag{4.8}$$

式(4.8)为克-克方程的定积分形式,T_1、T_2、p_1、p_2 及 ΔH_m^* 五个物理量中,只要知道其中任意四个,即可求得第五个。

若考虑 ΔH_m^* 与温度 T 的关系,当 $\Delta H_m^* = a + bT + cT^2$ 时,代入式(4.5)不定积分得

$$\lg[p/\mathrm{Pa}] = \frac{A'}{T} + B'\lg(T/\mathrm{K}) + C'T + D' \tag{4.9}$$

式中 A'、B'、C'、D' 均为常数,在工程上常使用安托万(Antoine)经验公式:

$$\lg[p/\mathrm{Pa}] = B - \frac{A}{t + C} \tag{4.10}$$

式中 A、B、C 均为常数,称为安托万常数,t 为摄氏温度。

当缺少 ΔH_m^* 数据时,可以用经验方法估算。例如大多数非极性液体在正常沸点时的汽化焓为

$$\Delta H_m^* = T_b \Delta S_m^* \approx T_b \times 88\ \mathrm{J \cdot K^{-1} \cdot mol^{-1}} \tag{4.11}$$

此关系被称为楚顿规则(Trouton rule)。式中 T_b 为液体的正常沸点,ΔS_m^* 为液体的摩尔汽化熵。

【例 4 - 6】 试估算以液体状态贮存正常沸点为 225.7 K 的丙烯,贮罐需具有多大的耐压力?存放地夏季阳光照射下的最高温度为 60 ℃。

解:因为液体丙烯在贮罐中与它的饱和蒸气呈平衡,所以实际上题目所要求算的是 60 ℃时丙烯的饱和蒸气压 p_2 为多大。

根据楚顿规则,丙烯的汽化焓近似为

$$\Delta_{vap}H_m^* = T_b\Delta_{vap}S_m^* \approx 225.7 \text{ K} \times 88 \text{ J} \cdot \text{K}^{-1} \cdot \text{mol}^{-1} = 19.9 \text{ kJ} \cdot \text{mol}^{-1}$$

$$\ln\frac{p_2}{101.3 \times 10^3 \text{ Pa}} = \frac{19.9 \times 10^3 \text{ J} \cdot \text{mol}^{-1}(333.2 \text{ K} - 225.7 \text{ K})}{8.314 \text{ J} \cdot \text{mol}^{-1} \cdot \text{K}^{-1} \times 225.7 \text{ K} \times 333.2 \text{ K}}$$

解得
$$p_2 = 3.10 \text{ MPa}$$

故最低耐压能力为 3.10 MPa 的贮罐才可用来存放丙烯液体。

【例 4-7】 已知固体苯的蒸气压在 273 K 时为 3.27 kPa, 293 K 时为 12.30 kPa; 液体苯的蒸气压在 293 K 时为 10.02 kPa, 液体苯的摩尔汽化焓为 $\Delta_{vap}H_m = 34.17 \text{ kJ} \cdot \text{mol}^{-1}$。试计算:

(1) 在 303 K 时液体苯的蒸气压, 设摩尔汽化焓在这个温度区间内是常数;

(2) 苯的摩尔升华焓;

(3) 苯的摩尔熔化焓。

解: (1) 根据 Clausius-Clapeyron 方程, 求出液态苯在 303 K 时的蒸气压。

$$\ln\frac{p(T_2)}{p(T_1)} = \frac{\Delta_{vap}H_m}{R}\left(\frac{1}{T_1} - \frac{1}{T_2}\right)$$

$$\ln\frac{p(303 \text{ K})}{10.02 \text{ kPa}} = \frac{34\,170 \text{ J} \cdot \text{mol}^{-1}}{8.314 \text{ J} \cdot \text{mol}^{-1} \cdot \text{K}^{-1}}\left(\frac{1}{293 \text{ K}} - \frac{1}{303 \text{ K}}\right)$$

解得液体苯在 303 K 时的蒸气压为

$$p(303 \text{ K}) = 15.91 \text{ kPa}$$

(2) 根据 Clausius-Clapeyron 方程, 求出固体苯的摩尔升华焓。

$$\ln\frac{12.30}{3.27} = \frac{\Delta_{sub}H_m}{8.314 \text{ J} \cdot \text{mol}^{-1} \cdot \text{K}^{-1}}\left(\frac{1}{273 \text{ K}} - \frac{1}{293 \text{ K}}\right)$$

解得固体苯的摩尔升华焓为

$$\Delta_{sub}H_m = 44.05 \text{ kJ} \cdot \text{mol}^{-1}$$

(3) 苯的摩尔熔化焓等于摩尔升华焓减去摩尔汽化焓, 即

$$\Delta_{fus}H_m = \Delta_{sub}H_m - \Delta_{vap}H_m$$
$$= \{44.05 - 34.17\} \text{ kJ} \cdot \text{mol}^{-1} = 9.88 \text{ kJ} \cdot \text{mol}^{-1}$$

4.3.3 典型相图举例

1. 水的相图

(1) 相图的绘制

绘制水的相图共分两步: 第一步, 将水放入抽真空的密闭容器内, 然后改变条件, 测定系统的温度和压力, 所测数据列于表 4.1。第二步, 根据表 4.1 中所列数据, 以压力为纵坐标, 温度为横坐标, 可绘出水的相图如图 4.1 所示。根据表中水⟶水蒸气平衡时不同温度下系统的饱和蒸气压, 以 $T \geq 273.16$ K 的数据绘得 OB 线, 以 $T \leq 273.16$ K 的数据绘得 OD 线; 根

据冰⇌水蒸气平衡时不同温度下系统的饱和蒸气压,绘得 OA 线;根据冰⇌水平衡时不同温度下系统的平衡压力,绘得 OC 线。三条实线 OA、OB、OC 相交于三相点(O 点)。

表 4.1　不同温度时水的两相平衡实验数据

温度		系统的饱和蒸气压　p/kPa		平衡压力　p/kPa
T/K	$t/℃$	水⇌水蒸气	冰⇌水蒸气	冰⇌水
253.15	−20	0.126	0.103	$193.5×10^3$
258.15	−15	0.191	0.165	$156.0×10^3$
263.15	−10	0.287	0.260	$110.4×10^3$
273.16	0.01	0.611	0.611	0.611
293.15	20	2.338	—	—
333.15	60	19.916	—	—
373.15	100	101.325	—	—
647.15	374	22 060	—	—

(2) 相图的分析

① 单相面

OA、OB、OC 三条曲线把相图平面分为 AOB、BOC、COA 三个区域,这三个区域是水的单相区,分别是气相区、液相区和固相区。在这些区域中,$P=1$,$f=2$,温度 T 和压力 p 均可在一定范围内独立改变,而保持系统的相数不变。因此,我们必须同时指定温度和压力两个变量,才能确定系统的状态。在相图中表示系统(包含有各相)的总组成的点称为物系点,表示某一相的组成的点称为相点,区别相点与物系点有利于理解当系统温度发生变化时系统中各相的变化情况。对于单组分系统而言物系总和相点是重合的。

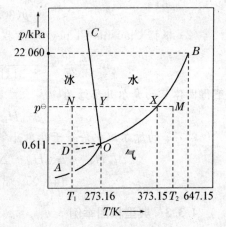

图 4.1　水的相图

② 两相线

图中 OA、OB、OC 三条曲线是水的两相平衡共存曲线,当系统的状态点落在某条曲线上时,系统就呈该线所代表的两相共存状态,这时 $P=2$,$f=1$,即温度和压力两个变量中只有一个是可以独立自由改变,另一个变量则随之而定。因此,要确定两相平衡曲线上的状态点,只需指定温度或压力即可。这些两相线的斜率 $\left(\dfrac{\mathrm{d}p}{\mathrm{d}T}\right)$ 可由 Clapeyron 方程确定。

OA 线是冰和水蒸气的平衡共存曲线,叫冰的饱和蒸气压曲线。OA 线也称为冰的升华线,在升华时,$\Delta V_m > 0, \Delta_{sub} H_m > 0$,则 $\dfrac{dp}{dT} > 0$,故 OA 线的斜率为正值,即温度升高相应压力增大。

OB 线是水和水蒸气的平衡共存曲线,也称水的饱和蒸气压曲线,或称水的蒸发曲线。OB 线向上不能无限延伸,只能延伸到水的临界点 $B(647.15 \text{ K}, 22\,060 \text{ kPa})$,因为在 B 点以上,不论加多大压力,均不会出现液态水。但 OB 线可超过三相点 O 向下延伸得虚线 OD,它代表过冷水与水蒸气平衡共存曲线,可称为过冷水饱和蒸气压曲线。OD 线上各点对应状态是不稳定状态,过冷水仍可存在一段时间而暂时不析出冰,只要稍受干扰,如受到搅动或有小冰块投入系统,立即就会有冰析出。因为过冷水的饱和蒸气压大于冰的饱和蒸气压,所以过冷水的饱和蒸气压曲线 OD 在冰的饱和蒸气压曲线 OA 之上。在水蒸发时,$\Delta V_m > 0, \Delta_{vap} H_m > 0$,则 $\dfrac{dp}{dT} > 0$,即 OB 线的斜率为正值,温度升高相应压力也增大。

OC 线是冰和水的平衡共存曲线,也称冰的熔化曲线。该线向上不能无限地延伸,最高点可达 $2.027 \times 10^5 \text{ kPa}, 253.2 \text{ K}$。若压力再高,冰将出现多种晶型,可达十多种,就不属于本图情况。该线向下不能越过三相点 O,因没有该升华而不升华的过热冰。在冰融化时,$\Delta V_m = V_m(\text{l}) - V_m(\text{s}) < 0, \Delta_{fus} H_m > 0$,则 $\dfrac{dp}{dT} < 0$,故 OC 线的斜率为负值,即温度升高相应压力减小。水的这种行为是反常的,因为大多数物质的熔点随压力增加而稍有升高。

③ 三相点

O 点是 OA、OB、OC 三条曲线的交点,在该点系统呈冰、水、水蒸气三相共存,故称三相点。在此点处,$P = 3, f = 0$,系统的温度和压力均只有唯一确定的值。水的三相点温度为 $273.16 \text{ K}(0.01\ ℃)$,压力为 611 Pa。但应注意的是三相点的温度不同于通常所说的水的冰点,冰点是指敞露在空气中的冰-水两相平衡时的温度,在这种情况下,冰-水已被空气中的组分(CO_2、N_2、O_2 等)所饱和,已变成多组分系统,使得水的冰点下降约 $0.002\,42 \text{ K}$;其次,因压力从 0.61 kPa 增大到 101.325 kPa,根据 Clapeyron 方程式计算其相应冰点温度又将降低 $0.007\,47 \text{ K}$,这两种效应之和使水的冰点从原来的三相点处下降到通常的 273.15 K。

(3) 相图的应用

至此,我们学习了相图中点、线、面的意义,现在我们可借助相图来分析指定的系统当外界条件改变时相变化的情况。如图 4.1 所示,在标准压力下,将温度为 T_1 的冰加热到温度 T_2,系统的物系点变化为 $N \rightarrow Y \rightarrow X \rightarrow M$。在温度 T_1 和压力 $p^{\ominus}$ 时,系统状态相当于图中 N 点。在一定压力下将系统加热,则系统的状态沿 NM 线而变化。由图中可以看出,物系点 N 为固相冰,经等压升温至与 OC 线交于 Y 点,冰开始熔化,呈固⇌液两相平衡,此时温度将保持不变,直到冰全部变成水为止,这时呈单一液相水;然后温度又可继续升高,当升温至与 OB 线交于 X 点,便开始出现水蒸气,呈液-气两相平衡,此时温度又保持不变,直到液相水消失,水全部变为水蒸气,此时呈单一气相水蒸气,温度可继续升高到 T_2,达系统点 M。

2. 硫的相图*

目前已发现硫有四种不同的相态:气态硫 S(g)、液态硫 S(l)以及固态的单斜硫 S(M)和正交硫 S(R)。其相图如图 4.2 所示,共有 4 个单相区,6 条两相线,4 个三相点(其中含一个亚稳态三相点)。

(1)单相面

$ABCD$、$DCEF$、$BCEB$、$ABEF$ 分别为气态硫、液态硫、单斜硫和正交流的单相区。

(2)两相线

AB 线是 S(R)$\rightleftharpoons$S(g)的两相平衡线,其延长线虚线 BG 是过热正交硫的蒸气压曲线。BC 线是 S(M)$\rightleftharpoons$

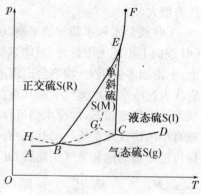

图 4.2 硫的相图

S(g)的两相平衡线,其延长线虚线 BH 是过冷单斜硫的蒸气压曲线。CD 线是 S(l)$\rightleftharpoons$S(g)的两相平衡线,其延长线虚线 CG 是过冷液态硫的蒸气压曲线。BE 线是S(M)$\rightleftharpoons$S(R)的两相平衡线;CE 线是 S(M)$\rightleftharpoons$S(l)的两相平衡线;EF 线是 S(R)$\rightleftharpoons$S(l)的两相平衡线。GE 虚线是过热正交硫的熔化曲线。虚线表示的相平衡均是亚稳相平衡。

(3)三相点

B 为 S(R)、S(M)和 S(g)平衡共存;C 为 S(M)、S(g)和 S(l)平衡共存;E 为 S(R)、S(M)和 S(l)平衡共存;G 为 S(R)、S(g)和 S(l)的亚稳相平衡。

*4.3.4 超临界流体简介(SCF,supercritical fluid)

1. 超临界流体的性质[1,2]

温度及压力均处于临界点以上的液体叫做超临界流体(简称 SCF)。超临界流体由于液体和气体分界消失,是即使提高压力也不会液化的非凝聚性气体,所以它兼具液体和气体的双重性质和优点,如溶解性强;扩散性能好;介电常数随压力而急剧变化;在临界点附近,通过压力和温度的微小变化,可引起流体密度的改变,从而使得溶解度等性质发生较大变化等。

2. 超临界流体的应用

超临界流体的应用很多,如超临界流体萃取[3]、超临界水氧化技术[4,5]、超临界流体干燥[6]、超临界流体染色[7]、超临界流体制备超细微粒[8]、超临界流体色谱[9]等。其中以超临界流体萃取应用得最为广泛。

(1)超临界流体的萃取

物质在超临界流体中的溶解度,受压力和温度的影响很大。可以利用升温、降压手段将超临界流体中所溶解的物质分离析出,达到分离提纯的目的(兼有精馏和萃取的作用)。分离后降低溶有溶质的超临界流体的压力,使溶质析出。如果有效成分不止一种,则采取逐级降压,可使多种溶质分步析出。常用作超临界流体的物质有二氧化碳、乙烷、丙烷等。其中超临界二氧化碳流体的应用较为广泛。CO_2 的临界温度为 304 K,临界压力为 7.4 MPa,具有易获纯品、廉价、不燃烧和无毒不污染环境的优点。超临界二氧化碳的密度在一定范围内与其密度成比例,

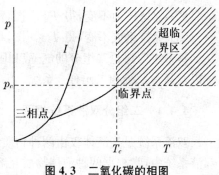

图 4.3　二氧化碳的相图

因此可通过改变温度和压力来达到改变物质在其中的溶解度的目的。图 4.3 为 CO_2 的相图。

(2) 超临界水处理

除了二氧化碳外,近年来超临界水也逐渐受到重视。在常温、常压下,水因具氢键而有极高的介电常数。但当温度升高时,氢键逐渐减弱,至临界温度以上时,氢键不再存在。所以,水也成为一不具极性的物质,因而可与碳氢化合物充分混合,现已用于商业化的废水处理。此法由于超临界水与氧完全互溶,故可有效分解水中有机物,分解率高达 99.99%。

(3) 超临界溶液快速膨胀法

制备某些香精或药物微粒时,先将溶质直接溶于 SCF 中,然后经过微粒喷嘴喷出,使其快速膨胀。此时由于温度、压力突然变低而形成过饱和溶液,溶质均匀成核形成粒径均匀的微粒。

(4) 超临界反溶液法

先将溶质溶于某种有机溶剂中,然后将此溶液与超临界流体混合。因有机溶剂可溶于超临界流体中,而溶质不溶,故溶质可析出为微粒。

§4.4　二组分系统的相图及其应用

对于二组分系统,$C=2$,根据相律有 $f=C-P+2=4-P$,显然,二组分系统最多可有四相共存,最大自由度数为 3,这三个变量通常是 T、p 和组成 x。所以要表示二组分系统的相图,需用三个坐标的立体图表示。如图 4.4 所示。

为了方便起见,人们常固定三个变量中的一个,从而得到立体图形的平面截面图。

(1) 保持温度不变,得 p-x 图,称为蒸气压-组成图,较常用。

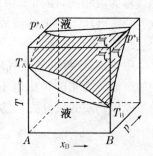

图 4.4　二组分 T-p-$x(y)$ 图

（2）保持压力不变，得 $T-x$ 图，称为温度-组成图，常用。

（3）保持组成不变，得 $T-p$ 图，称为蒸气压-温度图，不常用。

本节主要讨论二组分的气-液和固-液系统，包括完全互溶、部分互溶、不互溶的双液系统以及盐水系统和二元合金系统。

4.4.1 二组分双液系统相图

双液系统是指液体仅由两种物质组成而研究范围内仅出现气-液两相平衡的系统。在双液系统中，常根据两种液体物质互溶程度不同又分为完全互溶系统、部分互溶系统和完全不互溶系统。

1. 完全互溶双液系相图

两个组分能以任意比例互相混溶成一个液相，这样的系统叫做完全互溶的双液系统。根据两个组分在结构和性质上的差异，又分为理想和非理想两种情况。

（1）理想完全互溶双液系的气-液平衡

两个纯液体可按任意比例互溶，每个组分都服从拉乌尔定律，这样组成了理想完全互溶双液系，或称为理想液态混合物，如苯和甲苯，正己烷与正庚烷等结构相似的化合物可形成这种双液系。下面讨论这类系统的 $p-x$ 图（蒸气压-组成图）和 $T-x$ 图（沸点-组成图）。

① $p-x(y)$ 图

对于理想液态混合物，在一定温度下

$$p_A = p_A^* x_A \qquad p_B = p_B^* x_B$$

总压 $\qquad p = p_A + p_B = p_A^* + (p_B^* - p_A^*)x_B \qquad (4.12)$

p_A-x_A、p_B-x_B、$p-x_B$ 均为直线关系，若以压力为纵坐标，组成为横坐标，并假设一定温度下，$p_A^* < p_B^*$，即组分 B 为易挥发组分，A 为难挥发组分，则将上述关系绘成图 4.5。

a、b、c 三条直线分别表示组分 A 的蒸气压、组分 B 的蒸气压以及总压与溶液组成的关系图。我们将表示溶液蒸气总压随液相组成变化关系的直线或曲线称为液相线，图 4.5 中即为 c 线。从液相线可找到总蒸气压下溶液的组成，或指定溶液组成时的蒸气总压。

由于 A、B 两组分蒸气压不同，气-液平衡时气相的组成与液相的组成也不相同：若组分在气相中的浓度以物质的量分数 y_B 表示，根据分压定律，有

$$y_A = \frac{p_A}{p} = \frac{p_A^* x_A}{p} \qquad (4.13a)$$

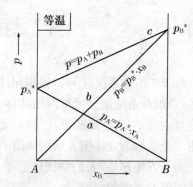

图 4.5　理想完全互溶双液系的 $p-x$ 相图

$$y_B = \frac{p_B}{p} = \frac{p_B^* x_B}{p} \tag{4.13b}$$

由(4.12)得，$x_B = \dfrac{p - p_A^*}{p_B^* - p_A^*}$ 将其代入式(4.13b)得

$$y_B = \frac{p_B^*(p - p_A^*)}{p(p_B^* - p_A^*)} \tag{4.14}$$

整理后，得

$$p = \frac{p_A^* p_B^*}{p_B^* + (p_A^* - p_B^*) y_B} \tag{4.15}$$

由式(4.15)可知，溶液蒸气总压 p 与气相组成 y_B 不是线性关系，由不同的 y_B 与其对应的蒸气总压 p 作 p-y_B 图，应得一条曲线，表示气-液平衡时蒸气总压与气相组成的关系，称为气相线。现将二线合并于同一图上，如图 4.6 所示，称为 p-$x(y)$ 图。

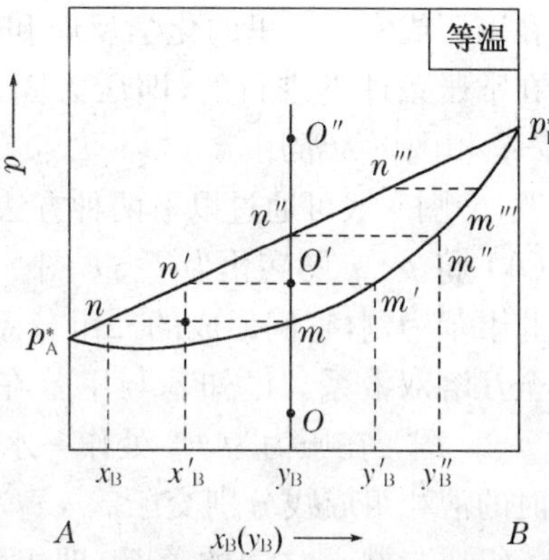

由式(4.12)可知 $p_B^* > p > p_A^*$，所以 $\dfrac{p_B^*}{p} > 1, \dfrac{p_A^*}{p} < 1$，代入式(4.13a)、式(4.13b)可得 $y_A < x_A, y_B > x_B$。由此说明在相同温度下，易挥发组分 B 其气相组成大于液相中 B 的组成，反之，对难挥发组分 A，气相含量小于液相中 A 的组成。这个规则称为科诺瓦洛夫(Konowaluv)第一定律。对非理想系统这个结论也适用。

图 4.6　理想完全互溶双液系的 p-$x(y)$ 相图

② p-$x(y)$ 相图

对于理想完全互溶双液系的 p-$x(y)$ 图，液相线都是直线，气相线均为曲线，且气相线总在液相线之下。在图 4.6 中，液相线和气相线将相图分为三个区域。液相线(p-x)的上方，系统压力高于与液相平衡共存的气相的压力，该区是能稳定存在的液相单相区。气相线(p-y)下方区域，压力小于平衡时气相压力，气体能稳定存在，该区为气相单相区。在单相区 $P = 1$，因温度恒定，$f = 2 - 1 + 1 = 2$，即压力和组成在一定范围内均可任意指定。在液相线和气相线之间所夹区域，是气、液两相平衡共存区。在两相区，$P = 2, f = 2 - 2 + 1 = 1$，即压力、液相组成(x)、气相组成(y)三者中只有一个变量能独立变化，若其中一个确定了，则另外两个变量必然随之而定。

在图 4.7 中，落在两个单相区和一个两相区内的点均为物系点；落在两条线上的点均为相点，m、m'、m''、m''' 为气相点，n、n'、n''、n''' 为液相点。连结平衡两相点的线叫做连结线(简称结线)，如 n 与 m'、n' 与 m''、n'' 与 m''' 的连线为结线，但应注意的是，n 和 m' 之间的

连线不能称为结线,因为 n 所代表的液相与 m' 所代表的气相不处于两相平衡状态。

外界条件改变时,系统的状态会发生相应的变化。如在图 4.6 中,初始物系点为 O 点,组成为 y_B,保持温度不变加压至 m 点,此时气相达到饱和,开始有液滴析出,其液相点为 n,对应的液相组成为 x_B,此时,气相点与物系点重合,气相组成仍为 y_B。继续增加压力,气相逐渐凝结为液相,到达 O' 点时,液相点为 n',对应组成为 x_B';气相点为 m',对应组成为 y_B'。压力继续增大至 n'' 点,此时,气相几乎完全消失,只剩最后一个小气泡,物系点与液相点重合,均为 n'' 点,液相对应组成为 y_B;气相点为 m'',对应组成为 y_B''。压力继续增大,系统进入液相区,最后到达 O'' 点。

③ $T\text{-}x$ 图

在工厂或实验室里的化学反应和分离过程,大多数是在常压条件下进行的,即压力固定,所以常压下的 $T\text{-}x$ 相图更为常用。

$T\text{-}x$ 图一般可通过以下两种方法测得:

(A) 将 $p\text{-}x$ 图转化为 $T\text{-}x$ 图。如图 4.7 所示。以苯和甲苯为例,它们形成的二组分系统可近似为理想完全互溶双液系。已知苯与甲苯在 4 个不同温度时的 $p\text{-}x$ 图。在压力为 $p^\ominus$ 处作一水平线,与各不同温度时的液相组成线分别交于 x_1,x_2,x_3 和 x_4 各点,代表了组成与沸点之间的关系,即组成为 x_1 的液体在 381 K 时沸腾,其余类推。把沸点与组成的关系相应地标在下图中,就得到了 $T\text{-}x$ 图的液相线。同理可得气相线。与 $p\text{-}x(y)$ 相图不同的是,在 $T\text{-}x$ 相

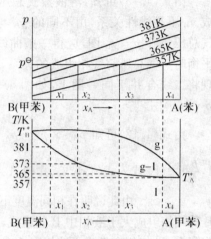

图 4.7　从 $p\text{-}x$ 图绘制 $T\text{-}x$

图中是气相线在上,液相线在下,气相线之上为气相区,液相线之下为液相区,气相线与液相线之间区域为气、液两相共存区。若物系点落在两相区,通过物系点作一水平线,则系统中两相的组成分别可从气相线和液相线上读出。在恒定压力下,将混合液系统加热到液相线时,液体开始起泡沸腾,此时对应的温度称为沸点或泡点,因而液相线也称为沸点线或泡点线;而若将混合蒸气降温至气相线时,此时系统开始凝结出露珠似的小液滴,对应温度称为凝聚点或露点,因而气相线又称为露点线。

(B) 在恒定压力下,直接利用沸点仪和阿贝折射仪测定不同浓度系统的沸点和沸点时的各相组成。根据测量数据,直接画出 $T\text{-}x$ 图。

④ 杠杆规则

设物系点为 M 的系统总的物质的量为 n,其中物质 B 的物质的量分数为 $x_{B,M}$。此系统点对应液相点为 L 点,气相点为 G 点,液相和气相的物质的量分别为 n_L 和 n_G,含物质 B 的物质的量分数分别为 $x_{B,L}$ 和 $y_{B,G}$(如图 4.8 所示)。

由于两相物质的量之和必与系统中总的物质的量相等,因此,有

$$n = n_L + n_G$$

又对物质 B 作物料衡算,两相中物质 B 的物质的量之和必与系统中物质 B 的总物质的量相等,所以

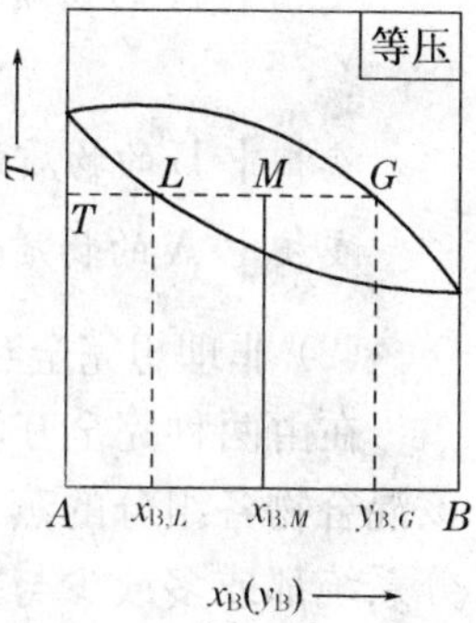

$$nx_{B,M} = n_L x_{B,L} + n_G y_{B,G}$$

所以

$$(n_L + n_G)x_{B,M} = n_L x_{B,L} + n_G y_{B,G}$$

$$n_L(x_{B,M} - x_{B,L}) = n_G(y_{B,G} - x_{B,M})$$

又

$$x_{B,M} - x_{B,L} = \overline{LM} \qquad y_{B,G} - x_{B,M} = \overline{MG}$$

故

$$n_L \cdot \overline{LM} = n_G \cdot \overline{MG} \qquad (4.16)$$

即

$$\frac{n_G}{n_L} = \frac{\overline{LM}}{\overline{MG}} \qquad (4.17)$$

式(4.17)处理后,也可写成

$$\frac{n_G}{n} = \frac{\overline{LM}}{\overline{LG}}, \frac{n_L}{n} = \frac{\overline{MG}}{\overline{LG}} \qquad (4.18)$$

图 4.8 杠杆规则示意图

上面三式均称为杠杆规则。杠杆规则不仅对气-液相平衡适用,在其他系统中任意两相共存区都成立,如液-液、液-固、固-固的两相平衡。需注意的是,若所用相图以物质的量分数表示组成,使用杠杆规则时要用物质的量 n 表示物质的数量。若所用相图以质量分数表示组成,需用质量 W 表示物质的数量。

【例 4-8】 系统中 A、B 两物质的物质的量各为 5 mol,当加热到温度 T_1 时,如右图所示,气相点 M 对应组成 $y_B = 0.2$,液相点 N 对应组成 $x_B = 0.7$。求两相中组分 A 和组分 B 的物质的量各为多少?

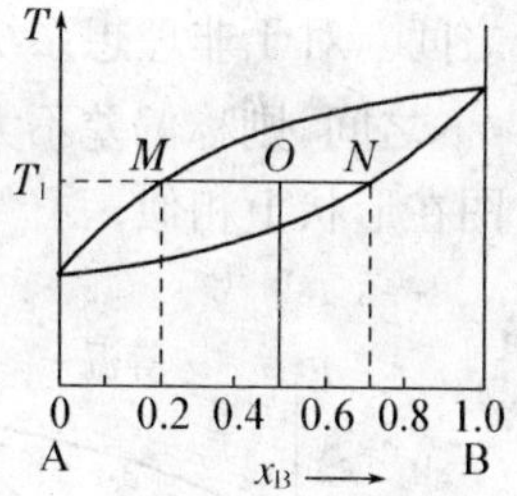

解: 根据杠杆规则:

$$n_G \cdot \overline{MO} = n_L \cdot \overline{ON}$$

联立方程:

$$\begin{cases} \dfrac{n_G}{n_L} = \dfrac{\overline{ON}}{\overline{MO}} = \dfrac{0.7 - 0.5}{0.5 - 0.2} = \dfrac{0.2}{0.3} = \dfrac{2}{3} \\[2mm] n_G + n_L = 10 \text{ mol} \end{cases}$$

解得 $\qquad n_G = 4$ mol $\qquad n_L = 6$ mol

气相中 B 的物质的量:

$$n_{B,G} = n_G \cdot y_{B,M} = \{4 \times 0.2\} \text{mol} = 0.8 \text{ mol}$$

气相中 A 的物质的量：

$$n_{A.G} = n_G - n_{B.G} = \{4 \times 0.8\} mol = 3.2 \ mol$$

液相中 B 的物质的量： $\quad n_{B.L} = n_L x_{B.L} = \{6 \times 0.7\} mol = 4.2 \ mol$

液相中 A 的物质的量： $\quad n_{A.L} = n_L - n_{B.L} = \{6 - 4.2\} mol = 1.8 \ mol$

(2) 非理想完全互溶双液系的气-液平衡

在由两种完全互溶的液体构成的混合物中,若构成的混合物是理想液态混合物,则该混合物各组分的蒸气压与组成均能遵守拉乌尔定律。但是绝大多数的完全互溶二组分系统都或多或少与拉乌尔定律有些偏差,即蒸气总压与液相组成间不呈线性关系,因此 p-$x(y)$ 相图中的液相线不是直线。当系统的总蒸气压和蒸气分压的实验值均大于拉乌尔定律的计算值时,称为发生了正偏差;若小于拉乌尔定律的计算值,称为发生了负偏差。

产生偏差的原因大致有如下三方面:(a) 某一组分 A 本身有缔合现象,与 B 组分混合时缔合分子(associated molecule)解离,分子数增加,蒸气压也增加,发生正偏差。(b) A、B 分子混合时部分形成化合物,分子数减少,使蒸气压下降,发生负偏差。(c) A、B 分子混合时,由于分子间的引力不同,发生相互作用,使体积改变或相互作用力改变,都会造成某一组分对拉乌尔定律发生偏差,这偏差可正可负。

根据相图形状,这种相图可分为两类:一类是非理想系统对于理想系统的偏差不大;另一类是偏差很大。下面分别进行讨论。

① 偏差不大

在理想系统的 p-x 相图上,液相线是连接 p_A^* 和 p_B^* 的直线,即总蒸气压 p 在 p_A^* 和 p_B^* 之间。对于非理想系统具有正偏差或负偏差,但若总蒸气压仍在两个纯组分蒸气压 p_A^* 和 p_B^* 之间,则称偏差不大,如图 4.9 和图 4.10 所示。这类系统的 T-x 相图与理想系统的相图在形状上相似。

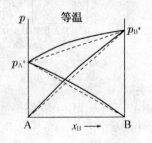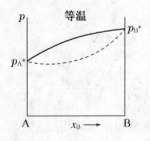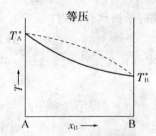

图 4.9　正偏差不大的系统

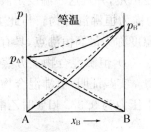
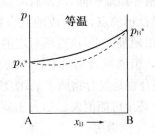
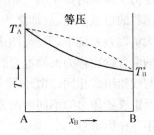

图 4.10　负偏差不大的系统

② 偏差很大

若偏差很大,系统的蒸气总压将不再介于 p_A^* 和 p_B^* 之间。此时,将正偏差很大的系统称为最大正偏差系统,负偏差很大的系统称为最大负偏差系统。如图 4.11、4.12 所示。

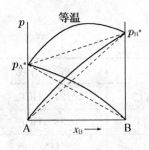
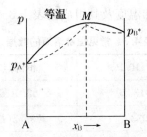
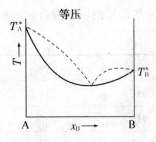

图 4.11　最大正偏差系统

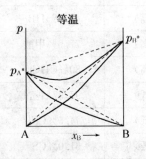
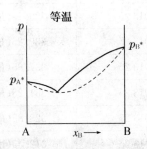
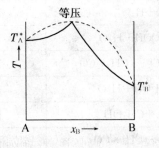

图 4.12　最大负偏差系统

在偏差很大的系统中,$p\text{-}x(y)$ 图和 $T\text{-}x$ 图上出现了最高点或最低点,此处气相线和液相线相切,说明此点的气相组成和液相组成相同。这就是科诺瓦洛夫第二定律:"在压力-组成图(或温度-组成图)中的最高点或最低点上,液相和气相的组成相同。"这是科诺瓦诺夫在大量实验的基础上总结出来的。

在最大正偏差系统中,p 有极大值,$T\text{-}x$ 图中出现极小点,由于对应于此点组成的液相在该压力下沸腾时产生的气相与液相组成相同,故沸腾时温度恒定,并且这一温度是液态混合物沸腾的最低温度,故称之为最低恒沸点,该组成的混合物称为恒沸混合物。与此类似,在最大负偏差系统中,$T-x$ 图中出现极大点,该点所对应的温度称为最高恒沸点,具有该点组成的混合物也称为恒沸混合物。恒沸混合物具有以下特点:(a) 恒沸混合物上方蒸气的组成与液相组成相同;(b) 恒沸混合物是混合物而不是化合物。实践证明,恒沸混合物的恒沸点及组成随压力的不同而改变,甚至可能消失。如表 4.2 中压力为 9.332 kPa 时乙醇-水系统不存在恒沸点。

表 4.2　压力对乙醇-水系统恒沸点的影响

压力/kPa	9.332	12.05	17.29	26.45	53.94	101.325	143.4	193.5
恒沸温度/K	—	306.5	312.35	320.78	336.19	351.3	360.27	368.5
恒沸组成(乙醇质量%)	100	99.5	98.87	97.73	96.25	95.60	95.35	95.25

一些常见的恒沸混合物的恒沸温度及其组成见表 4.3。

表 4.3　常见恒沸溶液的数据

溶　液	压力/10^5 Pa	恒沸点/K	质量分数
$HCl+H_2O$	1.013 25	382.0(最高)	20.24%HCl
$HCl+H_2O$	0.933 2	379.55(最高)	20.36%HCl
HNO_3+H_2O	1.013 25	393.65(最高)	68%HNO_3
$H_2SO_4+H_2O$	1.013 25	611.15(最高)	98.3%H_2SO_4
$HBr+H_2O$	1.013 25	399.15(最高)	47.5%HBr
$HCOOH+H_2O$	1.013 25	380.25(最高)	77.9%甲酸
$CHCl_3+(CH_3)_2CO$	1.013 25	337.85(最高)	80%$CHCl_3$
$C_2H_5OH+H_2O$	1.013 25	351.28(最低)	95.57%乙醇
CCl_4+CH_3OH	1.013 25	328.85(最低)	44.5%CCl_4
$CS_2+(CH_3)_2CO$	1.013 25	312.35(最低)	61.0%CS_2
$CH_3COOC_2H_5+H_2O$	0.666 6	332.55(最低)	92.5%乙酸乙酯

(3) 精馏原理*

① 简单蒸馏原理

有机化学实验常使用简单蒸馏,其原理如图 4.13 所示。设起始混合液组成为 x_1,加热到 T_1 时开始沸腾,此时与其共存的气相组成为 y_1。由于气相中含有低沸点的组分 B 多

（$y_1 > x_1$），一旦有气相生成，液相组成将沿 LE 线变化，相应沸点也要升高。当沸点升高至 T_2 时，共存的气相组成为 y_2，当温度上升到 T_3 时，混合液全部蒸发完，这时剩余一滴液相组成为 x_3。在温度由 T_1 变到 T_3 的整个过程中，混合液始终是与蒸气达成平衡的。由此可见，混合液与纯液体不同，混合液的沸点在定压下不是恒定的，由开始沸腾到蒸发完毕有一温度区间。如果将 $T_1 \sim T_2$ 温度区间的馏分冷却，则馏出物组成在 y_1 与 y_2 之间，近似值取 $\dfrac{y_1 + y_2}{2}$。简单蒸馏只能粗略地把多组分系统相对分离，分离效果差。欲完全分离，需要采用精馏方法。

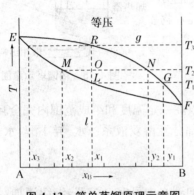

图 4.13　简单蒸馏原理示意图

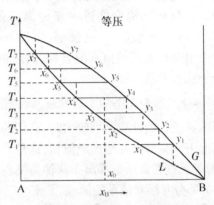

图 4.14　精馏原理示意图

② 精馏原理

如图 4.14 所示，若原有一组成为 x_0 的混合液，恒定压力下加热到 T_1、T_2 时，混合物系统继续保持为液相，组成也没有变化，当温度升高到 T_3 时，系统出现气、液平衡，气相组成为 y_3，当温度升至 T_4 时，气、液相组成分别为 y_4 和 x_4。所剩液相组成为 x_4，较 x_0 含难挥发组分 A 增多。若将组成为 x_4 的剩余溶液移出，并加热到 T_5，则溶液又被部分汽化，所剩余液相组成为 x_5，较 x_4 含难挥发组分 A 又有增高，含 A 组成 $x_5 > x_4$。若继续上述步骤，液相中 A 逐渐增大，$x_7 > x_6 > x_5 > x_4$，说明液相组成沿液相线 L 上升，向纯 A 的方向变化，因此，经过多次部分汽化，液相最终可得纯的难挥发组分 A。

再考虑气相组成为 y_4 的部分。气相中易挥发组分 B 的组成高于原来混合液中 B 的组成（$y_4 > x_0$）。把组成为 y_4 的气相部分冷凝至 T_3，得到组成为 x_3 的液相和组成为 y_3 的气相。这时剩余气相中 B 组分组成为 y_3 则含 B 的组成增大（$y_3 > y_4$），又将组成为 y_3 的气相冷凝到 T_2，再次发生部分冷凝，重复下去，气相含 B 的组成逐渐增大，$y_1 > y_2 > y_3 > y_4$，气相组成沿气相线 G 下降，向纯 B 方向变化。因此，经过多次部分冷凝，气相最终可得纯的易挥发组分 B。由此可见，混合液经反复多次部分汽化和部分冷凝后可达到将 A 和 B 分离的目的。在化工生产中，这种分离是在精馏塔中连续进行的（如图 4.15 所示）。实际上，精馏过程是在精馏塔中使部分汽化和部分冷凝同时连续进行来实现的。

具有最低恒沸点和最高恒沸点的二组分系统相图，可以看作是以纯 A 和恒沸混合物以及纯 B 和恒沸混合物两张偏差不大的相图所组成的。由于恒沸混合物的气、液相组成相同，所以不可用精馏的方法将恒沸物分离。在指定压力下具有恒沸点的二组分混合液经过精馏后只能得到一个纯组分和恒沸混合物，而不能同时得到两个纯组分。为使恒沸混合物进一步分离必须采取其他方法，如加入第三种物质——共沸剂，使其与原恒沸混合物中的一个组分形成新的恒沸混合物，然后再进行蒸馏，这在工业上称作共沸蒸馏。

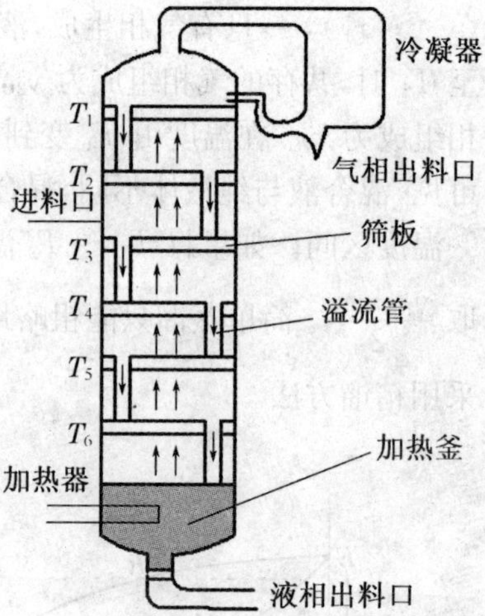

图 4.15 精馏塔示意图

2. 部分互溶和完全不互溶双液系相图

当两种液体的性质差别较大时，它们的双液系仅在一定温度和组成范围内完全互溶，而其他情况下只是部分互溶形成液相，这种系统称为部分互溶双液系。水-异丁醇、水-苯胺、水-苯酚等系统在常压下都属于这种类型。

(1) 部分互溶双液系的液-液平衡

以水-苯酚系统为例，在常温、常压下少量苯酚加到水中可完全溶解，继续滴加，当超过苯酚的溶解度时，多加的苯酚将不能再溶入水中，静置后分成两平衡液层。一层为水在苯酚中的饱和溶液(即苯酚层)，一层为苯酚在水中的饱和溶液(即水层)。这两个呈平衡的液层称为共轭溶液(conjugate solution)。如果温度不变，再加水或苯酚，两层溶液的组成将保持不变，只是数量变化。但当改变温度时，水在苯酚中溶解度及苯酚在水中溶解度会改变，即两共轭溶液的组成会发生变化。

根据相律，在恒定压力下，液-液两相平衡时，$f = 2 - 2 + 1 = 1$，可见两个饱和溶液的组成均只是温度的函数。将测得的实验数据绘制在温度-组成图上，可得到两条溶解度曲线。若此时外压足够大，使得在所讨论的温度范围内不产生气相，则所得相图如图 4.16 所示。

MC 曲线为苯酚在水中的溶解度曲线，NC 曲线为水在苯酚中的溶解度曲线。MCN 帽形线以外是单一溶液区，帽形线以内是水与苯酚部分互溶两相区。随着温度的升高，共轭溶液的组成逐渐接近。当温度为 T_c 时，两种液体的相互溶解度重合为 C 点，则 C 点称为临界溶解点，也称临界会溶点，对应的温度 T_c 为(最高)临界溶解温度。温度高过此点，水与苯酚能以任何比例互溶。临界溶解温度的高低反映了两组分间相互溶解能力的强弱。临界溶液的温度越低，两组分间的互溶性越好。

图 4.16 中，在 313 K 时，组成为 a 的溶液是酚在水中的不饱和溶液。在定温下向

水中加酚,系统的物系点将沿着 ab 水平线自左向右逐渐移动。最初加入的少量苯酚能全部溶解于水中,形成均一液相。但当往此溶液中加入苯酚使组成到达 l_1 点时,苯酚在水中已达到饱和。若继续加入苯酚,也不能再增加水中苯酚的浓度,这时将开始出现一个新的液相,与原来的液相 l_1(即苯酚在水中的饱和溶液)平衡共存。新形成的液相并不是纯苯酚,而是水在苯酚中的饱和溶液,相点为 l_2。l_1 和 l_2 这两个平衡共存的液相称为共轭溶液,l_1 和 l_2 的连线为连结线。在定温定压之下,根据相律 $f = C - P = 2 - 2 = 0$,共轭溶液的组成已为定值。只要物系点落在 $l_1 l_2$ 水平线上,共存两相的相点总为 l_1 和

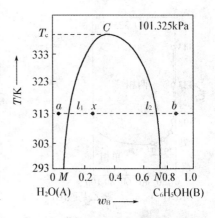

图 4.16　水-苯酚系统的溶解度图

l_2。但当物系点自 l_1 由左向右移动时,l_1 相的量相对减少,而 l_2 相的量相对增多,两相的相对量遵守杠杆规则。例如,若物系点为 x,则 $W_1 \cdot \overline{l_1 x} = W_2 \cdot \overline{l_2 x}$,$W_1$ 和 W_2 分别为液相 l_1 及液相 l_2 的质量。若在溶液中继续加入苯酚,使物系点到达 l_2 点时,液相 l_1 消失,系统成为单一的液相。继续加苯酚时,系统成为水在苯酚中的不饱和溶液,如图中 b 点所示。

一些部分互溶且具最高溶解温度双液系的临界溶解温度和组成列入表 4.4。

表 4.4　临界溶解温度和组成

系统（A-B）	临界溶解温度/K	组分 A 的质量分数/%
苯胺-己烷	332.75	52
甲醇-环己烷	322.25	29
甲醇-二硫化碳	313.65	20
水-苯胺	440.15	15
水-苯酚	339.05	66

另外,有的部分互溶双液系具有最低临界溶解温度,这类系统的液-液相图当温度低于 T_c 时完全互溶,高于 T_c 时出现部分互溶现象,如水-三乙胺系统,图 4.17 所示;有的同时具有最高和最低两个临界溶解温度,在 $T_{c,1}$ 和 $T_{c,2}$ 之间为部分互溶,如水-烟碱系统,图 4.18 所示;还有的没有临界溶解温度,温度高到液体的沸点,低到凝固点,两个液态一直表现为部分互溶,如水-乙醚系统,图 4.19 所示。这三种部分互溶情况一般少见,本章不重点讨论。

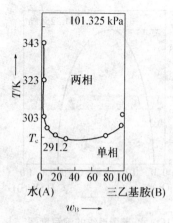

图 4.17　水-三乙胺温度-组成图

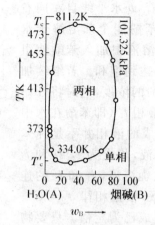

图 4.18　水-烟碱温度-组成图

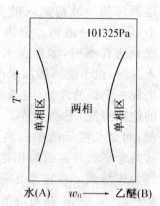

图 4.19　水-乙醚温度-组成图

（2）完全不互溶双液系相图及水蒸气蒸馏

严格地说，两种液体完全不互溶是没有的，但当两种组分性质差别很大，彼此间互溶的程度非常小时，可以近似视为不互溶。例如汞-水、二硫化碳-水、氯苯-水属于这种不互溶系统。

当两种不互溶的液体 A 和 B 共存时，组分间几乎互不影响，每一种液体的饱和蒸气压就是它们在纯态（单独存在）时的蒸气压，其大小只是温度的函数，而与另一组分的存在与否及数量无关。所以，这种系统的总蒸气压等于两纯组分在该温度下单独存在时的蒸气压之和，即 $p = p_A^* + p_B^*$。因此，互不相溶的两种液体组成的系统，其总蒸气压恒大于任一纯组分的蒸气压，当然，混合系统的沸点也就恒低于任一纯组分的沸点。而且由于总蒸气压与两种液体的相对数量无关，故混合系统在沸腾蒸馏时的温度保持不变。图 4.20 是完全不互溶的水-氯苯系统的蒸气压曲线。

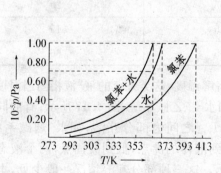

图 4.20　水-氯苯系统的蒸气压曲线

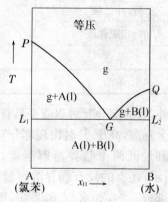

图 4.21　水-氯苯温度-组成图

由图 4.20 可以看出，当外压为标准压力（$p^\ominus$）时，水的沸点 373.15 K（100 ℃），氯苯的沸点为 403.15 K(130 ℃),而水-氯苯系统的沸点则降到 364.15 K(91 ℃),比纯水和氯苯的沸点均低。也可由图 4.21 的水-氯苯系统的沸点-组成图得到同样结论。这类系统实际应用很广泛,如水蒸气蒸馏就是根据这类系统特点进行的。

有些有机化合物的沸点很高,不易直接蒸馏,或因性质不稳定,往往加热未达沸点前该物质就分解了,这样就不能采用一般蒸馏方法进行分离提纯。对这类有机化合物只要与水不互溶,就可采用水蒸气蒸馏的方法进行提纯。水蒸气蒸馏时,将待提纯的有机液体加热到不足 100 ℃,然后让水蒸气以气泡的形式通过有机液体冒出,起到搅拌作用,形成完全不互溶的双液系,使系统的蒸气和两个液体平衡。蒸出来的混合蒸气,将其冷却静置,自动分为两层,即有机液层和水层,除去水层即得产品。这样,在不到 100 ℃ 的较低温度下提纯了有机物,同时避免了它的受热分解。

蒸出物中 A、B 两组分的质量可计算如下。当完全不互溶的双液系沸腾时,两种组分的蒸气压分别是 p_A^* 和 p_B^*。依道尔顿分压定律:

$$p_A^* = p y_A = p \cdot \frac{n_A}{n_A + n_B}$$

$$p_B^* = p y_B = p \cdot \frac{n_B}{n_A + n_B}$$

式中 p 是蒸气总压,y_A、y_B 分别为气相中 A、B 两组分的物质的量分数,n_A、n_B 为 A、B 的物质的量,将上面两式相除得

$$\frac{p_A^*}{p_B^*} = \frac{n_A}{n_B} = \frac{W_A/M_A}{W_B/M_B} = \frac{M_B}{M_A} \cdot \frac{W_A}{W_B}$$

$$\frac{W_A}{W_B} = \frac{p_A^*}{p_B^*} \cdot \frac{M_A}{M_B}$$

若其中组分 A 是水而组分 B 是有机液体,则可将此式具体写为

$$\frac{W_{H_2O}}{W_B} = \frac{p_{H_2O}^* \cdot M_{H_2O}}{p_B^* \cdot M_B} \tag{4.19}$$

式中 $\frac{W_{H_2O}}{W_B}$ 是蒸馏出单位质量有机物所需水蒸气的用量,称为有机液体 B 的蒸气消耗系数。显然,此值越小,则水蒸气蒸馏的效率越高。由式(4.19)可以看出,对于那些摩尔质量 M_B 愈大,在 100 ℃ 左右饱和蒸气压 p_B^* 愈高,则分出一定量的有机物所消耗的水蒸气量愈少。

水蒸气蒸馏的方法还可以用来测定与水完全不互溶的有机液的摩尔质量 M_B,由式(4.19)可得

$$M_B = M_{H_2O} \times \frac{p_{H_2O}^* W_B}{p_B^* W_{H_2O}} \tag{4.20}$$

【例 4-9】 某有机液体用水蒸气蒸馏时,在标准压力下于 90 ℃ 沸腾,馏出物中水的质量分数为 0.240。已知 90 ℃ 时水的饱和蒸气压为 7.01×10^4 Pa。试求此有机液体的摩尔质量 M_B。

解: 设 $W_{H_2O} = 24.0 \text{ g}, W_B = 76.0 \text{ g}$

已知 $p_B^* + p_{H_2O}^* = p^\ominus$,则

$$p_B^* = p^\ominus - p_{H_2O}^* = p^\ominus - 7.01 \times 10^4 \text{ Pa} = 3.12 \times 10^4 \text{ Pa}$$

因此, $$M_B = M_{H_2O} \times \frac{p_{H_2O}^* W_B}{p_B^* W_{H_2O}}$$

$$= \left\{ 18.0 \times \frac{7.01 \times 10^4 \times 76.0}{3.12 \times 10^4 \times 24.0} \right\} \text{g} \cdot \text{mol}^{-1} = 128 \text{ g} \cdot \text{mol}^{-1}$$

4.4.2 二组分固-液系统相图

不包括气体的系统称为凝聚系统。由于压力对液体和固体相态变化的影响很小,因此讨论二组分凝聚系统的相平衡时通常不考虑压力的变化,相律的具体形式为 $f = C - P + 1 = 2 - P + 1 = 3 - P$。常见的二组分固-液系统有两种:一是盐水系统,由可溶于水的盐和水组成;另一种是合金系统,由两种金属物质组成。当系统相数最少时($P_{min} = 1$),则系统的自由度数为最多($f_{max} = 2$),即温度和组成。因此,二组分固-液系统的相图也是平面图。其相图亦是通过实验方法绘制的,常用的方法有溶解度法和热分析法。

根据两种组分的固体互溶程度不同,可将二组分固-液系统分成三种不同的系统,其中两固体物质完全不互溶的系统又可分为具有简单低共熔混合物系统和有化合物生成的系统。而两固体物质部分互溶系统和完全互溶系统可归结为生成固溶体系统。

(1) 固相完全不互溶系统 $\left\{ \begin{array}{l} ① \text{ 具有简单低共熔混合物系统} \\ ② \text{ 生成化合物的系统} \end{array} \right.$

(2) 固相部分互溶系统

(3) 固相完全互溶系统 $\left. \begin{array}{l} \\ \end{array} \right\}$ ③ 生成固溶体的系统

1. 固相完全不互溶系统

(1) 具有简单低共熔混合物的系统

① 用热分析法绘制合金系统相图

(a) 相图的绘制

热分析法是绘制凝聚系统相图时常用的方法。其基本原理是:根据系统在冷却或加热过程中温度随时间的变化关系来确定系统的相态变化。通常的做法是:将所研究的二组分系统配制成质量分数递变的一系列样品,逐个将样品加热至全部熔化,然后让其在一定的环境下自行冷却,把观测到的温度随冷却时间的关系绘成曲线,因该曲线是在逐步冷却过程获得的,故将系统的这种温度-时间曲线称为步冷曲线。由步冷曲线上出现的转折或停歇点找出发生相变的温度,依此绘制出相应的相图。用此曲线研究固-液相平衡的方法称为热分析法。下面以 Bi - Cd 二组分系统为例具体讨论。

　　图 4.22 是 Bi‑Cd 系统的步冷曲线和相图。下面简单介绍如何用步冷曲线法绘制相图。首先配制含 Cd 质量分数分别为 0%、20%、40%、70%、100% 的五个样品,再把它们加热至完全熔化为液态之后,放在定压的环境中冷却,根据各样品在不同时间的温度数据,可作出图 4.22 (a)所示的步冷曲线。最后对每个组成样品的步冷曲线进行分析,找出相应组成样品发生相变化时的温度,在对应温度-组成图上描点,绘制图 4.22(b)所示的相图。

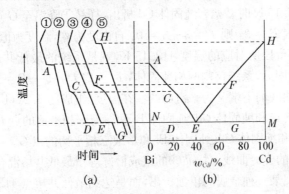

图 4.22　Bi‑Cd 系统的步冷曲线和相图

　　先分析样品①和⑤的步冷曲线,样品①含 Cd 量为 0%,即纯 Bi;样品⑤含 Cd 量 100% 即纯 Cd。组分数 $C=1$,定压下相律表达式为 $f=1-P+1=2-P$。当温度处在凝固点以上时,$P=1$,$f=2-1=1$,这一个自由度是系统的温度。由于周围环境(大气)吸热,系统均匀地降温,反映在步冷曲线上为一段平滑曲线。当温度降至凝固点(纯 Bi 凝固点 546.15 K,纯 Cd 凝固点 596.15 K)时,开始析出固相,从开始凝固到全部凝固完毕的整个过程,因保持固-液两相平衡,$P=2$,则 $f=2-2=0$,所以系统保持凝固点温度不变。纯固体 Bi 或 Cd 的析出过程中放出相变热,此热能恰好抵消系统的散热。使步冷曲线上出现平台段,当液体全部凝成固体之后,系统又呈单相,$P=1$,$f=2-P=2-1=1$,此时有一个自由度,系统又可均匀地降温,即步冷曲线下端出现的平滑线段。样品①步冷曲线中平台 A 对应温度为纯 Bi 的凝固点 546.15 K,样品⑤步冷曲线中平台 H 对应的温度为纯 Cd 的凝固点 596.15 K。根据这两个温度,可在温度-组成图[图 4.22(b)]中画出纯 Bi 及纯 Cd 的两相平衡点 A 及 H。

　　再分析样品②和④的步冷曲线。样品②含 Cd 20%、Bi 80%,样品④含 Cd 70%、含 Bi 30%,这两个样品的组分数 $C=2$,定压下的相律为 $f=2-P+1=3-P$。在较高温度下(超过 Cd 的熔点 596.15 K,Bi 和 Cd 都是液态),系统为单一熔融液相,$P=1$,$f=3-1=2$,自由度不为零,系统可均匀降温,所以步冷曲线的上端为平滑线段。当温度冷却至某温度时,对其中一种金属已达到饱和,便开始析出该金属,形成固、液两相平衡共存。例如样品②降温至 C 点,熔液对 Bi 达饱和,开始有纯固态 Bi 析出;样品④降温至 F 点,熔液对 Cd 达饱和,开始有纯固态 Cd 析出。此时,$P=2$,$f=3-2=1$,自由度不为零,温度仍可下降。

但是，由于析出固体时系统放出相变热，部分地抵偿了环境吸收的热，因而使冷却速率变得较之前缓慢，在步冷曲线上出现斜率减小的另一平滑曲线。两段平滑线间的折点所对应的温度，就为系统开始析出固体金属而呈现两相平衡时的温度。因组成不同，样品②、④的折点高低也不同。当两个样品系统继续降温至 413.15 K 时，使第二种金属也达到饱和，并开始析出第二种纯金属固体，呈现两种纯金属固体（Bi、Cd）和熔液三相共存。例如样品②降温至 D 点的温度 413.15 K 时开始有纯固体 Cd 析出，样品④降温至 G 点温度 413.15 K 时就有纯固体 Bi 析出。因 $P=3$，则 $f=3-3=0$，自由度为零，温度为恒定值，因而在步冷曲线上出现平台段。平台段所对应的温度 413.15 K，就是系统的最低共熔点，此时三相平衡共存。当熔液全部凝固后，系统仅剩两相纯固体，$P=2$，$f=3-P=1$，此后又可均匀降温，因此两样品步冷曲线的下端又为平滑曲线。在温度-组成图 4.22(b) 中可绘出样品②开始析出纯固体 Bi 的点 C 和纯固体 Cd、纯固体 Bi 和熔液三相平衡的点 D。绘出样品④开始析出固体 Cd 的点 F 和纯固体 Cd、纯固体 Bi 和熔液三相平衡的点 G。

最后分析样品③的步冷曲线。样品③的组成恰好等于最低共熔混合物的组成。因此在降温过程中，不会出现某一种金属的单独析出，而是达到最低共熔点 413.15 K 时，两种金属组分同时达到饱和而同时析出，直接形成最低共熔混合物。因此，样品③的步冷曲线上端为平滑线段，紧接着在低共熔温度 413.15 K 时出现平台段，而没有斜率不同线段的折点。当熔液全部凝固后，$f=3-P=3-2=1$，温度又可均匀下降，因此步冷曲线的下端为平滑曲线。由步冷曲线平台段 E 所对应温度 413.15 K，可在温度-组成图中绘出样品③的纯固态 Bi、纯固态 Cd 和熔液三相平衡点 E。

通过上面分析，步冷曲线可为人们提供下列信息：

(i) 步冷曲线的各平滑线段内，系统的相数未变，表示系统均匀变温过程。

(ii) 步冷曲线的拐点（折点）表示对应系统中相数发生突变，出现新相，呈现两相平衡共存，折点以下平滑线段上的每一点所对应温度为固相和熔融液两相平衡共存时的温度。之所以出现折点，是因为冷却过程中出现某组分凝固，放出凝固潜热，可以部分补偿环境所移走的热，使得冷却速率减慢，导致产生新相后，冷却速率不同，表现为步冷曲线上平滑线段的斜率不同。

(iii) 步冷曲线的平台段，系统自由度数为零，表示温度恒定。对纯组分表示为二相平衡（如纯 Bi）；对二组分系统则表示达最低共熔点，呈三相（纯固体 Bi、Cd 和组成为 E 的饱和熔液）平衡共存。

如果新配制的样品足够多，可在 $T\text{-}x$ 图上画出更多类似 C、F 的固体-熔液平衡点。连接 A、C 直至 E 的各个两相平衡点。得到金属 Bi 的溶解度曲线 AE，同样连接 H、F 直至 E 的各个两相两衡点，得金属 Cd 的溶解曲线 HE。连接各个二组分样品三相平衡共存时的平台段所对应三相平衡点（D、E、G 等），画出对应低共熔温度的水平线 NEM。这样便得到 Bi-Cd 合金系统的温度-组成相图。

(b) 相图的分析

对相图 4.22(b)中的点、线、面作如下分析。A、H 和 E 三点分别为纯 Bi、纯 Cd 的熔点和三相点,分别对应着:$Bi(s) \rightleftharpoons Bi(l)$、$Cd(s) \rightleftharpoons Cd(l)$、$Bi(s) + Cd(s) \rightleftharpoons$ 熔液的三种平衡。三相点 E 的温度比纯 Bi 或纯 Cd 的熔点(凝固点)都低,因此又称最低共熔点。AE 线代表纯固体 Bi 与熔液呈平衡时液相线,也称 Bi 的凝固点下降曲线,或称 Bi 的溶解曲线。HE 线代表纯固体 Cd 与熔液呈平衡时的液相线,也称 Cd 的凝固点下降曲线,或称 Cd 的溶解曲线。NEM 直线称三相平衡线,只要物系点是落在此线上(两端点除外)就可以出现三个相,其三相组成必然是纯固态 Bi、纯固态 Cd 以及浓度为 40%Cd 的熔液,但相之间质量的比例随系统点在三相线上的位置不同而不同。$ACEFH$ 连线上方的面为熔液相单相区。$ACEFH$ 所夹的面是二相平衡区,对应着熔液$\rightleftharpoons Bi(s)$平衡,$HEMH$ 所夹的面也为二相平衡区,对应着熔液$\rightleftharpoons Cd(s)$平衡。NEM 线以下的面为纯固态 Bi 和纯固态 Cd 的互不相溶的两相共存区。如果物系点落在两相共存区内,两相间的相对数量可由杠杆规则求得。

在实际工业生产中,常利用具有低共熔点的合金相图来制备具有低共熔点的合金用品,如焊锡、保险丝等。表 4.5 列入一些具有简单低共熔混合物系统的有关数据。

表 4.5　具有一低共熔点混合物系统的有关物理量

组分 A	A 的熔点/K	组分 B	B 的熔点/K	低共熔混合物组成 w_B /%	低共熔点/K
Sb	903	Pb	600	87	540
Sn	505	Pb	600	38.1	456.3
Si	1 685	Al	930	89	851
Be	1 555	Si	1 685	32	1 363
KCl	1 063	AgCl	724	69	579
$CHBr_3$	280.5	C_6H_6	278.5	50	247

② 用溶解度法绘制盐水系统相图

(a) 相图的绘制

将某一种盐溶于水中时,会使水的冰点降低,冰点降低的多少与盐在溶液中的浓度有关。如果将一定浓度的盐溶液降温,则在零度以下的某个温度将析出纯冰,这个温度就是该浓度盐溶液的冰点,不同浓度的盐溶液其冰点也不相同。表 4.6 中的数据②③④就是不同浓度条件下$(NH_4)_2SO_4$ 水溶液的冰点值。如果盐在水中的浓度比较大时,在将溶液冷却的过程中析出的固体不是冰而是纯的固体盐,这时该溶液称为盐的饱和溶液,盐在水中的浓度称为溶解度,不同温度下盐的溶解度也不同。表 4.6 中编号⑥～⑰的数据就是测定不同温度下$(NH_4)_2SO_4$ 在水中的溶解度。

表 4.6　不同温度下硫酸铵水溶液实验数据

编号	T/K	$w_{(NH_4)_2SO_4}$	固相	编号	T/K	$w_{(NH_4)_2SO_4}$	固相
①	273.15	0	冰	⑩	313.2	0.448	硫酸铵(s)
②	267.8	0.167	冰	⑪	323.2	0.458	硫酸铵(s)
③	262.2	0.286	冰	⑫	333.2	0.468	硫酸铵(s)
④	255.2	0.375	冰	⑬	343.2	0.478	硫酸铵(s)
⑤	254.1	0.384	冰+硫酸铵(s)	⑭	353.2	0.488	硫酸铵(s)
⑥	273.2	0.414	硫酸铵(s)	⑮	363.2	0.498	硫酸铵(s)
⑦	283.2	0.422	硫酸铵(s)	⑯	373.2	0.508	硫酸铵(s)
⑧	293.2	0.430	硫酸铵(s)	⑰	382.1	0.518	硫酸铵(s)
⑨	303.2	0.438	硫酸铵(s)				

在温度-组成图中,根据表 4.6 中不同盐浓度下水的冰点值绘出 LE 线;根据不同温度下 $(NH_4)_2SO_4$ 的溶解度绘出 NE 线。无论是水溶液冰点线的绘制,还是 $(NH_4)_2SO_4$ 溶解度曲线的绘制,均可得到这样的结论:当温度达到 254.8 K 时,系统将有纯固体冰、纯固体 $(NH_4)_2SO_4$ 和含 $(NH_4)_2SO_4$ 浓度为 39.8% 的溶液三相共存。过 E 点作一条恒温线 DEC,这便得到 H_2O-$(NH_4)_2SO_4$ 系统的完整相图。如图 4.23 所示。

(b) 相图分析及应用

图中的 LE 曲线是冰和溶液成平衡的曲线,一般称为水溶液的冰点线或冰的饱和溶液曲线,$P=2$,在曲线上的自由度为:$f=3-P=3-2=1$(T 或 x),LE 线上各点由于溶液组成不同,其冰点亦不同,说明温度是可变的。NE 曲线是固体 $(NH_4)_2SO_4$ 与其饱和溶液两相平衡共存曲线,称为 $(NH_4)_2SO_4$ 的溶解度曲线或 $(NH_4)_2SO_4$ 的饱和溶液曲线,$P=2$,则 $f=1$。NE 曲线上各点因 $(NH_4)_2SO_4$ 溶解度不同,温度亦不同,证实温度是可变的。水平线 DEC 为三相线,线上任一点表示纯冰、$(NH_4)_2SO_4$(s) 和组成为 E 的溶液三相平衡共存。因 $P=3$,所以 $f=3-P=3-3=0$,说明系统只要保持两个固相和一个液相的三相共存,系统的温度及三个相的组成就确定了。

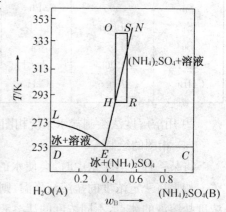

图 4.23　水-硫酸铵温度-组成图

图中 L、N 和 E 点分别为冰的熔点、盐的饱和溶解度和三相点,对应着 $H_2O(s)\rightleftharpoons H_2O(l)$、$(NH_4)_2SO_4(s)\rightleftharpoons$ 盐水溶液和 $H_2O(s)+(NH_4)_2SO_4(s)\rightleftharpoons$ 盐水溶液的平衡。E

点的意义如下：

(i) 该点的组成为$(NH_4)_2SO_4$和冰同时析出时饱和溶液的组成，即当具有E点组成的溶液降温时，至E时同时析出冰和盐，并形成细小混晶，其混晶的组成为E，亦是固定的。

(ii) 具有组成为E的细小混晶，称为简单最低共熔混合物，简称低共熔物。具有E点的系统称低共熔系统。简单低共熔混合物中的"简单"是指构成混合物的两相是纯物质(如$(NH_4)_2SO_4(s)$和冰)，晶体虽小但不是均匀的一相，或者说不是固溶体，但其熔点是恒定的。"最低"是混合物熔点虽然恒定，但比冰、$(NH_4)_2SO_4(s)$熔点均低，也是溶液所能存在的最低温度。"共熔"是指冰和$(NH_4)_2SO_4(s)$混晶加热，则冰和硫酸铵同时熔化。

(iii) DEC线上的其他各点(除E点外)不同于E点，这些点仅代表冰、硫酸铵和组成为E的饱和溶液三相平衡共存。由于冰和$(NH_4)_2SO_4(s)$不是同时析出，形成的混晶其组成亦不固定。若对此混晶加热至 251.35 K 时，冰和硫酸铵亦开始熔化，但它们不会同时消失。如果系统点在E点的右侧，则冰先消失时还有$(NH_4)_2SO_4(s)$存在；若系统点在E点的左侧，则硫酸铵固体先消失，但冰还存在。因此，DEC上除E点以外的其他各点所形成的混晶不是低共熔混合物。

LEN上方之面是单一液相区，在此区域中，根据相律$f=3-P=3-1=2$，有两个自由度。$LEDL$面是冰和溶液两相平衡共存区，某一温度下共存两相的相点就是过物系点的水平线与左纵轴和曲线LE的两个交点，溶液的组成一定在LE曲线上；NEC所围面是固体$(NH_4)_2SO_4$和溶液两相平衡共存区，此区内两相的相点就是过物系点的水平线与右纵轴和曲线NE的两个交点，溶液的组成一定在NE曲线上。当温度低于 251.35 K，相图中直线DEC以下所围区域是两个互不相溶的固体冰和固体$(NH_4)_2SO_4$两相共存区。在这三个两相共存区域，根据相律$f=3-2=1$，只能有一个自由度。在两相区内可运用杠杆规则求出两相的质量比。

要说明的是，相图中EN线不能随便延长至与纵坐标相交，这是因为铵盐不稳定，未至熔点有可能就分解了。

盐-水系统相图，对利用结晶法分离和提纯无机盐具有重要意义。由图 4.23 可知，欲获得纯的$(NH_4)_2SO_4$晶体，溶液的组成应在低共熔点(E点)右侧，否则，若在E点左侧，则在直接冷却过程中将先析出冰，冷至E点以下同时析出冰和$(NH_4)_2SO_4$结晶，得不到纯的$(NH_4)_2SO_4$晶体。因此，对于盐浓度较小的物系需先进行蒸发浓缩，使系统点向右移动越过E点后，再进行冷却方可得到纯的$(NH_4)_2SO_4$晶体。如果提纯含少量杂质的$(NH_4)_2SO_4$，可采用水溶液重结晶法：在较高温度下，将粗盐配制成系统点在O点的溶液(如图 4.23)，加入硫酸铵的粗产品，使物系点移动至离饱和溶液较近的S点，趁热过滤除去不溶性杂质，然后冷却，当系统进入两相区析出纯的$(NH_4)_2SO_4$晶体，随着$(NH_4)_2SO_4$的析出溶液中盐的浓度减小，当冷至常温R点时，其溶液组成为H点，析出$(NH_4)_2SO_4$的具体数量可通过杠杆规则计算。将两相分离后溶液(母液)组成为H点，再加热至O点，然后再加入粗盐,系统点重由 O 点至 S 点,可进行第二次操作。如此循环就可得到纯净的 $(NH_4)_2SO_4$ 晶体。当然,循环次数多了,母液中由于积累较多可溶性杂质而不再是近似的二组分系统,这时,应对母液作一定的处理或另换母液。

某些盐和水的最低共熔点及其组成列于表 4.7。

表 4.7 各种盐水系统的最低共熔点及其组成

盐	最低共熔点/K	低共熔混合物组成 $w_{盐}/\%$	盐	最低共熔点/K	低共熔混合物组成 $w_{盐}/\%$
NaCl	252.05	23.3	NaBr	245.15	40.3
NaI	241.65	39.0	KCl	262.45	19.7
KBr	260.55	31.3	KI	250.15	52.3
$(NH_4)_2SO_4$	254.85	39.8	MgSO_4	269.25	16.5
Na_2SO_4	272.05	3.84	KNO_3	270.15	11.20
CaCl_2	218.15	29.9	FeCl_3	218.15	33.1

(2) 生成化合物的二组分液-固相图

有些二组分固-液系统,在一定条件下,两个组分间可以一定比例化合,生成稳定化合物或不稳定化合物。不过,化合物的生成并不改变系统的组分数,因每生成一种化合物,各组分间就存在一个化学反应平衡关系,所以系统的组分数仍为 2,在这种类型的二组分系统相图中,二个组分在液相时完全互溶,在固态时形成一种或几种化合物,但仍是二组分系统。

① 生成稳定化合物的系统

若 A 和 B 两组分能形成化合物,当加热该固体化合物至其熔点时,该固体化合物熔化为液态时也不分解,且液态与固态有相同的组成,这种化合物就称为稳定化合物,相应的熔点称为相合熔点,因此又称其为有相合熔点的化合物。图 4.24 是苯酚(A)和苯胺(B)系统的相图。A 与 B 以 1:1 的物质的量比形成稳定化合物 AB,它具有固定的熔点(304 K)。该相图具有如下特点:

(a) 根据化合物组成,确定其在横轴的位置,并用竖线表示之。图中 CD 线是化合物 AB 固相的单相线。竖线最高点 D 即是化合物 AB 的熔点。

(b) 相图可视为由简单低共熔系统的相图组合而成。图 4.24 表示出形成一种化合物 AB,有两个低共熔点 E_1、

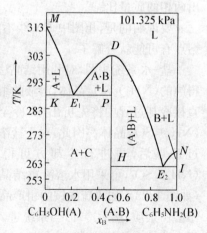

图 4.24 生成稳定化合物系统的温度-组成图

E_2。相图由 A - AB 相图和 AB - B 相图组成。曲线 ME_1 和 NE_2 分别为苯酚与苯胺的熔点下降曲线，曲线 DE_1 和 DE_2 是稳定化合物 AB 的熔点下降曲线，表明当化合物 AB 中加入组分 A 或 B 时，都会使化合物的熔点降低。KE_1P 和 HE_2I 是两条三相线，对应 A(s) + AB(s) $\Longleftrightarrow$ 熔液(E_1)、B(s) + AB(s) $\Longleftrightarrow$ 熔液(E_2) 的平衡。表 4.8 列出了几个能形成稳定化合物的二组分系统。

表 4.8　形成稳定化合物的二组分系统

组分 A	熔点/K	组分 B	熔点/K	化合物	熔点/K
铝	933	镁	924	A_3B_4	736
金	1 337	锡	505	AB	690
氯化钙	1 045	氯化钾	1 049	AB	1 027
四氯化碳	250.3	对二甲苯	286.3	AB	269

有时两组分间可能不止生成一种稳定化合物。在盐水系统中出现这种情况较多，如水和硫酸、水和三氯化铁等。H_2SO_4 和 H_2O 能生成三种结晶水化物，即 $H_2SO_4 \cdot H_2O$、$H_2SO_4 \cdot 2H_2O$、$H_2SO_4 \cdot 4H_2O$，相图见图 4.25。可将该相图看作是由四个简单的低熔点相图拼接而成，共有三个化合物和四个最低共熔点。由相图可知，在冬季 92.5% 的硫酸(凝固点为 238.15 K)便于运输和储藏，而 98% 的浓硫酸(结晶温度 273.25 K)则不能。

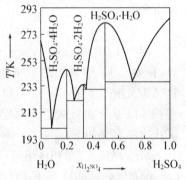

图 4.25　生成多种稳定化合物的系统的相图

另外还需说明以下四点：

(i) 系统若有稳定化合物生成，在相图中一定出现一条竖线，竖线在横轴所处的位置表示化合物的组成，竖线最高点为稳定化合物的相合熔点。在最高点扣上一条帽形曲线，表明有稳定化合物存在。

(ii) 稳定化合物组成的求法。若化合物的化学式为 A_mB_n，则对应在化合物的熔点处，固相组成 $x^s(B) = \dfrac{n}{m+n}$，液相组成 $x^l(B) = \dfrac{n}{m+n}$，因为 $x^s(B) = x^l(B)$，该熔点称相合熔点。

(iii) 稳定化合物和低共熔物的区别。

低共熔物特征为：由纯物质(可以为单质或化合物)组成的低共熔物，凝固时液相组成与固相组成相同。低共熔物的组成随外压不同而变化，没有固定的化学式，原子个数比不一定有简单整数比。低共熔物属于两相。

稳定化合物特征为：其组成不随外压而变化。具有一定的化学组成，即原子个数比是简单整数比。析出固相化合物为单相。

(iv) 应注意,在图 4.25 中的 D 点时,二组分系统实际上已经成为单组分系统,因此在此组成的熔液冷却时,其步冷曲线的形式与纯物质相似,温度达到 D 点时将出现一水平线段。

② 生成不稳定化合物的系统

如果系统中两个纯组分 A 和 B 之间形成不稳定化合物,将此固体化合物加热时未到达其熔点便发生分解,分解为一个新固体及熔液,且熔液的组成和原化合物的组成也不一致。不稳定化合物的分解温度称为不相合熔点,因此该化合物也称为具有不相合熔点的化合物。这个分解温度有时也称转熔温度或转熔点,这种分解反应称为转熔反应。转熔反应可用通式表示为

$$C_1(s) \Longrightarrow C_2(s) + S(l)$$

其中 $C_1(s)$ 为所形成的固相不稳定化合物,$C_2(s)$ 是分解反应所生成的新固相,它可以是一纯组分,亦可以是一种化合物;S 为分解反应所生成的熔液。这种转熔反应是可逆反应,加热时反应自左向右移动,冷却时反应就逆向进行。图 4.26 是 CaF_2(A)和 $CaCl_2$(B)生成固态化合物 $CaF_2 \cdot CaCl_2$(AB)的相图。当温度升至 1 010 K 时,固体化合物便会分解而建立如下平衡:

$$CaF_2 \cdot CaCl_2(s) \Longrightarrow CaF_2(s) + 熔液(l)$$

因为 1 010 K 不是 $CaF_2 \cdot CaCl_2$ 化合物的真正熔点,称为 $CaF_2 \cdot CaCl_2$ 的不相合熔点,图中 CF 线是化合物 AB 固相的单相线。PFI 和 GEH 均为三相线,两个三相线以下分别为两个不互溶的固相区。具体相图各区代表的意义如下:

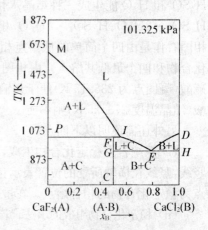

图 4.26 生成不稳定化合物系统的温度-组成图

$MIED$ 以上:单相区熔液(l)

MIP 区:两相区 $CaF_2(s)$-熔液(l)

$PFCA$ 区:两相区 $CaF_2(s)$- $CaF_2 \cdot CaCl_2(s)$

$FIEG$ 区:两相区 $CaF_2 \cdot CaCl_2(s)$-熔液(l)

EDH 区:两相区 $CaCl_2(s)$-熔液(l)

$GHBC$ 区:两相区 $CaF_2 \cdot CaCl_2(s)$- $CaCl_2(s)$

PFI 线上:三相平衡 $CaF_2(s)$- $CaF_2 \cdot CaCl_2(s)$-熔液(l)

GEH 线上:三相平衡 $CaF_2 \cdot CaCl_2(s)$- $CaCl_2(s)$-熔液(l)

这类相图对实际生产具有指导意义,如 CaF_2 和 $CaCl_2$ 液态组成落在 C 点左侧,冷却时,首先析出的是 $CaF_2(s)$ 而不能得到 $CaCl_2(s)$,若组成落在 C 点右侧,冷却时得到的是 $CaF_2 \cdot CaCl_2(s)$ 化合物,只有组成在 E 点右侧时,才可能得到较多的纯 $CaCl_2(s)$。

属于这类系统的还有 Na - K(Na_2 K)、H_2O - NaCl(NaCl $\cdot 2H_2O$)、KCl - $CuCl_2$(2KCl $\cdot$ $CuCl_2$)等。有时两个纯组分间可能生成不止一个不稳定化合物。图 4.27 所示 NaI - H_2O

相图即为一例。生成了 NaI·5H$_2$O 和 NaI·2H$_2$O 两个不稳定化合物。欲利用此相图从 NaI 的水溶液中制备 NaI·5H$_2$O，从图中可以看出，即使将组成与 NaI·5H$_2$O 相同的溶液(含 NaI 62.5%)冷却，首先得到的是 NaI·2H$_2$O 而不是 NaI·5H$_2$O。当温度冷却到 259.65 K 时，从理论上说，NaI·2H$_2$O 应当与组成为 G 的溶液转化为 NaI·5H$_2$O，但由于固相转化速率很慢，所生成的 NaI·5H$_2$O 中往往夹杂有 NaI·2H$_2$O。因此，欲制备 NaI·5H$_2$O，最好溶液的组成在 EG 之间，最多不超过 G，此种溶液冷却得到较纯净的 NaI·5H$_2$O。

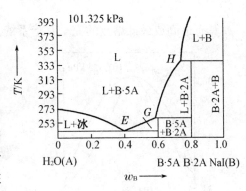

图 4.27 生成多种不稳定化合物系统的温度-组成图

2. 生成固溶体的液-固系统

一些两组分物质在液态时可无限互溶，将熔液降温时所凝成的固相，不是纯组分，而是两种组分相互溶解形成的固体溶液，简称固溶体。根据两种组分在固相中互溶程度的不同，一般分为完全互溶和部分互溶两种情况。

(1) 固相完全互溶系统

当系统中的两个组分不仅能在液相中完全互溶，而且在固相中也能彼此以任意比例互溶，在固态时能形成连续固溶体。其温度-组成相图与完全互溶双液系的沸点-组成图形式相似。

① 固相共熔点介于两组分熔点之间的完全互溶系统。

图 4.28 是 Bi-Sb 系统的相图及步冷曲线。因为系统中最多只有液相和固相两个相共存。根据相律 $f = 2-2+1 = 1$，即在压力恒定时，系统的自由度最少为 1 而不是零。因此，这种系统的步冷曲线上不可能出现水平段。

图中梭形以上区域为液相区，梭形以下区域为固相区，梭形区域为液相和固相共存的两相平衡区。

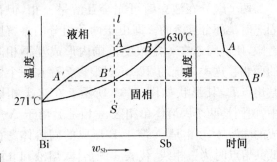

图 4.28 Bi-Sb 系统的相图和步冷曲线

取组成为 l 的熔液缓慢降温冷却使温度达 A 点时，开始析出组成为 B 点的固溶体，过 A 点后，随温度降低，固液两相组成不断分别沿 $B \to B'$ 和 $A \to A'$ 变化。两相区内呈熔液 $\rightleftharpoons$ 固溶体的两相平衡，两相数量可根据杠杆规则获得。当温度冷至 B' 时，系统中剩下组成为 A' 的最后一滴液体。过 B' 点后，全部凝固为固溶体，此后，为固溶体的冷却过程。

② 具有最高或最低熔点的完全互溶系统

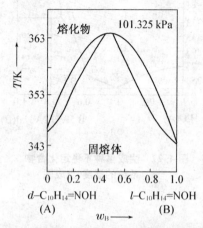 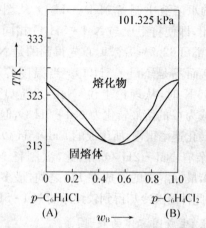

图 4.29 具有最高熔点的完全互溶固溶体相图　　图 4.30 具有最低熔点的完全互溶固溶体相图

形成完全互溶固溶体的相图,有的具有最高或最低熔点,如图 4.29 和图 4.30 所示。属于图 4.29 类型的较少见,属于图 4.30 类型的还有 Cu - Au、Ag - Sb、KCl - KBr、Na$_2$CO$_3$ - K$_2$CO$_3$ 等。

与液-气平衡的温度-组成图类似,在图 4.29 和图 4.30 中的最高熔点或最低熔点处,液相组成和固相组成相同,此时的步冷曲线上应出现水平线段。

(2)固相部分互溶系统

两个组分在液态时可完全互溶呈一相,但在固态时是部分互溶的。即由于两种组分的溶解度有限,使得固态在一定浓度范围内形成互不相溶的两相。这类系统的 $T - x$ 图很多会存在一个低共熔点 E,其形状如图 4.31 所示。在这类相图中,两侧是两个固溶体单相区,α 相是 B 溶于 A 形成的固溶体,β 相是 A 溶于 B 形成的固溶体。在低共熔点时为三相线,代表 α 固溶体、熔液和 β 固溶体三相共存,由于此时 $f=0$,所以三个相的浓度及温度均不可变。相图中各区代表的相态已在图中标出。

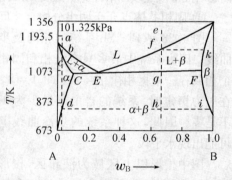

图 4.31 具有低共熔点型相图

以物系点 a、e 点为例分析系统降温时的变化情况。若将 a 点的系统开始冷却,到达 b 点时开始析出固溶体 α,到达 c 点时,熔液全部凝固。然后固溶体 α 降温至 d 点时,开始生成组成为 i 的又一新固溶体 β。此后,为 α 和 β 的一对共轭固溶体共存。

若将 e 点系统降温,到 f 点开始析出组成为 k 的固溶体 β。继续冷却的过程中,液相和

固相的组成分别沿 fE 和 kF 曲线变化。当到达 E 点所在的三相线的温度时，液相 L 即按比例同时析出 α 和 β 相而呈三相平衡：$L \underset{\text{加热}}{\overset{\text{冷却}}{\rightleftharpoons}} \alpha+\beta$，两个固相点分别为 C 和 F，物系点为 g。在此过程中温度不变，待液相全部凝固成 α 和 β 后，物系点离开 g 点。gh 段是两共轭固溶体的降温过程。

属于图 4.31 类型的相图有 Ag-Cu、KNO_3-$TiNO_3$、AgCl-CuCl 等。

还有一些形成部分互溶固溶体的系统，如 Hg-Cd，其相图中没有低共熔点，而是存在一转熔点。如图 4.32 所示，Q 和 P 点分别是纯 Cd 和纯 Hg 的熔点，在 455 K 时有一条三相线，代表组成为 A 的熔液、组成为 B 的固溶体 α 和组成为 C 的固溶体 β 三相平衡共存：$l+\beta \underset{\text{加热}}{\overset{\text{冷却}}{\rightleftharpoons}} \alpha$，此温度称为转熔温度，相图中其他各区代表的相态已在图中标出。

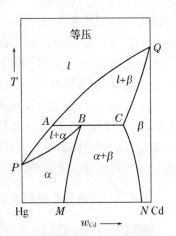

图 4.32　具有转熔点型相图

一般来说，金属都能形成固溶体，而且大多数是部分互溶的固溶体。大多数纯金属的强度和硬度较小，但可塑性却很高。若把少量能与金属形成固溶体的物质加入到金属中，则在增加金属强度和硬度的同时可保持原有的可塑性。如像人类早期利用青铜(Sn 在 Cu 中的固溶体)和黄铜(Zn 在 Cu 中的固溶体)等合金来制造生产工具和武器等。现代工业中使用的碳钢、不锈钢、耐热钢、轻合金以及超硬合金、磁性合金等许多新型材料都是不同的固溶体。

(3) 固溶体相图的应用——区域熔炼[10]

当今科学技术的飞速发展，电子工业、半导体行业等尖端技术对材料的要求越来越高，尤其对所使用的基本材料的纯度要求特别高。例如，作为半导体材料的硅和锗，要求纯度达到 99.999 999% 以上。这样高的纯度，化学提纯法是无法达到的，只有用化学方法将金属提纯到一定纯度之后，再用物理方法如区域熔炼提纯法，才能将金属纯度提到一个新的高度。

区域熔炼法，又称区域提纯，是一种提纯金属、半导体、有机化合物的方法。它是利用杂质在金属的凝固态和熔融态中溶解度的差别，根据二组分固液系统相平衡的原理，使杂质析出或改变其分布的一种方法。图 4.33 是二组分固态部分互溶或完全互溶系统相图的一部分。

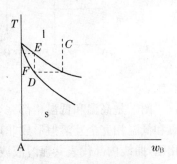

图 4.33　区域熔炼原理图

A 代表金属，B 代表杂质。先将金属用化学提纯法进行预处理，除去大部分杂质，金属含量可达 99.99%。余下的少量杂质以固溶体形式溶于金属中。把预处理后的金属加热熔融,相点为 C,冷却时最先析出相点为 D 的固体,其中杂质的含量比 C 中减少。然后再把相点为 D 的固体加热熔融,相点为 E,再冷却时最先析出以 F 为相点的固体,杂质含量又一次减少。如此反复多次,最终得到的固体几乎是纯 A。这就是区域提纯的原理。操作方法如下:将待提纯的金属铸成长锭,放在管式高温炉中。

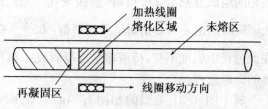

图 4.34　区域熔炼操作示意图

如图 4.34 所示,套上一个可以匀速移动的加热环,加热环移动之处,加热区的一小段金属锭就被加热熔融,而环离开之后,又将重新凝固。如把环先放在最左端,使左端金属熔化。当右移时,左端金属凝结,析出的固相所含杂质浓度比原来的小,而液相中杂质浓度有所提高,随着环的右移,富集了的杂质也右移,加热环移动至最右端之后重新送回最左端,再次重复同样的操作,杂质 B 就逐步富集在右端。切去右端,可在左端得到高纯度金属 A。

4.4.3　二组分系统相图的总结*

在以上内容中我们主要介绍了 7 种类型的二元相图,如图 4.35 所示。

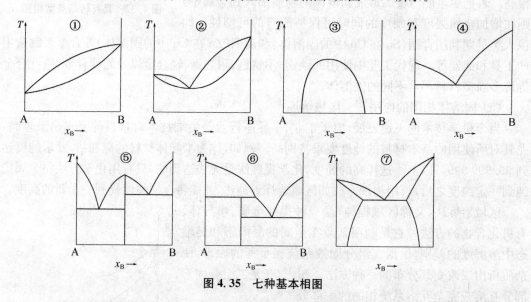

图 4.35　七种基本相图

图①是高温和低温相都完全互溶且形成理想(或近理想)混合物的二元相图;图②是高温和低温相完全互溶但形成非理想混合物的二元相图;图③是部分互溶双液系或双固系的相图,曲线内部代表共轭溶液或共轭固溶体;图④是高温相完全互溶,而低温相完全不互溶的二元相图;图⑤是形成稳定化合物的二元液-固相图,其液相完全互溶而固相完全不互溶;

图⑥是形成不稳定化合物的二元液-固相图,其液相完全互溶而固相完全不互溶;图⑦是高温相完全互溶而低温相部分互溶的二元相图。它们是任意二元相图的基础,可以称它们是基本相图。而这 7 张基本相图之间往往可以相互演变和组合。例如图⑦的低温相为部分互溶,若 A、B 的互溶度逐渐增加,则三相线随之变短,极限情况是两共轭相变为一相,即 A、B 变为完全互溶,此时图⑦变为图②;反之,若 A、B 的互溶度逐渐减小,部分互溶范围减小,极限情况是 A、B 变为完全不互溶,此时图⑦变为图④。所以图②和④可看成图⑦向两个相反方向演变的结果。

另外,图②中的低温相,当温度降低到最高临界温度以下时将出现部分互溶现象,如图 4.36 所示。上部是气-液平衡图,下部是部分互溶的液-液平衡图。

当降低实验压力时,液体的沸点会降低,因而气-液图将下降。当压力足够低时,上部的气-液图便与下部的液-液图相交,结果变为图⑦。

二元相图各种各样,但较复杂的相图都可以由上述基本相图按照一定的规律组合而成。只要掌握其规律性,就可以帮助我们掌握任何复杂的相图。

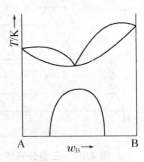

图 4.36 相图的组合

§4.5 三组分系统的相图及其应用

对于三组分系统,根据相律,$f=3-P+2=5-P$。当 $f=0$ 时,$P=5$ 即三组分系统最多可呈五相平衡,当 $P=1$ 时,$f=4$。说明三组分系统最多可有 4 个自由度数,即温度、压力及两个组分的浓度。因此要完整地描绘三组分系统的相图,需要四维坐标。显然,这是不可能做到的,对凝聚系统,由于压力影响很小,所以在压力恒定时自由度 $f=3$,相图可用三维空间坐标的立体图形表示。为了讨论问题的方便,可将温度也保持恒定,自由度 $f=2$,即两个组分的浓度,于是相图就可以用平面图来表示了。

4.5.1 三组分平衡系统相图的表示法

通常使用等边三角形来表示三组分系统的组成,见图 4.37。

设 A、B、C 三种物质组成三组分系统,三角形的三个顶点各代表一个纯物质,三角形的三条边 AB、BC、CA 分别代表 A 和 B,B 和 C,C 和 A 构成的二组分系统。两个组分的相对含量,由物系点将所在边分成的线段长度之比决定。例如 D 点代表含 B 为 70%,含 C 为 30%;E 点代表含 B 和 C 各为 50%。三角形内任一点都代表一个三组分系统。例如 P 点,它的组成可以这样确定,过 P 点作 AB 和 AC 两条边的平行线,交第三条边 BC 于 D、E 两点,D、E 将 BC 边分为三段,中段 DE 的长度代表对角组分 A 的含量,左段 BD 的长度代表右顶角 C 的含量,右段 EC 的长度代表左顶角 B 的含量,因此 P 点代表含 A 为 20%,含 B 为 50%,含 C 为 30%。同理,Q 点代表含 A 为 70%,含 B 为 20%,含 C 为 10%。

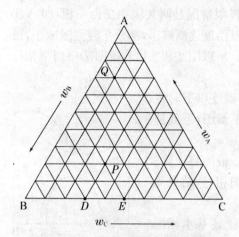

图 4.37　三组分系统组成表示法

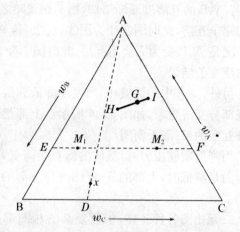

图 4.38　三组分系统等含量规则与等比例规则

用三角形坐标图表示三组分系统的相图还有如下一些特性:

(1) 在平行于三角形某一边的直线上的任意一点,表示该边所对顶角所代表组分的含量都是相同的。这一特性叫做等含量规则,见图 4.38。在平行于底边 BC 的直线 EF 上,有 M_1 和 M_2 两点,它们 A 的含量都相同。

(2) 在通过三角形某一顶点的任一条直线上的各点所代表的三组分系统中,另外两个顶点组分含量之比一定相同,这一特性叫等比例规则。例如图 4.39 中,在 AD 直线上的各点,组分 B 和 C 的含量之比一定相同。设有某三组分系统,组成为 x,当向系统中不断加入 A 时,系统的组成沿 DA 线向 A 移动,系统中 B 与 C 的含量之比却保持不变。

(3) 若组成为 H 和 I 的两个三组分系统混合,形成一个新的三组分系统。则新系统的组成一定在 H 与 I 的连线上,具体位置可由杠杆规则确定,设新系统的组成为 G,则

$$\frac{W_H}{W_I} = \frac{\overline{GI}}{\overline{GH}}$$

即原三组分系统 H 和 I 的质量之比等于线段 GI 和 GH 之比。

4.5.2　具有一对部分互溶的三组分液-液系统相图

三个组分均为液相的三组分系统,因各组分间的溶解情况不同,系统相图的形状不一样。这里只介绍三组分中有一对组分部分互溶时的相图。例如,由苯(A)、水(B)和乙醇(C)所组成的系统,苯和乙醇、水和乙醇完全互溶,而苯和水部分互溶。见图 4.39。

三角形底边 AB 代表由苯和水构成的二组分系统,A、B 两组分只有组成在 Aa 及 Bb 的

范围内完全互溶,而组成在 ab 范围内则因部分互溶而分层。一层是水在苯中的饱和溶液,称为苯层(A 层),另一层是苯在水中的饱和溶液,称为水层(B 层),这对溶液是共轭溶液。假定系统的物系点为 D 点,则 a 和 b 为共轭溶液的两个相点,并且可由杠杆规则求出共轭溶液的数量比:$\dfrac{W_A}{W_B} = \dfrac{\overline{bD}}{\overline{aD}}$。若向这两组分系统逐渐加入乙醇,则变为三组分系统,物系点由 D 沿 DC 线上升,由于随着乙醇的加入,苯和水的相互溶解度加大,表示共轭溶液组成的两个相点

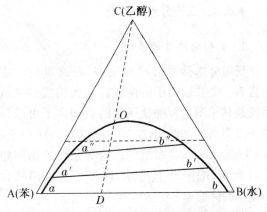

图 4.39　一对部分互溶的三组分系统相图

a'、b' 和 a''、b''……的位置逐渐靠近,但是在两共轭溶液中乙醇的浓度并不相同,所以连结两相点的连结线:$a'b'$、$a''b''$……会逐渐变短,且并不与底边 AB 平行,测定三组分系统在各种不同组成时两共轭溶液的浓度,便可绘制出曲线 aOb,其中曲线 aO 表示在等温、等压的条件下,乙醇的加入而引起的水在苯中的溶解度变化情况,称为水在苯中的溶解度曲线。同样,bO 线称为苯在水中的溶解度曲线。曲线 aOb 以上为液态单相区,自由度 $f = C - P = 3 - 1 = 2$,即为两个组分的浓度。曲线 aOb 以内为液-液两相共存区,自由度 $f = 3 - 2 = 1$,即一个组分的浓度。O 点为临界溶解点,在该点两共轭液层的浓度相同。临界溶解点并不一定是曲线的最高点。

　　一般来说,升高温度会使系统中的相互溶解度加大,所以相图中曲线 aob 下的面积将缩小。假定所研究的三组分系统有两对或三对液体部分互溶,则系统的相图如图 4.40 所示。

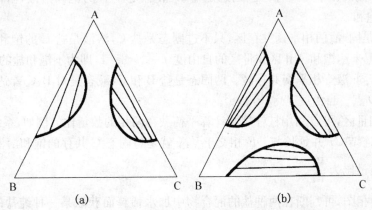

图 4.40　两对及三对部分互溶的三组分系统相图

4.5.3　三组分水盐系统

1. 固相为纯盐的系统

三组分水盐系统种类很多,在这里只讨论水与含有一个共同离子的两种纯盐所构成的三组分系统及其相图。两种盐所含的共同离子可以是阳离子或阴离子。例如,$NaCl - Na_2CO_3 - H_2O$ 系统、$NaCl - KCl - H_2O$ 系统等。这类系统的相图如图 4.41 所示,图中 A 代表水,B 和 C 代表两种含同离子的纯盐。

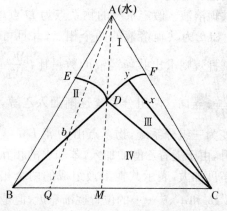

图 4.41　三组分水盐系统相图

图中各点、线、面的意义如下:

图中 E 点表示盐 B 在水中的溶解度,即 B 在水中饱和溶液的浓度。F 点表示盐 C 在水中的溶解度。

曲线 ED:当向饱和溶液 E 中逐渐加盐 C,使系统成为三组分系统时,饱和溶液的浓度将沿 ED 线移动,ED 线表示 B 在水中的溶解度因盐 C 的加入而变化的情况,称为盐 B 的溶解度曲线。

曲线 FD:表示盐 C 在水中的溶解度因盐 B 加入而变化的情况,称为盐 C 的溶解度曲线。

D 点:是 ED 与 FD 两曲线的交点,此时溶液中盐 B 和盐 C 皆达饱和。

Ⅰ区:液态单相区,是盐 B 和 C 在水中的不饱和溶液。自由度 $f=3-1=2$,即为两个盐的浓度。

Ⅱ区:固-液两相平衡共存区。固态是盐 B,液态是盐 B 的饱和溶液,溶液中也含有盐 C,但未达到饱和。

Ⅲ区:也是固-液两相平衡共存区,只不过固态是盐 C,溶液是盐 C 的饱和溶液,溶液中也含有盐 B,但未达饱和。Ⅱ区和Ⅲ区的自由度 $f=3-2=1$,即为不饱和盐的浓度。

Ⅳ区:固-固-液三相平衡共存区。两固态是盐 B 和 C,液态是对 B、C 皆达饱和的溶液,其组成位于 D 点。自由度 $f=3-3=0$。

在Ⅱ区和Ⅲ区,可以利用杠杆规则计算平衡共存两相的数量比。例如,系统的总组成在Ⅲ区的 x 点,连结 Cx 并延长与 DF 相交于 y,y 就是与固态 C 共存的饱和溶液。固态 C 及饱和溶液的质量比为 $\dfrac{W_c}{W_y} = \dfrac{\overline{xy}}{\overline{xc}}$。

利用这种相图,可判断在两种盐的混合物中加水稀释而获取某一种纯盐的可能性。在图 4.42 中,当两种固体盐混合物组成在 Q 点时,向系统中加水,则系统的组成将沿 QA 线向 A 移动,当加水量不多时,系统的总组成在Ⅳ区,为固态 B、固态 C 和饱和溶液三相共存。当加水量增多使系统组成达 b 时,饱和溶液的组成仍为 D,但固态 C 消失,系统为溶液和固态 B 两相平衡共存。过滤,可得纯盐 B。并且可由杠杆规则得到溶液与固态 B 的质量比为

$$\frac{W_{液}}{W_B} = \frac{\overline{Bb}}{\overline{Db}}。$$

这是固体盐混合物组成在 BM 之间时的情况。

若两种固体盐的混合物组成在 MC 之间时,加水可得纯固体盐 C。当两种固体盐混合物的组成在 M 时,则不能得到任何一种纯固体盐。因向这种系统加水时,固态 B 和 C 同时溶解而消失。

另外,还可以通过这种相图来判断两种盐的稀溶液等温蒸发时获得某一种纯盐的可能性。当稀溶液的组成在 AD 线左边时,蒸发得到纯盐 B,当稀溶液的组成在 AD 线右边时,蒸发可得到纯盐 C,若稀溶液的组成在 AD 线上,因蒸发时固态 B 和 C 同时析出而得不到任一种纯盐。

2. 形成水合物的水盐系统

若组分 B 与水能生成水合物 B·xH$_2$O,则可形成图 4.42 所示的相图。图中水合物用 D 表示,M 代表水合物 D 在水中的溶解度,曲线 MP 是 D 在含有 C 的水溶液中的溶解度曲线。属于这类的系统有 Na$_2$SO$_4$ – NaCl – H$_2$O 等。

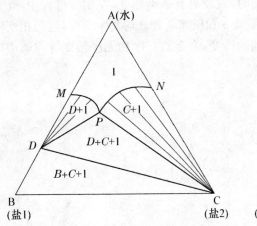

图 4.42　有水合物生成的二盐-水相图

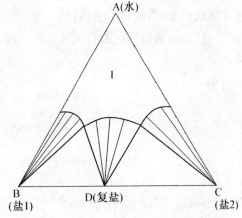

图 4.43　有复盐形成的二盐-水系统的相图

3. 有复盐形成的系统

若 B,C 能生成复盐 B$_x$C$_y$,则可形成图 4.43 所示的相图。图中复盐用 D 表示,属于这类型的有 NH$_4$NO$_3$ – AgNO$_3$ – H$_2$O 等。

§4.6　二级相变 *

以上我们讨论的相变一般是气相、液相和固相间的转变过程,例如蒸发、熔化、升华等,它们通常属于一级相变,其主要特征是在相变点有相当大的体积变化、熵变和焓变等。相平衡时两相的化学势相等,即化学势在平衡相变点是相等的、连续的,但化学势的一级偏微商发生突变,如图 4.44 所示。图中 T_Φ 为相变温度。一级相变中压力与温度的关系由 Clapeyron 方程表示,即 $\dfrac{\mathrm{d}p}{\mathrm{d}T} = \dfrac{\Delta H}{T\Delta V}$。

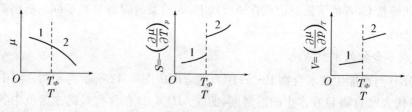

图 4.44　一级相变

后来人们在研究合金固溶系统统的相图时,发现另有一类相变,在相变过程中,既无熔变又无体积的变化,但物质的热容 C_p、膨胀系数 α 和压缩系数 β 均发生突变,这类相变叫二级相变。比如金属超导状态与正常状态之间的转变,合金的有序和无序转变等均属于二级相变。

因为
$$\frac{C_p}{T} = \left(\frac{\partial S}{\partial T}\right)_p = -\left(\frac{\partial^2 \mu}{\partial T^2}\right)_p$$

$$\alpha = \left(\frac{\partial V}{\partial T}\right)_p \cdot \frac{1}{V} = \left(\frac{\partial^2 \mu}{\partial T \partial p}\right)_T \cdot \frac{1}{V}$$

$$\beta = -\left(\frac{\partial V}{\partial p}\right)_T \cdot \frac{1}{V} = -\left(\frac{\partial^2 \mu}{\partial p^2}\right)_T \cdot \frac{1}{V}$$

现有 $C_{p,2} \neq C_{p,1}$　　即 $\left(\dfrac{\partial^2 \mu_2}{\partial T^2}\right)_p \neq \left(\dfrac{\partial^2 \mu_1}{\partial T^2}\right)_p$

　　$\alpha_2 \neq \alpha_1$　　　　即 $\left(\dfrac{\partial^2 \mu_2}{\partial T \partial p}\right)_p \neq \left(\dfrac{\partial^2 \mu_1}{\partial T \partial p}\right)_p$

　　$\beta_2 \neq \beta_1$　　　　即 $\left(\dfrac{\partial^2 \mu_2}{\partial p^2}\right)_T \neq \left(\dfrac{\partial^2 \mu_1}{\partial p^2}\right)_T$

所以二级相变的特征是,在相变时两相的化学势和化学势的一级偏微商连续,但化学势的二级偏微商发生突变,如图 4.45 所示。

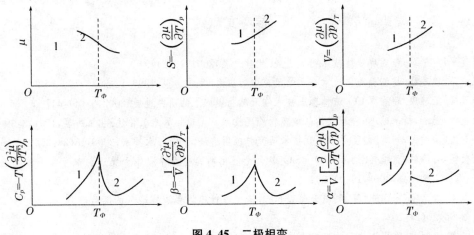

图 4.45　二级相变

由于在二级相变过程中，$\Delta H = 0$，$\Delta V = 0$，所以 Clapeyron 方程就失去了意义。二级相变中的压力与温度的关系可推导如下：

对二级相变，在一定 T、p 下有

$$S_{m,1} = S_{m,2}$$

现 T、p 分别变为 $T + dT$、$p + dp$ 后重新达到平衡，有

$$S_{m,1} + dS_{m,1} = S_{m,2} + dS_{m,2}$$

所以有

$$dS_{m,1} = dS_{m,2} \tag{4.21}$$

因 $S_m = f(T, p)$，则

$$
\begin{aligned}
dS_m &= \left(\frac{\partial S_m}{\partial T}\right)_p dT + \left(\frac{\partial S_m}{\partial p}\right)_T dp \\
&= \frac{C_{p,m}}{T} dT - \left(\frac{\partial V_m}{\partial T}\right)_p dp \\
&= \frac{C_{p,m}}{T} dT - \alpha V_m dp
\end{aligned}
$$

代入式(4.21)，则有

$$\frac{dp}{dT} = \frac{C_{p,m,2} - C_{p,m,1}}{T V_m (\alpha_2 - \alpha_1)} \tag{4.22}$$

同理，从 $V_{m,1} = V_{m,2}$，可推导出

$$\frac{dp}{dT} = \frac{\alpha_2 - \alpha_1}{\beta_2 - \beta_1} \tag{4.23}$$

式(4.22)和式(4.23)即为描述二级相变相平衡关系的埃伦菲斯(Ehrenfest)方程。

参考文献

[1] 肖建平,范崇政.超临界流体技术研究进展.化学进展,2001,13(2):94

[2] 王少芬,魏建谟.超临界流体技术在化学研究中的应用.化学通报,1999,12:50

[3] 李天祥,王静康.超临界 CO_2 流体萃取技术在天然物提取上的研究进展.2002,35(4):417

[4] 向波涛,王涛,杨基础.一种新兴的高效废物处理技术——超临界水氧化法.化工进展,1997,3:39

[5] 孙英杰,徐迪民,刘辉.超临界水氧化技术研究与应用进展.中国给水排水,2008,18(2):35

[6] 张敬畅,高玲玲,曹维良.纳米 TiO_2-SiO_2 复合光催化剂的超临界流体干燥法制备及其光催化性能研究.无机化学学报,2003,19(9):934

[7] 李志义,孟庭宇,张晓东,等.利用分散蓝 60 对涤纶进行超临界流体染色的实验研究.高校化学工程学报,2006,20(2):203

[8] 孟庆伟,回闯.超临界流体药物微粒化技术的研究进展.化学试剂,2007,29(4):212

[9] 陈青,刘志敏.超临界流体色谱的研究进展.分析化学.2004,32(8):1105

[10] 李文良,罗远辉.区域熔炼制备高纯金属的综述.矿冶,2010,19(2):57

思考题

1. 米粉和面粉混合得十分均匀,再也无法彼此分开,这时混合系统中有几相?

2. 硫氢化铵的分解反应:(1) 在真空容器中分解;(2) 在充有一定量氨气的容器中分解,两种情况的独立组分数是否一样?

3. 我们把固体二氧化碳叫做干冰,是因为固体二氧化碳受热直接变成气体二氧化碳而没有液态二氧化碳出现,有没有液体二氧化碳?

4. Clapeyron 方程能否应用于单组分两相非平衡系统?

5. 沸点和恒沸点有何不同?

6. 在汞面上加了一层水能减少汞的蒸气压吗?

7. 单组分系统的三相点与二组分系统的低共熔点有何异同点?

8. 能否用市售 52° 白酒经反复蒸馏而得到 100% 乙醇?

9. 在实验中,常用冰与盐的混合物作为制冷剂。试解释,当把食盐放入 0 ℃的冰-水平衡系统中时,为什么会自动降温? 降温的程度有否限制,为什么? 这种制冷系统最多有几相?

10. 用三角形坐标法表示三组分系统时,若某一系统的组成沿平行于底边 BC 的一直线变化时,含量变化的是 B 组分,不变的是 A 组分吗?

习 题

1. 将 $N_2(g)$、$H_2(g)$ 和 $NH_3(g)$ 三种气体,输入 773 K、3.2×10^7 kPa 的放有催化剂的合成塔中。指出

下列三种情况系统的独立组分数(设催化剂不属于组分数)：

(1) $N_2(g)$、$H_2(g)$ 和 $NH_3(g)$ 三种气体在输入合成塔之前；

(2) 三种气体在塔内反应达平衡时；

(3) 开始只输入 $NH_3(g)$，合成塔中无其他气体，待其反应达平衡后。

2. $CaCO_3(s)$ 在高温下分解为 $CaO(s)$ 和 $CO_2(g)$，根据相律解释下述实验事实。

(1) 在一定压力的 $CO_2(g)$ 中，将 $CaCO_3(s)$ 加热，实验证明在加热过程中，在一定的温度范围内 $CaCO_3(s)$ 不会分解；

(2) 在 $CaCO_3(s)$ 的分解过程中，若保持 $CO_2(g)$ 的压力恒定，实验证明达分解平衡时，温度有定值。

3. 结霜后的早晨冷而干燥，在 $-5\ ℃$，当大气中的水蒸气分压降至 266.6 Pa 时，霜会升华变为水蒸气吗？若要使霜不升华，空气中水蒸气的分压要有多大？已知水的三相点的温度和压力分别为 273.16 K 和 611 Pa，水的摩尔汽化焓 $\Delta_{vap}H_m = 45.05\ kJ\cdot mol^{-1}$，冰的摩尔熔化焓 $\Delta_{fus}H_m = 6.01\ kJ\cdot mol^{-1}$。设相变时的摩尔焓变在这个温度区间内是常数。

4. 右图为 CO_2 的相图，请根据该相图回答如下问题：

(1) 说出 OA，OB 和 OC 三条曲线以及特殊点 O 点与 A 点的含义。

(2) 在常温、常压下，将 CO_2 高压钢瓶的阀门慢慢打开一点，喷出的 CO_2 呈什么相态？为什么？

(3) 在常温、常压下，将 CO_2 高压钢瓶的阀门迅速开大，喷出的 CO_2 呈什么相态？为什么？

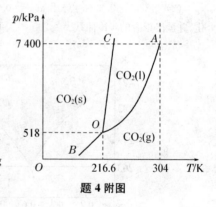

题 4 附图

5. 已知甲苯、苯在 $90\ ℃$ 下纯液体的饱和蒸气压分别为 522 kPa 和 136.12 kPa。两者可形成理想液态混合物。取 200.0 g 甲苯和 200.0 g 苯置于带活塞的导热容器中，始态为一定压力下 $90\ ℃$ 的液态混合物。在恒温 $90\ ℃$ 下逐渐降低压力，问：

(1) 压力降到多少时，开始产生气相，此气相的组成如何？

(2) 压力降到多少时，液相开始消失，最后一滴液相的组成如何？

(3) 压力为 92.00 kPa 时，系统内气-液两相平衡，两相的组成如何？两相的物质的量各为多少？

6. 恒压下二组分液态部分互溶系统气-液平衡的温度-组成图如附图所示，指出四个区域内平衡的相。

7. 为了将含非挥发性杂质的甲苯提纯，在 86.0 kPa 压力下用水蒸气蒸馏。已知：在此压力下该系统的共沸点为 $80\ ℃$，$80\ ℃$ 时水的饱和蒸气压为 47.3 kPa。试求：

(1) 气相的组成(含甲苯的物质的量分数)；

(2) 欲蒸出 100 kg 纯甲苯，需要消耗多少水蒸气？

8. 在大气压力下，液体 A 与液体 B 部分互溶，互溶程度随温度的升高而增大。液体 A 和 B 对拉乌尔定律发生很大的正偏差，在它们的 $T\text{-}w_B$ 的气-液相图上，在 363 K 出现最低恒沸点，恒沸混合物的组成为 $w_B = 0.70$。液体 A 与液体 B 的 $T\text{-}w_B$ 的气-液相图，与液体 A 与 B 部分互溶形

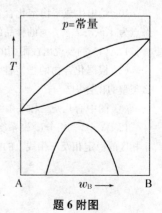

题 6 附图

成的帽形区在 363 K 时重叠,在 363 K 的水平线上有三相共存:液体 A 中溶解了 B 的溶液 l_1,其 $w_B =$ 0.10;液体 B 中溶解了 A 的溶液 l_2,其 $w_B = 0.85$;以及组成为 $w_B = 0.70$ 的气-液组成相同的恒沸混合物。根据这些数据:

(1) 画出液体 A 与液体 B 在等压下的 $T\text{-}w_B$ 的相图示意图。设液体 A 的沸点为 373 K,液体 B 的沸点为 390 K;

(2) 在各相区中,标明平衡共存的相态和自由度;

(3) 在大气压力下,将由 350 g 液体 A 和 150 g 液体 B 组成的物系缓缓加热,在加热到接近 363 K(而没有到达 363 K)时,分别计算 l_1 和 l_2 两个液体的质量。

9. 醋酸(A)与苯(B)的相图如附图所示。已知其低共熔温度为 265 K,低共熔混合物中含苯的质量分数 $w_B = 0.64$。

(1) 指出各相区所存在的相和自由度;

(2) 说明 CE、DE、FEG 三条线的含义和自由度;

(3) 当 $w_B = 0.25$(a 点)和 $w_B = 0.75$(b 点)的熔液,自 298 K 冷却至 250 K,指出冷却过程中的相变化,并画出相应的步冷曲线。

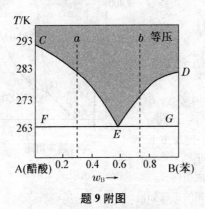

题 9 附图

10. 绘出生成不稳定化合物系统液-固平衡相图中状态点为 a、b、c、d、e、f、g 的样品的步冷曲线。

题 10 附图

11. (1) 简要说出在附图的相图中,组成各相区的相。

(2) 根据化合物的稳定性,说出这三种化合物属于什么类型的化合物?

(3) 图中有几条三相平衡线,分别由哪些相组成?

12. A-B 二组分凝聚系统相图如附图所示。指出各个相区的稳定相及三相线上的相平衡关系。

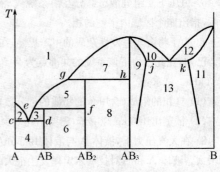

题 11 附图

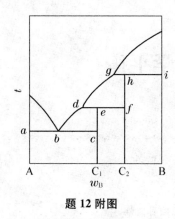

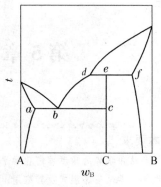

題 12 附图　　　　　　　　　　題 13 附图

13. 某 A-B 二组分凝聚系统相图如附图所示。标出各个相区的稳定相,并指出图中三相线上的相平衡关系。

14. 25 ℃时,苯-水-乙醇系统的相互溶解度数据(%(质量))如下:

苯	0.1	0.4	1.3	4.4	9.2	12.8	17.5	20.0	30.0
水	80.0	70.0	60.0	50.0	40.0	35.0	30.0	27.7	20.5
乙醇	19.9	29.6	38.7	45.6	50.8	52.2	52.5	52.3	49.5
苯	40.0	50.0	53.0	60.0	70.0	80.0	90.0	95.0	
水	15.2	11.0	9.8	7.5	4.6	2.3	0.8	0.2	
乙醇	44.8	39.0	37.2	32.52	25.4	17.7	9.2	4.8	

(1) 绘出三组分液-液平衡相图;

(2) 在 1 kg 质量比为 42∶52 的苯与水的混合液(两相)中加入多少乙醇才能使系统成为单一液相,此时溶液组成如何?

(3) 为了萃取乙醇,往 1 kg 含苯 60%、乙醇 40%(质量)的溶液中加入 1 kg 水,此时系统分成两层。上层的组成为:苯 95.7%,水 0.2%,乙醇 4.1%。问水层中能萃取出乙醇多少? 萃取效率(已萃取出的乙醇占乙醇总量的百分数)多大?

15. 试根据下列数据,概略作出 KNO_3-$NaNO_3$-H_2O 三组分系统在 25 ℃的三角坐标相图,并标出各相区存在的相态及点、线、面的自由度。已知 25 ℃时,KNO_3 在纯水中的溶解度为 46.2 g,$NaNO_3$ 在纯水中的溶解度为 52.2 g,当组成为 H_2O 31.3%,KNO_3 28.9%,$NaNO_3$ 39.8%时三相建立平衡,无水合物和复盐生成。

第 5 章　化学平衡

本章基本要求

1. 学会从化学势的角度理解化学平衡。

2. 理解化学反应等温式及其应用。

3. 理解 $\Delta_r G_m^{\ominus}$ 的意义,会运用 $\Delta_r G_m^{\ominus}$ 判断反应的可能性。

4. 掌握气相反应、复相反应的标准平衡常数表示式,掌握不同平衡常数的表示式及其相互转化关系。

5. 掌握 $\Delta_r G_m^{\ominus}$ 和标准平衡常数的各种求算方法及计算平衡系统组成。

6. 理解温度、压力和惰性气体对化学平衡的影响,掌握其计算方法。

7. 熟悉同时平衡及反应耦合的意义及应用。

关键词

化学平衡,化学反应等温式,标准平衡常数,化学平衡移动

　　在工业生产中,总希望一定量的原料(反应物)能生产出更多的产品(产物),但是在一定的工艺条件下,反应的极限产率为多少? 此极限产率怎样随条件变化? 在什么样的条件下可以得到更大的产率,提高产率的潜力有多大? 这些工业生产的问题,从热力学角度看都是化学平衡问题。

§5.1　化学反应的方向及平衡条件

5.1.1　化学反应的方向

　　大多数的化学反应既能向正反应方向又能向逆反应方向进行。我们把在同一条件下,既能向正反应方向又能向逆反应方向进行的反应,称为可逆反应。如氢气和碘蒸气制备碘化氢气体、N_2O_4 与 NO_2 的转化等都是可逆反应。

　　所有可逆反应,进行到一定程度后会达到平衡状态,此时反应进度达到极限值,反应在条件不变前提下,反应系统的组成不随时间发生变化,此即可逆化学反应的限度。从宏观

看,化学反应好像停止;从微观看,正逆反应仍在进行,只是正逆反应的速率相同,即达成动态平衡。

5.1.2 反应系统的化学势与化学平衡

为什么化学反应总有一定的限度呢? 根据判据,等温等压下的只做膨胀功的封闭系统中的反应:

$$aA + dD \Longrightarrow gG + hH$$

系统的吉布斯函数随反应进度的变化关系为

$$\left(\frac{\partial G}{\partial \xi}\right)_{T,p} = \sum_B \nu_B \mu_B = (g\mu_G + h\mu_H) - (a\mu_A + d\mu_D)$$

反应正向进行时 $(dG)_{T,p} < 0, d\xi > 0, \left(\frac{\partial G}{\partial \xi}\right)_{T,p} < 0$,则 $\sum_B \nu_B \mu_B < 0$,即反应物的化学势大于产物的化学势时,反应正向进行;相反,$\left(\frac{\partial G}{\partial \xi}\right)_{T,p} > 0, \sum_B \nu_B \mu_B > 0$ 时,反应逆向进行;而当 $\left(\frac{\partial G}{\partial \xi}\right)_{T,p} = 0, \sum_B \nu_B \mu_B = 0$ 时,反应达到化学平衡。

5.1.3 反应进度与化学反应限度

由上可知,等温等压下的只做膨胀功的封闭系统的化学反应总是朝着化学势降低的方向进行,随着反应进度的增加,反应物的化学势不断的降低,产物的化学势不断升高,当 $\left(\frac{\partial G}{\partial \xi}\right)_{T,p} = \sum_B \nu_B \mu_B = 0$ 时,反应达到化学平衡,反应达到最大限度。

假设等温等压下,有一简单理想气体反应:

$$A(g) \longrightarrow B(g)$$
$$t=0 \qquad 1 \qquad 0$$
$$t=t \qquad 1-\xi \qquad \xi$$

初始 A 为 1 mol,B 为 0 mol,反应进行到反应进度为 ξ 时,剩余 A 为 $(1-\xi)$ mol,产物 B 为 ξ mol。如果反应过程中反应物 A 与产物 B 彼此不混合,体系的吉布斯函数为

$$G^* = (1-\xi)\mu_A^* + \xi\mu_B^* = \mu_A^* + (\mu_B^* - \mu_A^*)\xi$$

可见体系的吉布斯函数随着反应进度的变化呈线性关系,如图 5.1 中的虚线,若按此线变化,反应物可以完全转化为产物。然而,实际上该反应一旦出现产物,反应物就与产物不能截然分开,必然在系统中发生混合。混合过程引起的吉布斯函数变化为

$$\Delta_{mix}G = RT \sum_B n_B \ln x_B$$
$$= n_A RT \ln x_A + n_B RT \ln x_B \quad (x_A = 1-\xi, x_B = \xi)$$

$$= (1-\xi)RT\ln(1-\xi) + \xi RT\ln\xi$$

反应系统的实际吉布斯函数为

$$G = G^* + \Delta_{mix}G = \mu_A^* + (\mu_B^* - \mu_A^*)\xi + (1-\xi)RT\ln(1-\xi) + \xi RT\ln\xi$$

因为 ξ 与 $(1-\xi)$ 都小于 1,所以 $\Delta_{mix}G < 0, G < G^*$。即实际情况比假设情况下的吉布斯函数低。此式说明体系的总吉布斯函数随着反应进度的变化情况为非直线关系。

$$\left(\frac{\partial G}{\partial \xi}\right)_{T,p} = (\mu_B^* - \mu_A^*) - RT\ln(1-\xi) + RT\ln\xi$$

$$\left(\frac{\partial^2 G}{\partial \xi^2}\right)_{T,p} = \frac{RT}{1-\xi} + \frac{RT}{\xi}$$

因为 $0 < \xi < 1$,$\left(\dfrac{\partial^2 G}{\partial \xi^2}\right)_{T,p} > 0$,$G$ 随着 ξ 的变化曲线有一极小值。

令 $\left(\dfrac{\partial G}{\partial \xi}\right)_{T,p} = 0$,解得极小值位置时 $\xi_e =$

$$\frac{1}{1 + e^{(\mu_B^* - \mu_A^*)/RT}}$$

因为 $\mu_B^* < \mu_A^*$,所以 $0 < \xi_e < 1$。

G 随着 ξ 变化的曲线及 ξ_e 的极小值如图 5.1 中实线所示。

在最低点之前 $\xi < \xi_e$,$\left(\dfrac{\partial G}{\partial \xi}\right)_{T,p} < 0$,反应正向自发进行;

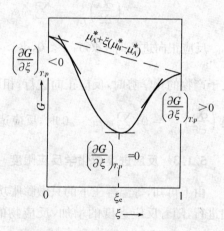

图 5.1 体系的吉布斯函数与 ξ 的关系图

在最低点之后 $\xi > \xi_e$,$\left(\dfrac{\partial G}{\partial \xi}\right)_{T,p} > 0$,反应逆向自发进行;

当 $\xi = \xi_e$ 时,$\left(\dfrac{\partial G}{\partial \xi}\right)_{T,p} = 0$,反应达到平衡,即达到此条件下自发进行的最大限度。

§5.2 化学反应的等温方程式和平衡常数

等温等压下,任一化学反应 $aA + dD \Longrightarrow gG + hH$,

$$\left(\frac{\partial G}{\partial \xi}\right)_{T,p} = \sum_B \nu_B \mu_B$$

代入 B 组分的化学势 $\mu_B = \mu_B^{\ominus} + RT\ln a_B$,可得

$$\sum_B \nu_B \mu_B = \sum_B \nu_B(\mu_B^{\ominus} + RT\ln a_B) = \sum_B \nu_B \mu_B^{\ominus} + RT\ln \frac{a_G^g a_H^h}{a_A^a a_D^d}$$

因为 $\sum\limits_{B}\nu_B\mu_B = \Delta_r G_m$，$\sum\limits_{B}\nu_B\mu_B^\ominus = \Delta_r G_m^\ominus$，令 $Q = \dfrac{a_G^g a_H^h}{a_A^a a_D^d}$，$Q$ 称为相对活度商。上式可写成：

$$\Delta_r G_m = \Delta_r G_m^\ominus + RT\ln Q \tag{5.1}$$

式 (5.1) 称为化学反应等温式或范特霍夫等温式，它表明决定化学反应方向的 $\Delta_r G_m$ 除了与决定物质本性的 $\Delta_r G_m^\ominus$ 有关外，还与系统中各组分的相对活度商 Q 有关。

当化学反应达到平衡时，$\sum\limits_{B}\nu_B\mu_B = \Delta_r G_m = 0$，此时系统中各组分的相对活度即为平衡时的相对活度，式 (5.1) 变为

$$0 = \Delta_r G_m^\ominus + RT\ln\left(\frac{a_G^g a_H^h}{a_A^a a_D^d}\right)_e$$

$$\Delta_r G_m^\ominus = -RT\ln\left(\frac{a_G^g a_H^h}{a_A^a a_D^d}\right)_e \tag{5.2a}$$

等温等压下 $\Delta_r G_m^\ominus$ 为一常数，(5.2a) 式右端平衡时的相对活度商也为一常数，用 $K^\ominus$ 表示，称为标准平衡常数。由上式可知，$K^\ominus$ 为量纲 1 的量。

$$K^\ominus = \left(\frac{a_G^g a_H^h}{a_A^a a_D^d}\right)_e$$

所以有

$$\Delta_r G_m^\ominus = -RT\ln K^\ominus \tag{5.2b}$$

式 (5.2b) 表明化学反应的标准平衡常数 $K^\ominus$ 与反应的标准吉布斯函数变化 $\Delta_r G_m^\ominus$ 有关，由化学反应的 $\Delta_r G_m^\ominus$ 可以直接计算化学反应的标准平衡常数 $K^\ominus$。

将式 (5.2) 代入式 (5.1) 得到

$$\Delta_r G_m = -RT\ln K^\ominus + RT\ln Q$$

$$\Delta_r G_m = RT\ln\frac{Q}{K^\ominus} \tag{5.3}$$

式 (5.3) 是化学反应等温式的又一种形式，比较一个反应的 Q 与 $K^\ominus$，即可判断反应自发进行的方向。$Q < K^\ominus$，$\Delta_r G_m < 0$，反应正向自发；$Q > K^\ominus$，$\Delta_r G_m > 0$，反应逆向自发；$Q = K^\ominus$，$\Delta_r G_m = 0$，反应处于平衡状态。

这里要强调一下：$\Delta_r G_m^\ominus$ 是反应物、产物皆处于标准态，并且维持标准态不变，反应进度为 1 时系统的吉布斯函数改变值。$\Delta_r G_m$ 是在指定条件下化学反应进行趋势的度量，不是始终态的吉布斯函数差值。

【例 5-1】 在 27 ℃时，理想气体反应 $A \rightleftharpoons B$ 的 $K^\ominus = 0.10$。计算：(1) $\Delta_r G_m^\ominus$；(2) 由压力为 $2.02 \times 10^6\,\text{Pa}$ 的 A 生成压力为 $1.01 \times 10^5\,\text{Pa}$ 的 B 时的 $\Delta_r G_m$，并判断反应能否自发进行。

解：(1) $\Delta_r G_m^\ominus = -RT\ln K^\ominus = 5.743\,\text{kJ} \cdot \text{mol}^{-1}$

(2) 　　　　　　　　　A $\rightleftharpoons$ 　　　　B

$t=0$ 　　　　　$2.02 \times 10^6\,\text{Pa}$ 　　　　　0

$t=t$ 　　　　$(2.02 \times 10^6 - 1.01 \times 10^5)\,\text{Pa}$ 　　$1.01 \times 10^5\,\text{Pa}$

$$Q = \frac{p_B/p^{\ominus}}{p_A/p^{\ominus}} = \frac{p_B}{p_A}$$

$$\Delta_r G_m = \Delta_r G_m^{\ominus} + RT\ln Q = -1.607\,1\,\text{kJ}\cdot\text{mol}^{-1} < 0$$

所以,反应向正反应方向自发进行。

§5.3　标准摩尔反应吉布斯函数变化 $\Delta_r G_m^{\ominus}$

5.3.1　物质的标准摩尔生成吉布斯函数

化学反应 　　　　　　　　　　$a\text{A} + d\text{D} \Longrightarrow g\text{G} + h\text{H}$

$$\Delta_r G_m^{\ominus} = \sum_B \nu_B \mu_B^{\ominus} = \sum_B \nu_B G_{m,B}^{\ominus}$$

由上式可以,若知道参与反应各组分纯物质的标准吉布斯函数的绝对值就可以得到反应的 $\Delta_r G_m^{\ominus}$。由于吉布斯函数是系统的状态函数,与热力学能、焓一样无法求得绝对值,仿照标准摩尔生成焓的处理方法:规定一个相对标准——在指定的反应温度和标准状态下,令稳定单质(包括纯的理想气体,纯的固体或液体)的生成吉布斯函数为零。那么,在标准状态下,由稳定单质生成 1 mol 化合物时吉布斯函数的变化值,称为该化合物的标准摩尔生成吉布斯函数,用符号 $\Delta_f G_{m,B}^{\ominus}$,单位 $\text{J}\cdot\text{mol}^{-1}$。通常在 298.15 K 时的值有表可查。

那么任意化学反应 $a\text{A} + d\text{D} \Longrightarrow g\text{G} + h\text{H}$ 的 $\Delta_r G_m^{\ominus}$ 为:

$$\Delta_r G_m^{\ominus} = \sum_B \nu_B \Delta_f G_{m,B}^{\ominus} \tag{5.4}$$

5.3.2　化学反应的 $\Delta_r G_m$ 与 $\Delta_r G_m^{\ominus}$

任意化学反应的等温方程式为

$$\Delta_r G_m = \Delta_r G_m^{\ominus} + RT\ln Q$$

式中 $\Delta_r G_m^{\ominus} = \sum_B \nu_B \Delta_f G_{m,B}^{\ominus}$,在一定的温度与压力下,任何物质的 $\Delta_f G_{m,B}^{\ominus}$ 都有确定的值,因此,反应的 $\Delta_r G_m^{\ominus}$ 也是常量;而 $\Delta_r G_m$ 不是常量,它还与各物质实际所处的状态有关系,即与 Q 有关。根据判据,在等温等压不做非膨胀功的条件下,$\Delta_r G_m$ 的正负可以判断化学反应自发进行的方向。而 $\Delta_r G_m^{\ominus}$ 一般不能指示化学反应自发进行的方向。

当反应的 $\Delta_r G_m^{\ominus}$ 为很大的负值时,通过改变反应条件,一般不足以改变 $\Delta_r G_m$ 至正值,此时可以预计反应正向自发进行；同理，当反应的 $\Delta_r G_m$ 为很大的正值时，通过改变反应条件，一般不足以改变 $\Delta_r G_m$ 至负值，此时可以预计反应不能正向自发进行；然而，当 $\Delta_r G_m$ 的数值不是很大时，不能轻易地通过其正负判断反应的方向，必须通过严格的计算来确定结果。一般来说，大约以 40 kJ·mol^{-1} 为界限，即 $\Delta_r G_m^{\ominus} < -40$ kJ·mol^{-1} 时反应可以正向进行；$\Delta_r G_m^{\ominus} > 40$ kJ·mol^{-1} 时反应不能正向进行。-40 kJ·mol$^{-1} < \Delta_r G_m^{\ominus} < 40$ kJ·mol^{-1} 时，通过改变条件可能会改变反应进行的方向。

5.3.3　使用标准平衡常数注意点

1. 平衡常数与方程式写法有关

由式(5.4)可以看出，一个反应的 $\Delta_r G_m^{\ominus}$ 与反应方程式各物质的计量系数密切相关。同一化学反应，如果方程式的写法不同，其计量系数完全不同，相应的 $\Delta_r G_m^{\ominus}$ 就会不同，根据 $\Delta_r G_m^{\ominus} = -RT\ln K^{\ominus}$，平衡常数必然不同。例如氮气、氢气和氨气之间反应可以表示为

(1) $N_2 + 3H_2 \Longrightarrow 2NH_3$

(2) $\dfrac{1}{2}N_2 + \dfrac{3}{2}H_2 \Longrightarrow NH_3$

(3) $2NH_3 \Longrightarrow N_2 + 3H_2$

很显然，$\Delta_r G_m^{\ominus}(1) = 2\Delta_r G_m^{\ominus}(2)$，$\Delta_r G_m^{\ominus}(3) = -\Delta_r G_m^{\ominus}(1)$；标准平衡常数的关系为 $K_1^{\ominus} = (K_2^{\ominus})^2$，$K_3^{\ominus} = 1/K_1^{\ominus}$。如果一个反应方程式的计量系数加倍，反应的 $\Delta_r G_m^{\ominus}$ 计量系数也加倍，而标准平衡常数则按指数关系增加。如果方程式两边对调，标准平衡常数则为原来的倒数。

2. 多重平衡的平衡常数

在同一温度下，如果某个反应可以表示为两个或多个反应相加(或相减)。比如：

$$反应(3) = 反应(1) + 反应(2)$$

根据盖斯定律：　　　　　$$\Delta_r G_m^{\ominus}(3) = \Delta_r G_m^{\ominus}(1) + \Delta_r G_m^{\ominus}(2)$$

则有　　　　　$$-RT\ln K_3^{\ominus} = -RT\ln K_1^{\ominus} + (-RT\ln K_2^{\ominus})$$

$$\ln K_3^{\ominus} = \ln K_1^{\ominus} + \ln K_2^{\ominus}$$

$$K_3^{\ominus} = K_1^{\ominus} K_2^{\ominus}$$

即总反应的标准平衡常数等几个反应的标准平衡常数的乘积。

同样，如果反应(3) = 反应(1) - 反应(2)，则 $K_3^{\ominus} = K_1^{\ominus}/K_2^{\ominus}$。

多重平衡现象蕴含着丰富的内涵，可以灵活地运用于多种化学问题解释和化学计算。

§5.4 平衡常数的表示式

前面介绍过 $\Delta_r G_m^{\ominus} = \sum_B \nu_B \mu_B^{\ominus}$ 及 $\Delta_r G_m^{\ominus} = -RT\ln K^{\ominus}$，式中 $K^{\ominus}$ 与参加反应的各物质的标准态化学势有密切关系，故称为标准平衡常数。习惯上，还可以用参与反应组分的浓度、压力、物质的量分数等表示平衡常数，统称为经验平衡常数，一般简称平衡常数。标准平衡常数的量纲为 1，而有的平衡常数具有量纲。对于指定的反应，其标准平衡常数与各种形式的平衡常数之间存在确定的换算关系。

5.4.1 气相反应

1. 标准平衡常数 $K^{\ominus}$

对于理想气体反应，

$$aA + dD \Longrightarrow gG + hH$$

各组分的化学势为 $\mu_B = \mu_B^{\ominus}(T) + RT\ln p_B/p^{\ominus}$，用平衡时各组分的 $p_{B,e}/p^{\ominus}$ 代替相对活度 $a_{B,e}$，可得

$$K^{\ominus} = \left(\frac{a_G^g a_H^h}{a_A^a a_D^d}\right)_e = \frac{(p_{G,e}/p^{\ominus})^g (p_{H,e}/p^{\ominus})^h}{(p_{A,e}/p^{\ominus})^a (p_{D,e}/p^{\ominus})^d} = \prod_B (p_{B,e}/p^{\ominus})^{\nu_B} \tag{5.5}$$

类似情况，化学反应等温式中 Q 用 $p_B/p^{\ominus}$ 代替相对活度 a_B，称为分压商。式中，ν_B 表示参加反应的各物质的计量系数，对于产物 ν_B 取正值，对于反应物 ν_B 取负值。

由于气相物质的标准态化学势 $\mu_B^{\ominus}$ 仅是温度的函数，故气相反应的标准平衡常数 $K^{\ominus}$ 仅是温度的函数即 $K^{\ominus} = f(T)$。

2. 用压力表示的平衡常数 K_p

$$K_p = \left(\frac{p_G^g p_H^h}{p_A^a p_D^d}\right)_e = \prod_B p_{B,e} \tag{5.6}$$

与(5.5)比较可得到 K_p 与 $K^{\ominus}$ 的关系为

$$K_p = K^{\ominus} (p^{\ominus})^{\Delta\nu} \tag{5.7}$$

式中 $\Delta\nu = [(g+h)-(a+d)]$ 表示产物与反应物的计量系数之代数和。显然，若 $\Delta\nu \neq 0$，K_p 就有单位，其单位为 $(Pa)^{\Delta\nu}$。由上式可见，K_p 也仅是温度的函数，与系统的压力无关，$K_p = f(T)$。

3. 用物质的量分数表示的平衡常数 K_y

$$K_y = \left(\frac{y_G^g y_H^h}{y_A^a y_D^d}\right)_e = \prod_B y_{B,e}^{\nu_B} \tag{5.8}$$

根据 Dalton 分压定律 $p_B = py_B$，将其代入(5.8)得

$$K_y = \frac{(p_{G,e}/p)^g \ (p_{H,e}/p)^h}{(p_{A,e}/p)^a \ (p_{D,e}/p)^d} = K_p p^{-\Delta\nu} \tag{5.9}$$

式中 p 为反应系统平衡时的总压力，y_B 为各组分气体平衡时的物质的量分数，K_y 是以物质的量分数表示的平衡常数。由于 y_B 的量纲为 1，故 K_y 的量纲也为 1。由上式可以看出，K_y 不仅是温度的函数，还是总压力 p 的函数，即 $K_y = f(T,p)$。

4. 用物质的量浓度表示的平衡常数 K_c

$$K_c = \left(\frac{c_G^g c_H^h}{c_A^a c_D^d}\right)_e = \prod_B c_{B,e}^{\nu_B} \tag{5.10}$$

对于理想气体 $p_B = c_B RT$，代入上式

$$K_p = \left(\frac{p_G^g p_H^h}{p_A^a p_D^d}\right)_e = \frac{(c_{G,e}RT)^g \ (c_{H,e}RT)^h}{(c_{A,e}RT)^a \ (c_{D,e}RT)^d} = K_c \ (RT)^{\Delta\nu} \tag{5.11}$$

K_p 只是温度的函数，R 为常量，可见 K_c 也只是温度的函数，即 $K_c = f(T)$。

5. 用物质量表示的平衡常数 K_n

已知 $y_B = n_B/n_{总}$，将其代入(5.8)式，得

$$K_y = \prod_B (n_{B,e}/n_{总})^{\nu_B} = (\prod_B n_{B,e}^{\nu_B})n_{总}^{-\Delta\nu} = K_n n_{总}^{-\Delta\nu}$$

所以

$$K_n = \prod_B n_{B,e}^{\nu_B} = K_y n_{总}^{\Delta\nu} \tag{5.12}$$

由上式可以看出，K_n 不仅是温度的函数，还是总压力 p 和系统中总物质的量 $n_{总}$ 的函数。当 $\Delta\nu \neq 0$ 时，K_n 具有量纲，其单位为 $mol^{\Delta\nu}$。

综上，可以看出 K_p、K_y、K_c、K_n 与 $K^\ominus$ 之间的关系为

$$K^\ominus = K_p \ (p^\ominus)^{-\Delta\nu} = K_y \ (p/p^\ominus)^{\Delta\nu} = K_c \ (RT/p^\ominus)^{\Delta\nu} = K_n \ (p/p^\ominus n_{总})^{\Delta\nu} \tag{5.13}$$

若 $\Delta\nu = 0$，即反应前后反应分子数不变，则

$$K^\ominus = K_p = K_y = K_c = K_n \tag{5.14}$$

对于非理想气体反应系统，各组分的化学势为 $\mu_B = \mu_B^\ominus(T) + RT\ln f_B/p^\ominus$。用平衡时各组分的 $f_{B,e}/p^\ominus$ 代替相对活度 $a_{B,e}$，可得

$$K^\ominus = \left(\frac{a_G^g a_H^h}{a_A^a a_D^d}\right)_e = \frac{(f_{G,e}/p^\ominus)^g \ (f_{H,e}/p^\ominus)^h}{(f_{A,e}/p^\ominus)^a \ (f_{D,e}/p^\ominus)^d} = (\prod_B f_{B,e}^{\nu_B}) \ (p^\ominus)^{-\Delta\nu} \tag{5.15}$$

由于 $f_B = p_B \gamma_B$，再令 $\prod_B f_{B,e}^{\nu_B} = K_f$，上式可转化为

$$K^\ominus = K_f \ (p^\ominus)^{-\Delta\nu} = K_p K_\gamma \ (p^\ominus)^{-\Delta\nu} \tag{5.16}$$

由于 K_γ 与 T、p 有关，故在温度一定时 K_p、K_γ 均与压力有关。

【例 5-2】 298 K、10^5 Pa 时，有理想气体反应 $4HCl(g) + O_2(g) \rightleftharpoons Cl_2(g) + 2H_2O(g)$，求该反应的标准平衡常数 $K^\ominus$ 和平衡常数 K_p 及 K_y。

解： 查附录 7 中表可得 298 K 时，$\Delta_f G_m^\ominus(HCl,g) = -95.3 \text{ kJ} \cdot \text{mol}^{-1}$，$\Delta_f G_m^\ominus(H_2O,g) =$

$-228.6 \text{ kJ} \cdot \text{mol}^{-1}$。

所以，$\Delta_r G_m^{\ominus} = \sum_B \nu_B \Delta_f G_{m,B}^{\ominus} = [2 \times (-228.6) - 4 \times (-95.3)] \text{ kJ} \cdot \text{mol}^{-1}$

$\qquad\qquad = -76.0 \text{ kJ} \cdot \text{mol}^{-1}$

代入 $\Delta_r G_m^{\ominus} = -RT \ln K^{\ominus}$ 可得，$K^{\ominus} = 2.10 \times 10^{13}$。

$$\Delta \nu = (2+2) - (4-1) = -1$$

所以
$$K_p = K^{\ominus} (p^{\ominus})^{\Delta \nu} = \frac{2.10 \times 10^{13}}{100\ 000 \text{ Pa}} = 2.10 \times 10^8 \text{ Pa}^{-1}$$

$$K_y = K^{\ominus} (p/p^{\ominus})^{-\Delta \nu} = 2.10 \times 10^{13}$$

5.4.2　液相反应

1. 理想混合物反应系统的平衡常数

对于理想混合物反应系统，各组分的化学势为 $\mu_B = \mu_B^{\ominus} + RT \ln x_B$。所以

$$K^{\ominus} = \left(\frac{x_G^g x_H^h}{x_A^a x_D^d} \right)_e = \Pi x_{B,e}^{\nu} \tag{5.17}$$

凝聚系统的 x_B 受压力影响较小，即 $K^{\ominus}$ 受压力影响较小，通常认为 $K^{\ominus}$ 与压力无关。

2. 理想稀溶液反应系统的平衡常数

假设参加反应的物质均溶于同一溶剂中，而且溶液为理想稀溶液。稀溶液体系中，溶质的化学势有多种表示方法：

$$\mu_B = \mu_{B,x}^{\ominus} + RT \ln x_B = \mu_{B,c}^{\ominus} + RT \ln (c_B/c^{\ominus}) = \mu_{B,m}^{\ominus} + RT \ln (m_B/m^{\ominus})$$

所以平衡常数有

$$K_x^{\ominus} = \left(\frac{x_G^g x_H^h}{x_A^a x_D^d} \right)_e = \prod_B x_{B,e}^{\nu_B} \tag{5.18}$$

$$K_c^{\ominus} = \frac{(c_{G,e}/c^{\ominus})^g (c_{H,e}/c^{\ominus})^h}{(c_{A,e}/c^{\ominus})^a (c_{D,e}/c^{\ominus})^d} = \prod_B (c_{B,e}/c^{\ominus})^{\nu_B} \tag{5.19}$$

$$K_m^{\ominus} = \frac{(m_{G,e}/m^{\ominus})^g (m_{H,e}/m^{\ominus})^h}{(m_{A,e}/m^{\ominus})^a (m_{D,e}/m^{\ominus})^d} = \prod_B (m_{B,e}/m^{\ominus})^{\nu_B} \tag{5.20}$$

溶质的标准态化学势 $\mu_{B,x}^{\ominus}$、$\mu_{B,c}^{\ominus}$、$\mu_{B,m}^{\ominus}$ 均仅是温度的函数，故 $K_x^{\ominus}$、$K_c^{\ominus}$、$K_m^{\ominus}$ 也仅是温度的函数。

如果溶液浓度较大，则不能看作理想稀溶液，这时应当用活度代替浓度。

5.4.3　复相反应

参与化学反应的组分处于不同相的化学反应称为复相反应。例如碳酸盐的分解反应就是复相反应。等温等压下的 $CaCO_3$ 的分解反应

$$CaCO_3(s) =\!=\!= CaO(s) + CO_2(g)$$

平衡时,
$$\mu_{CaCO_3} = \mu_{CaCO_3(s)}^{\ominus}, \mu_{CaO(s)} = \mu_{CaO(s)}^{\ominus}$$

视 $CO_2(g)$ 为理想气体,则

$$\mu_{CO_2(g)} = \mu_{CO_2(g)}^{\ominus} + RT\ln\frac{p_{CO_2}}{p^{\ominus}}$$

根据判据,反应达到平衡时

$$\mu_{CaO(s)}^{\ominus} + \mu_{CO_2(g)}^{\ominus} + RT\ln\frac{p_{CO_2}}{p^{\ominus}} = \mu_{CaCO_3(s)}^{\ominus}$$

$$\left[\mu_{CaO(s)}^{\ominus} + \mu_{CO_2(g)}^{\ominus}\right] - \mu_{CaCO_3(s)}^{\ominus} = -RT\ln\frac{p_{CO_2}}{p^{\ominus}}$$

即
$$\Delta_r G_m^{\ominus} = -RT\ln\frac{p_{CO_2}}{p^{\ominus}}$$

根据式(5.2)可知
$$K^{\ominus} = \frac{p_{CO_2}}{p^{\ominus}} \text{ 或 } K_p = p_{CO_2} \tag{5.21}$$

推广到一般的复相反应则有,$K^{\ominus} = \prod\limits_{B(g)}\left[p_{B(g),e}/p^{\ominus}\right]^{\nu_{B(g)}}$ \hfill (5.22)

由上可知,对于有凝聚相参与的复相反应,平衡常数的表示式中不出现凝聚相物质。但是在计算 $\Delta_r G_m^{\ominus}$ 时,则应把凝聚相物质考虑进来。上述讨论只限于凝聚相处于纯态,若有固溶体或溶液生成,情况复杂不在此讨论。由于凝聚相物质的标准态的化学势仅是温度的函数,所以复相反应的标准平衡常数 $K^{\ominus}$ 也仅是温度的函数,这与气、液相反应的 $K^{\ominus}$ 是相同的。

根据式(5.21),在一定温度时,不论 $CaCO_3(s)$ 和 $CaO(s)$ 的量有多少,平衡时 $CO_2(g)$ 的分压总是定值。通常将平衡时 CO_2 的分压称为 $CaCO_3$ 的分解压。在一定的温度下,系统中 CO_2 的分压低于该温度下的分解压力时,$CaCO_3$ 就要分解,直到 $p_{CO_2} = K^{\ominus}(T)\cdot p^{\ominus}$。一般来说,分解压是指固体物质在一定温度下分解达到平衡时,产物中气体的总压力。若分解产物中有不止一种气体,则平衡时各气体产物的分压之和才是分解压。例如:$NH_4Cl(s)$ 分解为 $NH_3(g)$ 和 $HCl(g)$,

$$NH_4Cl(s) =\!=\!= NH_3(g) + HCl(g)$$

其标准平衡常数为
$$K^{\ominus} = \frac{p_{NH_3}}{p^{\ominus}}\frac{p_{HCl}}{p^{\ominus}}$$

分解压为
$$p = p_{NH_3} + p_{HCl}$$

如果反应起始时只有 $NH_4Cl(s)$ 一种固体物而没有气体,达到平衡时 $p_{NH_3} = p_{HCl} = p/2$,所以标准平衡常数与分解压之间关系为

$$K^{\ominus} = \frac{1}{4}\left(\frac{p}{p^{\ominus}}\right)^2$$

类似地,在一定的压力下,某化合物开始分解时的温度称为分解温度,如非特别说明,一

般分解温度是指分解气体的分压等于外压 $p^\ominus$ 时的温度。例如 $CaCO_3$ 的分解温度为897 ℃。当化合物的分解产物不止一种气体,如 $NH_4Cl(s)$ 分解为 $NH_3(g)$ 和 $HCl(g)$,分解温度是指气体分压之和达到 $p^\ominus$ 时的温度。

【例 5-3】 已知 $CaCO_3$ 在 1 073 K 时分解压为 22 kPa,$p^\ominus = 100$ kPa,通过计算回答:

(1) 在 1 073 K 下,将 $CaCO_3$ 置于 CO_2 的体积分数为 0.03% 的空气中能否分解? 空气压力为 101.325 kPa。

(2) 置于压力为 101.325 kPa 纯 CO_2 中,能否分解?

(3) 压力为 101.325 kPa 的空气中,欲使 $CaCO_3$ 不分解,空气中 CO_2 的含量至少应为多少?

解: $CaCO_3(s) \Longrightarrow CaO(s) + CO_2(g)$

(1) $K^\ominus(1\ 073\ K) = p_{CO_2}/p^\ominus = 22\ kPa/100\ kPa = 0.22$

$Q = p_{CO_2}/p^\ominus = p \cdot y_{CO_2}/p^\ominus$

$\quad = 0.000\ 3 \times 101.325\ kPa/100\ kPa = 3.04 \times 10^{-4}$

$Q < K^\ominus$,所以 $CaCO_3$ 能分解。

(2) $Q = p_{CO_2}/p^\ominus = 101.325\ kPa/100\ kPa = 1.01 > K^\ominus$

所以,在此条件下 $CaCO_3$ 不能分解,相反 CaO 将与 CO_2 化合生成 $CaCO_3$。

(3) 1 073 K 时,分解压为 22 kPa,即平衡时 $p_{CO_2} = 22$ kPa

欲使 $CaCO_3$ 不分解,需要 $Q > K^\ominus$,此时 $p_{CO_2}/p^\ominus > 22\ kPa/100\ kPa$

空气中 CO_2 的含量至少为 $y_{CO_2} = 22\ kPa/101.325\ kPa = 0.22$

§5.5 有关化学平衡的计算

有关化学平衡的计算主要包括两大部分内容:① 化学反应的 $\Delta_r G_m^\ominus$ 及标准平衡常数的求算;② 平衡组成的计算。

5.5.1 化学反应的 $\Delta_r G_m^\ominus$ 及标准平衡常数的求算

标准平衡常数是定量讨论化学平衡的基础。根据式 $\Delta_r G_m^\ominus = -RT\ln K^\ominus$,可知 $\Delta_r G_m^\ominus$ 与 $K^\ominus$ 密不可分,知道其中一个数值很容易得到另一个数值。主要计算方法总结如下:

(1) 由纯物质的标准生成吉布斯函数求算:$\Delta_r G_m^\ominus = \sum\limits_B \nu_B \Delta_f G_{m,B}^\ominus$。

(2) 由已知反应的 $\Delta_r G_m^\ominus$,求算所研究反应的 $\Delta_r G_m^\ominus$。

(3) 通过测定反应的平衡组成求算 $K^\ominus$:$\Delta_r G_m^\ominus = -RT\ln K^\ominus$。

(4) 通过反应的 $\Delta_r H_m^{\ominus}$ 和 $\Delta_r S_m^{\ominus}$ 求算：$\Delta_r G_m^{\ominus} = \Delta_r H_m^{\ominus} - T\Delta_r S_m^{\ominus}$。

(5) 通过电池的标准电动势求算：$\Delta_r G_m^{\ominus} = -zFE^{\ominus}$（电化学章节中介绍）。

【例 5-4】 298 K 下，已知 $CH_4(g)$、$CO_2(g)$ 和 $H_2O(g)$ 的标准生成吉布斯函数分别为 $-50.8\ kJ \cdot mol^{-1}$，$-394.4\ kJ \cdot mol^{-1}$ 和 $-237.1\ kJ \cdot mol^{-1}$。求算下列反应的 $\Delta_r G_m^{\ominus}$ 和 $K^{\ominus}$。

$$CH_4(g) + 2O_2(g) = CO_2(g) + 2H_2O(l)$$

解： 对于一般化学反应有

$$\Delta_r G_m^{\ominus} = \sum_B \nu_B \Delta_f G_{m,B}^{\ominus}$$

代入数据，得

$$\Delta_r G_m^{\ominus} = 2\Delta_f G_m^{\ominus}[H_2O(g)] + \Delta_f G_m^{\ominus}[CO_2(g)] - \{\Delta_f G_m^{\ominus}[CH_4(g)] - 2\Delta_f G_m^{\ominus}[O_2(g)]\}$$

$$= -2 \times 237.1\ kJ \cdot mol^{-1} - 394.4\ kJ \cdot mol^{-1} - 2 \times 0 - (-50.8\ kJ \cdot mol^{-1})$$

$$= -818\ kJ \cdot mol^{-1}$$

$$\ln K^{\ominus} = -\Delta_r G_m^{\ominus}/RT$$

$$= 818 \times 10^3\ J \cdot mol^{-1}/(8.314\ J \cdot K^{-1} \cdot mol^{-1} \times 298\ K)$$

$$= 330$$

$$K^{\ominus} = 1.99 \times 10^{143}$$

测定所研究反应达到平衡时各组分的浓度、分压、总压或其他有关数据即可求得反应的平衡常数。

【例 5-5】 含有 SO_2 和 O_2 各 1 mol 的混合气体，在 630 ℃、100 kPa 下通过装有催化剂的高温管后，反应 $SO_2(g) + \dfrac{1}{2}O_2(g) = SO_3(g)$ 达到平衡后，将反应后流出的气体冷却，用 KOH 吸收其中的 SO_2 和 SO_3，在 0 ℃、100 kPa 时，测得剩余的 O_2 体积为 $1.40 \times 10^4\ cm^3$。计算 630 ℃时 SO_3 解离反应的标准平衡常数。

解： 在一个反应系统中，由反应物通过正向反应或由产物通过逆向反应可以达到相同的平衡状态，无论按哪种方式进行，达到平衡后，平衡组成是相同的。所以，本题中 SO_3 的解离反应为 $SO_3(g) = SO_2(g) + \dfrac{1}{2}O_2(g)$，可以通过 $SO_2(g) + \dfrac{1}{2}O_2(g) = SO_3(g)$ 的平衡组成来计算其标准平衡常数。

平衡时各组分的物质的量为：

$$n_e(O_2) = \frac{pV}{RT} = \frac{100 \times 10^3\ Pa \times 1.40 \times 10^4 \times 10^{-6}\ m^3}{8.314\ J \cdot mol^{-1} \cdot K^{-1} \times 273\ K} = 0.617\ mol$$

$$n_e(SO_2) = 1\ mol - 2 \times (1 - 0.617)\ mol = 0.234\ mol$$

$$n_e(SO_3) = 2 \times (1 - 0.617)\ mol = 0.766\ mol$$

$$n_{总} = \sum_B n_B = \{0.617 + 0.234 + 0.766\}\ mol = 1.617\ mol$$

$$SO_3(g) \Longrightarrow SO_2(g) + \frac{1}{2}O_2(g)$$

开始的量 n_0/mol	0.000	1.000	1.000
平衡的量 n_e/mol	0.776	0.234	0.617

平衡分压 p_B

$$\frac{0.776}{1.617}p^\ominus \qquad \frac{0.234}{1.617}p^\ominus \qquad \frac{0.617}{1.617}p^\ominus$$

$$= 0.474p^\ominus \qquad = 0.145p^\ominus \qquad = 0.382p^\ominus$$

$$K^\ominus = \prod_B (p_{B,e}/p^\ominus)^{\nu_B}$$

$$= \frac{[p_e(SO_2)/p^\ominus][p_e(O_2)/p^\ominus]^{1/2}}{p_e(SO_2)/p^\ominus}$$

$$= \frac{(0.145p^\ominus/p^\ominus)(0.382p^\ominus/p^\ominus)^{1/2}}{0.474p^\ominus/p^\ominus}$$

$$= 0.189$$

等温下，参与反应的各物质处于标准态时，反应的吉布斯函数变化为 $\Delta_r G_m^\ominus = \Delta_r H_m^\ominus - T\Delta_r S_m^\ominus$。

若反应在 298 K 下进行，则 $\Delta_r G_m^\ominus(298\,K) = \Delta_r H_m^\ominus(298\,K) - 298\,K\Delta_r S_m^\ominus(298\,K)$。其中，$\Delta_r H_m^\ominus(298\,K) = \sum_B \nu_B \Delta_f H_m^\ominus(B, 298\,K)$，$\Delta_r S_m^\ominus(298\,K) = \sum_B \nu_B S_m^\ominus(B, 298\,K)$，所需的 $\Delta_f H_m^\ominus(B, 298\,K)$ 和 $S_m^\ominus(B, 298\,K)$ 的值均可从手册中查得。求得 $\Delta_r G_m^\ominus$ 后代入 $\Delta_r G_m^\ominus = -RT\ln K^\ominus$ 即可求得 $K^\ominus$。

【例 5-6】 计算 298 K 时反应 $MgCO_3(s) \Longrightarrow MgO(s) + CO_2(g)$ 的标准平衡常数 $K^\ominus$，及 $MgCO_3$ 的分解压力。已知数据如下：

物质 B	$\Delta_f H_m^\ominus(B, 298\,K)/(kJ \cdot mol^{-1})$	$S_m^\ominus(B, 298\,K)/(J \cdot mol^{-1} \cdot K^{-1})$
$MgCO_3(s)$	$-1\,096.2$	65.7
$MgO(s)$	-601.2	26.9
$CO_2(g)$	-393.5	213.6

解：对于反应 $MgCO_3(s) \Longrightarrow MgO(s) + CO_2(g)$，先求出 $\Delta_r H_m^\ominus(298\,K)$ 和 $\Delta_r S_m^\ominus(298\,K)$。

$$\begin{aligned}\Delta_r H_m^\ominus(298\,K) &= \sum_B \nu_B \Delta_f H_m^\ominus(B, 298\,K) \\ &= \Delta_f H_m^\ominus[MgO(s), 298\,K] + \Delta_f H_m^\ominus[CO_2(g), 298\,K] - \Delta_f H_m^\ominus[MgCO_3(s), \\ &\quad 298\,K] \\ &= \{-601.2 - 393.5 - (-1\,096.2)\}\,kJ \cdot mol^{-1} \\ &= 101.5\,kJ \cdot mol^{-1}\end{aligned}$$

$$\Delta_r S_m^{\ominus}(298\ K) = \sum_B \nu_B S_m^{\ominus}(B, 298\ K)$$

$$= S_m^{\ominus}[MgO(s), 298\ K] + S_m^{\ominus}[CO_2(g), 298\ K] - S_m^{\ominus}[MgCO_3(s), 298\ K]$$

$$= \{26.9 + 213.6 - 65.7\} J \cdot mol^{-1} \cdot K^{-1}$$

$$= 174.8\ J \cdot mol^{-1} \cdot K^{-1}$$

所以，$\Delta_r G_m^{\ominus}(298\ K) = \Delta_r H_m^{\ominus}(298\ K) - 298\ K \cdot \Delta_r S_m^{\ominus}(298\ K)$

$$= 101.5\ kJ \cdot mol^{-1} - 298\ K \times 174.8 \times 10^{-3}\ kJ \cdot mol^{-1} \cdot K^{-1}$$

$$= 49.4\ kJ \cdot mol^{-1}$$

根据公式 $\Delta_r G_m^{\ominus} = -RT \ln K^{\ominus}$

$$\ln K^{\ominus} = -\Delta_r G_m^{\ominus}/RT$$

$$= -\frac{49.4\ J \cdot mol^{-1} \times 10^3}{8.314\ J \cdot mol^{-1} \cdot K^{-1} \times 298\ K} = -19.9$$

$$K^{\ominus} = 2.00 \times 10^{-9}$$

$$K^{\ominus} = \frac{p_{CO_2}}{p^{\ominus}}$$

所以，298 K 时 $MgCO_3$ 的分解压力为 $p_{CO_2} = K^{\ominus} p^{\ominus} = 2.00 \times 10^{-9} \times 1.00 \times 10^5\ Pa = 2.00 \times 10^4\ Pa$。

若反应在其他温度下进行，则根据下式计算 $\Delta_r H_m^{\ominus}(T)$ 和 $\Delta_r S_m^{\ominus}(T)$：

$$\Delta_r H_m^{\ominus}(T) = \Delta_r H_m^{\ominus}(298\ K) + \int_{298K}^{T} \Delta_r C_{p,m} dT$$

$$\Delta_r S_m^{\ominus}(T) = \Delta_r S_m^{\ominus}(298\ K) + \int_{298K}^{T} (\Delta_r C_{p,m}/T) dT$$

再根据 $\Delta_r G_m^{\ominus}(T) = \Delta_r H_m^{\ominus}(T) - T\Delta_r S_m^{\ominus}(T)$ 求得 $\Delta_r G_m^{\ominus}(T)$，再进一步计算 $K^{\ominus}$。

5.5.2 平衡组成的求算

一个化学反应达到化学平衡时，系统中任一组分的浓度称为该组分的平衡浓度。系统中各组分均处于平衡浓度或平衡分压时，系统的组成状况称为平衡组成。系统处于化学平衡时，宏观上，反应物与产物的量均无增减，化学反应达到了限度，此时反应的限度通常用平衡转化率（简称转化率）或平衡产率（简称产率）来度量。

化学反应达到平衡时，系统中某种反应物转化掉的数量占该反应物原始数量的分数或百分数称为该反应物的转化率，即

$$\alpha_A = \frac{n_{A,0} - n_{A,e}}{n_{A,0}} = \frac{\Delta n_A}{n_{A,0}} \times 100\%$$

式中 α_A 是反应物 A 的平衡转化率；$n_{A,0}$ 和 $n_{A,e}$ 分别是反应开始时和达到平衡时反应物 A 的物质的量。

产率是达到平衡时转化为所需产物而消耗掉的某种反应物 A 的 Δn_A 占该反应物原始数量 $n_{A,0}$ 的分数或百分数,即

$$Y_A = \frac{\Delta n_A}{n_{A,0}} \times 100\%$$

【例 5-7】 在 $0.500\ dm^3$ 的容器中装有 $1.56\ g\ N_2O_4(g)$,在 25 ℃时进行部分解离:
$$N_2O_4(g) \Longrightarrow 2NO_2(g)$$
实验测得解离平衡时系统的总压力为 100 kPa,试求 $N_2O_4(g)$ 的解离度 α 及解离反应的标准平衡常数 $K^\ominus$。

解: $N_2O_4(g)$ 的初始量为 $n_0 = m/M = 1.56\ g/(92.0\ g \cdot mol^{-1}) = 0.017\ 0\ mol$
设解离度为 α,解离反应平衡时各组分的量为

$$N_2O_4(g) \Longrightarrow 2NO_2(g)$$

开始时的物质的量 $\qquad\qquad n_0 \qquad\qquad 0$

平衡时的物质的量 $\qquad\quad (1-\alpha)n_0 \quad 2\alpha n_0 \quad$ 总量 $n_t = n_0(1+\alpha)$

$$pV = n_t RT = (1+\alpha)n_0 RT$$

$$\alpha = \frac{pV}{n_0 RT} - 1 = \frac{1.000 \times 10^5\ Pa \times 0.500 \times 10^{-3}\ m^3}{0.017\ 0\ mol \times 8.314\ J \cdot mol^{-1} \cdot K^{-1} \times 298\ K} - 1 = 0.187$$

$$K^\ominus = \prod_B (p_{B,e}/p^\ominus)^{\nu_B} = \frac{[p_e(NO_2)]^2}{[p_e(N_2O_4)]}(p^\ominus)^{-1} = \left[\frac{2\alpha n_0 p}{n_0(1+\alpha)}\right]^2 \left[\frac{(1-\alpha)n_0 p}{n_0(1+\alpha)}\right]^{-1}(p^\ominus)^{-1}$$

$$= \frac{(2\alpha)^2 p}{(1-\alpha^2)p^\ominus} = \frac{(2 \times 0.187)^2 \times 100\ kPa}{(1-0.187^2) \times 100\ kPa} = 0.145$$

§5.6 影响化学平衡的因素

化学平衡是在一定条件下达到的,一旦与化学平衡有关的任一条件(压力、浓度、温度等)改变,原来的平衡状态将发生变化,在新的条件下达到新的平衡,这就是化学平衡的移动。单一因素对化学平衡的影响可用勒夏特列(Le Chatelur)原理定性地描述:对于一个已经达到平衡的反应系统,如果改变平衡系统的条件之一(浓度、压力和温度),平衡就向能减弱这种改变的方向移动。

5.6.1　温度对化学平衡的影响

如前所述,所有反应的标准平衡常数都仅是温度的函数。因此,同一个化学反应在不同的温度下进行,其标准平衡常数是不同的,即一个化学反应,在不同的温度下进行,其反应限度是不同的。

由热力学数据根据 $\Delta_r G_m^\ominus = -RT\ln K^\ominus$ 求算得到的一般都是 298 K 时的 $K^\ominus$ 值,要求出其他温度下的标准平衡常数,必须找出 $K^\ominus$ 与 T 的关系。由 $\Delta_r G_m^\ominus = -RT\ln K^\ominus$ 可得

$$\frac{\Delta_r G_m^\ominus}{T} = -R\ln K^\ominus$$

由于参加反应的物质均处于标准态,因此有

$$\frac{\mathrm{d}}{\mathrm{d}T}\left(\frac{\Delta_r G_m^\ominus}{T}\right) = -\left(\frac{\Delta_r H_m^\ominus}{T^2}\right)$$

将上式代入可得

$$\frac{\mathrm{d}\ln K^\ominus}{\mathrm{d}T} = \frac{\Delta_r H_m^\ominus}{RT^2} \tag{5.23}$$

式(5.23)称为化学反应等压方程式。式中 $\Delta_r H_m^\ominus$ 为反应系统中各物质均处于标准态,反应进度为 1 mol 时的焓变值。由(5.23)式可得以下结论:

(1) 对于等压下的吸热反应,$\Delta_r H_m^\ominus > 0$,$\mathrm{d}\ln K^\ominus/\mathrm{d}T > 0$,当温度升高时,$K^\ominus$ 增大,平衡正向移动;当温度降低时,$K^\ominus$ 减小,平衡逆向移动。

(2) 对于等压下的放热反应,$\Delta_r H_m^\ominus < 0$,$\mathrm{d}\ln K^\ominus/\mathrm{d}T < 0$,当温度升高时,$K^\ominus$ 减小,平衡逆向移动;当温度降低时,$K^\ominus$ 增大,平衡正向移动。

式(5.23)的积分可分为两种情况讨论:

(1) 温度变化不大时,反应的 $\Delta_r H_m^\ominus$ 可近似看作常数,将式(5.23)求不定积分得

$$\ln K^\ominus = -\frac{\Delta_r H_m^\ominus}{RT} + C \tag{5.24}$$

式中,C 为积分常数。若测得某反应一系列温度下的 $K^\ominus$,以 $\ln K^\ominus$ 对 $1/T$ 作图得到一直线,由直线的斜率可求出该反应的 $\Delta_r H_m^\ominus$。

将式(5.23)进行定积分得

$$\ln \frac{K_2^\ominus}{K_1^\ominus} = \frac{\Delta_r H_m^\ominus}{R}\left(\frac{1}{T_1} - \frac{1}{T_2}\right) \tag{5.25}$$

当在此温度范围内,反应 $\Delta_r H_m^\ominus$ 已知时,根据某一温度时的标准平衡常数可以求得另一温度下的标准平衡常数。

【例 5 - 8】 已知 $CaCO_3$ 在 1 170 K 时分解压为 100.0 kPa,$CaCO_3(s) \Longrightarrow CaO(s) + CO_2(g)$,设其 $\Delta_r H_m^\ominus = 170.8 \text{ kJ} \cdot \text{mol}^{-1}$,若空气中 CO_2 的物质的量分数为 0.03%,计算 $CaCO_3$ 在空气中开始分解的温度。空气压力为 101.325 kPa。

解: $CaCO_3(s) \Longrightarrow CaO(s) + CO_2(g)$,$K^\ominus = p_{CO_2}/p^\ominus$

$T_1 = 1\ 170$ K 时,$K_1^\ominus = 100.0 \text{ kPa}/100.0 \text{ kPa} = 1$

空气中分解时,$K_2^\ominus = 3 \times 10^{-4} \times 101.325 \text{ kPa}/100.0 \text{ kPa} = 3.04 \times 10^{-4}$

代入 $\ln \dfrac{K_2^\ominus}{K_1^\ominus} = \dfrac{\Delta_r H_m^\ominus}{R}\left(\dfrac{1}{T_1} - \dfrac{1}{T_2}\right)$,得

$$\ln \frac{3.04 \times 10^{-4}}{1} = \frac{170.8 \times 1\,000}{8.314} \left(\frac{1}{1\,170\ \text{K}} - \frac{1}{T_2} \right)$$

$$T_2 = 800\ \text{K}$$

(2) 当温度变化范围较大时,反应的 $\Delta_r H_m^{\ominus}$ 不能看作常量,需将 $\Delta_r H_m^{\ominus} = f(T)$ 的具体形式代入式(5.23)才能积分。热化学中证明 $\Delta_r H_m^{\ominus}$ 与 T 的关系有如下形式:

$$\Delta_r H_m^{\ominus}(T) = \Delta H_0 + \Delta a T + \frac{\Delta b}{2} T^2 + \frac{\Delta c}{3} T^3$$

将上式代入式(5.23)得

$$\text{dln}K^{\ominus} = \frac{1}{R} \left(\frac{\Delta H_0}{T^2} + \frac{\Delta a}{T} + \frac{\Delta b}{2} + \frac{\Delta c}{3} T \right) dT$$

不定积分可得

$$\ln K^{\ominus} = \frac{1}{R} \left(-\frac{\Delta H_0}{T} + \Delta a \ln T + \frac{\Delta b}{2} T + \frac{\Delta c}{6} T^2 \right) + I' \tag{5.26}$$

式(5.26)为 $\ln K^{\ominus} = f(T)$ 的普遍形式,式中 I' 为积分常数。将其代入 $\Delta_r G_m^{\ominus} = -RT\ln K^{\ominus}$ 可得到 $\Delta_r G_m^{\ominus}$ 的普遍形式:

$$\Delta_r G_m^{\ominus} = \Delta H_0 - \Delta a T \ln T - \frac{\Delta b}{2} T^2 - \frac{\Delta c}{6} T^3 - I'RT \tag{5.27}$$

这里应当注意:式(5.26)与式(5.27)都是基于 $C_{p,m} = a + bT + cT^2$ 的形式导出的。如果物质的 $C_{p,m}$ 与 T 的关系是另外形式,则 $\ln K_a^{\ominus}$ 与 $\Delta_r G_m^{\ominus}$ 的形式将不同于式(5.26)与式(5.27)。

5.6.2 分压或浓度对化学平衡的影响

前面讨论过,理想气体反应的标准平衡常数 $K^{\ominus}$ 只是温度的函数,液相反应和复相反应的标准平衡常数也只是温度的函数,因此在温度恒定时,改变反应组分的压力(或浓度)不能改变反应的标准平衡常数,只是在保持标准平衡常数不变的情况下,发生平衡的移动。

压力(或浓度)对化学平衡的影响可以通过化学反应等温式进行分析:

$$\Delta_r G_m = -RT\ln K^{\ominus} + RT\ln Q = RT\ln Q / K^{\ominus}$$

一定温度下,反应达到平衡时 $K^{\ominus} = Q$,若增大平衡系统中某反应物的分压(或浓度),则 Q 的分母增大,Q 减小,由于 $K^{\ominus}$ 是定值,所以 $K^{\ominus} > Q$,$\Delta_r G_m < 0$,平衡则正向移动。反之,增大某产物的分压(或浓度),Q 的分子增大,Q 增大,所以 $K^{\ominus} < Q$,$\Delta_r G_m > 0$,平衡逆向移动。

【例 5-9】 反应 $C_2H_4(g) + H_2O(g) = C_2H_5OH(g)$ 在 500 ℃时 $K^{\ominus} = 0.015$。试计算在 500 ℃,总压恒定在 1 MPa 下,以下两种情况下乙烯的转化率:

(1) C_2H_4 和 H_2O 的投料各为 1 mol;(2) C_2H_4 投料 1 mol,H_2O 投料为 10 mol。

解:(1) 第一种投料方式时,各组分的平衡关系为

$$C_2H_4(g) + H_2O(g) = C_2H_5OH(g)$$

开始时的量 $n_0/$ mol	1	1	0	

平衡时的量 $n_e/$ mol　　　$1-\alpha_1$　　　$1-\alpha_1$　　　α_1　　$n_t=(2-\alpha_1)$ mol

$$K^{\ominus}=\prod_{\mathrm{B}}(p_{\mathrm{B,e}}/p^{\ominus})^{\nu_{\mathrm{B}}}=\frac{[\alpha_1 p/(2-\alpha_1)p^{\ominus}]}{[(1-\alpha_1)p/(2-\alpha_1)p^{\ominus}]^2}=0.015$$

整理得到　　　　$\alpha_1^2-2\alpha_1+0.13=0$

解得　　　　　　$\alpha_1=0.067=6.7\%$

(2) 第二种投料方式时,各组分的平衡关系为

$$C_2H_4(g)+H_2O(g)\Longrightarrow C_2H_5OH(g)$$

开始时的量 $n_0/$ mol　　　1　　　　　10　　　　　0

平衡时的量 $n_e/$ mol　　　$1-\alpha_2$　　　$10-\alpha_2$　　　α_2　　$n_t=(11-\alpha_2)$ mol

$$K^{\ominus}=\prod_{\mathrm{B}}(p_{\mathrm{B,e}}/p^{\ominus})^{\nu_{\mathrm{B}}}=\frac{[\alpha_2 p/(11-\alpha_2)p^{\ominus}]}{[(1-\alpha_2)p/(11-\alpha_2)p^{\ominus}][(10-\alpha_2)p/(11-\alpha_2)p^{\ominus}]}=0.015$$

整理得　　　　$\alpha_2^2-11\alpha_2+1.30=0$

解得　　　　　$\alpha_2=0.120=12.0\%$

第二种投料方式相当于在第一种平衡系统中又加入了 9 mol $H_2O(g)$。结果表明,平衡向生成产物方向移动。由此可知,有两种或两种以上反应物参与反应,其中有一种比较昂贵(如 C_2H_4),其余为较为廉价的原料(如 H_2O),则可以采用加大廉价原料投料量的方法提高贵重原料的转化率,从而获得更好的经济效益。

5.6.3　总压力对化学平衡的影响

前面介绍过理想气体反应的 $K^{\ominus}$、K_p、K_c 只是温度的函数,$(\partial \ln K^{\ominus}/\partial p)_T=0$,$(\partial \ln K_p/\partial p)_T=0$,$(\partial \ln K_c/\partial p)_T=0$,当温度一定时,改变总压不会改变反应的 K_p、K_c、$K^{\ominus}$。

根据式(5.13)可知 $K_y=K^{\ominus}(p/p^{\ominus})^{-\Delta\nu}$,

等温下,等式两边对 p 求偏微分:

$$\left(\frac{\partial \ln K_y}{\partial p}\right)_T=-\frac{\Delta\nu_{\mathrm{B}}}{p}=-\frac{\Delta_{\mathrm{r}}V_{\mathrm{m}}}{RT} \tag{5.28}$$

由上式可见,在一定的温度下,总压将对 K_y 产生影响。对 $\Delta\nu_{\mathrm{B}}=0$ 或 $\Delta_{\mathrm{r}}V_{\mathrm{m}}=0$,则 $(\partial \ln K_y/\partial p)_T=0$,所以这类反应的 K_y 不受总压的影响,平衡组成不会因总压的改变而改变,即平衡不发生移动;对 $\Delta\nu_{\mathrm{B}}>0$ 或 $\Delta_{\mathrm{r}}V_{\mathrm{m}}>0$,则 $(\partial \ln K_y/\partial p)_T<0$,$K_y$ 随着总压的增大而减小,反应的生成物减少,即平衡逆向移动;对 $\Delta\nu_{\mathrm{B}}<0$ 或 $\Delta_{\mathrm{r}}V_{\mathrm{m}}<0$,则 $(\partial \ln K_y/\partial p)_T>0$,$K_y$ 随着总压的增大而增大,反应的生成物增加,即平衡正向移动。

总之,对于理想气体反应,总压不会影响反应分子数不变的反应的平衡,总压增大有利于平衡向反应分子数减少的方向移动,总压减小有利于平衡向反应分子数增多的方向移动。

这与实验总结得到的勒夏特列原理是一致的。

【例 5 - 10】 反应 $PCl_5(g) \Longrightarrow PCl_3(g) + Cl_2(g)$ 在 200 ℃时,$K^\ominus = 0.308$,试计算 200 ℃及 5×10^4 Pa 时 PCl_5 的解离度,若将压力改为 10^6 Pa,结果又如何?

解:此反应的 $\Delta \nu = 1$,取起始时 1 mol PCl_5,平衡时解离度为 α,组成为

$$PCl_5(g) \Longrightarrow PCl_3(g) + Cl_2(g)$$

物质的量 $1 - \alpha$ α α $n_{总} = 1 + \alpha$

物质的量分数 $\dfrac{1-\alpha}{1+\alpha}$ $\dfrac{\alpha}{1+\alpha}$ $\dfrac{\alpha}{1+\alpha}$

代入 $K_y = K^\ominus (p/p^\ominus)^{-\Delta \nu}$ 得

$$\frac{0.308 \times p^\ominus}{p} = \frac{(\alpha/1+\alpha)^2}{(1-\alpha)/(1+\alpha)} = \frac{\alpha^2}{1-\alpha^2}$$

当 $p = 5 \times 10^4$ Pa 时, $\dfrac{\alpha^2}{1-\alpha^2} = \dfrac{0.308 \times 10^5}{5 \times 10^4} = 0.616$ 解得 $\alpha = 0.617$

当 $p = 10^6$ Pa 时, $\dfrac{\alpha^2}{1-\alpha^2} = \dfrac{0.308 \times 10^5}{10^6} = 0.0308$ 解得 $\alpha = 0.172$

可见,$\Delta \nu > 0$,增大总压,平衡左移,PCl_5 的解离度减小。

5.6.4 惰性气体对化学平衡的影响

这里所指的惰性气体是泛指存在于反应系统中但未参与反应(即不是反应物也不是产物)的气体组分。在此仅讨论惰性气体对理想气体反应平衡的影响,按等压和等容两种情况讨论。

1. 等压情况

对气相化学反应来说,在总压一定时,往反应系统中充入惰性气体,不会改变 $K^\ominus$,但却可能会使平衡发生移动。根据(5.13)可知

$$K_n = K^\ominus (p/p^\ominus n_{总})^{-\Delta \nu}$$

充入惰性气体即增大 $n_{总}$,上式可见,如果 $\Delta \nu = 0$,$n_{总}$ 对 K_n 没有影响,即惰性气体的存在与否不会影响系统的平衡组成;如果 $\Delta \nu > 0$,$n_{总}$ 增大,使得 $(p/p^\ominus n_{总})^{-\Delta \nu}$ 增大,K_n 也随之增大,即平衡向增加产物的方向移动;如果 $\Delta \nu < 0$,$n_{总}$ 增大,使得 $(p/p^\ominus n_{总})^{-\Delta \nu}$ 减小,K_n 随之减小,即平衡向增加反应物的方向移动,对反应不利。比如合成氨反应 $N_2(g) + 3H_2(g) \Longrightarrow 2NH_3(g)$,实际生产中反应的原料气 N_2、H_2 混合物要循环使用。在循环中,不断加入新的原料气,N_2 与 H_2 不断反应,而其中的惰性组分,如甲烷、氩气因不起反应而不断积累,含量逐渐增高。为了维持转化率,则要定期放空一部分旧的原料气,以减少惰性组分的含量。

【例 5 - 11】 工业上采用乙苯脱氢方法制取苯乙烯:

$$C_6H_5CH_2CH_3(g) \Longrightarrow C_6H_5CH=CH_2(g) + H_2(g)$$

900 K 时 $K^\ominus = 1.49$。试分别计算下列两种情况下乙苯的平衡转化率：

(1) 总压为 100 kPa，原料气为纯乙苯蒸气；

(2) 总压为 100 kPa，原料气中水蒸气与乙苯蒸气的物质的量之比为 10:1；

(3) 总压为 10 kPa，原料气为纯乙苯蒸气。

解:(1) 乙苯的平衡转化率为 α_1，平衡关系如下：

$$C_6H_5CH_2CH_3(g) \Longrightarrow C_6H_5CH=CH_2(g) + H_2(g)$$

开始时的量 n_0/mol   1   0   0

平衡时的量 n_e/mol $1-\alpha_1$ α_1 α_1

总量 $n_t = (1+\alpha_1)$ mol

$$K^\ominus = K_n(p/p^\ominus n_{总})^{\Delta\nu} = \frac{\alpha_1^2}{1-\alpha_1}\left[\frac{100\ \text{kPa}}{100\ \text{kPa}(1+\alpha_1)}\right]$$

$$1.49 = \frac{\alpha_1^2}{(1-\alpha_1)(1+\alpha_1)}$$

解方程得 $\alpha_1 = 0.774 = 77.4\%$。

(2) 加入惰性气体水蒸气后，平衡转化率为 α_2，平衡关系如下：

$$C_6H_5CH_2CH_3(g) \Longrightarrow C_6H_5CH=CH_2(g) + H_2(g) \quad H_2O(g)$$

开始时的量 n_0/mol   1   0   0   10

平衡时的量 n_e/mol $1-\alpha_2$ α_2 α_2 10

总量 $n_t = (11+\alpha_2)$ mol

$$K^\ominus = K_n(p/p^\ominus n_{总})^{\Delta\nu} = \frac{\alpha_2^2}{1-\alpha_2}\left[\frac{100\ \text{kPa}}{100\ \text{kPa}(11+\alpha_2)}\right]$$

$$1.49 = \frac{\alpha_2^2}{(1-\alpha_2)(11+\alpha_2)}$$

解方程得 $\alpha_2 = 0.950 = 95.0\%$。

(3) 乙苯的平衡转化率为 α_3，平衡关系式同(1)，用 α_3 代替 α_1，则有

$$K^\ominus = \frac{\alpha_3^2}{1-\alpha_3}\left[\frac{10\ \text{kPa}}{100\ \text{kPa}(1+\alpha_3)}\right]$$

$$1.49 = \frac{0.1\alpha_3^2}{(1-\alpha_3)(1+\alpha_3)}$$

解方程得 $\alpha_3 = 0.968 = 96.8\%$。

由以上三种情况可知：对于此反应充入惰性气体或降低系统总压后，乙苯的平衡转化率均增大。

总压不变情况下，充入惰性气体，必然使系统的体积增大，每个反应组分的分压必然降低同样的倍数，平衡将向增大反应分子数的方向移动，相当于降低总压产生的影响。

2. 等容情况

如果理想气体反应在某刚性容器中达到平衡，充入惰性气体，反应系统的总压升高，而各反应组分气体的分压并不发生变化，因此平衡不发生移动。即等容条件下加入惰性气体，对理想气体反应的平衡不产生影响。

§5.7 同时平衡与反应耦合

前面讨论的化学平衡系统是只有一个反应的系统。在实际的反应系统中往往存在多个化学反应，情况较为复杂。

5.7.1 同时平衡

在一些化学反应，特别在有机化学反应中，除了主反应外，还会伴有或多或少的副反应，即几个反应同时发生并达到平衡，即同时平衡。这些反应处于同一个系统中，它们之间必然相互影响。

例如甲烷与水蒸气反应制氢过程，系统中可能同时进行下列四个反应：

(1) $CH_4(g) + H_2O(g) \Longrightarrow CO(g) + 3H_2(g)$

(2) $CO(g) + H_2O(g) \Longrightarrow CO_2(g) + H_2(g)$

(3) $CH_4(g) + 2H_2O(g) \Longrightarrow CO_2(g) + 4H_2(g)$

(4) $CH_4(g) + CO_2(g) \Longrightarrow 2CO(g) + 2H_2(g)$

这几个反应并非都是独立进行的。有的反应可以通过其他反应以线性组合的方式导出，如

$$(3) = (1) + (2)$$
$$(4) = (1) - (2)$$

所以上述反应中只有(1) 和(2) 两个反应是独立进行的，这种相互间没有线性组合关系的反应称为独立反应。

若系统中同时存在几个化学反应，则独立反应数可由经验规则计算：

独立反应数＝系统中物质的总数－系统中元素的总数

例如，上述系统中有五种物质：CH_4、H_2O、CO、CO_2、H_2，有三种元素：C、H、O，所以系统中独立反应数为 $5 - 3 = 2$。

同时平衡的系统中，每个独立反应都有自己的标准平衡常数，其他非独立反应的标准平衡常数可通过独立反应的标准平衡常数求得。如：

$$K_3^\ominus = K_1^\ominus K_2^\ominus, \quad K_4^\ominus = K_1^\ominus / K_2^\ominus$$

在一定的温度和压力下，当系统达到同时平衡时，其中任一组分的组成都是定值，无论该组分同时参与几个化学反应，它在平衡时的组成总是同一数值，且满足各反应的标准平衡

常数的表达式。

【例 5-12】 600 K 时,已知由 CH_3Cl 和 H_2O 作用生成 CH_3OH 时,CH_3OH 可继续反应生成 $(CH_3)_2O$,即下列平衡同时存在:

(1) $CH_3Cl(g) + H_2O(g) \Longrightarrow CH_3OH(g) + HCl(g)$ $\qquad K_1^{\ominus} = 0.001\,54$

(2) $2CH_3OH(g) \Longrightarrow (CH_3)_2O(g) + H_2O$ $\qquad K_2^{\ominus} = 10.6$

现以 CH_3Cl 和 H_2O 等物质的量开始反应,求 CH_3Cl 的转化率?

解: 设开始时 CH_3Cl 和 H_2O 的量各为 1 mol,平衡后生成 HCl 的转化分数为 x,生成 $(CH_3)_2O$ 的转化分数为 y,则平衡后 CH_3OH 为 $(x-2y)$,H_2O 为 $(1-x+y)$,即

$$CH_3Cl(g) + H_2O(g) \Longrightarrow CH_3OH(g) + HCl(g)$$

平衡后 $\qquad 1-x \qquad\qquad 1-x+y \qquad x-2y \qquad\qquad x$

$$2CH_3OH(g) \Longrightarrow (CH_3)_2O(g) + H_2O$$

平衡后 $\qquad x-2y \qquad\qquad\qquad y \qquad\qquad 1-x+y$

所以

$$K_1^{\ominus} = \frac{(x-2y)x}{(1-x)(1-x+y)} = 0.001\,54$$

$$K_2^{\ominus} = \frac{y(1-x+y)}{(x-2y)^2} = 10.6$$

这两个方程联立求解得到 $x=0.048$,$y=0.009$,则 CH_3Cl 的转化率 4.8%,而生成 CH_3OH,HCl 和 $(CH_3)_2O$ 的产率各不相同。

5.7.2 反应耦合

如果系统中有两个反应,其中某一个反应的产物且为另一个反应的反应物,则常称这两个反应是耦合反应。在耦合反应中某一反应可以影响另一个反应的平衡位置,甚至使得原先不能独立进行的反应得以通过另外的途径而进行,如

反应(1) $\qquad\qquad A+B \Longrightarrow C+D$

反应(2) $\qquad\qquad C+E \Longrightarrow F+H$

如果反应(1) 的 $\Delta_r G_{m,1}^{\ominus} \gg 0$,则标准平衡常数 $K_1^{\ominus} \ll 1$,设 D 是我们所需的产物,则从反应(1) 得到 D 必然很少(甚至在宏观上可以认为反应不能进行的)。若反应(2) 的 $\Delta_r G_{m,2}^{\ominus} \ll 0$,甚至可以抵消 $\Delta_r G_{m,1}^{\ominus}$ 而有余,则下述反应(反应(1)+反应(2))是可以进行的(这里讨论的都是 $\Delta_r G_m^{\ominus}$ 而不是 $\Delta_r G_m$)。

反应(3) $\qquad\qquad A+B+E \Longrightarrow F+H+D$

$$\Delta_r G_{m,3}^{\ominus} = \Delta_r G_{m,1}^{\ominus} + \Delta_r G_{m,2}^{\ominus} < 0$$

结果好像是由于反应(2)的 $\Delta_r G_m^{\ominus}$ 有很大的负值,把反应(1)"带动"起来了。从平衡移动的角度来看,相当于反应(2)的进行抽走了反应(1)的产物,使得平衡(1)向右移动。耦合反应在尝试设计新的合成路线时常常是很有用的。

例如 TiCl₄ 的制备，

$$(a) \qquad TiO_2(s) + 2Cl_2(g) == TiCl_4(l) + O_2(g)$$

$$\Delta_r G_m^{\ominus}(298 \ K) = 161.94 \ kJ \cdot mol^{-1}$$

反应(a)的 $\Delta_r G_m^{\ominus}$ 是很大的正值，说明生成 TiCl₄ 的可能性是极小的或者产量几乎可以忽略不计。提高温度虽然有利于反应向右进行，但不会有很大的改进。

$$(b) \qquad C(s) + O_2(g) == CO_2(g)$$

$$\Delta_r G_m^{\ominus}(298 \ K) = -394.38 \ kJ \cdot mol^{-1}$$

如果反应(a)与反应(b)耦合，即

$$(c) \qquad C(s) + TiO_2(s) + 2Cl_2(g) == TiCl_4(l) + CO_2(g)$$

$$\Delta_r G_m^{\ominus}(298 \ K) = -232.44 \ kJ \cdot mol^{-1}$$

反应(c)的 $\Delta_r G_m^{\ominus}(298 \ K) \ll 0$，因此这个反应在宏观上就是可能进行的。

再如从丙烯生成丙烯腈的反应，即

$$CH_2 = CH - CH_3 + NH_3 == CH_2 = CH - CN + 3H_2$$

这个反应的产率很低。但是丙烯氨氧化制备丙烯腈的产率却很高：

$$CH_2 = CH - CH_3 + NH_3 + \frac{3}{2}O_2 == CH_2 = CH - CN + 3H_2O$$

这个反应可以看成是前一反应与 $3H_2 + \frac{3}{2}O_2 == 3H_2O$ 耦合的结果，这是当前制取丙烯腈最经济的方法。烯烃氧化脱氢制备二烯烃，烷烃氧化脱氢制备烯烃和二烯烃也都可以看成是耦合反应的应用。

耦合反应在生物体内占有重要的位置。糖类物质是自然界中分布最广的有机物之一，作为能源和碳源，是生物体内的重要成分，一切生物都有使糖类化合物在体内最终分解为 $CO_2(g)$ 和 $H_2O(l)$，并放出能量的代谢化学过程，其反应步骤有十余步之多，大致为：

$$C_6H_{12}O_6(在体液内) + O_2 \rightarrow \cdots \rightarrow 丙酮酸 \rightarrow \cdots \rightarrow 乙烯辅酶 A \rightarrow \cdots \rightarrow CO_2 + H_2O$$

其中就有 ATP(三磷酸腺苷)和 ADP(二磷酸腺苷)参加的耦合反应。现举其中一例：

(1) $C_6H_{12}O_6 + H_3PO_4(l) \longrightarrow 6$-磷酸葡萄糖 $+ H_2O$

$\qquad \Delta_r G_{m,1}^{\ominus}(298 \ K) = 13.8 \ kJ \cdot mol^{-1}$

(2) $ATP + H_2O(l) \longrightarrow ADP + H_3PO_4(l)$

$\qquad \Delta_r G_{m,2}^{\ominus}(298 \ K) = -30.5 \ kJ \cdot mol^{-1}$

两个反应耦合后：

(3) $C_6H_{12}O_6 + ATP \longrightarrow 6$-磷酸葡萄糖 $+ ADP$

$\qquad \Delta_r G_{m,3}^{\ominus}(298 \ K) = -16.7 \ kJ \cdot mol^{-1}$

反应(2)能直接反应，通过反应(2)使葡萄糖($C_6H_{12}O_6$)转化为 6-磷酸葡萄糖，在这个过程中通过 ATP 的反应，为最终的反应(3)提供了能源。即 ATP 是生物细胞内能量代谢的耦联剂,它可以把分解代谢的放能反应与合成代谢的吸能反应耦合在一起。在生物体中利用 ATP 水解释放的能量可以驱动各种需能的生物活动。例如原生质的流动、肌肉的运动、电鳗放出的电能、萤火虫放出的光能,以及动植物分泌、吸收的渗透能,都靠 ATP供给。

上述反应中生成的 ADP 可以通过另一个耦合反应使 ATP 再生,即

$$ADP + Pi \longrightarrow ATP + H_2O , \Delta_r G_{m,1}^{\ominus}(298\ K) = 29.3\ kJ \cdot mol^{-1}$$

$$PEP + H_2O \longrightarrow 丙酮酸 + Pi , \Delta_r G_{m,2}^{\ominus}(298\ K) = -53.5\ kJ \cdot mol^{-1}$$

两个反应耦合后

$$PEP + ADP \longrightarrow 丙酮酸 + ATP , \Delta_r G_m^{\ominus}(298\ K) = -24.2\ kJ \cdot mol^{-1}$$

式中 PEP 是磷酸烯醇丙酮酸的缩写,Pi 则代表含磷的无机化合物,它可能是 PO_4^{3-}、HPO_4^{2-}、$H_2PO_4^-$ 等。

在代谢过程中通过耦合反应,由 ATP 的水解提供能量,生成的 ADP 又可以通过另外的耦合反应使 ATP 再生,所以 ATP 有"生物能量的硬通货"之称。也有人把 ATP 比喻为体内的"活期存款",需要时可以随时取用。生物化学上常用图 5.2 示意 ATP 的生理功能。

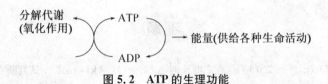

图 5.2 ATP 的生理功能

化学反应的耦合,无论从热力学还是动力学的角度讲,都是有条件的,特别是其中的一种物质必须是两个反应共同涉及的,即在前一个反应中是生成物,而在后一个反应中是反应物,共同涉及的物质称为耦合物质。这种联系是必不可少的,耦合不会任意的,否则我们既可以任意地找一个 $\Delta_r G_m^{\ominus}$ 负的绝对值很大的反应,作为万能的"钥匙"去和任一个不可能发生的反应"耦合",使其变为可能,这显然是很荒谬的。众所周知,$H_2 + 1/2O_2 \Longrightarrow H_2O$ 的 $\Delta_r G_m^{\ominus}$ 是绝对值很大的($-228.59\ kJ \cdot mol^{-1}$),可它绝不是一把"万能钥匙"。

两个反应耦合在一起,实际上系统中已成为另一个新的反应系统,而两个反应如何重新组合,必须研究新的反应历程。耦合只是促成获得某产物的手段,特别是在生物体内的耦合,经典的热力学并不能说明反应的机理,因此也难设想在耦合系统中仍然独立的存在这两个独立的反应,且不影响其反应历程。

以上仅从经典热力学角度,讨论了耦合反应,但这仍然只是一种可能性,这种可能能否实现,还必须结合反应的速率,从动力学角度全面讨论。

耦合反应神奇地让某些反应由不可能变为可能,应用非常广泛。在生物、医药、环境、材料、冶金、石油化工等众多领域发挥了其独特的作用,感兴趣同学请参阅相关文献。

思考题

1. 为什么说化学反应的平衡态是反应进行的最大限度？

2. 反应的 $\Delta_r G_m^{\ominus}$ 与 $\Delta_r G_m$ 有何不同？如何理解它们各自的物理意义？

3. 根据公式 $\Delta_r G_m^{\ominus} = -RT\ln K^{\ominus}$，能否认为 $\Delta_r G_m^{\ominus}$ 是处于平衡态时的吉布斯函数的变化值，为什么？

4. 影响化学平衡的因素有哪些？哪些因素不影响平衡常数？

5. 工业上制备水煤气反应为 $C(s) + H_2O(g) \Longrightarrow CO(g) + H_2(g)$，$\Delta_r H_m^{\ominus} = 133.5 \text{ kJ} \cdot \text{mol}^{-1}$ 设反应在 673 K 时达到平衡。讨论下列因素对平衡的影响。

(1) 增加 C 的含量；

(2) 提高反应温度；

(3) 增加系统总压力；

(4) 增加 $H_2O(g)$ 的分压；

(5) 增加 $N_2(g)$ 的分压。

6. 一定温度下，设某分解反应为 $A(s) \Longrightarrow B(g) + 2C(g)$，其标准平衡常数和总压力分别为 $K^{\ominus}$、p，写出标准平衡常数与总压力的关系式。

习题

1. 已知反应 $N_2O_4(g) \Longrightarrow 2NO_2(g)$ 在 298 K 时 $\Delta_r G_m^{\ominus} = 47.4 \text{ kJ} \cdot \text{mol}^{-1}$，试判断在该温度及下列条件下的反应方向。

(1) $p_{N_2O_4} = 1.013 \times 10^5 \text{ Pa}$，$p_{NO_2} = 1.013 \times 10^6 \text{ Pa}$

(2) $p_{N_2O_4} = 1.013 \times 10^5 \text{ Pa}$，$p_{NO_2} = 1.013 \times 10^{15} \text{ Pa}$

(3) $p_{N_2O_4} = 3.039 \times 10^5 \text{ Pa}$，$p_{NO_2} = 2.026 \times 10^5 \text{ Pa}$

2. 反应 $C(s) + H_2O(g) \Longrightarrow CO(g) + H_2(g)$，若在 1 000 K 及 1 200 K 时的 $K^{\ominus}$ 分别为 23.472 和 37.58。试计算在此温度范围内的平均反应热 $\Delta_r H_m^{\ominus}$ 及在 1 100 K 时的标准平衡常数 $K^{\ominus}$。

3. 已知气相反应 $2SO_3(g) \Longrightarrow 2SO_2(g) + O_2(g)$，在 1 000 K 时 $K^{\ominus} = 2.90 \times 10^5$，试计算下列两个反应在 1 000 K 时的 $K^{\ominus}$ 与 $\Delta_r G_m^{\ominus}$。

(1) $2SO_2(g) + O_2(g) \Longrightarrow 2SO_3(g)$；

(2) $SO_3(g) \Longrightarrow SO_2(g) + 1/2O_2(g)$。

4. 合成氨反应为 $3H_2(g) + N_2(g) \Longrightarrow 2NH_3(g)$，所用反应物氢气和氮气的物质的量之比为 $3:1$，在 673 K 和 1 000 kPa 时达到平衡，平衡产物中氨的物质的量分数为 0.038 5。试求：

(1) 此反应在该条件下的标准平衡常数；

(2) 在该温度下，若要使得氨的物质的量分数为 0.152，应控制总压为多少？

5. 反应 $PCl_5(g) \Longrightarrow PCl_3(g) + Cl_2(g)$ 在 200 ℃ 时，$K^{\ominus} = 0.308$，试计算：

(1) 在 200 ℃ 及 101.3 kPa 下 PCl_5 的解离度；

(2) 组成为 1：5 的 PCl_5 与 Cl_2 的混合物，在 200 ℃ 及 101.3 kPa 下 PCl_5 的解离度？

6. 反应(1) $H_2O(g) \Longrightarrow H_2(g) + 1/2 O_2(g)$，反应(2) $CO_2(g) \Longrightarrow CO(g) + 1/2 O_2(g)$，在 1 500 K、$p^{\ominus}$ 时，$H_2O(g)$ 与 $CO_2(g)$ 的解离度分别为 2.21×10^{-4}，4.8×10^{-4}。试计算：

反应(3) $CO(g) + H_2O(g) \Longrightarrow CO_2(g) + H_2(g)$，在此条件下的 $K^{\ominus}$。

7. 已知反应 $N_2(g) + 3H_2(g) \Longrightarrow 2NH_3(g)$ 在 400 ℃时的 $K_c = 0.500 (\text{mol} \cdot \text{dm}^{-3})^{-2}$，试计算同一温度下该反应的 $K^{\ominus}$。

8. 某含有惰性气体的气相反应系统中，SO_2 与 O_2 的物质的量分数分别为 6% 与 12%，100 kPa 下达到平衡后有 80% 的 SO_2 转化为 SO_3。试计算反应达到平衡时的温度。已知热力学数据：$\Delta_f G_m^{\ominus}(SO_2, 298 \text{ K}) = -300.194 \text{ kJ} \cdot \text{mol}^{-1}$，$\Delta_f G_m^{\ominus}(SO_3, 298 \text{ K}) = -371.06 \text{ kJ} \cdot \text{mol}^{-1}$。

9. 已知 1 000 K 时生成水煤气的反应 $C(s) + H_2O(g) \Longrightarrow CO_2(g) + H_2(g)$，在 101 kPa 时平衡转化率为 0.844。试求：(1) 标准平衡常数 $K^{\ominus}$；(2) 111 kPa 时的平衡转化率。

10. 已知反应 $PCl_5(g) \Longrightarrow PCl_3(g) + Cl_2(g)$，在某温度下，一定量的 PCl_5 气体在 101.3 kPa 下部分分解，达到平衡时体积为 1 dm^3，PCl_5 的解离度为 50%。问以下情况下 PCl_5 的解离度如何变化？（假定反应气体为理想气体）

(1) 将气体总压降低，直到体积为 2 dm^3；

(2) 保持总压不变，通入 N_2，使体积变为 2 dm^3；

(3) 保持体积为 1 dm^3，通入 N_2，使压力增至 202.6 kPa；

(4) 保持体积为 1 dm^3，通入 Cl_2，使压力增至 202.6 kPa；

(5) 保持总压不变，通入 Cl_2，使体积变为 2 dm^3。

第6章 统计热力学初步 [*]

本章基本要求

1. 了解统计热力学的研究对象、研究方法以及几个重要定理。
2. 了解统计热力学中关于系统的分类及其重要特征。
3. 掌握玻耳兹曼分布公式及其应用。
4. 掌握粒子配分函数的求算及其与系统的热力学函数间的关系。

关键词

独立粒子系统,玻耳兹曼分布,粒子配分函数,求算热力学函数

§6.1 引 言

6.1.1 统计热力学与热力学的关系

由前面的学习可知,热力学是依据三大经验定律(或四大经验定律),通过逻辑推理阐述热力学平衡系统的宏观性质及其变化规律的。方法简单、结论可靠是热力学的重要特征,但也是其局限性所在。热力学没有考虑构成宏观系统的微观粒子(包括分子、原子、离子、电子等)的结构和性质,它只能从宏观性质的已知量求宏观性质的未知量,而不能独立地得到其宏观性质。形象地说,热力学只能回答"什么"(如方向和限度),而不能回答"为什么"。

然而,任何一个宏观系统中都含有大量的微观粒子($\sim 10^{23}$ 数量级),宏观系统的任何性质终究是这些微观粒子运动的宏观反映,人们自然希望从这些微观粒子的结构和性质来了解宏观性质的本质,这正是统计热力学的任务。由此也可见,统计热力学的研究对象和热力学是一样的,是由大数量粒子构成的平衡态宏观系统,但它们在观察问题的立场、观点和解决问题的方法上是不同的。统计热力学的目的在于,从组成宏观系统的粒子的微观结构和微观性质(如粒子的质量、动能、转动惯量、振动频率、几何构型等)出发,用统计力学的方法来计算或预言平衡系统的宏观热力学性质(如热力学能 U、焓 H、熵 S、亥姆赫兹函数 A 和吉布斯函数 G 等),从而揭示宏观系统变化规律的本质。

宏观系统中每个微观粒子都在永不停息地运动着,因此,从宏观上说一个处于平衡态的

系统时,从微观上看其状态却是瞬息万变的。因此,试图通过了解每个微观粒子在每个瞬间的状态来描述宏观系统的状态,既无可能,也没必要。例如,欲求算一个独立粒子系统的热力学能 U,如果要去求算每个粒子在每个瞬间的能量然后再加和,这是不可能的。然而,统计热力学依据微观粒子能量量子化的基础,认为虽然每个粒子在每一瞬间可以处于不同能级,但从平衡系统中大量粒子来看,处于某个能级 ε_i 的平均粒子数 N_i 却是一定的,因此,$U = \sum_i N_i \varepsilon_i$。这样求出的宏观系统热力学能当然不是瞬时值而是统计平均值。统计平均的方法是统计力学的基本特征,同时也意味着统计热力学的结果仅适用于大数量粒子的系统,而不适用于少数几个粒子组成的系统。

将统计热力学原理应用于结构比较简单的系统,如低压下的实际气体、晶体等,其计算结果与实验测量值能很好地吻合。但在处理结构比较复杂的系统时,统计热力学会遇到种种困难,因而不得不作一些近似假设。此外,在统计热力学计算中常常用到一些热力学的基本关系式,所以说热力学和统计热力学是相互补充、相辅相成的。

统计方法有许多种。从历史上看,最早使用的是经典的统计方法,它是在 19 世纪末期,由玻耳兹曼(Boltzmann)运用经典力学处理微观粒子的运动而创立的。之后,1900 年普朗克(Planck)提出量子论,麦克斯韦(Maxwell)将能量量子化的概念引入统计热力学,对经典统计进行了修正,发展成为麦克斯韦-玻耳兹曼统计热力学方法。在这一时期,玻耳兹曼作出了许多贡献,因此,麦克斯韦-玻耳兹曼统计更多地称为玻耳兹曼统计。1924 年以后产生了量子力学,统计热力学的力学基础和方法也相应改变,于是两种统计方法,即玻色-爱因斯坦(Bose-Einstein)统计和费米-狄拉克(Fermi-Dirac)统计应运而生。这两种统计方法分别适用于不同的系统,但在一定的条件下均可以近似为玻耳兹曼统计。因此,本章只对玻耳兹曼统计作介绍,它主要应用于微观粒子间没有相互作用或相互作用可以忽略不计的系统,如理想气体或低压下的实际气体、稀溶液的溶质等。应该指出的是,目前所介绍的玻耳兹曼统计已不是玻耳兹曼原始的处理方法,而是引用量子力学的一些结论来讨论玻耳兹曼用经典力学所处理的问题。

对于微观粒子间有相互作用的系统,早在 1902 年就出现了更普遍的统计方法,由吉布斯(Gibbs)将玻耳兹曼统计应用到这样的系统中,创立了统计系综理论,扩大了统计热力学的使用范围。在统计热力学中,常用的有三种性质不同的系综:微正则系综(U、V、N 恒定)、正则系综(T、V、N 恒定)、巨正则系综(T、V、m 恒定),其中,最基本的是微正则系综,但应用最广的是正则系综和巨正则系综。还有一种定温定压系综,是 T、p、N 保持恒定的系综。原则上,系综理论可以应用于实际气体、电解质溶液、高分子系统等。

作为统计热力学的初步介绍,我们将不直接采用严密的系综方法来讨论普遍情况下的统计热力学,而是针对独立粒子系统这样一类最为简单、最为典型的情况进行讨论,但这对了解和掌握统计热力学原理及方法是非常有用的。

6.1.2　统计系统及分类

统计热力学所研究的对象是由大量微观粒子所构成的且处于热力学平衡态的宏观系统。在统计热力学中,为便于讨论,除保持前面学过的热力学的分类方法外,根据构成系统的微观粒子的不同特性,统计系统还有以下两种典型的分类方法。

一种是根据系统中粒子之间除弹性碰撞外有无相互作用,可以将统计系统分为独立粒子系统和相依粒子系统。前者粒子之间除发生完全弹性碰撞外无相互作用,粒子之间是彼此独立的,如理想气体,系统的总能量等于各个粒子能量的总和;后者粒子之间有不容忽略的相互作用,如高压下的实际气体,系统的总能量除包括各个粒子能量的总和外,还应包括粒子之间相互作用的位能。显然,在实际情况中,粒子之间绝对无相互作用的系统是不存在的,但粒子之间的相互作用非常微弱而可以忽略不计的系统是存在的,如低压下的实际气体,当作独立粒子系统处理。本章除特别注明外,只讨论独立粒子系统。

另一种是根据系统中粒子的运动范围,可以将统计系统分为定域粒子系统和离域粒子系统。定域粒子系统中每个粒子的运动都有其固定的平衡位置,因此,即使是化学组成相同的粒子,也可以依据其所在固定位置加以识别。例如晶体,组成晶体的各个粒子都在固定的点阵点附近振动,因此可以想象根据点阵点的位置进行编号,从而对粒子加以区别。定域粒子系统又称为可别粒子系统、定位系统。离域粒子系统中粒子处于混乱的运动状态,其运动范围遍及系统的整个空间,同类粒子彼此无法分辨,例如气体和液体。离域粒子系统又称为非定域粒子系统、不可别粒子系统、非定位系统或全同粒子系统。

6.1.3　系统的状态

统计热力学中的"状态"一词不再只是热力学中所规定的那样,是由一组宏观性质来确定的热力学平衡状态的简称。"状态"一词在不同的层次上有不同的含义,必须在其前面加上定语以限定其具体内涵。

1. 粒子的状态

指单个微观粒子的运动状态。像电子、质子、中子以及由它们结合而成的原子、分子、离子等微观粒子,其运动规律不服从经典力学,而服从量子力学。按照量子力学的观点,同种微观粒子是等同的、不可区别的,同时认为粒子不仅具有微粒性还有波动性。量子力学用波函数 ψ 以及与其对应的能级 ε 来描述微观粒子的运动状态,一个 ψ 表示微观粒子的一个可能的运动状态。用量子力学描述的微观运动状态又称为量子态。通过求解单个粒子的薛定谔方程,可得到单个粒子的波函数 ψ_i 及相对应的能级 ε_i,粒子的能级是量子化的。若某能级 ε_i 只对应一个波函数 ψ_i,则此能级是非简并的,就如一幢楼的每一层只有一个房间一样;有时,某一能级 ε_i 有 g_i 个波函数,则此能级是简并的,g_i 为 ε_i 能级的简并度,就如一幢楼的每一层有多个房间,房间数就相当于该层楼的简并度。可见,某能级 i 为非简并能级时,相当于 $g_i=1$。量子力学中就是用波函数 ψ_i、能级 ε_i 和简并度 g_i 来描述粒子的微观运动状态。在统计热力学中,并不需要粒子的状态函数的具体形式,但需要粒子能级的具体表达式。

2. 系统的微观状态

对于宏观状态确定的系统,其对应的微观状态仍然处于不断的运动变化之中。系统在某一瞬间的微观状态是指此时此刻系统内每一个微观粒子都处于各自确定的状态。要描述有 N 个粒子组成的体系在某一时刻的微观运动状态,似乎只要解 N 个薛定谔方程,求出每个粒子的状态函数。但这实际上是做不到的。例如,1 mol 气体由 6.023×10^{23} 个气体分子所组成,要解 6.023×10^{23} 个薛定谔方程,不仅数学上非常困难,而且也无法建立这么多的方程。因此,必须借助于统计的方法,从量子力学求出单个粒子单独存在时可能有的全部能级 ε_i,以及每个能级上的量子态数,同时知道 N 个粒子在某一时刻在这些能级上分布的数目,这些每一可以区别的分布方式代表系统的某一微观状态,即知道粒子在每个能级上出现的概率,就能确定由 N 个粒子组成的系统在这一时刻的微观运动状态。

3. 系统的宏观状态

指由一组宏观性质(如 p、V、T、n 等)所确定的热力学平衡系统的状态。一个给定的宏观状态对应着极其大量的微观状态,其对应的微观状态总数称为该宏观状态的热力学概率,常用 Ω 表示。微观量 Ω 与系统的宏观量 S 之间满足如下关系:

$$S = k\ln\Omega \tag{6.1}$$

式中,k 为玻耳兹曼常量,它与摩尔气体常量间满足关系式 $R = kL$,即 $k = \dfrac{R}{L} = \dfrac{8.314 \text{ J} \cdot \text{K}^{-1} \cdot \text{mol}^{-1}}{6.022 \times 10^{23} \text{ mol}^{-1}} = 1.3806 \times 10^{-23}\text{J} \cdot \text{K}^{-1}$。1906 年普朗克得到式(6.1)关系式,但第一个承认并应用它的是玻耳兹曼,故称为玻耳兹曼熵定理。玻耳兹曼熵定理适用于孤立系统,它是联系微观量与宏观量的桥梁,也是统计热力学的重要基础。

【例 6-1】　当热力学系统的熵函数 S 增加 $0.5 \text{ J} \cdot \text{K}^{-1}$ 时,系统的宏观状态数会增加为原来多少倍?

解: 由式(6.1)可知:

$$S_2 - S_1 = k(\ln\Omega_2 - \ln\Omega_1) = k\ln\frac{\Omega_2}{\Omega_1}$$

因此,$\ln\dfrac{\Omega_2}{\Omega_1} = \dfrac{S_2 - S_1}{k} = \dfrac{0.5 \text{ J} \cdot \text{K}^{-1}}{1.38 \times 10^{-23} \text{ J} \cdot \text{K}^{-1}} = 3.62 \times 10^{22}$

即　$\dfrac{\Omega_2}{\Omega_1} = e^{3.62 \times 10^{22}}$

6.1.4 统计热力学的基本定理

1. 概率定理

统计热力学的研究对象是宏观系统,构成系统的粒子数量是很大的,往往是~10^{23}数量级的粒子所组成,这么多的质点间碰撞极其频繁,几乎每10^{-10}秒就要碰撞一次。因此,整个系统每秒钟要经历10^{35}次变化,也就是整个系统的微观运动状态是不断变化的。这些微观状态的变化是宏观条件所不能控制的,它们在某一瞬间可能出现,也可能不出现。即在一定的宏观条件下,系统的每个微观状态各以一定的概率出现,这就是概率定理。

2. 等概率定理

对一个处于热力学平衡状态的孤立系统,其U, V, N是恒定的,该系统对应的各个微观运动状态出现的概率(也叫数学概率,不同于热力学概率)都是相同的,即

$$P_1 = P_2 = P_3 = \cdots = P_\Omega = \frac{1}{\Omega}$$

式中,$P_1, P_2, P_3, \cdots$是每个微观运动状态出现的概率。这就是等概率定理,它是统计热力学的一个重要假定,虽然不能直接证明,但在此假定下推论出的结果都是正确的。

3. 各态遍布定理

对宏观系统进行测量时,总需要一定的时间。有人担心,会不会出现在测量的时间内一些微观运动状态没机会出现,进而对物理量没有贡献?统计热力学认为,这种担心是不必要的。因为在宏观看来是极短的时间,在从微观角度看已经足够长,在这个时间内各种可能的微观状态都已出现,而且出现了千万次,这就是各态遍布定理。

因此,在一段时间内观测到的宏观物理量实际上是相应微观量对所有的微观运动状态的平均值,这就是宏观量是微观量的平均值定理。

设A为系统的某一宏观物理量,该系统在对应的第i个微观状态时对应的该物理量为a_i(这是微观量),系统的第i个微观运动状态的概率为P_i,则观测到的宏观量A为

$$A = \langle A \rangle = \sum_{i=1}^{\Omega} a_i P_i$$

§6.2 玻耳兹曼统计

独立定域粒子系统遵守玻耳兹曼统计。经典力学认为一切微观粒子都是可以区分的,因此,玻耳兹曼统计又称经典统计。下面我们就以独立定域粒子系统来讨论玻耳兹曼统计的规律。

6.2.1 独立定域粒子系统

设一个 U、V、N 恒定的独立定域粒子系统。它由 N 个可以区分的、无相互作用的粒子构成,由于粒子在运动中不断彼此发生碰撞并交换能量,这 N 个可别粒子可以有不同的分布:

$$\begin{array}{llllll}
\text{能级:} & \varepsilon_1 & \varepsilon_2 & \varepsilon_3 & \cdots & \varepsilon_k \\
\text{简并度:} & g_1 & g_2 & g_3 & \cdots & g_k \\
\text{一种分布:} & N_1 & N_2 & N_3 & \cdots & N_k \\
\text{另一种分布:} & N'_1 & N'_2 & N'_3 & \cdots & N'_k \\
& \cdots\cdots
\end{array}$$

因此,系统在某一时刻的微观运动状态可由组成系统的 N 个可别粒子在许可能级上的一套分布数目所描述,这一套确定的能级分布数 $N_1, N_2, N_3, \cdots, N_k$ 就叫做一种分布类型。但是,每一种分布类型只指出每一能级上有多少个粒子,并没有指定是哪几个粒子(粒子可别!)。因此,实现这一分布类型还有不同的方式,每一种可别的方式可代表系统的一个可区别的微观状态。当然,不管哪一种分布类型都必须满足系统的粒子数和热力学能均恒定不变的两个前提条件,即

$$\sum_{i=1}^{k} N_i = N \tag{6.2}$$

$$\sum_{i=1}^{k} N_i \varepsilon_i = U \tag{6.3}$$

对于上述第一种分布类型,其对应的微观状态数 t_1 的求算可按如下步骤进行:首先从 N 个可别粒子中任意挑选 N_1 个粒子放在能级 ε_1 上,应有 $C_N^{N_1}$ 种方式。每一次挑选出来的 N_1 个粒子可能处在该能级 g_1 个不同的量子态上,由于每个量子态上能容纳的粒子数是不受限制的,因此 N_1 个粒子中的每一个都有 g_1 种分配方式,N_1 个粒子就有 $g_1^{N_1}$ 种分配方式。这样,仅能级 ε_1 上就可能出现 $C_N^{N_1} \cdot g_1^{N_1}$ 种不同的粒子配置方式。接着,再从 $(N-N_1)$ 个粒子中任选 N_2 个可别粒子,方式有 $C_{N-N_1}^{N_2}$ 种,此 N_2 个可别粒子分配在 ε_2 能级的 g_2 个简并量子态上有 $g_2^{N_2}$ 种不同方式,故能级 ε_2 可能呈现 $C_{N-N_1}^{N_2} \cdot g_2^{N_2}$ 种不同的方式。以此类推,直到最后 N_k 个可别粒子分配在 ε_k 能级的 g_k 个量子态上产生 $C_{N-N_1-N_2-\cdots-N_{k-1}}^{N_k} \cdot g_k^{N_k}$ 种不同方式。于是,第一种分布类型所具有的微观状态数为

$$\begin{aligned}
t_1 &= (C_N^{N_1} g_1^{N_1})(C_{N-N_1}^{N_2} g_2^{N_2})(C_{N-N_1-N_2}^{N_3} g_3^{N_3})\cdots(C_{N-N_1-N_2-\cdots-N_{k-1}}^{N_k} g_k^{N_k}) \\
&= \left[\frac{N!}{N_1!(N-N_1)!} g_1^{N_1} \right]\left[\frac{(N-N_1)!}{N_2!(N-N_1-N_2)!} g_2^{N_2} \right] \\
&\quad \left[\frac{(N-N_1-N_2)!}{N_3!(N-N_1-N_2-N_3)!} g_3^{N_3} \right]\cdots\left[\frac{(N-N_1-N_2-\cdots-N_{k-1})!}{N_k!(N-N_1-N_2-\cdots-N_k)!} g_k^{N_k} \right]
\end{aligned}$$

$$= \frac{N!}{N_1! N_2! N_3! \cdots N_k!} g_1^{N_1} g_2^{N_2} g_3^{N_3} \cdots g_k^{N_k}$$

即
$$t_1 = N! \prod_{i=1}^{k} \frac{g_i^{N_i}}{N_i!} \tag{6.4}$$

其他种分布类型的微观状态数具有与式(6.4)类似的表达式。若用 t_j 表示第 j 种分布对应的微观状态数,则该系统的总微观状态数就等于各种分布的微观状态数之和。即

$$\Omega = \sum_j t_j$$

可以想见,通过类似于式(6.4)代入上述加和公式去求 Ω 一定是很复杂的。

那么,有没有更简便的方法去求算 Ω 呢?

我们知道,虽然系统的各微观状态具有相同的出现概率,但各种分布所拥有的微观状态数或热力学概率是不同的,其中有一种分布的微观状态数最多,这种分布称为最概然分布。统计热力学认为,最概然分布的微观状态数最多,基本上可以用它来代替总的微观状态数,因此,处于平衡态的热力学系统的最概然分布可以代表平衡分布,其出现的概率几乎为 1,相应的微观状态数 t_m 与系统的总微观状态数 Ω 之间存在 $\ln t_m \approx \ln \Omega$ 的关系。此时,式(6.1)可以近似写为

$$S = k \ln t_m \tag{6.5}$$

这一方法称为摘取最大项法,通过此法可以将 Ω 的求算转化为最概然分布的微观状态数 t_m 的求算,大大简化了统计热力学的推导。因此,求算最概然分布的微观状态数 t_m 将是玻耳兹曼统计的核心。

求算最概然分布的微观状态数 t_m 的实质是,在式(6.2)和式(6.3)两个限制条件下求算式(6.4)的极值的数学问题。具体推导过程,感兴趣的读者可以阅读有关参考书,这里我们给出最终结论,即微观状态数达最大值 t_m 时,占据第 i 能级的粒子数 N_i^* 满足下列关系:

$$N_i^* = N \frac{g_i e^{-\varepsilon_i/kT}}{\sum_{i=1}^{k} g_i e^{-\varepsilon_i/kT}} \tag{6.6}$$

式(6.6)称为玻耳兹曼分布或平衡分布公式,表达式中的"*"表示的是最概然分布。

通过上面的分析可知,对平衡系统的统计描述实际上并不需要确定所有可能的分布类型及计算各种分布类型的微观状态数,只需找出最概然分布就行了。因为系统的最概然分布完全代表了平衡系统的粒子分布状况,可以通过粒子的能级 ε_i 和系统的最概然分布对应的该能级上的粒子数 N_i^*,进而可以计算出系统的热力学能 $U = \sum_{i=1}^{k} N_i^* \varepsilon_i$。同时,用最概然分布的微观状态数 t_m 代替总微观状态 Ω,通过玻耳兹曼熵定理,求算系统的熵。系统的其他宏观性质用前面章节学过的关系式逐一可以确定。可见,玻耳兹曼分布在统计热力学中是一个至关重要的公式。为了方便起见,今后使用式(6.6)时,N_i^* 的上标"*"均略去,请读

者注意。

值得注意的是，我们在用式(6.4)计算系统的微观状态数时，常常需要求算 $N!$ 或 $N_i!$。由于任一宏观系统中的粒子数都是大量的($\sim 10^{23}$ 数量级)，N 或 N_i 都是很大的，直接求算其阶层值是很困难的。这时就需要用一近似关系，即斯特林(Stirling)公式：

$$\ln N! \approx N \ln N - N \tag{6.7}$$

式中，N 越大，运用公式的相对误差就越小。当 N 足够大时，其相对误差可以忽略不计。

6.2.2　独立离域粒子系统

上面讨论的是独立定域粒子系统的情形。对独立离域粒子系统，我们可以采用巧妙的对玻耳兹曼统计作适当修正的方法，就可得到其相应的统计规律，这种统计又称为修正的玻耳兹曼统计。

我们知道，对于独立离域粒子系统而言，其微观粒子是全同的、不可区分的，粒子排列在不同能级上不会产生不同的微观状态。定域粒子系统的 N 个可别粒子在不同能级上的排列方式数为 $N!$，但对离域粒子系统来说，只有一种排列方式。因此，应该在定域粒子系统的统计关系式中扣除 $N!$，除以 $N!$ 称为等同性修正。这样对于一个 U、V、N 恒定的独立离域粒子系统，某种分布类型的微观状态数应为：

$$t_1 = \frac{N! \prod_{i=1}^{k} \dfrac{g_i^{N_i}}{N_i!}}{N!} = \prod_{i=1}^{k} \frac{g_i^{N_i}}{N_i!} \tag{6.8}$$

之后，再仿照独立定域粒子系统类似的思路来处理，便可得到该系统的最概然分布公式：

$$N_i^* = N \frac{g_i e^{-\varepsilon_i/kT}}{\sum\limits_{i=1}^{k} g_i e^{-\varepsilon_i/kT}} \tag{6.9}$$

此形式与独立定域粒子系统的玻耳兹曼公式(6.6)式是完全相同的。

§6.3　配分函数

6.3.1　粒子配分函数的定义及其物理意义

玻耳兹曼分布指出了微观粒子在各能级上平衡分布的方式，并且无论是定域粒子系统还是离域粒子系统，它们的粒子能量分布都遵守下列公式：

$$N_i = N \frac{g_i e^{-\varepsilon_i/kT}}{\sum\limits_{i=1}^{k} g_i e^{-\varepsilon_i/kT}}$$

若定义

$$\sum_{i=1}^{k} g_i e^{-\epsilon_i/kT} = q \tag{6.10}$$

q 称为粒子的配分函数,是一个量纲 1 的量;指数项 $e^{-\epsilon_i/kT}$ 称为玻耳兹曼因子。这样,最概然分布公式便可简化表达为更常见的形式:

$$N_i = N \frac{g_i e^{-\epsilon_i/kT}}{q} \tag{6.11}$$

从配分函数的定义可以看出,粒子的配分函数 q 是粒子微观性质的反映,它与粒子的能级 ϵ_i 和简并度 g_i 有关。因此,q 是一个微观量,仅当系统的 U、V、N 确定时 q 才有定值。按照玻耳兹曼分布公式,在 ϵ_i、ϵ_j 两个能级上分布的粒子数之比为

$$\frac{N_i}{N_j} = \frac{g_i e^{-\epsilon_i/kT}}{g_j e^{-\epsilon_j/kT}} \tag{6.12}$$

上式表明,粒子配分函数中任意两项之比等于它们所对应的能级上的最概然分布的粒子数之比。同时,ϵ_i、ϵ_j 两个能级上分布的粒子数之比并不是简单地等于能级的简并度之比 g_i/g_j,而是等于能级简并度与其玻耳兹曼因子乘积之比,因此,$g_i e^{-\epsilon_i/kT}$ 常被称为 ϵ_i 能级参加粒子分配的有效量子态数,或称为有效状态数。这样,粒子配分函数 q 就可理解为粒子所有可能能级有效量子态数的总和,简称为总有效量子态数,这就是粒子配分函数的物理意义。

基于上述对粒子配分函数的理解,将式(6.11)写成 $\dfrac{N_i}{N} = \dfrac{g_i e^{-\epsilon_i/kT}}{q}$,则说明最概然分布时,任一能级上的粒子数与总粒子数之比(实际上是粒子在该能级上出现的概率)等于该能级的有效量子态数与总有效量子态数之比。上式清楚地表明,粒子按能级的有效量子态数均匀地分布到各能级。因此,粒子配分函数中各项的相对大小代表了最概然分布时各能级上所分配的粒子数的多少。正是由于在粒子能级分布中的这种作用,才将其称为粒子配分函数。

当然,若考虑直接将粒子分布到个量子态上,那么某量子态 ν 上的粒子数为

$$N_\nu = N \frac{e^{-\epsilon_\nu/kT}}{q} \quad (\nu \text{ 表示粒子的量子态}) \tag{6.13}$$

式中,ϵ_ν 为该量子态的能量。这时,粒子按量子态分布的配分函数表达式为

$$q = \sum_\nu e^{-\epsilon_\nu/kT} \tag{6.14}$$

式中,$\sum_\nu$ 表示对所有可能的量子态求和。

式(6.11)、式(6.10)分别是玻耳兹曼能级分布公式与相应的粒子配分函数表达式,式(6.13)、式(6.14)分别是玻耳兹曼量子态分布公式与相应的粒子配分函数表达式,两者是完全等效的。

【例 6 - 2】　某分子的两个能级的能量值分别为 $\varepsilon_1 = 6.1 \times 10^{-21}$ J，$\varepsilon_2 = 8.4 \times 10^{-21}$ J，相应的简并度 $g_1 = 3$，$g_2 = 5$。则该分子组成的系统在 300 K 和 3 000 K 时，这两个能级上分配的分子数之比 N_1/N_2 各为多少？

解：依照式(6.11)，有

$$\frac{N_1}{N_2} = \frac{g_1 \mathrm{e}^{-\varepsilon_1/kT}}{g_2 \mathrm{e}^{-\varepsilon_2/kT}} = \frac{g_1}{g_2} \mathrm{e}^{-(\varepsilon_1 - \varepsilon_2)/kT} = \frac{3}{5} \mathrm{e}^{2.3 \times 10^{-21}/kT}$$

因此，当 $T = 300$ K 时，$\dfrac{N_1}{N_2} = \dfrac{3}{5} \mathrm{e}^{2.3 \times 10^{-21}/(1.38 \times 10^{-23} \times 300)} = 1.05$

当 $T = 3\,000$ K 时，$\dfrac{N_1}{N_2} = \dfrac{3}{5} \mathrm{e}^{2.3 \times 10^{-21}/(1.38 \times 10^{-23} \times 3\,000)} = 0.63$

6.3.2　粒子配分函数与系统热力学函数的关系

统计热力学的重要任务之一就是要建立系统的宏观性质与微观性质之间的联系，而两者联系的重要桥梁就是粒子的配分函数这一微观性质。因此，粒子配分函数在统计热力学中占据极其重要的地位，系统中的各种热力学函数都可以通过它来表示，因此，具体地说，统计热力学的重要任务之一就是通过粒子配分函数来计算系统的热力学函数。

1. **热力学能 U**

独立粒子系统的热力学能等于各粒子能量的总和，即 $U = \sum_i N_i \varepsilon_i$。根据玻耳兹曼分布公式 $N_i = N \dfrac{g_i \mathrm{e}^{-\varepsilon_i/kT}}{q}$，因此

$$U = \frac{N}{q} \sum_i g_i \varepsilon_i \mathrm{e}^{-\varepsilon_i/kT} \tag{6.15}$$

若将 q 对 T 求偏微商，可得

$$\left(\frac{\partial q}{\partial T}\right)_{V,N} = \frac{1}{kT^2} \sum_i g_i \varepsilon_i \mathrm{e}^{-\varepsilon_i/kT}$$

即

$$\sum_i g_i \varepsilon_i \mathrm{e}^{-\varepsilon_i/kT} = kT^2 \left(\frac{\partial q}{\partial T}\right)_{V,N}$$

所以

$$U = \frac{N}{q} kT^2 \left(\frac{\partial q}{\partial T}\right)_{V,N} = NkT^2 \left(\frac{\partial \ln q}{\partial T}\right)_{V,N} \tag{6.16}$$

显然，式(6.16)对于独立定域粒子系统和独立离域粒子系统均适用。

2. **焓 H**

焓可以根据 U 的表达式(6.16)以及焓的定义式直接导出，即

$$H = U + pV = NkT^2 \left(\frac{\partial \ln q}{\partial T}\right)_{V,N} + NkT \tag{6.17}$$

同样,式(6.17)适用于独立定域粒子系统和独立离域粒子系统。

3. 熵 S

不同系统的 t_m 不同,根据玻耳兹曼熵定理,则其熵值也不同。

对于独立定域粒子系统,$t_m = N! \prod_{i=1}^{k} \frac{g_i^{N_i}}{N_i!}$,所以

$$S_{定域} = k \ln t_m = k \ln\left(N! \prod_{i=1}^{k} \frac{g_i^{N_i}}{N_i!}\right)$$

将斯特林近似公式代入上式,得

$$S_{定域} = Nk \ln N - k \sum_{i=1}^{k} \left(N_i \ln \frac{N_i}{g_i}\right)$$

将玻耳兹曼分布公式代入上式,即得

$$S_{定域} = k \ln q^N + \frac{U}{T} = k \ln q^N + NkT \left(\frac{\partial \ln q}{\partial T}\right)_{V,N} \tag{6.18}$$

同理,对于独立离域粒子系统,$t_m = \prod_{i=1}^{k} \frac{g_i^{N_i}}{N_i!}$,所以

$$S_{离域} = k \ln\left(\prod_{i=1}^{k} \frac{g_i^{N_i}}{N_i!}\right) = Nk - k \sum_{i=1}^{k} \left(N_i \ln \frac{N_i}{g_i}\right)$$

将玻耳兹曼分布公式代入上式,即得

$$S_{离域} = k \ln \frac{q^N}{N!} + \frac{U}{T} = k \ln \frac{q^N}{N!} + NkT \left(\frac{\partial \ln q}{\partial T}\right)_{V,N} \tag{6.19}$$

比较式(6.18)和式(6.19)两种独立系统可知,在相同情况下,由于定域粒子系统和离域粒子系统的 t_m 相差 $N!$ 倍,故两者的熵值相差 $k \ln N!$。

4. 其他热力学量

根据 U、S 与 q 的关系式,借助前面章节学习过的热力学关系式便可得到其他热力学量的统计热力学表达式。

例如,亥姆赫兹函数 $A = U - TS$,对于独立定域粒子系统而言,引入式(6.18)便得

$$A_{定域} = U - T\left(k \ln q^N + \frac{U}{T}\right) = -kT \ln q^N \tag{6.20}$$

对于独立离域粒子系统而言,将式(6.18)代入定义式有

$$A_{离域} = U - T\left(k \ln \frac{q^N}{N!} + \frac{U}{T}\right) = -kT \ln \frac{q^N}{N!} \tag{6.21}$$

又如压力 p,由热力学关系式可知 $p = -\left(\frac{\partial A}{\partial V}\right)_{T,N}$,因此,只需将式(6.20)或式(6.21)

代入该关系式,均可求得

$$p = NkT \left(\frac{\partial \ln q}{\partial V} \right)_{T,N} \tag{6.22}$$

再如等容热容 C_V,由于 $C_V = \left(\frac{\partial U}{\partial T} \right)_{V,N}$,且 U 的表达式(6.16)与系统类型无关,所以无论是独立定域粒子系统还是独立离域粒子系统,均有

$$C_V = \left(\frac{\partial U}{\partial T} \right)_{V,N} = \left\{ \frac{\partial}{\partial T} \left[NkT^2 \left(\frac{\partial \ln q}{\partial T} \right)_{V,N} \right] \right\}_{V,N} \tag{6.23}$$

其他热力学量的统计热力学的表达式可以类推。

从上述表达式可以看出:① 只要知道粒子的配分函数,就能求出各热力学函数;② 在各热力学量的表达式中,G 和 H 的表达式相对比较复杂,故不常用,而经常用到的是亥姆赫兹函数 A 的表达式,可以直接记住;③ 对于独立定域粒子系统和独立离域粒子系统,U、H、p、C_V 等热力学第一定律涉及的量的关系式相同,S、A、G 等热力学第二定律涉及的量的关系式中相差一个常数项。

这样,我们就完成了用粒子的配分函数表示宏观热力学量的任务。下面就是要解决粒子配分函数的求算问题,它是统计热力学中的关键问题。

§6.4　粒子配分函数的求算及应用

6.4.1　粒子配分函数的析因子性质

粒子的运动可以分为平动(t)、转动(r)、振动(v)、电子运动(e)、核运动(n)等形式。对于独立粒子而言,若其各种运动形式是彼此独立的,则粒子在第 i 能级的总能量 ε_i 可以认为是各种运动形式能量之和,即

$$\varepsilon_i = \varepsilon_i^t + \varepsilon_i^r + \varepsilon_i^v + \varepsilon_i^e + \varepsilon_i^n \tag{6.24}$$

各种运动形式又分别具有相应的简并度,它们与粒子运动总简并度的关系为

$$g_i = g_i^t \cdot g_i^r \cdot g_i^v \cdot g_i^e \cdot g_i^n \tag{6.25}$$

此时,粒子的配分函数可写为

$$q = \sum_{i=1}^{k} g_i e^{-\varepsilon_i/kT} = \sum_{i=1}^{k} (g_i^t \cdot g_i^r \cdot g_i^v \cdot g_i^e \cdot g_i^n) e^{-(\varepsilon_i^t + \varepsilon_i^r + \varepsilon_i^v + \varepsilon_i^e + \varepsilon_i^n)/kT}$$

数学上可以证明,几个独立变数乘积之和等于各自求和的乘积。因此,上式可改写为

$$q = \left(\sum_{i=1}^{k} g_i^t e^{-\varepsilon_i^t/kT} \right) \cdot \left(\sum_{i=1}^{k} g_i^r e^{-\varepsilon_i^r/kT} \right) \cdot \left(\sum_{i=1}^{k} g_i^v e^{-\varepsilon_i^v/kT} \right) \cdot \left(\sum_{i=1}^{k} g_i^e e^{-\varepsilon_i^e/kT} \right) \cdot \left(\sum_{i=1}^{k} g_i^n e^{-\varepsilon_i^n/kT} \right)$$

若令

$$\sum_{i=1}^{k} g_i^t e^{-\varepsilon_i^t/kT} = q^t，称为粒子的平动配分函数；$$

$$\sum_{i=1}^{k} g_i^r e^{-\varepsilon_i^r/kT} = q^r，称为粒子的转动配分函数；$$

$$\sum_{i=1}^{k} g_i^v e^{-\varepsilon_i^v/kT} = q^v，称为粒子的振动配分函数；$$

$$\sum_{i=1}^{k} g_i^e e^{-\varepsilon_i^e/kT} = q^e，称为粒子的电子配分函数；$$

$$\sum_{i=1}^{k} g_i^n e^{-\varepsilon_i^n/kT} = q^n，称为粒子的核配分函数。$$

则粒子的配分函数进而可以写为

$$q = q^t \cdot q^r \cdot q^v \cdot q^e \cdot q^n \tag{6.26}$$

可见,粒子的配分函数等于各种运动形式的配分函数的乘积,这一规律叫做配分函数的析因子性质,它提供了一条求算粒子配分函数的重要途径,即只要设法求得各种运动形式的配分函数,按此析因子性质便可完成求算粒子配分函数的任务,进而可求得系统的各热力学量。

6.4.2 热力学函数的加和性

由配分函数的析因子性质可得

$$\ln q = \ln q^t + \ln q^r + \ln q^v + \ln q^e + \ln q^n$$

由于在热力学函数的表达式中常常出现的是 $\ln q$ 的形式,且 $\ln q$ 具有加和性,则可推得热力学函数也具有加和性,这样就可以计算出各种运动形式对热力学函数的贡献。

1. 热力学能 U

由(6.16)式可知,热力学能可以分解为各种运动形式的能量之和,因为

$$U = NkT^2 \left(\frac{\partial \ln q}{\partial T}\right)_{V,N}$$

$$= NkT^2 \left(\frac{\partial \ln q^t}{\partial T}\right)_{V,N} + NkT^2 \left(\frac{\partial \ln q^r}{\partial T}\right)_{V,N} + NkT^2 \left(\frac{\partial \ln q^v}{\partial T}\right)_{V,N} + NkT^2 \left(\frac{\partial \ln q^e}{\partial T}\right)_{V,N} +$$

$$NkT^2 \left(\frac{\partial \ln q^n}{\partial T}\right)_{V,N}$$

$$= U^t + U^r + U^v + U^e + U^n \tag{6.27}$$

2. 亥姆赫兹函数 A

由式(6.20)或式(6.21)可知,亥姆赫兹函数可以分解为各种运动形式的能量之和,因为

$$A_{定域} = -kT \ln q^N$$

$$= -kT \ln (q^t)^N - kT \ln (q^r)^N - kT \ln (q^v)^N - kT \ln (q^e)^N - kT \ln (q^n)^N$$

$$= A^{t}_{定域} + A^{r}_{定域} + A^{v}_{定域} + A^{e}_{定域} + A^{n}_{定域} \qquad (6.28)$$

$$A_{离域} = -kT\ln\frac{q^N}{N!}$$

$$= -kT\ln\frac{(q^{t})^N}{N!} - kT\ln(q^{r})^N - kT\ln(q^{v})^N - kT\ln(q^{e})^N - kT\ln(q^{n})^N$$

$$= A^{t}_{离域} + A^{r}_{离域} + A^{v}_{离域} + A^{e}_{离域} + A^{n}_{离域} \qquad (6.29)$$

在上述推导中可以看出,对于独立离域粒子系统而言,粒子等同性修正因子是归属于平动项的。因此,无论是定域粒子系统还是离域粒子系统,除平动外其他运动对亥姆赫兹函数的贡献的表达式是相同的,而平动对亥姆赫兹函数的贡献的表达式是不同的,即

$$A^{r}_{定域} = A^{r}_{离域} = -kT\ln(q^{r})^N$$

$$A^{v}_{定域} = A^{v}_{离域} = -kT\ln(q^{v})^N$$

$$A^{e}_{定域} = A^{e}_{离域} = -kT\ln(q^{e})^N$$

$$A^{n}_{定域} = A^{n}_{离域} = -kT\ln(q^{n})^N$$

$$A^{t}_{定域} = -kT\ln(q^{t})^N, \quad A^{t}_{离域} = -kT\ln\frac{(q^{t})^N}{N!}$$

事实上,这样的结果也是合理的,因为两种粒子系统的差别就是在于粒子整体的运动,即平动,而其他运动形式均属于粒子内部的运动,它们在两种粒子系统中是相同的。

3. 其他热力学函数

同理,我们可以得出其他热力学函数也具有加和性,从而可以定量计算各种运动形式对相应热力学函数的贡献值。

6.4.3　各种运动形式配分函数的计算

1. 平动配分函数

粒子的平动,就是把粒子看成一个整体,分析它在允许的空间内的运动,这相当于一个粒子在三维势箱中的运动,此时的粒子平动运动可以简化为三维平动子的运动。

根据量子力学原理,在长、宽、高分别为 a、b、c 的三维势箱中,质量为 m 的一个三维平动子的能级公式为

$$\varepsilon^{t}_i = \frac{h^2}{8m}\left(\frac{n_x^2}{a^2} + \frac{n_y^2}{b^2} + \frac{n_z^2}{c^2}\right)$$

式中,h 为普朗克常量,n_x、n_y、n_z 分别为 x、y、z 三个坐标轴上的平动量子数,它们只能是任意正整数 $1,2,3,\cdots$ 而不能取任意的值,这说明粒子的平动能是量子化的。当 n_x、n_y、n_z 都确定时,就对应了一个平动量子态。所以,粒子的平动配分函数应为

$$q^{t} = \sum_{i=1}^{k} g^{t}_i e^{-\varepsilon^{t}_i/kT} = \sum_{n_x=1}^{\infty}\sum_{n_y=1}^{\infty}\sum_{n_z=1}^{\infty} e^{-\frac{h^2}{8mkT}\left(\frac{n_x^2}{a^2} + \frac{n_y^2}{b^2} + \frac{n_z^2}{c^2}\right)}$$

$$= \Big[\sum_{n_x=1}^{\infty} e^{-\frac{h^2}{8mkT} \cdot \frac{n_x^2}{a^2}}\Big]\Big[\sum_{n_y=1}^{\infty} e^{-\frac{h^2}{8mkT} \cdot \frac{n_y^2}{b^2}}\Big]\Big[\sum_{n_z=1}^{\infty} e^{-\frac{h^2}{8mkT} \cdot \frac{n_z^2}{c^2}}\Big]$$

$$= q_x^t \cdot q_y^t \cdot q_z^t \tag{6.30}$$

式中，q_x^t、q_y^t、q_z^t 分别表示在 x、y、z 三个坐标方向上运动的一维平动子的配分函数。需要指出的是，当能级为 ε_i^t 时，由于 n_x、n_y、n_z 不同，应有不同的微观状态数，因此，上式的第一等式中的 g_i^t 是该能级的简并度，其求和是对所有能级求和，但在第二等式和第三等式中，求和是对所有的量子态 n_x、n_y、n_z 求和，它已经包括了全部可能的微观状态，因此就不再出现 g_i^t 项了。(6.30)式中是完全相似的三项之积，只需设法求出其中一个，其余两个便可类推求得。

我们先来求 q_x^t。为方便起见，令

$$\frac{h^2}{8mkTa^2} = \lambda_x^2$$

则

$$\sum_{n_x=1}^{\infty} e^{-\frac{h^2}{8mkT} \cdot \frac{n_x^2}{a^2}} = \sum_{n_x=1}^{\infty} e^{-\lambda_x^2 n_x^2}$$

对通常温度和体积下的理想气体，$\lambda_x^2 \ll 1$。例如，在 300 K，$a=0.01$ m 时，对氢分子来说，

$$\lambda_x^2 = \frac{h^2}{8mkTa^2}$$

$$= \frac{(6.626 \times 10^{-34} \text{ J} \cdot \text{s})^2}{8 \times (2 \times 1.67 \times 10^{-27} \text{kg}) \times (1.38 \times 10^{-23} \text{J} \cdot \text{K}^{-1}) \times (300 \text{ K}) \times (0.01 \text{ m})^2}$$

$$= 3.96 \times 10^{-17}$$

对其他粒子，m 更大，而且 a 也可能比 0.01 m 大，所以 λ_x^2 会更小。这样，上式的求和可看作是在 $\lambda_x^2 \ll 1$ 条件下的求和，此求和的相邻项相差极小，因此，求和是一系列连续相差很小的数值求和，在数学上可以看作是连续的，因而可以用积分号代替求和号。即

$$q_x^t = \sum_{n_x=1}^{\infty} e^{-\frac{h^2}{8mkT} \cdot \frac{n_x^2}{a^2}} = \sum_{n_x=0}^{\infty} e^{-\frac{h^2}{8mkT} \cdot \frac{n_x^2}{a^2}} - 1 \approx \sum_{n_x=0}^{\infty} e^{-\lambda_x^2 n_x^2}$$

$$\approx \int_0^{\infty} e^{-\lambda_x^2 n_x^2} \mathrm{d}n_x$$

引用积分公式 $\displaystyle\int_0^{\infty} e^{-Ax^2} \mathrm{d}x = \frac{1}{2}\sqrt{\frac{\pi}{A}}$，得

$$\int_0^{\infty} e^{-\lambda_x^2 n_x^2} \mathrm{d}n_x = \frac{1}{2}\sqrt{\frac{\pi}{\lambda_x^2}} = \frac{1}{2\lambda_x}\sqrt{\pi}$$

将 λ_x 的值代入得

$$q_x^t = \Big(\frac{2\pi mkT}{h^2}\Big)^{\frac{1}{2}} a \tag{6.31}$$

用类似的方法可以得到：$q_y^t = \Big(\dfrac{2\pi mkT}{h^2}\Big)^{\frac{1}{2}} b$，$q_z^t = \Big(\dfrac{2\pi mkT}{h^2}\Big)^{\frac{1}{2}} c$，所以

$$q^t = q_x^t \cdot q_y^t \cdot q_z^t = \left(\frac{2\pi mkT}{h^2}\right)^{\frac{3}{2}} abc = \left(\frac{2\pi mkT}{h^2}\right)^{\frac{3}{2}} V \tag{6.32}$$

【例 6-3】 计算 298.15 K、10^5 Pa 下，0.5 mol CO 气体的平动配分函数。

解:根据理想气体状态方程式，在 298.15 K、10^5 Pa 下，0.5 mol CO 气体的体积为

$$V = \frac{nRT}{p} = \left\{\frac{0.5 \times 8.314 \times 298.15}{10^5}\right\} \mathrm{m}^3 = 0.012\,4\ \mathrm{m}^3$$

CO 的摩尔质量 $M = 28\ \mathrm{g \cdot mol^{-1}} = 2.8 \times 10^{-2}\ \mathrm{kg \cdot mol^{-1}}$，则其单个分子质量为

$$m = \frac{M}{L} = \left\{\frac{2.8 \times 10^{-2}}{6.023 \times 10^{23}}\right\} \mathrm{kg} = 4.65 \times 10^{-26}\ \mathrm{kg}$$

因此，依照式(6.32)可计算得该气体的平动配分函数为

$$q^t = \left(\frac{2\pi mkT}{h^2}\right)^{\frac{3}{2}} V$$

$$= \left[\frac{2 \times 3.14 \times 4.65 \times 10^{-26} \times 1.38 \times 10^{-23} \times 298.15}{(6.626 \times 10^{-34})^2}\right]^{\frac{3}{2}} \times 0.012\,4 = 1.78 \times 10^{30}$$

2. 转动配分函数

我们先讨论双原子分子。对于双原子分子，除了质点整体的质心的平动外，还有转动和振动。这两种运动形式互相影响，但为了简化起见，可近似认为彼此的影响忽略不计，并将转动视为刚性转子绕质心的转动。

根据量子力学原理，线型刚性转子的能级公式为

$$\varepsilon_i^r = J(J+1) \frac{h^2}{8\pi^2 I}$$

式中，J 是转动量子数，可取 $0,1,2,3,\cdots$；I 是转动惯量，对于双原子分子

$$I = \mu r^2 = \left(\frac{m_1 m_2}{m_1 + m_2}\right) r^2$$

式中，m_1、m_2 分别为两个原子的质量，μ 称为折合质量，r 是两原子的质心距离。

由于转动运动的角动量在空间的取向是量子化的，因此，转动能级的简并度 $g_i^r = 2J + 1$，这样对双原子分子而言，其转动配分函数为

$$q^r = \sum_{i=1}^{k} g_i^r e^{-\varepsilon_i^r/kT} = \sum_{J=0}^{\infty} (2J+1)\, e^{-J(J+1)\frac{h^2}{8\pi^2 IkT}}$$

令 $\Theta^r = \frac{h^2}{8\pi^2 Ik}$，它具有温度的量纲，因此称之为分子的转动特征温度，从分子的转动惯量 I 可求得 Θ^r，表 6.1 列出了一些双原子分子的转动特征温度。

表 6.1 一些双原子分子的转动特征温度和振动特征温度

气体	转动特征温度 Θ^r /K	振动特征温度 Θ^v /K	转动惯量 $I/(10^{-46}\,kg \cdot m^2)$	核间距 $r/10^{-10}\,m$	基态的振动频率 $\nu_0/10^{12}\,s^{-1}$
H_2	85.4	6 100	0.046	0.742	131.8
N_2	2.86	3 340	1.394	1.095	70.75
O_2	2.07	2 230	1.935	1.207	47.38
CO	2.77	3 070	1.449	1.128	65.05
NO	2.42	2 690	1.643	1.151	57.09
HCl	15.2	4 140	0.264 5	1.275	80.63
HBr	12.1	3 700	0.331	1.414	—
HI	9.0	3 200	0.431	1.604	—

由表 6.1 可见,除了 H_2 外,大多数气体分子的转动特征温度均较低。

在常温下,$\Theta^r \ll T$,此时可以用积分号代替求和号来计算 q^r(一般来说,当 T 大于特征温度的 5 倍时,就能满足这个条件)。这样

$$q^r = \int_0^\infty (2J+1)\,e^{-J(J+1)\frac{\Theta^r}{T}}\,dJ = \frac{T}{\Theta^r}$$

$$= \frac{8\pi^2 IkT}{h^2} \tag{6.33}$$

在低温区,只能用求和号求值,此时,将各可能的 J 取值逐项代入得

$$q^r = 1 + 3e^{-\frac{2\Theta^r}{T}} + 5e^{-\frac{6\Theta^r}{T}} + \cdots \tag{6.34}$$

在中温区,可用 Mulholland 近似公式求相应的转动配分函数:

$$q^r = \frac{T}{\Theta^r}\left[1 + \frac{1}{3}\frac{\Theta^r}{T} + \frac{1}{15}\left(\frac{\Theta^r}{T}\right)^2 + \frac{4}{315}\left(\frac{\Theta^r}{T}\right)^3 + \cdots\right] \tag{6.35}$$

以上各式适用于异核双原子分子,也适用于非对称的线型多原子分子,如 HCN 等。

对于同核双原子分子或对称的线型多原子分子(如 CO_2 等),光谱实验结果发现,其转动量子数 J 或为 $0,2,4,\cdots$ 的偶数,或为 $1,3,5,\cdots$ 的奇数,因此,整个配分函数就比异核双原子分子少了一半,这样常温时,有 $q^r = \dfrac{8\pi^2 IkT}{2h^2}$。通常把该式与(6.33)式写作一个通式:

$$q^r = \frac{8\pi^2 IkT}{\sigma h^2} \tag{6.36}$$

其中,σ 为分子的对称数,即分子围绕对称轴旋转一周 $360°$ 所出现的不可分辨的几何位置数。对于同核双原子分子,$\sigma = 2$;异核双原子分子,$\sigma = 1$。各种分子的值可以通过分子所属点群的特征确定。

对于非线型多原子分子,情况更复杂,可以证明(证明从略)其转动配分函数为

$$q^r = \frac{\sqrt{\pi}}{\sigma}\left(\frac{8\pi^2 kT}{h^2}\right)^{\frac{3}{2}}(I_x \cdot I_y \cdot I_z)^{\frac{1}{2}} = \frac{\sqrt{\pi}}{\sigma}\left(\frac{T^3}{\Theta_1\Theta_2\Theta_3}\right)^{\frac{1}{2}} \tag{6.37}$$

式中,I_x、I_y、I_z 分别是 x、y、z 三个轴上的转动惯量。

【例 6-4】 已知 HBr 分子的平均核间距离 $r = 1.414 \times 10^{-10}$ m,求该分子的转动惯量 I,转动特征温度 Θ^r,298.15 K 时的转动配分函数 q^r。

解: HBr 分子的折合质量 μ 为

$$\frac{1}{\mu} = \frac{1}{m_H} + \frac{1}{m_{Br}} = L\left(\frac{1}{M_H} + \frac{1}{M_{Br}}\right)$$

即

$$\mu = \frac{M_H M_{Br}}{L(M_H + M_{Br})}$$

因此,HBr 分子的转动惯量为

$$I = \mu r^2 = \frac{M_H M_{Br}}{L(M_H + M_{Br})}r^2$$

$$= \left\{\frac{1\times10^{-3}\times79.9\times10^{-3}}{6.023\times10^{23}\times(1+79.9)\times10^{-3}}\times(1.414\times10^{-10})^2\right\}kg \cdot m^2$$

$$= 3.28 \times 10^{-47} \ kg \cdot m^2$$

HBr 分子的转动特征温度为

$$\Theta^r = \frac{h^2}{8\pi^2 Ik} = \left\{\frac{(6.626\times10^{-34})^2}{8\times3.14^2\times(3.28\times10^{-47})\times(1.38\times10^{-23})}\right\}K = 12.30 \ K$$

HBr 分子为异核双原子分子,其对称数 $\sigma = 1$,因此,根据(6.36)式可计算 HBr 分子的转动配分函数:

$$q^r = \frac{8\pi^2 IkT}{\sigma h^2}$$

$$= \frac{8\times3.14^2\times(3.28\times10^{-47})\times(1.38\times10^{-23})\times298.15}{1\times(6.626\times10^{-34})^2}$$

$$= 24.2$$

3. 振动配分函数

(1) 双原子分子

双原子分子中原子的振动可看作一维的简谐振动,即双原子分子可看作是一个具有折合质量 μ 的单维简谐振子。

根据量子力学原理,一维简谐振子的能级公式为

$$\varepsilon_i^v = \left(v + \frac{1}{2}\right)h\nu$$

式中，ν 是谐振子的振动频率；v 是振动量子数，可取 $0,1,2,3,\cdots$。当 $v=0$ 时，$\varepsilon_0^v = \frac{1}{2}h\nu$，称为零点振动能。振动能级是非简并的，即 $g_i^v = 1$，因此

$$q^v = \sum_{v=0}^{\infty} e^{-(v+\frac{1}{2})\frac{h\nu}{kT}} = e^{-\frac{1}{2}\frac{h\nu}{kT}} \sum_{v=0}^{\infty} e^{-\frac{vh\nu}{kT}}$$

令 $\Theta^v = \frac{h\nu}{k}$，它具有温度的量纲，因此称之为分子的振动特征温度，其值取决于分子的本性（即谐振子的振动频率 ν）。振动特征温度是物质的重要性质，一些双原子分子的振动特征温度列于表 6.1。

从表中数据可以看出，一般分子的振动特征温度都高达几千度，远高于通常温度（如室温）。因此，在通常温度下，$\Theta^v \gg T$，则振动配分函数可表达为

$$q^v = e^{-\frac{\Theta^v}{2T}} \sum_{v=0}^{\infty} e^{-\frac{v\Theta^v}{T}} = e^{-\frac{\Theta^v}{2T}}(1 + e^{-\frac{\Theta^v}{T}} + e^{-\frac{2\Theta^v}{T}} + e^{-\frac{3\Theta^v}{T}} + \cdots)$$

若设 $x = e^{-\frac{\Theta^v}{T}}$，由于 $x \ll 1$，故 $1 + x + x^2 + x^3 + \cdots = \frac{1}{1-x}$。将此结果代入上式，可得

$$q^v = \frac{e^{-\frac{\Theta^v}{2T}}}{1 - e^{-\frac{\Theta^v}{T}}} = \frac{e^{-\frac{h\nu}{2kT}}}{1 - e^{-\frac{h\nu}{kT}}} \tag{6.38}$$

如果把振动基态的能量看作为零，则相应的振动配分函数为

$$(q^v)' = \frac{1}{1 - e^{-\frac{h\nu}{kT}}} \tag{6.39}$$

因此，当知道双原子分子的振动频率（或波数）和系统所处的温度后，便可由式（6.38）或式（6.39）计算其振动配分函数。

(2) 多原子分子

对于多原子分子，由于振动不再是一维的，则振动的自由度为 $3N-5$（线型多原子分子，N 为该分子所包含的原子数）或 $3N-6$（非线型多原子分子），分子的振动配分函数应是各个振动频率的总的贡献。

因此，对于线型多原子分子，其振动配分函数为

$$q^v = \prod_{i=1}^{3N-5} \frac{e^{-\frac{h\nu_i}{2kT}}}{1 - e^{-\frac{h\nu_i}{kT}}} \tag{6.40}$$

对于非线型多原子分子，其振动配分函数为

$$q^v = \prod_{i=1}^{3N-6} \frac{e^{-\frac{h\nu_i}{2kT}}}{1 - e^{-\frac{h\nu_i}{kT}}} \tag{6.41}$$

上两式中，ν_i 表示自由度 i 的基本振动频率，不同自由度的振动频率可能是不一样的。

同样，也可以把振动基态的能量当作零，从而求出相应的配分函数 $(q^v)'$。

4. 电子配分函数

电子运动的能级间隔较大,除了在几千度以上的高温条件下,电子常常处于基态,当增加温度时,常常是在电子尚未激发之前分子就已经分解了。因此,一般情况下,各激发态对配分函数的贡献都可以忽略。所以

$$q^e = \sum_{i=1}^{k} g_i^e e^{-\epsilon_i^e/kT} \approx g_1^e e^{-\epsilon_1^e/kT} \tag{6.42}$$

若选取电子运动的基态为能量零点,则

$$(q^e)' \approx g_1^e \tag{6.43}$$

即电子配分函数等于电子运动基态的简并度。除少数特殊情况外,一般分子或稳定离子的电子最低能级几乎都是非简并的,即 $g_1^e = 1$。但原子核自由基的最低电子能级则常常是简并的,简并度取决于未配对电子的数目。表 6.2 列出了部分原子和双原子分子中电子运动最低能级的简并度。

表 6.2　一些原子和双原子分子中电子运动最低能级的简并度

原子或分子	H	Li	B	N	O	F	Na	P	S	Cl	O_2	NO
g_1^e	2	2	2	4	5	4	2	4	5	4	3	2

事实上,表 6.2 的结果可以推算得到,即若电子运动总角动量量子数为 j,则对应 j 有 $(2j+1)$ 个简并度。所以电子的配分函数也可以表示为

$$(q^e)' \approx 2j+1 \tag{6.44}$$

需要注意的是,并非所有情形下电子运动都处于基态。少数原子(如卤素原子)和分子(如 NO),它们的电子基态与第一激发态之间的能量间隔不是很大,此时就需要考虑第二项,但第二项以后各项仍可不必考虑,即

$$q^e = g_1^e + g_2^e e^{-(\epsilon_2^e - \epsilon_1^e)/kT} \tag{6.45}$$

5. 核配分函数

由于原子核运动的能级间距相差很大,在通常遇到的物理和化学过程中,原子核运动总是处于基态,各激发态对配分函数的贡献都可以忽略。所以

$$q^n = \sum_{i=1}^{k} g_i^n e^{-\epsilon_i^n/kT} \approx g_1^n e^{-\epsilon_1^n/kT} \tag{6.46}$$

若选取原子核运动的基态为能量零点,则

$$(q^n)' \approx g_1^n \tag{6.47}$$

原子核运动能级的简并度来自原子核的核自旋作用。若某原子核的核自旋量子数为 s_n,则其核自旋的简并度为 $(2s_n+1)$。对于多原子分子,核的总配分函数等于各原子的核配分函数的乘积。

核自旋配分函数与温度、体积无关。

6. 完整的粒子配分函数

对于独立粒子系统,由于粒子配分函数的析因子性质,可以将粒子的配分函数写为

$$q = q^t \cdot q^r \cdot q^v \cdot q^e \cdot q^n$$

6.4.4 应 用

1. 理想气体的状态方程式

理想气体是典型的独立离域粒子系统,因此,理想气体系统的亥姆赫兹函数表达式为

$$A = -kT\ln\frac{q^N}{N!}$$

而

$$q = q^t \cdot q^r \cdot q^v \cdot q^e \cdot q^n$$

因此,$A = -kT\ln\dfrac{(q^t \cdot q^r \cdot q^v \cdot q^e \cdot q^n)^N}{N!} = -NkT\ln q^t - kT\ln\dfrac{(q^r \cdot q^v \cdot q^e \cdot q^n)^N}{N!}$

由热力学关系式可知,理想气体的压力可表达为

$$p = -\left(\frac{\partial A}{\partial V}\right)_{T,N} = NkT\left(\frac{\partial \ln q^t}{\partial V}\right)_{T,N}$$

由(6.32)式可知

$$q^t = \left(\frac{2\pi mkT}{h^2}\right)^{\frac{3}{2}}V$$

因此

$$p = NkT\left(\frac{\partial \ln q^t}{\partial V}\right)_{T,N} = NkT\left(\frac{\partial \ln V}{\partial V}\right)_{T,N} = \frac{NkT}{V}$$

亦即

$$pV = NkT$$

此即统计热力学所推导得到的理想气体状态方程式,显然它与之前所学过的 $pV = nRT$ 是等价的。

2. 单原子理想气体的等容热容

单原子理想气体的分子没有振动和转动,因此其分子的完整配分函数可写为

$$q = q^t \cdot q^e \cdot q^n = \left[\left(\frac{2\pi mkT}{h^2}\right)^{\frac{3}{2}}V\right]\left[g_1^e e^{-\varepsilon_1^e/kT}\right]\left[g_1^n e^{-\varepsilon_1^n/kT}\right]$$

这样,

$$\ln q = \ln\left[\left(\frac{2\pi mkT}{h^2}\right)^{\frac{3}{2}}V\right] + \ln\left[g_1^e e^{-\varepsilon_1^e/kT}\right] + \ln\left[g_1^n e^{-\varepsilon_1^n/kT}\right]$$

$$= \ln(g_1^e g_1^n) + \ln\left[\left(\frac{2\pi mk}{h^2}\right)^{\frac{3}{2}}V\right] - \frac{\varepsilon_1^e + \varepsilon_1^n}{kT} + \frac{3}{2}\ln T$$

因此,可由(6.16)式写出单原子理想气体系统的热力学能的表达式为

$$U = NkT^2 \left(\frac{\partial \ln q}{\partial T} \right)_{V,N} = NkT^2 \left(\frac{\varepsilon_1^e + \varepsilon_1^n}{kT^2} + \frac{3}{2T} \right) = N(\varepsilon_1^e + \varepsilon_1^n) + \frac{3}{2}NkT$$

故单原子理想气体系统的等容热容为

$$C_V = \left(\frac{\partial U}{\partial T} \right)_{V,N} = \frac{3}{2}Nk$$

这就是统计热力学所得的结论。

3. 单原子理想气体的熵

对于单原子理想气体系统,其亥姆赫兹函数表达式为

$$A = -kT\ln \frac{q^N}{N!} = -kT\ln \frac{(q^t \cdot q^e \cdot q^n)^N}{N!}$$

$$= -kT\ln \frac{\left[\left(\frac{2\pi mkT}{h^2} \right)^{\frac{3}{2}} V \right]^N \left[g_1^e e^{-\varepsilon_1^e/kT} \right]^N \left[g_1^n e^{-\varepsilon_1^n/kT} \right]^N}{N!}$$

$$= N(\varepsilon_1^e + \varepsilon_1^n) - NkT\ln(g_1^e g_1^n) - NkT\ln\left[\left(\frac{2\pi mk}{h^2} \right)^{\frac{3}{2}} V \right] - \frac{3}{2}NkT\ln T + NkT\ln N - NkT$$

由热力学关系式可知,单原子理想气体的熵可表达为

$$S = -\left(\frac{\partial A}{\partial T} \right)_{V,N} = Nk\ln(g_1^e g_1^n) + Nk\ln\left[\left(\frac{2\pi mk}{h^2} \right)^{\frac{3}{2}} V \right] - Nk\ln N + \frac{3}{2}Nk\ln T + \frac{5}{2}Nk$$

这个公式也称为沙克尔-特鲁德公式,可用来计算单原子理想气体的熵。

思考题

1. 系统中不同的分布类型出现的概率可能不同,试分析这是否与等概率定理相矛盾?

2. 粒子的可辨性对哪些热力学量有影响?对哪些热力学量无影响?为什么?

3. 如何理解"最概然分布"、"平衡分布"、"玻耳兹曼分布"?它们之间的关系如何?

4. 对于 U、V、N 确定的系统,其微观状态最多的分布就是最概然分布,得出这一结论的依据是什么?

5. N_2 分子中两原子间的距离为 $0.109\ 3\ nm$,振动频率为 $7.075 \times 10^{13}\ s^{-1}$。若室温($298\ K$)下 N_2 在边长为 $0.1\ m$ 的立方容器中运动,试估算平动、转动、振动基态与第一激发态能级间隔的数量级(以 kT 表示)。

6. 什么是粒子的配分函数?配分函数有无量纲?它代表的物理意义是什么?

7. 根据理想气体分子配分函数,证明理想气体的热力学能与 p、V 无关,只是温度的函数。

8. N_2 与 CO 的相对分子质量相等,转动惯量的差别也极小,在 $298.15\ K$ 时振动与电子均不激发。但是 N_2 的标准摩尔熵为 $191.5\ J \cdot K^{-1} \cdot mol^{-1}$,而 CO 为 $197.5\ J \cdot K^{-1} \cdot mol^{-1}$。试分析其原因。

9. 粒子配分函数析因子的先决条件是什么?

10. 单原子理想气体的平动熵公式是否可用来计算双原子理想气体的平动熵?为什么?

习 题

1. 某系统有 N 个粒子,由状态 I 变到状态 II 时,其微观状态数增加到原来的 2^N 倍,求该过程系统的熵变。

2. 试计算当 $n_x^2 + n_y^2 + n_z^2$ 分别为 9 和 36 时,三维平动子的能级简并度各为多少? 在这两个能级之间(包括这两个能级)共有多少个平动运动状态?

3. N 个独立粒子分布在能级间隔均为 kT 的非简并能级上,已知该粒子的配分函数为 1.582,则第一能级上的粒子数与总粒子数之比为多少?

4. N 个可别粒子在 $\varepsilon_0 = 0$、$\varepsilon_1 = kT$、$\varepsilon_2 = 2kT$ 三个能级上分布,这三个能级均为非简并能级,系统达到平衡时的热力学能为 $1000kT$,求 N 值。

5. HCl 分子的振动能级间隔为 5.94×10^{-20} J,计算 298.15 K 时,某一能级与其较低一能级上分子数的比值。

6. 已知某分子的第一电子激发态的能量比基态高 400 kJ·mol^{-1},且基态和第一激发态都是非简并的,试计算:

(1) 300 K 时,处于第一激发态的分子所占分数;

(2) 分配到此激发态的分子数占总分子数 10% 时,温度应为多少?

7. 一个系统中有四个可分辨的粒子,这些粒子的许可能级为 $\varepsilon_0 = 0$、$\varepsilon_1 = \omega$、$\varepsilon_2 = 2\omega$、$\varepsilon_3 = 3\omega$,其中 w 为某种能量单位,当系统的总能量为 $2w$ 时,试计算:

(1) 若各能级非简并,则系统可能的微观状态数为多少?

(2) 如果能级的简并度分别为 $g_0 = 1$、$g_1 = 3$、$g_2 = 3$,则系统可能的微观状态数又为多少?

8. 由光谱数据得出 NO 气体的振动频率为 5.602×10^{13} s^{-1},试求 300 K 时 NO 的 $(q^v)'$ 与 q^v 之比,所得结果说明什么问题?

9. 用量热法测得 CO 气体的熵值与统计热力学的计算结果不一致,这是由于 0 K 时 CO 分子在其晶体中有两种可能的取向(CO 或 OC),因此不符合热力学第三定律,即 0 K 时标准熵值不为零,称为残余熵。试计算 CO 晶体在 0 K 时的摩尔残余熵。

10. 证明理想气体分子的平动配分函数可写作:

$$q^t = 5.939 \times 10^{30} \times (MT)^{\frac{3}{2}} V$$

其中,M 为摩尔质量,体积 V 以 cm^3 为单位。若 O_2 为理想气体,用上式求算 298.15 K 和 1 cm^3 内,O_2 分子的平动配分函数。

11. 试根据分子配分函数证明,在通常温度下,双原子理想气体的定容摩尔热容 $C_{V,m} = \frac{5}{2}R$。

12. 计算 298.15 K 及 10^5 Pa 时,氖($M = 20.18$ g·mol^{-1})的摩尔平动熵,并与实验值 146.4 J·K^{-1}·mol^{-1} 比较。

13. 求氩(Ar)气在其正常沸点 87.3 K 和 10^5 Pa 时的摩尔热力学能 U_m、摩尔熵 S_m 及定压摩尔热容 $C_{p,m}$。

14. 用统计热力学方法证明:1 mol 单原子理想气体在等温条件下,系统的压力由 p_1 变到 p_2 时,其熵变

为 $\Delta S = R\ln\dfrac{p_1}{p_2}$。

15. 已知 CO 分子的转动特征温度为 2.77 K,振动特征温度为 3 070 K,求 CO 气体在 500 K 时的标准摩尔熵和等压摩尔热容 $C_{p,m}$。

第 7 章　电化学

本章基本要求

　1. 理解原电池与电解池的异同点，掌握法拉第定律。

　2. 掌握离子迁移数的定义，了解迁移数的测定方法。

　3. 掌握电导、电导率、摩尔电导率的定义，掌握离子独立运动定律，掌握电导测定及其应用。

　4. 理解电解质的活度、离子平均活度和离子平均活度因子的定义，了解离子氛概念及德拜-休克尔极限定律。

　5. 重点掌握电极反应和可逆电池反应的能斯特方程，掌握可逆电池电动势的测定及其应用。

　6. 了解分解电压和极化的概念以及极化的结果，了解金属防腐的方法。

　7. 了解化学电源的种类及其应用。

关键词

　离子迁移数，电导，可逆电池，电极电势，电动势，能斯特方程，极化，超电势

　　电化学是研究化学能与电能之间相互转化及其相关规律的科学。将化学能转化为电能时，所用的装置为原电池，而将电能转化为化学能时，所用的装置则为电解池。

　　电化学的发展从 1600 年人们最初认识到电的存在开始，到 1799 年伏特(Volta)制成第一个化学电池，一直到 21 世纪的今天，已经经历了几百年的时间。这期间，无数科研工作者为电化学的发展付出了努力和汗水。如今电化学的研究内容已经非常广泛，涉及多个学科，例如，电化学分析、电化学合成、光电化学、生物电化学、电催化、电冶金、电镀和电解等，这些研究推动了电化学理论和方法的不断突破和发展，使得电化学与其他自然学科或技术学科的联系越来越密切，既相互交叉，又相互渗透。随着电化学的发展，无论现在和将来，在能源、交通、生命、信息、地理、医学、材料和环保等众多领域，电化学都将发挥越来越重要的作用。

　　物理化学中的电化学主要是研究化学热力学基本原理在原电池和电解池中的应用。由于电极和电解质溶液是原电池和电解池装置中两个重要的组成部分，所以，本章的内容将围绕这两个部分加以展开。

§7.1　离子的电迁移和离子的迁移数

7.1.1　原电池、电解池和法拉第定律

1. 原电池和电解池

原电池是将化学能转变为电能的装置,电解池是将电能转变为化学能的装置。如图 7.1 和图 7.2 分别为原电池和电解池示意图。

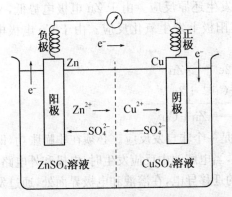

图 7.1　原电池示意图

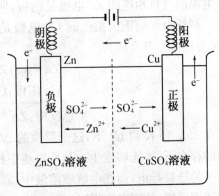

图 7.2　电解池示意图

在电化学中,把金属、石墨及某些金属的化合物(如 WC)等,称为第一类导体,即电子导体,这类导体靠自由电子的定向运动而导电,在导电过程中自身不发生化学变化。当温度升高时,由于导电物质内部质点的热运动加剧,阻碍电子的定向运动,因而电阻增大,导电能力下降。第二类导体是离子导体,如电解质溶液或熔融的电解质等,这类导体依靠离子的定向运动(也就是离子的定向迁移)而导电。当温度升高时,由于溶液的黏度降低,离子运动速度加快,导电能力增强。

在图 7.1 和图 7.2 中,金属 Zn 和 Cu 是第一类导体,作为电极;$ZnSO_4$ 溶液和 $CuSO_4$ 溶液是第二类导体,作为导电介质。

在电化学中,对于电极作了如下规定:发生氧化反应的电极为阳极,发生还原反应的电极为阴极。同时,规定:电势高的电极为正极,电势低的电极为负极。另外,在电解质溶液中,阳离子总是向阴极迁移,阴离子总是向阳极迁移。

根据上述规定,可以分别写出原电池和电解池中电极反应和相应的总反应。

图 7.1 所示原电池,又称 Daniell(丹尼尔)电池,Zn 电极电势低,作为负极失去电子,发生氧化反应,故 Zn 电极又是阳极。Cu 电极电势高,作为正极。正极上得到电子,发生还原

反应,故 Cu 电极又是阴极。其反应为

$$Zn \text{ 负极}: Zn \longrightarrow Zn^{2+} + 2e^-$$
$$Cu \text{ 正极}: Cu^{2+} + 2e^- \longrightarrow Cu$$
$$\text{总反应}: Zn + Cu^{2+} = Zn^{2+} + Cu$$

在 298.15 K 和 $p^\ominus$ 下,这个反应的 $\Delta G < 0$,是一个自发反应。当原电池中反应发生时,两电极和外电路之间,靠电子的迁移导电,电子由负极向正极运动形成电流;在电解质溶液内部,带电离子的定向迁移,形成了电流在溶液中通过。在电极和电解质溶液的界面处,则通过发生氧化还原反应,使得电流得以连续。

图 7.2 所示的电解池中,一个外加电源的正、负极用导线分别与两个电极相连。其中,和外电源的负极相连的 Zn 电极是阴极,阴极上发生还原反应。由于 Zn 电极电势低,又为负极。和外电源的正极相连的 Cu 电极是阳极,阳极上发生氧化反应。由于 Cu 电极电势高,又为正极。其反应为

$$Zn \text{ 阴极}: Zn^{2+} + 2e^- \longrightarrow Zn$$
$$Cu \text{ 阳极}: Cu \longrightarrow Cu^{2+} + 2e^-$$
$$\text{总反应}: Zn^{2+} + Cu = Zn + Cu^{2+}$$

在 298.15 K 和 $p^\ominus$ 下,这个反应的 $\Delta G > 0$,是一个非自发反应。必须在非膨胀功,即外电功的存在下,才能够发生。与原电池中相似的,当电解池中反应发生时,电极和外电路中,靠电子的迁移导电,而在电解质溶液中,靠离子的迁移导电,在溶液和电极界面处,通过发生氧化还原反应,使得电流得以连续。

2. 法拉第定律

法拉第(Faraday)归纳了大量实验的结果,在 1833 年提出了著名的法拉第定律,即通电于电解质溶液之后,在电极上发生化学反应的物质的量与通入的电荷量成正比。

人们把 1 mol 电子所带有的电量的绝对值(也称为元电荷的电量)称为法拉第常数,用 F 表示,则

$$F = Le = 6.022 \times 10^{23} \text{ mol}^{-1} \times 1.6022 \times 10^{-19} \text{ C}$$
$$= 96\ 484.5 \text{ C·mol}^{-1} \approx 96\ 500 \text{ C·mol}^{-1}$$

式中,L 为阿伏伽德罗常量,e 为一个元电荷所带有的电荷量。

由于不同离子的价态变化不同,发生 1 mol 物质的电极反应所需的电子数会不同,通过电极的电荷量自然也不同。例如,1 mol Cu^{2+} 在电极上还原为 1 mol Cu 需要 2 mol 电子,而 1 mol Ag^+ 在电极上还原为 1 mol Ag 只需要 1 mol 电子,所以,法拉第定律的数学表达式可以表示为:

$$Q = zF \tag{7.1}$$

式中,Q 为反应时通过电解质溶液的电量,z 是电极反应时得失电子的物质的量。例如,对

电极反应 $Cu^{2+}+2e^-\longrightarrow Cu$，当反应进度为 1 mol 时，需要 2 mol 的电子，则 $z=2$。

法拉第定律无论对电解池还是对原电池都是适用的。根据法拉第定律，如果将几个电解池相串联，则在稳恒电流的情况下，通入一定的电量后，在电解池中的各个电极上发生化学反应的反应进度是相等的。这样，可以在所研究的电路中，串联一个电解池，通过测量该电解池中阴极上析出金属的物质的量来计算电路中通入的电荷量。相应的测量装置称为库仑计。最常用的库仑计有银库仑计和铜库仑计。

法拉第定律在任何温度和压力下均可适用，没有使用条件的限制，而且实验越精确，所得的结果与法拉第定律吻合得越好，此类定律在科学上并不多见。

【例 7 - 1】 通电于硝酸金 $[Au(NO_3)_3]$ 溶液，电流强度 $I=0.025$ A。当阴极上析出 1.20 g Au 时，试计算：(1) 通过的电荷量 Q；(2) 通电时间 t；(3) 阳极上放出氧气的质量 $m(O_2)$。已知 $Au(s)$ 的摩尔质量 $M(Au)=197.0$ g·mol^{-1}，$M(O_2)=32.0$ g·mol^{-1}。

解：电极反应为

$$阴极：Au^{3+}+3e^-\longrightarrow Au$$

$$阳极：2H_2O\longrightarrow O_2(g)+4H^++4e^-$$

在阴极上，每析出 1 mol 的 Au 需要通过的电子数为 3 mol，则当阴极上析出 1.20 g Au 时，通过的电子的物质的量为

$$z=\frac{1.20\ g}{M(Au)}\times 3=\left\{\frac{1.20}{197.0}\times 3\right\}\ mol=0.018\ 3\ mol$$

(1) $Q=zF=\{0.018\ 3\times 96\ 500\}C=1\ 766\ C$

(2) $t=Q/I=\{1\ 766/0.025\}s=7.06\times 10^4\ s$

(3) 阳极上，每通过 4 mol 电子就有 1 mol 的氧气放出，所以，当阳极上通入的电子为 0.018 3 mol 时，放出氧气的质量为：

$$m(O_2)=M(O_2)\times 0.018\ 3\ mol/4\ mol=0.146\ g$$

由上例中可以看出，在使用法拉第定律进行相关计算时，为了得到正确的计算结果，首先必须正确地写出电极反应。

§7.2 离子的电迁移与迁移数

7.2.1 离子的电迁移和迁移数的定义

由上节可知，溶液中电流的传导是由离子的定向迁移来完成的。我们将溶液中离子在外电场的作用下发生的迁移称为离子的电迁移。在金属导线中，电流完全由电子传递，而在

溶液中,任意一个截面上总电荷量的传递是由阳离子、阴离子共同完成的,即

$$Q=Q_+ +Q_- \quad 或 \quad I=I_+ +I_-$$

式中,Q_+、Q_-、I_+、I_- 和 I 分别代表阳离子、阴离子迁移的电荷量、电流及总电流。由于阳离子、阴离子迁移的速率不同,所带电荷不等,因此它们在迁移电荷量时所分担的份额也不同,即它们迁移的电荷量和电流也不相同,$Q_+ \neq Q_-$,$I_+ \neq I_-$。为了表示不同离子对迁移电荷量的贡献,提出了迁移数的概念。把离子 B 所运载的电流 I_B 与总电流 I 之比称为离子 B 的迁移数,用符号 t_B 表示,量纲为 1,其定义为

$$t_B = \frac{I_B}{I} \tag{7.2}$$

若溶液中只有一种阳离子和一种阴离子,它们的迁移数分别以 t_+ 和 t_- 表示,则

$$t_+ = \frac{I_+}{I_+ + I_-},\, t_- = \frac{I_-}{I_+ + I_-} \tag{7.3}$$

显然,$t_+ + t_- = 1$。

若溶液中含有多种电解质,则对溶液中存在的离子而言有 $\sum t_B = 1$。

为了清晰地描述离子的电迁移过程及由此引起的相应变化,通过图 7.3 来示意说明。设想在两个惰性电极之间充满 1-1 价型电解质溶液。有两个假想的界面将溶液均匀分为阳极区、中部区和阴极区三个部分。

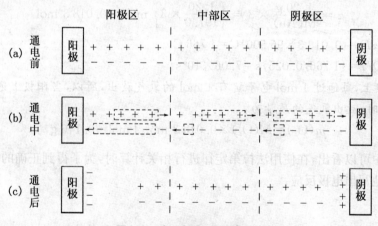

图 7.3 离子的电迁移示意图

通电前,如图 7.3(a)所示,假定各部分均含有一价的阳、阴离子各 5 mol,图中分别用 +,- 号的数量来表示阳离子、阴离子的物质的量。

通电中,如图 7.3(b)所示,假定有 4 mol 电子的电荷量通过两个电极,即阳极上有 4 mol 阴离子发生氧化反应,阴极上有 4 mol 阳离子发生还原反应,同时,这 4 mol 的电荷量会流过电解质溶液中的任意一个截面,显然,这个任务是由阳、阴离子的迁移作用共同完成的。

假定阳离子的迁移速率 r_+ 是阴离子的迁移速率 r_- 的三倍,即 $r_+ = 3r_-$,这样,在任意一个截面上,有 3 mol 的阳离子从阳极向阴极迁移,有 1 mol 的阴离子从阴极向阳极迁移,总的结果是有 4 mol 电子的电荷量通过这一截面。

通电结束后,如图 7.3(c)所示,阳极区迁移出 3 mol 阳离子,迁移进 1 mol 阴离子,在阳极反应掉 4 mol 的阴离子,这样,阳离子和阴离子都各剩 2 mol,即剩余电解质的量为 2 mol。阴极区迁移出 1 mol 阴离子,迁移进 3 mol 阳离子,在阴极反应掉 4 mol 的阴离子,这样,阳离子和阴离子都各剩 4 mol,即剩余电解质的量为 4 mol。而中部区,迁出和迁入的阳离子都是 3 mol、阴离子都是 1 mol,所以电解质的物质的量没有变化。

由以上分析可知,电极反应和离子迁移都会改变阳极区和阴极区电解质的浓度,而中部区电解质的浓度则在电解前后不发生变化。利用这一特点,通过测定通电前后三个区域电解质的浓度,即可以计算出相应的阳离子、阴离子的迁移数。

离子在电场中的运动速率,不仅与离子的本性及溶剂的性质有关,还与其所处的电场强度即电位梯度 dE/dl 有关。为了便于比较,通常将某一离子 B 在指定溶剂中,单位电位梯度($1\ \mathrm{V \cdot m^{-1}}$)下的运动速率称作该离子的电迁移率(又称为离子淌度),以 u_B 表示,即

$$r_B = u_B \frac{dE}{dl} \tag{7.4}$$

离子电迁移率的单位为 $\mathrm{m^2 \cdot s^{-1} \cdot V^{-1}}$。

表 7.1 列出了在 298.15 K 无限稀释时几种离子的电迁移率。

表 7.1 298.15 K 时一些离子在无限稀释水溶液中的离子电迁移率

阳离子	$u_+^\infty \times 10^8 /(\mathrm{m^2 \cdot s^{-1} \cdot V^{-1}})$	阴离子	$u_-^\infty \times 10^8 /(\mathrm{m^2 \cdot s^{-1} \cdot V^{-1}})$
H^+	36.30	OH^-	20.52
K^+	7.62	SO_4^{2-}	8.27
Ba^{2+}	6.59	Cl^-	7.91
Na^+	5.19	NO_3^-	7.40
Li^+	4.01	HCO_3^-	4.61

可以证明,对只含有一种阳离子和一种阴离子的电解质溶液,离子迁移数与离子电迁移率之间存在如下的关系:

$$t_+ = \frac{u_+}{u_+ + u_-}, \qquad t_- = \frac{u_-}{u_+ + u_-} \tag{7.5}$$

需要注意的是,外加电压的大小虽能改变离子的迁移速率,但是,在相同的电场下,由于阴离子、阳离子的迁移速率会按照相同的比例改变,所以,外加电压的大小,不会影响离子的迁移数。

7.2.2 离子迁移数的测定

离子迁移数可以通过希托夫(Hittorff)法、界面移动法和电动势法等多种方法测定。这里主要介绍希托夫(Hittorff)法。

图7.4是希托夫法测定离子迁移数的实验装置示意图,包括一个阴极管、一个阳极管和一个中间管。中间管与另外两个管通过活塞控制连通和闭合。外电路中串联一个库仑计,用以测定通过电路中总的电解电荷量。

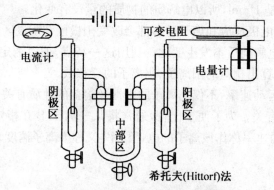

图7.4 希托夫法测定迁移数的装置

实验中,先在三个管中装上需要测定离子迁移数的电解质溶液。接着,让很小的电流通过电解质溶液,使阴、阳离子发生迁移,并在电极上电解。通电一段时间停止后,分别把三个管中的溶液放出,测定各个管中电解质含量。其中,中间管的电解质含量即为原始电解质的含量,而阴极管和阳极管中电解质的含量,乃是电解后剩余的阴极区和阳极区电解质的含量。另外,由库仑计计算出电路中发生电解的物质的量。最后,选择不同电极区域(如阴极区或阳极区),对其中阳离子或阴离子分别进行电解前后的物料衡算,即可计算出相应离子的迁移数。下面通过具体的例题介绍迁移数的计算方法。

【**例7-2**】 设在希托夫迁移管中,用 Cu 电极来电解已知浓度的 $CuSO_4$ 溶液。溶液中通以 20 mA 的直流电约 2～3 小时,通电完毕后,串联在电路中的银库仑计阴极上有 0.040 5 g 银析出。阴极部溶液的质量为 36.434 g,据分析知,在通电前,其中含 $CuSO_4$ 1.127 6 g,通电后含 $CuSO_4$ 1.109 0 g。试求 Cu^{2+} 和 SO_4^{2-} 离子的迁移数。

解:首先计算 Cu^{2+} 的迁移数。

根据题意,阴极上发生的反应为

$$Cu^{2+} + 2e^- \longrightarrow Cu$$

阴极部 Cu^{2+} 浓度的改变是由以下两个原因引起的:① Cu^{2+} 的迁入;② Cu^{2+} 在阴极上的反应。这样,对阴极部 Cu^{2+} 的物质的量进行物料衡算,有

$$n_{终了}=n_{起始}+n_{迁移}-n_{电解}$$

因为 $CuSO_4$ 的摩尔质量为 $M(CuSO_4)=159.62$ $g \cdot mol^{-1}$, Ag 的摩尔质量为 $M(Ag)=107.88$ $g \cdot mol^{-1}$, 则

$$n_{终了}=\{1.109/159.62\}\ mol=6.947\ 8 \times 10^{-3}\ mol$$
$$n_{起始}=\{1.127\ 6/159.62\}\ mol=7.064\ 3 \times 10^{-3}\ mol$$
$$n_{电解}=\{0.040\ 5/(2 \times 107.88)\}\ mol=1.8771 \times 10^{-4}\ mol$$

根据　$6.947\ 8 \times 10^{-3}\ mol=7.064\ 3 \times 10^{-3}\ mol+n_{迁移}-1.877\ 1 \times 10^{-4}\ mol$

所以　　　　$n_{迁移}=7.1 \times 10^{-5}\ mol$

则

$$t(Cu^{2+})=n_{迁移}/n_{电解}=0.38, \quad t(SO_4^{2-})=1-0.38=0.62$$

也可以首先计算 SO_4^{2-} 的迁移数。

阴极上 SO_4^{2-} 不发生反应,电解不会使阴极部 SO_4^{2-} 离子的浓度改变。电解时 SO_4^{2-} 迁向阳极部,迁移使阴极部 SO_4^{2-} 减少。这样,对阴极部 SO_4^{2-} 的物质的量进行物料衡算,有

$$n_{终了}=n_{起始}-n'_{迁移}$$

因此可以求得 $n'_{迁移}=1.165 \times 10^{-4}\ mol$。

$$t(SO_4^{2-})=n'_{迁移}/n_{电解}=0.62, \quad t(Cu^{2+})=1-0.62=0.38$$

§7.3　电解质溶液的电导

7.3.1　电导和摩尔电导率

1. 定义

对于金属导体,其电阻 R 与外加电压 U 及通过导体的电流 I 之间服从欧姆定律,即 $R=U/I$。而对于电解质溶液,通常使用 R 的倒数电导 G 来表示,即 $G=1/R$, G 的单位为 S(西门子)或 Ω^{-1}。相应地, $G=1/R=I/U$。

另外,金属导体电阻 R 与导线的长度 l 成正比,与导线的面积 A 成反比,即 $R=\rho(l/A)$,其中 ρ 称为电阻率。对于电解质溶液, $G=1/R=1/\rho \times (A/l)=\kappa(A/l)$,其中, $\kappa=1/\rho$, κ 称为电导率,它也是比例系数,是指单位长度、单位截面积,即单位体积电解质溶液所具有的电导。电导率的单位为 $S \cdot m^{-1}$(或 $\Omega^{-1} \cdot m^{-1}$),其数值与电解质溶液的种类、溶液浓度及温度等因素有关。

为了便于比较不同浓度、不同类型电解质溶液的导电能力,人们又提出了摩尔电导率的概念。把含有 1 mol 电解质的溶液置于相距为 1 m 的两个平行板电极之间,这时所具有的电导称为该溶液的摩尔电导率,以符号 Λ_m 表示,其单位为 $S \cdot m^2 \cdot mol^{-1}$。

设电解质溶液的浓度为 c，则含 1 mol 电解质的溶液体积 V_m 应为 $1/c$，根据电导率 κ 的定义，摩尔电导率 Λ_m 与电导率 κ 之间的关系可以表示为

$$\Lambda_m = \kappa V_m = \kappa/c$$

2. 电导的测定

电导的测定在实验中实际上是测定电阻。测量原理均类似于物理学上测定电阻用的惠斯通(Wheatstone)电桥，但是，不能使用直流电源，应该使用交流电源。因直流电通过电解池时，将使溶液因发生电极反应而改变浓度，导致测量失真。使用交流电，前半周期的电极反应可被后半周期的作用抵消，因此测量较准。

测定电解质溶液电导时，需要用到电导池，也称电导电极。图 7.5 是实验室中常用的几种电导电极。电导电极中的电极一般是用镀有铂黑的铂片制成。实验时，将电导电极置于电解质溶液中。

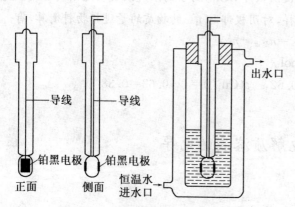

图 7.5 常用的电导电极示意图

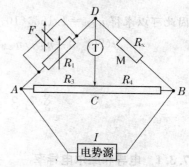

图 7.6 测定电导用惠斯通电桥装置示意图

图 7.6 是惠斯通电桥装置的示意图。图中 I 为交流电源，R_1 为可变电阻，并联一个可变电容 F 以便调节与电导池实现阻抗平衡，AB 为均匀的滑线电阻，R_3 和 R_4 分别为 AC 和 BC 段的电阻，M 为放有待测溶液的电导池，R_x 为待测电阻。因为采用交流电，所以桥中零电流指示器不能用直流检流计，而需改用示波器或耳机，图中 T 所示。按图 7.6 所示，当电桥到达平衡时，则

$$R_1/R_x = R_3/R_4$$

因此被测溶液电导为

$$G = 1/R_x = R_3/R_1 R_4$$

如果已知电极间的距离和电极面积，利用公式 $G = \kappa(A/l)$ 就可以计算出 κ。如果再知道溶液的浓度，就可利用公式 $\Lambda_m = \kappa/c$ 计算出 Λ_m。

但是，电导池中两极之间的距离 l 和涂有铂黑的电极面积 A 是很难测量的。通常是把

已知电导率的溶液(常用 KCl 溶液)注入待用电导池中,在指定温度下测定其电导,然后,按公式 $G=\kappa(A/l)$ 就可以确定该电导池的 l/A 值,这个值称为电导池常数,用 K_{cell} 表示,单位是 m^{-1}。也即 $K_{cell}=l/A$。

KCl 溶液的电导率前人已精确测出,见表 7.2。

表 7.2　在 298.15 K 和标准压力下,几种 KCl 溶液的 κ 和 Λ_m 值

$c/$ mol·dm^{-3}	0	0.001	0.01	0.1	1.0
$\kappa/$S·m^{-1}	0	0.014 7	0.141 1	1.229	11.2
$\Lambda_m/$S·m^2·mol^{-1}	0.015 0	0.014 7	0.014 1	0.012 9	0.011 2

【例 7-2】　25 ℃时在一电导池中盛以 c 为 0.02 mol·dm^{-3}的 KCl 溶液,测得其电阻为 82.4 Ω。若在同一电导池中盛以 c 为 0.025 mol·dm^{-3}的 K_2SO_4 溶液,测得其电阻为 326.0 Ω。已知 25 ℃时 0.02 mol·dm^{-3}的 KCl 溶液的电导率为 0.276 8 S·m^{-1}。试求:

(1) 电导池系数 K_{cell};

(2) 0.025 mol·dm^{-3}的 K_2SO_4 溶液的电导率和摩尔电导率。

解:(1) 电导池系数为

$$K_{cell}=l/A=\kappa(KCl)\times R(KCl)=\{0.276\ 8\times82.4\}m^{-1}=22.81m^{-1}$$

(2) 0.025 mol·dm^{-3}的 K_2SO_4 溶液的电导率为

$$\kappa(K_2SO_4)=K_{cell}/R(K_2SO_4)=\{22.81/326.0\}S·m^{-1}=0.069\ 97\ S·m^{-1}$$

0.025 mol·dm^{-3}的 K_2SO_4 溶液的摩尔电导率为

$$\Lambda_m(K_2SO_4)=\kappa(K_2SO_4)/c=\{0.069\ 97/2.5\}S·m^2·mol^{-1}$$
$$=0.027\ 99\ S·m^2·mol^{-1}$$

7.3.2　离子独立移动定律

1. 摩尔电导率与浓度的关系

摩尔电导率与浓度的关系可由实验得出。一些电解质的摩尔电导率随浓度变化的规律如图 7.7 所示。从图中可以看出,强、弱电解质的摩尔电导率随浓度变化的规律是不同的。

对强电解质来说,随着浓度的下降,摩尔电导率 Λ_m 增大,这是因为随着浓度的降低,离子间引力减小,离子运动速率增加,故摩尔电导率增大。在浓度很低时,摩尔电导率 Λ_m 的曲线接近一条直线,将直线外推至纵坐标,所得截距即为无限稀释的摩尔电导率 Λ_m^∞,此值亦称为极限摩尔电导率。

科尔劳奇(Kohlrausch)根据实验结果,得出结论:

在极稀的溶液中,强电解质的摩尔电导率与其浓度的平方根呈线性关系。即

$$\Lambda_m = \Lambda_m^{\infty}(1 - \beta\sqrt{c}) \tag{7.7}$$

式中，β 在一定温度下，对于一定的电解质和溶剂而言是一个常数。

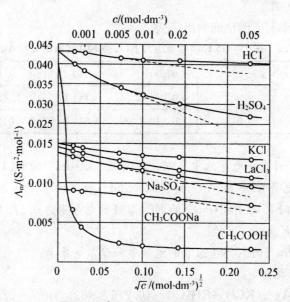

图 7.7　摩尔电导率随浓度的关系

对于弱电解质而言，溶液浓度降低时，摩尔电导率也增大。但在溶液浓度极稀时，随着浓度的降低，摩尔电导率 Λ_m 急剧增加，因为浓度越低，电离出的离子越多，摩尔电导率也越大。由图 7.7 可见，弱电解质的 Λ_m 与 $\sqrt{c}$ 之间不呈直线关系。这样，从实验值直接求弱电解质的 Λ_m^{∞} 就遇到了困难。科尔劳奇的离子独立移动定律解决了这一问题。

2. 离子独立移动定律

科尔劳奇在研究极稀溶液的摩尔电导率时，得出了离子独立移动定律：在无限稀释时，每一种离子是独立移动的，不受其他离子的影响，每一种离子对 Λ_m^{∞} 都有恒定的贡献。

对于电解质 $M_{\nu_+}A_{\nu_-}$，有

$$\Lambda_m^{\infty} = \nu_+ \Lambda_{m,+}^{\infty} + \nu_- \Lambda_{m,-}^{\infty} \tag{7.8}$$

上式中，$\Lambda_{m,+}^{\infty}$ 和 $\Lambda_{m,-}^{\infty}$ 分别是阳离子和阴离子在无限稀释时的摩尔电导率。

根据离子对立移动定律，凡在一定温度和一定的溶剂中，只要是极稀溶液，同一种离子的摩尔电导率都是同一数值，而不论另一种离子是何种离子。

如上所述，弱电解质的 Λ_m^{∞} 可以从强电解质的 Λ_m^{∞} 求算，亦可由离子的 $\Lambda_{m,+}^{\infty}$ 和 $\Lambda_{m,-}^{\infty}$ 求得。

例如：　　$\Lambda_m^{\infty}(CH_3COOH) = \Lambda_m^{\infty}(CH_3COONa) + \Lambda_m^{\infty}(HCl) - \Lambda_m^{\infty}(NaCl)$

或者　　　　$\Lambda_m^{\infty}(CH_3COOH) = \Lambda_m^{\infty}(CH_3COO^-) + \Lambda_m^{\infty}(H^+)$

一些离子的无限稀释摩尔电导率 Λ_m^∞ 列于表 7.3 中。

表 7.3 298.15 K,无限稀释水溶液中一些离子的摩尔电导率 Λ_m^∞

阳离子	$\Lambda_{m,+}^\infty \times 10^4/(S \cdot m^2 \cdot mol^{-1})$	阴离子	$\Lambda_{m,-}^\infty \times 10^4/(S \cdot m^2 \cdot mol^{-1})$
H^+	349.82	OH^-	198.0
Li^+	38.69	Cl^-	76.34
Na^+	50.11	Br^-	78.4
K^+	73.52	I^-	76.8
NH_4^+	73.4	NO_3^-	71.14
Ag^+	61.92	CH_3COO^-	40.9
Ca^{2+}	119.0	ClO_4^-	68.0
Sr^{2+}	118.92	SO_4^{2-}	159.6
Mg^{2+}	106.12		
Ba^{2+}	127.28		
La^{3+}	208.8		

从表 7.3 中可见,H^+ 和 OH^- 的 Λ_m^∞ 要比其他离子的 Λ_m^∞ 高出好几倍。格鲁萨斯 (Grotthus)认为,H^+ 和 OH^- 在电场作用下,并不是通过自身的运动从溶液的一端迁移到另一端,而是通过质子在水分子间转移,使得质子从一个水分子传递到另一个水分子,从而通过质子来传递电流的,如图 7.8 所示。

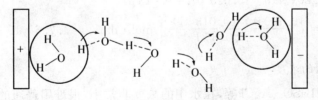

H^+的传递方向 →

图 7.8 质子传递机理示意图

7.3.3 电导测定的应用

1. 检验水的纯度

普通蒸馏水的电导率约为 $1 \times 10^{-3} S \cdot m^{-1}$,重蒸馏水和去离子水的电导率可小于 $1 \times 10^{-4} S \cdot m^{-1}$,理论计算纯水的电导率应为 $1 \times 10^{-5} S \cdot m^{-1}$。在半导体工业上或涉及电导测量的研究中,需要高纯度的水,即所谓的"电导水",水的电导率要求在 $1\times10^{-4}\,\mathrm{S\cdot m^{-1}}$ 以下,所以只要测定水的电导率,就可知道其纯度是否符合要求。

2. 计算弱电解质的解离度和解离常数

对于弱电解质来说,只有已解离的部分才能承担传递电荷量的任务。在无限稀释的溶液中,可以认为弱电解质已全部电离,此时的摩尔电导率为 Λ_m^∞,可用离子的无限稀释摩尔电导率相加而得。而在一定浓度下,弱电解质部分电离,它的摩尔电导率 Λ_m 仅仅是由已经解离的离子作独立移动所贡献的,故 Λ_m 与 Λ_m^∞ 之比就近似等于解离度 α,即

$$\alpha=\Lambda_m/\Lambda_m^\infty$$

对于 1-1 价型或 2-2 价型的弱电解质 MA,设其起始浓度为 c,解离度为 α,则

$$\mathrm{MA} = \mathrm{M^{z+}} + \mathrm{A^{z-}}$$

平衡时 $\qquad c(1-\alpha) \qquad c\alpha \qquad c\alpha$

$$K_c=\frac{(c\alpha)^2}{c(1-\alpha)}=\frac{c\alpha^2}{1-\alpha}$$

将 $\alpha=\Lambda_m/\Lambda_m^\infty$ 代入上式,整理后得

$$K_c=\frac{c\Lambda_m^2}{\Lambda_m^\infty(\Lambda_m^\infty-\Lambda_m)} \qquad (7.9)$$

上式称为奥斯特瓦尔德(Ostwald)稀释定律,当 α 越小,该式越正确。

【例 7-3】 25 ℃ 时测得浓度为 $0.100\,0\,\mathrm{mol\cdot dm^{-3}}$ 的 HAc 溶液的 Λ_m 为 $5.201\times10^{-4}\,\mathrm{S\cdot m^2\cdot mol^{-1}}$,求 HAc 在该浓度下的电离度 α 和电离常数 K_c。

解: 查表得 25 ℃ 时 HAc 的 Λ_m^∞ 为 $0.039\,071\,\mathrm{S\cdot m^2\cdot mol^{-1}}$,因此

$$\alpha=\Lambda_m/\Lambda_m^\infty=5.201\times10^{-4}/0.039\,701=0.013\,31$$

$$K_c=\frac{c\alpha^2}{1-\alpha}=\left\{\frac{0.100\,0\times(0.013\,31)^2}{1-0.013\,31}\right\}\,\mathrm{mol\cdot dm^{-3}}=1.796\times10^{-5}\,\mathrm{mol\cdot dm^{-3}}$$

3. 计算难溶盐的浓度

一些难溶盐如 $BaSO_4$、$AgCl$ 等,在水中的浓度非常小,很难用普通的滴定方法直接测定,但用电导法却能方便求得。以 $AgCl$ 为例,先测定其饱和溶液的电导率 κ(溶液),由于溶液极稀,水的电导率已占一定比例,不能忽略,所以,必须从中减去水的电导率,才能得到 $AgCl$ 的电导率:

$$\kappa(\mathrm{AgCl})=\kappa(溶液)-\kappa(\mathrm{H_2O})$$

然后,根据摩尔电导率的计算公式,得到

$$\Lambda_m(\mathrm{AgCl})=\kappa(\mathrm{AgCl})/c(\mathrm{AgCl})$$

由于难溶盐的浓度很小,溶液极稀,所以可认为 $\Lambda_m(\mathrm{AgCl})\approx\Lambda_m^\infty(\mathrm{AgCl})$,而 $\Lambda_m^\infty(\mathrm{AgCl})$ 的值可由离子无限稀释摩尔电导率相加得到,这样,就可以根据上式求得难溶盐的浓度。

【例7-4】 25 ℃时,测出 AgCl 饱和溶液及配制此溶液的高纯水之 κ 分别为 $3.41\times 10^{-4}\,S\cdot m^{-1}$ 和 $1.60\times 10^{-4}\,S\cdot m^{-1}$,试求 AgCl 在 25 ℃时的浓度和溶度积。

解:$\kappa(AgCl)=(3.41\times 10^{-4}-1.60\times 10^{-4})\,S\cdot m^{-1}=1.81\times 10^{-4}\,S\cdot m^{-1}$

查表:$\Lambda_m^{\infty}(AgCl)=1.383\times 10^{-2}\,S\cdot m^2\cdot mol^{-1}$

$c=\kappa(AgCl)/\Lambda_m^{\infty}(AgCl)=1.31\times 10^{-2}\,mol\cdot m^{-3}=1.31\times 10^{-5}\,mol\cdot dm^{-3}$

$K_{sp}=(c/c^{\ominus})^2=1.72\times 10^{-10}$

4. 电导滴定

利用滴定过程中溶液电导率变化的转折来确定终点的方法称为电导滴定。电导滴定的优点是不用指示剂,对有色溶液和沉淀反应都能得到较好的效果,并能自动记录。它可用于酸碱中和、生成沉淀和氧化还原等各类滴定反应。

如图7.9所示,用 NaOH 溶液滴定 HCl 溶液,以电导率为纵坐标,加入的 NaOH 体积为横坐标。在加入 NaOH 以前,溶液中只有 HCl 一种电解质,因为 H^+ 的电导率很大,所以 HCl 溶液的电导率也很大。当逐渐加入 NaOH 后,溶液中 H^+ 与加入的 OH^- 结合生成 H_2O。这个过程可以看做是电导率较小的 Na^+ 取代了电导率很大的 H^+,因此,整个溶液的电导率逐渐变小,如图7.9(a)中的 AB 段。当加入的 NaOH 恰好与 HCl 的物质的量相等时,溶液的电导率最小,如图中的 B 点,此点即为滴定终点。当 NaOH 加入过量后,由于 OH^- 的电导率很大,所以溶液的电导率又增加了,如图中 BC 段。根据 B 点所对应的横坐标上所用 NaOH 溶液的体积,就可计算未知 HCl 溶液的浓度。

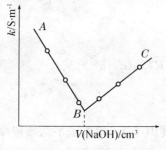

(a) 以强碱(NaOH)滴定强酸(HCl)

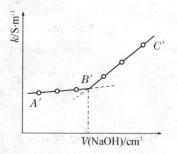

(b) 以强碱(NaOH)滴定强酸(HAc)

图7.9 电导滴定曲线

如以强碱 NaOH 滴定弱酸 HAc,开始时溶液的电导率很低,加入 NaOH 后,弱酸变成盐 NaAc,电导率随图7.9(b)中 $A'B'$ 增加,超过终点后,过量的 NaOH 使溶液的电导率沿 $B'C'$ 较快地增大。转折点 B' 即为滴定终点。

用电导滴定与用指示剂的滴定不同,不必过分关心终点是否将到,不必担心滴过终点。只需大致在终点两边做数次测定,就可以画出两条直线,其交点即为滴定终点。

电导测定的应用除了上述四个方面外,还有许多用途,如石油开采中测量油井流量与含水率[1],检验食品中二氧化硫和氟、氯和碘的含量[2-3],某些工业过程利用电导信号实现生产和废水检验[4-7],医学上依据电导数值变化辅助进行疾病的诊断和治疗[8]等。当然,在现代材料科学研究中,电导的应用更是越来越广泛[9-12]。

§7.4   强电解质溶液理论简介*

7.4.1   电解质的平均活度和平均活度因子及其影响因素

1. 电解质的平均活度和平均活度因子

电解质溶液的活度表示法与前面第3章中所讲的非电解质溶液的活度表示法没有本质上的不同,只是电解质溶液的整体活度是电解质电离后阴离子、阳离子的共同贡献。

对于一个任意价型的强电解质B,设其化学式为 $M_{\nu_+} A_{\nu_-}$,若 $z+$ 和 $z-$ 代表阳离子和阴离子的价数,则应有

$$M_{\nu_+} A_{\nu_-} \longrightarrow \nu_+ M^{z+} + \nu_- A^{z-}$$

因为

$$\mu_B = \mu_B^\ominus + RT\ln a_B$$

$$\mu_B = \nu_+ \mu_+ + \nu_- \mu_-, \mu_B^\ominus = \nu_+ \mu_+^\ominus + \nu_- \mu_-^\ominus$$

$$\mu_+ = \mu_+^\ominus + RT\ln a_+$$

$$\mu_- = \mu_-^\ominus + RT\ln a_-$$

所以

$$\mu_B = \nu_+ \mu_+ + \nu_- \mu_-$$
$$= (\nu_+ \mu_+^\ominus + \nu_- \mu_-^\ominus) + RT\ln(a_+^{\nu_+} a_-^{\nu_-})$$
$$= \mu_B^\ominus + RT\ln a_B$$

即

$$a_B = a_+^{\nu_+} a_-^{\nu_-} \tag{7.11}$$

强电解质 B 的离子平均活度 $a_\pm$、离子平均活度因子 $\gamma_\pm$ 和离子平均质量摩尔浓度 $m_\pm$ 分别定义为

$$a_\pm = (a_+^{\nu_+} a_-^{\nu_-})^{1/\nu} \tag{7.12a}$$

$$\gamma_\pm = (\gamma_+^{\nu_+} \gamma_-^{\nu_-})^{1/\nu} \tag{7.12b}$$

$$m_\pm = (m_+^{\nu_+} m_-^{\nu_-})^{1/\nu} \tag{7.12c}$$

式中,$\nu = \nu_+ + \nu_-$,而

$$a_\pm = \gamma_\pm \frac{m_\pm}{m^\ominus} \tag{7.13}$$

所以

$$a_B = a_+^{\nu_+} a_-^{\nu_-} = a_\pm^\nu$$

这里之所以要提出离子平均活度因子的概念,是因为在电解质溶液中,阳离子、阴离子

总是同时存在的,人们还没有办法测定单个离子的活度和活度因子,而离子的平均活度因子是可以通过实验求出的。另外,强电解质是全部电离的,就很容易从电解质的质量摩尔浓度 m_B 求出离子平均质量摩尔浓度 $m_{\pm}$:

$$m_+ = \nu_+ m_B, \quad m_- = \nu_- m_B$$

$$m_{\pm} = (m_+^{\nu_+} m_-^{\nu_-})^{1/\nu} = (\nu_+^{\nu_+} \nu_-^{\nu_-})^{1/\nu} m_B$$

例如,对于 1-2 价型电解质,Na_2SO_4(B)的水溶液,当其质量摩尔浓度为 m 时,

$$m_{\pm} = \sqrt[3]{4}\, m, \quad \gamma_{\pm} = (\gamma_+^2\, \gamma_-)^{1/3}$$

$$a_{\pm} = \gamma_{\pm} \frac{\sqrt[3]{4}\, m}{m^{\ominus}}, \quad a_B = a_{\pm}^3 = 4\gamma_{\pm}^3 \left(\frac{m}{m^{\ominus}}\right)^3$$

$\gamma_{\pm}$ 的值可以用实验测定或用德拜-休克尔(Debye-Hückel)公式进行计算。表 7.4 列出了 298.15 K 时水溶液中不同质量摩尔浓度下一些电解质的离子平均活度因子。

表 7.4　298.5 K 时水溶液中电解质的离子平均活度因子 $\gamma_{\pm}$

$m/(\mathrm{mol \cdot kg^{-1}})$	0.001	0.005	0.01	0.05	0.10	0.50	1.0	2.0	4.0
HCl	0.965	0.928	0.904	0.830	0.796	0.757	0.809	1.009	1.762
NaCl	0.966	0.929	0.904	0.823	0.778	0.682	0.658	0.671	0.783
KCl	0.965	0.927	0.901	0.815	0.769	0.650	0.605	0.575	0.582
HNO₃	0.965	0.927	0.902	0.823	0.785	0.715	0.720	0.783	0.982
NaOH	0.965	0.927	0.899	0.818	0.766	0.693	0.679	0.700	0.890
CaCl₂	0.887	0.783	0.724	0.574	0.518	0.448	0.500	0.792	2.934
K₂SO₄	0.885	0.78	0.71	0.52	0.43	0.251			
H₂SO₄	0.830	0.639	0.544	0.340	0.265	0.154	0.130	0.124	0.171
CdCl₂	0.819	0.623	0.524	0.304	0.228	0.100	0.066	0.044	
BaCl₂	0.88	0.77	0.72	0.56	0.49	0.39	0.393		
CuSO₄	0.74	0.53	0.41	0.21	0.16	0.068	0.047		
ZnSO₄	0.734	0.477	0.387	0.202	0.148	0.063	0.043	0.035	

这样,当配制了某一质量摩尔浓度 m 的电解质溶液时,可根据 m 查出 $\gamma_{\pm}$ 并计算出 $m_{\pm}$,进而算出 $a_{\pm}$,然后即可进行其他各种计算。

2. 离子强度

从表 7.4 中可以看出,在稀溶液中,影响离子平均活度因子 $\gamma_{\pm}$ 的主要因素是离子的浓度和价数,而且离子价数比浓度的影响还要大,且价数愈高,影响也愈大。据此,在 1921 年,路易斯(Lewis)提出了离子强度的概念。

离子强度定义为溶液中每种离子 B 的质量摩尔浓度 m_B 乘以该离子的价数 z_B 的平方所得的诸项之和的一半,离子强度用符号 I 表示。即

$$I = \frac{1}{2} \sum_B m_B z_B^2 \tag{7.15}$$

式中,m_B 是 B 离子的真实质量摩尔浓度,若是弱电解质,其真实浓度用它的浓度与解离度相乘而得。

在此基础上,路易斯根据实验结果总结出,在稀溶液的范围内,活度因子和离子强度的关系符合如下的经验式:

$$\lg \gamma_\pm = - 常数 \sqrt{I}$$

该经验式与后来根据德拜-休克尔理论所导出的计算 $\gamma_\pm$ 的德拜-休克尔极限公式一致。

【例 7-5】　若溶液中含 KCl 的浓度为 $0.1\ mol \cdot kg^{-1}$,$BaCl_2$ 的浓度为 $0.2\ mol \cdot kg^{-1}$,求该溶液的离子强度。

解:$I = \frac{1}{2} \sum_B m_B z_B^2 = \left\{ \frac{1}{2} [(0.1 \times 1^2) + (0.2 \times 2^2) + (0.5 \times 1^2)] \right\} mol \cdot kg^{-1}$

$= 0.7\ mol \cdot kg^{-1}$

7.4.2　离子氛与德拜-休克尔离子互吸理论

1923 年,德拜和休克尔提出了强电解质溶液的理论,他们认为:强电解质在低浓度溶液中是完全电离的,强电解质与理想溶液的偏差主要是由离子之间的静电力引起的。因此,他们的理论也称为离子互吸理论。

德拜和休克尔分析离子间静电引力和离子热运动的关系,提出了强电解质溶液的离子氛模型,这是一个很重要的概念。他们认为在溶液中,每一个离子(可称为中心离子)都被电荷符号相反的离子所包围,由于离子间的相互作用,使得离子的分布不均匀,从而形成了离子氛。也就是说,在每一个阳离子的周围,阴离子出现的概率要比阳离子大;同理,在每一个阴离子周围,阳离子出现的概率要比阴离子大。这样,在强电解质溶液中,每一个中心离子好像是被一层异号电荷包围着,而异号电荷的总电荷在数值上等于中心离子的电荷。统计地看,这层异号电荷是球形对称的,由它所构成的球体即为离子氛。中心离子是任意选择的,每一个中心离子周围都存在一个电荷符号与之相反的离子氛。而每一个离子既是中心离子,同时又是其他离子的离子氛。这种情况在一定程度上可以与离子晶体中离子排列的情况相比拟。另一方面,由于离子的热运动,离子氛不是完全静止的,而是不断地运动和变换。在离子之间既有引力又存在着斥力,所以离子氛的存在只能看作是时间统计的平均结果。

离子氛可以看成是球形对称的,而且中心离子与离子氛的电荷大小相等,符号相反,所以将它们作为一个整体来看,是电中性的,这个整体与溶液中的其他部分之间不再存在静电

作用。根据这种图像,就可以形象化地把离子间的静电作用归结为中心离子与离子氛之间的作用。这样就使研究的问题大大地简化了。

德拜和休克尔除了认为强电解质的稀溶液完全解离和离子间的相互作用力可归结为中心离子和离子氛间的作用外,又应用静电力学原理和统计力学的方法,经过推导,最后得到了电解质溶液中单个离子活度因子的计算公式为

$$\lg \gamma_i = -Az_i^2 \sqrt{I} \tag{7.16}$$

这个式子称为德拜-休克尔极限定律。式中,A 在一定温度下,对某一定溶剂而言有定值。25 ℃下的水溶液,$A = 0.509 (mol \cdot kg^{-1})^{\frac{1}{2}}$。

因为单个离子的活度因子是无法直接由实验来测定的,因此还需要把它变成平均活度因子的形式。经过推导,可以得到整体电解质的离子平均活度因子公式为

$$\lg \gamma_\pm = -Az_+ |z_-| \sqrt{I} \tag{7.17}$$

德拜和休克尔的离子互吸理论以及根据他们设想的模型和假定,所推导出的公式虽然只有在稀溶液中才能与实验结果相吻合,但到目前为止仍然是很重要的电解质溶液理论,也是其他理论发展的基础。

7.4.3　德拜-休克尔-昂萨格电导理论

1927 年,昂萨格(Onsager)将德拜-休克尔理论应用到有外加电场作用的电解质溶液,把科尔劳奇对于摩尔电导率与浓度平方根呈线性函数的经验公式提高到理论阶段,对公式 $\Lambda_m = \Lambda_m^\infty (1 - \beta \sqrt{c})$ 作出了理论解释,从而形成了德拜-休克尔-昂萨格电导理论。

前已指出,在强电解质溶液中,任一中心离子都被带相反电荷的离子氛所包围。在平衡情况下,离子氛是对称的,此时,符号相反的电荷平均分配于中心离子的周围。在无限稀释的溶液中,离子与离子之间的距离大,库仑作用可忽略不计,故可以忽略离子氛的影响,即认为离子的行动不受其他离子的影响,这时的摩尔电导率为 Λ_m^∞。但是,在外加电场存在的情况下,离子氛的存在影响着中心离子的运动,使其在电场中运动的速率降低,摩尔电导率降为 Λ_m。离子氛对中心离子运动的影响是由下述两个原因引起的:

1. 弛豫效应

取中心为阳离子和外围为阴离子氛者为例。在外电场的作用下,中心阳离子向阴极移动,外围离子氛的平衡状态受到损坏。但由于存在库仑作用力,离子要重新建立新的离子氛。同时原有的离子氛要拆散。但无论建立一个新离子氛或是拆散一个旧离子氛,都需要一定时间,这个时间称为弛豫时间。因为离子一直在运动,中心离子的新的离子氛尚未能完全建立,而旧的离子氛也未能完全拆散,这就形成了

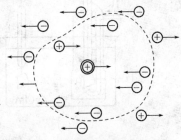

不对称的离子氛

图 7.10　不对称的离子氛

不对称的离子氛,如图 7.10 所示。这种不对称的离子氛对中心离子在电场中的运动产生了一种阻力,通常称为弛豫力。它使得离子的运动速率降低,因而使摩尔电导率降低。

2. 电泳效应

在外电场的作用下,中心离子同其他溶剂化分子同时向某一方向移动,而带有相反电荷的离子氛则携同溶剂化分子一起向相反的方向移动,从而增加了黏滞力,阻滞了离子在溶液中的运动,这种影响称为电泳效应,它降低了离子运动的速率,因而也使摩尔电导率降低。

考虑到上述两种因素,可以推算出在某一浓度时的摩尔电导率 Λ_m 和无限稀释时的摩尔电导率 Λ_m^{∞} 差值的定量关系,也即德拜-休克尔-昂萨格电导公式。

$$\Lambda_m = \Lambda_m^{\infty} - (p + q\Lambda_m^{\infty}\sqrt{c})$$

p 和 q 的值与温度、溶剂性质和电解质溶液的类型有关。在稀溶液中,当温度和溶剂一定时,上式可写成 $\Lambda_m = \Lambda_m^{\infty} - A\sqrt{c}$,式中 A 为常数,这就是科尔劳奇的 Λ_m 与 $\sqrt{c}$ 的经验公式。

§7.5　可逆电池及其电动势的测定

7.5.1　可逆电池和可逆电极

1. 可逆电池必须具备的条件

将化学能转变为一个能够产生电能的原电池,首要条件是该化学反应是一个氧化还原反应,或者在整个反应过程中经历了氧化还原过程。其次必须给予一定的装置,如组成电池必须有两个电极以及能与电极建立电化学反应平衡的相应电解质溶液,此外还有其他设备,从而使化学反应分别通过在电极上的反应来完成。

原电池装置可以如图 7.11 所示。

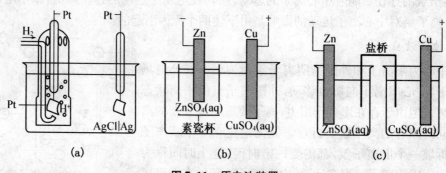

图 7.11　原电池装置

在将化学能转变为电能的时候,若此转化是以热力学可逆方式进行的,则称为可逆电池。这里的"可逆"对应于热力学上可逆的概念。在可逆电池中,等温、等压条件下,系统吉布斯函数的降低$(\Delta_r G_m)_{T,p}$等于系统对外所做的最大非膨胀功$W_{f,\max}$,即$(\Delta_r G_m)_{T,p} = W_{f,\max}$,此时电池两电极间的电势差可达到最大值,称为该电池的电动势E。

如果非膨胀功只有电功,则

$$(\Delta_r G_m)_{T,p} = W_{f,\max} = -zFE \tag{7.18}$$

式中,z为电池输出电荷的物质的量,E为可逆电池的电动势,F是法拉第常量。该关系式十分重要,它是联系热力学与电化学的主要桥梁。

要构成可逆电池,具体说来,必须同时满足下面两个条件:

(1) 电极上的化学反应可以向正、反两个方向进行。若将电池与一个外加电动势$E_外$并联,当电池的E稍大于$E_外$时,电池仍将通过化学反应而放电。当$E_外$稍大于电池的E时,电池成为电解池,电池将获得外界电池的电能而充电。作为可逆电池,其充电和放电时的反应必须互为可逆反应。

(2) 可逆电池在工作时,不论充电或放电,所通过的电流必须十分微小,电池是在接近平衡的状态下工作的。此时,若作为电池它能做出最大的有用功,若作为电解池它消耗的电能最小。

同时满足上述两个条件的电池方可称为可逆电池。总的说来,可逆电池在充、放电时不仅物质的转变是可逆的,而且能量的转变也是可逆的。

凡是不能同时满足上述两个条件的电池均是不可逆电池。

2. 可逆电极

构成可逆电池的电极必须是可逆电极。可逆电极主要有以下三种类型:

(1) 第一类电极:包括金属电极、气体电极和汞齐电极等。

金属电极是将金属浸在含有该金属离子的溶液中构成的。如$Zn(s)$插在$ZnSO_4$溶液中构成Zn电极。

作为负极时,Zn电极书面表示为$Zn(s)|ZnSO_4(aq)$,相应的反应为

$$Zn \longrightarrow Zn^{2+} + 2e^-$$

作为正极时,Zn电极书面表示为$ZnSO_4(aq)|Zn(s)$,相应的反应为

$$Zn^{2+} + 2e^- \longrightarrow Zn$$

气体电极包括氢电极、氧电极和卤素电极等。由于气态物质是非导体,故需借助于铂或其他惰性物质起导电作用。将导电用的金属片浸入含有该气体所对应的离子的溶液中,使气流冲击金属片。例如图 7.12 为氢电极示意图,将镀有铂黑的铂片浸入含

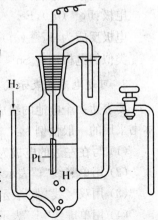

图 7.12　氢电极结构示意图

有 H^+ 或 OH^- 的溶液中,并不断通 $H_2(g)$ 就构成了酸性或碱性氢电极。

该类电极作为正极时的电极表示式和电极反应如下例所示:

电极	电极反应
$H^+(a_+) \mid H_2(p), Pt$	$2H^+(a_+) + 2e^- \longrightarrow H_2(p)$
$OH^-(a_-) \mid H_2(p), Pt$	$2H_2O + 2e^- \longrightarrow H_2(p) + 2OH^-(a_-)$
$H^+(a_+) \mid O_2(p), Pt$	$O_2(p) + 4H^+(a_+) + 4e^- \longrightarrow 2H_2O$
$OH^-(a_-) \mid O_2(p), Pt$	$O_2(p) + 2H_2O + 4e^- \longrightarrow 4OH^-(a_-)$

汞齐电极中 $Na(Hg)$ 齐电极,其电极表示式和电极反应为

$Na^+(a_+) \mid Na(Hg)(a)$ $Na^+(a_+) + Hg(l) + e^- \longrightarrow Na(Hg)(a)$

$Na(Hg)$ 齐中 Na 的活度 a 随 $Na(s)$ 在 $Hg(l)$ 中的浓度而变化。

(2) 第二类电极:包括难溶盐电极和难溶氧化物电极。

难溶盐电极是由金属及其表面覆盖一薄层该金属的难溶盐,然后浸入含有该难溶盐的负离子的溶液中所构成。例如银-氯化银电极和甘汞电极就属于这一类。其作为正极的电极表示式和电极反应分别为

$Cl^-(a_-) \mid AgCl(s) \mid Ag(s)$ $AgCl(s) + e^- \longrightarrow Ag(s) + Cl^-(a_-)$

$Cl^-(a_-) \mid Hg_2Cl_2(s) \mid Hg(l)$ $Hg_2Cl_2(s) + 2e^- \longrightarrow 2Hg(l) + 2Cl^-(a_-)$

难溶氧化物电极是在金属表面覆盖一薄层该金属的氧化物,然后浸在含有 H^+ 或 OH^- 的溶液中构成电极,例如:

$OH^-(a_-) \mid Ag_2O \mid Ag(s)$ $Ag_2O(s) + H_2O + 2e^- \longrightarrow 2Ag(s) + 2OH^-(a_-)$

(3) 第三类电极:又称为氧化还原电极,由惰性金属(如铂片)插入含有某种离子的不同氧化态的溶液中构成电极。这里的金属只起导电作用,而氧化-还原反应是溶液中不同价态的离子在溶液与金属的界面上进行。例如:

电极:$Fe^{3+}(a_1), Fe^{2+}(a_2) \mid Pt$

电极反应为:$Fe^{3+}(a_1) + e^- \longrightarrow Fe^{2+}(a_2)$

类似的电极还有 Sn^{4+} 与 Sn^{2+},$[Fe(CN)_6]^{3-}$ 与 $[Fe(CN)_6]^{4-}$ 等等。

3. 可逆电池的表示式

要表达一个电池的组成和结构,有必要为书写电池规定一些方便而科学的表达方式。本书采用的一般惯例为:

(1) 写在左边的电极为负极,起氧化作用;写在右边的电极右边为正极,起还原作用。

(2) 用单竖线"$\mid$"表示不同物相的界面,有电势差存在。

(3) 用双竖线"$\parallel$"表示盐桥,使液接电势降到可以忽略不计。

(4) 用单虚线"$\vdots$"表示半透膜,也使液接电势降到可以忽略不计。

(5) 要注明温度,气体要注明压力,不注明就是 298.15 K 和标准压力 $p^\ominus$;要注明电极

的物态,溶液要注明浓度。

(6) 气体电极和氧化还原电极要写出导电的惰性电极,通常是铂电极。

(7) 整个电池的电动势用右边正极的还原电极电势减去左边负极的还原电极电势,即

$$E = \varphi_{右(Ox|Red)} - \varphi_{左(Ox|Red)}$$

注意,在书写电极和电池反应时,必须遵守物量和电荷平衡。

按照上述惯例,图 7.1 的丹尼尔电池可以表示为

$$Zn(s)|ZnSO_4(m_1) \,\vdots\, CuSO_4(m_2)|Cu(s)$$

有了上述关于电池表示的一般惯例,则对于任何一个电池来说,欲写出这个电池表示式所对应的化学反应,只需分别写出左侧电极发生的氧化反应及右侧电极发生的还原反应,然后将两者相加即可。

反过来,欲将一个化学反应设计成电池,有时并不那么直观,一般来说须抓住以下三个环节:

(1) 确定电解质溶液。这对于有离子参加的反应比较直观,对总反应中没有离子出现的反应,需依据参加反应的物质找出相应的离子。

(2) 确定电极。根据总反应中物质种类结合三类电极反应的特点,确定所对应的电极。

(3) 复核反应。根据选定的电极及电解质溶液,组成相应的电池后,必须写出所设计电池的反应,并与给定的反应相对照,两者一致则表明所设计电池成功,若不一致,则需要重新设计。复核反应十分重要,一般不能省略,以免出错。

对于任何一个电池表示式,其电池电动势 E 都可以依据 $E = \varphi_{右(Ox|Red)} - \varphi_{左(Ox|Red)}$ 进行计算。如果 $E>0$,则表明该电池表示式确实代表一个可以实际工作的电池。如果 $E<0$,则表明该电池表示式并不真实代表电池,若要正确表示成电池,需将表示式中左右两极互换位置。

【例 7-6】 写出下列电池所对应的化学反应:

(1) $Pt|H_2(g)|H_2SO_4(m)|Hg_2SO_4(s)|Hg(l)$

(2) $Pt|Sn^{4+},Sn^{2+} \parallel Tl^{3+},Tl^+|Pt$

(3) $Pt|H_2(g)|NaOH(m)|O_2(g)|Pt$

解:(1) 负极　$H_2(g) \longrightarrow 2H^+ + 2e^-$

正极　$Hg_2SO_4(s) + 2e^- \longrightarrow 2Hg(l) + SO_4^{2-}$

电池反应　$H_2(g) + Hg_2SO_4(s) \longrightarrow 2Hg(l) + H_2SO_4(m)$

(2) 负极　$Sn^{2+} \longrightarrow Sn^{4+} + 2e^-$

正极　$Tl^{3+} + 2e^- \longrightarrow Tl^+$

电池反应　$Sn^{2+} + Tl^{3+} \longrightarrow Sn^{4+} + Tl^+$

(3) 负极　$H_2(g) + 2OH^- \longrightarrow 2H_2O(l) + 2e^-$

正极　$1/2 O_2(g) + H_2O(l) + 2e^- \longrightarrow 2OH^-$

电池反应　$H_2(g) + 1/2 O_2(g) \longrightarrow H_2O(l)$

【例7-7】 将下列化学反应设计成电池：

(1) $Zn(s) + H_2SO_4(aq) \longrightarrow H_2(p) + ZnSO_4(aq)$

(2) $AgCl(s) \longrightarrow Ag^+ + Cl^-$

(3) $H^+ + OH^- \longrightarrow H_2O(l)$

解：(1) $Zn(s) + H_2SO_4(aq) \longrightarrow H_2(p) + ZnSO_4(aq)$

这是一个氧化还原反应，反应中有金属 Zn 失去电子变成 Zn^{2+}，H^+ 得到电子产生 $H_2(p)$，而且电解质溶液也很清楚。所以，Zn 电极为负极，氢电极为正极，设计电池为

$$Zn(s) \mid ZnSO_4(aq) \parallel H_2SO_4(aq) \mid H_2(p) \mid Pt$$

复核：(-) $\quad Zn(s) \longrightarrow Zn^{2+} + 2e^-$

$\quad\quad$ (+) $\quad 2H^+ + 2e^- \longrightarrow H_2(p)$

总反应：$Zn(s) + 2H^+ \longrightarrow Zn^{2+} + H_2(p)$

(2) $AgCl(s) \longrightarrow Ag^+ + Cl^-$

这个反应不是氧化还原反应，不能直接看出电池的正负极。但是有难溶盐 $AgCl(s)$ 参加，所以难溶盐电极 $Cl^-(a_-) \mid AgCl(s) \mid Ag(s)$ 应该是电极之一。假设这个极作正极，发生还原反应，则反应为

$$(+) \, AgCl(s) + e^- \longrightarrow Ag(s) + Cl^-$$

用总反应减去正极反应后，剩余的反应即为负极反应：$Ag(s) \longrightarrow Ag^+ + e^-$，这个反应对应与金属 Ag 电极的反应，所以金属 Ag 电极作为电池的负极。设计的电池为：$Ag(s) \mid Ag^+(aq) \parallel HCl(aq) \mid AgCl(s) \mid Ag(s)$

复核：(-) $\quad Ag(s) \longrightarrow Ag^+ + e^-$

$\quad\quad$ (+) $\quad AgCl(s) + e^- \longrightarrow Ag(s) + Cl^-$

总反应：$\quad AgCl(s) \longrightarrow Ag^+ + Cl^-$

(3) $H^+ + OH^- \longrightarrow H_2O(l)$

反应式中有离子，电解质溶液易确定，但没有氧化还原变化，电极选择不直观，从反应式看出，两电极必须相同。对 H^+、OH^- 可逆的电极有氢电极、氧电极、氧化物电极。

设计：$Pt \mid H_2(g) \mid OH^-(aq) \parallel H^+(aq) \mid H_2(g) \mid Pt$

复核：(-) $\quad H_2(g) + 2OH^- \longrightarrow 2H_2O(l) + 2e^-$

$\quad\quad$ (+) $\quad 2H^+ + 2e^- \longrightarrow H_2(g)$

总反应：$\quad 2H^+ + 2OH^- \longrightarrow 2H_2O(l)$

7.5.2 可逆电池电动势的测定

1. 标准电池

在测定电池电动势时，需要用到一个电动势已知，并且在一定温度下稳定不变的辅助电

池,此电池称为标准电池。其电动势用符号 E_{sc} 表示。常用的标准电池是韦斯顿(Weston)标准电池。其装置如图 7.13 所示。

电池的负极为镉汞齐(含 Cd 的质量分数为 $0.05 \sim 0.14$),正极是 $Hg(l)$ 与 $HgSO_4(s)$ 的糊状体,在糊状体和镉汞齐上面均放有 $CdSO_4 \cdot \frac{8}{3} H_2O(s)$ 的晶体及其饱和溶液。为了使引入的导线与正极糊体接触得更紧密,在糊状体的下面放进少许 $Hg(l)$。

韦斯顿标准电池表示式为

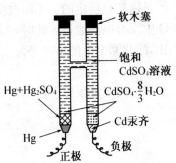

图 7.13 韦斯顿标准电池示意图

$$Cd(12.5\% 汞齐) | CdSO_4 \cdot \frac{8}{3} H_2O(s) | CdSO_4 (饱和溶$$

液$) | CdSO_4 \cdot \frac{8}{3} H_2O(s) | Hg_2SO_4(s) | Hg(l)$

当电池放电时,所进行的反应是

$$(-) \quad Cd(Hg) \longrightarrow Cd^{2+} + Hg(l) + 2e^-$$
$$(+) \quad Hg_2SO_4(s) + 2e^- \longrightarrow 2Hg(l) + SO_4^{2-}$$

总反应:$Hg_2SO_4(s) + Cd(Hg)(a) + 8/3H_2O \longrightarrow CdSO_4 \cdot 8/3H_2O(s) + Hg(l)$

韦斯顿标准电池的最大优点是它的电动势稳定,随温度变化很小。

除了上述饱和的韦斯顿标准电池外,还有不饱和的韦斯顿标准电池,其电动势受温度的影响更小。

2. 对消法测定电池电动势

可逆电池电动势的测定必须在电流无限接近于零的条件下进行。因此,不能直接用伏特计来测量。

波根多夫(Poggendorff)对消法是人们常采用的测量电池电动势的方法。其原理是:用一个方向相反的但数值相同的外加电压,对抗待测电池的电动势,使电路中没有电流通过。具体线路图如图 7.14 所示。图中 AB 为均匀的电阻线,工作电池(E_w)经 AB 构成一个通路,在 AB 线上产生了均匀的电位降,可以均匀刻度表示。E_{sc} 和 E_x 分别代表标准电池和待测电池电动势。G 为高灵敏的检流计。D 是双向开关,当 D 向下时与待测电池相通,待测电池的负极与工作电池的负极并联,正极则经过 G 接到触动接头 C 上。这样

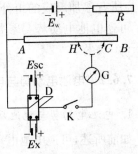

图 7.14 对消法测电动势的示意图

就等于在电池的外电路上加上一个方向相反的电位差,它的大小由滑动点的位置来决定。不断移动滑动点,最终可以找到某一点,如 C 点,当开关 K 闭合时,检流计 G 中没有电流通

过,此时电池的电动势恰好和 AC 线所代表的电位差在数值上相等而方向相反。

为了求得 AC 线段的电位差,可以将 D 向上翻转与标准电池相连。在一定温度下,E_{sc} 值是已知且稳定的。不断改变滑动点的位置,最终可以找到滑线电阻上另一点 H,再次使 G 中没有电流通过。此时,AH 线段的电位降就等于 E_{sc}。因为电位差与电阻线的长度成正比,故待测电池的电动势为

$$E_x = E_{sc} \times AC/AH$$

实际的测定是根据上述原理设计的电位差计上进行的。

§7.6 可逆电池热力学

可逆电池热力学主要应用热力学方法讨论可逆电池电动势与浓度的关系,电池电动势及其温度系数与电池反应热力学量之间的关系等等。此处,"桥梁关系式"$(\Delta_r G_m)_{T,p} = -zFE$ 是讨论可逆电池热力学关系的出发点。

7.6.1 电池反应的能斯特方程

等温、等压下,电池反应 $a\text{A} + b\text{B} \longrightarrow d\text{D} + h\text{H}$ 的相对活度商为 Q,则根据范特霍夫等温式,有

$$\Delta_r G_m = \Delta_r G_m^\ominus + RT \ln Q$$

将 $(\Delta_r G_m)_{T,p} = -zFE$ 代入上式,得

$$E = E^\ominus - \frac{RT}{zF} \ln Q = E^\ominus - \frac{RT}{zF} \ln \frac{a_D^d a_H^h}{a_A^a a_B^b} \tag{7.19}$$

式中,z 是电池反应中得失电子的物质的量,a_A、a_B、a_D、a_H 分别为各参与反应物质的活度,$E^\ominus$ 为所有参加反应的组分都处于标准态时的电动势,称为电池的标准电动势。该式反映了可逆电池电动势与参加电池反应各物质活度之间的关系,称为电池反应的能斯特 (Nernst) 方程。

7.6.2 电池电动势与电池反应热力学函数的关系

1. 电池电动势与电池反应的摩尔吉布斯函数变 $\Delta_r G_m$

如前所述,可逆电池电动势 E 与电池反应 $\Delta_r G_m$ 的关系为:$(\Delta_r G_m)_{T,p} = -zFE$,相应地,$\Delta_r G_m^\ominus = -zFE^\ominus$。因此,只要算出电池反应的 $\Delta_r G_m^\ominus$,就不难求出电池反应的 $E^\ominus$。

另外,已知 $\Delta_r G_m^\ominus$ 与反应的标准平衡常数 $K^\ominus$ 的关系为

$$\Delta_r G_m^\ominus = -RT \ln K^\ominus$$

这样,结合式 $\Delta_r G_m^\ominus = -zFE^\ominus$,可以得到

$$E^{\ominus} = \frac{RT}{zF} \ln K^{\ominus} \tag{7.20}$$

所以，通过 $\Delta_r G_m^{\ominus}$ 可以求得 $E^{\ominus}$，进而可以计算反应的标准平衡常数 $K^{\ominus}$。

2. 电池电动势温度系数与电池反应的摩尔熵变 $\Delta_r S_m$

因 $\left(\dfrac{\partial \Delta_r G_m}{\partial T}\right)_p = -\Delta_r S_m$，将 $(\Delta_r G_m)_{T,p} = -zFE$ 代入此式中得

$$\Delta_r S_m = zF \left(\frac{\partial E}{\partial T}\right)_p \tag{7.21}$$

式中，$\left(\dfrac{\partial E}{\partial T}\right)_p$ 称为原电池电动势的温度系数，它表示恒压下，电池电动势随温度的变化率，单位为 $V \cdot K^{-1}$，其值可通过实验测定一系列不同温度下的电动势求得。

3. 电池反应的反应焓变 $\Delta_r H_m$ 的计算

在等温条件下，$\Delta_r G_m = \Delta_r H_m - T\Delta_r S_m$，所以，将上述相关关系式代入，即得

$$\Delta_r H_m = -zEF + zFT \left(\frac{\partial E}{\partial T}\right)_p \tag{7.22}$$

由于焓是状态函数，所以按上式测量计算得出的 $\Delta_r H_m$ 与反应在没有非膨胀功情况下等温等压进行时的 $\Delta_r H_m$ 相等。

4. 电池反应的反应热 Q_r

在等温条件下，可逆反应的反应热为

$$Q_r = T\Delta_r S_m = zFT \left(\frac{\partial E}{\partial T}\right)_p \tag{7.23}$$

注意，此处的反应热 Q_r 也就是等压反应热 Q_p，即 $Q_p = Q_r$。但是，由于此处反应是在电池中进行，存在非膨胀功，所以，此时的 $\Delta_r H_m$ 不等于反应的等压热 Q_p。

【例 7-8】 某电池的电池反应可用如下两个方程表示，分别写出其对应的 $\Delta_r G_m$，$K^{\ominus}$ 和 E 的表示式，并找出两组物理量之间的关系。

(1) $1/2 H_2(p_{H_2}) + 1/2 Cl_2(p_{Cl_2}) \longrightarrow H^+(a_+) + Cl^-(a_-)$

(2) $H_2(p_{H_2}) + Cl_2(p_{Cl_2}) \longrightarrow 2H^+(a_+) + 2Cl^-(a_-)$

解： $E_1 = E_1^{\ominus} - \dfrac{RT}{F} \ln \dfrac{a_+ a_-}{a_{H_2}^{1/2} a_{Cl_2}^{1/2}}$，$E_2 = E_2^{\ominus} - \dfrac{RT}{2F} \ln \dfrac{a_+^2 a_-^2}{a_{H_2} a_{Cl_2}}$

因为是同一个电池，所以 $E_1^{\ominus} = E_2^{\ominus}$，则 $E_1 = E_2$，即电池电动势的值是电池本身的性质，与电池反应的写法无关。

$$\Delta_r G_{m,1} = -E_1 F \qquad \Delta_r G_{m,2} = -2E_2 F$$

因为 $E_1 = E_2$，所以 $\Delta_r G_{m,2} = 2\Delta_r G_{m,1}$，即

$$E_1^{\ominus} = \frac{RT}{F} \ln K_1^{\ominus}，E_2^{\ominus} = \frac{RT}{2F} \ln K_2^{\ominus}$$

因为 $E_1^\ominus = E_2^\ominus$，所以 $K_2^\ominus = (K_1^\ominus)^2$。可见，$\Delta_r G_m$ 和 $K^\ominus$ 的值与电池反应的写法有关。

【例7-9】 (1) 求 298 K 时，下列电池的温度系数：

$$Pt \mid H_2(p^\ominus) \mid H_2SO_4(0.01\ mol \cdot kg^{-1}) \mid O_2(p^\ominus) \mid Pt$$

已知该电池的电动势 $E=1.228$ V，$H_2O(l)$ 的标准摩尔生成焓 $\Delta_r H_m^\ominus = -285.83$ kJ·mol^{-1}。

(2) 求 273 K 时该电池的电动势 E，设在 273～298 K 之间，$H_2O(l)$ 的生成焓不随温度而改变，电动势随温度的变化率是均匀的。

(3) 求 273 K 时反应的 $\Delta_r H_m$ 和可逆热效应 Q_r。

解：(1) 电极与电池的反应为

负极　$H_2(p^\ominus) \longrightarrow 2H^+(a_{H^+}) + 2e^-$

正极　$1/2 O_2(p^\ominus) + 2H^+(a_{H^+}) + 2e^- \longrightarrow H_2O(l)$

电池总反应　$H_2(p^\ominus) + 1/2 O_2(p^\ominus) = \!\!\!= H_2O(l)$

$$\Delta_r G_m = -2EF = \{-2 \times 1.228 \times 965\,00\} kJ \cdot mol^{-1} = -237.0\ kJ \cdot mol^{-1}$$

因为 $\Delta_r H_m = \Delta_r G_m + T\Delta_r S_m = \Delta_r G_m + zFT\left(\dfrac{\partial E}{\partial T}\right)_p$

所以 $\left(\dfrac{\partial E}{\partial T}\right)_p = \dfrac{\Delta_r H_m - \Delta_r G_m}{zFT} = \left\{\dfrac{(-285.83+237)\times 10^3}{2 \times 96\,500 \times 298}\right\} V \cdot K^{-1} = -8.49 \times 10^{-4} V \cdot K^{-1}$

(2) $\left(\dfrac{\partial E}{\partial T}\right)_p \approx \dfrac{\Delta E}{\Delta T} = \dfrac{E_{298K} - E_{273K}}{(298-273)K} = -8.49 \times 10^{-4} V \cdot K^{-1}$

从上式可求得　$E(273\ K) = 1.249$ V

(3) 273 K 时，$\Delta_r G_m = -2EF = \{-2 \times 1.249 \times 96\,500\} kJ \cdot mol^{-1} = -241.0\ kJ \cdot mol^{-1}$

$\Delta_r S_m = zF\left(\dfrac{\partial E}{\partial T}\right)_p = \{2 \times 96\,500 \times (-8.49 \times 10^{-4})\} kJ \cdot mol^{-1} = -163.86\ J \cdot K^{-1} \cdot mol^{-1}$

$\Delta_r H_m = \Delta_r G_m + T\Delta_r S_m = \{-241.0 + 273 \times (-163.86 \times 10^{-3})\} kJ \cdot mol^{-1}$

$\qquad\qquad = -285.73\ kJ \cdot mol^{-1}$

$Q_r = T\Delta_r S_m = \{273 \times (-163.86 \times 10^{-3})\} kJ \cdot mol^{-1} = -44.73\ kJ \cdot mol^{-1}$

可以看出，$\Delta_r H_m \neq Q_r$，也就是说，反应如果在烧杯中进行，体系对外放热应为 285.73 kJ·mol^{-1}；而反应在电池中进行时，体系对外做电功 241.0 kJ·mol^{-1} 的同时，对外放热为 44.73 kJ·mol^{-1}。

§7.7　电极电势和电池电动势的计算

7.7.1　电池电动势产生的机理

一个电池的电动势可能由下列几种电势差所构成，即电极与电解质溶液界面之间的电势差、导线与电极之间的接触电势差以及由于不同的电解质溶液之间或同一电解质但浓度不同的溶液间产生的液接电势差等构成。

1. 电极-溶液界面电势差

把任何一种金属片,例如铁片插入水中,由于极性很大的水分子与铁片中构成晶格的铁离子相互吸引而发生水合作用,结果一部分铁离子与金属中其他铁离子间的键力减弱,甚至可以离开金属而进入与铁片表面接近的水层之中。金属因失去铁离子而带负电荷,溶液因有铁离子进入而带正电荷。这两种相反的电荷彼此又相互吸引,以致大多数铁离子聚集在铁片附近的水层中而使溶液带正电,对金属离子有排斥作用,阻碍了金属的继续溶解。已溶入水中的铁离子仍可再沉积到金属的表面上。当溶解与沉积的速度相等时,到达一种动态平衡,这样在金属与溶液之间由于电荷不均等便产生了电势差。

如果金属带负电荷,如图 7.15 所示,则溶液中金属附近的正离子就会被吸引而集中在金属表面附近,负离子则被金属所排斥,以致它在金属附近的溶液中浓度较低。结果金属附近的溶液所带的电荷与金属本身的电荷恰恰相反。这样由电极表面上的电荷层与溶液中多余的反号离子层就形成了双电层。又由于离子的热运动,带有相反电荷的离子并不完全集中在金属表面的液层中,而逐渐扩散远离金属表面,溶液层中与金属靠得较紧密的一层称为紧密层,其余扩散到溶液中去的称为扩散层。紧密层的厚度一般只有 0.1 nm 左右,而扩散层的厚度与溶液的浓度、金属的电荷以及温度等有关,其变化范围通常为 $10^{-10} \sim 10^{-6}$ m。双电层电势示意图如图 7.16 所示。

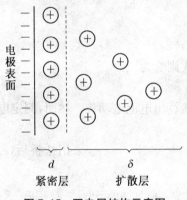

图 7.15 双电层结构示意图

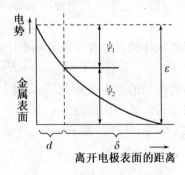

图 7.16 双电层电势示意图

设电极的电势为 φ_M,溶液本体的电势为 φ_1,则电极-溶液界面电势差 $\varepsilon = |\varphi_M - \varphi_1|$。$\varepsilon$ 在双电层中的分布情况如图 7.16 所示,即电极-溶液界面总的电势差 ε 是紧密层电势差 ψ_1 和扩散层电势差 ψ_2 的加和,$\varepsilon = |\varphi_M - \varphi_1| = \psi_1 + \psi_2$。

2. 液体接界电势

两个含有不同溶质的溶液所形成的界面上,或者两种溶质相同而浓度不同的溶液界面上,存在着微小的电势差,称为液体接界电势。它的大小一般不超过 0.03 V。液体接界电势产生的原因是由于离子迁移速率的不同而引起的。例如,在两种浓度不同的 HCl 溶液的界面上,HCl 将从浓的一边向稀的一边扩散。因为 H^+ 的运动速率比 Cl^- 快,所以,在稀的一方将出现过剩的 H^+ 而带正电;在浓的一边由于有过剩的 Cl^- 而带负电。它们之间产生了电势差。电势差的产生使 H^+ 的扩散速率减慢,同时,加快了 Cl^- 的扩散速率,最后到达平衡状态。此时,两种离子以恒定的速率扩散,电势差就保持恒定。

由于扩散过程是不可逆的,所以如果电池中包含有液体接界电势,实验测定时就难以得到稳定的数值。由于电动势的测定常用于计算各种热力学变量,因此总是尽量避免使用有液体接界电势的电池。但是,在很多情况下,还是不能消除包括不同电解质的接界,因此只能尽量减小液体接界电势至可忽略不计。减小的方法是在两个溶液之间插入一个盐桥。盐桥是充满阴、阳离子迁移数十分接近的高浓度电解质的通道,一般是用饱和的 KCl 溶液装在倒置的 U 形管内构成的盐桥,放在两个溶液之间,以代替原来的两个溶液直接接触。若电解质遇 Cl^- 会产生沉淀,则可用 NH_4NO_3 代替 KCl 作盐桥,因为 NH_4^+ 和 NO_3^- 迁移数也很接近。

3. 电池电动势的产生

明确了界面电势差的产生原因,就不难理解电池电动势的产生机理。若将两个电极组成一个电池,例如:

$$\underset{\varepsilon_-}{Zn(s)}\,|\,\underset{\varepsilon_{扩散}}{ZnSO_4(a_1)}\,|\,\underset{\varepsilon_+}{CuSO_4(a_2)}\,|\,Cu(s)$$

那么,各界面电势差之和就是电池电动势,即

$$E = \varepsilon_- + \varepsilon_{扩散} + \varepsilon_+$$

采用盐桥降低液体接界电势至可忽略不计后,上式则变为

$$E = \varepsilon_- + \varepsilon_+$$

若能测出各种电极的界面电势差,那么由上式就能算出电池电动势。然而,测定电极界面电势差的绝对值目前尚无法做到。

根据式 $\varepsilon = |\varphi_M - \varphi_l|$,则 $\varepsilon_+ = \varphi_{Cu} - \varphi_{CuSO_4}$,$\varepsilon_- = \varphi_{ZnSO_4} - \varphi_{Zn}$,采用盐桥后,$\varepsilon_{扩散} = 0$,故 $\varphi_{CuSO_4} = \varphi_{ZnSO_4}$,因此

$$E = \varepsilon_- + \varepsilon_+ = (\varphi_{ZnSO_4} - \varphi_{Zn}) + (\varphi_{Cu} - \varphi_{CuSO_4}) = \varphi_{Cu} - \varphi_{Zn} = \varphi_+ - \varphi_-$$

这就是说,虽不能测定电极的界面电势差,但若能测知正、负电极电势的量值,也可以求算电池电动势。可惜的是,各种电极电势的绝对量值目前也无法直接测定。然而,上式却给人们重要启示,那就是,如果没有液体接界电势存在,或者采用盐桥降低液体接界电势至忽略不计之后,可逆电池电动势 E 总是组成电池的两电极电势之差。这样的关系完全可以采用人为规定的标准,测定电极电势的相对值,于是由电极电势求算电池电动势的问题就能很方便地解决。

7.7.2　电极电势的计算

1. 标准氢电极

为测定任意电极的相对电极电势数值,1953 年国际纯粹与应用化学联合会(IUPAC)建议采用标准氢电极作为标准电极,这个建议被广泛接受和承认,并于 1953 年作为 IUPAC 的正式规定。标准氢电极的结构就是把镀有铂黑的铂片浸入 $a_{H^+} = 1$ 的溶液中,并以标准压力($p^{\ominus}$)的干燥氢气不断冲击到铂电极上,就构成了标准氢电极,表示为 $Pt \mid H_2(g, p^{\ominus}) \mid H^+ (a_{H^+} = 1)$,其结构如图 7.17 所示。

规定:在任意温度下,标准氢电极的电极电势 $\varphi^{\ominus}(H^+ \mid H_2)$ 等于零,即 $\varphi^{\ominus}(H^+ \mid H_2) = 0$。其他电极的电极电势均是相对于标准氢电极而得到的。

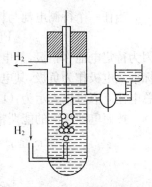

图 7.17　氢电极结构

2. 标准电极电势

1953 年 IUPAC 统一规定:将标准氢电极作为发生氧化作用的负极,而将待定电极作为发生还原作用的正极,组成如下电池:

$$Pt \mid H_2(g, p^{\ominus}) \mid H^+ (a_{H^+} = 1) \parallel 待定电极$$

该电池电动势的数值和符号,就是待定电极电势的数值和符号,又称为该待定电极的氢标还原电极电势。

例如,要确定铜电极 $Cu^{2+}(a_{Cu^{2+}} = 1.0) \mid Cu(s)$ 的电极电势,可组成如下电池:

$$Pt \mid H_2(g, p^{\ominus}) \mid H^+ (a_{H^+} = 1) \parallel Cu^{2+}(a_{Cu^{2+}} = 1.0) \mid Cu(s)$$

测得该电池的电动势为 $E = 0.337V$,则该铜电极 $Cu^{2+}(a_{Cu^{2+}} = 1.0) \mid Cu(s)$ 的电极电势 $\varphi(Cu^{2+} \mid Cu) = 0.337\ V$。

再例如,要确定锌电极 $Zn^{2+}(a_{Zn^{2+}} = 1.0) \mid Zn(s)$ 的电极电势,可组成如下电池:

$$Pt \mid H_2(g, p^{\ominus}) \mid H^+ (a_{H^+} = 1) \parallel Zn^{2+}(a_{Zn^{2+}} = 1.0) \mid Zn(s)$$

测得该电池的电动势为 $E = -0.762\ 8\ V$,则该待测锌电极 $Zn^{2+}(a_{Zn^{2+}} = 1.0) \mid Zn(s)$ 的电极电势 $\varphi(Zn^{2+} \mid Zn) = -0.762\ 8\ V$。

注意:按上述方式组成的电池中,若待测电池的电动势值大于零,则所组成电池的电动势 $E > 0$,即电池反应的 $\Delta_r G_m = -zFE < 0$,说明书面所表示的该电池是自发电池。如果待测电池电动势值小于零,则所组成电池的电动势 $E < 0$,即电池反应的 $\Delta_r G_m = -zFE > 0$,说明书面所表示的电池是非自发电池,实际情况正好相反。

用同样的方法,可得到其他待测电极的电极电势。如果电极反应中各物质的活度均为 1,即 $a_B = 1$,则此时的电极电势称为该电极的标准电极电势。用符号 $\varphi^{\ominus}$ 表示。如上述,

$\varphi^{\ominus}(\mathrm{Cu}^{2+}|\mathrm{Cu})=0.337\ \mathrm{V}$，$\varphi^{\ominus}(\mathrm{Zn}^{2+}|\mathrm{Zn})=-0.762\ 8\ \mathrm{V}$。书后附录 10 中，已列出部分常见电极在 298.15 K 时的标准电极电势。

3. 电极电势的能斯特方程

当任一个待测电池与标准氢电极组成电池时，则

$$\mathrm{Pt}|\mathrm{H}_2(\mathrm{g},\ p^{\ominus})|\mathrm{H}^+(a_{\mathrm{H}^+}=1)\ \|\ 待定电极$$

因为待定电池作正极，其电极反应可以表示为：$\mathrm{O_x}+ze^-\longrightarrow\mathrm{Red}$

标准氢电极作为负极，其电极反应可以表示为：$z/2\mathrm{H}_2\longrightarrow z\mathrm{H}^++ze^-$

总电池反应可以表示为：$\mathrm{O_x}+z/2\mathrm{H}_2\longrightarrow\mathrm{Red}+z\mathrm{H}^+$

按照电池反应的能斯特方程，此电池反应的电动势 E 为

$$E=E^{\ominus}-\frac{RT}{zF}\ln Q$$

$$=\left[\varphi^{\ominus}(待定)-\varphi^{\ominus}(\mathrm{H}^+|\mathrm{H}_2)\right]-\frac{RT}{zF}\ln\frac{a_{\mathrm{Red}}\times a_{\mathrm{H}^+}^z}{a_{\mathrm{O_x}}\times a_{\mathrm{H}_2}^{z/2}}$$

因为 $\varphi^{\ominus}(\mathrm{H}^+|\mathrm{H}_2)=0$，$a_{\mathrm{H}^+}=1.0$，$a_{\mathrm{H}_2}=\dfrac{p_{\mathrm{H}_2}}{p^{\ominus}}=1.0$，所以

$$E=\varphi^{\ominus}(待定)-\frac{RT}{zF}\ln\frac{a_{\mathrm{Red}}}{a_{\mathrm{O_x}}}$$

另外，该电池反应的电动势 $E=\varphi_+-\varphi_-=\varphi(待定)-\varphi(\mathrm{H}^+|\mathrm{H}_2)=\varphi(待定)$，则

$$\varphi(待定)=\varphi^{\ominus}(待定)-\frac{RT}{zF}\ln\frac{a_{\mathrm{Red}}}{a_{\mathrm{O_x}}}$$

也就是说，对任一个反应为 $\mathrm{O_x}+ze^-\longrightarrow\mathrm{Red}$ 的电极，其电极电势的计算式为

$$\varphi=\varphi^{\ominus}-\frac{RT}{zF}\ln\frac{a_{\mathrm{Red}}}{a_{\mathrm{O_x}}} \tag{7.24a}$$

如果写成通式，则任一个电极电势的计算式可表示为

$$\varphi(\mathrm{O_x}|\mathrm{Red})=\varphi^{\ominus}(\mathrm{O_x}|\mathrm{Red})-\frac{RT}{zF}\ln\prod_{\mathrm{B}}a_{\mathrm{B}}^{\nu_{\mathrm{B}}} \tag{7.24b}$$

上述两个式子都是用于计算电极电势的能斯特方程。

例如，电极 $\mathrm{Cl}^-(a_{\mathrm{Cl}^-})|\mathrm{AgCl}(\mathrm{s})|\mathrm{Ag}(\mathrm{s})$，其电极的反应为

$$\mathrm{AgCl}(\mathrm{s})+e^-\longrightarrow\mathrm{Ag}(\mathrm{s})+\mathrm{Cl}^-(a_{\mathrm{Cl}^-})$$

则其电极电势的计算式为

$$\varphi(\mathrm{Cl}^-|\mathrm{AgCl}|\mathrm{Ag})=\varphi^{\ominus}(\mathrm{Cl}^-|\mathrm{AgCl}|\mathrm{Ag})-\frac{RT}{nF}\ln\frac{a_{\mathrm{Ag}}a_{\mathrm{Cl}^-}}{a_{\mathrm{AgCl}}}$$

$$=\varphi^{\ominus}(\mathrm{Cl}^-|\mathrm{AgCl}|\mathrm{Ag})-\frac{RT}{F}\ln a_{\mathrm{Cl}^-}$$

4. 参比电极

由于氢电极在制备和使用过程中要求严格且非常复杂，在一般实验室中难以实现，故在

实验室测定时,往往采用二级标准电极,这些二级标准电极易于制备,使用方便,且电势稳定,也称为参比电极。参比电极的电极电势已经与氢电极相比而求出了比较精确的数值,只要将这些参比电极与待测电极组成电池,测量其电动势,就可求出待测电极的电势值。常用的参比电极有甘汞电极、银-氯化银电极等,其中以甘汞电极最为常用,它的电极电势稳定且易于重现。甘汞电极的结构示意如图 7.18 所示。将少量汞、甘汞(Hg_2Cl_2)和氯化钾溶液研成糊状物覆盖在素瓷上,上部放入纯汞,然后,浸入饱和了甘汞的氯化钾溶液中即可。

甘汞电极的电极反应为

$$Hg_2Cl_2(s) + 2e^- \longrightarrow 2Hg(l) + 2Cl^-$$

其电极电势的计算公式为

$$\varphi(Hg_2Cl_2 \mid Hg) = \varphi^{\ominus}(Cl^- \mid Hg_2Cl_2 \mid Hg) - \frac{RT}{F}\ln a_{Cl^-}$$

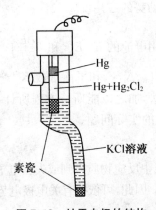

图 7.18　甘汞电极的结构

甘汞电极的电极电势值与 Cl^- 的浓度有关。25 ℃时,$\varphi^{\ominus}$ ($Cl^- \mid Hg_2Cl_2 \mid Hg$) $= 0.2676$ V,装有饱和 KCl 溶液的饱和甘汞电极的电极电势 $\varphi = 0.2412$ V。

7.7.3　电池电动势的计算

运用不同的可逆电极可以组成多种类型的可逆电池。这些可逆电池的电动势可以根据正、负极的电极电势计算得出,也可以由电池反应的能斯特方程计算求出。两种方法得到的计算结果是一致的。

【例 7 - 10】　求电池 $Zn(s) \mid Zn^{2+}(a_{Zn^{2+}}) \parallel Cu^{2+}(a_{Cu^{2+}}) \mid Cu(s)$ 的电动势。

解:方法一: 应用正、负极电极电势计算电池电动势 E。

电池的正极反应:$Cu^{2+}(a_{Cu^{2+}}) + 2e^- \longrightarrow Cu(s)$

电池的负极反应:$Zn(s) \longrightarrow Zn^{2+}(a_{Zn^{2+}}) + 2e^-$

$$E = \varphi(Cu^{2+} \mid Cu)) - \varphi(Zn^{2+} \mid Zn))$$

$$= \left[\varphi^{\ominus}(\mathrm{Cu}^{2+}|\mathrm{Cu}) - \frac{RT}{2F}\ln\frac{a_{\mathrm{Cu}}}{a_{\mathrm{Cu}^{2+}}}\right] - \left[\varphi^{\ominus}(\mathrm{Zn}^{2+}|\mathrm{Zn}) - \frac{RT}{2F}\ln\frac{a_{\mathrm{Zn}}}{a_{\mathrm{Zn}^{2+}}}\right]$$

方法二：由电池反应的能斯特方程计算电池电动势 E。

电池的正极反应：$\mathrm{Cu}^{2+}(a_{\mathrm{Cu}^{2+}}) + 2e^{-} \longrightarrow \mathrm{Cu(s)}$

电池的负极反应：$\mathrm{Zn(s)} \longrightarrow \mathrm{Zn}^{2+}(a_{\mathrm{Zn}^{2+}}) + 2e^{-}$

电池的总反应：$\mathrm{Zn(s)} + \mathrm{Cu}^{2+}(a_{\mathrm{Cu}^{2+}}) \longrightarrow \mathrm{Zn}^{2+}(a_{\mathrm{Zn}^{2+}}) + \mathrm{Cu(s)}$

$$E = E^{\ominus} - \frac{RT}{zF}\ln\prod_{\mathrm{B}}a_{\mathrm{B}}^{\nu_{\mathrm{B}}} = E^{\ominus} - \frac{RT}{2F}\ln\frac{a_{\mathrm{Zn}^{2+}}a_{\mathrm{Cu}}}{a_{\mathrm{Cu}^{2+}}a_{\mathrm{Zn}}}$$

式中，$E^{\ominus} = \varphi^{\ominus}(\mathrm{Cu}^{2+}|\mathrm{Cu}) - \varphi^{\ominus}(\mathrm{Zn}^{2+}|\mathrm{Zn})$。不难发现，两种计算电池电动势的方法的结果实际上是等同的。

7.7.4 电极电势与电池电动势的应用

在前面几节中，已讨论过利用电池的 E、$E^{\ominus}$ 和 $\left(\frac{\partial E}{\partial T}\right)_p$ 等，可以求得电池反应的各种热力学函数的变化值，如 $\Delta_r G_m$、$\Delta_r H_m$、$\Delta_r S_m$ 和平衡常数 $K^{\ominus}$ 等。借助于人们已经收集的许多 $\varphi^{\ominus}$ 数据和测定电池电动势的方法，加之以能斯特方程所计算的电极电势和电池电动势，电化学方法还可以解决许多化学中的实际问题。

1. 判断反应的方向

电极电势的高低，反映了电极中反应物质得到或失去电子能力的大小。电势越低，越易失去电子；电势越高，越易得到电子。因此，可依据有关电极电势的数据，判断反应进行的趋势。

【例 7–11】 用电动势 E 的数值判断，298 K 时 Fe^{2+} 能否依下式使 I_2 还原为 I^-：

$$\mathrm{Fe}^{2+}(a_{\mathrm{Fe}^{2+}}=1) + \frac{1}{2}\mathrm{I}_2(\mathrm{s}) \longrightarrow \mathrm{I}^-(a_{\mathrm{I}^-}=1) + \mathrm{Fe}^{3+}(a_{\mathrm{Fe}^{3+}}=1)$$

已知 $\varphi^{\ominus}(\mathrm{Fe}^{3+}|\mathrm{Fe}^{2+}) = 0.771\ \mathrm{V}$，$\varphi^{\ominus}(\mathrm{I}_2|\mathrm{I}^-) = 0.536\ \mathrm{V}$。

解：将该反应设计成如下电池：

$$\mathrm{Pt}|\mathrm{Fe}^{2+}(a_{\mathrm{Fe}^{2+}}=1), \mathrm{Fe}^{3+}(a_{\mathrm{Fe}^{3+}}=1)\,\|\,\mathrm{I}^-(a_{\mathrm{I}^-}=1)|\mathrm{I}_2(\mathrm{s})|\mathrm{Pt}$$

因为所有物质都处于标准态，所以

$$E = E^{\ominus} = \varphi^{\ominus}(\mathrm{I}_2|\mathrm{I}^-) - \varphi^{\ominus}(\mathrm{Fe}^{3+}|\mathrm{Fe}^{2+}) = \{0.536 - 0.771\}\mathrm{V} = -0.235\ \mathrm{V}$$

$$\Delta_r G_m = \Delta_r G_m^{\ominus} = -zE^{\ominus}F$$

$$= \{-1 \times (-0.235) \times 96500\}\mathrm{kJ \cdot mol^{-1}} = 22.68\ \mathrm{kJ \cdot mol^{-1}}$$

显然 $E < 0$，而 $\Delta_r G_m > 0$，上述反应为非自发反应，即在该情况下，Fe^{2+} 不能使 I_2 还原为 I^-。相反，其逆反应是自发反应，即 Fe^{3+} 能将 I^- 氧化成 $\mathrm{I}_2(\mathrm{s})$。

应注意，一定温度下电极电势 φ 是由 $\varphi^{\ominus}$ 和相应离子活度两个因素决定的。两个电极进行比较时,在 $\varphi^\ominus$ 值相差较大,或活度相近的情况下,可以用 $\varphi^\ominus$ 数据直接判断反应方向,否则,均必须比较 φ 值方可得到正确的结果。

2. 计算化学反应的标准平衡常数

已知 $\Delta_r G_m^\ominus$ 与标准电池电动势 $E^\ominus$ 的关系 $\Delta_r G_m^\ominus = -zFE^\ominus$,再结合 $\Delta_r G_m^\ominus$ 与反应的标准平衡常数 $K^\ominus$ 的关系 $\Delta_r G_m^\ominus = -RT\ln K^\ominus$。

可以得到

$$E^\ominus = \frac{RT}{zF}\ln K^\ominus$$

所以,通过实验测定或从标准电极电势数据计算出电池的标准电动势 $E^\ominus$ 的值,就可以计算反应的标准平衡常数 $K^\ominus$。

【例 7-12】　计算下列反应在 298 K 时的标准平衡常数 $K^\ominus$:
$$Zn(s) + Cu^{2+}(a_{Cu^{2+}}) \longrightarrow Zn^{2+}(a_{Zn^{2+}}) + Cu(s)$$
已知 $\varphi^\ominus(Cu^{2+}|Cu) = 0.337\ V$, $\varphi^\ominus(Zn^{2+}|Zn) = -0.762\ 8\ V$。

解:该反应对应的电池为
$$Zn(s)|Zn^{2+}(a_{Zn^{2+}})\ \|\ Cu^{2+}(a_{Cu^{2+}})|Cu(s)$$
因此, $E^\ominus = \varphi^\ominus(Cu^{2+}|Cu) - \varphi^\ominus(Zn^{2+}|Zn) = \{0.337-(-0.762\ 8)\}V = 1.100\ V$

由 $E^\ominus = \dfrac{RT}{zF}\ln K^\ominus$,可知

$$\ln K^\ominus = \frac{zE^\ominus F}{RT} = \frac{2 \times 96\ 500 \times 1.100}{8.314 \times 298} = 85.69$$

因此, $K^\ominus = 1.64 \times 10^{37}$

3. 计算难溶盐的活度积

活度积习惯上称为溶度积,用 K_{sp} 表示,它实际上就是难溶盐溶解过程的标准平衡常数。因此,只要将难溶盐溶解形成离子的变化过程设计成电池,则可利用两电极的 $\varphi^\ominus$,计算出 $E^\ominus$,进而求出其 K_{sp}。

【例 7-13】　试用 298 K 的 $\varphi^\ominus$ 值,计算 $AgCl(s)$ 的活度积 K_{sp}。

解:$AgCl(s)$ 的溶解过程为 $AgCl(s) \longrightarrow Ag^+(a_{Ag^+}) + Cl^-(a_{Cl^-})$
溶解平衡时,由于 $a_{AgCl} = 1$,

$$K^\ominus = \frac{a_{Ag^+} a_{Cl^-}}{a_{AgCl}} = a_{Ag^+} a_{Cl^-} = K_{sp}$$

溶解过程对应的反应可设计成如下电池:
$$Ag(s)|Ag^+(a_{Ag^+})\ \|\ Cl^-(a_{Cl^-})|AgCl(s)|Ag(s)$$
负极反应:$Ag(s) \longrightarrow Ag^+(a_{Ag^+}) + e^-$

正极反应：$AgCl(s) + e^- \longrightarrow Ag(s) + Cl^-(a_{Cl^-})$

电池总反应：$AgCl(s) \longrightarrow Ag^+(a_{Ag^+}) + Cl^-(a_{Cl^-})$

查附录 10 知：$\varphi^\ominus(Cl^- \mid AgCl \mid Ag) = 0.2224 \text{ V}$，$\varphi^\ominus(Ag^+ \mid Ag) = 0.7991 \text{ V}$

则电池的标准电池电动势为

$$E^\ominus = \varphi^\ominus(Cl^- \mid AgCl \mid Ag) - \varphi^\ominus(Ag^+ \mid Ag) = \{0.2224 - 0.7991\}V = -0.5767 \text{ V}$$

由 $E^\ominus = \dfrac{RT}{zF}\ln K_{sp}$，得 $K_{sp} = \exp\left(\dfrac{zE^\ominus F}{RT}\right)$。

在 298 K 时，$K_{sp} = \exp\left[\dfrac{1 \times (-0.5767) \times 96\,500}{8.314 \times 298}\right] = 1.76 \times 10^{-10}$。

所设计电池的 $E^\ominus$ 为负值，表示该电池在标准状态下为非自发反应。但是，这无关紧要，因为我们是通过设计电池来求算反应的 K_{sp} 值。如果通过实验测定 $E^\ominus$ 来求 K_{sp}，只要把所设计电池的正负极对调，就成为自发电池，此时，电池反应的 $K^\ominus = 1/K_{sp}$。

4. 求离子平均活度因子

实验测定一电池的电动势 E，再由 $\varphi^\ominus$ 数据求得 $E^\ominus$ 后，可依据能斯特方程求算该电解质溶液的离子平均活度 $a_\pm$ 及离子平均活度因子 $\gamma_\pm$。

【例 7-14】 求 298 K 下以下电池中 HCl 溶液的离子平均活度因子 $\gamma_\pm$：

$$Pt \mid H_2(p^\ominus) \mid HCl(m = 0.1 \text{ mol·kg}^{-1}) \mid AgCl(s) \mid Ag(s)$$

已知 298 K 下该电池的电动势 $E = 0.3524 \text{ V}$，$\varphi^\ominus(Cl^- \mid AgCl \mid Ag) = 0.2224 \text{ V}$。

解：正极反应：$AgCl(s) + e^- \longrightarrow Ag(s) + Cl^-(a_{Cl^-})$

　　负极反应：$1/2H_2(p^\ominus) \longrightarrow H^+(a_{H^+}) + e^-$

　　电池总反应：$AgCl(s) + 1/2H_2(p^\ominus) \longrightarrow Ag(s) + HCl(a_{HCl})$

$$E^\ominus = \varphi^\ominus(Cl^- \mid AgCl \mid Ag) - \varphi^\ominus(H^+ \mid H_2) = \{0.2224 - 0.0000\}V = 0.2224 \text{ V}$$

根据能斯特方程：
$$E = E^\ominus - \frac{RT}{F}\ln\frac{a_{HCl}a_{Ag}}{a_{AgCl}a_{H_2}^{1/2}}$$

由于
$$a_{Ag} = 1,\quad a_{AgCl} = 1,\quad a_{H_2} = \frac{p_{H_2}}{p^\ominus} = 1,\quad a_{HCl} = a_\pm^2$$

所以
$$E = E^\ominus - \frac{RT}{F}\ln a_\pm^2$$

即 $\ln a_\pm = \dfrac{F}{2RT}(E^\ominus - E) = \dfrac{96\,500}{2 \times 8.314 \times 298}(0.2224 - 0.3524) = -2.5317$

$$a_\pm = 0.0795,\quad \gamma_\pm = 0.0795/0.1 = 0.795$$

5. pH 的测定

根据定义，溶液的 pH 是其氢离子活度的负对数，即 $pH = -\lg a_{H^+}$。由于单个离子的活度尚无法确知,所以,在测定 pH 时必须作一些假设和近似。因此,通常所测的 pH 只是近似值。测定溶液的 pH 时,将一个参比电极(如甘汞电极)和一个对 H^+ 离子可逆的电极(如氢电极或玻璃电极)共同置于待测溶液中组成电池,测定所得电池的电动势后,通过计算,得到待测溶液的 pH。

(1) 氢电极测 pH

将待测溶液组成如下电池:

$$Pt \mid H_2(p^\ominus) \mid 待测溶液(a_{H^+}) \parallel 甘汞电极$$

测得该电池在 298 K 时的电动势为 E,则

$$E = \varphi(Cl^- \mid Hg_2Cl_2 \mid Hg) - \varphi(H^+ \mid H_2) = \varphi(Cl^- \mid Hg_2Cl_2 \mid Hg) - \frac{RT}{F}\ln a_{H^+}$$

$$= \varphi(Cl^- \mid Hg_2Cl_2 \mid Hg) + 0.059\,16\,pH$$

因此
$$pH = \frac{E - \varphi(Cl^- \mid Hg_2Cl_2 \mid Hg)}{0.059\,16} \tag{7.25}$$

(2) 玻璃电极测 pH

玻璃电极是测定 pH 最常用的一种指示电极。它的构造如图 7.19 所示。在一个玻璃管的下端焊接一个特殊原料制成的球形玻璃薄膜,膜内放置一定量的 $0.1\ mol \cdot kg^{-1}$ HCl 溶液,溶液中浸入一根 $Ag \mid AgCl$ 电极。玻璃电极具有可逆电极的性质。当把玻璃电极置于一个待测 pH 的溶液中时,其电极电势符合下式:

$$\varphi(玻) = \varphi^\ominus(玻) + \frac{RT}{F}\ln a_{H^+}$$

$$= \varphi^\ominus(玻) - \frac{RT}{F} \times 2.303 pH \tag{7.26}$$

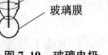

图 7.19 玻璃电极

将玻璃电极与甘汞电极共同置于待测溶液中组成如下电池:

$$Ag \mid AgCl(s) \mid HCl(0.1\ mol \cdot kg^{-1}) \mid 玻璃膜 \mid 待测溶液(a_{H^+}) \parallel 甘汞电极$$

则 $E = \varphi(Cl^- \mid Hg_2Cl_2 \mid Hg) - \varphi(玻) = \varphi(Cl^- \mid Hg_2Cl_2 \mid Hg) - \left[\varphi^\ominus(玻) - \frac{RT}{F} \times 2.303 pH \right]$

在上式中,对于甘汞电极,$\varphi(Cl^- \mid Hg_2Cl_2 \mid Hg)$ 值是已知的,所以要通过这一电池的电动势 E 值来计算待测溶液的 pH 值,必须先知道 $\varphi^\ominus(玻)$ 的值。但是,不同的玻璃电极有不同的 $\varphi^\ominus(玻)$ 值,即使是同一玻璃电极,$\varphi^\ominus(玻)$ 值也往往随时间而变化。虽然原则上,若用已知 pH 的缓冲溶液,测得其 E 值,就能求出该电极的 $\varphi^\ominus(玻)$ 值。但事实上,在每次实际应用时,通常先用 pH 已知的标准缓冲溶液进行标定,然后,再对未知溶液进行测量。这样,就不必计算 $\varphi^\ominus(玻)$ 的值。

不难证明,若令 pH_x 和 pH_s 分别表示在未知溶液和标准缓冲溶液的 pH,E_x 和 E_s 分别表示在未知溶液和标准缓冲溶液中,玻璃电极与甘汞电极所构成电池的电动势,则

$$pH_x = pH_s + \frac{(E_x - E_s)F}{2.303RT} \tag{7.27}$$

因为玻璃膜的电阻很大,一般在 10 MΩ~100 MΩ,这样大的内阻要求通过电池的电流必须很小,否则由于内阻而造成的电位降就会产生不可忽视的误差。因此,测电池电动势 E 时就不能用通常的电位差计,而要用专门的 pH 计。

由于玻璃电极不受溶液中存在的氧化剂、还原剂的干扰,也不受各种"毒物"的影响,使用方便,所以得到广泛应用。

§7.8   不可逆电极过程

7.8.1   电极的极化

1. 极化现象与超电势

前面讨论的电极电势都是在没有电流通过电极或通过电极的电流无限小,即可逆地发生电极反应时电极所具有的电势,称为可逆电极电势 φ(可逆)。可逆电极电势对于许多电化学和热力学问题的解决是十分有用的。但是,在实际的电化学过程中,电极上往往都有电流通过,从而使得电极上发生的反应成为不可逆电极反应,此时的电极电势为 φ(不可逆)。显然,φ(不可逆)与 φ(可逆)是不相同的。电极在有电流通过时所表现的电极电势 φ(不可逆)与可逆电极电势 φ(可逆)产生偏离的现象称为电极的极化。

对于一个原电池,可逆放电时,其电池电动势 E(可逆)＝ $\varphi_{正极}$(可逆) － $\varphi_{负极}$(可逆)。若在这个电池上外加一个直流电源,并逐渐增加电压直至使电池中的物质在电极上发生化学反应,这就是原电池的充电过程。此时,原电池就变成为电解池,电极上进行连续不断的电极反应即为电解过程。

对于电解池,在可逆情况下发生电解反应时所需的最小外加电压,称为理论分解电压,其值与电动势 E(可逆)相等,即

$$E(理论分解电压)＝E(可逆)$$

但是,实际的电解过程中,有电流通过电极,电解过程是在不可逆的情况下进行的,此时所用的外加电压大于原电池的电动势,即实际分解电压超过可逆电动势,可表示为

$$E(分解电压)＝E(可逆)＋\Delta E(不可逆)＋IR \tag{7.28}$$

E(可逆)是指对应的原电池的电动势,也即理论分解电压;IR 项是由于电池内溶液、导线和接触点等的电阻所引起的电势降;ΔE(不可逆)则是由于电极上反应的不可逆,也就是极化效应所致。

一般说来,随着电极上电流密度的增加,电极反应的不可逆程度越来越大,其不可逆的

电极电势值 φ(不可逆) 对可逆电极电势值 φ(可逆) 的偏离也越来越大。此时,电极的极化现象也越来越显著。为了明确地表示出电极极化的状况,常把某一电流密度下的电极电势 φ(不可逆) 与 φ(可逆) 之间差值的绝对值称为超电势(又称过电位),用符号 η 表示,即 $\eta = |\varphi(\text{不可逆}) - \varphi(\text{可逆})|$。

2. 电极极化的原因

当有电流通过电极时会有极化作用产生。根据极化产生的原因不同,主要分为浓差极化和电化学极化两种类型,与之相对应的超电势称为浓差超电势和电化学超电势。

(1) 浓差极化

浓差极化是由于电解过程中,电极附近溶液的浓度和远离电极的本体溶液浓度有差别所致。现以电极 $Ag^+|Ag(s)$ 为例,分别叙述它作为阴极和阳极时的情况。当 $Ag^+|Ag(s)$ 作为阴极时,电极附近的 Ag^+ 很快沉积到电极上,而本体溶液中的 Ag^+ 来不及扩散到阴极附近,则在电极附近 Ag^+ 的浓度 c' 势必比本体中 Ag^+ 的浓度 c 低,就好像电极浸入浓度较小的溶液中一样。当 $Ag^+|Ag(s)$ 作为阳极时,金属 Ag 溶解变成 Ag^+ 溶入电极附近的溶液中而来不及扩散开,使得电极附近 Ag^+ 的浓度 c'' 大于本体溶液中 Ag^+ 的浓度 c,其结果就好像将电极浸入浓度较大的溶液中一样。如近似以浓度代替活度,则

$$\varphi(Ag^+|Ag,\text{可逆}) = \varphi^{\ominus}(Ag^+|Ag) + \frac{RT}{F}\ln\frac{c}{c^{\ominus}}$$

$$\varphi(Ag^+|Ag,\text{阴极}) = \varphi^{\ominus}(Ag^+|Ag) + \frac{RT}{F}\ln\frac{c'}{c^{\ominus}}$$

$$\varphi(Ag^+|Ag,\text{阳极}) = \varphi^{\ominus}(Ag^+|Ag) + \frac{RT}{F}\ln\frac{c''}{c^{\ominus}}$$

由于 $c' < c$, $c'' > c$,所以

$$\varphi(Ag^+|Ag,\text{阴极}) < \varphi(Ag^+|Ag,\text{可逆})$$

$$\varphi(Ag^+|Ag,\text{阳极}) > \varphi(Ag^+|Ag,\text{可逆})$$

由此可见,阴极上浓差极化的结果使得阴极不可逆电势变得比可逆电势更小一些,而阳极上浓差极化的结果使得阳极不可逆电势变得比可逆电势更大一些。

因为超电势总是正值,所以阴极超电势 η(阴极)和阳极超电势 η(阳极)可以分别表示为

$$\eta(\text{阴极}) = \varphi(\text{阴极},\text{可逆}) - \varphi(\text{阴极},\text{不可逆}) \tag{7.29a}$$

$$\eta(\text{阳极}) = \varphi(\text{阳极},\text{不可逆}) - \varphi(\text{阳极},\text{可逆}) \tag{7.29b}$$

从上述的讨论可知,在外加电势不太大的情况下,把溶液剧烈搅拌或升高温度,都可以加快离子的扩散,从而减小浓差极化的存在;而需要造成浓差极化时,则应避免对于溶液的扰动并保持不太高的温度。由于电极表面有分散层的存在,所以不可能把浓差极化完全除去。

(2) 电化学极化

由于电极上反应通常是分若干步进行的,这些步骤中若得到(或失去)电子这一步反应

速率比较慢,需要较高的活化能,则当有电流通过电极时,由于电化学反应进行的迟缓性造成电极带电程度与可逆情况时不同,从而导致电极电势偏离平衡值的现象,称为电化学极化。电极发生电化学极化时与发生浓差极化一样,阴极不可逆电势总是比可逆电势低,阳极不可逆电势总是比可逆电势高。

实验表明,当在阴极上有气体产生时,电化学极化所产生的超电势数值比较大,而且在电化学工业中又经常遇到与气体电化学超电势有关的实验问题,因此,对它们的研究比较多。1905 年,塔菲尔(Tafel)总结对氢气超电势的研究结果,提出了一个经验式,表示氢超电势与电流密度的定量关系,称为塔菲尔公式:

$$\eta = a + b\ln(j/[j]) \tag{7.30}$$

式中,j 是电流密度,$[j]$ 是 j 的单位,这样表示使对数项中为纯数。a、b 是常数。对于不同的电极材料,a 值可以相差很大,而 b 值却近似相同(大约为 0.12 V,Pt 和 Pd 等贵金属除外)。值得指出的是,当电流密度非常小时,塔菲尔公式是不适用的。

后来的研究表明,氧气等气体析出时的电化学极化超电势与电流密度的关系也有类似于塔菲尔公式的形式。

3. 极化曲线

极化曲线是描述电流密度与电极电势之间关系的曲线。图 7.20 是测定超电势装置的示意图。测定超电势实际上就是测定在有电流流过电极时的电极电势,然后,从电流与电极电势的关系就能得到极化曲线。设我们要测量图中 W(working)电极的极化曲线;借助辅助电极 C(counter)电极,将 W 和 C 电极安排成一个电解池。调节外电路中的电阻,以改变通过 W 电极中电流的大小(通过检流计 A 可读出电流的数值)。当 W 电极上有电流流过时,其电势偏离可逆电势。另外,我们用一个甘汞参比电极 R(reference)与 W 电极组成原电池,用电位差计测量该电池的电动势。由于甘汞电极的电极电势是已知的,则可求出 W 电极的电极电势。每改变一次电流密度(j),当 W 电极的电极电势达到稳定后,就可以测出一个稳定的电势值(φ)。这样就得到了 W 电极的稳态 j-φ 曲线,即极化曲线。同样的,可以测得另一个电极的极化曲线。

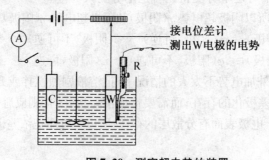

图 7.20 测定超电势的装置

实验证明,当电流密度不同时,两极的电极电势不同,因而超电势也不同。图 7.21 分别是阳极极化曲线和阴极极化曲线。η(阳极)和 η(阴极)分别是一定电流密度下的阳极超电势和阴极超电势。

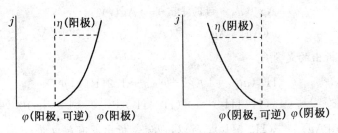

图 7.21　阳极极化曲线和阴极极化曲线

图 7.22 是电解池通电时两电极的极化曲线。从图中可以看出,电解时电流密度愈大,超电势愈大,则外加的电压也要增加,所消耗的能量也就愈多。对于原电池,控制其放电电流,同样可以在其放电过程中,分别测定两个电极的极化曲线。按照阴极、阳极的定义,在原电池中负极起氧化作用是阳极,正极起还原作用是阴极,因此,在原电池中负极的极化曲线就是阳极极化曲线,正极的极化曲线就是阴极极化曲线,图 7.23 是原电池中两电极的极化曲线。当原电池放电时,有电流在电极上通过,随着电流密度的增大,由于极化作用,负极(阳极)的电极电势比可逆电势愈来愈大,正极(阴极)的电极电势比可逆电势愈来愈小,两条曲线有相互靠近的趋势,原电池的电动势逐渐减小,它所能做的电功则逐渐减小。

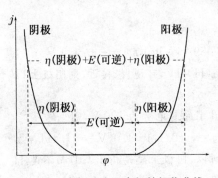

图 7.22　电解池中两电极的极化曲线

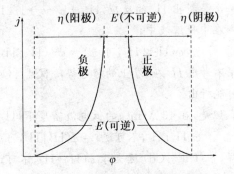

图 7.23　原电池中两电极的极化曲线

7.8.2　电解时的电极反应

1. 金属与氢的析出

当电解金属盐类的水溶液时,溶液中的金属离子和 H^+ 都将趋向于阴极,究竟何者先在阴极上析出,通过下面的例子说明。

【例 7-15】 298 K 下,用惰性电极 Pt 来电解 $AgNO_3$ 溶液($a_{Ag^+}=1$),在阳极放出氧气,在阴极可能析出氢或金属银。如不考虑阳极的情况,请讨论阴极上的析出情况。

解: 假如阴极上析出的是银:

$$Ag^+(a_{Ag^+}=1)+e^- \longrightarrow Ag(s)$$

$$\varphi(Ag^+|Ag)=\varphi^{\ominus}(Ag^+|Ag)=0.779\ 1\ V$$

假如阴极上析出的是氢气:

$$H^+(a_{H^+}=10^{-7})+e^- \longrightarrow 1/2H_2(g,p^{\ominus})$$

$$\varphi(H^+|H_2)=\varphi^{\ominus}(H^+|H_2)+0.059\ 16\ Vlg\ 10^{-7}=-0.414\ V$$

因为 $\varphi(Ag^+|Ag) > \varphi(H^+|H_2)$,所以,即使氢析出没有超电势,也是银的析出比较容易。实际上,氢在 Pt 上还有超电势,那会使得氢电极电势更负些,析出氢当然更困难。

由此可以得出结论:在阴极上,析出电极电势越正者,其氧化态越先还原而析出。同理,在阳极上,析出电极电势越负者,其还原态越先氧化而析出。

【例 7-16】 298 K、$p^{\ominus}$ 下,以镉为阴极电解 $CdSO_4$ 溶液($a_{Cd^{2+}}=1$)。若考虑 H_2 在 Cd 上的超电势,请问阴极是先析出 Cd,还是先析出 H_2? 已知 $\varphi^{\ominus}(Cd^{2+}|Cd)=-0.403\ V$,在 $10\ A\cdot m^{-2}$ 的低电流密度下,H_2 在 Cd 上的超电势为 1.0 V。

解: 阴极上可能有两种反应,一是析出 Cd 的反应,$Cd^{2+}+2e^- \longrightarrow Cd(s)$,

$$\varphi(Cd^{2+}|Cd)=\varphi^{\ominus}(Cd^{2+}|Cd)=-0.403\ V$$

另一个是析出 H_2 的反应,$H^++e^- \longrightarrow 1/2H_2(g)$

在中性溶液中,

$$\varphi(H^+|H_2,可逆)=\varphi^{\ominus}(H^+|H_2)+0.059\ 16\ Vlg\ 10^{-7}=-0.414\ V$$

如果不考虑 H_2 在 Cd 上的超电势,$\varphi(Cd^{2+}|Cd)$ 与 $\varphi(H^+|H_2,可逆)$ 很接近,则阴极上 Cd 和 H_2 均可能析出。

但是,在 $10\ A\cdot m^{-2}$ 的低电流密度下,H_2 在 Cd 上的超电势为 1.0 V,则

$$\varphi(H^+|H_2,不可逆)=\varphi(H^+|H_2,可逆)-\eta=\{-0.414-1.0\}V=-1.414\ V$$

这样,$\varphi(Cd^{2+}|Cd)$ 远大于 $\varphi(H^+|H_2,不可逆)$,所以,阴极上总是析出 Cd,而不是 H_2。

根据这个例子,人们就是利用 H_2 在金属上具有很高的超电势这种现象,使得金属活泼次序在氢以上的金属也能从溶液中析出来。

超电势的存在本来是不利的,因为电解时需要多消耗能量。但是,从另一个角度来看,正因为有超电势的存在,才使得某些本来在 H^+ 之后在阴极上还原的离子,也能顺利地先在阴极上析出,例如 Zn、Cd 和 Ni 等金属可以在阴极上析出,而不会有氢气析出。如果以汞为电极,则 Na^+ 也可以在电极上生成钠汞齐而不会放出氢气,因为氢气在汞上有很大的超电势。

【例 7-17】 在 298 K 时,电解 0.5 mol·kg⁻¹CuSO₄ 中性溶液。若 H_2 在 Cu 上的超电势为 0.230 V,试求在阴极上开始析出 H_2 时,残留的 Cu^{2+} 浓度为多少?

解:析出 H_2 时的反应为

$$H^+(a_{H^+} = 10^{-7}) + e^- \longrightarrow 1/2H_2(g, p^{\ominus})$$

其析出电势为

$$\varphi(H^+ | H_2, 不可逆) = \varphi^{\ominus}(H^+ | H_2) + 0.059\,16\log 10^{-7} - \eta$$
$$= \{-0.414 - 0.230\}V = -0.644\ V$$

当阴极上开始析出 H_2 时,阴极电极电势为 -0.644 V,此时 Cu^{2+} 浓度为 $m_{Cu^{2+}}$,则

$$\varphi(阴极) = -0.644V = \varphi(Cu^{2+} | Cu) = \varphi^{\ominus}(Cu^{2+} | Cu) + \frac{RT}{2F}\ln\frac{m_{Cu^{2+}}}{m^{\ominus}} - 0.644$$

$$= 0.337 + \frac{8.314 \times 298}{2 \times 96\,500}\ln\frac{m_{Cu^{2+}}}{m^{\ominus}}$$

$$m_{Cu^{2+}} = 6.48 \times 10^{-34}\ mol·kg^{-1}$$

一般说来,在电解过程中,一方面应该注意因电解池中溶液浓度的改变所引起的电极电势的改变,同时,还要注意控制外加电压不宜过大,以防止氢气也在阴极同时析出。

2. 金属离子的分离

如果溶液中含有多种不同的金属离子,它们分别具有不同的析出电势,可以控制外加电压的大小使金属离子分步析出而得以分离。

一般来说,假定在金属离子析出过程中,阳极的电势不变。设金属离子的起始和终了活度分别为 $a_{M^{z+},1}$ 和 $a_{M^{z+},2}$,则两者的电势差为

$$\Delta E = \frac{RT}{zF}\ln\frac{a_{M^{z+},1}}{a_{M^{z+},2}} \tag{7.31}$$

设当 $\frac{a_{M^{z+},2}}{a_{M^{z+},1}} = 10^{-7}$ 时,此时离子的浓度已降低到原来浓度的千万分之一,离子基本分离干净,则对于一价金属离子,则 ΔE 约为 0.4 V;对于二价金属离子,则 ΔE 约为 0.2V,其余的以此类推。

如欲使两种离子同时在阴极析出而形成合金,需调整两种离子的浓度,使其具有相等的析出电势。

7.8.3 金属的腐蚀与防腐

1. 金属的腐蚀

金属表面与周围介质发生化学反应及电化学作用而遭到破坏统称为金属腐蚀。金属表面与介质如气体或非电解质液体等因发生化学作用而引起的腐蚀称为化学腐蚀。化学腐蚀作用时没有电流产生。金属表面与介质如潮湿空气、电解质溶液等接触时,因形成微电池而

发生电化学作用而引起的腐蚀,叫做电化学腐蚀。

当两种金属相连接,同时与含有电解质相接触时,会直接形成两电极分离的原电池,发生电化学反应。例如,铜板上镶有铁铆钉,长期暴露在潮湿的空气中,就会形成这种电池,其中铁是阳极,铜是阴极。在阳极上一般都是金属的溶解过程,也就是金属被腐蚀过程。

在阴极上,由于条件不同可能发生不同的反应,如在阴极上可发生:

(1) 氢离子还原成 H_2 析出,亦称为析氢腐蚀

$$H^+ + e^- \longrightarrow \frac{1}{2} H_2(g)$$

(2) 在酸性气氛中,大气中的氧气在阴极上取得电子,而发生氧的还原反应,亦称为吸氧腐蚀。

$$O_2 + 4H^+ + 4e^- \longrightarrow \frac{1}{2} H_2O$$

在阴极上,在接近中性的介质中,O_2 还原的电极电势高于 H_2 析出的电极电势,因此,有氧存在时腐蚀更严重。

实际上,工业中使用的金属不可能是非常纯净的,常存在一些杂质。因此,这些金属与潮湿介质相接触时,围绕杂质会形成若干个细小的原电池,称为微电池。微电池作用是造成金属腐蚀的重要原因。

此外,金属金相组织的不同、晶粒与晶粒边缘以及应力不同等都可以构成微电池。介质不均匀有时也能构成浓差微电池。例如,一根铁管子插入水中,常常是水面稍下的部位比水面的部位腐蚀严重,这就是由于水中含氧量的差异造成的。

2. 金属的防腐

常用的防止金属腐蚀的方法有以下几种:

(1) 非金属保护层。将耐腐蚀的物质,如油漆、喷漆、搪瓷、陶瓷、玻璃、沥青和塑料等紧密地包裹在被保护的金属表面,使金属与腐蚀介质隔开。当这些保护层完整时能起到保护作用。

(2) 金属保护层。用电镀的方法将耐腐蚀性较强的金属或合金覆盖在被保护的金属表面。当镀层完整时,其作用能将被保护的金属与腐蚀介质分隔开。然而,一旦镀层损坏,不同的镀层就会产生不同的效果。例如,在铁上镀锌,由于锌的电极电势低于铁,当两者同时接触腐蚀介质时,锌为阳极,铁为阴极,遭腐蚀的是锌镀层,而铁受到保护。假如在铁上镀锡,由于锡的电极电势高于铁,一旦镀层损坏时,反而加速铁的腐蚀。但是在柠檬酸等果汁酸中,由于络合锡离子的形成,锡的电极电势变得比铁还低,因此,食品可以用镀锡铁皮来罐装。

(3) 改变介质的性质。金属的腐蚀与介质密切相关,加入介质,能明显抑制金属腐蚀的物质称为缓蚀剂。缓蚀剂可以是无机盐类,也可以是有机物。无机盐类如硅酸盐、磷酸盐、亚硝酸盐、铬酸盐等。有机缓蚀剂一般是含有 N、S、O 和叁键的化合物,如胺类、吡啶类、硫

脲类、甲醛和丙炔醇等。缓蚀剂的作用往往是由于吸附或与腐蚀产物产生沉淀,在金属表面形成保护层所致。缓蚀剂的用量一般都很小,但防腐作用很显著,因此,工业上已广泛使用。

(4) 电化学保护。电化学保护方法又分为阴极保护和阳极保护。

阴极保护又称为阳极牺牲法保护。将电极电势更低的金属与被保护金属相连接,构成原电池。例如,将锌或镁与铁相连,锌或镁为阳极,发生溶解,而铁是阴极,得到保护。海轮壳体上常附上一些锌块就是为了保护船体而设的。阴极保护也可以用外加直流电来实现。把负极接到被保护的金属上,让它成为阴极,正极接到一些废铁上成为阳极,使它受到腐蚀。那些废铁实际上也是牺牲性阳极,它保护了阴极,只不过它是在外加电流下的阴极保护。在化工厂中,一些装有酸性溶液的容器或管道、水中的金属闸门以及地下的水管或输油管常用这种方法保护。

阳极保护是把被保护的金属接到外加电源的正极上,使被保护的金属进行阳极极化,电极电势向正的方向移动,使金属钝化而得到保护。金属可以在氧化剂的作用下钝化,也可以在外电流的作用下钝化。

3. 金属的钝化

一块普通的铁片,在稀硝酸中很容易溶解,但在浓硝酸中则几乎不溶解。经过浓硝酸处理后的铁片,即使再把它放在稀硝酸中,其腐蚀速度也比原来未处理前有明显的下降或甚至不溶解,这种现象叫做化学钝化,此时的金属则处于钝态。除了硝酸之外,其他的一些试剂,如 $HClO_3$、K_2CrO_7 和 $KMnO_4$ 等可以使金属钝化。金属变成钝态之后,其电极电势向正的方向移动,甚至可以升高到接近于贵金属的电极电势。由于电极电势升高,钝化后的金属失去了它原来的特性,例如钝化后的铁在铜盐溶液中不能将铜取代出来。

金属除了用氧化剂处理可以使之变成钝态外,用电化学的方法也可使之成钝态。例如,将 Fe 置于 H_2SO_4 溶液中作为阳极,用外加电流使之阳极极化。采用一定的设备使铁的电势逐步升高,同时观察其相应的电流变化,就可以得到如图 7.24 的极化曲线。当铁的电势增加时,极化曲线沿 AB 线变化,此时铁处于活化区。铁以低价转入溶液,此时,阳极过程为 Fe $\longrightarrow$ $Fe^{2+}+2e^-$。当电势到达 B 点时,表面开始钝化。此时电流密度随着电势的增加而迅速降低到很低的数值,B 点所对应的电势则称为钝化电势,与 B 点所对应的电流密度则称为临界钝化电流密度。当电势到达 E 点时,金属处于稳定的钝态。当进一步使电势逐步上升时,在曲线 EF 段,电流密度仍然保持很小的数值,此时的电流则称为钝态电流。在 EF 区间,金属处于稳定钝态区。只要维持金

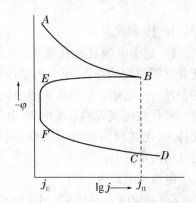

图 7.24 铁在硫酸中的阳极极化曲线

属的电势在 EF 之间,金属就处于稳定的钝化状态,过了 F 点,钝化膜击破,发生新的氧化过程,电流再次上升。在 FCD 段则称为过钝化区。

由此可见,用外加电源使被保护的金属作为阳极,并维持其电势在 EF 的钝化区就能防止金属的腐蚀。在化肥厂的碳化塔上就常利用这种方法防止碳化塔的腐蚀。

综上所述,电化学研究的作用非常广泛,这在自然科学研究及现实生产和生活中得到了充分体现。例如,电解法用于材料的制备[13-16]及废水处理[17-20],电化学抛光技术在工业器件生产中的应用[21-22],电化学刻蚀制备碳纳米颗粒[23],电化学消毒在水产养殖业方面的应用[24]等等。关于电化学的各种研究方法及其应用方面更加广泛深入的研究,已经形成了一门独立的学科,有兴趣的读者可以查看更多的相关资料,此处不再赘述。

§7.9　化学电源

化学电源是将化学能转变为电能的实用装置。化学电源中,参加电极反应的反应物称为活性物质。化学电源的品种繁多,按其使用的特点,大体可分为如下两类:① 一次电池,即电池中活性物质在进行一次化学反应放电之后就不能再次使用的电池,如干电池和锌-空气电池等;② 二次电池,即指电池放电后,通过充电方法使活性物质复原后能够再放电,且充、放电过程可以反复多次,循环进行,如铅蓄电池、锂离子电池等。

下面简单介绍几种最常用的电池。

7.9.1　普通化学电池

1. 锌-锰干电池

锌-锰干电池具有低成本、令人满意的性能和立即可用的特点,至今仍是使用最为广泛的一种一次电池。它的负极是金属锌,正极是被二氧化锰包围着的石墨电极,电解质是由氯化锌、氯化铵及淀粉组成的糊状物。图 7.25 为其结构示意图。

电池表示式为

$$Zn(s)\,|\,ZnCl_2\,,NH_4Cl\,|\,MnO_2(s)\,|\,C(s)$$

虽然这种电池的发展已有一百多年发展历史,但它的电极反应及最终产物仍未被彻底弄清楚。一般认为它的电极反应和电池反

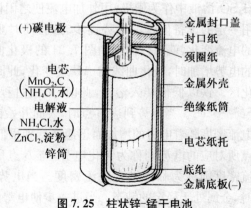

图 7.25　柱状锌-锰干电池

应为

负极:$Zn(s) \longrightarrow Zn^{2+} + 2e^-$

正极:$2MnO_2(s) + 2H^+ + 2e^- \longrightarrow 2MnOOH(s)$

电池总反应:$Zn(s) + 2NH_4Cl + 2MnO_2(s) \longrightarrow Zn(NH_3)_2Cl_2 + 2MnOOH(s)$

这个电池电动势计算值约为 1.55 V。电池的开路电压为 1.50 V 左右,与采用的 MnO_2 种类和活性物质的组成有关。质量比能量为 $31 \sim 53$ $W \cdot h \cdot kg^{-1}$。

2. 铅蓄电池

酸式铅蓄电池可以反复充、放电,在工业上的用途极广,如汽车等。它的历史最早,较成熟,价廉,但质量大,保养要求较严,易于损坏。它的负极是海绵状的铅,正极是 PbO_2,采用涂膏式基板栅结构。

电池表示式为

$$Pb(s) \mid PbSO_4(s) \mid H_2SO_4 \mid PbSO_4(s) \mid PbO_2(s)$$

电极和电池的反应为

负极:$Pb(s) + SO_4^{2-} \longrightarrow PbSO_4(s) + 2e^-$

正极:$PbO_2(s) + H_2SO_4 + 2H^+ + 2e^- \longrightarrow PbSO_4(s) + 2H_2O$

电池总反应:$PbO_2(s) + Pb(s) + 2H_2SO_4 \underset{充电}{\overset{放电}{\rightleftharpoons}} 2PbSO_4(s) + 2H_2O$

该电池的开路电压与计算出的电池电动势一致,约为 2.0 V,这个值与电极本性、硫酸和水的活度有关。当硫酸密度降至 1.05 $g \cdot cm^{-3}$ 时,电池工作电压下降到越 1.9 V,应暂停使用,应以外来直流电源充电至硫酸的密度恢复到约 1.28 $g \cdot cm^{-3}$ 时为止。

7.9.2 锂离子电池

锂离子电池是在锂电池的基础上发展起来的。锂离子电池的负极为碳素材料(如鳞片状石墨等),正极主要为含锂的金属氧化物(如 $LiCoO_2$ 等),电解质溶液为锂盐的有机溶液(如 $LiClO_4$ 溶解于碳酸丙烯酯(PC)中)。在锂离子电池中,已经没有金属锂存在,只有锂离子,所以称为锂离子电池。

锂离子电池的表示式为

$$C(s) \mid LiClO_4 - PC \mid LiCoO_2(s)$$

电极和电池的反应为

负极:$Li_xC_6 \longrightarrow 6C + xLi^+ + xe^-$

正极:$Li_{1-x}CoO_2 + xLi^+ + xe^- \longrightarrow LiCoO_2$

电池总反应:$Li_xC_6 + Li_{1-x}CoO \underset{充电}{\overset{放电}{\rightleftharpoons}} 6C + LiCoO_2 (0 \leqslant x \leqslant 1)$

锂离子电池的充放电过程,就是锂离子可逆地在正极和负极化合物晶格之间往返嵌入/

脱嵌，所以，锂离子电池又被形象地称为"摇椅式电池"。

锂离子电池能量密度大，平均输出电压高，约为 3.7 V。工作温度范围宽，为 $-20\ ℃\sim$ 60 ℃。循环性能优越，可快速放电和充电，效率高达 100%。使用寿命长。没有环境污染，被称为绿色电池。目前，在手机和笔记本电脑等便携式电子产品中广泛使用。

7.9.3　燃料电池

燃料电池是以燃料为能源，将燃料的化学能直接转换为电能的装置。和一般化学电源相比，燃料电池的特点为：① 它是一个敞开体系，电极上所需要的物质储存在电池的外部，可以根据需要连续加入，而产物也可以同时排出；② 电极本身在工作时不消耗和变化；③ 它不受卡诺循环热机效率的限制，能量的转换效率高；④ 减少大气污染，因为火力发电产生废气和废渣，而诸如氢氧燃料电池等燃料电池发电后只产生水，在航天飞行器中经净化后，甚至可以作为航天员的饮用水。

燃料电池一般采用含有能催化电极反应的催化剂的材料作电极，如以覆盖着金属钛的铂作电极。负极中燃料可以为氢气、甲烷、煤气、天然气以及甲醇和乙醇等，正极中含有氧气或空气，电解质可以是酸性的，也可以是碱性的。

以氢-氧燃料电池为例，该燃料电池的负极由 Pt 电极和氢气组成，正极是由 Pt 电极和氧气组成，电解质为 KOH 碱性溶液，其电池表示式为

$$Pt\,|\,H_2(g)\,|\,KOH(aq)\,|\,O_2(g)\,|\,Pt$$

电极和电池的反应为

负极：$H_2(g)+2OH^- \longrightarrow 2H_2O(l)+2e^-$

正极：$1/2O_2(g)+H_2O(l)+2e^- \longrightarrow 2OH^-$

电池总反应：$H_2(g)+1/2O_2(g) \longrightarrow H_2O(l)$

该电池反应电动势与氢气和氧气的分压有关。理论上该电池可以提供的电动势为 1.229 V，实际上其开路电压可以达到 1.12 V。燃料电池作为一种高效且对环境友好的发电方式，备受各国政府重视，它既可以作民用电源，也可以用于军事和宇宙航天工业。

参考文献

[1] 朱亮，王先鹏，袁再林，陈国群.电导传感器测量油井流量与含水率[J].价值工程,2010,3:42

[2] 芦晓芳，王颖莉，杜慧玲，王清华，张金桐.电导滴定法测定食品中二氧化硫残留量[J].现代食品科技,2010,26(11):1289

[3] 钟志雄，李攻科.海产品中氟、溴、碘与硫的电导—紫外串联检测离子色谱法分析[J].分析测试学报,2009,28(5):572

[4] 杨俊坤.硫酸电导浓度仪不同取样方法比较及插入式无电极电导传感器在硫酸测量中的应用[J].磷肥

与复肥,2009,24(4):75

[5] 刘霞,袁帅,李军,陈雪莉,王辅臣.电导检测器离子色谱法测氰根的应用[J].仪器仪表学报,2011,2(4):898

[6] 谢彩锋,莫柳珍,马英群,王淑培,徐勇士.关于白砂糖电导灰分偏高的原因分析[J].甜菜糖业,2011,4:10

[7] 刘丹,张茂进,李凤朝.在线电导仪监测洗水中的氯离子[J].纯碱工业,2012,2:3

[8] 袁伟,李晨,王霞,缪晓帆,胡兵,魏睦新.慢性胃炎患者肠上皮化生对经络电导的影响[J].中国医药指南,2011,9(5):138

[9] 王志明,徐庆宇,张世远,邢定钰,都有为.单晶石墨、多晶石墨电导行为的差异[J].物理学报,2007,56(6):3464

[10] 徐东彦,段洪敏,李文钊,葛庆杰,于春英,徐恒泳.电导研究贵金属 Pt 在 Co_3O_4 还原过程中的作用[J].高等学校化学学报,2006,27(9):1746

[11] 徐曼,曹晓珑.纳米银/环氧树脂复合电介质的电导特性[J].稀有金属材料与工程,2010,39(8):1370

[12] 朱艳,魏宁波,原帅,肖兵.SDS/正戊醇-二甲苯-水(盐水)拟三元体系相图和电导研究及纳米 ZnO 的制备[J].高等学校化学学报,2010,31(7):1405

[13] 陶长元,丁莉峰,刘华华,杜军,范兴.电解法制备高锰酸钾试验研究[J].湿法冶金,2012,31(1):57

[14] 张新坤.电解法制备碘酸钾工艺研究[J].盐业与化工,2012,41(2):13

[15] 陈国华,赵峰鸣.阳极氧化法制备 TiO_2 多孔薄膜[J].化学进展,2009,21(1):121

[16] 张广宏,陈延林.电解法制备过硫酸铵研究综述[J].广州化工,2012,40(19):19

[17] 杨淑英,杨慧春,陈亚琳,王西奎.不同电解质条件下硝基苯废水的处理研究[J].辽宁化工,2010,39(9):959

[18] 金霄,阮新潮.内电解法在废水处理中的研究进展[J].广州化工,2012,40(7):6

[19] 梁胜东.微电解法处理有机化工原料生产废水实验研究[J].环境保护与循环经济,2012,8:51

[20] 陈月芳,曹丽霞,于璐璐,高琨,刘卉.强化微电解法预处理难降解农药废水[J].环境工程学报,2012,7:2361

[21] 杜炳志,漆红兰.电化学抛光技术新进展[J].表面技术,2007,36(2):56

[22] 季仁良.电解抛光新技术[J].模具工业,2002,8:55

[23] 郭艳,田瑞雪,董英鸽,胡胜亮.电化学刻蚀制备的荧光碳纳米颗粒[J].发光学报,2012,33(2):155

[24] 彭强辉,刘辉,施汉昌,蔡强,陈明强,陈明功.电化学消毒在水产养殖业中的应用[J].水产科技情报,2009,36(1):18

思考题

1. 关于溶液导电能力的大小,可有哪几种不同的方法表示? 它们各自的作用和相互联系如何?

2. 如何测定电解质的无限稀释摩尔电导率? 对强电解质和弱电解质有何不同?

3. 为什么电解质在无限稀释时的摩尔电导率最大? 此时溶液的电导率为多少?

4. 不论是离子的电迁移率还是摩尔电导率,H^+ 和 OH^- 离子都比其他与之带相同电荷的离子要大得多,试解释这是为什么?

5. 影响难溶盐的溶解度主要有哪些因素? 为什么在一定温度下,在 AgCl 的饱和溶液中加入少量 KCl 会使 AgCl 的溶解度减小,若加入少量 KNO_3,反而会使 AgCl 的溶解度增加?

6. 用 Pt 电极电解一定浓度的 $CuSO_4$ 溶液,试分析阴极区、中部区和阳极区溶液的颜色在电解过程中有何变化? 若改用 Cu 电极,各部分溶液颜色变化又将如何?

7. 为什么说可逆电池的电动势是联系热力学和电化学的桥梁? 研究可逆电池电动势有何必要性?

8. 可逆电池的条件是什么? 两个可逆电极是否一定能组成可逆电池?

9. 为什么不能用普通的电压表直接测量可逆电池的电动势?

10. 电极电势是否就是电极表面与电解质溶液之间的电势差? 单个电极的电势能否测定?

11. 盐桥有何作用? 盐桥中的盐溶液要具备什么条件? 盐桥为什么不能完全消除液接电势?

12. 为什么实际测得的分解电压比理论分解电压大?

13. 原电池和电解池的极化情况有何不同?

14. 金属电化学腐蚀的机理是什么? 为什么铁的吸氧腐蚀比析氢腐蚀要严重得多? 为什么粗锌(杂质主要为 Cu 和 Fe)比纯锌在稀硫酸溶液中反应得更快?

15. 在铁锅里放一点水,哪个部位最先出现铁锈? 为什么? 为什么海轮要比江轮采取更有效的防腐措施?

习 题

1. 使用惰性电极电解稀 H_2SO_4 溶液,直流电源的电流强度为 5 A,在 300 K、100 kPa 压力下,如欲获得氧气和氢气各 $10^{-3} m^3$,需分别通电多少时间? 已知在该温度下,水的饱和蒸气压为 3 565 Pa。

2. 需在 $0.10 \times 0.10 m^2$ 的薄铜片两面分别镀上 $5 \times 10^{-5} m$ 厚的 Ni 层[镀液用 $Ni(NO_3)_2$ 的水溶液],假定镀层能均匀分布,用 2.0 A 的电流强度得到上述厚度的镀层时,需要通电多长时间? 设电流效率为 96.0%,已知金属镍的密度为 $8.9 \times 10^3 kg \cdot m^{-3}$,Ni(s)的摩尔质量为 $58.69 \times 10^{-3} kg \cdot mol^{-1}$。

3. 用银电极来电解 $AgNO_3$ 水溶液。通电一定时间后,在阴极上有 0.078 g 的 Ag(s)析出。经分析知道,阳极区含有水 23.14 g,$AgNO_3$ 0.236 g。已知原来所用溶液的浓度为每克水中溶有 $AgNO_3$ 0.007 39 g。试分别计算 Ag^+ 和 NO_3^- 的迁移数。

4. 用金属 Pt 作电极在希托夫管中电解 HCl 溶液,阴极区一定量的溶液中,在通电前后含有 Cl^- 的质量分别为 $1.77 \times 10^{-4} kg$ 和 $1.63 \times 10^{-4} kg$,在串联的银库仑计中有 $2.508 \times 10^{-4} kg$ 银析出,试求 H^+ 和 Cl^- 的迁移数。

5. 某电导池内装有两个直径为 0.04 m 并相互平行的圆形银电极,电极之间的距离为 0.12 m。若在电导池内盛满浓度为 $0.1 mol \cdot dm^{-3}$ 的 $AgNO_3$ 溶液,施以 20 V 电压,则所得电流强度为 0.197 6 A。试计算电导池常数、溶液的电导、电导率和 $AgNO_3$ 的摩尔电导率。

6. 在某电导池中先后充以浓度均为 $0.001 mol \cdot dm^{-3}$ 的 HCl、NaCl 和 $NaNO_3$,分别测得电阻为 468 Ω、1 580 Ω 和 1 650 Ω。已知 $NaNO_3$ 溶液的摩尔电导率为 $\Lambda_m(NaNO_3) = 1.21 \times 10^{-2} S \cdot m^2 \cdot mol^{-1}$,设这些都是强电解质,其摩尔电导率不随浓度而变。试计算:

(1) 浓度为 $0.001 mol \cdot dm^{-3} NaNO_3$ 溶液的电导率;

(2) 电导池常数 K_{cell}；

(3) 此电导池如充以浓度为 0.001 mol·dm^{-3} HNO$_3$ 溶液时的电阻及该 HNO$_3$ 溶液的摩尔电导率。

7. 在 298 K 时，一电导池充以 0.01 mol·dm^{-3} KCl 和 0.1 mol·dm^{-3} NH$_3$·H$_2$O 溶液，测出的电阻分别为 525 Ω 和 2 030 Ω，试求算：

(1) 此时 NH$_3$·H$_2$O 的电离度；

(2) 若该电导池内充以纯水时的电阻值。设所用纯水的电导率为 2×10^{-4} S·m^{-1}。

8. 在 298 K 时，浓度为 0.01 mol·dm^{-3} 的 CH$_3$COOH 溶液在某电导池中，测得其电阻为 2 220 Ω，已知该电导池常数为 $K_{cell}=36.7$ m^{-1}。试求在该条件下 CH$_3$COOH 的解离度和平衡常数。

9. 在 298 K 时，测量 BaSO$_4$ 饱和溶液在电导池中的电阻，得到这个溶液的电导率为 4.20×10^{-4} S·m^{-1}。已知在该温度下，水的电导率为 1.05×10^{-4} S·m^{-1}。试求 BaSO$_4$ 在该温度下的饱和溶液的浓度。已知 $\Lambda_m^\infty(Ba^{2+})=127.28\times10^{-4}$ S·m^2·mol^{-1}，$\Lambda_m^\infty(SO_4^{2-})=159.6\times10^{-4}$ S·m^2·mol^{-1}。

10. 298 K 时，所用纯水的电导率为 1.60×10^{-6} S·m^{-1}。试计算该温度下 PbSO$_4$(s) 饱和溶液的电导率。已知 PbSO$_4$(s) 的溶度积为 $K_{sp}=1.60\times10^{-8}$，$\Lambda_m^\infty\left(\frac{1}{2}Pb^{2+}\right)=7.0\times10^{-3}$ S·m^2·mol^{-1}，

$\Lambda_m^\infty\left(\frac{1}{2}SO_4^{2-}\right)=7.98\times10^{-3}$ S·m^2·mol^{-1}。

11. 分别计算下列各溶液的离子强度，设所有电解质的浓度均为 0.025 mol·kg^{-1}：

(1) NaCl；(2) MgCl$_2$；(3) CuSO$_4$；(4) LaCl$_3$；

(5) NaCl 和 LaCl$_3$ 的混合溶液，浓度各为 0.025 mol·kg^{-1}。

12. 有下列不同类型的电解质：(1) HCl，(2) MgCl$_2$，(3) CuSO$_4$，(4) Al$_2$(SO$_4$)$_3$。

设它们都是强电解质，当它们的溶液浓度分别为 0.025 mol·kg^{-1} 时，计算各溶液的：

(1) 离子强度；

(2) 离子平均质量摩尔浓度 $m_\pm$；

(3) 用德拜-休克尔公式计算离子平均活度因子 $\gamma_\pm$；

(4) 电解质的离子平均活度 $a_\pm$ 和电解质的活度 a_B。

13. 分别计算下列溶液的离子平均质量摩尔浓度 $m_\pm$、离子平均活度 $a_\pm$ 以及电解质的活度 a_B。

(1) 0.01 mol·kg^{-1} 的 K$_3$Fe(CN)$_6$（ $\gamma_\pm=0.571$）；

(2) 0.1 mol·kg^{-1} 的 CdCl$_2$（ $\gamma_\pm=0.219$）；

(3) CuSO$_4$（ $\gamma_\pm=0.444$）。

14. 在 298 K 时，某水溶液含 CaCl$_2$ 的浓度为 0.002 mol·kg^{-1}，含 LaCl$_3$ 的浓度为 0.001 mol·kg^{-1}，含 ZnSO$_4$ 的浓度为 0.002 mol·kg^{-1}。试用德拜-休克尔公式计算 CaCl$_2$ 的离子平均活度因子。

15. 在 298 K 时，PbCl$_2$ 在纯水中形成的饱和溶液浓度为 0.01 mol·kg^{-1}。试计算 PbCl$_2$ 在 0.1 mol·kg^{-1} 的 NaCl 溶液中形成饱和溶液的浓度。

(1) 不考虑活度因子的影响，即设 $\gamma_\pm=1$；

(2) 用德拜-休克尔公式计算 PbCl$_2$ 的 $\gamma_\pm$ 后，再求其饱和溶液的浓度（计算中可作合理的近似）。

16. 已知 298 K 时，AgCl 的溶度积为 1.60×10^{-10}，试计算 AgCl 在下述溶液中达到溶解平衡时 Ag$^+$ 的浓度。

(1) 在纯水中；

(2) 在 0.01 $mol \cdot kg^{-1}$ 的 NaCl 溶液中；

(3) 在 0.01 $mol \cdot kg^{-1}$ 的 $NaNO_3$ 溶液中。

17. 写出下列电池所对应的电极反应及电池总反应。

(1) $Cd(s) | Cd^{2+}(a_1) \parallel HCl(a_2) | H_2(g, p_1) | Pt$

(2) $Ag(s) | AgI(s) | I^-(a_1) \parallel Cl^-(a_2) | AgCl(s) | Ag(s)$

(3) $Pb(s) | PbSO_4(s) | SO_4^{2-}(a_1) \parallel Cu^{2+}(a_2) | Cu(s)$

(4) $Pt | H_2(g, p_1) | NaOH(a_1) | HgO(s) | Hg(l)$

(5) $Pt | H_2(g, p_1) | H^+(aq) | Sb_2O_3(s) | Sb(s)$

(6) $Pt | Fe^{3+}(a_1), Fe^{2+}(a_2) \parallel Ag^+(a_3) | Ag(s)$

18. 试将下述化学反应设计成电池。

(1) $Hg_2Cl_2(s) = Hg_2^{2+}(a_1) + 2Cl^-(a_2)$

(2) $AgCl(s) + I^-(a_1) = AgI(s) + Cl^-(a_2)$

(3) $H_2(g, p_1) + HgO(s) = Hg(l) + H_2O(l)$

(4) $Fe^{2+}(a_1) + Ag^+(a_2) = Fe^{3+}(a_3) + Ag(s)$

(5) $2H_2(g, p_1) + O_2(g, p_2) = 2H_2O(l)$

(6) $Cl_2(g, p_1) + 2I^-(a_2) = I_2(s) + 2Cl^-(a_3)$

(7) $Mg(s) + 1/2O_2(g, p_1) + H_2O(l) = Mg(OH)_2(s)$

(8) $Pb(s) + HgO(s) = Hg(l) + PbO(s)$

19. 从饱和韦斯顿电池的电动势与温度的关系式，试求在 298 K，当电池可逆地产生2 mol电子的电量时，电池反应的 $\Delta_r G_m$、$\Delta_r H_m$、$\Delta_r S_m$ 和此过程的可逆热效应。已知该关系式为：$E/V = 1.018\ 45 - 4.05 \times 10^{-5}(T/K - 293.15) - 9.5 \times 10^{-7}(T/K - 293.15)^2$。

20. 在 298 K 时，电池 $Hg(l) | Hg_2Cl_2(s) | HCl(a) | Cl_2(p^\ominus) | Pt$ 的电动势为 1.092 V，温度系数为 $9.427 \times 10^{-4}\ V \cdot K^{-1}$。

(1) 写出有 2 mol 电子得失的电极反应和电池反应；

(2) 计算与该电池反应相应的 $\Delta_r G_m$、$\Delta_r H_m$、$\Delta_r S_m$ 和此过程的可逆热效应。若只有1 mol电子得失，这些值又等于多少？

(3) 计算在相同的温度和压力下，与 2 mol 电子得失的电池反应相同的热化学方程式的热效应。

21. 已知 298 K 时，AgCl 的标准摩尔生成焓是 $-1\ 270.04\ kJ \cdot mol^{-1}$，Ag、AgCl 和 $Cl_2(g)$ 的标准摩尔熵分别是 42.702 $J \cdot K^{-1} \cdot mol^{-1}$、96.11 $J \cdot K^{-1} \cdot mol^{-1}$ 和 222.95 $J \cdot K^{-1} \cdot mol^{-1}$。试计算 298 K 时对于电池 $Pt | Cl_2(p^\ominus) | HCl(0.1\ mol \cdot dm^{-3}) | AgCl(s) | Ag(s)$：

(1) 电池电动势；

(2) 电池可逆放电时的热效应；

(3) 电池电动势的温度系数。

22. 298 K 时，已知如下电池的 $E^\ominus = 0.268\ 0$ V：

$$Pt | H_2(p^\ominus) | HCl(0.08\ mol \cdot dm^{-3}, \gamma_\pm = 0.809) | Hg_2Cl_2(s) | Hg(l)$$

(1) 写出电极反应和电池反应；

(2) 计算该电池的电动势；

(3) 计算甘汞电极的标准电极电势。

23. 在 298K 时，分别用金属 Fe 和 Cd 插入下述溶液中，组成电池。试判断何种金属首先被氧化？

(1) 溶液中含 Fe^{2+} 和 Cd^{2+} 的活度都是 0.1；

(2) 溶液中含 Fe^{2+} 的活度为 0.1，而含 Cd^{2+} 的活度为 0.0036。

24. (1) 将反应 $H_2(p^\ominus) + I_2(s) \longrightarrow 2HI(a_\pm)$ 设计成电池。

(2) 求此电池的 $E^\ominus$ 及电池反应 298 K 时的 $K^\ominus$。

(3) 若反应写成 $1/2H_2(p^\ominus) + 1/2I_2(s) \longrightarrow HI(a_\pm)$ 电池的 $E^\ominus$ 及反应的 $K^\ominus$ 与(2)相同否？为什么？

25. 已知 298 K 时，电极 $Hg_2^{2+}(a_{Hg_2^{2+}}) \mid Hg(l)$ 的标准还原电极电势为 0.789 V，$Hg_2SO_4(s)$ 的活度积 $K_{sp} = 8.2 \times 10^{-7}$，试求电极 $SO_4^{2-}(a_{SO_4^{2-}}) \mid Hg_2SO_4(s) \mid Hg(l)$ 的标准电极电势 $\varphi^\ominus$。

26. 设计合适的电池，用电动势法求出下列各热力学函数值（设温度均为 298 K），要求写出电池的表示式和列出所求函数的计算式：

(1) $Hg_2Cl_2(s) + H_2(g) == 2Hg(l) + 2HCl(aq)$ 的平衡常数；

(2) Hg_2SO_4 的溶度积 K_{sp}；

(3) H_2O 的离子积常数 K_w；

(4) $H_2O(l)$ 的标准生成吉布斯自由能 $\Delta_f G_m^\ominus$；

(5) $Ag_2O(s)$ 的分解温度；

(6) $HBr(0.01\ mol \cdot kg^{-1})$ 溶液的离子平均活度因子 $\gamma_\pm$。

27. 有如下电池：$Cu(s) \mid CuAc_2(0.1\ mol \cdot kg^{-1}) \mid AgAc(s) \mid Ag(s)$

已知 298 K 时该电池的电动势 $E(298\ K) = 0.372\ V$，温度为 308 K 时，$E(308\ K) = 0.374\ V$，设电动势 E 随温度的变化是均匀的。又知 298 K 时，$\varphi^\ominus(Ag^+ \mid Ag) = 0.799\ V$，$\varphi^\ominus(Cu^{2+} \mid Cu) = 0.337\ V$。

(1) 写出电极反应和电池反应；

(2) 当电池可逆输出 2 mol 电子的电量时，求电池反应的 $\Delta_r G_m$、$\Delta_r H_m$ 和 $\Delta_r S_m$；

(3) 求醋酸银 $AgAc(s)$ 的溶度积 K_{sp}（设活度因子均为 1）。

28. 计算 298 K 时下述电池的电动势 E：

$$Pb(s) \mid PbCl_2(s) \mid HCl(0.01\ mol \cdot kg^{-1}) \parallel H_2(10\ kPa) \mid Pt(s)$$

已知 $\varphi^\ominus(Pb^{2+} \mid Pb) = -0.126V$，该温度下 $PbCl_2(s)$ 在水中饱和溶液的浓度为 $0.039\ mol \cdot kg^{-1}$（用德拜-休克尔极限公式求活度因子后计算电动势）。

29. 298 K 时，测定下述电池的电动势：

$$玻璃电极 \mid pH\ 缓冲溶液 \mid 饱和甘汞电极$$

当所用缓冲溶液的 pH=4.00 时，测得电池的电动势为 0.1120 V。若换用另一个缓冲溶液重测电动势，得 $E = 0.3865\ V$，试求该缓冲溶液的 pH。当电池中换用 pH=2.50 的缓冲溶液时，计算电池的电动势。

30. 在锌电极上析出氢气的塔菲尔公式为

$$\eta/V = 0.72 + 0.116\ lg[j/(A \cdot cm^{-2})]$$

在 298 K 时，用 $Zn(s)$ 作阴极，惰性物质作阳极，电解浓度为 $0.1\ mol \cdot kg^{-1}$ 的 $ZnSO_4$ 溶液，设溶液 pH 为 7.0。若要使 $H_2(g)$ 不和锌同时析出，应控制什么条件？

31. 298 K 时,用铜电极电解浓度为 0.1 mol·kg^{-1} 的 ZnSO$_4$ 和 CuSO$_4$ 混合溶液,当电流密度 $j =$ 0.01 A·cm^{-2} 时,氢在铜上的超电势为 0.584 V,而锌与铜析出的超电势都很小可忽略不计。电解时阳极上析出氧气,问阴极上 Cu、Zn 和 H$_2$ 的析出顺序如何?

32. 在 298 K 和标准压力下,用电解沉积法分离 Zn^{2+} 和 Cd^{2+} 混合溶液。已知 Zn^{2+} 和 Cd^{2+} 的浓度均为 0.10 mol·kg^{-1}(设活度因子均为 1),H$_2$(g) 在 Zn^{2+} 和 Cd^{2+} 超电势分别为 0.70 V 和 0.48 V,设电解液的 pH 保持为 7.0。试问:

(1) 阴极上首先析出何种金属?

(2) 第二种金属析出时第一种析出的离子的残留浓度为多少?

(3) H$_2$(g) 是否有可能析出而影响分离效果?

33. 欲从镀银废液中回收金属银,废液中 AgNO$_3$ 的浓度为 1.0×10^{-6} mol·kg^{-1},还含有少量的 Cu^{2+}。今以银为阴极,石墨为阳极,用电解法回收银,要求银的回收率达 99%。试问阴极电势应控制在什么范围之内? Cu^{2+} 的浓度应低于多少才不致使 Cu(s) 和 Ag(s) 同时析出?(设所有的活度因子均为 1)。

第8章　化学动力学基础

本章基本要求

1. 掌握化学反应速率、反应速率系数、基元反应和非基元反应、反应级数、反应分子数的概念。

2. 掌握具有简单级数反应的特征及其应用,熟练利用各种方法判断反应级数。

3. 了解三种典型复合反应的特点,学会使用合理的近似进行一些简单的计算。

4. 掌握温度对反应速率的影响和应用,掌握阿累尼乌斯公式的各种表达形式,理解活化能的含义及其对反应速率的影响,掌握活化能的计算方法。

5. 掌握由复合反应的机理利用稳态近似、平衡假设等近似方法推导反应的速率方程。

6. 熟悉链反应的分类,掌握链反应的特点。

关键词

反应速率,反应速率系数,反应级数,活化能,反应机理

化学动力学是研究化学反应速率和反应机理的科学。它的基本任务是研究各种化学反应速率的影响因素(如浓度、温度、介质、催化剂等)与反应的机理。

化学动力学和化学热力学不同。化学热力学只能预言在给定的条件下,反应发生的可能性。因为化学热力学只考虑反应系统的始态和终态,研究反应发生的可能性、方向和限度,它没有考虑到各种因素对反应速率的影响以及反应进行的其他细节。化学动力学则是研究浓度、压力、温度以及催化剂等各种因素对反应速率的影响;还研究反应进行时要经过哪些具体的步骤,即所谓的反应的机理。前者可以给人们提供选择反应条件、掌握控制反应进行的主动权,使化学反应按人们所希望的速率进行;后者则可以让人们知道反应物究竟是按什么途径、经过哪些步骤才转化为最终产物。所以,通过化学动力学的研究,可以知道如何控制反应条件,提高主反应的速率,以增加所需产品的产量;可以知道如何抑制或减慢副反应的速率,以减少原料的消耗,减轻分离操作的负担,并提高产品质量。同时,化学动力学能提供如何避免危险品的爆炸、材料的腐蚀或产品的老化、变质等方面的知识;还可以为科研成果的工业化进行最优设计和最优控制,为现有生产选择最适宜的操作条件,使主反应按照我们所希望的方向进行,并使副反应以最小的速率进行,从而在生产上达到多快好省的目的。所以化学动力学是化学反应工程的主要理论基础之一。

对于化学反应的研究和实际生产来说,化学动力学和化学热力学是相辅相成、不可缺少

的两大基础理论学科。如果一个化学反应,经热力学的研究认为是可能的,但实际进行时反应速率太小,工业生产无法实现,此时则可以通过动力学的研究来达到降低反应阻力,加快反应速率,缩短到达平衡的时间的目的。如果一个反应在热力学上判断为不可能,当然也就不再需要考虑速率的问题了。一个化学反应系统内有着许许多多的影响因素,平衡和速率这两大问题之间是相互关联的,但是迄今为止还没有统一的定量处理方法把它们联系起来,在很多时候,这两者还是需要分别研究。

化学动力学的研究十分活跃,近百年来的进展速度很快,这一方面应归功于相邻学科基础理论和技术上的进展,另一方面也归功于当今各类科技的发展应用使得实验方法、研究手段变得多种多样。

化学动力学的发展史大体可以分为:① 19 世纪后半叶的宏观动力学阶段,此阶段的主要成就是质量作用定律和阿累尼乌斯公式的确立,并由此提出了活化能的概念。② 20 世纪前叶的过渡阶段,此阶段研究对象是基元反应,主要成就是对反应速率从理论上作了讨论,提出了碰撞理论和过渡态理论,并借助量子力学计算了反应系统的势能面,指出所谓过渡态(或活化络合物)乃是势能面上的鞍点;并发现了一些重要的链反应,实现了由宏观反应动力学向微观反应动力学的过渡。③ 20 世纪 50 年代以后的微观动力学阶段,此阶段深入研究态-态反应的层次,即研究由不同的反应物转化为不同量子态的产物的速率及反应的细节。

化学动力学虽然发展迅速,但是从总体上说,化学动力学所形成的理论还不够完善,各个方面需要解决的问题还有很多,还需要不断地去努力。

§8.1　化学反应的反应速率及化学反应速率方程

8.1.1　化学反应速率的表示法

化学反应开始后,反应物的浓度不断降低,生成物的浓度不断升高。在大多数化学反应系统中,反应物(或产物)的浓度随时间的变化往往不是线性关系,开始时反应物的浓度较大,反应较快,单位时间内得到的产物也较多;在反应后期,反应物浓度变小,反应变慢,单位时间内得到的生成物数量也较少。

所谓反应速率就是指化学反应进行的快慢程度。如何定量地表示反应速率,历史上曾出现过各种方法。现在通常用化学反应速率来表示化学反应进行的快慢程度,它是一个标量,可以用反应物浓度或产物浓度随时间的变化率来表示。但由于在反应式中生成物和反应物的计量系数不完全一致,所以用反应物或生成物的浓度变化率来表示化学反应速率时,其数值未必相等。为了使结果统一,国际上普遍采用反应进度 ξ 随时间的变化率来定义化学反应的速率 J。设反应为

$$\alpha R \longrightarrow \beta P$$

$$t=0 \qquad n_R(0) \quad n_P(0)$$

$$t=t \qquad n_R(t) \quad n_P(t)$$

若反应开始时($t=0$),反应物 R 和生产物 P 的物质的量分别为 $n_R(0)$、$n_P(0)$,当反应时间 $t=t$ 时,物质的量分别为 $n_R(t)$ 和 $n_P(t)$,则反应进度为

$$\Delta\xi=\frac{n_R(t)-n_R(0)}{-\alpha}=\frac{n_P(t)-n_P(0)}{\beta}=\frac{\Delta n_B}{\nu_B}$$

ν_B 为化学反应式中物质 B 的计量系数,对于反应物取负值,生成物取正值。这样,反应速率 J 的定义为

$$J\overset{\text{def}}{=}\frac{d\xi}{dt}=\frac{1}{\nu_B}\frac{dn_B}{dt} \qquad (8.1)$$

式(8.1)定义的反应速率与物质 B 的选择无关,而且无论反应进行的条件如何,总是严格的、正确的。例如,对于体积不恒定的反应系统、多相反应系统以及流动反应系统等,式(8.1)都能够正确地表示反应进行的快慢程度。然而,具体应用式(8.1)时,必须测定一种物质的物质的量的变化,往往不是十分方便,因此,结合具体反应系统,人们经常采用一些其他形式的反应速率,但不论采用何种具体形式,都不与式(8.1)相抵触。

对于体积一定的密闭系统,人们常用单位体积中反应进度随时间的变化率来表示反应速率,即

$$r\overset{\text{def}}{=}\frac{J}{V}=\frac{1}{V}\frac{d\xi}{dt}=\frac{1}{V\nu_B}\frac{dn_B}{dt}=\frac{1}{\nu_B}\frac{dc_B}{dt}=\frac{1}{\nu_B}\frac{d[B]}{dt} \qquad (8.2)$$

式中$[B]=c_B=n_B/V$,表示参加反应的物质 B 的浓度。r 的单位为[浓度]·[时间]$^{-1}$,它的 SI 单位是 $mol \cdot m^{-3} \cdot s^{-1}$,实际应用中也时常采用 $mol \cdot dm^{-3} \cdot s^{-1}$ 等单位。

因此,对于任意化学反应 $dD+eE \Longrightarrow gG+hH$,则有

$$r\overset{\text{def}}{=}\frac{1}{\nu_B}\frac{dc_B}{dt}=-\frac{1}{d}\frac{d[D]}{dt}=-\frac{1}{e}\frac{d[E]}{dt}=\frac{1}{g}\frac{d[G]}{dt}=\frac{1}{h}\frac{d[H]}{dt} \qquad (8.3)$$

例如,对于五氧化二氮的分解反应:$N_2O_5(g) \Longrightarrow N_2O_4(g)+\frac{1}{2}O_2(g)$,则

$$r=-\frac{d[N_2O_5]}{dt}=\frac{d[N_2O_4]}{dt}=2\frac{d[O_2]}{dt}$$

很显然,在参加反应的三种物质中,选用任何一种,反应速率的值都是相同的。实际工作中,常选择其中浓度比较容易测量的物质来表示其反应速率。本书将主要采用式(8.3)的形式讨论等容系统反应速率的规律。

对于气相反应,由于压力比浓度容易测定,因此也可以用参加反应的各物种分压来代替浓度,对上述反应有

$$r'=-\frac{dp_{N_2O_5}}{dt}=\frac{dp_{N_2O_4}}{dt}=2\frac{dp_{O_2}}{dt}$$

这时 r' 的单位为[压力]·[时间]$^{-1}$。对于理想气体，$p_B = c_B RT$，所以 $r' = r(RT)$。

8.1.2 化学反应的速率方程

1. 基元反应、非基元反应和质量作用定律

化学动力学的研究结果表明，人们所熟悉的许多化学反应实际是逐步进行的，并不是按照其计量方程式那样一步由反应物直接作用而生成产物，例如：

$$H_2 + Cl_2 \longrightarrow 2HCl$$

该反应并不是由一个氢气分子和一个氯气分子直接作用生成两个氯化氢分子，而是分步骤实现的。因此，计量方程式仅表示反应的宏观总效果，称为总反应。已经证明，上述总反应的具体步骤包括下列四个步骤：

(1) $Cl_2 \longrightarrow 2Cl\cdot$

(2) $Cl\cdot + H_2 \longrightarrow HCl + H\cdot$

(3) $H\cdot + Cl_2 \longrightarrow HCl + Cl\cdot$

(4) $2Cl\cdot + M \longrightarrow Cl_2 + M$

其中的每个步骤反应才是由反应物分子直接作用而生成产物的反应，它们的总效果在宏观上与总反应一致。这种由反应物分子（或离子、原子、自由基等）直接作用而生成新产物的反应称为基元反应。如果一个化学计量式代表了若干个基元反应的总结果，那这种反应称为总包反应或总反应，是非基元反应。绝大多数宏观总反应都是非基元反应，氯化氢气体合成反应就是非基元反应。

值得注意的是，基元反应不仅是反应物分子直接作用，而且必须是生成新产物的过程。反应物分子虽经直接作用但未生成新产物的过程不是基元反应，有人将这种过程为基元化学物理步骤，如分子碰撞后发生了能量转移的过程等。反应物分子往往需要经过多次的直接作用方可实现基元反应。

组成宏观总反应的基元反应的总和，称为反应机理，或称反应历程。如上例中四步基元反应的总和就称为氢气与氯气反应的机理。

实验表明，基元反应的速率方程非常简单，即基元反应的反应速率与反应物浓度（含有相应的指数）的乘积成正比，其中各浓度的指数就是反应方程式中各物质的计量系数。例如上面(1)～(4)反应有：

(1) $r_1 \propto [Cl_2]$ 或 $r_1 = k_1[Cl_2]$

(2) $r_2 \propto [Cl\cdot][H_2]$ 或 $r_2 = k_2[Cl\cdot][H_2]$

(3) $r_3 \propto [H\cdot][Cl_2]$ 或 $r_3 = k_3[H\cdot][Cl_2]$

(4) $r_4 \propto [Cl\cdot]^2[M]$ 或 $r_4 = k_4[Cl\cdot]^2[M]$

基元反应的这个规律称为质量作用定律(law of mass action)。

2. 化学反应的速率方程

在一定温度下,表示化学反应速率与浓度参数之间的函数关系,或表示浓度等参数与时间关系的方程称为化学反应的速率方程(chemical reaction rate equation)亦称为动力学方程,速率方程可表示为微分式或积分式,其具体形式随不同反应而异。化学反应的速率方程均必须由实验来确定,基元反应的速率方程式最为简单。

一般来说,仅仅知道化学反应的计量方程式是不能确定其速率方程的。化学方程式仅代表反应的宏观总效果,反应的速率方程只能通过实验才能确定。例如,H_2 与三种不同卤素的气相反应,其化学计量方程式是类似的:

$$H_2 + Cl_2 \longrightarrow 2HCl$$
$$H_2 + Br_2 \longrightarrow 2HBr$$
$$H_2 + I_2 \longrightarrow 2HI$$

但实验证明,它们的速率公式却有着完全不同的形式,依次为

$$r = k [H_2][Cl_2]^{1/2}$$
$$r = \frac{k[H_2][Br_2]^{1/2}}{1 + k'[HBr]/[Br_2]}$$
$$r = k[H_2][I_2]$$

这三个反应的反应速率公式之所以不同,是由于它们的反应机理不同所致。由实验确立的速率方程虽然是经验性的,但却有着很重要的作用。一方面可以由此知道哪些组分以怎样的关系影响反应速率,为化学工程设计合理的反应器提供依据;另一方面也可以为研究反应机理提供线索。

3. 化学反应速率的实验测定

对于等容的反应系统,要测定其反应速率,必须知道 $\dfrac{dc}{dt}$ 的数值。在反应开始后的不同时刻 t_1、t_2、$\cdots$,分别测量出参加反应的某个物质的浓度 c_1、c_2、$\cdots$,然后以浓度 c 对时间 t 作图,如图 8.1 所示。图中曲线上某一点切线的斜率即是 $\dfrac{dc}{dt}$,由此斜率值即可求得相应时刻的反应速率。因此,反应速率的实验测定实际上就是测定不同时刻反应物或产物的浓度。

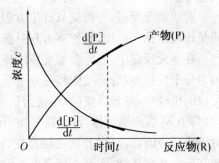

图 8.1　浓度随反应时间的变化

测定浓度的方法可分为化学法和物理法两大类:

(1) 化学法是在不同时刻取出一定量反应物,用骤冷、冲稀、加阻化剂、除去催化剂等方法使反应立即停止,然后进行化学分析。化学法的优点是设备简单,可直接测得浓度;但其最大的缺点是在没有合适的冻结反应的方法时,很难测得指定时刻的浓度,因而往往误差较

大,目前已很少采用。

(2) 物理法是在反应过程中,对某一种与物质浓度有关的物理量进行连续监测,获得一些原位(in situ)反应的数据。用各种方法测定与浓度有关的物理性质(旋光度、折射率、电导率、电动势、介电常数、黏度和进行比色等),或用现代谱仪如 IR、UV-vis、ESR、NMR、ESCA(化学分析光电子能谱)等监测与浓度有定量关系的物理量的变化,然后换算成不同时刻的浓度值。可利用的物理性质有体积、压力、旋光度、电导、电容率、折光率、颜色、光谱等。物理法的优点是迅速且方便,可以不中止反应、不需取样,并可以进行连续测定,便于自动记录。缺点是由于测量浓度是通过间接关系,如果反应系统有副反应或少量杂质对所测量的物理性质有较灵敏的影响时,易造成较大的误差。

8.1.3 速率系数、反应级数和反应分子数

在化学反应的速率方程中,各物质浓度项的指数的代数和称为该反应的级数(order of reaction),用 n 表示。例如,根据实验结果得出的某反应的速率反应方程可用下式表示:

$$r = k[A]^{\alpha}[B]^{\beta} \cdots \tag{8.4}$$

其中比例系数 k 为反应的速率系数(rate constant),也称为反应比速,是一个与浓度无关的量。在数值上它相当于参加反应的物质都处于单位浓度时的反应速率。式中浓度项的指数 α、β、$\cdots$ 分别称为参加反应的各组分 A、B、$\cdots$ 的级数,而各指数之和 n 称为总反应的级数。即

$$n = \alpha + \beta + \cdots$$

速率系数与反应介质(溶剂)、温度、催化剂等有关,甚至随反应器的形状、性质而改变,因此不同的化学反应有不同的速率系数。速率系数是化学动力学中的一个重要的物理量,它的大小直接反映了速率的快慢,它不受浓度的影响,体现了反应系统的速率特征。其量纲为 $[浓度]^{1-n} \cdot [时间]^{-1}$($n$ 为反应级数)。

对于基元反应,可以从其计量方程式直接写出它的速率方程。研究表明,对于总反应,质量作用定律不适用,其速率方程只能由实验确定。

在基元反应中,实际参加反应的反应物分子数目称为反应分子数。反应分子数可区分为单分子反应、双分子反应和三分子反应,四分子反应目前尚未发现。如在上面氢气和氯气反应的机理中,基元反应(1)可视为单分子反应,(2)和(3)都是双分子反应,(4)是三分子反应,其中 M 表示第三体,可以是气相中的任何分子,也可以是器壁,其作用只是转移能量,但对于该反应而言,M 的作用必须存在,该反应才可实现。四分子以上的反应,由理论分析可知其反应几率甚微,实际上至今也未发现。绝大多数基元反应都是双分子反应。

应当强调指出,反应分子数是针对基元反应而言的,用来表示反应微观过程的特征。简单反应和复合反应是针对宏观总反应而言的。这些概念不可混为一谈。

由质量作用定律可知,简单反应的反应级数与其相应的基元反应的反应分子数是相同的。但值得注意的是,反应级数与反应分子数毕竟是两个不同的概念。前者对总反应而言,

后者对基元反应而言。对于非基元反应,讨论其反应分子数是没有意义的。例如非基元反应有零级、分数级或负数级反应,但反应分子数是不可能有零分子、分数分子或负数分子的。此外,简单反应可以直接应用质量作用定律,但速率公式与质量作用定律吻合的总反应不一定就是简单反应。判断一个总反应是否是简单反应,除其速率公式必须符合质量作用定律之外,还必须有其他方面的论证。例如反应 $H_2 + I_2 \longrightarrow 2HI$,实验证明其速率公式为 $r = k[H_2][I_2]$,与质量作用定律吻合,是二级反应,历史上曾有很长时期一直误以为该反应就是简单的双分子反应。但后来的研究表明该反应是复合反应,其反应机理为

$$I_2 \longrightarrow 2I\cdot$$

$$H_2 + 2I\cdot \longrightarrow 2HI$$

其中包含一步三分子的基元反应。

我们通常所说的反应级数都是指总反应而言。例如,光气的合成反应:

$$CO(g) + Cl_2(g) \longrightarrow COCl_2(g)$$

实验表明,该反应的速率方程为 $r = k[CO][Cl_2]^{3/2}$,则该反应对 $CO(g)$ 来说级数是一级,对 $Cl_2(g)$ 来说是 1.5 级,总反应级数是 2.5 级。

综上所述,反应级数可以是整数或分数,也可以是正数、零或负数。一个反应的级数,无论是 α、β、$\cdots$ 或是 n,都是由实验确定的。应当注意,α、β、$\cdots$ 与反应的计量数的绝对值不一定相同,不宜混为一谈。凡是速率公式的微分形式不符合式(8.4)的反应,如反应 $H_2 + Br_2 \longrightarrow 2HBr$,反应级数的概念是不适用的。

§8.2 简单级数反应的动力学规律

凡是反应速率只与反应物浓度有关,而且反应级数 α、β、$\cdots$ 或 n 都只是零或正整数的反应,统称为简单级数反应。简单反应都是简单级数反应,但简单级数反应不一定就是简单反应,简单级数反应的速率遵循某些简单规律,本节将分析这类反应速率方程的微分形式、积分形式及它们的速率系数 k 的单位和半衰期等各自的特征。

8.2.1 一级反应

反应速率只与反应物浓度的一次方成正比的反应称为一级反应(first order reaction)。设有某一级反应:

$$A \xrightarrow{k_1} P$$

$t = 0$	$c_{A,0} = a$	$c_{p,0} = 0$
$t = t$	$c_A = a - x$	$c_p = x$

反应速率方程的微分式为

$$r = -\frac{dc_A}{dt} = \frac{dc_P}{dt} = k_1 c_A \tag{8.5}$$

$$-\frac{d(a-x)}{dt} = k_1(a-x) \text{ 或} \frac{dx}{dt} = k_1(a-x)$$

$$\frac{dx}{(a-x)} = k_1 dt \tag{8.6}$$

式中,c_A 为反应物 A 在 t 时刻的浓度。对式(8.6)作不定积分可得

$$\ln(a-x) = -k_1 t + B \tag{8.7}$$

B 为积分常数,其值可由 $t = 0$ 时反应物 A 的起始浓度 $c_{A,0}$ 确定:$B = \ln c_{A,0} = \ln a$。故一级反应速率公式的积分形式可表示为

$$\ln\frac{a}{a-x} = k_1 t \tag{8.8}$$

$$k_1 = \frac{1}{t}\ln\frac{a}{a-x} \tag{8.9}$$

$$(a-x) = a e^{-k_1 t} \tag{8.10}$$

用这些公式可求算速率系数 k_1 的数值,只要知道了 k_1 和 a 的值,即可求算任意 t 时刻反应物的浓度。

从式(8.7)可以看出以 $\ln(a-x)$ 对 t 作图应得一直线,其斜率即为 $-k_1$。由式(8.9)可知反应物的浓度 c_A 随时间呈指数性下降,当 $t \to \infty$ 时,$(a-x) \to 0$,所以一级反应需用无限长的时间才能反应完全。

若令 y 为时间 t 时反应物 A 所消耗的分数,即

$$y = \frac{x}{a} \tag{8.11}$$

代入(8.9)式,得

$$t = \frac{1}{k_1}\ln\frac{1}{1-y} \tag{8.12}$$

若令反应物消耗了一半时所需的时间为半衰期(half life),用 $t_{1/2}$ 表示,则

$$t_{1/2} = \frac{\ln 2}{k_1} = \frac{0.693}{k_1} \tag{8.13}$$

可以看出,一级反应的半衰期与反应物起始浓度 a 无关,而与反应的速率系数 k_1 成反比。对于一个给定的反应,$t_{1/2}$ 是一个常数,据此可判断一个反应是否是一级反应。许多分子的重排反应和热分解反应属一级反应。当酯的浓度大大超过碱的浓度时其在碱性介质中的水解反应可视为假一级反应[1]。硝化棉自催化分解反应[2],过硫酸钾在织物的浴前处理过程中分解反应[3]也属于一级反应。

【例 8 - 1】 表 8.1 是叔丁基溴(A)在丙酮和水的混合溶剂(含水 10%)中水解生成叔

丁醇的动力学实验数据,化学反应方程式为

$$(CH_3)_3CBr + H_2O \longrightarrow (CH_3)_3COH + HBr$$

表 8.1 25 ℃时在含水 10%的丙酮-水混合溶剂中,不同反应时间 t 时叔丁基溴的浓度 c_A

t/h	0	3.15	6.20	10.0	13.5	18.3	26.0	30.8	37.3	43.8
$c_A/(10^{-3}\,mol \cdot dm^{-3})$	103.9	89.6	77.6	63.9	52.9	35.8	27.0	20.7	14.2	10.1

试求此反应的速率系数 k 和半衰期 $t_{1/2}$。

解:图 8.2 以 $\lg\{c_A\}$ 对 t 作图,得直线,故为一级反应,速率方程为 $r = k_A c_A$,由斜率可得 $k_A = 5.18 \times 10^{-2}\,h^{-1}$。图 8.3 是 c_A 对 t 作图,可见若取 $c_{A,1} = c_{A,0}/2$,$c_{A,2} = c_{A,1}/2$,$c_{A,3} = c_{A,2}/2$,…,它们的时间间隔相等。换句话说,该反应的半衰期 $t_{1/2}$ 与叔丁基溴的初始浓度无关。

由式(8.13)可得,$t_{1/2} = 13.3\,h$。

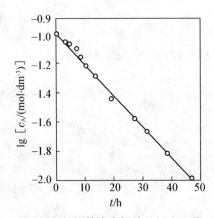

图 8.2 叔丁基溴水解的 $\lg\{c_A\}$-t 图

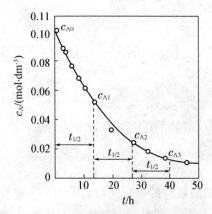

图 8.3 叔丁基溴水解的 c_A-t 图

8.2.2 二级反应

反应速率与反应物浓度的二次方成正比的反应称为二级反应(second order reaction)。有两种类型:

$$① \quad 2A \longrightarrow 产物 \qquad r = k_2[A]^2$$
$$② \quad A+B \longrightarrow 产物 \qquad r = k_2[A][B]$$

此时的反应速率系数 k_2 的单位为[浓度]$^{-1} \cdot$[时间]$^{-1}$,这是二级反应的特点之一。

对第②种类型的反应来说,如果设 a 和 b 分别代表反应物 A 和 B 的起始浓度,x 为 t 时刻反应物已反应掉的浓度,则其反应速率公式可写为

$$\frac{dx}{dt} = k_2(a-x)(b-x) \tag{8.14}$$

（1）当 A 和 B 的起始浓度相等时，则 $a=b$，式(8.14)变为

$$\frac{\mathrm{d}x}{\mathrm{d}t}=k_2\,(a-x)^2 \tag{8.15}$$

先分离变量再作不定积分：$\displaystyle\int\frac{\mathrm{d}x}{(a-x)^2}=\int k_2\mathrm{d}t$，即

$$\frac{1}{a-x}=k_2t+\text{常数} \tag{8.16}$$

若作定积分：

$$\int_0^x\frac{\mathrm{d}x}{(a-x)^2}=\int_0^t k_2\mathrm{d}t$$

则

$$\frac{1}{a-x}-\frac{1}{a}=k_2t \tag{8.17a}$$

即

$$k_2=\frac{1}{t}\frac{x}{a(a-x)} \tag{8.17b}$$

如令 y 代表时间 t 后，原始反应物所消耗的分数，即以 $y=\dfrac{x}{a}$ 代入式(8.17)，则得

$$\frac{y}{1-y}=k_2ta \tag{8.18}$$

当原始反应物消耗一半时，$y=\dfrac{1}{2}$，则

$$t_{1/2}=\frac{1}{k_2a}$$

此时，二级反应的半衰期与起始物浓度成反比。

（2）当 A 和 B 的起始浓度不相等时，即 $a\neq b$，则

$$\frac{\mathrm{d}x}{\mathrm{d}t}=k_2(a-x)(b-x)$$

$$\int\frac{\mathrm{d}x}{(a-x)(b-x)}=\int k_2\mathrm{d}t$$

作不定积分，得

$$\frac{1}{a-b}\ln\frac{a-x}{b-x}=k_2t+\text{常数} \tag{8.19}$$

若作定积分，则

$$k_2=\frac{1}{t(a-b)}\ln\left[\frac{b(a-x)}{a(b-x)}\right] \tag{8.20}$$

因为 $a\neq b$，所以半衰期对 A、B 而言是不一样的，没有统一的表达式。

对第①种类型的反应来说，其速率公式与式(8.15)相同。将式(8.15)积分可得

$$\frac{1}{a-x}=k_2t+B \tag{8.21}$$

B 为积分常数。当 $t=0$ 时，$x=0$，因此，$B=\frac{1}{a}$，因此，上式可改写为

$$\frac{1}{a-x}-\frac{1}{a}=k_2t \quad 或 \quad k_2=\frac{1}{t}\frac{x}{a(a-x)} \tag{8.22}$$

二级反应是最常见的一种反应，特别是在溶液中的有机化学反应很多都是二级反应。例如，在乙醇和水的溶剂中丁酸乙酯的皂化反应[4]，煤中羧酸二聚体、OH—N 和 SH—N 三种氢键的分解反应[5]，硫酸氢钠催化合成乙酸乙酯的反应[6]，过氧乙酸对端羟基聚丁二烯进行环氧化改性合成不同环氧值的环氧化端羟基聚丁二烯（用作胶黏剂、涂料、轮胎等工业用橡胶材料）的反应[7]等均是二级反应。

【例 8-2】 由氯乙醇和碳酸氢钠制取乙二醇反应为

$$\begin{matrix} CH_2OH \\ | \\ CH_2OH \end{matrix} + NaHCO_3 \longrightarrow \begin{matrix} CH_2OH \\ | \\ CH_2OH \end{matrix} + NaCl + CO_2(g)$$

此反应为二级反应。设反应在 355 K 下进行，反应物的起始浓度 $c_{A,0}=c_{B,0}=1.2\ mol\cdot dm^{-3}$，反应经过 1.6 h 取样分析测得 $c(NaHCO_3)=0.109\ mol\cdot dm^{-3}$。试求该温度下反应的速率系数 k 及氯乙醇的转化率为 95.0% 所需的时间 t。

解：对此二级反应

$$k=\frac{1}{t}\frac{c_{A,0}-c_A}{c_{A,0}c_A}=\frac{1.2\ mol\cdot dm^{-3}-0.109\ mol\cdot dm^{-3}}{1.6\ h\times1.2\ mol\cdot dm^{-3}\times0.109\ mol\cdot dm^{-3}}$$
$$=5.21\ mol^{-1}\cdot dm^3\cdot h^{-1}$$

因此，转化率 $y_A=\dfrac{c_{A,0}-c_A}{c_{A,0}}$ 或 $c_A=c_{A,0}(1-y_A)$，即

$$t=\frac{y_A}{kc_{A,0}(1-y_A)}=\frac{0.95}{5.21\ mol^{-1}\cdot dm^3\cdot h^{-1}\times1.2\ mol\cdot dm^{-3}\times(1-0.95)}$$
$$=3.04\ h$$

8.2.3　三级反应

反应速率和物质浓度的三次方成正比的反应称为三级反应（third order reaction）。三级反应可有下列几种形式：

$$A+B+C \longrightarrow 生成物 \tag{8.23}$$
$$2A+B \longrightarrow 生成物 \tag{8.24}$$
$$3A \longrightarrow 生成物 \tag{8.25}$$

（1）在式（8.23）中，若反应物的起始浓度相同，即 $a=b=c$，则动力学方程可写作：

$$\frac{dx}{dt} = k_3 (a-x)^3 \qquad (8.26)$$

分离变量后作不定积分,得

$$\frac{1}{2(a-x)^2} = k_3 t + C \qquad (8.27)$$

式中 C 为常数。

若作定积分,则得

$$k_3 = \frac{1}{2t}\left[\frac{1}{(a-x)^2} - \frac{1}{a^2}\right] \qquad (8.28)$$

如果 y 代表原始反应物分解的分数,即 $y = \frac{x}{a}$,代入式(8.28),得

$$\frac{y(2-y)}{(1-y)^2} = 2k_3 a^2 t$$

当 $y = \frac{1}{2}$ 时,其半衰期为

$$t_{1/2} = \frac{3}{2k_3 a^2} \qquad (8.29)$$

(2) 在式 (8.23)中,若反应物的起始浓度的关系满足 $a=b\neq c$,则动力学方程可写作:

$$\frac{dx}{dt} = k_3 (a-x)^2(c-x)$$

对上式作定积分,得

$$\frac{1}{(c-a)^2}\left[\ln\frac{(a-c)c}{(c-x)a} + \frac{x(c-a)}{a(a-x)}\right] = k_3 t \qquad (8.30)$$

(3) 在式 (8.23)中,若反应物的起始浓度均不相同,$a\neq b\neq c$,则动力学方程可写作:

$$\frac{dx}{dt} = k_3(a-x)(b-x)(c-x)$$

上式经积分,得

$$\frac{1}{(a-b)(a-c)}\ln\frac{a}{a-x} + \frac{1}{(b-c)(b-a)}\ln\frac{b}{b-x} + \frac{1}{(c-a)(c-b)}\ln\frac{c}{c-x} = k_3 t \quad (8.31)$$

(4) 对式(8.24),可知

$$\frac{dx}{dt} = k_3 (a-2x)^2(b-x)$$

对上式定积分,得

$$k_3 = \frac{1}{t(2b-a)^2}\left[\frac{2x(2b-a)}{a(a-2x)} + \ln\frac{b(a-2x)}{a(b-x)}\right] \qquad (8.32)$$

三级反应比较少见,到目前为止,人们发现的气相三级反应只有 5 个,都与 NO 有关,是 NO 与 Cl_2、Br_2、O_2、H_2、D_2 的反应。溶液中的三级反应比气相中的多。在乙酸或硝基苯溶

液中含有不饱和 C =C 键的化合物的加成作用常是三级反应。另外,水溶液中 $FeSO_4$ 的氧化、Fe^{3+} 和 I^- 的作用、双季铵碱催化六亚甲基二异氰酸酯(HDI)三聚体反应[8]、玉米芯在高温段热解[9]等也是三级反应的例子。

8.2.4　零级反应和准级反应

1. 零级反应

反应速率与反应物的浓度无关的反应称为零级反应(zeroth order reaction)。

设一反应的速率方程为

$$r = \frac{dx}{dt} = k_0 \tag{8.33}$$

定积分,得

$$x = k_0 t \tag{8.34}$$

当 $x = \frac{a}{2}$ 时,$t_{1/2} = \frac{a}{2k_0}$。

反应总级数为零的反应并不多,一些光化学反应及一定条件下的复相催化反应可表现为零级反应。

2. 准级数反应

设一反应的速率方程为

$$r = k c_A^\alpha c_B^\beta$$

该反应的级数显然应是 $(\alpha + \beta)$。如果大大增加 B 的浓度,以致在反应过程中 B 的浓度变化很小或基本不变,则可把 c_B^β 当作常数并入速率系数 k 中,得

$$r = k' c_A^\alpha$$

于是该反应就变成级数为 α 级的反应,由于 $k' = k c_B^\beta$,显然 k' 与 k 单位不同。α 级的结论是在特殊情况下形成的,故称为准 α 级的反应(pseudo α order reaction)。

例如,蔗糖转化为葡萄糖和果糖的反应:

$$C_{12}H_{22}O_{11} + H_2O \longrightarrow C_6H_{12}O_6 + C_6H_{12}O_6$$

　　　　蔗糖　　　　　　　　　　　果糖　　葡萄糖

实际上是二级反应,但由于水溶液中 H_2O 大大过量,其浓度在整个反应过程中可视为不变,故表观上亦表现为一级反应,这种类型称为"准一级反应"。

表 8.2 列出了简单级数反应的速率公式及特征,人们常用这些特征来判别反应级数。

表 8.2 具有简单级数反应的速率公式及特征

级数	反应类型	速率公式的定积形式	浓度与时间的线性关系	半衰期 $t_{1/2}$	速率系数 k 的量纲
一级	$A \rightarrow$ 产物	$\ln \dfrac{a}{a-x}=k_1 t$	$\ln \dfrac{1}{a-x} \sim t$	$\dfrac{\ln 2}{k_1}$	$[时间]^{-1}$
二级	$A+B \rightarrow$ 产物 $(a=b)$	$\dfrac{1}{a-x}-\dfrac{1}{a}=k_2 t$	$\dfrac{1}{a-x} \sim t$	$\dfrac{1}{k_2 t}$	$[浓度]^{-1} \cdot [时间]^{-1}$
	$A+B \rightarrow$ 产物 $(a \neq b)$	$\dfrac{1}{a-b}\ln\dfrac{b(a-x)}{a(b-x)}=k_2 t$	$\ln\dfrac{b(a-x)}{a(b-x)} \sim t$	$t_{1/2}(A) \neq$ $t_{1/2}(B)$	
三级	$A+B+C \rightarrow$ 产物 $(a=b=c)$	$\dfrac{1}{2}\left[\dfrac{1}{(a-x)^2}-\dfrac{1}{a^2}\right]$ $=k_3 t$	$\dfrac{1}{(a-x)^2} \sim t$	$\dfrac{3}{2}\dfrac{1}{k_3 a^2}$	$[浓度]^{-2} \cdot [时间]^{-1}$
零级	表面催化反应	$x=k_0 t$	$x \sim t$	$\dfrac{a}{2k_0}$	$[浓度] \cdot [时间]^{-1}$
n 级 $(n \neq 1)$	反应物 $\longrightarrow$ 产物	$\dfrac{1}{n-1}\left[\dfrac{1}{(a-x)^{n-1}}-\dfrac{1}{a^{n-1}}\right]$ $=kt$	$\dfrac{1}{(a-x)^{n-1}} \sim t$	$A\dfrac{1}{a^{n-1}}$ (A 为常数)	$[浓度]^{1-n} \cdot [时间]^{-1}$

§8.3 反应级数的确定

反应级数是重要的动力学参数。对于简单级数的反应,反应级数可直接告诉我们反应物的浓度是如何影响反应速率的,并且也可以为确定反应机理提供帮助。动力学研究的基本任务之一就是确定反应级数。确定反应级数常用以下几种方法。

8.3.1 积分法

积分法是利用速率公式的积分形式来确定反应级数的方法,适用于具有简单级数的反应,它可分为以下两种:

1. 尝试法

尝试法是将测得的不同时刻的浓度数据直接代入各简单级数反应的积分速率方程中计算速率系数 k。若代入某积分速率方程,在不同的反应时间求得的 k 值相同或极其相近,则该积分速率方程的级数即为所求的反应级数。对于简单级数反应,利用足够宽范围的反应时间的浓度数据一般就可做这种尝试。

2. 作图法

作图法是根据反应速率的积分式,把相应浓度的某种函数对时间作图,以求得一条直线。

我们知道:如果以 c_A 对 t 作图得一条直线,则反应为零级反应;如果以 $\ln c_A$ 对 t 作图得一条直线,则反应为一级反应;如果以 $1/c_A$ 对 t 作图得一条直线,则反应为二级反应;如果以 $1/c_A^2$ 对 t 作图得一条直线,则反应为三级反应。

根据测得不同时刻反应物浓度的数据,分别以上述关系作图,以哪种关系作图可得直线即为哪一级反应。这种方法很繁琐,需要一次一次的作图,并且一般也仅适用于整数级的反应。

积分法的优点是只要一次实验的数据就能进行尝试或作图,其缺点是不够灵敏,而且如果实验的浓度范围不够大,则很难明显区别出是几级反应,或者当反应时间不够长,转化率较低时,用零级、一级或二级的速率方程很可能都得到线性关系,很难较准确的确定反应级数。积分法用于反应级数是简单整数的反应时,其结果较好;当级数是分数时,则很难尝试成功,最好用微分法。

【例 8 - 3】 乙酸乙酯在碱性溶液中的反应如下:

$$CH_3COOC_2H_5 + OH^- \longrightarrow CH_3COO^- + C_2H_5OH$$

在 25 ℃ 条件下进行反应,两种反应物初始浓度 a 均为 0.064 mol·dm^{-3}。在不同时刻取样 25.00 cm^3,立即向样品中加入 25.00 cm^3 0.064 mol·dm^{-3} 盐酸,以使反应停止进行。多余的酸用 0.100 0 mol·dm^{-3} 的 NaOH 溶液滴定,所用碱液体积列于下表:

$t/\min$	0.00	5.00	15.00	25.00	35.00	55.00	∞
$V(OH^-)/cm^3$	0.00	5.76	9.87	11.68	12.69	13.69	16.00

(1) 用尝试法求反应级数及速率系数;(2) 用作图法求反应级数及速率系数。

解:设 t 时刻已被反应掉的反应物浓度为 x,根据题意可得

$$25.00 \text{cm}^3 \times x = 0.100 \text{ mol} \cdot \text{dm}^{-3} \times V(OH^-)$$

$$x = \frac{0.100 \ 0 \text{ mol} \cdot \text{dm}^{-3} \times V(OH^-)}{25.00 \text{ cm}^3}$$

(1) 尝试法:尝试其是否是一级或二级反应,计算出所需数据,列于下表。

$t/\min$	0.00	5.00	15.00	25.00	35.00	55.00
$x/(\text{mol·dm}^{-3})$	0.000	0.023	0.039	0.047	0.050	0.055
$(a-x)/(\text{mol·dm}^{-3})$	0.064	0.041	0.025	0.017	0.014	0.009

将第二组及第六组数据分别代入一级反应速率公式 $k = \dfrac{1}{t} \ln \dfrac{a}{a-x}$,得

$$k_1 = \left(\frac{1}{5}\ln\frac{0.064}{0.041}\right)\text{min}^{-1} = 8.90\times10^{-2}\text{min}^{-1}$$

$$k_1' = \left(\frac{1}{55}\ln\frac{0.064}{0.009}\right)\text{min}^{-1} = 3.57\times10^{-2}\text{min}^{-1}$$

所得之 k 不一致,反应不属一级反应。

将第二组及第六组数据分别代入二级反应速率公式 $k = \frac{1}{t}\frac{x}{a(a-x)}$,得

$$k_2 = \left(\frac{1}{5}\times\frac{0.023}{0.064\times0.041}\right)\text{mol}^{-1}\cdot\text{dm}^3\cdot\text{min}^{-1}$$
$$= 1.75\ \text{mol}^{-1}\cdot\text{dm}^3\cdot\text{min}^{-1}$$

$$k_2' = \left(\frac{1}{5}\times\frac{0.055}{0.064\times0.009}\right)\text{mol}^{-1}\cdot\text{dm}^3\cdot\text{min}^{-1}$$
$$= 1.74\ \text{mol}^{-1}\cdot\text{dm}^3\cdot\text{min}^{-1}$$

两 k 值很接近,继续用其他实验组数据代入求出的 k 为 1.71、1.73、1.60 $\text{mol}^{-1}\cdot\text{dm}^3\cdot$ min^{-1},k 值基本一致,故是二级反应。

$$k = \frac{1}{4}(1.75+1.74+1.71+1.73)\text{mol}^{-1}\cdot\text{dm}^3\cdot\text{min}^{-1}$$
$$= 1.73\ \text{mol}^{-1}\cdot\text{dm}^3\cdot\text{min}^{-1}$$

(2) 作图法:列出数据如下。

t/min	0.00	5.00	15.00	25.00	35.00	55.00
$\ln[(a-x)/(\text{mol}\cdot\text{dm}^{-3})]$	-2.7489	-3.1942	-3.6889	-4.0745	-4.2687	-4.7105
$\dfrac{1}{(a-x)}/(\text{mol}^{-1}\cdot\text{dm}^3)$	15.6	24.4	40.0	58.8	71.4	111.1

如图 8.4 所示,作 $\ln(a-x)$ 对 t 图,不为直线,可知反应不属一级反应。作 $\dfrac{1}{(a-x)}$ 对 t 图得一直线,所以该反应为二级反应。由斜率可得

$$k = [(111.1-15.6)/55]\ \text{mol}^{-1}\cdot\text{dm}^3\cdot\text{min}^{-1}$$
$$= 1.73\ \text{mol}^{-1}\cdot\text{dm}^3\cdot\text{min}^{-1}$$

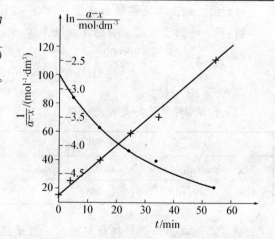

图 8.4　$\ln(a-x)$ 或 $1/(a-x)$ 对 t 作图

8.3.2 微分法

微分法就是用速率公式的微分形式来确定反应级数的方法。对于简单反应如：

$$A \longrightarrow 产物$$

在 t 时 A 的浓度为 c，该反应的速率方程为：$r = -\dfrac{dc}{dt} = kc^n$，等式两边取对数后得

$$\lg r = \lg\left(-\frac{dc}{dt}\right) = \lg k + n\lg c \tag{8.36}$$

可以由实验测出 t 时的反应物浓度 c，再将一系列的 r_t 和 c_t 代入式（8.36）中，例如 c_1、c_2 和 r_1、r_2 两组数据，可得

$$\lg r_1 = \lg k + n\lg c_1$$
$$\lg r_2 = \lg k + n\lg c_2$$

将两式相减得

$$n = \frac{\lg r_1 - \lg r_2}{\lg c_1 - \lg c_2} \tag{8.37}$$

用上述方法求出若干个 n，然后取平均值来确定反应级数。

反应级数 n 还可以通过瞬时速率的对数对浓度的对数作图，由直线的斜率求得，其截距为 $\ln k$。采用微分法测定级数时，根据处理方法不同，所求出的级数可能有两种含义。

1. 一次法

由一条 c-t 曲线求出几个不同点的切线的斜率（即 r 值），然后以 $\ln r$-$\ln c$ 作图，如图 8.5 所示，该直线的斜率即为反应级数。因为这种方法是利用不同时刻的 c 求 r，故用此法确定的级数称为反应对时间的级数 n_t。若反应过程中出现中间产物或有副反应存在时，就会出现某些干扰因素，影响反应速率，给反应级数的确定造成了困难。

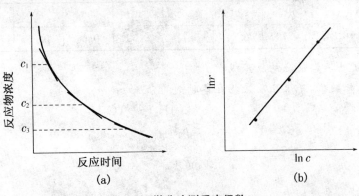

图 8.5 微分法测反应级数 n

2. 初速率法

测定不同起始浓度下的反应速率,即各 $c-t$ 曲线上 $t=0$ 时的切线,然后以 $\ln r - \ln c$ 作图(如图 8.6),所得直线的斜率为反应级数 n,用这种方法求得的级数被称为对浓度而言的级数 n_c,又被称为反应的真实级数。采用初速率法的优点是可以避免产物的干扰。

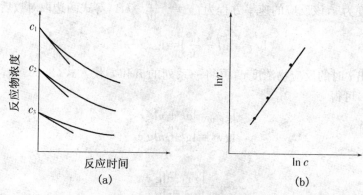

图 8.6 初速率法测反应级数 n

一般来说,用上述两种微分法所求得的反应级数 n_t 与 n_c,对真正具有简单级数的反应是相同的,而对比较复杂的反应就不一定一致了。若 $n_t > n_c$,说明随时间而测得反应物浓度的下降速率比真实级数预期的要快,反应中一定是由于形成了某种中间化合物对反应起到了抑制作用,所以真实级数较小;若 $n_t < n_c$,说明反应物浓度下降速率比真实级数预期的慢些,可能是由于生成的产物对反应起了活化作用。

【例 8 - 4】 丁二烯气相反应 $2C_4H_6 \longrightarrow (C_4H_6)_2$,实验在恒容反应器内进行,温度保持在 599.15 K,测得系统总压力值列入表中(反应开始时只有丁二烯):

t/min	0	10	20	30	40	50	60	70	80
$p_{总}/(10^5 Pa)$	0.84	0.79	0.74	0.71	0.69	0.66	0.65	0.63	0.62

试用微分法确定此二聚反应的反应级数。

解:利用已知数据,先求出反应物在各时刻的分压 p。

$$2C_4H_6 \longrightarrow (C_4H_6)_2$$

$$t=0 \qquad p_0 \qquad\qquad 0$$

$$t=t \qquad p \qquad\qquad \frac{1}{2}(p_0-p)$$

在任何时刻 t,系统压力 $p_{总} = p + \frac{1}{2}(p_0-p) = \frac{1}{2}(p_0+p)$

所以 $p = 2p_{总} - p_0$,用此式计算出各时刻的 p 值列表:

t/min	0	10	20	30	40	50	60	70	80
$p/(10^5\ \text{Pa})$	0.84	0.74	0.64	0.58	0.54	0.48	0.46	0.42	0.40

作 p-t 图（图 8.7），由图中各点切线求得各点的 $-\mathrm{d}p/\mathrm{d}t$，计算出 $\lg(p/\text{Pa})$ 和 $\lg\left(-\dfrac{\mathrm{d}p}{\mathrm{d}t}\Big/(\text{Pa}\cdot\text{min}^{-1})\right)$ 值，列表如下：

t/min	0	10	20	30	40	50	60	70	80
$-\mathrm{d}p/\mathrm{d}t$ $/(\text{Pa}\cdot\text{min}^{-1})$	1 173	960	760	600	440	400	293	293	267
$\lg(p/\text{Pa})$	4.92	4.87	4.81	4.76	4.73	4.68	4.66	4.62	4.60
$\lg\left[-\dfrac{\mathrm{d}p}{\mathrm{d}t}\Big/(\text{Pa}\cdot\text{min}^{-1})\right]$	3.07	2.98	2.88	2.78	2.64	2.60	2.47	2.47	2.43

用 $\lg\left(-\dfrac{\mathrm{d}p}{\mathrm{d}t}\Big/(\text{Pa}\cdot\text{min}^{-1})\right)$ 对 $\lg(p/\text{Pa})$ 作图（图 8.8）。

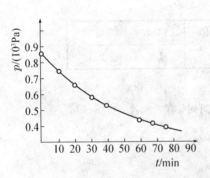

图 8.7　压力与时间关系图

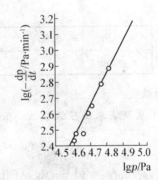

图 8.8　$\lg\left(-\dfrac{\mathrm{d}p}{\mathrm{d}t}\Big/(\text{Pa}\cdot\text{min}^{-1})\right)$ 与 $\lg(p/\text{Pa})$ 关系图

可求出直线斜率 $m=\dfrac{3.02-2.78}{4.92-4.76}=1.82\approx2$

所以这个反应为二级反应。

用一般作图方法，不易求出准确曲线斜率，但计算机的普及使微分法成为常用方法。

8.3.3　半衰期法

不同级数的反应，其半衰期与反应物起始浓度的关系不同，但可归纳出半衰期 $t_{1/2}$ 与起始浓度 a 有下列关系：

$$t_{1/2} = A \frac{1}{a^{n-1}} \tag{8.38}$$

式中，$n(n \neq 1)$为反应级数，A为常数。将上式取对数，可得

$$\ln t_{1/2} = \ln A + (1-n) \ln a \tag{8.39}$$

以$\ln t_{1/2}$对$\ln a$作图，由直线的斜率可以求得反应级数n。

此外，由式(8.38)可以导出：

$$n = 1 + \frac{\lg\left(\dfrac{t_{1/2}}{t'_{1/2}}\right)}{\lg\left(\dfrac{a}{a'}\right)} \tag{8.40}$$

由此式也可求出反应级数n的值。

半衰期法适用于除一级反应外的整数级数或分数级数反应。半衰期法的原理实际上并不仅限于半衰期$t_{1/2}$，也可用反应物反应了$1/3, 2/3, 3/4$等的时间代替半衰期。

【例8-5】 对反应$2NO(g) + 2H_2(g) \longrightarrow N_2(g) + 2H_2O(l)$进行了研究，起始时$NO(g)$和$H_2(g)$的物质的量相等。采用不同的起始压力$p_0$，相应的有不同的半衰期。实验数据如下表：

p_0/kPa	50.90	45.40	38.40	33.46	26.93
$t_{1/2}/min$	81	102	140	180	224

试求该反应的级数。

解：利用半衰期法求反应级数n。在起始浓度相同时，有

$$t_{1/2} = A \frac{1}{a^{n-1}}$$

将上式取对数，得$\lg t_{1/2} = (1-n) \lg a + \lg A$。

考虑到起始浓度与压力成正比，故此式亦可写成：

$$\lg t_{1/2} = (1-n) \lg p_0 + \lg B$$

式中，B为常数。

将题给的数据取对数，结果列于下表：

$\lg(p_0/kPa)$	1.674	1.657	1.584	1.525	1.430
$\lg(t_{1/2}/min)$	1.908	2.009	2.146	2.255	2.350

以$\lg t_{1/2}$对$\lg p_0$作图，得一直线，斜率为

$$1 - n = -1.74$$

故

$$n = 2.74 \approx 3$$

8.3.4　孤立法

如果有两种或两种以上的物质参加反应,而各反应的起始浓度又不相同,其速率方程可表示为 $r=k[A]^\alpha[B]^\beta[C]^\gamma\cdots$,此时无论用上面的哪一种方法都比较复杂,则可用孤立法。

可以选择在一组实验中使 A 以外的其他物质的浓度远大于 A 的浓度,则反应过程中只有 A 的浓度发生变化,其他物质浓度基本保持不变,则速率公式为 $r=k'[A]^\alpha$ $(k'=[B]^\beta[C]^\gamma\cdots)$,再由微分法确定 α;同理,再使 B 以外的其他物质的浓度远大于 B 的浓度,则反应过程中只有 B 的浓度发生变化,其他物质浓度基本保持不变,则速率公式为 $r=k''[B]^\beta$ $(k''=[A]^\alpha[C]^\gamma\cdots)$,再由微分法确定 β;同理,可以求出 $\gamma\cdots$。最终可以求得总反应级数 $n=\alpha+\beta+\gamma\cdots$。

§8.4　几种典型的复合反应

前面讨论的都是简单反应,实际上许多反应都不是单一的过程,而是许多个反应过程复合的结果。由两个或两个以上的基元反应组合而成的反应,称为复合反应。最典型的复合反应有对峙反应、平行反应、连续反应及链反应。链反应因具有其特殊的规律,在本章的后面讨论。

8.4.1　对峙反应

在正、逆方向上都能进行的反应叫做对峙反应(opposing reaction),也称为可逆反应。氨的合成反应、二氧化硫的氧化反应[11]、酯化反应都属于这类反应。

在对峙反应系统中,正向和逆向反应同时进行,实验测得的反应速率应当是正向反应速率和逆向反应速率之差。在其浓度-时间曲线(如图 8.9 所示)中有以下两个特点:

(1) 当反应时间足够长时,反应物的浓度随反应时间的增长不可能降低到零,产物的浓度也不能增加到反应物的初始浓度,反应物和生成物的浓度都有趋向定值的倾向,这是反应趋向平衡态的体现。

(2) 当反应到达平衡态,此时正向和逆向反应的速率相等,净反应速率等于零。反应物和产物的浓度不再随时间而变化。

现以 1-1 级对峙反应为例,讨论对峙反应的特点和处理方法。

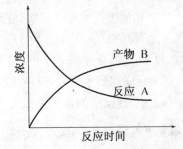

图 8.9　对峙反应中反应物和产物的浓度与反应时间的关系图

$$A \underset{k_-}{\overset{k_+}{\rightleftharpoons}} B$$

$$
\begin{array}{llll}
t=0 & a & & 0 \\
t=t & a-x & & x \\
t=t_e & a-x_e & & x_e
\end{array}
$$

下标"e"表示平衡。

净的右向反应速率等于正向反应速率和逆向反应速率相减的结果,即

$$r=\frac{dx}{dt}=r_正-r_逆=k_1(a-x)-k_{-1}x \tag{8.43}$$

由式(8.43)不足以求得 k_1 和 k_{-1}。还需一个联系 k_1 和 k_{-1} 的公式,这可以从平衡条件得到。当达到平衡时 $r=\frac{dx}{dt}=0$,即

$$k_1(a-x_e)=k_{-1}x_e$$

或

$$\frac{x_e}{a-x_e}=\frac{k_1}{k_{-1}}=K_c \tag{8.44}$$

K_c 就是平衡常数。由式(8.43)和式(8.44)可得

$$\frac{dx}{dt}=k_1(a-x)-k_1\frac{(a-x_e)}{x_e} \cdot x=\frac{k_1a(x_e-x)}{x_e} \tag{8.45}$$

将式(8.45)作定积分,得

$$k_1=\frac{x_e}{ta}\ln\frac{x_e}{x_e-x} \tag{8.46}$$

可求得 k_1,再将 k_1 代入式(8.44)即可求出 k_{-1} 值。

当 K_c 值很大,即 $k_1 \gg k_{-1}$ 时,平衡大大地倾向于产物一边,这时偏离平衡很远,逆向反应可以忽略,也就是表现为一级单向反应。

对于其他级数的对峙反应,处理的方法基本相同于 $1-1$ 级对峙反应。

总之,对峙反应具有如下特点:

(1) 反应的总速率等于正、逆反应速率之和。

(2) 反应达到平衡时,反应的总速率等于零。

(3) 正、逆反应的速率系数之比等于反应的平衡常数。

【例 8-5】 有正、逆均为一级反应的对峙反应:

$$D-R_1R_2R_3CBr \underset{k_{-1}}{\overset{k_1}{\rightleftharpoons}} L-R_1R_2R_3CBr$$

正、逆反应的半衰期均为 $t_{1/2}=10$ min。若起始时 $D-R_1R_2R_3CBr$ 的物质的量为 1 mol,试计算在 10 min 后,生成 $L-R_1R_2R_3CBr$ 的量。

解:因为正、逆反应均为一级,而且正、逆反应的半衰期相等,说明 $k_1=k_{-1}=k$,这样使

得问题变得简单得多。

$$D-R_1R_2R_3CBr \underset{k_{-1}}{\overset{k_1}{\rightleftharpoons}} L-R_1R_2R_3CBr$$

$$\begin{array}{ccc} t=0 & a & 0 \\ t=t & a-x & x \end{array}$$

$$r=\frac{dx}{dt}=r_{正}-r_{逆}=k_1(a-x)-k_{-1}x=k(x-2x)$$

$$\int_0^x \frac{dx}{a-2x} = k\int dt$$

积分得

$$\frac{1}{2}\ln\frac{a}{a-2x}=kt$$

$$k=\frac{\ln2}{t_{1/2}}=\frac{\ln2}{10\ \text{min}}=0.069\ \text{min}^{-1}$$

将 $a=1.0\ \text{mol}$, $t=10\ \text{min}$, $k=0.069\ \text{min}^{-1}$ 代入上述积分式,解得 $x=0.37\ \text{mol}$ 即生成 $L-R_1R_2R_3CBr$ 的量为 $0.37\ \text{mol}$。

8.5.2 平行反应

反应物同时进行两个或两个以上不同的且互相独立的反应称为平行反应(parallel reaction)。将生成期望产物的反应称为主反应,其余的为副反应。苯酚的硝化、甲苯的氯化反应都属于这类反应。而苯乙烯氧化主要发生两类平行反应,一反应是苯乙烯环氧化为环氧苯乙烷;另一反应是苯乙烯氧化裂解生成苯甲醛和甲醛,苯甲醛能够部分氧化生成苯甲酸,而大部分甲醛则被深度氧化为 CO_2 和 H_2O[12]。

最简单的平行反应是只有两个反应且都是一级反应:

$$A \longrightarrow \begin{array}{c} \overset{k_1}{\longrightarrow} B \\ \overset{k_2}{\longrightarrow} C \end{array}$$

$$\begin{array}{cccc} & [A] & [B] & [C] \\ t=0 & a & 0 & 0 \\ t=t & a-x_1-x_2 & x_1 & x_2 \end{array}$$

令 $x=x_1+x_2$,则

$$r=r_1+r_2=\frac{dx}{dt}=\frac{dx_1}{dt}+\frac{dx_2}{dt}=k_1(a-x)+k_2(a-x)=(k_1+k_2)(a-x) \tag{8.47}$$

对式(8.47)进行定积分,得

$$\int_0^x \frac{\mathrm{d}x}{a-x} = (k_1+k_2)\int_0^t \mathrm{d}t$$

即

$$\ln \frac{a}{a-x} = (k_1+k_2)t \tag{8.48}$$

若两个反应都是二级反应,例如:

$$C_6H_5Cl + Cl_2 \longrightarrow \begin{array}{l} \longrightarrow 对\text{-}C_6H_4Cl_2 + HCl \quad (k_1) \\ \longrightarrow 邻\text{-}C_6H_4Cl_2 + HCl \quad (k_2) \end{array}$$

	$[C_6H_5Cl]$	$[Cl_2]$	$[对\text{-}C_6H_4Cl_2]$	$[邻\text{-}C_6H_4Cl_2]$
$t=0$	a	b	0	0
$t=t$	$a-x_1-x_2$	$b-x_1-x_2$	x_1	x_2

令 $x=x_1+x_2$,则

$$r = \frac{\mathrm{d}x}{\mathrm{d}t} = \frac{\mathrm{d}x_1}{\mathrm{d}t} + \frac{\mathrm{d}x_2}{\mathrm{d}t} = (k_1+k_2)(a-x)(b-x) \tag{8.49}$$

由式(8.49)可得其积分式:

$$\int_0^x \frac{\mathrm{d}x}{(a-x)(b-x)} = (k_1+k_2)\int_0^t \mathrm{d}t \tag{8.50}$$

对式(8.50)积分可得

$$a=b \text{ 时}: \frac{x}{a(a-x)} = (k_1+k_2)t$$

$$a\neq b \text{ 时}: \frac{1}{a-b}\ln \frac{b(a-x)}{a(b-x)} = (k_1+k_2)t$$

由此可知,当两个平行反应的级数相同时,它们的积分式基本相似,只是速率系数是两个平行反应的速率系数的加和。随着时间增加,A 的浓度逐渐下降,B、C 的浓度逐渐增加,如图 8.10 所示。同时,$x_1/x_2 = k_1/k_2 =$ 常数,改变 k_1 和 k_2 的比值,用合适的催化剂可以改变某一反应的速率,从而改变 x_1/x_2 的值,提高主反应产物的产量;若各平行反应的级数不同,则无此特点。

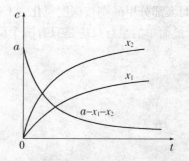

图 8.10　一级平行反应的浓度与时间关系图

几个平行反应的活化能往往不同,温度升高有利于活化能大的反应;反之,温度降低则有利于活化能小的反应。催化剂有时可以同等地增加正、逆反应的反应速率,但不同的催化剂有时也能只加速某一反应。所以,生产上经常选择最适宜的温度或催化剂来选择性地加速人们所需要的反应。例如甲苯的氯化,可以直接在苯环上取代,也可在侧链甲基上取代。实验表明,低温如 $30\sim50℃$ 下,使用氯化铁为催化剂,主要是苯环上取代;高温如 120～130℃下,用光激发,则主要是侧链取代。

总之,相同级数的平行反应的主要特点是:

(1) 平行反应的总速率等于各平行反应速率之和。

(2) 速率方程的微分式和积分式与同级的简单反应的速率方程相似,只是速率系数为各平行反应的速率系数之和。

(3) 当各产物的起始浓度为零时,在任一瞬间,各产物浓度之比等于速率系数之比,若各平行反应的级数不同,则无此特点。

(4) 用合适的催化剂可以具有针对性地改变某一反应的速率,从而提高主反应产物的产量。

(5) 用改变温度的办法,可以改变产物的相对含量。

【例 8-6】 当有 I_2 存在作为催化剂时,氯苯(C_6H_5Cl)与 Cl_2 在 $Cs_2(l)$溶液中发生如下反应:

$$C_6H_5Cl + Cl_2 \begin{cases} \xrightarrow{k_1} o\text{-}C_6H_4Cl_2 + HCl \\ \xrightarrow{k_2} p\text{-}C_6H_4Cl_2 + HCl \end{cases}$$

在温度和 I_2 的浓度一定时,C_6H_5Cl 与 Cl_2 在 $CS_2(l)$溶液中的起始浓度均为 $0.5\ mol \cdot dm^{-3}$,30 min 后,有 15% 的 C_6H_5Cl 转变为 $o\text{-}C_6H_4Cl_2$,有 25% 的 C_6H_5Cl 转变为 $p\text{-}C_6H_4Cl_2$。试计算两个速率系数 k_1 和 k_2。

解: 设 C_6H_5Cl 的初始浓度为 $a = 0.5\ mol \cdot dm^{-3}$,在任一时刻,$o\text{-}C_6H_4Cl_2$ 的浓度为 x,$p\text{-}C_6H_4Cl_2$ 的浓度为 y,则 C_6H_5Cl 的浓度为 $a - x - y$;30 min 后,$x = 0.15a$,$y = 0.25a$,$a - x - y = 0.6a$。因此:

$$\frac{k_1}{k_2} = \frac{x}{y} = \frac{0.15a}{0.25a} = 0.6 \qquad \text{①}$$

又知

$$\frac{d(x+y)}{dt} = (k_1 + k_2)[a - (x+y)]^2$$

积分并代入数据,得

$$k_1 + k_2 = \frac{1}{at} \times \frac{x+y}{a-x-y} = \frac{1}{30a} \times \frac{0.15a + 0.25a}{0.6a}$$

$$= \left\{ \frac{2}{30 \times 0.5 \times 3} \right\}\ mol^{-1} \cdot dm^3 \cdot min^{-1} = 0.044\ 4\ mol^{-1} \cdot dm^3 \cdot min^{-1} \qquad \text{②}$$

联立式①和式②,得

$$k_1 = 0.016\ 65\ mol^{-1} \cdot dm^3 \cdot min^{-1}$$

$$k_2 = 0.027\ 75\ mol^{-1} \cdot dm^3 \cdot min^{-1}$$

8.5.3　连串反应

一个化学反应需经过几步反应后才能得到最终产物,并且前一步的生成物就是下一步的反应物,如此依次连续进行,这种反应就称为连续反应,或称为连串反应(consecutive reaction)。二元酸酯的逐级皂化就是连串反应的典型例子,而二氧化硫脲的合成[13],$Ca(H_4C_6OHCOO)_2 \cdot 2H_2O$第二步分解为两步连串反应[14],氢氧气氛中丙烯环氧化反应中既有平行反应又有连串反应[15]。

最简单的连串反应是两个单向连续的一级反应:

$$A \xrightarrow{k_1} B \xrightarrow{k_2} C$$

$$
\begin{array}{llll}
t=0 & a & 0 & 0 \\
t=t & x & y & z
\end{array}
$$

设反应开始时 A 的浓度为a,B 与 C 的浓度为0,反应一段时间后,A、B、C 的浓度分别为x、y、z。反应中三种物质的速率方程为

$$-\frac{\mathrm{d}x}{\mathrm{d}t}=k_1 x \tag{8.52}$$

$$-\frac{\mathrm{d}y}{\mathrm{d}t}=k_1 x-k_2 y \tag{8.53}$$

$$\frac{\mathrm{d}z}{\mathrm{d}t}=k_2 y \tag{8.54}$$

由式(8.52)可得其积分公式为

$$-\int_a^x \frac{\mathrm{d}x}{x}=\int_0^t k_1 \mathrm{d}t$$

积分得

$$\ln \frac{a}{x}=k_1 t \quad 即 \quad x=ae^{-k_1 t} \tag{8.55a}$$

将式(8.55a)代入式(8.53)得

$$\frac{\mathrm{d}y}{\mathrm{d}t}=k_1 a e^{-k_1 t}-k_2 y$$

这是一个$\frac{\mathrm{d}y}{\mathrm{d}x}+Py=Q$型的一次线性微分方程,方程式的解为

$$y=\frac{k_1 a}{k_2-k_1}(e^{-k_1 t}-e^{-k_2 t}) \tag{8.55b}$$

又因为$a=x+y+z$,将x、y代入得

$$z=a\left(1-\frac{k_2}{k_2-k_1}e^{-k_1 t}+\frac{k_1}{k_2-k_1}e^{-k_2 t}\right) \tag{8.55c}$$

图 8.11 为x、y、z与时间t的关系图。由图可知,A 的浓度一直减少,C 的浓度一直增加,B 的浓度增加到最大值后开始减少。其原因为反应前期 A 的浓度较大,B 的生成速率大

于 B 的消耗速率,B 的浓度不断增加。随着反应的进行,A 的浓度不断减少,B 的生成速率开始下降,并渐渐供应不了其消耗速率,当 B 的生成速率等于其消耗速率时,B 的浓度达到最大。此后,B 的消耗速率大于生成速率,浓度开始下降。因为 B 从反应开始就一直转化为 C,所以 C 的浓度一直增加。当 B 的浓度最大时,即

$$\frac{\mathrm{d}y}{\mathrm{d}t}=0$$

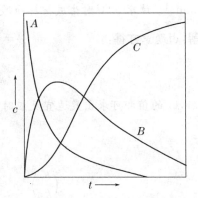

图 8.11 连续反应中浓度随时间变化的关系图

相应的反应时间为 $t_{\max}$,则

$$\frac{\mathrm{d}y}{\mathrm{d}t}=\frac{k_1 a}{k_2-k_1}(k_2\mathrm{e}^{-k_2 t}-k_1\mathrm{e}^{-k_1 t})=0$$

解得

$$t_{\max}=\frac{\ln k_2-\ln k_1}{k_2-k_1}$$

再代入式(8.55b),得

$$y_{\max}=a\left(\frac{k_1}{k_2}\right)^{\frac{k_2}{k_2-k_1}} \tag{8.56}$$

由上述推导结果可以看出,$y_{\max}$ 的值与 a 及 k_1 与 k_2 的比值有关。当 $k_1\gg k_2$ 时,$y_{\max}$ 出现较早,且值较大;当 $k_1\ll k_2$ 时,$y_{\max}$ 出现较晚,且值较小。

对于上述反应,当目标产物为 C 时,适当增加反应时间可以增加生成物量。但当目标产物为 B 时,则需要在反应进行到 $t_{\max}$ 时终止反应,这样得到的希望产物也最多,对于产品的后处理也是有利的。

由于连续反应的数学处理比较复杂,一般作近似处理。

当其中某一步反应的速率很慢,就将它的速率近似作为整个反应的速率,这个慢步骤称为连续反应的速率决定步骤(rate deter mining step)。

如果第一步反应很快即 $k_1\gg k_2$,原始反应物很快就都转化为 B,则生成最终产物 C 的速率主要决定于第二步反应。如果第二步反应很快即 $k_1\ll k_2$,中间产物 B 一旦生成立即转化为 C,因此反应的总速率(即生成产物 C 的速率)决定于第一步,且此时 $z=a(1-\mathrm{e}^{-k_1 t})$,这相当于在始终态之间进行一个一级反应,产物的浓度此时可近似看作只与 k_1 有关。可见,连续反应不论分几步进行,控制着全局的是最慢的一步。

【例 8-7】 2,3,4,6-二丙酮左罗糖酸(A)在碱性溶液中水解生成抗坏血酸(B)的反应是一级连串反应:

$$A\xrightarrow{k_1}B\xrightarrow{k_2}C$$

C 是分解反应的副产物。一定条件下测得 50℃时的 $k_1=0.42\times10^{-2}\ \mathrm{min^{-1}}$,$k_2=0.2\times$

10^{-4} min^{-1}。试求 50℃时生成抗坏血酸(B)最适宜的反应时间及相应的最大产率。

解：由题意可得：
$$\frac{k_1}{k_2}=\frac{0.42\times10^{-2}}{0.2\times10^{-4}}=210$$

因为
$$t_{max}=\frac{\ln k_2-\ln k_1}{k_2-k_1}$$

代入 k_1，k_2 的值即可求出最适宜反应时间 $t_{max}=1\,279$ min。

再由式
$$y_{max}=a\left(\frac{k_1}{k_2}\right)^{\frac{k_2}{k_2-k_1}}$$

可得
$$\frac{y_{max}}{a}=\left(\frac{k_1}{k_2}\right)^{\frac{k_2}{k_2-k_1}}=(210)^{\frac{1}{1-210}}=0.975=97.5\%$$

§8.5　温度对反应速率的影响

温度是影响化学反应速率的十分敏感的因素。大多数化学反应，其反应速率随温度的升高而增加。范特霍夫曾发现，对于均相热化学反应，温度每升高 10℃，反应速率约增为原来的 2～4 倍，即

$$\frac{k(T+10K)}{k(T)}=2\sim4 \tag{8.57}$$

式(8.57)称为范特霍夫规则。当缺少数据时，可用它作粗略估算。就目前所知，温度与反应速率的关系大致有如图 8.12 所表示的几种类型。

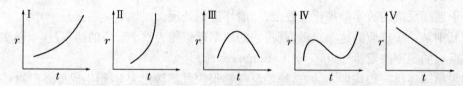

图 8.12　温度与反应速率之间的关系

Ⅰ中表示的是温度对反应速率影响的一般情况，它们之间呈指数关系，这一类情况最为常见。

Ⅱ中表示爆炸反应，温度到达燃点时，反应速率突然增大。

Ⅲ表示生物体内的一些酶催化反应，在温度不高的情况下反应速率随温度的升高而上升，当温度达到一定值后反应速率随着温度的升高而下降。这是因为酶催化剂在较高温度条件下遭到破坏所致。

Ⅳ表示的一类反应比较少见，温度升高时对副反应产生较大影响，使反应复杂化。

Ⅴ中反应速率随温度升高而下降,如 NO 氧化成 NO₂ 属于这一类型。

8.6.1 阿累尼乌斯经验公式

温度对反应速率的影响比浓度对反应速率的影响更为显著。臭氧降解木质素的反应中,温度越高,反应速率越快[16],一般说来反应的速率系数随温度的升高而很快增大。而用单电子转移活性自由基聚合的方法进行乙酸乙烯酯(VAc)的活性聚合的反应中,反应速率不会随反应温度的升高而持续增加,在超过某一临界温度后反应速率反而随温度的升高而降低[17],如上所述的第三种情况。关于速率系数 k 与反应温度 T 之间的定量关系,早在 19 世纪末,阿累尼乌斯(Arrhenius)就总结了大量的实验数据,提出了一个经验公式,此公式表示为

$$\frac{\mathrm{d}\ln k}{\mathrm{d}T}=\frac{E_a}{RT^2} \tag{8.58}$$

在 E_a 可当作一常量时,对阿累尼乌斯方程作不定积分处理,得

$$\ln k=-\frac{E_a}{RT}+\ln A \tag{8.59a}$$

此式也常写成

$$k=A\mathrm{e}^{-E_a/RT} \tag{8.59b}$$

式中,A 称为指前因子,又称频率因子。其物理意义:

(1) A 与反应物浓度无关,只与反应的本性有关;另外,若温度变化不太大时,可将 A 视为与温度无关的常数。

(2) 化学反应是靠反应物分子间相互碰撞达到相互结合而进行反应的,A 与反应物分子间的碰撞频率有关,故又称为频率因子。

在 E_a 可当作一常量时,对阿累尼乌斯方程作定积分处理,得

$$\ln\frac{k_2}{k_1}=-\frac{E_a}{R}\left(\frac{1}{T_2}-\frac{1}{T_1}\right) \tag{8.60}$$

利用此式可由已知的数据求算所需的 E_a、T 或 k。

式(8.59)和式(8.60)都称为阿累尼乌斯公式,它们只对图 8.12 中最常见的第一种情况适用。

8.6.2 活化能

活化能的定义式为 $E_a\xlongequal{\text{def}}RT^2\dfrac{\mathrm{d}\ln k}{\mathrm{d}T}$,其单位为 $\mathrm{J\cdot mol^{-1}}$ 或 $\mathrm{kJ\cdot mol^{-1}}$。

阿累尼乌斯在解释他的经验方程式时,首先提出活化能概念。他认为在反应系统中,并非所有互相碰撞的反应物分子都立刻发生反应,而只有部分具有足够高能量的分子才发生反应。这部分分子称为活化分子,它们所处的状态称为活化状态。

在阿累尼乌斯经验式中,当实验温度的范围变大或者反应变得复杂时,活化能 E_a 出现在指数上对化学反应的影响非常大,而且活化能与温度有关。虽然多年来活化能的物理意义有着许多种解释,但是只有 Tolman 的解释是准确合理且能普遍适用的。1952 年 Tolman

用统计的方法,把实验测得的活化能看作反应系统中大量分子的微观量的统计平均值,从而对于基元反应的活化能赋予了明确的物理意义:活化能是活化分子的平均能量与反应物分子平均能量的差值。

$$E_a = \overline{E}^* - \overline{E}_R \tag{8.61a}$$

式中,$\overline{E}^*$ 表示能发生反应的活化分子的平均能量,$\overline{E}_R$ 表示所有反应物分子的平均能量,单位都为 $J \cdot mol^{-1}$。如果只对单个分子,将上式除以阿伏伽德罗常量,则有

$$\varepsilon_a = \frac{\overline{E}^* - \overline{E}_R}{L} = \overline{\varepsilon}^* - \overline{\varepsilon}_R \tag{8.61b}$$

设基元反应为 $\qquad$ A→P

则活化能与活化状态如图 8.13 所示。

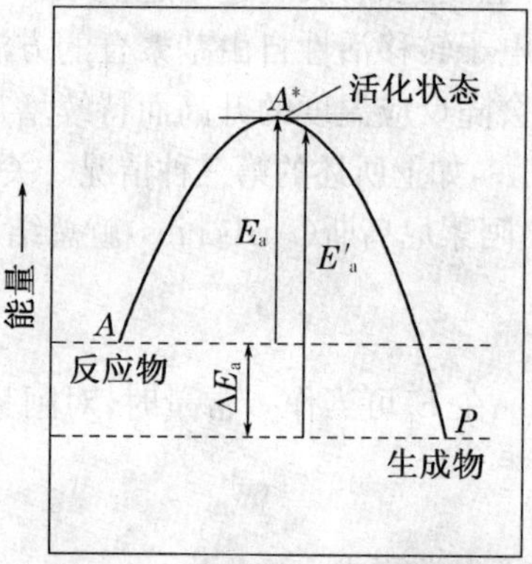

如果反应是非基元反应,那么 E_a 就没有明确的物理意义了。复合反应的活化能无法用简单的图形表示,它只是组成复合反应的各基元反应活化能的特定数学组合。以下面的反应为例:

图 8.13 基元反应活化能示意图

$$H_2 + I_2 \xrightarrow{\ k\ } 2HI$$

该反应的总速率方程表达式为

$$r = -\frac{d[H_2]}{dt} = k[H_2][I_2]$$

$$k = A\exp\left(-\frac{E_a}{RT}\right)$$

已知其反应历程为

$$(1)\ I_2 + M \underset{k_{-1}}{\overset{k_1}{\rightleftharpoons}} 2I\cdot + M$$

$$(2)\ H_2 + 2I\cdot \xrightarrow{\ k_2\ } 2HI$$

对反应(1),有

$$\vec{r_1} = k_1[I_2][M], \quad k_1 = A_1\exp\left(-\frac{E_{a,1}}{RT}\right) \qquad ①$$

$$\overleftarrow{r_{-1}} = k_{-1}[I\cdot]^2[M], \quad k_{-1} = A_{-1}\exp\left(-\frac{E_{a,-1}}{RT}\right) \qquad ②$$

平衡时,$\vec{r_1} = \overleftarrow{r_{-1}}$,因此 $\qquad [I\cdot]^2 = \dfrac{k_1[I_2]}{k_{-1}} \qquad ③$

对反应(2),有

$$r_2 = -\frac{d[H_2]}{dt} = k_2[H_2][I\cdot]^2, \quad k_2 = A_2\exp\left(-\frac{E_{a,2}}{RT}\right) \qquad ④$$

将③式代入速率表达式,得

$$r=\frac{k_2k_1}{k_{-1}}[H_2][I_2]=k[H_2][I_2]\left(令\frac{k_2k_1}{k_{-1}}=k\right)$$

这样,将①、②、④式的速率系数表达式代入,得

$$k=\frac{k_2k_1}{k_{-1}}=\frac{A_2\cdot A_1}{A_{-1}}\exp\left[-\frac{(E_{a,2}+E_{a,1}-E_{a,-1})}{RT}\right]=A\exp\left(-\frac{E_a}{RT}\right)$$

可见,$A=\dfrac{A_2A_1}{A_{-1}}$,$E_a=E_{a,2}+E_{a,1}-E_{a,-1}$。此时 E_a 称为该复合反应的表现活化能,A 称为表观指数前因子。

8.6.3 反应速率与活化能之间的关系

在阿累尼乌斯经验公式中,把活化能看作是与温度无关的常数,这在一定温度范围内与实验结果基本一致。活化能对反应速率影响很大,主要体现在如下几方面:

(1) 在相同温度下,活化能越小的反应,其速率系数越大,即反应速率越快。

(2) 对同一反应,速率系数随温度的变化率在低温下较大,在高温下较小。

(3) 对不同反应(在相同温度下比较时),活化能越大,其速率系数随温度的变化率越大。

对于简单反应,要使某一反应在一定的时间内达到一定的转化率,可以将阿累尼乌斯公式直接代入速率方程来求得最适宜反应温度。

对于复合反应,我们可以根据温度对反应速率的影响的一般规律来寻找适宜的操作温度。

对一级连串反应

$$A \xrightarrow[k_1]{(1)} B \xrightarrow[k_2]{(2)} D$$

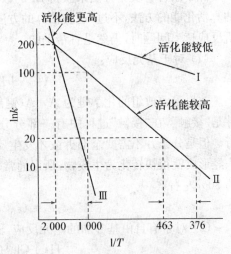

图 8.14 ln$k$ 与 1/T 的关系图

假若反应(2)不是我们所希望的,就应该尽量抑制它,这时 k_1/k_2 的比值越大,越有利于产物的生成。因此若 $E_{a,1}>E_{a,2}$,则适宜用较高的温度;若 $E_{a,1}<E_{a,2}$,则适宜用较低的温度。

对一级平行反应

$$A \begin{cases} \xrightarrow[k_1]{(1)} B\ 产物 \\ \xrightarrow[k_2]{(2)} D\ 副产物 \end{cases}$$

同样希望 k_1/k_2 的比值尽可能大,才有利于 B 的生成,因此若 $E_{a,1} > E_{a,2}$,则适宜用较高的温度;若 $E_{a,1} < E_{a,2}$,则适宜用较低的温度。

8.6.4　活化能的实验测定和估算

在动力学研究中,活化能是十分重要的参数。活化能的数值是根据实验数据,利用阿累尼乌斯公式求得的。通常有两种方法:

1. 作图法

由阿累尼乌斯公式的不定积分式(8.59a)可知,只要测得几个不同温度下的速率系数,依 $\ln k$ 对 $1/T$ 作图,即可得到一直线,其斜率为 $-E_a/R$。

2. 数值计算法

利用两个任意温度下的 k 值代入式(8.60)便可算出反应活化能。

除了用各种实验方法来获得 E_a 的数值外,人们还提出了从反应所涉及的键能来预测或估算活化能的方法,不过,这些估算的方法还只能是经验的,所得结果也比较粗糙,但是在分析反应速率问题时,仍然是有帮助的。

(1) 对于基元反应:

$$A—A + B—B \longrightarrow 2(A—B)$$

这里需要改组的化学键为 A—A(键能 ε_{A-A})和 B—B(键能 ε_{B-B})。分子反应的首要条件是"接触",在"接触"过程中有一部分分子取得一些能量,否则化学键的改组就不可能进行。但是分子并不需要全部拆散才发生反应,而是先形成一个活化体,活化体的寿命很短,一经形成就很快转化为生成物,所以通常基元反应所需的活化能约为这些待破化学键键能的 30% 左右。

$$E_a = (\varepsilon_{A-A} + \varepsilon_{B-B}) \cdot L \times 30\%$$

(2) 对于有自由基参加的基元反应,例如:

$$H\cdot + Cl—Cl \longrightarrow H—Cl + Cl\cdot$$

由于反应物中有一个活性很大的原子或自由基,正反应为放热反应,所需活化能约为需被改组化学键键能的 5.5%,如上述反应的活化能为

$$E_a = \varepsilon_{Cl-Cl} \cdot L \times 5.5\%$$

(3) 分子裂解成两个原子或自由基,例如:

$$Cl—Cl + M \longrightarrow 2Cl\cdot + M$$

在这样的基元反应中需要解开 Cl—Cl 键,而且所需活化能约为需被改组化学键键能,所以

$$E_a = \varepsilon_{Cl-Cl} \cdot L$$

(4) 自由基的复合反应,这类反应的 $E_a = 0$,因为自由基本来就是很活泼的,复合时不

需要破坏什么键,故不必吸收额外的能量。有时处于激发态的自由基,复合成分子时回到基态,还会释放能量,使表观活化能出现负值。

【例 8-8】 乙酸乙酯皂化反应:

$$CH_3COOC_2H_5(l) + OH^-(l) \longrightarrow CH_3COO^-(l) + C_2H_5OH(l)$$

在 283 K 时的速率系数为 $2.37 \, mol^{-1} \cdot dm^3 \cdot min^{-1}$,288 K 时的速率系数增至 $6.024 \, mol^{-1} \cdot dm^3 \cdot min^{-1}$,求:(1) 反应活化能 E_a 及指前因子 A;(2) 335 K 时的速率系数。

解:(1) 根据阿累尼乌斯公式:$\ln \dfrac{k_2}{k_1} = -\dfrac{E_a}{R}\left(\dfrac{1}{T_2} - \dfrac{1}{T_1}\right)$,有

$$\ln \frac{6.024}{2.37} = -\frac{E_a}{8.314}\left(\frac{1}{283} - \frac{1}{288}\right)$$

即

$$E_a = 1.26 \times 10^5 \, J/mol$$

由于 $k = Ae^{-E_a/RT}$,则

$$2.37 = Ae^{-1.26 \times 10^5/8.314 \times 283}$$

即

$$A = 5.1 \times 10^{23} \, mol^{-1} \cdot dm^3 \cdot min^{-1}$$

(2) 设反应在 $T_3 = 335$ K 时 E_a 为常数,则

$$\ln k_{T_3} = \frac{E_a(T_3 - T_1)}{RT_1T_3} - \ln k_{T_1}$$

$$\ln k_{T_3} = \frac{1.26 \times 10^5(335 - 283)}{8.314 \times 283 \times 335} - \ln 2.37$$

即

$$k_{T_3} = 1\,719.193 \, mol^{-1} \cdot dm^3 \cdot min^{-1}$$

§8.6 由反应机理推导速率方程

在 §8.4 中讨论的三种典型复合反应是最简单的复合反应类型,很多复合反应往往同时包含对峙反应、平行反应或连串反应等。对于这些复杂的复合反应,虽然可以用拉普拉斯变换法、矩阵法或数值法等对其求解,但往往十分困难,有时甚至无法求解。因此,我们经常采用近似处理法从复合反应的机理推导出速率方程。§8.4 提到的"速率控制步骤"就是一种近似处理方法。此外,常用的近似方法有稳态近似法和平衡态近似法。

8.6.1 稳态近似法

假设中间产物的生成速率和消耗速率近似相等,它们的浓度基本上不随时间而变化,这样的处理方法称为"稳态近似法",即 $\dfrac{d[B]}{dt} = 0$。对于不同的反应机理,稳态近似法的适用条

件是不同的。通常,当中间产物非常活泼并因而以极小浓度存在时,运用稳态近似法是适宜的。稳态近似法的应用可以使复合反应的动力学分析大为简化。

例如,1906 年博登斯坦(Bodenstein)通过实验测定了 $H_2 + Br_2 \longrightarrow 2HBr$ 速率方程具有下列形式:

$$\frac{d[HBr]}{dt} = \frac{k[H_2][Br_2]^{1/2}}{1 + k'([HBr]/[Br_2])}$$

式中,k 和 k' 均为常数,显然,此反应为一复合反应。由上述速率公式可以看出以下几点:① 此反应的产物 HBr 对反应有阻碍作用;② HBr 的阻碍作用可被 Br_2 的存在所减缓;③ Br_2 的浓度出现平方根,意味着很可能有 Br_2 解离的 Br 原子参与反应。

根据上述事实,可以拟出各种可能的机理,但是有一原则,即所拟出的机理必须与经验的速率公式相符合。13 年后,克里斯琴森(Christiansen)提出如下机理:

(1) $Br_2 \xrightarrow{k_1} 2Br \cdot$

(2) $Br \cdot + H_2 \xrightarrow{k_2} HBr + H \cdot$

(3) $H \cdot + Br_2 \xrightarrow{k_3} HBr + Br \cdot$

(4) $H \cdot + HBr \xrightarrow{k_4} H_2 + Br \cdot$

(5) $2Br \cdot \xrightarrow{k_5} Br_2$

由上述机理可看出,此反应为链反应。反应(1)为链的引发,反应(2)、(3)是链的传递,反应(5)是链的中止。反应(4)是比较特殊的,是为了解释 HBr 对反应的阻碍作用而提出的,它是反应(2)的逆反应;由反应(4)和(3)可看出这两步反应是 HBr 和 Br_2 争夺 $H \cdot$ 自由基的竞争过程,这亦说明为什么 HBr 的阻碍作用可被 Br_2 所减缓。

按上述机理,其速率公式可写为

$$\frac{d[HBr]}{dt} = k_2[Br \cdot][H_2] + k_3[H \cdot][Br_2] - k_4[H \cdot][HBr] \tag{8.62}$$

上式含有自由基浓度$[H \cdot]$和$[Br \cdot]$,可采用稳态近似法处理:

$$\frac{d[Br \cdot]}{dt} = 2k_1[Br_2] - k_2[Br \cdot][H_2] + k_3[H \cdot][Br_2] + k_4[H \cdot][HBr] - 2k_5[Br \cdot]^2 = 0$$

$$\tag{8.63}$$

$$\frac{d[H \cdot]}{dt} = k_2[Br \cdot][H_2] - k_3[H \cdot][Br_2] - k_4[H \cdot][HBr] = 0 \tag{8.64}$$

将上两式相加,可得

$$2k_1[Br_2] - 2k_5[Br \cdot]^2 = 0$$

$$[Br \cdot] = \left(\frac{k_1}{k_5}\right)^{1/2}[Br_2]^{1/2} \tag{8.65}$$

将式(8.65)代入式(8.64),可得

$$[H\cdot]=\frac{k_2(k_1/k_5)^{1/2}[H_2][Br_2]^{1/2}}{k_3[Br_2]+k_4[HBr]} \tag{8.66}$$

将式(8.65)和式(8.66)代入式(8.62),可得

$$\frac{d[HBr]}{dt}=\frac{2k_2(k_1/k_5)^{1/2}[H_2][Br_2]^{1/2}}{1+(k_4/k_3)[HBr]/[Br_2]}$$

令 $2k_2(k_1/k_5)^{1/2}=k,k_4/k_3=k'$,则上式与经验速率公式完全一致。可见由上述机理得出的速率方程与实验结果相符,证实了上述机理的正确性。

8.6.2 平衡态近似法

设有反应机理:

$$A+B\underset{k_{-1}}{\overset{k_1}{\rightleftharpoons}}D(快速平衡)$$

$$D\overset{k_2}{\longrightarrow}E(慢)$$

若最后一步为慢反应,则第一步为快速平衡反应,从化学动力学角度考虑,此时正向、逆向反应速率可近似视为相等: $k_1c_Ac_B=k_{-1}c_D$,即有

$$c_D=\frac{k_1}{k_{-1}}c_Ac_B \tag{8.67}$$

因为最后一步为控制步骤,所以反应总速率为

$$r=\frac{dc_E}{dt}=k_2c_D \tag{8.68}$$

将 $c_D=\dfrac{k_1}{k_{-1}}c_Ac_B$ 代入上式,得

$$r=k_2c_D=\frac{k_1k_2}{k_{-1}}c_Ac_B \tag{8.69}$$

令 $\dfrac{k_1k_2}{k_{-1}}=k$,可得到速率方程为

$$r=kc_Ac_B \tag{8.70}$$

这种求速率方程的方法称为平衡态近似法。前面提到的 $H_2+I_2\longrightarrow 2HI$ 的处理方法就是平衡态近似法。

有了以上三种近似处理方法,在推导复合反应的速率方程时就要简便得多。

§8.7 链反应

有一类特殊的化学反应,用热、光、辐射或其他方法来引发反应,然后在反应过程中会产

生游离基(又称自由基)或游离原子,反应像链条一样自动发展下去,这类反应称为链反应。这是一种具有特殊规律的、常见的复合反应,它主要是由大量反复循环的连串反应所组成,橡胶的合成、石油的裂解、氢的燃烧等都是链式反应。因此,链反应的研究具有重要的实际意义。

一个链反应一般均包含以下三个步骤:

(1) 链引发:即开始时借助光、热等外因使普通分子形成自由基的步骤。在这个反应过程中需要断裂分子中的化学键,因此它所需要的活化能与断裂化学键所需的能量是同一个数量级。链引发的方法通常有热引发、引发剂引发和辐射引发。

(2) 链传递:即自由原子或自由基与饱和分子起反应生成新的分子,同时又形成一个(或几个)自由基的步骤。若不受阻,反应就一直进行下去,直至反应物被耗尽为止。

(3) 链中止:当自由基被消除时,链就终止。断链的方式可以是两个自由基结合成分子,也可以是与器壁碰撞时,器壁吸收自由基的能量而断链。

根据链的传递方式不同,可以将链反应范围分为直链反应和支链反应(如图 8.15 所示)。在链传递的过程中,凡是一个自由基消失的同时产生出一个新的自由基,即自由基数目(或称反应链数)不变,则称为直链反应;凡是一个自由基消失的同时,产生出两个或两个以上新的自由基,即自由基数目(或称反应链数)不断增加,则称为支链反应。

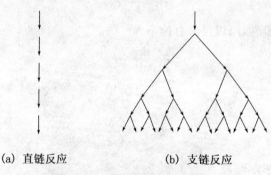

(a) 直链反应　　　　(b) 支链反应

图 8.15　链传递方式的示意图

8.7.1　直链反应(H_2 和 Cl_2 反应的历程)

H_2 和 Cl_2 的总包反应:

$$H_2(g) + Cl_2(g) \longrightarrow 2HCl(g)$$

实验测定的速率方程: $r = \dfrac{1}{2}\dfrac{d[HCl]}{dt} = k[H_2][Cl_2]^{1/2}$

推测该反应的机理为　　　　　　　　　　　　　　　　　　　　$E_a/kJ \cdot mol^{-1}$

$$(1)\ Cl_2 + M \longrightarrow 2Cl\cdot + M$$
　　　　　　　　　　　　　　　　　　　　　　　　　　　　243

$$(2)\ Cl\cdot+H_2 \longrightarrow HCl+H\cdot \qquad\qquad 24$$

$$(3)\ H\cdot+Cl_2 \longrightarrow HCl+Cl\cdot \qquad\qquad 13$$

$$\cdots \qquad\qquad \cdots$$

$$(4)\ Cl\cdot+M \longrightarrow Cl_2+M \qquad\qquad 0$$

从反应机理可以写出用 HCl 表示的速率方程为

$$\frac{d[HCl]}{dt}=k_2[Cl\cdot][H_2]+k_3[H\cdot][Cl_2] \tag{8.71}$$

由于自由基等中间产物极活泼,浓度低、寿命又短,所以可以用稳态近似法处理,近似地认为在反应达到稳定状态后,它们的浓度基本上不随时间而变化,即

$$\frac{d[Cl\cdot]}{dt}=0 \qquad\qquad \frac{d[H\cdot]}{dt}=0$$

$$\frac{d[Cl\cdot]}{dt}=2k_1[Cl_2][M]-k_2[Cl\cdot][H_2]+k_3[H\cdot][Cl_2]-2k_4[Cl\cdot]^2[M]=0 \tag{8.72}$$

$$\frac{d[H\cdot]}{dt}=k_2[Cl\cdot][H_2]-k_3[H\cdot][Cl_2]=0 \tag{8.73}$$

将式(8.73)代入式(8.72),得

$$2k_1[Cl_2]=2k_4[Cl\cdot]^2$$

$$[Cl\cdot]=\left(\frac{k_1}{k_4}[Cl_2]\right)^{\frac{1}{2}} \tag{8.74}$$

将式(8.73)和式(8.74)代入式(8.71),得

$$\frac{d[HCl]}{dt}=2k_2\left(\frac{k_1}{k_4}\right)^{\frac{1}{2}}[Cl_2]^{\frac{1}{2}}[H_2]$$

所以

$$\frac{1}{2}\frac{d[HCl]}{dt}=k[Cl_2]^{\frac{1}{2}}[H_2] \tag{8.75}$$

式中 $k=k_2\left(\dfrac{k_1}{k_4}\right)^{\frac{1}{2}}$。根据这个速率方程,$Cl_2$ 和 H_2 的反应是 1.5 级反应。根据阿累尼乌斯

公式:$k_1=A_1\exp\left(-\dfrac{E_{a,1}}{RT}\right)$,$k_2=A_2\exp\left(-\dfrac{E_{a,2}}{RT}\right)$,$k_4=A_4\exp\left(-\dfrac{E_{a,4}}{RT}\right)$,则

$$k=A_2\left(\frac{A_1}{A_4}\right)^{\frac{1}{2}}\exp\left\{-\frac{\left[E_{a,2}+\frac{1}{2}(E_{a,1}-E_{a,4})\right]}{RT}\right\}=A\exp\left(-\frac{E_a}{RT}\right)$$

所以

$$E_a=E_{a,2}+\frac{1}{2}(E_{a,1}-E_{a,4})=\left\{24+\frac{1}{2}(242-0)\right\}\ kJ\cdot mol^{-1}=145\ kJ\cdot mol^{-1}$$

若 H_2 和 Cl_2 的反应是若干个基元反应组合而成,而不是依照链反应的方式进行,则按

照 30%规则估计其活化能约为

$$E_a = (E_{H-H} + E_{Cl-Cl}) \times 30\%$$
$$= 0.3 \times (436 + 242) = 203.4(kJ \cdot mol^{-1})$$

显然反应会选择活化能较低的链反应方式进行。由于 $\varepsilon_{Cl-Cl} < \varepsilon_{H-H}$，故一般链引发总是从 Cl_2 开始而不是从 H_2 开始。在反应物分子和生成物分子之间往往可以存在若干不同的平行通道，而其主要作用的通道总是活化能最低而反应速率最快的捷径。

8.7.2 支链反应

在支链反应中，链传递步骤的特点是产生的活性质点数目大于消耗的活性质点数目，出现了活性质点浓度积累的过程，化学反应的速率也因此增大。

当系统中活性质点的数目剧增，致使反应速率急剧增加时，最终将导致发生爆炸反应，称为链爆炸；当反应热量过多，不能及时散失，反应系统温度升高，放出的热量也跟着上升，如此恶性循环，结果反应速率无止境地增加以至无法控制而引起热爆炸。

氢的燃烧为支链反应，其反应机理为：

链的开始：$H_2 \longrightarrow H\cdot + H\cdot$

直链反应：$H\cdot + O_2 + H_2 \longrightarrow H_2O + OH\cdot$

$OH\cdot + H_2 \longrightarrow H_2O + H\cdot$

支链反应：$H\cdot + O_2 \longrightarrow OH\cdot + O\cdot$

$O\cdot + H_2 \longrightarrow OH\cdot + H\cdot$

链在气相中的中断：$2H\cdot + M \longrightarrow H_2 + M$

$OH\cdot + H\cdot + M \longrightarrow H_2O + M$

链在器壁上的中断：$H\cdot + 器壁 \longrightarrow 销毁$

$OH\cdot + 器壁 \longrightarrow 销毁$

支链反应有可能引发支链爆炸，但能否爆炸还取决于温度和压力。图 8.16 为爆炸界限与温度压力关系图，由图可以知道：

（1）压力低于 ab 线，不爆炸，称为爆炸下限。

（2）随着温度的升高，活性物质与反应分子碰撞次数增加，使支链迅速增加，就引发支链爆炸，这处于 ab 和 bc 之间。

（3）压力进一步上升，粒子浓度很高，有可能发生三分子碰撞而使活性物质销毁，也不发生爆炸，bc 称为爆炸上限。

（4）压力继续升高至 c 以上，反应速率快，放热多，发生热爆炸。

（5）温度低于 730 K，无论压力如何变化，都不会爆炸。

许多可燃性气体都有一定的爆炸界限，而研究各种易燃气体的爆炸界限对于化工生产过程中避免发生爆炸事故具有十分重大的意义。

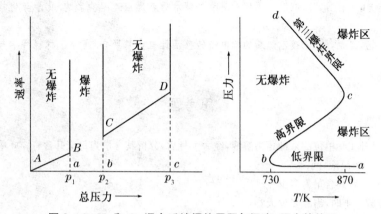

图 8.16　H$_2$ 和 O$_2$ 混合系统爆炸界限与温度、压力的关系

参考文献

[1] 李可群.简单一级化学反应热动力学数据处理的新方法.实验室科学,2011,14(5):76

[2] 胡荣祖,宁斌科,杨正权,等.硝化棉(11.92%N)的一级自催化分解反应动力学.火炸药学报,2004,27(2):67

[3] 邹一洪,杜宗良.过硫酸钾在织物浴前处理过程中分解反应动力学的研究.西南民族大学学报,2006,32(3):522

[4] 李可群.简单一级化学反应热动力学数据处理的新方法.实验室科学,2011,14(5):76

[5] Li Wen, Bai Zong-qing, Bai Jin, et al. Decomposition kinetics of hydrogen bonds in coal by a new method of in-situ diffuse reflectance FT-IR, Journal of Fuel Chemistryand Technology, 2011, 39(5):321

[6] 葛文锋,胡晓萍,吴嘉.硫酸氢钠催化合成乙酸乙酯动力学.化学反应工程与工艺,2010,26(3):264

[7] 孙捷,郑元锁,高国新,等.合成环氧化端羟基聚丁二烯的反应动力学.合成橡胶工业,2008,31(5):350

[8] 罗建平,王维熙,李利军,等.双季铵碱催化 HDI 三聚反应动力学研究.聚氨酯工业,2010,25(1):17

[9] 赵丽霞,陈冠益,陈占秀.生物质玉米芯热解动力学实验研究.太阳能学报,2011,32(4):598

[10] 姚英兰,彭蜀晋.化学动力学的发展与百年诺贝尔化学奖[J].大学化学,2005,20(1):59

[11] 黄雪征,鄢红,张常群.对峙放热反应动力学的计算机模拟.计算机与应用化学,2011,28(4):495

[12] 张旭,许茂东,李兴扬.NaX 催化苯乙烯氧气氧化机理的研究.化学试剂,2010.32(12):1063

[13] 赵佩月,陈晓春,孙巍,等.合成二氧化硫脲新工艺的研究.第一届全国化学工程与生物化工年会论文摘要集(上),2004

[14] 孙秋香,曹瑰华,张梅芳,等.Ca(H$_4$C$_6$OHCOO)$_2$·2H$_2$O 在空气中的热分解动力学研究.武汉大学学报(理学版),2010,56(1):15

[15] 冯树波,于广欣,王雪平,等.丙烷路线制取环氧丙烷集成工艺——氢氧气氛中丙烯环氧化反应研究.第一届全国化学工程与生物化工年会论文摘要集(上),2004

[16] 龚岳,李志光,李辉勇,等.碱度与温度对臭氧降解木质素反应速率的影响.化学与生物工程,2012,29(4):87

[17] 陈冲,任伍杨,江龙,等.乙酸乙烯酯的单电子转移活性自由基聚合.高分子材料科学与工程,2013,29(1):44

思考题

1. 配制每毫升 400 单位的某种药物溶液,经一个月后,分析其含量为每毫升含有 300 单位。若此药物溶液的分解服从一级反应,问:

(1) 配制 40 天后其含量为多少?

(2) 药物分解一半时,需经多少天?

2. 在一原始人类的山洞中发现了一批植物种子的残骸,经分析知道其中含^{14}C 5.38×10^{-14}%,已知^{14}C的半衰期为 5 720 年,试问此洞穴中原始人生活的年代为何时?

3. 当一级反应和二级反应的起始浓度和半衰期相同时,你能画出浓度 c 对时间 t 图的大致形状吗?

4. 在化学反应中,零级反应是否是基元反应? 具有简单级数的反应是否一定是基元反应?

5. 确定反应级数有几种方法? 哪一种方法较为有效?

6. 对于反应 A→P,当 A 反应掉 $\frac{3}{4}$ 所需的时间为 A 反应掉 $\frac{1}{2}$ 所需时间的 3 倍,该反应是几级反应?

当 A 反应掉 $\frac{3}{4}$ 所需的时间为 A 反应掉 $\frac{1}{2}$ 所需时间的 5 倍,该反应又为几级反应? 请用计算式说明。

7. 请总结零级反应、一级反应、二级反应各有哪些特征?

8. 对正向是吸热的对峙反应,反应速率将随着温度如何变化?

9. 有一平行反应:

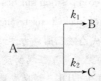

如果活化能 $E_1 > E_2$,且 B 是所需要的产品,请从动力学的角度定性讨论如何选择反应温度。

10. 对一级连串反应:$A \xrightarrow{k_1} B \xrightarrow{k_2} C$,欲提高产物 B 的产量,应怎样控制反应时间?

12. 温度对反应速率的影响很大,它主要是通过改变速率式中的哪一项来影响反应速率的?

13. 某总包反应速率系数 k 与各基元反应速率系数的关系为 $k = k_2 \left(\dfrac{k_1}{2k_4}\right)^{\frac{1}{2}}$,则该反应的表观活化能 E_a 和指前因子与各基元反应活化能和指前因子的关系如何?

14. 某反应的 E_a 为 190 kJ·mol^{-1},加入催化剂后活化能降为 136 kJ·mol^{-1}。设加入催化剂前后指前因子值保持不变,则在 773 K 时,加入催化剂后的反应速率系数是原来的多少倍?

15. 链反应的活性物种一般是什么? 链反应有哪些特点? 如何理解"链长"?

16. 从反应机理推导速率方程时通常用到哪几种近似方法? 各有什么近似条件?

习 题

1. 乙烷裂解制取乙烯的反应如下:

$$C_2H_6 \longrightarrow C_2H_4 + H_2$$

已知 1 037 K 时的速率系数 $k = 3.43\ s^{-1}$,问当乙烷转化率为 50%、75% 时,分别需多少时间?

2. 实验发现,某抗菌素在人体血液中分解呈现简单级数的反应。如果给病人在上午 8 点注射一针抗菌素,然后测定在经过不同时间 t 后抗菌素在血液中的浓度 c [以 $mg \cdot (100\ cm^3)^{-1}$ 表示],得到如下数据:

t/h	4	8	12	16
$c/[mg \cdot (100\ cm^3)^{-1}]$	0.480	0.326	0.222	0.151

(1) 请确定反应级数;

(2) 试求反应的速率系数 k 和半衰期 $t_{1/2}$;

(3) 若抗菌素在血液中浓度不低于 $0.37\ mg \cdot (100\ cm^3)^{-1}$ 才为有效,问约何时该注射第二针?

3. $A + B \longrightarrow C$ 是二级反应。A 和 B 的初始浓度均为 $0.20\ mol \cdot dm^{-3}$,初始反应速率为 $5.0 \times 10^{-7}\ mol \cdot dm^{-3} \cdot s^{-1}$。试求速率系数,分别以 (1) $mol \cdot dm^{-3} \cdot s^{-1}$,(2) $mol \cdot cm^{-3} \cdot min^{-1}$ 为单位。

4. 已知反应: $2HI \longrightarrow I_2 + H_2$,在 781.15 K 下,在 HI 的初始压力下,HI 的初始压力为 10 132.5 Pa 时,半衰期为 135 min;而当 HI 的初始压力为 101 325 Pa 时,半衰期为 13.5 min。证明该反应为二级反应,并求出反应速率系数(以 $mol^{-1} \cdot dm^3 \cdot s^{-1}$ 及 $Pa^{-1} s^{-1}$ 表示)。

5. 856 ℃ 时 NH_3 在钨表面上分解,当 NH_3 的初始压力为 13.33 kPa 时,100 s 后 NH_3 的分压降低了 1.80 kPa;当 NH_3 的初始压力为 26.66 kPa 时,100 s 后降低了 1.87 kPa。试求反应级数。

6. 已知某反应的速率方程可表示为 $r = k[A]^\alpha [B]^\beta [C]^\gamma$,请根据下列实验数据,分别确定该反应的级数 α、β、γ 的值和计算速率系数 k。

$r/(10^{-3}\ mol \cdot dm^{-3} \cdot s^{-1})$	5.0	5.0	2.5	14.1
$[A]_0/(mol \cdot dm^{-3})$	0.010	0.010	0.010	0.020
$[B]_0/(mol \cdot dm^{-3})$	0.005	0.005	0.005	0.005
$[C]_0/(mol \cdot dm^{-3})$	0.010	0.015	0.010	0.010

7. 在某反应 $A \longrightarrow B + D$ 中,反应物 A 的起始浓度 $c_{A,0} = 1.00\ mol \cdot dm^{-3}$,起始反应速率 $r_0 = 0.01\ mol \cdot dm^{-3} \cdot s^{-1}$,如果假定此反应为 (1) 零级,(2) 一级,(3) 二级,而对其他物质级数为零,试分别求各不同级数反应的速率系数,半衰期和反应物 A 消耗掉 90% 所需的时间。

8. 一定温度时,有 1-1 级对峙反应 $A \underset{k_-}{\overset{k_+}{\rightleftharpoons}} B$,实验测得反应进行到不同时刻 t 时物质 B 的浓度数据如下:

t/s	0	180	300	420	1 440	∞
$[B]/(mol \cdot dm^{-3})$	0	0.20	0.33	0.43	1.05	1.58

已知反应起始时物质 A 的浓度 1.89 mol·dm^{-3}，试求正、逆向反应速率系数 k_+ 和 k_- 之值。

9. 碘代甲烷(CH_3I)和二甲基-对-甲苯胺(用 N—R 表示)在硝基苯溶液中形成季铵盐的反应是 2-2 级对峙反应,即

$$CH_3I+N-R \underset{k_{-2}}{\overset{k_2}{\rightleftharpoons}} CH_3\overset{+}{N}-R+I^-$$

而反应物的起始浓度为 0.05 mol·dm^{-3}，实验数据如下：

反应时间 t/s	10.2	26.5	36.0	78.0
N—R 作用的分数	0.175	0.343	0.412	0.523

已知在实验温度下，平衡常数 $K=1.43$，求速率系数 k_2 和 k_{-2}。

10. 某对峙反应 $A \underset{k_{-1}}{\overset{k_1}{\rightleftharpoons}} B$，已知 $k_1=0.006$ min^{-1}，$k_{-1}=0.002$ min^{-1}。如果反应开始时只有 A，浓度为 1 mol·dm^{-3}。试求：

(1) 当 A 和 B 的浓度相等时需要的时间；

(2) 经后 100 min 后 A 和 B 的浓度。

11. 某 1-2 级对峙反应 $A \underset{k_{-1}}{\overset{k_1}{\rightleftharpoons}} 2B$。在 300 K 时，平衡常数 $K_c=100$ mol·dm^{-3}，恒容反应热 $\Delta_r U_m = -25.0$ kJ·mol^{-1}，在反应的温度区间内可视为常数。已知正反应 $k_1=\left\{10^9 \times \exp\left(-\dfrac{1\,000\ K}{T}\right)\right\}$ s^{-1}，若反应从纯物质 A 开始，在 A 转化率为 50% 时，物料总浓度为 0.3 mol·dm^{-3}，求在这样的组成时使反应速率达到最大值的最佳温度?

12. 有一平行反应：

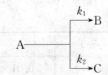

在 916℃时，两个反应的速率系数 $k_1=4.65$ s^{-1}，$k_2=3.74$ s^{-1}。求 A 转化 90% 所需的时间。

13. 某连串反应：

$$A \xrightarrow{k_1} B \xrightarrow{k_2} C$$

其中 $k_1=0.1$ min^{-1}，$k_2=0.2$ min^{-1}，在 $t=0$ 时，$c_B=c_C=0$，$c_A=1$ mol·dm^{-3}，试计算：

(1) B 浓度达到最大的时间；

(2) 该时刻 A、B、C 的浓度。

14. A 反应的 $E_a(A)=60$ kJ·mol^{-1}，B 反应的 $E_a(B)=150$ kJ·mol^{-1}，若两个反应温度均由 373 K 升到 473 K，两个反应的速率系数 k 值各提高多少?

15. 已知 $CO(CH_2COOH)_2$ 在水溶液中分解反应的活化能 $E_a=97.61$ kJ·mol^{-1}。已测得 283 K 的速率系数 $k(283\ K)=1.08\times10^{-4}$ s^{-1}，求 303 K 的速率系数。

16. 在 673 K 时,设反应 $NO_2(g) \rightleftharpoons NO(g) + \frac{1}{2}O_2(g)$ 可以进行完全,产物对反应速率无影响,经实验证明该反应是二级反应,且

$$-\frac{dc(NO_2)}{dt} = kc^2(NO_2)$$

k 与温度 T 之间的关系为 $\ln k = \frac{-12\,886.7}{T/K} + 20.27$($k$ 的单位为 $dm^3 \cdot mol^{-1} \cdot s^{-1}$),求:

(1) 此反应的指数前因子 A 及实验活化能 E_a;

(2) 若在 673 K 时,将 $NO_2(g)$ 通入反应器,使其压力为 26.66 kPa,然后发生上述反应,试计算反应器中的压力达到 32.0 kPa 时所需的时间。

17. 在不同温度时,测得丙酮二羧酸 $CO(CH_2COOH)_2$ 在水溶液中分解时反应的速率系数数据如下:

T/K	273.15	293.15	313.15	333.15
$k/(10^{-5}\,s^{-1})$	2.46	47.50	576.00	5480.00

(1) 以作图法求反应的活化能;

(2) 试求指数前因子。

18. 某复合反应,其机理如下:

(1) $A \underset{k_-}{\overset{k_+}{\rightleftharpoons}} B$

(2) $C + B \overset{k_2}{\longrightarrow} P$

其中 B 是非常活泼的中间产物。试用稳态近似法导出总反应的速率公式。

19. 高温下,H_2 和 I_2 生成 HI 的气相反应,有人认为其反应机理为

$$I_2 \underset{k_2}{\overset{k_1}{\rightleftharpoons}} 2I\cdot \qquad (快)$$

$$H_2 + 2I\cdot \overset{k_3}{\longrightarrow} 2HI \qquad (慢)$$

试证明此反应的速率公式为 $\frac{d[HI]}{dt} = k[H_2][I_2]$。

20. 乙醛的气相热分解反应为 $CH_3CHO \longrightarrow CH_4 + CO$,有人认为此反应由下列几步基元反应构成:

(1) $CH_3CHO \overset{k_1}{\longrightarrow} CH_3\cdot + CHO$

(2) $CH_3\cdot + CH_3CHO \overset{k_2}{\longrightarrow} CH_4 + CH_3CO\cdot$

(3) $CH_3CO\cdot \overset{k_3}{\longrightarrow} CH_3\cdot + CO$

(4) $2CH_3\cdot \overset{k_4}{\longrightarrow} C_2H_6$

试证明此反应的速率公式 $\frac{d[CH_4]}{dt} = k[CH_3CHO]^{3/2}$。

若(4)式为 $2CH_3CO \overset{k_5}{\longrightarrow} CH_3COCOCH_3$,证明:$\frac{d[CH_4]}{dt} = k[CH_3CHO]^{1/2}$。

21. 反应 $N_2O_5 + NO \longrightarrow 3NO_2$，在 25℃ 时进行。第一次实验：$p_0(N_2O_5) = 1.0 \times 10^2$ Pa，$p_0(NO) = 1.0 \times 10^4$ Pa（p_0 表示初始分压），以 $\ln[p(N_2O_5)]$ 对 t 作图得一直线，由图还求得 N_2O_5 的半衰期为 2 h；第二次实验：$p_0(N_2O_5) = p_0(NO) = 5.0 \times 10^3$ Pa，并测得下列数据：

t/h	0	1	2
$p_总/(10^3$ Pa$)$	10.0	11.5	12.5

(1) 设实验的速率公式形式为 $r = k[p(N_2O_5)]^\alpha [p(NO)]^\beta$。试求 α、β 值，并求算反应的表观速率系数 k 值。

(2) 设该反应的机理为

$$N_2O_5 \underset{k_-}{\overset{k_+}{\rightleftharpoons}} NO_2 + NO_3$$

$$NO + NO_3 \overset{k_2}{\longrightarrow} 2NO_2$$

试推断在怎样的条件下，由该机理导出的速率公式能够和实验结果一致？

(3) 当 $p_0(N_2O_5) = 1.0 \times 10^4$ Pa，$p_0(NO) = 1.0 \times 10^2$ Pa 时，求 NO 反应掉一半所需要的时间？

22. CH_4 气相热分解反应 $2CH_4 \longrightarrow C_2H_6 + H_2$ 的反应机理及各基元反应的活化能如下：

$$CH_4 \overset{k_1}{\longrightarrow} CH_3 \cdot + H \cdot \qquad E_1 = 423 \text{ kJ} \cdot \text{mol}^{-1}$$

$$CH_3 \cdot + CH_4 \overset{k_2}{\longrightarrow} C_2H_6 + H \cdot \qquad E_2 = 201 \text{ kJ} \cdot \text{mol}^{-1}$$

$$H \cdot + CH_4 \overset{k_3}{\longrightarrow} CH_3 \cdot + H_2 \qquad E_3 = 29 \text{ kJ} \cdot \text{mol}^{-1}$$

$$H \cdot + CH_3 \cdot \overset{k_{-1}}{\longrightarrow} CH_4 \qquad E_{-1} = 0 \text{ kJ} \cdot \text{mol}^{-1}$$

试证明该总反应的动力学方程式为

$$\frac{dc_{C_2H_6}}{dt} = \left(\frac{k_1 k_2 k_3}{k_{-1}} \right)^{1/2} c_{CH_4}^{3/2}$$

并求总反应的表观活化能。

第9章　分子反应动力学

本章基本要求

1. 了解微观反应动力学的发展概况、常用的实验方法及其在理论上的意义。

2. 了解目前较常用的反应速率理论。对碰撞理论和过渡态理论要知道其分别采用的模型、推导过程中引进的假设、计算速率常数的公式及理论的优点，会利用它们来计算一些简单反应的速率系数，掌握活化能、阈能和活化焓等能量之间的关系。

3. 了解溶液反应的特点和溶剂对反应的影响。

4. 了解较常用的测试快速反应的方法。

5. 了解光化学反应的基本定律、光化学平衡与热化学平衡的区别，掌握量子产率的计算和处理简单的光化学反应的动力学问题。

6. 了解催化反应特别是酶催化反应的特点、催化剂之所以能改变反应速率的本质和常用催化剂的类型。

7. 了解自催化反应的特点和产生化学振荡的原因。

关键词

碰撞理论，过渡态理论，单分子反应理论，光化学，催化反应

分子反应动力学是化学的前沿基础研究领域。它应用现代物理化学的先进分析方法，在原子、分子的层次上研究不同状态下和不同分子体系中单分子的基元化学反应的动态结构、反应过程和反应机理。随着分子反应动力学的深入研究和不断发展，对分子反应散射的研究引起了人们极大的兴趣。一方面，分子化学反应的实验研究为化学反应机理的研究提供了详细的信息；另一方面，对反应散射的理论计算，既可以同实验结果互相对比，又可以给予实验结果以清楚的解释。本章将简要讨论双分子反应的简单碰撞理论、过渡态理论和单分子反应理论等，简要介绍溶液中的反应、光化学和催化反应等。

§9.1　双分子反应的简单碰撞理论

由于动力学理论相较于热力学发展得晚，加上化学反应受温度、浓度、催化剂等多种因素的影响，其实际过程十分复杂，很难归纳出一个普适的理论。在反应速率理论的发展过程中，先后形成的双分子反应碰撞理论、过渡态理论、单分子反应理论等，都是动力学研究中的

基本理论。

9.1.1　碰撞理论的要点

碰撞理论是 20 世纪初在气体分子运动理论基础上发展起来的。该理论认为：发生化学反应的先决条件是反应物分子的碰撞接触，但并非每一次碰撞都能导致化学反应的发生。在热平衡系统中，分子的平动能符合 Boltzmann 分布。若互碰分子对的平动能不够大，则碰撞不会导致反应发生，碰撞后随即分离。只有那些相对平动能在分子连心线上的分量超过某一临界值的分子对，才能把平动能转化为分子内部的能量，使旧键破裂而发生原子间的重新组合。这种能导致旧键破裂的碰撞称为有效碰撞。

只要知道分子的碰撞频率(Z)，再求出可导致旧键分裂的有效碰撞在总碰撞中的分数(q)，则从 Z 与 q 的乘积即可求得反应速率(r)和速率系数(k)。

简单碰撞理论是以硬球碰撞为模型，导出宏观反应速率系数的计算公式，故又称为硬球碰撞理论。

9.1.2　两个分子的一次碰撞过程

粒子在质心体系中的碰撞轨迹可用图 9.1 示意。两个分子在相互的作用力影响下，先按一定的方式互相接近，当接近到一定距离时，分子间的斥力随着距离的减小而迅速增大，分子就改变原来的方向而相互远离，即完成一次碰撞过程。

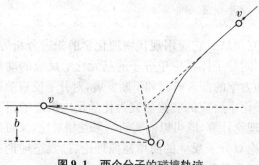

图 9.1　两个分子的碰撞轨迹

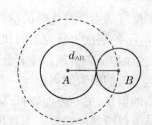

图 9.2　分子间的碰撞和有效直径

9.1.3　有效碰撞直径和碰撞截面

运动着的 A 分子和 B 分子，两者质心的投影落在直径为 d_{AB} 的圆截面之内，都有可能发生碰撞。如图 9.2 所示。

d_{AB} 称为有效碰撞直径，数值上等于 A 分子和 B 分子的半径之和。

虚线圆的面积称为碰撞截面(collision cross section)，数值上等于 πd_{AB}^2。

9.1.4　A 与 B 分子互碰频率

将 A 和 B 分子看作硬球，根据气体分子运动论，它们以一定角度相碰。相对速度为

$$u_r = (u_A^2 + u_B^2)^{1/2}$$

$$u_A = \left(\frac{8RT}{\pi M_A}\right)^{1/2}$$

$$u_B = \left(\frac{8RT}{\pi M_B}\right)^{1/2}$$

互碰频率为
$$Z_{AB} = \pi d_{AB}^2 \frac{N_A}{V} \frac{N_B}{V} \left(\frac{8RT}{\pi \mu}\right)^{1/2} \tag{9.1}$$

式中，μ_M 为 A、B 分子的折合质量，它满足关系式 $\dfrac{1}{\mu_M} = \dfrac{1}{M_A} + \dfrac{1}{M_B}$。

9.1.5　两个 A 分子互碰频率

当系统中只有一种 A 分子，两个 A 分子互碰的相对速度为

$$u_r = \left(2 \times \frac{8RT}{\pi M_A}\right)^{1/2}$$

每次碰撞需要两个 A 分子，为防止重复计算，在碰撞频率中除以 2，所以两个 A 分子互碰频率为

$$Z_{AA} = \frac{\sqrt{2}}{2} \pi d_A^2 A \left(\frac{N_A}{V}\right)^2 \left(\frac{8RT}{\pi M_A}\right)^{1/2}$$

$$= 2\pi d_{AA}^2 L^2 \left(\frac{RT}{\pi M_A}\right)^{1/2} [A]^2 \tag{9.2}$$

9.1.6　硬球碰撞模型

设 A 和 B 为没有结构的硬球分子，质量分别为 m_A 和 m_B，折合质量为 μ，运动速度分别为 u_A 和 u_B，总的动能为

$$E = \frac{1}{2} m_A u_A^2 + \frac{1}{2} m_B u_B^2 \tag{9.3}$$

将总的动能表示为质心整体运动的动能 ε_g 和分子相对运动的动能 ε_r，则

$$E = \varepsilon_g + \varepsilon_r = \frac{1}{2}(m_A + m_B) u_g^2 + \frac{1}{2} \mu u_r^2 \tag{9.4}$$

两个分子在空间整体运动的动能对化学反应没有贡献，而相对动能可以衡量两个分子相互趋近时能量的大小，有可能发生化学反应。

9.1.7 碰撞参数

碰撞参数用来描述粒子碰撞激烈的程度,通常用字母 b 表示。

如图 9.3 所示,在硬球碰撞上,A 和 B 两个球的连心线等于两个球的半径之和 d_{AB},它与相对速度 u_r 之间的夹角为 θ。

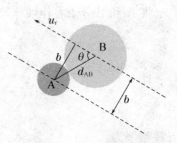

通过 A 球质心,画平行于 u_r 的平行线,两平行线间的距离就是碰撞参数 b。数值上:

$$b = d_{AB} \cdot \sin\theta \qquad b_{max} = d_{AB}$$

b 值越小,碰撞越激烈。迎头碰撞,最激烈。

图 9.3 硬球碰撞模型

9.1.8 有效碰撞分数

分子互碰并不是每次都发生反应,只有相对平动能在连心线上的分量大于阈能的碰撞才是有效的,所以绝大部分的碰撞是无效的。

要在碰撞频率项上乘以有效碰撞分数 q:

$$q = \exp\left(-\frac{E_c}{RT}\right) \tag{9.5}$$

9.1.9 反应截面

反应截面 σ_r 的定义式为

$$\sigma = \pi b_r^2 = \pi d_{AB}^2 \left(1 - \frac{\varepsilon_c}{\varepsilon_r}\right) \tag{9.6}$$

式中,b_r 是碰撞参数临界值,只有碰撞参数小于 b_r 的碰撞才是有效的;ε_c 为反应阈能,从图 9.4 中可以看出,反应截面是相对平动能的函数,相对平动能至少大于阈能,才有反应的可能性,相对平动能越大,反应截面也越大。

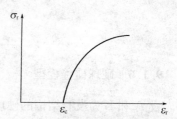

图 9.4 反应截面与反应阈能的关系

9.1.10 碰撞理论计算速率系数

对双分子反应,$A + B \longrightarrow P$,有 $r = -\dfrac{d[A]}{dt} = k[A][B]$,则

$$k = \pi d_{AB}^2 L \left(\frac{8k_B T}{\pi\mu}\right)^{1/2} \exp\left(-\frac{\varepsilon_c}{k_B T}\right) \tag{9.7a}$$

或

$$k = \pi d_{AB}^2 L \left(\frac{8RT}{\pi\mu_M}\right)^{1/2} \exp\left(-\frac{E_c}{RT}\right) \tag{9.7b}$$

上述两式完全等效。

对于反应，$2A \longrightarrow P$，则

$$k = \frac{\sqrt{2}}{2} \pi d_{AA}^2 L \left(\frac{8RT}{\pi M_A} \right)^{1/2} \exp\left(-\frac{E_c}{RT} \right) \tag{9.8}$$

9.1.11　反应阈能与实验活化能的关系

反应阈能又称为反应临界能。两个分子相撞，相对动能在连心线上的分量必须大于一个临界值 E_c，这种碰撞才有可能引发化学反应，此临界值 E_c 称为反应阈能。

碰撞理论计算速率系数的公式：

$$k = \pi d_{AB}^2 L \left(\frac{8RT}{\pi \mu_M} \right)^{1/2} \exp\left(-\frac{E_c}{RT} \right) \tag{9.9}$$

将与 T 无关的物理量总称为 B，则

$$\ln k = -\frac{E_c}{RT} + \frac{1}{2}\ln T + \ln B$$

$$\frac{\mathrm{d}\ln k}{\mathrm{d}T} = \frac{E_c}{RT^2} + \frac{1}{2T}$$

实验活化能的定义：

$$E_a = RT^2 \frac{\mathrm{d}\ln k}{\mathrm{d}T}$$

$$\tag{9.10}$$

$$E_a = E_c + \frac{1}{2}RT$$

阈能 E_c 与温度无关，但无法测定，要从实验活化能 E_a 计算。在温度不太高时，则 $E_a \approx E_c$。

9.1.12　概率因子

由于简单碰撞理论所采用的模型过于简单，没有考虑分子的结构与性质，所以用概率因子来校正理论计算值与实验值的偏差。

$$P = k(\text{实验})/k(\text{理论}) = A(\text{实验})/A(\text{理论}) \tag{9.11}$$

概率因子又称为空间因子或方位因子或校正因子。理论计算值与实验值发生偏差的原因主要有：

（1）从理论计算认为分子已被活化，但由于有的分子只有在某一方向相撞才有效；

（2）有的分子从相撞到反应中间有一个能量传递过程，若这时又与另外的分子相撞而失去能量，则反应仍不会发生；

（3）有的分子在能引发反应的化学键附近有较大的原子团，由于位阻效应，减少了这个键与其他分子相撞的机会。

9.1.13 碰撞理论总结

以两个硬球作分子模型,计算它们的碰撞频率,再乘上有效碰撞分数,经过统计平均得到计算速率系数的公式:

$$k = \pi d_{AB}^2 \left(\frac{8RT}{\pi\mu_M}\right)^{1/2} \exp\left(-\frac{E_c}{RT}\right)$$

式中,E_c 称为反应阈能,碰撞分子的相对动能在连心线上的分量必须超过 E_c,碰撞才是有效的。E_c 比 E_a 小 $\frac{1}{2}RT$。

碰撞理论的优点:碰撞理论为我们描述了一幅虽然粗糙但十分明确的反应图像,在反应速率理论的发展中起了很大作用。该理论对阿仑尼乌斯公式中的指数项、指前因子和阈能都提出了较明确的物理意义,认为指数项相当于有效碰撞分数,指前因子 A 相当于碰撞频率。它解释了一部分实验事实,理论所计算的速率系数 k 值与较简单的反应的实验值相符。

碰撞理论的不足:模型过于简单,所以要引入概率因子,且概率因子的值很难给出计算通式;阈能还必须从实验活化能求得,所以碰撞理论还是半经验的理论。

§9.2 过渡态理论

9.2.1 过渡态理论简介

过渡态理论是 1935 年由艾林(Eyring)和波兰尼(Polanyi)等人在统计热力学和量子力学的基础上提出来的。他们认为由反应物分子变成生成物分子,中间一定要经过一个过渡态,而形成这个过渡态必须吸取一定的活化能,这个过渡态就称为活化络合物,所以该理论又称为活化络合物理论。只要知道分子的振动频率、质量、核间距等基本物性,就能从理论上计算反应的速率系数,故也称为绝对反应速率理论。

9.2.2 双原子分子的莫尔斯势能曲线

过渡态理论认为反应物分子间相互作用的势能是分子间相对位置的函数。

莫尔斯(Morse)公式是对双原子分子最常用的计算势能 E_p 的经验公式:

$$E_p(r) = D_e[\exp\{2a(r-r_0)\} - 2\exp\{-a(r-r_0)\}] \tag{9.12}$$

式中,r_0 是分子中双原子分子间的平衡核间距,D_e 是势能曲线的井深,a 为与分子结构有关的常数。

根据 Morse 公式,对于 AB 双原子分子画出的势能曲线如图 9.5 所示。

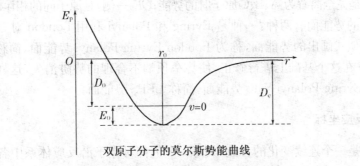

双原子分子的莫尔斯势能曲线

图 9.5　双原子分子的 Morse 势能曲线

当 $r > r_0$ 时,有引力,即化学键力;当 $r < r_0$ 时,有斥力。

$v = 0$ 时的能级为振动基态能级,E_0 为零点能。

D_0 为把基态分子离解为孤立原子所需的能量,它的值可从光谱数据得到。

9.2.3　三原子分子的核间距(以三原子反应为例)

当 A 原子与双原子分子 BC 反应时首先形成三原子分子的活化络合物,该络合物的势能是 3 个内坐标的函数:

$$E_P = E_P(r_{AB}, r_{BC}, r_{CA})$$

或　　　$$E_P = E_P(r_{AB}, r_{BC}, \angle ABC) \qquad (9.13)$$

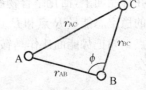

图 9.6　三原子系统的核间距

这要用四维图表示,若令 $\angle ABC = 180°$(如图 9.6 所示),即 A 与 BC 发生共线碰撞,活化络合物为线型分子,则 $E_P = E_P(r_{AB}, r_{BC})$ 就可用三维图表示。

9.2.4　势能面

对于反应:

$$A + BC \Longleftrightarrow [A \cdots B \cdots C]^{\neq} \longrightarrow AB + C$$

令 $\angle ABC = 180°$,$E_P = E_P(r_{AB}, r_{BC})$。随着核间距 r_{AB} 和 r_{BC} 的变化,势能也随之改变。这些不同点在空间构成高低不平的曲面,称为势能面,如图 9.7 所示。

图中,R 点是反应物 BC 分子的基态,随着 A 原子的靠近,势能沿着 RT 线升高,到达 T 点形成活化络合物。随着 C 原子的离去,势能沿着 TP 线下降,到 P 点是生成物 AB 分子

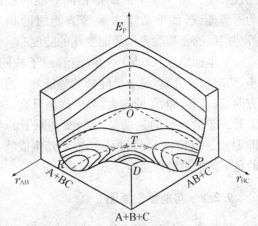

图 9.7　势能面示意图

的稳态。D 点是完全离解为 A、B、C 原子时的势能；OE_P 一侧，是原子间的相斥能，也很高。

目前常见的势能面有两种：一种是 Eyring 和 Polanyi 利用 London 对三原子体系的量子力学势能近似式画出的势能面，称为 London-Eyring-Polanyi 势能面，简称 LEP 势能面；另一种是 Sato 在这个基础上进行修正，使势垒顶端不合理的势阱消失，这样得到的势能面称为 London-Eyring-Polanyi-Sato 势能面，简称 LEPS 势能面。

9.2.5 反应坐标

反应坐标是一个连续变化的参数，其每一个值都对应于沿反应体系中各原子的相对位置。如在势能面上，反应沿着 $RT \rightarrow TP$ 的虚线进行，反应进程不同，各原子间相对位置也不同，体系的能量也不同。

若以势能为纵坐标，反应坐标为横坐标，画出的图可以表示反应过程中体系势能的变化，这是一条能量最低的途径。

9.2.6 马鞍点

在势能面上，活化络合物所处的位置 T 点称为马鞍点。该点的势能与反应物和生成物所处的稳定态能量 R 点和 P 点相比是最高点，但与坐标原点一侧和 D 点的势能相比又是最低点。如把势能面比作马鞍，则马鞍点处在马鞍的中心。从反应物到生成物必须越过一个能垒。

9.2.7 势能面投影图

将三维势能面投影到平面上，就得到势能面的投影图。图 9.8 中曲线是相同势能的投影，称为等势能线，线上数字表示等势能线的相对值。等势能线的密集度表示势能变化的陡度。

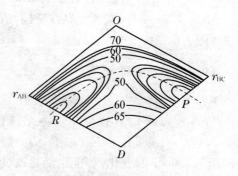

靠坐标原点（O 点）一方，随着原子核间距变小，势能急剧升高，是一个陡峭的势能峰。在 D 点方向，随着 r_{AB} 和 r_{BC} 的增大，势能逐渐升高，这平缓上升的能量高原的顶端是三个孤立原子的势能，即 D 点。反应物 R 经过马鞍点 T 到生成物 P，走的是一条能量最低通道。

图 9.8 势能面投影图

9.2.8 势能面剖面图

沿势能面上 R－T－P 虚线切剖面图，把 R－T－P 曲线作横坐标，这就是反应坐标。以势能作纵坐标，标出反应进程中每一点的势能，就得到势能面的剖面图，见图 9.9。

从剖面图可以看出：从反应物 A+BC 到生成物走的是能量最低通道，但必须越过势能垒 E_b。E_b 是活化络合物与反应物最低势能之差，E_0 是两者零点能之间的差值。

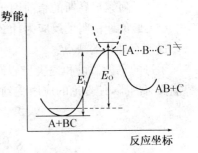

图 9.9　势能面剖面图

9.2.9　三原子体系振动方式

线性三原子体系有三个平动和两个转动自由度，所以有四个振动自由度：(a)为对称伸缩振动，r_{AB} 与 r_{BC} 相等；(b)为不对称伸缩振动，r_{AB} 与 r_{BC} 不等；(c)和(d)为弯曲振动，分别发生在相互垂直的两个平面内，但能量相同。

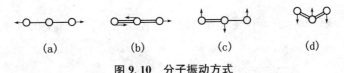

| (a) | (b) | (c) | (d) |

图 9.10　分子振动方式

对于稳定分子，这四种振动方式都不会使分子破坏。但对于过渡态分子，不对称伸缩振动没有回收力，会导致它越过势垒分解为产物分子。所以这种不对称伸缩振动每振一次，就使过渡态分子分解，这个振动频率就是过渡态的分解速率系数。

9.2.10　速率系数的求算

过渡态理论假设：

(1) 活化络合物与反应物能快速达到平衡。

(2) 活化络合物分解为产物的步骤是整个反应的速控步。

对于反应　　　　　　　$A+BC \Longleftrightarrow [A{\cdots}B{\cdots}C]^{\neq} \longrightarrow AB+C$

根据该理论假设，用统计热力学或热力学方法可推导得速率系数：

$$k = \frac{k_B T}{h}(c^{\ominus})^{1-n}\exp\left(\frac{\Delta_r^{\neq}S_m^{\ominus}}{R}\right)\exp\left(-\frac{\Delta_r^{\neq}H_m^{\ominus}}{RT}\right) \tag{9.14}$$

式中，$\Delta_r^{\neq}H_m^{\ominus}$、$\Delta_r^{\neq}S_m^{\ominus}$ 分别为形成活化络合物的过程中的标准摩尔活化焓和标准摩尔活化熵，此即过渡态理论的速率计算公式。

标准摩尔活化焓与实验活化能的关系为

对凝聚相反应：　　　　　　$E_a = \Delta_r^{\neq}H_m^{\ominus} + RT$

对气相反应：　　　　　　$E_a = \Delta_r^{\neq}H_m^{\ominus} + nRT$　　　（n 为气相反应物的分子数）

过渡态理论的优点：

(1) 形象地描绘了基元反应进展的过程。

(2) 原则上可以从原子结构的光谱数据和势能面计算宏观反应的速率常数。

（3）对阿累尼乌斯的指前因子作了理论说明，认为它与反应的活化熵有关。

（4）形象地说明了反应为什么需要活化能以及反应遵循的能量最低原理。

过渡态理论的缺点：

引进的平衡假设和速决步假设并不能符合所有的实验事实；对复杂的多原子反应，绘制势能面有困难，使理论的应用受到一定的限制。

§9.3 单分子反应理论

9.3.1 林德曼单分子反应理论

1921 年林德曼（Lindemann）等人对单分子气体反应提出了如下的反应历程：

总反应：

$$A \longrightarrow P$$

具体步骤：

$$(1) \ A + A \underset{k_{-1}}{\overset{k_1}{\rightleftharpoons}} A^* + A$$

$$(2) \ A^* \overset{k_2}{\longrightarrow} P$$

式中，A^* 为活化分子，第（1）步并不是化学变化，仅是使分子活化的传能过程。分子活化的速率为

$$\frac{d[A^*]}{dt} = k_1[A]^2 \tag{9.15}$$

分子消活化的速率为

$$-\frac{d[A^*]}{dt} = k_{-1}[A][A^*] \tag{9.16}$$

活化分子变为产物的速率为

$$\frac{d[P]}{dt} = k_2[A^*] \tag{9.17}$$

则分子活化的净速率为

$$\frac{d[A^*]}{dt} = k_1[A]^2 - k_{-1}[A][A^*] - k_2[A^*] \tag{9.18}$$

当反应达到稳态时，活化分子数不变，即

$$\frac{d[A^*]}{dt} = 0$$

因而解得

$$[A^*] = \frac{k_1[A]^2}{k_{-1}[A] + k_2} \tag{9.19}$$

第(2)步为化学反应,其速率为产物的生成速率,即实验上测得的总反应速率 r,将式(9.19)代入式(9.17)得

$$r = \frac{d[P]}{dt} = k_2[A^*] = \frac{k_1 k_2 [A]^2}{k_{-1}[A] + k_2} \qquad (9.20)$$

式(9.20)为 Lindemann 单分子反应理论所推出的结果,据此可以对单分子反应中所出现的不同反应级数进行以下解释。

当 A^* 变为产物的速率远大于 A^* 的消活化速率,即 $k_2 \gg k_{-1}[A]$ 时,则式(9.20)可近似为

$$r = k_1[A]^2$$

反应表现为二级反应。

反之,当 A^* 变为产物的速率远小于 A^* 的消化速率,即 $k_2 \ll k_{-1}[A]$ 时,式(9.20)可近似为

$$r = \frac{k_2 k_1}{k_{-1}}[A] = k[A]$$

反应表现为一级反应。

可见,分子通过碰撞产生了活化分子 A^*,A^* 有可能再经碰撞而失活,也有可能分解为产物 P。根据林德曼观点,分子必须通过碰撞才能获得能量,所以不是真正的单分子反应。

活化后的分子还要经过一定时间才能离解,这段从活化到反应的时间称为时滞。在时滞中,活化分子可能通过碰撞而失活,也可能把所得能量进行内部传递,把能量集中到要破裂的键上面,然后解离为产物。对多分子的复杂反应,需要的时间要长一点。

林德曼提出的单分子反应理论就是碰撞理论加上时滞假设,很好地解释了时滞现象和为什么单分子反应在不同压力下表现出不同的反应级数等实验事实。

9.3.2 单分子反应理论进展

在单分子反应的理论发展过程中,以林德曼的单分子理论为基础,出现了许多理论。如 20 世纪 50 年代,Marcus 把 30 年代由 RRK(Rice-Ramsperger-Kassel)提出的单分子反应理论与过渡态理论结合,对林德曼的单分子理论加以修正,提出了 RRKM 理论。这些理论对分子反应动力学的发展起到了重要的作用。

§9.4 溶液中的反应

9.4.1 笼效应

在溶液反应中,溶剂是大量的,溶剂分子环绕在反应物分子周围,好像一个笼把反应物

围在中间,使同一笼中的反应物分子进行多次碰撞,其碰撞频率并不低于气相反应中的碰撞频率,因而发生反应的机会也较多,这种现象称为笼效应。

对有效碰撞分数较小的反应,笼效应对其反应影响不大;对自由基等活化能很小的反应,一次碰撞就有可能反应,则笼效应会使这种反应速率变慢,分子的扩散速度起到了决速步的作用。

9.4.2　一次遭遇(one encounter)

反应物分子处在某一个溶剂笼中,发生连续重复的碰撞,称为一次遭遇,直至反应物分子挤出溶剂笼,扩散到另一个溶剂笼中。

在一次遭遇中,反应物分子有可能发生反应,也有可能不发生反应。每次遭遇在笼中停留的时间约为 $10^{-12} \sim 10^{-11}$ s,进行约 $100 \sim 1\,000$ 次碰撞,频率与气相反应近似。

9.4.3　溶剂对反应速率的影响

溶剂对反应速率的影响是十分复杂的,主要有:

(1) 溶剂介电常数的影响。介电常数大的溶剂会降低离子间的引力,不利于离子间的化合反应。

(2) 溶剂极性的影响。如果生成物的极性比反应物大,极性溶剂能加快反应速率,反之亦然。

(3) 溶剂化的影响。反应物分子与溶剂分子形成的化合物较稳定,会降低反应速率;若溶剂能使活化络合物的能量降低,从而降低了活化能,能使反应加快。

(4) 离子强度的影响。离子强度会影响有离子参加的反应速率,会使速率变大或变小,这就是原盐效应。

9.4.4　原盐效应

稀溶液中,离子强度对反应速率的影响称为原盐效应。它有三种情况:正原盐效应、负原盐效应和无原盐效应。下面简单进行说明。

早在 20 世纪 20 年代,Bjerrum(布耶伦)等人已导出了速率常数与离子活度因子之间的关系式。结合 Debye-Hückel 极限公式,得到

$$\lg \frac{k}{k_0} = 2z_A z_B A \sqrt{I} \tag{9.21}$$

式中,z_A 和 z_B 分别为反应物离子 A、B 的电价,A 为常数,I 为离子强度。

由式(9.21)可知,若反应物中有非电解质,即 $z_A z_B = 0$,则原盐效应等于零(无原盐效应),如反应:

$$CH_2ICOOH + SCN \longrightarrow CH_2(SCN)COOH + I^+$$

就属于这种情况。

对于反应：　　$CH_2BrCOO^- + S_2O_3^{2-} \longrightarrow CH_2(S_2O_3)COO^{2-} + Br^-$

$z_A z_B = +2$，产生正的原盐效应，即反应的速率随离子强度 I 的增加而增大。

对于反应：

$$[CO(NH_3)_5Br]^{2+} + OH^- \longrightarrow [CO(NH_3)_5OH]^{2+} + Br^-$$

$z_A z_B = -2$，产生负的原盐效应，即反应的速率随离子强度 I 的增加而减小。

§9.5　光化学

光化学是研究因受光照射而产生化学效应的一门科学。光化学与生命起源、大气中的反应(如臭氧层的形成与破坏)等有着密切的关系,也有许多实际应用,如光氯化、光聚合等。这里的光一般指红外线、可见光及紫外线范围内的电磁波。波长越短,能量越高。由于吸收光量子而引起的化学反应称为光化学反应。

9.5.1　光化学基本定律

1. 光化学第一定律

只有被分子吸收的光才能引发光化学反应。该定律在 1818 年由 Grotthus 和 Draper 提出,故又称为 Grotthus-Draper 定律。

2. 光化学第二定律

在初级过程中,一个被吸收的光子只活化一个分子。该定律在 1908～1912 年由 Einstein 和 Stark 提出,故又称为 Einstein-Stark 定律。

3. Beer-Lambert 定律

平行的单色光通过浓度为 c,长度为 d 的均匀介质时,未被吸收的透射光强度 I_t 与入射光强度 I_0 之间的关系为(ε 为摩尔消光系数)

$$I_t = I_0 \exp(-\varepsilon dc)$$

9.5.2　量子产率

在光化反应动力学中,用下式定义量子产率更合适:

$$\Phi \xlongequal{\text{def}} \frac{r}{I_a}$$

式中,r 为反应速率,I_a 为吸收光速率,用化学露光计测量。

当 $\Phi > 1$,是由于初级过程活化了一个分子,而次级过程中又使若干反应物发生反应。

例如，$H_2 + Cl_2 \longrightarrow 2HCl$ 的反应，1 个光子引发了一个链反应，量子效率可达 10^6。

当 $\Phi < 1$，是由于初级过程被光子活化的分子，尚未来得及反应便发生了分子内或分子间的传能过程而失去活性。

9.5.3 光化学反应动力学

总反应：

$$A_2 + h\nu \longrightarrow 2A$$

反应机理：

(1) $A_2 + h\nu \longrightarrow A_2^*$ I_a

(2) $A_2^* \longrightarrow 2A$ k_2

(3) $A_2^2 + A_2 \longrightarrow 2A_2$ k_3

动力学方程：

$$r = \frac{1}{2}\frac{d[A]}{dt} = k_2[A_2^*]$$

$$\frac{d[A_2^*]}{dt} = I_a - k_2[A_2^*] - k_3[A_2^*][A_2] = 0$$

$$[A_2^*] = \frac{I_a}{k_2 + k_3[A_2]}$$

$$r = \frac{1}{2}\frac{d[A]}{dt} = \frac{k_2 I_a}{k_2 + k_3[A_2]}$$

$$F = \frac{r}{I_a} = \frac{k_2}{k_2 + k_3[A_2]}$$

反应步骤(1)中，速率只与 I_a 有关，与反应物浓度无关。

9.5.4 光化学反应的特点

光化学反应与热化学反应不同，主要有以下特点：

(1) 光化学初级反应的速率通常与反应物的浓度无关。因为光化学反应的初级过程是由光子引发的，通常反应物的浓度总是大大过量的，所以对反应物的浓度呈零级，反应速率主要取决于吸收光的速率。而在热化学反应中，反应物的分子是依赖分子碰撞而活化的，所以速率与反应物的浓度有关。

(2) 在等温、等压条件下，可以进行 $\Delta G > 0$ 的反应。因为光子是有能量的，在光化学反应中，非膨胀功不等于零。例如，在等温、等压下，有光敏剂存在时，太阳光可以将水分解为氢气和氧气。这与电解水的道理是相同的。

(3) 反应温度系数很小，有时升高温度，反应速率反而下降。因为光化学反应的初级反应速率取决于吸收光的速率，次级反应中又往往涉及自由基参加的反应，其反应活化能很低,所以温度对速率系数影响不大。如果次级反应中有一个放热很多的反应,则有可能使表观活化能变为负值,此时升高温度,反应总速率反而会下降。

(4) 光化反应的平衡常数与光强度有关,不能用热化学反应中的 $\Delta_r G_m^\ominus$ 来计算平衡常数,即在光化学反应的平衡中,不能使用公式 $\Delta_r G^\ominus_m(T) = -RT\ln K^\ominus$。

9.5.5　光敏剂和化学发光

有些物质对光不敏感,不能直接吸收某种波长的光而进行光化学反应。如果在反应体系中加入另外一种物质,它能吸收这样的辐射,然后将光能传递给反应物,使反应物发生作用,而该物质本身在反应前后并未发生变化,这种物质就称为光敏剂,又称感光剂。

化学发光可以看作是光化反应的反过程。在化学反应过程中,产生了激发态的分子,当这些分子回到基态时放出的辐射,称为化学发光。这种辐射的温度较低,故又称化学冷光。不同反应放出的辐射的波长不同。有的在可见光区,也有的在红外光区,后者称为红外化学发光,研究这种辐射,可以了解初生态产物中的能量分配情况。

9.5.6　化学激光

激光是一种单色、亮度高、相干性好、方向性好的相干光束。激光的产生包括受激辐射、受激吸收以及自动辐射等,是电磁波与物质相互作用的三种基本现象。化学激光就是通过化学反应,直接产生非 Boltzmann 分布的激发态工作粒子(分子、原子、自由基等),构成粒子数反转从而得到的激光。通过化学反应的热效应,把能量转变为粒子的振动能和转动能。产生化学激光必须具备以下条件:

(1) 在化学反应中一定要释放出能量,这是化学激光的能源;

(2) 化学反应所释放的能量要转化为反应产物分子的热力学能,使其形成激发态分子;

(3) 要求化学反应达到特定能级的反应速率快,使生成的激发态粒子不致在发生激光前因自发辐射衰减或分子间碰撞传能而消耗掉,保证达到上、下能级粒子数的反转(即粒子能在高能级上发生积累);

(4) 要求激发态粒子自发辐射的寿命极短,有足够的跃迁速率。

20 世纪 60 年代初出现的激光技术发展迅速,正影响着人类生活的各个方面。化学激光在化工、医疗、野外作业和军事等方面有着广阔的应用前景。近年来,在扩大光波长范围,发展激光辐射频率的可调、可控和稳定性方面进展很大,这就为系统进行激光化学研究创造了必要的条件。例如,在激光的作用下,选择性进行光化学反应,研究得最多、最有成效的是用激光分离同位素。

§9.6 催化反应

9.6.1 催化反应中的基本概念

加入某一化学反应系统中,可以明显改变反应的速率(即反应趋向平衡的速率)而本身在反应前后既无数量的变化又无化学性质的改变的物质称为催化剂,催化剂的这种作用称为催化作用。催化剂可分正催化剂和负催化剂两种,当催化剂的作用是明显加快正反应速率的,称为正催化剂(一般不特别说明即为正催化剂),在工业上具有重要的地位。据统计,化工生产和石油炼制等过程中,90%以上的反应要用到催化剂。若催化剂的作用是降低正反应速率的,则称为负催化剂(也称阻化剂),例如,塑料和橡胶中的防老(化)剂、金属防腐中的缓蚀剂和汽油燃烧中的防爆剂等。

催化剂种类多样,工业上按照制备方法的不同可将其划分为如表9.1所示的几类。

表 9.1 催化剂的类型

类别	种类	例子
A. 单一活性这份和载体	1. 单一氧化物 2. 二元氧化物	Al_2O_3, SiO_2, Cr_2O_3 SiO_2-Al_2O_3, NiO-Al_2O_3
B. 沉积法生成的活性组分	3. 分散的氧化物 4. 分散的金属(低负载) 5. 分散的金属(高负载)	MoO_2-Al_2O_3 0.3%(质量分数)Pt/Al_2O_3 40%(质量分数)Ni/Al_2O_3
C. 浸渍法生成的活性组分	6. 分散的金属(高负载) 7. 多孔金属 8. 熔融的氧化物	70%(质量分数)Ni/Al_2O_3 RaneyNi Fe_3O_4-Al_2O_3-K_2O
D. 特殊类型	9. 混合的氧化物 10. 黏合的氧化物 11. 金属网	ZnO, $ZnCr_2O_4$ NiO-$CaAl_2O_4$ Pt, Ag

按反应物与催化剂所处的相态,可以将催化作用分为均相催化和多相催化两大类。若反应物与催化剂同处于一相(气相或液相),则该催化反应称为均相催化反应。例如,硫酸对乙酸与乙醇催化生成乙酸乙酯的反应,即为均相催化反应。如果用酸性树脂、固体超强酸等代替硫酸来催化该反应,催化剂与反应系统处于不同的相,则称为多相催化反应。在石油炼

制工业上有许多多相催化反应。例如,用一定粒度的固体分子筛作催化剂,将石油裂解为汽油和煤油的反应就是典型的多相催化反应。

催化剂的优劣主要从活性、选择性两个指标来评价,工业上还须考虑催化剂的成本和寿命。催化剂的活性通常用转化率来表示:在相同反应条件下,一定量的催化剂将反应物转化为产物的百分数。对于固体催化剂,也常用单位时间、单位质量(或表面积)生成产物的质量来表示其活性。催化剂的选择性是指在反应过程中,将反应物转化为目标产物的百分数。

固体催化剂的表面不均匀,其活性来自表面的活性中心。活性中心吸附反应物分子后,使之活化,再转化为产物离去,将活性中心释放出来,使之能够进行下一轮反应。若某物质被催化剂活性中心吸附后,占据活性中心而不离去,其活性中心就不能再起作用,这种现象称为催化剂中毒。占领活性中心而不离去的物质称为催化剂的毒物。如果采取加热升温、通入气体或液体冲洗等物理方法可以使催化剂的活性恢复,则这种中毒称为暂时性中毒。若这些方法不起作用,则称为永久性中毒。永久性中毒后的催化剂必须采用化学方法处理或更换新催化剂。催化剂的毒物一般为混在反应物系中的杂质,数量虽少,危害极大,所以化学工业上通常要对反应原料进行净化,去除使催化剂中毒的杂质,保证生产的正常进行。

固体催化剂的寿命可以用活性随时间的变化曲线(即寿命曲线)来表示。寿命曲线通常可以分为三个阶段:第一阶段为成熟期,催化剂的活性随使用时间的延长而逐渐增大,直至达到最佳期;第二阶段为稳定期,催化剂较长时间(一般为几天至几十天甚至几百天)维持在高活性;第三阶段为衰老期,活性随使用时间的延长而逐渐下降,直至不能使用。三个阶段的时间累加,这样的一个周期就是催化剂的单程寿命。如果把活性下降后的催化剂经过一定的物理方法处理,其活性得以恢复,则可以继续使用。如此反复,直至物理方法处理不能恢复活性,把所有的周期累加,总的运行时间称为催化剂的总寿命。

9.6.2 催化作用的基本特征

1. 催化剂不改变反应的方向和限度

在一定条件下,从热力学判断不能发生的反应,寻找催化剂是徒劳的,这是因为催化剂不能使热力学认为不能发生的反应进行。催化剂也不能改变反应的限度,即不能改变反应的平衡组成。例如,根据热力学计算,在一定条件下,合成氨反应达到平衡时氨的平衡含量为 30%,无论使用什么催化剂,都不会改变氨的含量。

2. 催化剂同时改变正、逆反应速率,改变反应达到平衡的时间

催化剂既加快(或减小)正反应速率,同时也加快(或减小)逆反应速率,缩短了反应达到平衡的时间。这是因为,经验平衡常数与正、逆反应的速率系数关系为 $K = k_f / k_b$,催化剂不

改变平衡常数,只是改变反应达到平衡的时间。例如,镍催化剂既是优良的加氢催化剂,也是优良的脱氢催化剂。

3. 催化剂改变反应速率的本质

催化剂参与反应,改变了反应的机理,降低了整个反应的表观活化能,从而加快了反应的速率。有催化剂参与的反应不再是基元反应。实际上,催化反应的机理比较复杂,有待于人们不断深入研究。

4. 催化剂特殊的选择性

不同类型的反应要选择不同的催化剂,即使对于同一类型的反应,若反应物不同,所用的催化剂也不一样。对于同样的反应物,若使用不同的催化剂,得到的产物也不同。例如,将 SO_2 氧化成 SO_3 的反应,可以用 V_2O_5 作催化剂,也可以用 NO 作催化剂;Ag 作催化剂可将乙烯氧化成环氧乙烷,而用钯作催化剂产物则是乙醛。因此,在研制催化剂时,既要使催化剂有较高的活性,又要具有好的选择性,再考虑制备成本、使用是否方便等。

9.6.3 酶催化反应

绝大部分酶是由氨基酸按一定的顺序聚合起来的蛋白质分子,其中部分还含金属离子,酶分子的大小一般在 $3 \sim 100$ nm。酶催化反应对于人的生命现象极为重要,生物体内的化学反应几乎皆与酶的催化有关。酶催化反应的机理一般都比较复杂。这里仅介绍只有一种底物的最简单的酶催化反应动力学及酶催化反应的一些特点。

1. 酶催化反应历程

Michaelis-Menten,Briggs,Haldane,Henry 等人研究了酶催化反应动力学,提出的反应历程如下:

$$S+E \Longrightarrow ES$$
$$ES \longrightarrow E+P$$

他们认为酶(E)与底物(S)先形成中间化合物 ES,中间化合物再进一步分解为产物(P),并释放出酶(E),整个反应的速控步是第二步。

2. 酶催化反应的级数

令酶的原始浓度为 $[E]_0$,反应达稳态后,一部分变为中间化合物 $[ES]$,余下的浓度为 $[E]$,则 $[E]=[E]_0-[ES]$,$[ES]=\dfrac{[E][S]}{K_M}=\dfrac{([E]_0-[ES])[S]}{K_M}$,因此

$$[ES]=\frac{[E]_0[S]}{K_M+[S]}$$

$$r=\frac{d[P]}{dt}=k_2[ES]=\frac{k_2[E]_0[S]}{K_M+[S]}$$

以 r 为纵坐标,以[S]为横坐标作图(如图 9.12),从图上可以看出酶催化反应一般为零级,有时为一级。

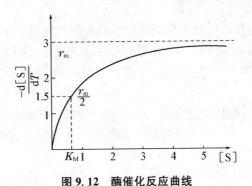

图 9.12　酶催化反应曲线

3. 酶催化的反应速率曲线

$$r = \frac{k_2 [E]_0 [S]}{K_M + [S]}$$

(1) 当底物浓度很大时,$[S] \gg K_M$,$r = k_2[E]_0$,反应只与酶的浓度有关,而与底物浓度无关,对[S]呈零级。

(2) 当 $[S] \ll K_M$ 时,$r = k_2[E]_0[S]/K_M$,对[S]呈一级。

(3) 当$[S] \to \infty$时,$r = r_m = k_2[E]_0$。

4. 米氏常数 K_M

为了纪念 Michaelis-Menten 对酶催化反应的贡献,将 $K_M = (k_{-1} + k_2)/k_1$ 称为米氏常数,将 $K_M = [E][S]/[ES]$ 称为米氏公式。当反应速率达到最大值 r_m 的一半时,$K_M = [S]$。

5. 酶催化反应特点

酶催化反应与生命现象有密切关系,其主要特点有:

(1) 高选择性　它的选择性超过了任何人造催化剂,例如脲酶它只能将尿素迅速转化成氨和二氧化碳,而对其他反应没有任何活性。

(2) 高效率　它比人造催化剂的效率高出 $10^8 \sim 10^{12}$ 倍。例如,一个过氧化氢分解酶分子,在 1 秒钟内可以分解十万个过氧化氢分子。

(3) 反应条件温和　一般在常温、常压下进行。

(4) 反应历程复杂　受 pH、温度、离子强度影响较大。

(5) 催化反应同时具有均相反应和多相反应的特点。

正是由于酶催化反应有这样的优良性能,所以化学模拟合成酶的研究成为了一个活跃的热点领域,有的已应用于发酵、脱硫、常温固氮和"三废"处理等方面。因为酶的结构和催化反应的机理非常复杂,所以对于酶催化的研究仍然有很大的难度。

9.6.4　自催化反应和化学振荡

在给定条件下,反应开始后逐渐形成并积累的某种产物或中间物(自由基等),对反应具有催化功能,使反应经过一段诱导期后出现大大的加速现象,这种作用称为自动催化作用,这样的反应简称自催化反应。这种反应多见于均相催化,其特征之一就是存在初始的诱导期。

有些自催化反应有可能使反应系统中某些物质的浓度随时间(或空间)发生周期性变化,即发生化学振荡,而化学振动反应的必要条件之一是该反应必须是自催化反应。发生化学振荡必须具备以下基本条件:

(1)反应是敞开系统且远离平衡。化学振荡和某些机械振荡不同,机械振荡如钟摆的摆动,是在平衡位置附近围绕着平衡点的周期性运动。化学反应在平衡态时正、逆反应速率相等,发生化学振荡必须远离平衡。

(2)反应历程中应有自催化步骤。

(3)系统必须能有双稳定状态存在。下面介绍两个化学振荡反应的例子:

【例一】　在一装有搅拌装置的烧杯中,先将 4.292 g 丙二酸和 0.175 g 硝酸铈铵溶于 150 mL、浓度为 1.0 $mol \cdot dm^{-3}$ 的硝酸中。开始溶液呈黄色,几分钟后变清。此时加入 1.415 g NaBr,溶液的颜色就会在黄色和无色之间振荡,振荡周期约 1 min。如果另外加入几毫升浓度为 0.025 $mol \cdot dm^{-3}$ 的试亚铁灵试剂(又称亚铁菲啰啉离子或硫酸亚铁二氮杂菲),则溶液的颜色会在红色和蓝色之间振荡,可持续 1 h 左右。

【例二】　配制三种溶液:将 3.0 mL 浓硫酸和 10 g $NaBrO_3$ 溶解在 134 mL 的水中,得溶液 A;将 1 g NaBr 溶解在 10 mL 水中,得溶液 B;将 2 g 丙二酸溶解在 20 mL 水中得溶液 C。在一个小烧杯中先加入 6 mL 的溶液 A,再加入 0.5 mL 的溶液 B,然后加 1.0 mL 的溶液 C。等待数分钟,让溶液变清后在加入 1.0 mL 浓度为 0.025 $mol \cdot dm^{-3}$ 的试亚铁灵,充分混合后放入一个直径为 0.09 m 的医用培养皿中加上盖。此时溶液呈均匀的红色,几分钟后溶液中出现蓝色,并成环状向外扩展,形成各种同心圆状花纹。如果轻轻地倾斜培养皿,破坏掉扩展的波前锋,可形成螺旋状的花纹,并时空有序。

§9.7　快速反应与分子反应动态学研究方法简介*

9.7.1　快速反应

许多化学反应都在极短的时间内完成。对于单分子反应,速率系数的极限值可达

$10^{12} \sim 10^{14} \, s^{-1}$，双分子反应的速率系数值也可达 $10^{11} \, (mol \cdot dm^{-3})^{-1} s^{-1}$。例如，1955 年 Eigen 等用解离场效应的方法，测得酸碱中和反应的正向反应速率系数约为 $1.4 \times 10^{11} \, (mol \cdot dm^{-3})^{-1} s^{-1}$。传统的测量反应速率的物理化学方法不能测得如此快速反应的速率。随着科学技术的不断发展，对快速反应动力学的研究已有不少实验方法，如表 9.2 所示。下面仅对快速混合法、弛豫法和闪光光解法作简单介绍。

表 9.2　快速反应的实验方法及其应用

实验方法	适用的半衰期范围/s	实验方法	适用的半衰期范围/s
传统方法	$10^0 \sim 10^8$	跳温弛豫法	$10^{-7} \sim 1$
流动法	$10^{-3} \sim 10^2$	场脉冲法	$10^{-10} \sim 10^{-4}$
弛豫法	$10^{-10} \sim 1$	击波管法	$10^{-9} \sim 10^{-3}$
跳浓弛豫法	$10^{-6} \sim 1$	动力学波谱法	$< 10^{-10}$

1. 快速混合法

利用快速混合可以研究半衰期在 $10^{-3} \, s$ 以下的自由基反应、水溶液和非水溶液中的无机反应、有机反应和酶反应等。如阻碍流动技术，在反应前将两种反应物溶液分置于注射器 A 和 B 中。反应开始时，用机械的方法将注射器活塞迅速推下，两种溶液在反应器 C 中在 $1/1\,000 \, s$ 内快速混合并发生反应，用快速自动记录谱仪或照相技术，拍摄 C 窗口中与浓度呈线性关系的物理量，如电导、旋光、荧光等，然后进行分析。

2. 闪光光解法

闪光光解利用强闪光使分子发生光解，产生自由原子或自由基碎片，然后用光谱等技术测定产生碎片的浓度，并监测随时间的衰变行为。由于所用的闪光强度很高，可以产生比常规反应浓度高许多倍的自由基；闪光灯的闪烁时间极短，可以检测半衰期在 $10^{-6} \, s$ 以下的自由基；反应管可长达 1 m 以上，为光谱检测提供了很长的光程。所以以闪光光解技术成为鉴定及研究自由基的非常有效的方法。

3. 弛豫法

弛豫法是用来测定快速反应速率的一种特殊方法。当一个快速对峙反应在一定的外界条件下达成平衡，然后突然改变一个条件，给体系一个扰动，偏离原平衡，在新的条件下再达成平衡，这就是弛豫过程。用实验求出弛豫时间，就可以计算出快速对峙反应的正、逆两个速率系数。

对平衡体系施加扰动信号的方法可以是脉冲式、阶跃式或周期式。改变反应的条件可以是温度跃变、压力跃变、浓度跃变、电场跃变和超声吸收等多种形式。

9.7.2　分子反应动态学研究方法简介

分子反应动态学是从微观的角度研究反应分子在一次碰撞行为中的性质。这种研究起始于 20 世纪 30 年代,由 Eyling,Polanyi 等人开始,但真正发展是在 60 年代,随着新的实验技术和计算机不断发展,才取得了一系列可靠的实验资料。D. R. Herschbach 和美籍华裔科学家李远哲在该领域做出了杰出的贡献,因而分享了 1986 年诺贝尔化学奖。

分子动态学主要研究:① 分子的一次碰撞行为及能量交换过程;② 反应概率与碰撞角度和相对平动能的关系;③ 产物分子所处的各种平动、转动和振动状态;④ 如何用量子力学和统计力学计算速率系数。

微观可逆性原理(principle of micro reversibility):一个基元反应的逆反应也必然是基元反应,而且逆反应需按原来的途径返回,有相同的过渡态。

在宏观动力学的研究中所得的结果是大量分子的平均行为,只遵循总包反应的规律。态-态反应是从微观的角度,观察具有确定量子态的反应物分子经过一次碰撞变成确定量子态的生成物分子时,研究这种过程的反应特征,需从分子水平上考虑问题。为了选择反应分子的某一特定量子态,需要一些特殊设备,如激光、产生分子束装置等,对于产物的能态也需要用特殊的高灵敏度监测器进行检测。

1. 研究分子反应的实验方法

极为有用的微观化学反应研究方法中,主要有交叉分子束、红外化学发光和激光诱导荧光三种。

交叉分子束技术是目前分子反应碰撞研究中最强有力的工具。交叉分子束实验研究处于特定能态的反应物分子进行单一碰撞的过程。实验时,先将反应室抽真空至 10^{-5} Pa,然后两股反应分子束交叉地射向散射区。分子束通常是由加热炉中溢流出来的蒸气,借助于一组转速可变并在不同位置上刻有狭缝的转盘,只能让具有一定速度的分子通过。因压力极低,平均自由路程比反应室的空间尺度长得多,分子进入散射区才发生单一的反应碰撞或非反应碰撞。用四极质谱仪在不同角度检查散射的反应物分子或产物分子的数量,并可利用上述具有狭缝的可变转速的转盘,检测分子的速度及其速度分布。运用动量守恒和能量守恒,可以估计转化为内部运动的能量。也可采用波谱技术,直接得到所处的转动和振动状态,进而得到转动和振动能量分布。实验可以得到产物的能量分布,求得微分反应截面和基元反应速率常数等信息。

红外化学发光实验的研究者是 Polanyi。当处于振动、转动激发态的产物分子向低能态跃迁时产生的辐射称为化学红外发光(或化学冷光)。研究这种光谱,可以得到初生产物在振动、转动态上的分布。

激光诱导荧光方法也称为飞秒技术(1 fs$=10^{-10}$ s),是由 R. N. Zare 发展起来的,后来得到了广泛的应用。这种技术可以确定产物分子在振动能级上的初始分布情况。

2. 分子动态学的理论方法

宏观动力学的主要任务之一就是在一定的温度范围内,测定反应的速率常数并求出反应的活化能和指前因子 A,但所得的结果都是在热平衡条件下的平均值。而从微观的角度去研究反应,就要知道从确定能态的反应物到确定能态的产物的反应特征。例如,对于双分子基元反应 $A+BC \longrightarrow AB+C$,就是要知道从量子态为 i 的 A 分子与量子态为 j 的 BC 分子发生反应,生成量子态分别为 m 和 n 的 AB 和 C 分子,可表示为

$$A(i)+BC(j) \longrightarrow AB(m)+C(n)$$

这种反应称为态-态反应(state-to-state reaction),这样的反应只能靠个别分子的单次碰撞来完成,需要从分子水平上考虑问题。

对于态-态反应历程的描述,原则上可通过含时薛定谔方程的求解来研究,但还处于探索阶段。目前比较成熟的是一种半经典的方法。对于基元反应 $A+BC \longrightarrow AB+C$,如能描述 A、B、C 三个原子的空间位置随时间的变化,则 3 个平动自由度、3 个转动自由度和 3 个振动自由度都得到确定,同样可以研究平动、转动和振动状态随时间的变化。该法的优点是可以用经典力学的方法来研究态-态反应,不过是以忽略转动、转动的量子化为代价的。具体来说,先求解哈密顿方程,利用仿射变换的方法,即将位能面的坐标 r_{BC} 人为地旋转一个角度 θ,可以顺利分离变量,最终解出 r_{AB}、r_{BC} 随时间的变化,即态-态反应的轨迹。

运用量子力学处理分子碰撞后散射的过程要采用含时的薛定谔方程,初步结果表明它与经典力学计算有若干主要差别。然而总体来说,半经典力学半量子力学计算还是相当成功并符合实际的,与量子力学计算结果的比较也令人满意。

思考题

1. 试简述双分子反应的简单碰撞理论和过渡态理论的主要内容以及优缺点。

2. 简单碰撞理论中为何要引入概率因子? 它小于 1 的主要原因是什么?

3. 简单碰撞理论中的阈能 E_c 的物理意义是什么? 它与 Arrhenius 活化能 E_a 在数值上有什么关系?

4. 过渡态理论中的活化焓与 Arrhenius 活化能的物理意义有何差异? 其数值有何不同?

5. 比较碰撞理论和过渡态理论。

6. 溶剂对化学反应的速率有哪些影响?

7. 什么是"笼效应"? 原盐效应是怎么回事?

8. 什么是量子产率? 光化学反应与热化学反应有什么不同?

9. 测试快速反应的方法有哪些?

10. 催化反应有哪些特点? 某一反应在一定条件下的平衡转化率为 36.1%,若使用某催化剂其达到平衡的时间为原来的 1/20,那么转化率是多少? 催化剂能加快反应的本质是什么?

11. 简述酶催化反应的一般历程。酶催化反应的特点有哪些?

12. 何为化学激光? 它的形成必须具备什么条件?

习 题

1. 在恒容下,温度每增加 10 K 时,试计算:

(1) 碰撞频率增加的百分数;

(2) 碰撞时在分子连心线上的相对平动能超过 $E_c = 80$ kJ·mol^{-1} 的活化分子对的增加百分数;

(3) 由上述计算结果可得出什么结论?

2. 已知 A,B 分子的直径分别为 0.3 nm 和 0.4 nm,相对分子质量都为 50,在 310 K 时,A 与 B 反应的速率系数为 $k = 1.18 \times 10^5$ (mol·cm^{-3})$^{-1}$·s^{-1},反应活化能 $E_a = 40$ kJ·mol^{-1}。

(1) 用简单碰撞理论估算,具有足够能量能引起反应的碰撞数占总碰撞数的比例;

(2) 估算反应的概率因子。

3. 对于基元反应 Cl(g) + H$_2$(g) $\longrightarrow$ HCl(g) + H(g),已知它们的摩尔质量和直径分别为 $M_{Cl} = 35.45$ g·mol^{-1},$M_{H_2} = 2.016$ g·mol^{-1},$d_{Cl} = 0.20$ nm,$d_{H_2} = 0.20$ nm。

(1) 若温度为 300 K,请根据碰撞理论计算该反应的指前因子 A;

(2) 在 250~450 K 的温度范围内,实验测得 lg[A/(mol^{-1}·cm^3·s^{-1})] = 10.08,求概率因子 P。

4. 已知液态松节油贴的消旋作用为一级反应,在 458 K 和 510 K 时的速率系数分别为 2.2×10^{-5} min^{-1} 和 3.07×10^{-3} min^{-1}。试求该反应的实验活化能、平均温度时的活化焓、活化熵和活化 Gibbs 自由能。

5. 在 298 K 时,某化学反应加入催化剂后,活化熵与活化焓比不加催化剂时分别皆下降了 10 J·K^{-1}·mol^{-1}。试求在加入催化剂前后反应的速率系数的比值。

6. 若在 298 K 时两个级数相同的基元反应 A 和 B,活化焓相同,但速率系数不同,$k_A = 10k_B$,试计算这两个反应的活化熵的差值。

7. 双环戊烯单分子气相热分解反应,在 483 K 时的速率系数为 2.05×10^{-4} s^{-1},在 545 K 时速率系数为 1.86×10^{-2} s^{-1}。试计算:

(1) 反应的活化能;

(2) 反应在 500 K 时的活化焓和活化熵。

8. 某基元反应 A(g) + B(g) $\longrightarrow$ P(g),若在 298 K 时的速率系数为 2.777×10^{-5} Pa^{-1}·s^{-1},308 K 时的速率系数为 5.55×10^{-5} Pa^{-1}·s^{-1},已知 A(g) 和 B(g) 的原子半径和摩尔质量分别为:$r_A = 0.36$ nm,$r_B = 0.41$ nm,$M_A = 28$ g·mol^{-1},$M_B = 71$ g·mol^{-1}。试计算在 298 K 时:

(1) 该反应的概率因子 P;

(2) 反应的活化焓、活化熵和活化 Gibbs 自由能。

9. 某顺式偶氮烷烃在乙醇中不稳定,通过其分解放出的 N$_2$(g) 来计算其分解的速率系数,如下表所示。

T/K	248	252	256	260	264
k/(10^{-4} s^{-1})	1.22	2.31	4.39	8.50	14.3

试计算该反应在 298 K 时的实验活化能、活化焓、活化熵和活化 Gibbs 自由能。

10. 已知丁二烯气相二聚反应的速率系数为：$9.2 \times 10^9 \exp(-\dfrac{199\,200\ \text{J·mol}^{-1}}{RT})$。

(1) 用过渡态理论计算该反应在 600 K 时的指前因子，已知反应的活化熵为 $-60.8\ \text{J·K}^{-1}\text{·mol}^{-1}$；

(2) 若有效碰撞直径 $d = 0.5\ \text{nm}$，用简单碰撞理论计算反应的指前因子；

(3) 通过计算，讨论概率因子 P 与活化熵的关系。

11. 对于双原子气体反应 $A(g) + B(g) \longrightarrow AB(g)$，请分别用双分子反应碰撞理论和过渡态理论的统计方法写出速率系数的计算式。在什么条件下两者完全相等，是否合理？

12. 在光的影响下，蒽聚合为二蒽。由于二蒽的热分解作用而达到光化学平衡。光化学反应的温度系数（即温度每增加 10 K 反应速率所增加的倍数）为 1.1，热分解的温度系数为 2.8，当达到光化学平衡时，温度每升高 10 K，二蒽的产量是原来的多少倍？

13. 用波长为 313 nm 的单色光照射气态丙酮时发生下列反应：

$$(CH_3)_2CO(g) + h\nu \longrightarrow C_2H_6(g) + CO(g)$$

如果反应池的容量是 0.059 dm^3，丙酮吸收入射光的分数为 0.915，在反应过程中，得到下列数据：

反应温度：840 K；照射时间：7.0 h；起始压力：102.16 kPa；入射能：$48.1 \times 10^{-4}\ \text{J·s}^{-1}$；终了压力：104.42 kPa。试计算该反应的量子效率。

14. 乙醛的光解机理拟定如下：

(1) $CH_3CHO + h\nu \xrightarrow{I_a} CH_3\cdot + CHO\cdot$

(2) $CH_3\cdot + CH_3CHO \xrightarrow{k_2} CH_4 + CH_3CO\cdot$

(3) $CH_3CO\cdot \xrightarrow{k_3} CO + CH_3\cdot$

(4) $CH_3\cdot + CH_3\cdot \xrightarrow{k_4} C_2H_6$

试推导出 CO 的生成速率表达式和 CO 的量子产率表达式。

15. 有一酸催化反应 $A + B \xrightarrow{H^+} C + D$，已知该反应的速率方程为

$$\frac{d[C]}{dt} = k[H^+][A][B]$$

当 $[A]_0 = [B]_0 = 0.01\ \text{mol·dm}^{-3}$，在 pH = 2 的条件下，298 K 时的反应半衰期为 1 h，若其他条件均不变，在 288 K 时半衰期为 2 h。在 298 K 时，试计算：

(1) 反应的速率系数 k 值；

(2) 设 $\dfrac{k_B T}{h} = 10^3\ \text{s}^{-1}$，反应的活化 Gibbs 自由能、活化焓和活化熵。

16. Lindemann 单分子反应理论认为，单分子反应的历程为

$$A + M \xrightarrow{k_1} A* + M$$

$$A* + M \xrightarrow{k_2} A + M$$

$$A* \xrightarrow{k_3} P$$

(1) 请推导证明，反应速率方程为 $r = \dfrac{k_1 k_3 [A][M]}{k_2[M] + k_3}$；

(2) 请应用简单碰撞理论计算 469 ℃时的 k_1,已知 $d=0.5$ nm,$E_a=263$ kJ·mol^{-1};

(3) 若反应速率方程写成 $r=k_n[A]$,且 k_∞ 为高压极限时的表观速率系数,请计算 $k_n=k_\infty/2$ 时的压力 $p_{1/2}$,已知 $k_\infty=1.9\times10^{-5}$ s^{-1};

(4) 若丁烯异构化符合该历程,在 469 ℃时的 $p_{1/2}=0.532$ Pa,试比较理论计算的 $p_{1/2}$(理论)与实验值 $p_{1/2}$(实验)之间的差异,对此你如何评论?

17. 在 298 K,pH$=7.0$ 时,测得肌球蛋白-ATP 催化剂水解的反应速率数据,今取其中的两组数据如下:

[ATP]/(mol·dm^{-3})	r/(mol·dm^{-3}·s^{-1})
7.5×10^{-6}	0.067×10^{-6}
320.0×10^{-6}	0.195×10^{-6}

试求 Michaelis 常数 K_M 及最大反应速率 r_m。

18. 在某些生物体中,存在一种超氧化物歧化酶(E),它可将有害的 O_2^- 变为 O_2,反应为

$$2O_2^- + 2H^+ \xrightarrow{E} O_2 + H_2O_2$$

在 pH$=9.1$,酶的初始浓度 $[E]_0=4\times10^{-7}$ mol·dm^{-3} 时,测得实验数据如下:

[O_2^-]/(mol·dm^{-3})	r/(mol·dm^{-3}·s^{-1})
3.85×10^{-3}	7.69×10^{-6}
1.67×10^{-2}	3.33×10^{-5}
0.1	2.00×10^{-4}

r/(mol·dm^{-3}·s^{-1}) 是以产物 O_2 表示的反应速率。假设该反应机理为

(1) $E + O_2^- \xrightarrow{k_1} E^- + O_2$

(2) $E^- + O_2^- \xrightarrow[k_2]{2H^+} E + H_2O_2$

式中 E^- 为中间物,可看着自由基,已知 $k_2=2k_1$,求 k_1 和 k_2。

第 10 章　胶体与界面化学

本章基本要求

1. 理解表面张力和表面吉布斯函数的概念,了解表面张力与温度的关系。

2. 掌握弯曲表面下的附加压力与曲率半径的关系。

3. 掌握弯曲液面上的饱和蒸气压的计算,学会用开尔文公式解释人工降雨、毛细现象等常见表面现象。

4. 了解表面活性剂的原理和应用。

5. 了解固体表面的吸附原理及影响固体吸附的因素。

6. 了解胶体分散系统的分类,熟悉憎液溶胶的胶粒结构、制备的常用方法。

7. 了解憎液溶胶的动力性质、光学性质、电学性质的特点。

关键词

界面现象,表面张力,弯曲液面,附加压力,饱和蒸气压,胶体

胶体这个名词是 1861 年由 Graham 首先提出来的,用来描述 Selmi 在 19 世纪中期制得的氯化银、硫和普鲁士蓝等"准溶液系统"。这些系统的典型特征是粒子不因重力而沉降且在系统中扩散速率低。Graham 由此推断出胶体粒子的粒径范围大约在 1 μm～1 nm $(10^{-6}\sim10^{-9}\,\mathrm{m})$。至今该结论仍基本适用于胶体系统,而胶体一般被描述为一种物质以细微状态均匀分散在另一种物质中的系统。这些物质相应地分别被称为分散相和连续相,它们可以是固体、液体或者气体。胶体粒子较大的比表面等性质使之得到了广泛应用,并涉及到了许多不同系统及重要的界面现象。胶系统统是多相分散系统,存在着极大的相界面。胶体化学与界面现象是密不可分的,所以严格说来应将胶体化学称作胶体与界面化学。

在多相系统中,相与相之间存在着界面。在界面层,一相的性质转变为另一相的性质,这种转变至少在分子尺度上才能表现出来。处于任一相态的物质,其界面层和相本体的组成、结构、受力情况及所处的能量状态等均不相同,因而界面层与相本体的性质也有所差异,这种性质差异导致相与相之间存在着特殊的界面现象。显然,界面积越大,界面现象越突出。对于一定量的物质,当其分散程度很高时,界面现象是非常显著的。

胶体系统和界面现象在生物、化学、材料等学科中都有着重要的意义和广泛的应用。

§10.1 表面吉布斯函数和表面张力

10.1.1 比表面

多相分散系统的分散程度通常用比表面积 a_s 来表示,其定义为

$$a_s = \frac{A_s}{m} \tag{10.1}$$

式中 A_s 代表质量为 m 的物质所具有的表面积。

比表面积 a_s 是单位质量的物质所具有的表面积,其数值随着物质分散程度的增加而显著增大。当直径为 1 cm 的水滴被分散到液滴大小为 10 nm 时,其比表面积可达 500 $m^2 \cdot g^{-1}$,对于这样的高分散多相系统,界面性质对整个系统性质的影响是非常显著的。

10.1.2 表面张力

对于凝聚相而言,表面层分子与内部分子的受力情况是不同的。图 10.1 表示液体表面分子及体相内部分子的受力情况,球半径表示分子所受的引力范围。液体内部的分子受到周围分子的引力是对称的,其合力为零。但表面上的分子不同,液体内部密集的液体分子对它们的引力远大于上方稀疏的气体分子对它们的引力,分子所受作用力的合力垂直于液面而指向液体内部,即表面分子受到指向液体内部的拉力,通常称作净吸力。因此,在没有其他作用力存在时,所有液体都有缩小表面积的趋势。

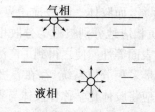

图 10.1 液体分子所受引力示意图

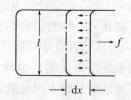

图 10.2 表面张力示意图

由于表面分子在微观上受到与液面垂直、指向液体内部的净吸力,因而表面层分子有进入液体内部的倾向,在宏观上表现为有一个与表面平行,力图使表面收缩的力。例如:用细铁丝做成一个一边可以滑动的方框(图 10.2),将铁丝框浸入肥皂液中使框表面形成一层肥皂膜。将铁丝框取出后,能观察到肥皂膜会自动收缩,向左滑动,这说明肥皂膜表面具有自动收缩的力。

若将金属丝向右移动 dx,使肥皂膜表面积增大 $dA_s = 2ldx$(肥皂膜有两个面),则需施

加一外力 f 对系统做功 $\delta W'$，即

$$\delta W' = f dx$$

此功即为表面功，因而有

$$f dx = \gamma dA_s = \gamma 2l dx$$

整理后可得

$$\gamma = \frac{f}{2l} \tag{10.2}$$

可见，γ 就是与表面平行，垂直作用于单位长度上使表面收缩的力，我们称之为表面张力，其单位为 $N \cdot m^{-1}$。

10.1.3　表面吉布斯函数

要扩展液体的表面，即把一部分分子由内部移到表面上来，则需要克服净吸力而消耗功，所消耗的功全部或部分转变成表面分子的势能。可见，表面分子比内部分子具有更高的能量。

在一定的温度和压力下，对一定的液体而言，扩展表面所需消耗的功 $\delta W'$ 应与增加的表面积 dA 成正比。设比例系数为 γ，则有

$$\delta W' = \gamma dA_s \tag{10.3}$$

$\delta W'$ 表示环境对系统做的功，称为表面功。当表面积增加时，$dA_s > 0$，$\delta W' > 0$，即环境对系统做功；当表面积减小时，$dA_s < 0$，$\delta W' < 0$，即系统对环境做功。

若在等温等压下可逆地增加表面积，则 $dG = \delta W'$，即可逆地增加表面积所消耗的功，等于系统表面吉布斯函数的增加，此时有

$$dG = \gamma dA_s \tag{10.4}$$

dG 表示新增加的 dA_s 表面层分子比相同数量的内部分子多出的吉布斯函数。

由式（10.4）可知，若 $dA_s < 0$，则 $dG < 0$，即表面积减小的过程是自发变化。两个小液滴接触会逐渐变成一个大液滴，乳状液静置后会自动分层，都是自动缩小表面积、降低系统吉布斯函数的自发变化。

上式又可改写作

$$\gamma = \left(\frac{\partial G}{\partial A_s} \right)_{T, p} \tag{10.5}$$

可见，γ 的物理意义是：等温等压下增加单位表面积所引起的系统吉布斯函数的变化，即单位表面的分子比相同数量的内部分子多余的吉布斯函数。称 γ 为比表面吉布斯函数，简称为表面吉布斯函数，其单位为 $J \cdot m^{-2}$。

由此可见，γ 既是表面吉布斯函数，又是表面张力，两者数值相等。它们都是系统的强度性质，其数值与物质的本性、共存另一相的性质以及温度、压力等因素有关。通常在讨论界面热力学时，γ 当作表面吉布斯函数使用，在讨论界面间的相互作用及平衡关系时，γ 当

作表面张力使用。

升高温度时，一般液体的表面张力都降低。这是因为升温时液体分子间距离增大，引力减小，而与其共存的蒸气的密度差减小，致使表面分子受到的净吸力减小，因而表面分子的过剩吉布斯函数减少。当达到临界温度时，气、液不分，表面张力降低至零。

§10.2 纯液体的弯曲表面下的附加压力和蒸气压

10.2.1 弯曲表面下的压力

在弯曲表面下的液体或气体的受力情况，由于表面张力的作用，与表面为平面时不同，受到一附加压力 p_s。

设在液面上有一小块表面 AA（图 10.3），沿 AA 的周界的表面对 AA 有表面张力的作用，力的方向与 AA 的周界垂直，与表面相切，使表面收缩。如果液面是弯曲的，则沿 AA 周界上的表面张力 γ 不是水平的，其方向如图 10.3 所示。平衡时，表面张力将产生一合力 p_s，而使弯曲液面下的液体所受实际压力与 $p_{外}$ 不同。凸液面时，合力指向液体内部，液面下的液体所受实际压力

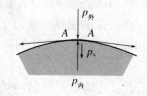

图 10.3 弯曲表面的附加压力

$$p_{内} = p_{外} + p_s \tag{10.6}$$

式中 p_s 为弯曲表面受到的附加压力，附加压力的方向总是指向曲率中心。

Young-Laplace（杨–拉普拉斯）公式给出了附加压力与表面张力和曲率半径之间的定量关系。为了简便起见，我们只考虑特殊曲面，即球面，球面上的曲率半径处处相等，都等于球的半径。Young-Laplace 公式为

$$p_s = \frac{2\gamma}{R'} \tag{10.7}$$

式中，R' 为曲率半径。附加压力总是指向曲率中心。为了体现附加压力的方向，对凸面 R' 取正值；对凹面 R' 取负值，但是附加压力的绝对值总是反比于曲率半径。

10.2.2 毛细管现象

把毛细管插入液体中，管中液面则呈凹形或凸形曲面，这取决于液体与管壁的接触角。若管中液面呈凹形，则曲面受一向上的附加压力，则管外液体被压入管中而使管内液面上升；若管中液面呈凸形，则情况相反。这种液体在毛细管内上升或下降的现象称作毛细管现象。

利用毛细管现象，可以测定液体的表面张力。以毛细管中液体上升为例（图 10.4），设

毛细管半径为 r，管内液面可近似地看作是球形的一部分，并设该面的曲率半径为 R'，则附加压力 $|p_s| = \dfrac{2\gamma}{R'}$，方向向上，因而曲面下的液体受到的实际压力小于平面液体的压力，至使管内液柱上升一定高度，直到产生的静压力与向上的附加压力抵消为止，即

$$\frac{2\gamma}{R'} = \Delta\rho g h \tag{10.8}$$

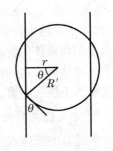

图 10.4　曲率半径与毛细管半径的关系

$\Delta\rho$ 为液体与气体的密度差，则液体在毛细管中上升的高度为

$$h = \frac{2\gamma}{\Delta\rho g R'} \tag{10.9}$$

由几何关系（见图 10.4）可得，R' 与 r 的关系为 $r = R'\cos\theta$，θ 为液体与毛细管壁的接触角。代入上式得

$$h = \frac{2\gamma}{\Delta\rho g r}\cos\theta \tag{10.10}$$

可见，毛细管半径 r 越小，液面上升得越高。如果管内液面呈凸形，则 $\theta > 90°$，$\cos\theta < 0$，$h < 0$，即管内液面下降。毛细管法测定液体的表面张力就是根据这个道理。

10.2.3　弯曲表面上的蒸气压

1. 开尔文公式

平面液体在一定的温度下具有一定的饱和蒸气压，若将液体分散成半径为 R 的小液滴，则由于附加压力的影响，液滴所受压力比平面时大，因而液滴的饱和蒸气压也会增大。设在某温度 T 时，平面液体所受压力为 p_0，其蒸气压为 p_v；球形液滴所受压力为 $p' = p_0 + p_s$，蒸气压为 p_v'。

根据外压对蒸气压的影响可以得到：

$$RT\ln\frac{p_v'}{p_v} = V_m^l(p' - p_0) \tag{10.11}$$

由于 $p' - p_0 = p_s = \dfrac{2\gamma}{R}$，$V_m^l = \dfrac{M}{\rho}$（$M$ 为液体的摩尔质量，ρ 为液体密度），代入上式得

$$RT\ln\frac{p_v'}{p_v} = \frac{2\gamma M}{\rho R} \tag{10.12a}$$

若液面为凹形，则为

$$RT\ln\frac{p_v'}{p_v} = -\frac{2\gamma M}{\rho R} \tag{10.12b}$$

式（10.12）称为开尔文公式。由于温度一定时，γ、M、ρ、R、T 均为常数，故液滴半径 R

越小,其饱和蒸气压越大。对于凹形液面,$p'_v < p_v$,即凹面液体的蒸气压小于正常的饱和蒸气压,曲率半径越小,凹面液体的蒸气压越小。

由于凹面液体的饱和蒸气压比平面液体的小,若液体在毛细管内呈凹液面,则一定温度下对平面液体尚未达到饱和的蒸气,对凹面液体却可能达到饱和而在毛细管中凝结为液体,这种现象为毛细管凝聚。

2. 开尔文公式的应用

对于通常的液体或固体,表面层分子占的比例较小,表面现象并不显著,可以忽略不计。但是,当系统中有新相产生的时候,例如蒸气的凝结、液体的沸腾、液体的结晶等,由于经历从无到有,从小到大的过程,最初产生的液滴、气泡或颗粒极其微小,因而具有很大的表面吉布斯函数而使系统处于不稳定的状态(称作亚稳态),引起各种过饱和现象发生。

(1) 过饱和蒸气

当气体凝结成液体时,首先要有小液滴产生,而小液滴的蒸气压大于平面液体的蒸气压,如图 10.5 所示,曲线 MN 和 $M'N'$ 分别表示平面液体和微小液滴的饱和蒸气压曲线。若在温度 t 时,压力为 p 的蒸气对平面液体已达饱和状态(A 点),但对小液滴却未达饱和。若维持温度不变,需将蒸气压力升高至 p',或维持压力不变将温度降至 t',才能达到小液滴的饱和状态而有液滴产生。

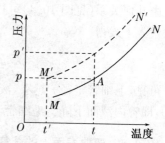

图 10.5 平面液体与小液滴的蒸气压

若蒸气的过饱和程度不够,则小液滴既不能产生,也不可能存在。这种按照相平衡的条件,应当凝结而未凝结的蒸气,称为过饱和蒸气。

高空中如果没有灰尘,水蒸气可以达到相当高的过饱和程度而不致凝结成水滴。如果用飞机向空中喷撒干冰或 AgI 小颗粒,则这些固体颗粒就成为水的凝结中心,使开始形成的水滴的曲率半径加大,从而在较低的水蒸气过饱程度时使水蒸气迅速凝结成水滴,这就是人工降雨的原理。

(2) 过热液体

液体在沸腾时,不仅在液体表面上进行气化,而且在液体内部要自动地生成微小气泡(图 10.6),然后小气泡逐渐长大并上升至液面。在沸点时,平面液体的饱和蒸气压等于外压(一般为 101 kPa),而最初形成的半径极小的气泡内的饱和蒸气压虽然也接近于外压,但小气泡一经形成,所需承受的压力除外压($p_外$)外,还有液体的静压力($\rho g h$)和附加压力 p_s,气泡越小,p_s 越大,所以气泡内的压力远远小于需要承受的压力,小气泡不可能存

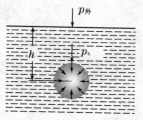

图 10.6 液体中的气泡

在。这种按照相平衡的条件,达到正常沸点而不沸腾的液体,称为过热液体。若要使小气泡存在,必须继续加热,使小气泡内蒸气的压力等于或超过它需要承受的压力,小气泡才可能

产生,此时液体的温度必然高于正常沸点。当大量小气泡突然生成时,液体爆沸。

为了防止液体过热,常在液体中投入素烧瓷片或毛细管等多孔性物质,其中贮存有气体,加热时这些气体成为新相的种子,因而绕过了产生微小气泡的困难阶段,使液体的过热程度大大降低,不致发生爆沸。

(3) 过饱和溶液

开尔文公式对于溶质的溶解度也可适用,只要将式中的蒸气压换成溶质的饱和浓度即可,即微小晶体颗粒的饱和浓度大于普通晶体的饱和浓度。温度一定时,晶体颗粒越小,则 $1/R$ 越大,溶解度也越大。所以当溶液在等温下浓缩时,溶质的浓度逐渐增大,达到普通晶体的饱和浓度时,对微小晶体却仍未达到饱和状态,因而不可能析出微小晶体。若要自动生成微小晶体,还需进一步蒸发溶液,达到一定的过饱和程度时,小晶体才可能不断析出。这种按照相平衡的条件,应当析出而未析出晶体的溶液,称为过饱和溶液。

在结晶过程中,如果溶液的过饱和程度太大,会生成大量过于细小的晶体颗粒,给过滤和洗涤带来困难,并影响产品质量。在实际操作中,常常向饱和溶液中投入小晶体作为新相的种子,防止溶液的过饱和程度过高,并获得较大颗粒的晶体。

§10.3　溶液表面的吸附

10.3.1　表面活性物质与非表面活性物质

溶液的表面张力与纯溶剂的表面张力是不同的。例如,当无机盐类或不挥发的酸、碱等溶入水中后,由于这些物质的离子对水分子的吸引,使表面层分子受到的指向液体内部的拉力增大,因而扩大表面积时所消耗的表面功增加,使溶液的表面张力大于纯水的表面张力。相反,当水中溶入有机物后,会使溶液的表面张力小于纯水的表面张力。溶液中溶质的浓度不同,溶液的表面张力增大或降低的多少也不同。一般说来,溶液浓度(c)对表面张力(γ)的影响有三种情况,如图 10.7 所示。

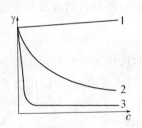

图 10.7　溶液的表面张力与浓度的关系曲线类型

(1) 表面张力随溶液浓度增加而增大,且近于直线上升,如图 10.7 中的曲线 1 所示。无机盐、H_2SO_4、KOH、蔗糖、甘露醇等水溶液均属此情形。

(2) 表面张力随溶液浓度增加而降低,如图 10.7 中的曲线 2 所示。中等碳链以下的醇、醛、酸、酯等绝大部分有机化合物的水溶液等均属此情形。

(3) 溶液浓度低时,表面张力随溶液浓度增加急剧下降,当溶液浓度达到一定值后,表面张力不再随浓度变化,如图 10.7 中的曲线 3 所示。当溶液有杂质时,曲线上有时会出现最低点。属于这种情况的有长链的脂肪酸盐、八个碳以上的直链有机酸盐、烷基硫酸酯盐、烷基苯磺酸盐等。

物质能降低水的表面张力的性质称作表面活性,所以上述第 2、3 类物质均具有表面活性,属表面活性物质。但通常只将能显著降低水的表面张力的物质叫做表面活性剂,即只有第 3 类物质是表面活性剂。

表面活性剂在结构上的特点是一个分子包含有亲水的极性基(如—OH、—COOH、—COO、—SO₃等)和憎水的非极性基(如碳氢链等)两部分,所以又称作两亲分子。亲水的极性基力图进入溶液内部而憎水的非极性基倾向于逃离水溶液而伸向空气,因此表面活性剂的分子易于在溶液表面上聚集。

10.3.2 吉布斯吸附公式

液体表面吉布斯函数的降低通常有两条途径,一是缩小表面积,二是降低表面张力。对于溶液,由于表面张力与溶液的浓度有关,所以可通过调节溶液的浓度来降低表面张力,从而降低表面吉布斯函数。当所加入的溶质能降低表面张力时,则溶质力图聚集在表面以使表面张力降低得最多,此时表面层浓度大于体相内部的浓度。当达到平衡时,溶液表面层的组成与本体溶液的组成不相同,这种现象称为溶液的表面吸附作用。若溶质在表面层的浓度大于它在本体溶液中的浓度则为正吸附,反之,则为负吸附。显然,溶质为表面活性物质时,发生正吸附,而溶质为非表面活性物质时,发生负吸附。

吉布斯用热力学方法推导出一定温度下,溶液的浓度、表面张力和表面吸附量之间的定量关系,即著名的吉布斯吸附等温式:

$$\Gamma_B = -\frac{a_B}{RT}\frac{\mathrm{d}\gamma}{\mathrm{d}a_B} \tag{10.13}$$

式中,Γ_B 称为溶质 B 的表面超额,也称为表面过剩量,单位为 mol·m⁻²;a_B 为溶质 B 的活度。

对于稀溶液,可以用溶质的浓度代替活度,吉布斯公式为

$$\Gamma_B = -\frac{c_B}{RT}\frac{\mathrm{d}\gamma}{\mathrm{d}c_B} \tag{10.14}$$

由吉布斯公式可知,若 $\frac{\mathrm{d}\gamma}{\mathrm{d}c_B} < 0$,则 $\Gamma_B > 0$,表明增加浓度使表面张力降低的溶质必然在表面层发生正吸附;若 $\frac{\mathrm{d}\gamma}{\mathrm{d}c_B} > 0$,则 $\Gamma_B < 0$,表明增加浓度使表面张力增大的溶质必然在表面层发生负吸附;若 $\frac{\mathrm{d}\gamma}{\mathrm{d}c_B} = 0$,则 $\Gamma_B = 0$,即无吸附作用。

在一定温度下,测定不同浓度 c 时的表面张力 γ,以 γ 对 c 作图,求得曲线上各指定浓度时的斜率,即为该浓度下的 $\frac{\mathrm{d}\gamma}{\mathrm{d}c}$ 之值,再利用式(10.14)即可计算出相应的吸附量 Γ_B。

10.3.3　表面活性分子在两相界面上的定向排列

由 Γ 与 c 的关系可知,当表面活性物质的浓度达一定值后,吸附达饱和。实验表明,直链的脂肪酸、醇和脂肪胺类,只要含碳数目不超过 8,则不管碳链长度如何,Γ_m 值都相同。因不同链长的同系物分子的横截面积相同,可想而知,达饱和吸附时,这些表面活性分子一定是紧密地立着定向排列的,极性基伸入水中,非极性基暴露在空气中,形成一层单分子膜,如图 10.8。这种由可溶于水的表面活性物质在液面上定向排列形成的单分子膜,称作可溶性单分子膜,或吸附膜。

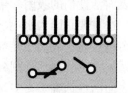

图 10.8　表面在气液表面的排布

当溶液达到饱和吸附时,表面层浓度很大,本体中表面活性物质的浓度与表面层相比,可以忽略不计。因此,可以把饱和吸附量近似地看作是表面层表面活性物质的浓度,单位表面上溶质的分子数为 $L\Gamma_m$,L 为阿伏伽德罗常量。因而每个分子所占有的面积,即每个分子的截面积 A 为

$$A = \frac{1}{L\Gamma_m} \tag{10.15}$$

表面活性分子在界面上的定向排列不只限于气-液界面,在液-液、固-液和固-气界面上也都有类似的情况。分子在界面上的定向排列显著地影响着表面的性质,这在实际上有许多重要的应用,例如改变固体表面的润湿性能、稳定乳状液与泡沫等。

§10.4　表面活性剂及其作用

表面活性剂在民用和工业领域都有广泛的应用,具有用量少、收效大的特点,因而有工业味精之称。

10.4.1　表面活性剂的基本性质

当表面活性剂在溶液中的浓度较低时,易吸附于界面,从而明显改变界面的物理性质。这种吸附行为决定于溶剂的性质和表面活性剂的化学结构,表面活性剂分子在分子结构中同时含有极性和非极性基团(即两亲性质)。因此,当两亲分子位于界面处时,疏液部分向外伸出溶剂表面,而亲液部分仍保留在溶液中。水是最常用的溶剂,也是工业和科研领域最常见的液体,因而表面活性剂两亲部分可以看作是亲水部分和疏水部分,即头基和尾基。

吸附与能量变化有关,因为吸附在界面上的表面活性剂分子比体相中的表面活性剂分子能量要低。因而表面活性剂在界面(液/液或气/液)的富集是一个自发的过程,并且会导

致界面(表面)张力的下降。表面活性剂能够在界面(这里指空气/水或者油/水界面)定向地形成单分子层,更重要的是能够在溶液中形成自组装结构(胶束、囊泡等),同时它们具有乳化、扩散、润湿、发泡或者去污等性质。

表面活性剂的吸附和聚集现象均是基于疏水效应,即表面活性剂尾基自发逃离水相的作用。这主要是因为水-水分子间的相互作用要强于水-尾基间的相互作用。表面活性剂的另一个特点是当表面活性剂的水溶液浓度超过 40% 时,就会形成液晶相(或溶致中介相)。这些系统是由表面活性剂分子的大的有序聚集结构组成。

表面活性剂种类繁多,而且不同表面活性剂混合使用时能产生独特的协同作用,因此表面活性剂的基础和实际应用领域的研究始终是热点。

10.4.2 表面活性剂的分类

表面活性剂的头基和尾基均有许多类型。头基可以带电荷,也可以是中性;可以是小基团,也可以是聚合链。尾基可以是单链的也可以是双链的、直链的或者是支链的烷基烃类,也可以是氟碳化合物、硅氧烷或是含有芳香基团。表面活性剂中常见的亲水和疏水基团分别列于表 10.1 和表 10.2。

由于亲水部分通常是通过离子间相互作用或氢键作用而获得溶解性,所以最简单的分类是基于表面活性剂头基的种类,因为疏液部分的不同性质有更复杂的细分。因此,基本分类如下:阴离子和阳离子表面活性剂,它们溶解在水中成为两种带相反电荷的离子(表面活性剂离子和它的反离子);非离子表面活性剂,它含有高极性(不带电荷)部分,例如聚氧乙烯基、多羟基基团;两性离子表面活性剂,它含有阳离子基团和阴离子基团。

表 10.1 表面活性剂常见的亲水性基团

种类	一般结构
磺酸盐	$R—SO_3^-\ M^+$
硫酸盐	$R—OSO_3^-\ M^+$
羧酸盐	$R—COO^-\ M^+$
磷酸盐	$R—OPO_3^-\ M^+$
铵	$R_x H_y N^+ X^-\ (x=1\sim3, y=4-x)$
季铵盐	$R_4 N^+ X^-$
甜菜碱	$RN^+(CH_3)_2 CH_2 COO^-$
磺化甜菜碱	$RN^+(CH_3)_2 CH_2 CH_2 SO_3^-$
聚氧乙烯	$R—OCH_2 CH_2(OCH_2 CH_2)_n OH$
多羟基化合物	蔗糖、山梨聚糖、甘油、乙烯、丙二醇
多肽	$R—NH—CHR—CO—NH—CHR'—CO—\cdots—CO_2 H$
聚缩水甘油	$R—(OCH_2 CH[CH_2 OH]CH_2)_n—\cdots—OCH_2 CH(CH_2 OH)CH_2 OH$

表 10.2　表面活性剂常见的疏水基团

种类	一般结构	
烃	$CH_3(CH_2)_nCH_3$ $CH_3(CH_2)_nCH_3$ $CH_3(CH_2)_nCH=CH_2$	$n=12\sim18$ $n=8\sim20$ $n=7\sim17$
烷基苯	$CH_3(CH_2)_nCH_2$⟨苯环⟩	$n=6\sim10$，直链或支链
烷基芳香化合物	$CH_3(CH_2)_nCH_3$ ⟨萘环结构，带 R 和 R 取代基⟩	$n=1\sim2$ 为水溶性 $n=8$ or 9 为油溶性
烷基苯酚	$CH_3(CH_2)_nCH_2$⟨苯环⟩$-OH$	$n=6\sim10$，直链或支链
聚氧丙烯	$CH_3CHCH_2O(CHCH_2)_n$ 　　│　　　　│ 　　X　　　CH_3	n 为聚合度 X 为聚合引发剂
碳氟化合物	$CF_3(CF_2)_nCOOH$	$n=4\sim8$，直链或支链，或者终端为氢
硅树脂	CH_3 　　　　│ $CH_3O(SiO)_nCH_3$ 　　　　│ 　　　　CH_3	

　　为了改善表面活性剂的性能而不断进行着探索,在此过程中,发现了新型结构的表面活性剂,这些表面活性剂具有奇特的协同作用,也可以说它们有更好的表面和聚集性质。这些新型表面活性剂在过去的二十年中备受关注,阴阳离子混合型表面活性剂、BOLA 型、双子型、聚合物型以及可聚合型的表面活性剂都属于此类,典型的例子和它们相应的特性列于表10.3 中。另外,表面活性剂的生物降解性亦越来越受重视。特别是个人护理用品和家用洗涤用品中,不仅要求有高的生物降解性,而且要求配方中的每种成分都无毒副作用。

表 10.3　新型表面活性剂的种类和结构特征

种类	结构特征	示例
阴阳离子混合表面活性剂	阴阳离子表面活性剂体积克分子浓度相等的混合物 （无无机反离子）	正十二烷基三甲基铵的正十二烷基硫酸盐 $C_{12}H_{15}(CH_3)_3N^+$ $O_4SC_{12}H_{15}$

（续表）

种类	结构特征	示例
BOLA 型表面活性剂	一个聚亚甲基直链上连有两个带正电荷的头基	十六烷-1,16-二(三甲基溴化铵) $Br^- (CH_3)_3 N^+ -(CH_2)_{16} -N^+ (CH_3)_3 Br^-$
双子表面活性剂	两个完全相同的表面活性剂连在同一个基团上或者是它们连在同一个头基上	丙烷-1,3-二(十二烷基二甲基溴化铵 $C_3 H_6\text{-}1,3\text{-bis}[(CH_3)_2 N^+ C_{12} H_{25} Br^-]$
聚合物型表面活性剂	具有表面活性的聚合物	异丁烯和琥珀酸酐的共聚物
可聚合型表面活性剂	表面活性剂可发生均聚或者和系统中的其他成分发生共聚	11-(丙烯酰)十一烷基三甲基溴化铵

10.4.3　表面活性剂的应用

表面活性剂有天然的,也有人工合成的。天然表面活性剂包括天然生成的双亲分子,例如脂质体,它们是以甘油为骨架的表面活性剂,是细胞膜的重要成分。所谓的肥皂即属于此类,它们是最先被认识的表面活性剂,可追溯到古埃及时代,当时通过把动物油和植物油同碱性的盐混合制得类似肥皂的物质,这类物质用于洗涤和治疗皮肤疾病。从17世纪到20世纪初期,肥皂仍然是唯一的天然洗涤剂,也逐渐出现了须用、发用以及沐浴和洗涤用的各类产品。由于第一次世界大战造成肥皂制造用油脂短缺,德国在1916年首先人工合成洗涤剂获得成功。目前用于洗涤和清洁功能的合成洗涤剂可由许多原材料得到。

现在的许多工艺流程和配方中使用的主要成分是合成表面活性剂。由于产品化学结构的不同,所得到的性能(如乳化、去污和发泡)是不同的。烷基的链长和排列以及亲水基团的性质和位置决定了表面活性剂分子的性质。通常认为当链长为 $C_{12} \sim C_{20}$ 时,有最好的去污能力;如果链长比这个稍短,有最好的润湿和发泡作用。结构和性能的关系以及化学相容性是表面活性剂配方中的关键因素,因此,许多研究工作都注重于这个领域。

在各种表面活性剂中,由于阴离子表面活性剂制备工艺简单,成本低廉,因此,它们的用量比其他类型的表面活性剂用量要大。阴离子表面活性剂含有带负电荷的极性头基,例如羧酸盐($—COO^-$),用于生产肥皂,还有硫酸盐($—OSO_3^-$)和磺酸盐($—SO_3^-$),它们主要应用于洗涤剂、护肤、乳化剂和肥皂。

阳离子表面活性剂含有带正电荷的头基[例如,三甲基铵离子($—N(CH_3)_3^+$)],它们主要应用于表面吸附。而吸附质一般带负电荷(例如,金属、塑料、矿物、纤维、头发、细胞膜),因此,它们由于阳离子表面活性剂的影响而变性。因而它们用于抗静电、抗腐蚀、浮选剂、织物柔软剂以及定发胶和杀菌剂。

非离子表面活性剂含有强亲水性的基团,这个亲和力产生于来自氢键的偶极之间的相互作用,例如乙氧基化物($—(OCH_2CH_2)_mOH$)。非离子表面活性剂的优点是,可以同时改变亲水基和疏水基的长度来获得最好的应用效率。

由于两性离子表面活性剂生产成本高,所以它们的用量最少。它们的特点是有非常好的护肤作用和皮肤协调性。由于它们对眼睛和皮肤刺激性小,所以常用于香波和化妆品中。

§10.5　固体表面的吸附

10.5.1　气固吸附及分类

由于固体不具有流动性,所以不能像液体那样用尽量缩小表面积的方法来降低系统的表面吉布斯函数。但是,固体表面层分子因受力不均而具有剩余力场,能对碰撞到固体表面的气体分子产生吸引力,使气体分子在固体表面上发生相对的聚集,其结果能减少剩余力场,降低固体的表面吉布斯函数,使具有较大表面的固系统统变得较为稳定,这种气体分子在固体表面上聚集的现象,称为气体在固体表面上的吸附,简称气固吸附。吸附气体的固体叫做吸附剂,被吸附的气体叫做吸附质。

按照吸附时固体表面分子对所吸附气体分子的作用力的性质,将气固吸附区分为物理吸附和化学吸附。

物理吸附:固体表面分子与气体分子间的吸附力是范德华引力。因气体分子凝聚为液体的力也是范德华引力,所以物理吸附类似于气体在固体表面上的凝聚。

化学吸附:固体表面分子与气体分子间的吸附力是化学键,吸附过程中可以有电子的转移、原子的重排、化学键的破坏与形成等。所以,化学吸附类似于气体分子与固体表面分子发生化学反应。

正是因为这两类吸附的作用力性质上的不同,引起了两类吸附在特征上的一系列差别,现将其中几项主要差别列于表 10.4。

表 10.4　物理吸附与化学吸附的比较

	物理吸附	化学吸附
吸附力	Vander Waals 力	化学键力
吸附层数	单分子层或多分子层	单分子层
吸附热	小,近于液化热	大,近于化学反应热
吸附选择性	无选择性	有选择性
吸附稳定性	不稳定,易解吸	比较稳定,不易解吸
吸附平衡	易达到	不易达到

10.5.2　吸附平衡与吸附量

气相中的分子可以被吸附在固体表面上,已被吸附的气体分子也可以脱附(或解吸)而逸回气相。固定温度及吸附质的分压之后,当吸附速率与脱附速率相等,即单位时间内被吸附的气体量与脱附的气体量相等时,达到吸附平衡状态,此时吸附在固体表面上的气体量不再随时间而变化。

在达到吸附平衡的条件下,单位质量吸附剂所能吸附的气体的物质的量(x)或这些气体在标准状况下所占的体积(V),称为吸附量 q,即

$$q = \frac{x}{m} \quad 或 \quad q = \frac{V}{m} \tag{10.16}$$

其中 m 为吸附剂的质量。吸附量可以用实验方法直接测定。

10.5.3　Langmuir 吸附等温式

Langmuir 根据吸附实验数据,提出了吸附只限制在单分子层的理论,这一理论对于化学吸附和高温低压时的物理吸附获得了很大的成功。

Langmuir 提出了三点假设:① 只有碰撞到空白表面的气体分子才可能被吸附,而碰撞到已被吸附的分子上时,则是弹性碰撞,即只发生单分子层吸附;② 气体分子被吸附的概率和被吸附的气体分子离开表面回到气相的概率相等,不受邻近有无吸附分子的影响,即吸附分子间无相互作用;③ 气体分子被吸附在表面的任何位置,所放出的吸附热都相同,即固体表面是均匀的。在以上三点假设的基础上,推导出了 Langmuir 吸附等温式。

设 θ 为一定温度下固体表面被覆盖的百分数,则($1-\theta$)代表空白表面的百分数。根据假设① ,吸附速率 $r_{吸附}$ 应正比于($1-\theta$),此外,$r_{吸附}$ 还应与气体的平衡压力 p 成正比,写成等式则为

$$r_{吸附} = k_1(1-\theta)p$$

k_1 是比例常数。根据假设②,脱附速率应与 θ 成正比,即

$$r_{脱附} = k_2\theta$$

达到吸附平衡时，$r_{吸附} = r_{脱附}$，即

$$k_1(1-\theta)p = k_2\theta$$

整理后得

$$\theta = \frac{k_1 p}{k_2 + k_1 p} = \frac{ap}{1+ap} \tag{10.17}$$

其中，$a = \dfrac{k_1}{k_2}$ 称之为吸附平衡常数或吸附系数。a 值越大，表示固体表面对气体吸附的能力越强。

气体在固体表面的吸附量 q 与 θ 成正比，θ 的大小就代表了吸附量的多少，所以式(10.17)即为 Langmuir 吸附等温式。由此式可知：

(1) p 很小时，$ap \ll 1$，则 $\theta = ap$，即低压下吸附量与气体平衡压力成正比。

(2) p 很大时，$ap \gg 1$，则 $\theta = 1$，此时气体在固体表面铺满单分子层，达到饱和吸附状态，吸附量为一常数。

若以 V_m 和 V 分别表示饱和吸附时和气体的分压为 p 时气体的标准状况体积，则

$$\theta = \frac{V}{V_m} = \frac{ap}{1+ap} \tag{10.18}$$

式(10.18)为用饱和吸附量表示的 Langmuir 吸附等温式。若以 p/V 对 p 作图，应得一直线，斜率为 $-1/V_m$，截距为 $1/V_m a$，由直线的斜率和截距可求得 a 和 V_m。

Langmuir 等温式是一个理想的吸附公式，它描述了在均匀表面、吸附分子间无相互作用、吸附为单分子层的情况下达吸附平衡时的吸附规律。

§10.6　胶体分散系统及其制备

10.6.1　胶体的分类及其基本特性

胶体化学所研究的主要对象是高度分散的多相系统。把一种或几种物质分散在一种介质中所构成的系统，称为分散系统。被分散的物质称为分散相，而另一种呈连续分布的物质称为分散介质。分散系统按分散相粒子的大小可分为三类，即

(1) 分子分散系统。当被分散物质以分子、原子或离子(半径 $r < 1$ nm)形式均匀地分散在分散介质中时，形成的系统即为分子分散系统，此时的系统为均匀的一相，属单相系统。可见，我们所熟知的溶液便属于此类分散系统。溶液分固态溶液、液态溶液和气态溶液(即混合气体)。通常所说的溶液是指液态溶液，如蔗糖或氯化钠的水溶液等。很显然，溶液为均相系统，溶质、溶剂间不存在相界面，且不会自动分离成两相，为热力学稳定系统。常表现

为透明、不发生光散射、溶质扩散快、溶质和溶剂均可透过半透膜等。

（2）胶体分散系统。分散相粒子半径 r 介于 $1\sim100\ nm$ 之间的高分散系统即为胶系统统。这里分散相可以是由许多原子或分子组成的有界面的粒子，也可以是没有相界面的大分子或胶束，前者称为溶胶，后者称为高分子溶液或缔合胶体。

（3）粗分散系统。分散相粒子半径 $r>100\ nm$ 的分散系统即为粗分散系统。它包括悬浮液、乳状液、泡沫、粉尘等。这样的系统中，分散相和分散介质间有明显的相界面，分散相粒子易自动发生聚集而与分散介质分开，它为热力学不稳定系统，且表现为不透明、浑浊、分散相不能透过滤纸等特征。

胶体分散系统通常按分散介质的物态进行分类，如表 10.5 所示。如分散介质为液态时称为液溶胶或溶胶，分散介质为固态或气态时则称固溶胶或气溶胶。表 10.5 中所列的泡沫和乳状液就分散相粒子的大小而言已属粗分散系统，但由于它们的许多性质，特别是表面性质与胶系统统密切相关，所以通常也归并在胶体系统中讨论。

表 10.5　胶体分散系统的分类

分散介质	分散相	名称	实例
气	液 固	气溶胶	雾，云 烟，粉尘
液	气 液 固	液溶胶	泡沫 牛奶、原油 泥浆、油漆
固	气 液 固	固溶胶	浮石、塑料 珍珠、某些宝石 某些合金、有色玻璃

胶体的基本特性可归纳三点，即特有的分散程度、不均匀（多相）性和聚集不稳定性。实际上，只有典型的溶胶系统才能全面地表现出胶体的特性。

因此，胶体分散系统还可按其性质分为三类，即

（1）憎液溶胶。它是由难溶物分散在液体分散介质中所形成的胶体分散系统。由于分散相粒子很小，且分散相与分散介质间有很大的相界面、很高的界面能，因而溶胶是热力学不稳定系统。溶胶的多相性、高分散性和热力学不稳定性特征决定了它有许多不同于溶液和粗分散系统的性质。这类溶胶是我们讨论的主要对象。

（2）亲液溶胶。高分子化合物的溶液也称为亲液胶体，它没有相界面，分散相以分子形式溶解，分散相和分散介质间亲和力较强，高分子大小虽然已经达到 $1\sim100\ nm$ 范围，由于不存在相界面，且不会自动发生聚沉，因而属于均相热力学稳定系统。

（3）缔合胶体。分散相是由表面活性剂缔合而成的胶束，通常以水作为分散介质，胶束中表面活性剂的亲油基团向里，亲水基团向外，分散相与分散介质之间有很好的亲和性，因此也是一类均相的热力学稳定系统。

10.6.2　憎液溶胶的制备

憎液溶胶（以后简称溶胶）的制备首要条件是分散相粒子大小应控制在胶体粒子范围之内。制备 1～100 nm 之间的胶粒有两种方法：一种是将大块物质分散，称为分散法；另一种是将分子或离子聚集为胶粒，称为凝聚法。由于憎液溶胶是热力学不稳定系统，所以在制备过程中必须加适当的稳定剂。

1. 分散法

用机械设备、电能、热能等将难溶固体物质分散，常用的设备有：

（1）胶体磨。这种磨的基本原理与普通石磨类似，只是转速极快（10 000 r·min^{-1} 以上），磨盘之间距离极小，使难溶物在强大的应切力下被粉碎。这种方法一般分干法与湿法两种，湿法的分散度比干法更好一点。加料时将粗粒、稳定剂和介质一起磨，可磨细到 1 000 nm 左右。这种方法适用于脆而易碎的物质，对有柔韧性物质一般先冷冻变硬后再磨。

（2）喷射磨。在装有两个高压喷嘴的粉碎室中，一个喷高压空气，一个喷物料，两束几乎是超音速的物流以一定角度相交，形成涡流，使粒子在互碰、摩擦和剪切力作用下被粉碎，粒径可小于 1 000 nm。

（3）电弧法。通常用来制备贵金属溶胶，如金、银、铂等的溶胶。方法是以该金属为电极，浸在含有少量稳定剂的冷水中，调节外加的直流电压和两电极之间的距离，使之形成电弧。这时金属受热蒸发，蒸气在冷水中凝聚，在稳定剂（如 NaOH 等）保护下，形成相应的金属溶胶。

2. 凝聚法

用化学或物理方法，将分子或离子凝聚成一定粒度的胶粒。

（1）化学凝聚法。利用生成沉淀（不溶性物质）的各类化学反应，使不溶性物质达过饱和，控制操作温度（一般温度较低）和结晶速率，使之形成大量晶核，因而都无法成长为大晶体，而停留在胶粒大小的阶段。一般用某一反应物略过量一点作为稳定剂。这种制备溶胶的方法称为化学凝聚法。例如：

利用氧化还原反应制备金溶胶：

$$2KAuO_2 + 3HCHO + K_2CO_3 \longrightarrow 2Au（溶液）+ 3HCOOK + H_2O + KHCO_3$$

利用水解反应制备氢氧化铁溶胶：

$$FeCl_3（溶液）+ 3H_2O（沸水）\longrightarrow Fe(OH)_3（溶胶）+ 3HCl$$

以上制备溶胶的例子中，虽没有外加稳定剂，但胶粒表面吸附的具有溶剂化层的反应物离子起了稳定剂的作用。

（2）物理凝聚法。将物质的气态分子或溶解状态的分子凝聚为胶粒，称为物理凝聚法，主要有蒸气凝聚法和更换溶剂法两种。

常见的蒸气凝聚法，例如将汞蒸气通入冷水中就可以制备汞的水溶胶，生成汞蒸气时少量同时生成的汞氧化物可以作为稳定剂。又例如碱金属的有机溶胶的制备，是在一密闭容器中，使碱金属蒸气和有机溶剂蒸气同时在一个内装液氮的管的外壁冷凝，积聚到一定时间后，抽去液氮，冷凝在管外的混合蒸气熔化混合，呈液滴滴下，这就得到了碱金属的有机溶胶。更换溶剂法实际上是把普通溶液突然变成过饱和溶液，使溶质凝聚成胶粒。例如，将松香的酒精溶液滴入水中，由于松香在水中溶解度很小，因而呈过饱和状态，松香凝聚成胶粒，得到松香的水溶胶。类似地，也可以用突然降低温度的方法，降低溶解度，使溶质凝聚成胶粒。例如，用液氮冷却硫的酒精溶液，可以得到硫的醇溶胶。

§10.7 胶体的性质

10.7.1 胶体的运动性质

在超显微镜下，可观察到胶体粒子处于不停的、无规则的运动状态。因此，我们可以用分子运动论的观点，研究胶体粒子的无规则运动以及由此而产生的扩散、渗透等现象；也可以用分子运动论的观点，研究分散相粒子在重力场作用下，粒子的浓度随高度而变化的规律。

溶胶与稀溶液在某些方面有相似之处，例如溶胶也具有依数性现象，但由于胶体粒子要比一般分子大得多，浓度也比一般稀溶液小得多，因此，如沸点升高、凝固点下降等效应很弱而难以测定，而溶胶的渗透现象却比较明显。胶体粒子之所以能扩散、渗透以及长时间稳定地悬浮在分散介质中而不下沉，一个重要的原因就是粒子的布朗运动。

1. 布朗运动

1827 年，植物学家布朗（Brown）在显微镜下，看到了悬浮于水中的花粉粒子处于不停息的、无规则的运动状态。此后发现凡是线度小于 $4\mu m$ 的粒子，在分散介质中皆呈现这种运动。由于这种现象是布朗首先发现的，故称为布朗运动。

在分散系统中，分散介质的分子皆处于无规则的热运动状态，它们从四面八方连续不断地撞击分散相的粒子。对于粗分散的粒子来说，在某一瞬间可能被数以千万次的撞击，从统计的观点来看，各个方向上所受撞击的概率应当相等，合力为零，所以不能发生位移。即使是在某一方向上遭到较多次数的撞击，因其质量太大，难以发生位移，而无布朗运动。对于接近或达到胶体大小的粒子，与粗分散的粒子相比较，它们所受到的撞击次数要小得多。在各个方向上所遭受的撞击力，完全相互抵消的概率甚小。某一瞬间，粒子从某一方向得到冲量便可以发生位移,即布朗运动,如图 10.9(a)所示。图 10.9(b)是每隔相等的时间,在超显微镜下观察一个粒子运动的情况,它是空间运动在平面上的投影,可近似地描绘胶体粒子的无序运动。由此可见,布朗运动是分子热运动的必然结果,是胶体粒子的热运动。

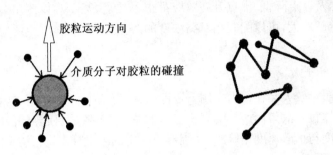

(a)　介质分子对胶粒的冲击　　　　(b)　布朗运动

图 10.9　布朗运动

在 1905 年爱因斯坦利用分子运动论的一些基本概念和公式,在假定胶体粒子为球形的前提下,得到了如下的布朗运动公式:

$$\bar{x} = \left(\frac{RT}{L} \cdot \frac{t}{3\pi\eta r} \right)^{\frac{1}{2}} \tag{10.19}$$

式中 $\bar{x}$ 为胶体粒子沿 x 方向的平均位移,t 为观察时间,r 为胶体粒子半径,η 为介质黏度,L 为阿伏伽德罗常量。后来很多试验都证明了该公式的正确性,从而用分子运动论成功地说明了布朗运动的本质就是质点的热运动,也使分子运动论得到了实验证明,此后分子运动论才成为被普遍接受的理论。

2.　扩散和渗透压

扩散作用是普遍存在的现象,它由粒子的热运动引起。胶体粒子也存在热运动,因而也会发生扩散作用和渗透压。

1905 年,爱因斯坦假定胶体粒子为球形,推导出了粒子在 t 时间的平均位移 $\bar{x}$ 与扩散系数 D 之间的关系式:

$$\bar{x}^2 = 2Dt \tag{10.20}$$

此即著名的爱因斯坦-布朗运动公式,它揭示了布朗运动与扩散的内在联系,说明扩散是布朗运动的宏观表现,而布朗运动是扩散的微观基础。

将式(10.19)代入式(10.20),可得

$$D = \frac{RT}{L} \frac{1}{6\pi\eta r} \tag{10.21}$$

此式表明,粒子越小,介质黏度越小,温度越高,则 D 越大,粒子扩散能力越强。

溶胶扩散作用的一个重要现象是产生渗透压(π),其值可借用稀溶液的渗透压公式来

计算 $\pi = \dfrac{n}{V}RT$，式中 n 为体积为 V 的溶胶中所含胶粒的物质的量。

由于溶胶的粒子比低分子溶液中的溶质分子大，而且不稳定，所以不能制成较高的浓度，因此其渗透压及冰点降低、沸点升高效应都很不显著，甚至难以测出。但对于高分子溶液，由于它们的溶解度大，可以配制相对高浓度的溶液，因此渗透压广泛应用于测定高分子物质的摩尔质量。

3. 沉降与沉降平衡

胶体粒子因质量较大会在重力作用下逐渐下沉，甚至与介质分离，这种过程就是沉降。沉降作用会使胶体粒子浓集而产生随高度分布的浓度差，随之引起与沉降相反方向的扩散作用。当沉降速度与扩散速度相等时，系统形成一定的浓度梯度，并达到了一种动态平衡的状态，称之为沉降平衡。

若胶体粒子为球形，在重力场中粒子受到向下沉降的力，当粒子沉降时，由于摩擦会产生运动阻力。当两者相等时，粒子匀速下降。达到沉降平衡之后，容器中不同高度处溶胶的浓度是不同的，容器底部浓度最高，随着高度上升，溶胶浓度逐渐下降，这种浓度分布与地球表面大气随高度的分布十分相似。

通常胶体系统粒子的大小是不同的，称这种系统为多级分散系统。当这类系统达到沉降平衡时，若能从不同高度处取出一定量的溶胶，则可以得到大小不等的胶粒，从而达到分级筛选的目的。

实际上，由于高度分散的溶胶颗粒很小，达到平衡的时间非常长，而且在通常条件下，由于温度变化引起的对流也阻止了平衡的建立，所以很难看到高分散度溶胶的沉降平衡。

10.7.2　胶体的光学性质

胶系统统的高度分散性和不均匀（多相）性，能够使其对入射光产生透射、散射或折射、反射等光学现象，利用这些光学现象，可以观察胶体粒子的运动，研究胶体粒子的大小和形状。

1. 丁达尔效应

当一束光线通过胶体时，在入射光的垂直方向可以看到一个浑浊发亮的圆锥体光柱，如图 10.10。这种现象最早在 1869 年由丁达尔（Tyndall）发现，称为丁达尔效应。丁达尔效应是胶体粒子对光的散射现象，散射出来的光称为散射光或乳光。

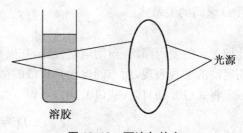

图 10.10　丁达尔效应

当光线射向分散系统时，只有一部分光能够

通过,其余部分则被吸收、散射或反射。光的吸收主要取决于系统的化学组成,而散射和反射则取决于系统的分散程度。当分散相粒子直径大于入射光的波长时,主要发生光的反射和折射,如粗分散系统因反射作用而呈现浑浊。当粒子直径小于入射光波长时,主要发生散射,例如溶胶粒子比可见光波长(约为400~700 nm)小,因而散射明显,产生丁达尔效应。小分子溶液或纯溶剂因质点太小,光散射微弱,用肉眼难以分辨。所以丁达尔效应是溶胶的重要特征,是区分溶胶与小分子溶液的最简便的方法。

　　2. 瑞利散射定律

　　瑞利(Rayleigh)是最早从理论上研究光散射的,他的基本出发点是讨论单个粒子的散射。他假设:① 散射粒子比光的波长小得多(粒子小于$\lambda/20$),可看作点散射源;② 溶胶浓度很稀,即粒子间距离较大,无相互作用,单位体积的散射光强度是各粒子的简单加和;③ 粒子为各向同性、非导体、不吸收光。由此导出溶胶系统散射光强度 I 的计算公式为

$$I = K \frac{nV^2}{\lambda^4} \tag{10.22}$$

式中 I 是散射光强,λ 为入射光波长,n 为单位体积中的粒子数,V 是每个粒子的体积,K 是与折射率有关的数值。

　　瑞利散射定律可以解释天空为什么是蓝色的,因为散射强度与 λ^4 成反比,即入射光的波长越短,散射光强度越大。可见蓝光($\lambda=450$ nm)的散射要比红光($\lambda=650$ nm)的散射强得多,当一束白光照射时,在入射光的垂直方向上呈现蓝紫色,而透射光的方向上呈现橙红色。这就可以用来说明天空呈蓝色,而旭日和夕阳呈红色的原因。

　　普通显微镜的分辨率约为 200 nm,因而不能用来直接观察胶体粒子。在黑暗的背景下,用显微镜来观察丁达尔效应,就是超显微镜的工作原理。在超显微镜下看到的是粒子散射的光点,而不是粒子本身。但是,它可以用来确定胶粒的数目和观察胶粒的布朗运动;粗略推测粒子的平均粒径和形状;观察粒子是否均匀及在一小体积范围内溶胶的涨落现象(即粒子数的变化)等等。超显微镜在胶体化学发展历史上曾起到很大的作用,具有广泛的应用,但要确切地测定胶体粒子的大小和形状,还须借助于电子显微镜。

　　电子显微镜是一种电子光学微观分析仪器,它将聚焦成很细的电子束打到试样的一个微小区域,根据产生的不同信息进行收集、整理和分析,得出试样的微观形貌、结构和化学成分等有用的资料。近几十年来,各种电子显微镜先后问世,例如利用穿透样品的透射电子成像的透射电镜(TEM)和在试样表面微小区域逐点扫描成像的扫描电镜(SEM)是两种用途最为广泛的电子显微镜,其放大率一般可达 25 万~30 万倍。利用电子显微镜不仅可以直接观察到胶体粒子的大小和形态,还可以直接观察到硅胶中孔洞的大小。

10.7.3　胶体的电学性质

溶胶是一个高度分散的非均相系统,分散相的固体粒子与分散介质之间存在着明显的

相界面,实验发现:在外电场的作用下,固、液两相可发生相对运动;反过来,在外力的作用下,迫使固、液两相进行相对运动时,又可产生电势差。溶胶这种与电势差有关的相对运动称为电动现象。

溶胶电动现象的存在,说明溶胶粒子表面带有电荷,溶胶带电是溶胶能够稳定存在相当长时间的一个重要原因。溶胶之所以会带电,主要有以下原因:① 固体表面可以从溶液中有选择性地吸附某种离子而带电。固体若为离子晶体,它服从法扬斯-帕尼思(Fajans-Pancth)规则,即离子晶体表面对溶液中能与晶格上电荷符号相反的离子生成难溶或电离度很小的化合物的那些离子,具有优先吸附作用。若吸附正离子,晶体表面带正电荷;反之带负电荷。② 固体表面上的某些分子、原子,在溶液中发生电离,也可导致固体表面带电。

处在溶液中的带电固体表面,由于静电吸引力的作用,必然要吸引等电量的、与固体表面上带有相反电荷的离子环绕在固体粒子的周围,这样便在固、液两相之间形成了双电层。

1. 双电层

关于双电层的内部结构,曾经提出过三种模型,即亥姆霍兹(Helmholtz)模型(1879年)、古依-查普曼(Gouy-Chapman)模型(1910~1913年)和斯特恩(Stern)模型(1924年)。斯特恩模型是在前两个模型的基础上提出的,是对前两个模型的修正和补充。

斯特恩认为,在紧密吸附在固体表面约1~2个分子厚度的紧密层中,电势的变化呈直线下降,从ψ_0降至ψ_1,见图10.11。将AB面称为斯特恩平面,AB面以左称为斯特恩层。层中离子会发生溶剂化作用,在胶粒移动时会带着斯特恩层及离子的溶剂化层一起移动,真正的切动面是在AB线以右的不规则曲面。ζ电势是这不规则切动面与溶液本体均匀部分之间的电势差,ζ值略低于ψ_1值。只有在带电的胶粒移动时才会显示切动面,才有ζ电势,所以ζ电势被称为电动电势。

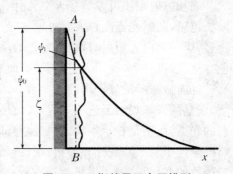

图 10.11 斯特恩双电层模型

ζ电势与热力学电势ψ_0不同,ψ_0的数值主要取决于溶液中与固体呈平衡的离子浓度,而ζ电势会随着溶剂化层中离子浓度的改变而改变。当有外来电解质加入时,与固体所带电荷相反的离子会进入溶剂化层,使整个双电层变薄。当有足够多的电解质加入时,双电层厚度与切动面以左部分相仿,这时ζ电势为零。如果外加电解质中的反号离子价数很高,或固体对它的吸附能力特别强,则溶剂化层中反号离子过剩,ζ电势就会改变符号。

斯特恩双电层模型给了ζ电势较明确的物理意义,很好地解释了外加电解质对ζ电势的影响。显然,胶粒的ζ电势越大,表明胶粒带电越多,稳定性也越好,电泳速率也越大。

2. 电动电势的测定

电动电势 ζ 是直接与电动现象有关的可测定的物理量。根据斯特恩模型，ζ 电势应低于 ψ_1，但若电解质溶液浓度很稀，则扩散层厚度增加，电势降低缓慢，则 ζ 与 ψ_1 很接近；而当表面电势高并且电解质浓度也高时，扩散层被压缩，电势迅速降低，则 ζ 与 ψ_1 的差别较大。

ζ 电势的测定常采用电泳、电渗及流动电势法，现将电渗法简单介绍如下。

电渗法是通过测定在一定电场强度 E 下，介质相对于固定不动的毛细管（或多孔塞）流动时，在单位时间内流经毛细管的液体体积 Q 来求算 ζ。实验装置如图 10.12。若多孔塞中液体的流速为 v_∞，多孔塞面积为 A，则

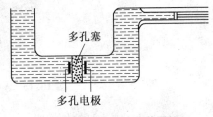

$$Q = v_\infty A \qquad (10.21)$$

图 10.12　电渗实验装置图

v_∞ 也称为电渗速度。由理论分析可得

$$v_\infty = \frac{\varepsilon E \zeta}{\eta} \qquad (10.22)$$

式中，ε 为介质的介电常数，η 为介质黏度。

将式(10.22)代入式(10.21)，可得

$$Q = \frac{\varepsilon E \zeta}{\eta} A \qquad (10.23)$$

由于 A 不易测定，应用 Ohm 定律 $A \cdot E = \dfrac{I}{\kappa}$，$I$ 表示流过液体的电流强度，κ 为液体的电导率。代入式(10.23)，得

$$Q = \frac{\varepsilon \zeta I}{\eta \kappa} \qquad (10.24)$$

或

$$\zeta = \frac{\eta \kappa}{\varepsilon I} Q \qquad (10.25)$$

只要测出体积流速、电导率和电流强度，即可求出 ζ 电势。

应该说明的是，式(10.22)表示的是液体相对于固定不动的平面固体运动时的电渗速度。若胶体粒子比较大，且为球形，其表面可看作平面时，胶粒相对于静止液体的电泳速度也可以用式(10.22)表示。

3. 溶胶的胶团结构

根据胶体粒子带电及双电层结构理论，可以使我们了解溶胶中的胶团结构。以 AgI 溶胶为例。设由 $AgNO_3$ 和 KI 溶液制备 AgI 溶胶时，KI 溶液过量，则形成的胶粒首先是由 m 个 AgI 分子形成晶体 $[(AgI)_m]$，称为胶核。胶核表面可吸附溶液中过量的 I^- 而带上负电

荷(设吸附了 n 个 I^-)。由于静电吸引作用,带负电的胶核吸引溶液中的反离子(K^+),使一部分 K^+〔$(n-x)$个〕进入紧密层,另一部分 K^+(x 个)则分布在分散层。AgI 胶核连同吸附的 I^- 以及紧密层中的 K^+ 构成胶粒,胶粒与分散层构成胶团,整个胶团总是电中性的。图 10.13 为 AgI 胶团的表示式。

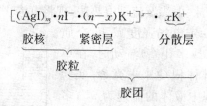

图 10.13 AgI 胶团的表示式(KI 为稳定剂)

胶核$(AgI)_m$中,m 的数值很大,但对于同一溶液中的不同粒子,m 值不同。应该说胶团表示式中的 m、n、x 都只是一种平均值,并且 n 要比 m 小得多。另外,溶液中的离子都是溶剂化的,所以胶粒和胶团中都应是水化离子层结构。

§10.8 胶体的稳定性和聚沉作用

溶胶是高度分散的多相系统,因界面能极大而属热力学不稳定系统,粒子间有相互聚集而降低界面能的趋势,称之为聚集不稳定性。另一方面,由于粒子小,强烈的布朗运动能阻止其在重力场中的沉降,因而具有动力学稳定性。稳定的溶胶必须同时兼备聚集稳定性和动力学稳定性,前者更为重要。溶胶一旦失去聚集稳定性,粒子将会相互聚集而变大,最终失去动力学稳定性。无机电解质和高分子物质都能对溶胶的稳定性产生很大影响,但影响机理不同。此外,胶系统统的相互作用,溶胶的浓度、温度等因素都在一定程度上影响溶胶的稳定性。

10.8.1 电解质的聚沉作用及其影响因素

由溶胶的胶团结构可知,当胶体粒子相互靠近时,将会发生分散层的重叠。由于同一溶胶中粒子的电性相同,并存在 ζ 电势,所以粒子间会产生静电斥力而彼此分开,在一定程度上保持了溶胶的稳定性。当向溶胶中加入无机电解质时,因双电层的分散层受到压缩,ζ 电势降低,粒子间的静电斥力减小,因而会失去稳定性。通常把无机电解质使溶胶沉淀的作用称为聚沉作用。

电解质的聚沉能力用聚沉值表示。聚沉值是指在规定的条件下使溶胶完全聚沉所需要的电解质的最低浓度。聚沉值越小,聚沉能力越强。电解质的聚沉能力一般有以下实验规律。

1. 舒尔采–哈迪(Schulze-Hardy)规则

电解质中能使溶胶聚沉的主要是反离子,反离子价数越高,聚沉能力越强。反离子分别为一、二、三价时,其聚沉值分别为 $25\sim150$ mmol·L^{-1},$0.5\sim2$ mmol·L^{-1} 和 $0.01\sim0.1$ mmol·L^{-1},即聚沉值的比例大体是 $1/1^6:1/2^6:1/3^6$,聚沉值与反离子价数的六次方成反比。

相同价数的反离子聚沉值虽然相近,但也有差别,其顺序为

$$Li^+>Na^+>K^+>NH_4{}^+>Rb^+>Cs^+$$

$$Mg^{2+}>Ca^{2+}>Sr^{2+}>Ba^{2+}$$

$$SCN^->I^->NO_3{}^->Br^->Cl^->F^->Ac^->1/2SO_4{}^{2-}$$

这种顺序称为感胶离子序。

以上即为 Schulze-Hardy 规则。该规则只适用于不与溶胶发生任何特殊反应的电解质,决定溶胶电势的离子和特性吸附离子等都不应包含在内。

2. 同号离子的影响

一些同号离子,特别是高价离子或有机离子,由于强烈的范德华吸引作用而在胶粒表面吸附,从而改变了胶粒的表面性质,降低了反离子的聚沉能力,对溶胶有稳定作用。例如对于 As_2S_3 负溶胶,KCl 的聚沉值是 49.5 mmol·L^{-1},KNO_3 是 50 mmol·L^{-1},甲酸钾是 85 mmol·L^{-1},乙酸钾是 110 mmol·L^{-1}。

3. 不规则聚沉

当高价反离子或有机反离子为聚沉剂时,可能发生不规则聚沉的现象,即少量的电解质使溶胶聚沉,浓度高时沉淀又重新分散成溶胶,而浓度再高时,又使溶胶聚沉。

不规则聚沉的发生是由于高价或大的反离子在胶粒表面的强烈吸附。电解质浓度超过聚沉值时溶胶聚沉,此时胶粒的 ζ 电势降至零附近。浓度再大,胶粒会吸附过量的高价或大离子而重新带电,于是溶胶又重新稳定,但此时所带电荷与原来相反。再加入电解质,由于相应的反离子的作用又使溶胶聚沉。此时,粒子表面对大离子的吸附已经饱和,故再增加电解质也不能使沉淀重新分散。

10.8.2　溶胶稳定的 DLVO 理论

胶体的聚集稳定性是胶体稳定存在的关键,因此一直是胶体化学领域的重要研究课题。大量研究表明,胶体质点之间存在着范德华吸引作用,而质点在相互接近时又因双电层的重叠而产生排斥作用,胶体的稳定性就取决于质点间的吸引与排斥作用的相对大小。20 世纪40 年代,前苏联学者捷亚金(Deijaguin)和兰道(Landau)与荷兰学者维韦(Verwey)和欧弗比克(Overbeek)分别提出了关于各种形状质点之间的相互吸引能与双电层排斥能的计算方法,并据此对溶胶的稳定性进行了定量处理,形成了能比较完善地解释胶体稳定性和电解

质影响的理论,称之为 DLVO 理论。现简介如下。

1. 胶粒间的范德华引力势能

分子间的范德华引力包括诱导力、偶极力和色散力。对于大多数分子,色散力在三种力中占主导地位。

胶体粒子是大量分子的聚集体。Hamaker 假设,质点间的相互作用等于组成它们的各分子对之间相互作用的加和,并由此推导出不同形状粒子间的范德华引力势能。

对于两个彼此平行的平板粒子,单位面积上的引力势能为

$$V_A = -\frac{A}{12\pi D^2} \tag{10.26}$$

式中 D 为两板之间的距离,A 是 Hamaker 系数,规定引力势能为负值。

对于两个相同的半径为 a 的球形粒子,它们之间的引力势能为

$$V_A = -\frac{Aa}{12H} \tag{10.27}$$

H 是两球之间的最短距离。

以上两式表明,范德华引力势能 V_A 随距离的增大而降低。Hamaker 系数 A 是一个重要的参数,其数值直接影响 V_A 的大小。A 与组成质点的分子之间的相互作用有关,是物质的特征常数,其单位与能量单位相同,一般在 $10^{-19} \sim 10^{-20} J$ 之间。

2. 胶粒间的斥力势能

带电的质点和双电层中的反离子作为一个整体是电中性的,只要彼此的双电层不重叠,两带电质点之间并不存在静电斥力。但当质点接近到它们的双电层发生重叠,改变了双电层的电荷与电势分布时,便产生排斥作用。

对于两个平行的平板粒子,单位面积上的斥力势能为

$$V_R = \frac{64 n_0 kT \gamma_0^2}{\kappa} \exp(-\kappa D) \tag{10.28}$$

式中,D 为两板间的距离,n_0 是溶液内部($\psi = 0$ 处)单位体积中的正(或负)离子数。在斯特恩双电层模型中,κ 和 γ_0 的意义分别是

$$\kappa = \left(\frac{2 n_0 z^2 e^2}{\varepsilon k T} \right)^{\frac{1}{2}} \tag{10.29}$$

$$\gamma_0 = \frac{\exp(z e \psi_1 / 2kT) - 1}{\exp(z e \psi_1 / 2kT) + 1} \tag{10.30}$$

以上两式中,z 是电解质的价数;κ 是一个很重要的参数,其倒数具有长度的单位,通常称其倒数为双电层的厚度,κ 与电解质浓度和价数成正比,所以电解质浓度增加,κ 值增大,双电层变薄;γ_0 是 ψ_1 的复杂函数。

对于两个相同的球形粒子间的斥力势能为

$$V_R = \frac{64\pi a n_0 kT \gamma_0^2}{\kappa^2} \exp(-\kappa H) \tag{10.31}$$

式中,a 为质点半径,H 为两质点间的最短距离。

3. 胶粒间的总相互作用势能

胶粒间的总相互作用势能 V 是引力势能与斥力势能之和,即

$$V = V_A + V_R \tag{10.32}$$

图 10.14 是 V_A、V_R 及 V 随粒子间距离变化的示意图。随着胶粒间距的增大,V_A 下降的速度比 V_R 缓慢得多。当胶粒间距很大时,粒子间无相互作用,V 为零。当两粒子靠近时,首先起作用的是引力势能,因而 V 为负值。随着粒子间距缩短,V_R 的影响逐渐大于 V_A,因而 V 逐渐增大变为正值,形成一个极小值,称第二极小值。两粒子靠近到一定距离后,V_A 的影响又超过 V_R,V 又逐渐变小而成

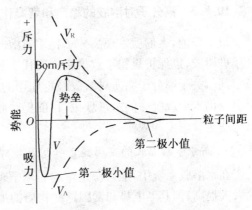

图 10.14　势能曲线图

为负值,在曲线上出现一个峰值,称为势垒。当胶粒相距很近时,由于电子云的相互作用而产生 Born 斥力势能使 V 急剧上升,又形成一个极小值,称第一极小值。

势垒的大小是胶体能否稳定的关键。粒子要发生聚沉,必须越过这一势垒才能进一步靠近。如果势垒很小或不存在,粒子的热运动完全可以克服它而发生聚沉,因而呈现聚集不稳定性。如果势垒足够大,粒子的热运动无法克服它,则粒子不能聚集,胶体将保持相对稳定。

4. 临界聚沉浓度

电解质是影响 V 的重要因素。当电解质的浓度变化时,κ 随之变化而影响 V。图 10.15 是不同电解质浓度时,κ 对 V 的影响示意图。由图可见,κ 值越大,势垒越低。将势垒为零时的电解质浓度称为临界聚沉浓度,即通常所称的聚沉值。经过一定的简化,根据 DLVO 理论,可以推出以水为介质时的临界聚沉浓度为

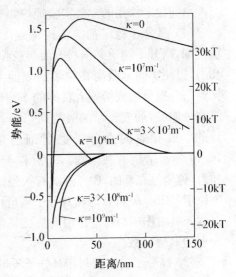

图 10.15　不同电解质浓度下,κ 值对两粒子间势能的影响

($a = 10^{-7}\,\mathrm{m}$, $A = 10^{-19}\,\mathrm{J}$,
$T = 298\,\mathrm{K}$, $\Psi_0 = 25.6\,\mathrm{mV}$)

$$c = 常数 \cdot \frac{\varepsilon^3 (kT)^5 \gamma_0^4}{A^2 z^6} \tag{10.33}$$

上式表明,聚沉值与离子价数的六次方成反比,恰好与 Schulze-Hardy 规则相符,证明了 DLVO 理论的正确性。

10.8.3 高分子对溶胶的稳定和絮凝作用

很早以前,人们就发现高分子物质对溶胶具有稳定(或保护)作用。我国古代制造墨汁就掺进树胶,以保护炭粉不致聚集。现代工业上制造油漆、照相乳剂等也都利用高分子作为稳定剂。关于高分子物质对溶胶稳定作用的理论研究,自 20 世纪 60 年代开始并发展起来,但至今仍未形成统一的定量理论,目前仍是胶体稳定性研究中的重要课题。这里只简单介绍一些实验现象和规律。

1. 高分子对溶胶的空间稳定作用及规律

在水溶胶系统中,加入一定量的非离子表面活性剂或高分子物质往往能使胶体的稳定性大大提高,但其 ζ 电势却常因这些物质的加入而降低。这些实验结果与 DLVO 所阐明的 ζ 电势降低将导致溶胶聚集的观点相矛盾。可见,高分子对溶胶的稳定作用应该是另一种机理。人们普遍认为,高分子在粒子表面的吸附所形成的大分子吸附层阻止了胶粒的聚集,并将这一类稳定作用称为空间稳定作用。

空间稳定作用的主要实验规律如下:

(1) 高分子稳定剂的结构特点。作为有效的稳定剂,高分子物质必须一方面与胶粒有很强的亲和力,以便牢固地吸附在粒子的表面上;另一方面又要与分散介质或溶剂有良好的亲和性,以使分子链充分伸展,形成较厚的吸附层,达到保护粒子的目的。最有效的高分子稳定剂通常是具有图 10.16 所示结构的共聚物。A 对粒子有很强的亲和力,称为停靠基团;B 对溶剂有很强的亲和力,称为稳定基团。A 和 B 的相对分子质量比例应适当,

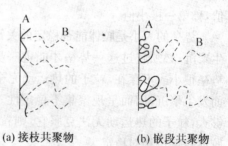

(a) 接枝共聚物　　　(b) 嵌段共聚物

图 10.16　高分子稳定剂的结构

以达到吸附作用与稳定作用的最佳搭配。一般说来,M_A 应大致等于 nM_B,n 是附着在骨架 A 上的 B 链节数。

(2) 高分子的浓度与相对分子质量的影响。一般说来,相对分子质量越高,高分子在粒子表面上形成的吸附层越厚,稳定效果越好。许多高分子存在临界摩尔质量,低于此摩尔质量的高分子无保护作用。高分子浓度的影响比较复杂。应该说吸附的高分子应达到一定的浓度,才能在胶粒表面上形成一个包围吸附层而起到保护作用。而高分子浓度再大,并不能增加其保护作用。若加入的高分子数量小于起保护作用所必需的量,则不但不起保护作用,

往往还会使溶胶对电解质的敏感性增加,聚沉值减小,这就是所谓的敏化作用。

(3) 溶剂的影响。在良溶剂中,高分子链段伸展,吸附层厚,因而稳定性强。在不良溶剂中,高分子的稳定作用变差。

2. 高分子的絮凝作用

在溶胶中加入少量的可溶性高分子物质,可导致溶胶迅速沉淀,沉淀呈疏松的棉絮状,这种现象称为高分子的絮凝作用,产生絮凝作用的高分子称为絮凝剂。

聚沉与絮凝在现象上的差别是聚沉过程缓慢,沉淀颗粒紧密,体积小;而絮凝作用速度快效率高,絮凝剂用量少(有时只需百万分之几),沉淀疏松。

关于絮凝的机理,比较一致的看法是高分子的"桥联作用",即在高分子浓度较稀时,高分子可同时吸附在多个粒子上,通过"搭桥"的方式将两个或更多的粒子拉在一起而导致絮凝。"搭桥"的必要条件是粒子上存在空白表面。若高分子浓度很大时,粒子表面已完全被吸附的高分子所覆盖,因此不会通过搭桥而絮凝,此时高分子起保护作用(如图10.17)。

(a) 絮凝(低浓度)　　　　　　　(b) 保护(高浓度)

图 10.17　高分子的絮凝与保护作用

影响絮凝的主要因素是:

(1) 絮凝剂的分子结构。絮凝效果好的高分子一般具有链状结构,而具有交联或支链的高分子絮凝效果就差。另外,分子中有水化基团和能在胶粒表面吸附的基团,因有良好的溶解性和架桥能力而有较好的絮凝效果。常见的基团有—COONa、—CONH$_2$、—OH 和—SO$_3$Na等。对于高分子电解质,一般说来离解度越大,荷电越多,分子越伸展,越有利于架桥;但若高分子所带电荷符号与胶粒相同时,则高分子带电越多,静电排斥越强而不利于在胶粒上吸附。常常存在一个最佳离解度,此时絮凝效果最好。

(2) 絮凝剂的相对分子质量。一般相对分子质量越大,桥联越有利,絮凝效果越好,具有絮凝能力的高分子相对分子质量应不低于 10^6,但相对分子质量太大,不仅溶解困难,而且架桥的胶粒相距太远,不易聚集而絮凝效果差。

(3) 絮凝剂的浓度。高分子浓度太低时,桥联作用差,但浓度高时胶粒的空白表面少,所以应存在一个最佳浓度。研究结果表明,最佳浓度值大约为胶粒表面高分子吸附量为饱和吸附量的一半时的浓度,即相当于胶粒表面的一半被高分子所覆盖,此时架桥机遇最大。

思考题

1. 为什么自然界中液滴、气泡总是圆形的？为什么气泡比液滴更容易破裂？
2. 天空为什么会下雨？人工降雨依据什么原理？向高空抛撒粉剂为什么能人工降雨？
3. 为什么会产生液体过热现象？加入沸石为什么能消除过热现象？
4. 活性炭为什么可以做防毒面具和冰箱除臭剂？
5. 为什么在参观面粉厂时，不能穿带铁钉鞋？
6. 木制家具和油画为什么会自动裂损？
7. 洗衣粉为什么有去污作用？
8. 为什么利用矿物浮选可得到高品位的矿？
9. 怎样除烟去尘？
10. 为什么利用液体在毛细管的上升能测定液体的表面张力？
11. 请根据物理化学原理,简要说明锄地保墒(保墒意指保持土壤水分)的科学道理。
12. 溶胶的运动性质表现为哪几种形式？它们之间有何联系？
13. 丁达尔效应的实质是什么？是否任何分散系统都能产生明显的丁达尔效应？
14. 为什么晴朗的白昼,天空呈蔚蓝色,而旭日及夕阳附近的天空呈桔红色？
15. ζ 电势是双电层结构中哪一位置的电势差？外加电解质如何影响 ζ 电势？
16. 溶胶是热力学不稳定系统,但为什么能在相当长的时间里稳定存在？
17. 破坏溶胶使胶粒沉淀的主要方式是哪两种？它们的作用机理及规律如何？

习 题

1. 若用单位体积物质所具有的表面积表示比表面 a_s,试计算:
(1) 半径为 r 的球形颗粒的比表面;
(2) 质量为 m,密度为 ρ 的球形颗粒的比表面;
(3) 边长为 l 的立方体的比表面;
(4) 质量为 m,密度为 ρ 的立方体的比表面。

2. 在 298.2 K、$p^{\ominus}$ 下,将直径为 1 μm 的毛细管插入水中,问需在管内加多大压力才能防止水面上升? 若不施加额外压力,则管内液面可上升多高? 已知该温度下水的表面张力为 0.072 N·m^{-1},水的密度为 1 000 kg·m^{-3},并设接触角为 0°。

3. 有一水银气压计,玻璃管的内半径为 0.200 cm,管内外水银柱的高度差 $h=75.8$ cm。若考虑到管内水银面的附加压力,则实际大气压为多少厘米汞柱? 设汞与玻璃的接触角 $\theta=\pi$,汞的表面张力 $\gamma=0.54$ N·m^{-1},汞的密度 $\rho=13.6\times10^3$ kg·m^{-3}。

4. 水蒸气骤冷会发生过饱和现象。在夏天的乌云中,用飞机喷洒干冰微粒,使气温骤降至 293 K,水蒸气的过饱和度(p/p_0)达到 4。已知在 293 K 时,水的表面张力为 0.072 88 N·m^{-1},密度为 997 kg·m^{-3},试计算:

(1) 在此时开始形成雨滴的半径;

(2) 每一雨滴中所含水的分子数。

5. 298.2 K 时,乙醇水溶液的表面张力与溶液活度的关系符合下式:

$$\gamma/(N \cdot m^{-1}) = 0.072 - 5.00 \times 10^{-4} a + 4.00 \times 10^{-4} a^2$$

试计算 $a = 0.500$ 时的表面超量。

6. 473 K 时测定氧在某催化剂上的吸附作用。当平衡压力为 101.325 kPa 和 1 013.25 kPa 时,每千克催化剂吸附氧气的量分别为 2.50 dm³ 和 4.20 dm³(已换算成标准状况),设该吸附作用服从 Langmuir 等温式,试计算当氧的吸附量为饱和值的一半时,平衡压力为多少?

7. 290.2 K 时,某憎液溶胶粒子的半径 $r = 2.12 \times 10^{-7}$ m,分散介质的黏度 $\eta = 1.10 \times 10^{-3}$ Pa·s。在电子显微镜下观测粒子的布朗运动,实验测出 60 s 的间隔内,粒子的平均位移 $\overline{x} = 1.046 \times 10^{-5}$ m。求阿伏伽德罗常量 L 及该溶胶的扩散系数 D。

8. 在某内径为 0.02 m 的管中盛油,使直径为 1.588×10^{-3} m 的钢球从其中落下,下降 0.15 m 需时 16.7 s。已知油和钢球的密度分别为 960 kg·m⁻³ 和 7 650 kg·m⁻³。试计算在实验温度时油的黏度为多少?

9. 水中直径为 1×10^{-6} m 的石英粒子在电场强度 $E = 100$ V·m⁻¹ 的电场中运动速度为 3.0×10^{-5} m·s⁻¹,试计算石英-水界面上的 ζ 电势。设介质黏度为 1×10^{-3} Pa·s,介电常数为 8.89×10^{-9} F·m⁻¹。

10. 已知水和玻璃界面的 ζ 电势为 -0.050 V,试问在 298 K 时,在直径为 1×10^{-3} m,长为 1 m 的毛细管两端加 40 V 的电压,则水通过该毛细管的电渗速度应为多少?设水的黏度为 1.00×10^{-3} Pa·s,介电常数 $\varepsilon = 8.89 \times 10^{-9}$ F·m⁻¹。

11. 在一定温度下,向四支装有相同体积 As_2S_3 溶胶的试管中,分别加入相同浓度、相同体积的 KCl、NaCl、$ZnCl_2$ 和 $AlCl_3$ 溶液,则能够使 As_2S_3 溶胶聚沉最快的是哪种电解质? 若分别加入同浓度、同体积的 NaCl、$NaNO_3$、Na_2CO_3 和 $Na_3[Fe(CN)_6]$,则又是哪种电解质使 As_2S_3 溶胶聚沉最快?

12. 在三个烧瓶中分别盛有 0.02 dm³ 的 $Fe(OH)_3$ 溶胶,今分别加入 NaCl、Na_2SO_4 和 Na_3PO_4 溶液使其聚沉,至少需加电解质的量为:(1) 1 mol·dm⁻³ 的 NaCl 0.021 dm³;(2) 0.005 mol·dm⁻³ 的 Na_2SO_4 0.125 dm³;(3) 0.003 3 mol·dm⁻³ 的 Na_3PO_4 7.4×10^{-3} dm³。试计算各电解质的聚沉值,并判断胶粒带什么电荷。

附 录

1. 国际单位制

国际单位制(Le Système Internantional d'Unités)是我国法定计量单位的基础,一切属于国际单位制的单位都是我国的法定计量单位。国际单位制的国际简称为 SI。

国际单位制的构成:

$$国际单位制(SI)\begin{cases} SI 单位\begin{cases} SI 基本单位 \\ SI 导出单位 \end{cases} \\ SI 单位的倍数单位 \end{cases}$$

国际单位制以表 1 中的 7 个基本单位为基础。

表 1　国际单位制的基本单位

量的名称	量的符号	单位名称	单位符号	单位定义
长度	l	米	m	等于光在真空中(1/299 792 458)s 时间间隔内所经路径的长度
质量	m	千克	kg	等于国际千克原器的质量
时间	t	秒	s	等于 Cs-133 原子基态的两个超精细能级之间跃迁的辐射周期 9 192 631 770 倍的持续时间
电流	I	安[培]	A	安培是一恒电流,若保持在真空中相距 1 米的两根无限长的圆截面极小的平行直导线间,每米长度上产生 2×10^{-7} 牛顿的力
热力学温度	T	开[尔文]	K	等于水的三相点热力学温度的 1/273.16
物质的量	n	摩[尔]	mol	等于物系的物质的量,该物系中所含基本单元数与 0.012 千克 C-12 的原子数相等
发光强度	I_v	坎[德拉]	cd	等于在 101 325 牛顿每平方米压力下,处于铂凝固温度的黑体的 1/600 000 平方米表面在垂直方向上的发光强度

2. 基本常量

量的名称	量的符号	数值及单位
自由落体加速度或重力加速度	g	$9.806\,65\ \text{m·s}^{-2}$（准确值）
真空介电常量	ε_0	$8.854\,188\times10^{-12}\ \text{F·m}^{-1}$
在真空中电磁波的速度或光速	c,c_0	$2.997\,924\,58\times10^8\ \text{m·s}^{-1}$
阿伏伽德罗常量	L,N_A	$(6.022\,136\,7\pm0.000\,003\,6)\times10^{23}\ \text{mol}^{-1}$
摩尔气体常量	R	$(8.314\,510\pm0.000\,070)\text{J·K}^{-1}\text{·mol}^{-1}$
玻尔兹曼常量	k,k_B	$(1.380\,658\pm0.000\,012)\times10^{-23}\ \text{J·K}^{-1}$
元电荷电量	e	$(1.602\,177\,33\pm0.000\,000\,49)\times10^{-19}\text{C}$
法拉第常量	F	$(9.648\,530\,9\pm0.000\,002\,9)\times10^4\text{C·mol}^{-1}$
普朗克常量	h	$(6.626\,075\,5\pm0.000\,004\,0)\times10^{-34}\ \text{J·s}$
电子质量	m_e	$9.109\,534\times10^{-31}\ \text{kg}$
质子质量	m_p	$1.672\,648\,5\times10^{-27}\ \text{kg}$
中子质量	m_n	$1.674\,954\,3\times10^{-27}\ \text{kg}$

3. 希腊字母表

名称	大写	小写	国际音标注音	中文注音
alpha	A	α	/ˈælfə/	阿尔法
beta	B	β	/ˌbiːtə/或/ˌbeitə/	贝塔
gamma	Γ	γ	/ˌgæmə/	伽马
delta	Δ	δ	/ˌdeltə/	德尔塔
epsilon	E	ε	/ˌepsilɒn/	艾普希龙
zeta	Z	ζ	/ˌziːtə/	截塔
eta	H	η	/ˌiːtə/	衣塔
theta	Θ	θ	/ˌθiːtə/	西塔
iota	I	ι	/ˌaiəʊtə/	约塔
kappa	K	κ	/ˌkæpə/	卡帕

(续表)

名称	大写	小写	国际音标注音	中文注音
lambda	L	λ	/ˌlæmdə/	兰姆达
mu	M	μ	/mjuː/	缪
nu	N	ν	/njuː/	纽
xi	Ξ	ξ	/ksi/	克西
omicron	O	o	/əumaikrən/	奥密克戎
pi	Π	π	/pai/	派
rho	P	ρ	/rəʊ/	柔
sigma	Σ	σ	/ˌsigmə/	西格马
tau	T	τ	/tɔː/或/taʊ/	套
upsilon	Υ	υ	/ˌipsilon/	宇普西龙
phi	Φ	φ	/fai/	佛爱
chi	X	χ	/kai/	卡
psi	Ψ	ψ	/psai/	普西
omega	Ω	ω	/əʊmigə/ 或/oʊˌmegə/	欧米伽

4. 元素的相对原子质量表（2011年）[$Ar(^{12}C) = 12$]

原子序数	元素名称（英文）	元素名称（中文）	元素符号	相对原子质量
1	hydrogen	氢	H	[1.007 84；1.008 11]
2	helium	氦	He	4.002 602(2)
3	lithium	锂	Li	[6.938；6.997]
4	beryllium	铍	Be	9.012 182(3)
5	boron	硼	B	[10.806；10.821]
6	carbon	碳	C	[12.009 6；12.0116]
7	nitrogen	氮	N	[14.006 43；14.007 28]
8	oxygen	氧	O	[15.999 03；15.999 77]

（续表）

原子序数	元素名称（英文）	元素名称（中文）	元素符号	相对原子质量
9	fluorine	氟	F	18.998 403 2(5)
10	neon	氖	Ne	20.179 7(6)
11	sodium	钠	Na	22.989 769 28(2)
12	magnesium	镁	Mg	24.305 0(6)
13	aluminum	铝	Al	26.981 538 6(8)
14	silicon	硅	Si	[28.084；28.086]
15	phosphorus	磷	P	30.973 762(2)
16	sulfur	硫	S	[32.059；32.076]
17	chlorine	氯	Cl	[35.446；35.457]
18	argon	氩	Ar	39.948(1)
19	potassium	钾	K	39.0983(1)
20	calcium	钙	Ca	40.078(4)
21	scandium	钪	Sc	44.955 912(6)
22	titanium	钛	Ti	47.867(1)
23	vanadium	钒	V	50.941 5(1)
24	chromium	铬	Cr	51.996 1(6)
25	manganese	锰	Mn	54.938 045(5)
26	iron	铁	Fe	55.845(2)
27	cobalt	钴	Co	58.933 195(5)
28	nickel	镍	Ni	58.693 4(4)
29	copper	铜	Cu	63.546(3)
30	zinc	锌	Zn	65.38(2)
31	gallium	镓	Ga	69.723(1)
32	germanium	锗	Ge	72.63(1)
33	arsenic	砷	As	74.921 60(2)
34	selenium	硒	Se	78.96(3)
35	bromine	溴	Br	79.904(1)

原子序数	元素名称（英文）	元素名称（中文）	元素符号	相对原子质量
36	krypton	氪	Kr	83.798(2)
37	rubidium	铷	Rb	85.467 8(3)
38	strontium ·	锶	Sr	87.62(1)
39	yttrium	钇	Y	88.905 85(2)
40	· zirconium	锆	Zr	91.224(2)
41	niobium	铌	Nb	92.906 38(2)
42	molybdenum	钼	Mo	95.96(2)
43	technetium *	锝 *	Tc	
44	ruthenium	钌	Ru	101.07(2)
45	rhodium	铑	Rh	102.905 50(2)
46	palladium	钯	Pd	106.42(1)
47	silver	银	Ag	107.868 2(2)
48	cadmium	镉	Cd	112.411(8)
49	indium	铟	In	114.818(3)
50	tin	锡	Sn	118.710(7)
51	antimony	锑	Sb	121.760(1)
52	tellurium	碲	Te	127.60(3)
53	iodine	碘	I	126.904 47(3)
54	xenon	氙	Xe	131.293(6)
55	cesium	铯	Cs	132.905 451 9(2)
56	barium	钡	Ba	137.327(7)
57	lanthanum	镧	La	138.905 47(7)
58	cerium	铈	Ce	140.116(1)
59	praseodymium	镨	Pr	140.907 65(2)
60	neodymium	钕	Nd	144.242(3)
61	promethium *	钷 *	Pm	
62	samarium	钐	Sm	150.36(2)

（续表）

原子序数	元素名称（英文）	元素名称（中文）	元素符号	相对原子质量
63	europium	铕	Eu	151. 964(1)
64	gadolinium	钆	Gd	157. 25(3)
65	terbium	铽	Tb	158. 925 35(2)
66	dysprosium	镝	Dy	162. 500(1)
67	holmium	钬	Ho	164. 930 32(2)
68	erbium	铒	Er	167. 259(3)
69	thulium	铥	Tm	168. 934 21(2)
70	ytterbium	镱	Yb	173. 054(5)
71	lutetium	镥	Lu	174. 966 8(1)
72	hafnium	铪	Hf	178. 49(2)
73	tantalum	钽	Ta	180. 947 88(2)
74	tungsten	钨	W	183. 84(1)
75	rhenium	铼	Re	186. 207(1)
76	osmium	锇	Os	190. 23(3)
77	iridium	铱	Ir	192. 217(3)
78	platinum	铂	Pt	195. 084(9)
79	gold	金	Au	196. 966 569(4)
80	mercury	汞	Hg	200. 59(2)
81	thallium	铊	Tl	[204. 382；204. 385]
82	lead	铅	Pb	207. 2(1)
83	bismuth	铋	Bi	208. 980 40(1)
84	polonium *	钋 *	Po	
85	astatine *	砹 *	At	
86	radon *	氡 *	Rn	
87	francium *	钫 *	Fr	
88	radium *	镭 *	Ra	
89	actinium *	锕 *	Ac	

（续表）

原子序数	元素名称（英文）	元素名称（中文）	元素符号	相对原子质量
90	thorium *	钍 *	Th	232.038 06(2)
91	protactinium *	镤 *	Pa	231.035 88(2)
92	uranium *	铀 *	U	238.028 91(3)
93	neptunium *	镎 *	Np	
94	plutonium *	钚 *	Pu	
95	americium *	镅 *	Am	
96	curium *	锔 *	Cm	
97	berkelium *	锫 *	Bk	
98	californium *	锎 *	Cf	
99	einsteinium *	锿 *	Es	
100	fermium *	镄 *	Fm	
101	mendelevium *	钔 *	Md	
102	nobelium *	锘 *	No	
103	lawrencium *	铹 *	Lr	
104	rutherfordium *	rutherfordium *	Rf	
105	dubnium *	dubnium *	Db	
106	seaborgium *	seaborgium *	Sg	
107	bohrium *	bohrium *	Bh	
108	hassium *	hassium *	Hs	
109	meitnerium *	meitnerium *	Mt	
110	darmstadtium *	darmstadtium *	Ds	
111	roentgenium *	roentgenium *	Rg	
112	copernicium *	copernicium *	Cn	
113	ununtrium *	ununtrium *	Uut	
114	ununquadium *	ununquadium *	Uuq	
115	ununpentium *	ununpentium *	Uup	
116	ununhexium *	ununhexium *	Uuh	
118	ununoctium *	ununoctium *	Uuo	

5. 常用的数学公式

（1）微分

u 和 v 是 x 的函数，a 为常数。

$$\frac{\mathrm{d}(a)}{\mathrm{d}x} = 0 \qquad\qquad \frac{\mathrm{d}(au)}{\mathrm{d}x} = a\,\frac{\mathrm{d}u}{\mathrm{d}x}$$

$$\frac{\mathrm{d}\mathrm{e}^x}{\mathrm{d}x} = \mathrm{e}^x \qquad\qquad \frac{\mathrm{d}\mathrm{e}^u}{\mathrm{d}x} = \mathrm{e}^u\,\frac{\mathrm{d}u}{\mathrm{d}x}$$

$$\frac{\mathrm{d}a^x}{\mathrm{d}x} = a^x \ln a \qquad\qquad \frac{\mathrm{d}\ln x}{\mathrm{d}x} = \frac{1}{x}$$

$$\frac{\mathrm{d}a^u}{\mathrm{d}x} = a^u \ln a\,\frac{\mathrm{d}u}{\mathrm{d}x} \qquad\qquad \frac{\mathrm{d}\lg x}{\mathrm{d}x} = \frac{1}{2.302\,6} \cdot \frac{1}{x}$$

$$\frac{\mathrm{d}\ln u}{\mathrm{d}x} = \frac{1}{u}\,\frac{\mathrm{d}u}{\mathrm{d}x} \qquad\qquad \frac{\mathrm{d}\lg u}{\mathrm{d}x} = \frac{1}{2.302\,6u} \cdot \frac{\mathrm{d}u}{\mathrm{d}x}$$

$$\frac{\mathrm{d}(u \pm v)}{\mathrm{d}x} = \frac{\mathrm{d}u}{\mathrm{d}x} \pm \frac{\mathrm{d}v}{\mathrm{d}x}$$

$$\frac{\mathrm{d}(uv)}{\mathrm{d}x} = u\,\frac{\mathrm{d}v}{\mathrm{d}x} + v\,\frac{\mathrm{d}u}{\mathrm{d}x}$$

$$\frac{\mathrm{d}(u/v)}{\mathrm{d}x} = \frac{v\,\dfrac{\mathrm{d}u}{\mathrm{d}x} - u\,\dfrac{\mathrm{d}v}{\mathrm{d}x}}{v^2}$$

（2）积分

u 和 v 是 x 的函数，a、b 为常数。C 是积分常数。

$$\int \mathrm{d}x = x + C \qquad\qquad \int x^n \mathrm{d}x = \frac{x^{n+1}}{n+1} + C$$

$$\int \frac{\mathrm{d}x}{x} = \ln x + C \qquad\qquad \int \mathrm{e}^x \mathrm{d}x = \mathrm{e}^x + C$$

$$\int a^x \mathrm{d}x = \frac{a^x}{\ln a} + C \qquad\qquad \int \ln x \mathrm{d}x = x \ln x - x + C$$

$$\int au\,\mathrm{d}x = a\int u\,\mathrm{d}x \qquad\qquad \int (u+v)\mathrm{d}x = \int u\,\mathrm{d}x + \int v\,\mathrm{d}x$$

$$\int u\,\mathrm{d}v = uv - \int v\,\mathrm{d}u$$

$$\int (ax+b)^n \mathrm{d}x = \frac{(ax+b)^{n+1}}{a(n+1)} + C \qquad (n \neq -1)$$

$$\int \frac{\mathrm{d}x}{ax+b} = \frac{\ln(ax+b)}{a} + C$$

$$\int \frac{x\,\mathrm{d}x}{ax+b} = \frac{x}{a} - \frac{b}{a^2}\ln(ax+b) + C$$

$$\int_0^\infty e^{-ax^2} dx = \frac{1}{2}\sqrt{\frac{\pi}{a}}$$

（3）函数展成级数

二项式：

$$(1+x)^n = 1 + nx + \frac{n(n-1)}{2!}x^2 + \frac{n(n-1)(n-2)}{3!}x^3 + \cdots$$

$$(1-x)^n = 1 - nx + \frac{n(n-1)}{2!}x^2 - \frac{n(n-1)(n-2)}{3!}x^3 + \cdots$$

$n > 0$ 当 n 为正整数时，其包括 $n+1$ 项，收敛域 $|x| \leqslant 1$

$$(1+x)^{-n} = 1 - nx + \frac{n(n+1)}{2!}x^2 - \frac{n(n+1)(n+2)}{3!}x^3 + \cdots$$

$$(1-x)^{-n} = 1 + nx + \frac{n(n+1)}{2!}x^2 + \frac{n(n+1)(n+2)}{3!}x^3 + \cdots$$

$n > 0$，收敛域 $|x| \leqslant 1$

$$(1+x)^{-1} = 1 - x + x^2 - x^3 + \cdots$$

$$(1-x)^{-1} = 1 + x + x^2 + x^3 + \cdots$$

收敛域 $|x| \leqslant 1$

对数：

$$\ln(1+x) = x - \frac{1}{2}x^2 + \frac{1}{3}x^3 - \frac{1}{4}x^4 + \cdots$$

$$\ln(1-x) = -\left(x + \frac{1}{2}x^2 + \frac{1}{3}x^3 + \frac{1}{4}x^4 + \cdots\right)$$

指数：

$$e^x = 1 + x + \frac{x^2}{2!} + \frac{x^3}{3!} + \cdots$$

$$e^{-x} = 1 - x + \frac{x^2}{2!} - \frac{x^3}{3!} + \cdots$$

6. 不同能量单位的换算关系

	erg*	cm³·atm**	L·atm	kg·m
erg	1	9.8692×10^{-7}	9.8692×10^{-10}	1.0197×10^{-8}
cm³·atm	1.0132×10^6	1	1.0000×10^{-8}	1.0332×10^{-2}
L·atm	1.0132×10^9	1.0000×10^3	1	1.0332×10
kg·m	9.8066×10^7	9.6784×10	9.6784×10^{-2}	1
马力·小时	2.6478×10^{13}	2.6132×10^7	2.6131×10^4	2.7000×10^5
cal***	1.184×10^7	4.1293×10	4.1291×10^{-2}	4.2664×10^{-1}
kW·h	3.6×10^{13}	3.5530×10^7	3.5530×10^4	3.6709×10^5
J	10^7	9.8692	9.8692×10^{-3}	1.0197×10^{-1}
摩尔气体常量（R）	8.3147×10^7	8.2059×10	8.2057×10^{-2}	8.4785×10^1

（续表）

	马力·小时	cal(热化学)	kg·h	J
erg	3.7250×10^{-14}	2.3901×10^{-8}	2.778×10^{-14}	10^{-7}
cm³·atm	3.7742×10^{-8}	2.4217×10^{-2}	2.8146×10^{-8}	1.0132×10^{-1}
L·atm	3.7744×10^{-5}	2.4217×10	2.8145×10^{-5}	1.0132×10^{2}
kg·m	3.6530×10^{-6}	2.3439	2.7241×10^{-6}	9.8066
马力·小时	1	6.4161×10^{5}	7.4570×10^{-1}	2.6845×10^{6}
cal	1.5586×10^{-6}	1	1.1622×10^{-6}	4.1840
kW·h	1.3596	8.6041×10^{5}	1	3.6×10^{6}
J	3.7250×10^{-7}	2.3901×10^{-1}	2.7778×10^{-7}	1
摩尔气体常量(R)	3.1402×10^{-5}	1.9872	2.3097×10^{-6}	8.3144

* erg 为非许用单位，1 erg $=10^{-7}$ J。

** atm 为非许用单位，1 atm $=101\,325$ Pa。

*** cal 为非许用单位，1 cal $=4.1868$ J。

7. 一些物质的热力学数据表（298.15 K，100 kPa）

物质	热容						$C_{p,m}^{\ominus}$ /J·K^{-1} ·mol^{-1}	$\Delta_f H_m^{\ominus}$ /kJ ·mol^{-1}	$\Delta_f G_m^{\ominus}$ /kJ ·mol^{-1}	$S_m^{\ominus}$ /J·K^{-1} ·mol^{-1}
	方程式 $C_{p,m}=\varphi(T)$ 的系数				可用的温度范围/K					
	a/J·K^{-1} ·mol^{-1}	$b\times10^{3}$ /J·K^{-2} ·mol^{-1}	$c'\times10^{-5}$ /J·K ·mol^{-1}	$c\times10^{6}$ /J·K^{-3} ·mol^{-1}						
Ag(s)	23.97	5.284	−0.251	—	273～1 234		27.2	0	0	42.6
Al(s)	20.67	12.38	—	—	273～931.7		24.4	0	0	28.3
As(s)	21.88	9.29	—	—	298～1 100		24.6	0	0	35.1
Au(s)	23.68	5.19	—	—	298～1 336		25.4	0	0	47.4
B(s)	6.44	18.41	—	—	298～1 200		11.1	0	0	5.9
Ba(s)							28.1	0	0	62.5
Bi(s)	18.79	22.59	—	—	298～544		25.5	0	0	56.7
Br₂(g)	35.2410	4.0735	—	−1.4874	300～1 500		36.0	30.9	3.1	245.5
Br₂(l)	—	—	—	—			75.7	0	0	152.2
C(金刚石)	9.12	13.22	−619	—	298～1 200		6.1	1.9	2.9	2.4
C(石墨)	17.15	4.27	−879	—	298～2 300		8.5	0	0	5.7
Ca-α(s)	21.92	14.64	—	—	298～673		25.9	0	0	41.6

（续表）

物质	热容				可用的温度范围/K	$C_{p,m}^{\ominus}$ /J·K^{-1} ·mol^{-1}	$\Delta_f H_m^{\ominus}$ /kJ ·mol^{-1}	$\Delta_f G_m^{\ominus}$ /kJ ·mol^{-1}	$S_m^{\ominus}$ /J·K^{-1} ·mol^{-1}
	方程式 $C_{p,m} = \varphi(T)$ 的系数								
	a/J·K^{-1} ·mol^{-1}	$b \times 10^3$ /J·K^{-2} ·mol^{-1}	$c' \times 10^{-5}$ /J·K ·mol^{-1}	$c \times 10^6$ /J·K^{-3} ·mol^{-1}					
Cd-α(s)	22.84	10.318	—	—	273~594	26.0	0	0	51.8
Cl$_2$(g)	36.90	0.25	−2.845	—	298~3 000	33.9	0	0	223.1
Co(s)	19.75	17.99	—	—	298~718	24.8	0	0	30.0
Cr(s)	24.43	9.87	−3.68	—	298~1 823	23.4	0	0	23.8
Cu(s)	22.64	6.28	—	—	298~1 357	24.4	0	0	33.2
F$_2$(g)	34.69	1.84	−3.85	—	273~2 000	31.3	0	0	202.8
Fe-α(s)	14.10	29.71	−1.80	—	273~1 033	25.1	0	0	27.3
H$_2$(g)	29.658	−0.836 4	—	2.011 7	500~1 500	28.8	0	0	130.7
Hg(l)	27.66	—	—	—	273~634	28.0	0	0	75.9
I$_2$(s)	40.12	49.700	—	—	298~386.8	54.5	0	0	116.1
I$_2$(g)	37.196	—	—	—	456~1 500	36.9	62.4	19.3	260.7
K(s)	25.27	13.05	—	—	298~336.6	29.6	0	0	64.7
Mg(s)	25.69	6.28	−3.26	—	298~923	24.9	0	0	32.7
Mn-α(s)	23.85	—	−1.59	—	298~1 000	26.3	0	0	32.0
N$_2$(g)	27.87	4.27	—	—	298~2 500	29.1	0	0	191.6
Ni-α(s)	16.99	29.46	—	—	298~633	26.1	0	0	29.9
O$_2$(g)	36.162	0.845	−4.310	—	298~1 500	29.4	0	0	205.2
O$_3$(g)	41.254	10.29	5.52	—	298~2 000	39.2	142.7	163.2	238.9
P(s)黄磷	23.22	—	—	—	273~317	23.8	0	0	41.1
P(s)赤磷	19.83	16.32	—	—	298~800	21.2	−17.6	—	22.8
Pb(s)	25.82	6.69	—	—	273~600.5	26.4	0	0	64.8
Pt(s)	24.02	5.16	4.60	—	298~1 800	25.9	0	0	41.6
S(s)单斜	14.90	29.12	—	—	368.2~392	23.6	0.3	—	—
S(s)正交	14.98	26.11	—	—	298~368.6	22.6	0	0	32.1
S(g)	35.73	1.17	−3.31	—	298~2 000	23.7	277.20	236.7	167.8
Sb(s)	23.05	7.28	—	—	298~903	25.2	0	0	45.7
Si(s)	23.225	3.675 6	−3.796 4	—	298~1 600	20.0	0	0	18.8
Sn(s)白	18.46	28.45	—	—	298~505	27.0	0	0	51.2
Zn(s)	22.38	10.04	—	—	298~692.7	25.062	0	0	41.6
AgBr(s)	33.18	64.43	—	—	298~703	52.4	−100.4	−96.9	107.1

（续表）

物质	热容						$\Delta_f H_m^{\ominus}$ /kJ •mol^{-1}	$\Delta_f G_m^{\ominus}$ /kJ •mol^{-1}	$S_m^{\ominus}$ /J•K^{-1} •mol^{-1}
	方程式 $C_{p,m} = \varphi(T)$ 的系数				可用的温度范围/K	$C_{p,m}^{\ominus}$ /J•K^{-1} •mol^{-1}			
	a/J•K^{-1} •mol^{-1}	$b \times 10^3$ /J•K^{-2} •mol^{-1}	$c' \times 10^{-5}$ /J•K •mol^{-1}	$c \times 10^6$ /J•K^{-3} •mol^{-1}					
AgCl(g)	62.26	4.18	−11.30		298~728	50.8	−127.0	−109.8	96.3
AgI(s)	24.35	100.83	—	—	298~423	56.8	−61.8	−66.2	115.5
AgNO₃(s)	78.78	66.94	—	—	298~433	93.1	−124.4	−33.4	140.9
Ag₂O(s)	55.48	29.49				88.0	−24.3	27.6	117.0
AlCl₃(s)	55.44	117.15			298~465.6	91.1	−704.2	−628.8	109.3
Al₂O₃(s)-α(s)刚玉	114.77	12.80	−35.44		298~1 800	79.0	−1 675.7	−1 582.3	50.9
Al₂(SO₄)₃(s)	368.57	61.92	−113.47			259.41	−3 434.98	−3 091.93	239.3
As₂O₃(s)	35.02	203.34	—	—		95.65	−619.2	−538.1	107.1
B₂O₃(s)	36.53	106.27	−5.48		298~723	62.8	−1 273.5	−1 194.3	54.0
BaCl₂(s)	71.1	13.97			298~1 198	75.1	−855.0	−806.7	123.7
BaCO₃(s)毒重石	110.00	8.79	—	−24.27	298~1 083	86.0	−1 213.8	−1 134.4	112.1
Ba(NO₃)₂(s)	125.73	149.4	−16.78		298~850	151.4	−988.0	−792.6	214.0
BaO(s)						47.3	−548.0	−520.3	72.1
BaSO₄	141.4	—	−35.27		298~1 300	101.8	−1 473.2	−1 362.2	132.2
Bi₂O₃(s)	103.51	33.47	—		298~800	113.5	−573.9	−493.7	151.5
CCl₄(g)	97.65	9.62	−15.06	—	298~1 000	83.30	−102.9	−60.59	309.85
CCl₄(l)						131.75	−135.44	−65.21	216.40
CO(g)	26.536 6	7.683 0	−0.46	—	290~2 500	29.1	−110.5	−137.2	197.7
CO₂(g)	28.66	35.702	—	—	300~2 000	37.1	−393.5	−394.4	213.8
COCl₂(g)	67.157	12.108	−9.033	—	298~1 000	57.7	−219.1	−204.9	283.5
CS₂(g)	52.09	6.69	−7.53	—	298~1 800	45.4	116.7	67.1	237.8
CaC - α(s)	68.62	11.88	−8.66	—	298~720	62.7	−59.2	−64.9	70.0
CaCO₃(s)方解石	104.52	21.92	−25.94	—	298~1 200	83.5	−1 207.6	−1 129.1	91.7
CaCl₂(s)	71.88	12.72	−2.51	—	298~1 055	72.9	−795.4	−748.8	108.4
CaO(s)	48.83	4.52	6.53	—	298~1 800	42.0	−634.9	−603.3	38.1
Ca(OH)₂(s)	89.5				276~373	87.5	−985.2	−879.5	83.4
Ca(NO₃)₂(s)	122.88	153.97	−17.28		298~800	149.4	−938.2	−742.8	193.2
CaSO₄(s)	77.49	91.92	−6.561	—	273~1 373	99.7	−1 434.5	−1 322.0	106.5
Ca₃(PO₄)₂ - α(s)	201.84	166.02	−20.92	—	298~1 373	227.8	−4 120.8	−3 884.7	236.0
CdO(s))	40.38	8.70	—	—	273~1 800	43.4	−258.4	−228.7	54.8

（续表）

物质	热容						$\Delta_f H_m^{\ominus}$ /kJ •mol^{-1}	$\Delta_f G_m^{\ominus}$ /kJ •mol^{-1}	$S_m^{\ominus}$ /J•K^{-1} •mol^{-1}
	方程式 $C_{p,m} = \varphi(T)$ 的系数				可用的温度范围/K	$C_{p,m}^{\ominus}$ /J•K^{-1} •mol^{-1}			
	a/J•K^{-1} •mol^{-1}	$b \times 10^3$ /J•K^{-2} •mol^{-1}	$c' \times 10^{-5}$ /J•K •mol^{-1}	$c \times 10^6$ /J•K^{-3} •mol^{-1}					
CdS(s)	54.0	3.774	—	—	273~1 273	—	−161.9	−156.5	64.9
CoCl$_2$(s)	60.29	61.09	—	—	298~1 000	78.5	−312.5	−269.8	109.2
Cr$_2$O$_3$(s)	119.37	9.20	−15.65	—	298~1 800	118.74	−1 139.7	−1 058.1	81.2
CuCl(s)	43.93	40.58	—	—	273~695	48.5	−137.2	−119.9	86.2
CuCl$_2$(s)	70.29	35.56	—	—	298~773	71.9	−220.1	−175.7	108.1
CuO(s)	38.79	20.08	—	—	298~1 250	42.3	−157.3	−129.7	42.6
CuSO$_4$(s)	107.53	17.99	−9.00	—	273~873	—	−771.4	−662.2	109.2
Cu$_2$O(s)	62.34	23.85	—	—	298~1 200	63.6	−168.6	−146.0	93.1
FeCO$_3$(s)菱铁矿	48.66	112.1	—	—	298~885	82.1	−740.6	−666.7	92.9
FeO(s)	159.0	6.78	−3.088	—	298~1 200	—	−272.0	—	—
FeS 黄铁矿(s)	44.77	55.90	—	—	273~773	61.92	−177.90	−166.69	53.1
Fe$_2$O$_3$(s)	97.74	72.13	−12.89	—	298~1 100	103.9	−824.2	−742.2	87.4
Fe$_3$O$_4$磁铁矿(s)	167.03	78.91	−41.88	—	298~1 100	143.4	−1 118.4	−1 015.4	146.4
HBr(g)	26.15	5.86	1.09	—	298~1 600	29.1	−36.3	−53.4	198.7
HCN(g)	37.32	12.97	−4.69	—	298~2 000	35.9	135.1	124.7	201.8
HCl(g)	26.53	4.60	1.09	—	298~2 000	29.1	−92.3	−95.3	186.9
HF(g)	26.90	3.43	—	—	273~2 000	—	−273.3	−275.4	173.8
HI(g)	26.32	5.94	0.92	—	298~2 000	29.2	26.5	1.7	206.6
HNO$_3$(l)	—	—	—	—		109.9	−174.1	−80.7	155.6
H$_2$O(g)	30.00	10.71	0.33	—	298~2 500	33.6	−241.8	−228.6	188.8
H$_2$O(l)	—	—	—	—		75.3	−285.8	−237.1	70.0
H$_2$O$_2$(l)	—	—	—	—		89.1	−187.8	−120.4	109.6
H$_2$S(g)	29.37	15.40	—	—	298~1 800	34.2	−20.6	−33.4	205.8
H$_2$SO$_4$(l)	—	—	—	—		138.9	−814.0	−690.0	156.9
HgCl$_2$(s)	64.0	43.1	—	—	273~553	—	−224.3	−178.6	146.0
HgI$_2$(s)红色	72.8	16.74	—	—	273~403	—	−105.4	−101.7	180.0
HgO(s)红色	—	—	—	—		44.1	−90.8	−58.5	70.3
HgS(s)红色	—	—	—	—		48.4	−58.2	−50.6	82.4
Hg$_2$SO$_4$(s)	—	—	—	—		132.0	−743.1	−625.8	200.7
Hg$_2$Cl$_2$(s)	—	—	—	—		—	−265.4	−210.7	191.6

（续表）

物质	热容 方程式 $C_{p,m}=\varphi(T)$ 的系数				可用的温度范围/K	$C_{p,m}^{\ominus}$ /J·K^{-1} ·mol^{-1}	$\Delta_f H_m^{\ominus}$ /kJ ·mol^{-1}	$\Delta_f G_m^{\ominus}$ /kJ ·mol^{-1}	$S_m^{\ominus}$ /J·K^{-1} ·mol^{-1}
	a/J·K^{-1} ·mol^{-1}	$b\times10^3$ /J·K^{-2} ·mol^{-1}	$c'\times10^{-5}$ /J·K ·mol^{-1}	$c\times10^6$ /J·K^{-3} ·mol^{-1}					
$KAl(SO_4)_2(s)$	234.14	82.34	−58.41	—	298~1 000	192.97	−2 465.38	−2 235.47	204.6
$KBr(s)$	48.37	13.89	—	—	298~1 000	52.3	−393.8	−380.7	95.9
$KCl(s)$	41.38	21.76	3.22	—	298~1 043	51.3	−436.5	−408.5	82.6
$KClO_3(s)$	—	—	—	—		100.3	−397.7	−296.3	143.1
$KI(s)$	—	—	—	—		52.9	−327.9	−324.9	106.3
$KMnO_4(s)$	—	—	—	—		117.6	−837.2	−737.6	171.7
$KNO_3(s)$	60.88	118.8	—	—	298~401	96.4	−494.6	−394.9	133.1
$K_2Cr_2O_7(s)$	153.39	229.3	—	—	298~671	230	−2 043.9	—	—
$K_2SO_4(s)$	120.37	99.58	−17.82	—	298~856	131.5	−1 437.8	−1 321.4	175.6
$MgCl_2(s)$	79.08	5.94	−8.62	—	298~927	71.4	−641.3	−591.8	89.6
$MgCO_3(s)$菱镁矿	77.91	57.74	−17.41	—	298~750	75.5	−1 095.8	−1 012.1	65.7
$Mg(NO_3)_2(s)$	44.69	297.90	7.49	—	298~600	141.9	−790.7	−589.4	164.0
$MgO(s)$	42.59	7.28	−6.19	—	298~2 100	37.2	−601.6	−569.3	27.0
$Mg(OH)_2(s)$	43.51	112.97	—	—	273~500	77.0	−924.5	−833.5	63.2
$MgSO_4(s)$	—	—	—	—		96.5	−1 284.9	−1 170.6	91.6
$MnO(s)$	46.48	8.12	−3.68	—	298~1 800	45.4	−385.2	−362.9	59.7
$MnO_2(s)$	69.45	10.21	−16.23	—	298~800	54.1	−520.0	−465.1	53.1
$NH_3(g)$	25.895	32.999	—	−3.046	291~1 000	35.1	−45.9	−16.4	192.8
$NH_4Cl(s)$	49.37	133.89	—	—	298~457.7	84.1	−314.4	−202.9	94.6
$NH_4NO_3(s)$	—	—	—	—		139.3	−365.5	−183.9	151.1
$NH_4(SO_4)_2(s)$	103.64	281.16	—	—	298~600	187.5	−1 180.9	−901.7	220.1
$NO(g)$	29.41	3.85	−0.59	—	273~2 500	29.9	91.3	87.6	210.8
$NO_2(g)$	42.93	8.54	−6.74	—	298~2 000	37.2	33.2	51.3	240.1
$NOCl_2(g)$	44.89	7.70	−6.95	—	298~2 000	38.87	52.59	66.36	263.6
$N_2O(g)$	45.69	8.62	−8.54	—	298~2 000	38.6	81.6	103.7	220.0
$N_2O_4(g)$	83.89	39.75	−14.90	—	298~1 000	79.2	11.1	99.8	304.4
$N_2O_5(g)$	—	—	—	—		95.3	13.3	117.1	355.7
$NaCl(s)$	45.94	16.32	—	—	298~1 073	50.5	−411.2	−384.1	72.1
$NaHCO_3(s)$	—	—	—	—		87.6	−950.8	−851.0	101.7
$NaNO_3(s)$	—	—	—	—		92.88	−467.85	−367.00	116.52

（续表）

| 物质 | 热容 | | | | | $C_{p,m}^{\ominus}$ /J·K⁻¹ ·mol⁻¹ | $\Delta_f H_m^{\ominus}$ /kJ ·mol⁻¹ | $\Delta_f G_m^{\ominus}$ /kJ ·mol⁻¹ | $S_m^{\ominus}$ /J·K⁻¹ ·mol⁻¹ |
| | 方程式 $C_{p,m} = \varphi(T)$ 的系数 | | | | 可用的温度范围/K | | | | |
	a/J·K⁻¹ ·mol⁻¹	$b \times 10^3$ /J·K⁻² ·mol⁻¹	$c' \times 10^{-5}$ /J·K ·mol⁻¹	$c \times 10^6$ /J·K⁻³ ·mol⁻¹					
NaOH(s)	80.33	—	—	—	298~593	59.5	−425.6	−379.5	64.5
Na₂CO₃(s)	—	—	—	—		112.3	−1130.7	−1044.4	135.0
Na₂SO₄(s)						128.2	−1 387.1	−1 270.2	149.6
NiCl₂(s)	54.81	54.39	—	—	298~800	71.7	−305.3	−259.0	97.7
NiO(s)	47.3	9.00	—	—	273~1 273	44.4	−244.4	−216.3	38.58
PCl₃(g)	83.965	1.209	−11.322	—	298~1 000	71.8	−287.0	−267.8	311.8
PCl₅(g)	19.83	449.06	—	−498.7	298~500	112.8	−374.9	−305.0	364.6
PH₃(g)	18.811	60.132	—	170.37	298~1 500	37.1	5.4	13.4	210.2
PbCO₃(s)	51.84	119.7	—	—	298~800	87.4	−699.1	−625.5	131.0
PbCl₂(s)	66.78	33.47	—	—	298~771	77.0	−359.4	−314.1	136.0
PbO(s)红色	44.35	16.74	—	—	298~900	45.8	−219.0	−188.9	66.5
PbO₂(s)	53.1	33.64	—	—		64.6	−277.4	−217.3	68.6
PbSO₄(s)	45.86	129.7	17.57	—	298~1 100	103.2	−920.0	−813.0	148.5
SO₂(g)	43.43	10.63	−5.94	—	298~1 800	39.9	−296.8	−300.1	248.2
SO₃(g)	57.32	26.86	−13.05	—	298~1 200	50.7	−395.7	−371.1	256.8
SiO₂(s)-α 石英	46.94	34.31	−11.30	—	298~848	44.4	−910.7	−856.3	41.5
ZnO(s)	48.99	5.10	—	−9.12	298~1 600	40.3	−350.5	−320.5	43.7
ZnS(s)	50.88	5.19	−5.69	—	298~1 200	46.0	−206.0	−201.3	57.7
ZnSO₄(s)	71.42	87.93	—	—	298~1 000	99.2	−982.8	−871.5	110.5
CH₄(g)甲烷	14.318	74.663	—	−17.426	291~1 500	35.7	−74.6	−50.5	186.3
C₂H₂(g)乙炔	50.75	16.07	−10.29	—	298~2 000	44.0	227.4	209.9	200.9
C₂H₄(g)乙烯	11.322	122.00	—	37.903	291~1 500	42.9	52.4	68.4	219.3
C₂H₆(g)乙烷	5.753	175.109	—	−57.852	291~1 000	52.5	−84.0	32.0	229.2
C₃H₆(g)丙烯	12.443	188.380	—	−47.597	270~510	63.89	20.42	62.79	267.05
C₃H₈(g)丙烷	1.715	270.75	—	−94.483	298~1 500	73.6	−103.8	−23.4	270.3
C₄H₆(g)1,3-丁二烯	9.67	243.84	—	87.65		79.54	110.16	150.74	278.85
C₄H₁₀(g)正丁烷	18.230	303.558	—	−92.65	298~1 500	97.45	−126.15	−17.02	310.23
C₆H₆(g)苯	21.09	400.12	—	−169.9		82.4	82.9	129.7	269.2
C₆H₆(l)苯						136.0	49.1	124.5	173.4
C₆H₁₂(g)环己烷	32.221	525.824	—	−173.99	298~1 500	106.27	−123.14	31.92	298.35

（续表）

物质	热容					$C_{p,\mathrm{m}}^{\ominus}$ /J·K^{-1} ·mol^{-1}	$\Delta_\mathrm{f} H_\mathrm{m}^{\ominus}$ /kJ ·mol^{-1}	$\Delta_\mathrm{f} G_\mathrm{m}^{\ominus}$ /kJ ·mol^{-1}	$S_\mathrm{m}^{\ominus}$ /J·K^{-1} ·mol^{-1}
	方程式 $C_{p,\mathrm{m}} = \varphi(T)$ 的系数				可用的温度范围/K				
	a/J·K^{-1} ·mol^{-1}	$b\times10^3$ /J·K^{-2} ·mol^{-1}	$c'\times10^{-5}$ /J·K ·mol^{-1}	$c\times10^6$ /J·K^{-3} ·mol^{-1}					
C_6H_{12} 环己烷(l)						154.9	−156.4	—	—
C_7H_8(g)甲苯	19.83	474.72	—	−195.4		103.64	50.00	122.11	320.77
C_7H_8(l)甲苯						—	12.01	113.89	220.96
C_8H_{10}(g)苯乙烯	13.10	545.6		−221.3		122.09	147.36	213.90	345.21
C_8H_{10}(l)乙苯						183.2	−12.47	119.86	255.18
$C_{10}H_8$(s)萘						165.3	78.5	201.6	167.4
CH_4O(l)甲醇						81.1	−239.2	−166.6	126.8
CH_4O(g)甲醇	20.42	103.7	—	−24.640	300～700	44.1	−201.0	−162.3	239.9
C_2H_6O(l)乙醇						111.3	−277.6	−174.8	160.7
C_2H_6O(g)乙醇	14.970	208.560	—	71.090	300～1 000	65.6	−234.8	−167.9	281.6
C_3H_8O(g)丙醇	−2.59	312.419	—	105.52		87.11	−257.91	−162.86	324.91
C_3H_8O(l)异丙醇						156.5	−318.1	−180.26	181.1
C_3H_8O(g)异丙醇						89.3	−272.6	−173.48	310.02
$C_4H_{10}O$(l)乙醚						175.6	−279.5	−122.75	253.1
$C_4H_{10}O$(g)乙醚						119.5	−252.21	−112.19	342.78
CH_2O(g)甲醛	18.820	58.379		−15.606	291～1 500	35.4	−108.6	−102.5	218.8
C_2H_4O(g)乙醛	31.054	121.457		−36.577	298～1 500	55.3	−166.2	−133.0	263.8
C_7H_6O(l)苯甲醛						172.0	−87.0	—	221.2
C_3H_6O(g)丙酮	22.472	201.782	—	−63.521	298～1 500	74.5	−217.1	−152.7	295.3
CH_2O_2(l)蚁酸						99.0	−425.0	−361.4	129.0
CH_2O_2(g)蚁酸	30.67	89.20	—	−34.539	300～700		−378.57	—	—
C_2H_4O(l)乙酸						123.3	−484.3	−389.9	159.8
C_2H_4O(g)乙酸	21.76	193.13	—	−76.78	300～700	63.4	−432.2	−374.2	283.5
$C_2H_4O_4$(s)草酸	—		—	—	—	91.0	−821.7	—	109.7
C_2H_4O(s)苯甲酸	—		—	—	—	146.8	−385.2	−245.14	167.6
$C_7H_6O_2$(s)苯酚	—		—	—	—	127.4	−165.1	−50.31	144.0
$CHCl_3$(g)	29.506	148.942		−90.734	273～773	65.7	−103.14	−70.34	295.7
CH_3Cl(g)	14.903	96.224	—	−31.552	273～773	40.8	−80.83	−57.4	234.6
CH_4ON_2(s)尿素						93.14	−333.51	−197.33	104.60
C_2H_5Cl(g)氯乙烷						62.8	−112.1	−60.4	276.0

（续表）

物质	热容					$C_{p,m}^{\ominus}$ /J·K^{-1} ·mol^{-1}	$\Delta_f H_m^{\ominus}$ /kJ ·mol^{-1}	$\Delta_f G_m^{\ominus}$ /kJ ·mol^{-1}	$S_m^{\ominus}$ /J·K^{-1} ·mol^{-1}
	方程式 $C_{p,m}=\varphi(T)$ 的系数				可用的温度范围/K				
	a/J·K^{-1} ·mol^{-1}	$b\times10^3$ /J·K^{-2} ·mol^{-1}	$c'\times10^{-5}$ /J·K ·mol^{-1}	$c\times10^6$ /J·K^{-3} ·mol^{-1}					
$C_6H_5Cl(l)$氯苯						150.1	10.79	209.2	89.30
$C_6H_7N(l)$苯胺						191.9	31.09	149.21	191.3
$C_6H_5NO_2(l)$硝基苯						185.8	12.5	—	—
$C_6H_{12}O_6(s)$葡萄糖	—	—	—	—	—	—	−1 273.3	—	—

注：$C_{p,m}=a+bT+\dfrac{c'}{T^2}$ 或 $C_{p,m}=a+bT+cT^2$

100 kPa 数据引自：David R. L.，CRC Handbook of Chemistry and Physics，77thed.，1996～1997。

8. 水溶液中一些离子的热力学性质（298.15 K，100 kPa）

离子	$\Delta_f H_m^{\ominus}$ /kJ ·mol^{-1}	$\Delta_f G_m^{\ominus}$ /kJ ·mol^{-1}	$S_m^{\ominus}$ /J·K^{-1} ·mol^{-1}	$C_{p,m}^{\ominus}$ /J·K^{-1} ·mol^{-1}	离子	$\Delta_f H_m^{\ominus}$ /kJ ·mol^{-1}	$\Delta_f G_m^{\ominus}$ /kJ ·mol^{-1}	$S_m^{\ominus}$ /J·K^{-1} ·mol^{-1}	$C_{p,m}^{\ominus}$ /J·K^{-1} ·mol^{-1}
Ag^+	105.579	77.107	72.68	21.8	$HCOO^-$	−425.55	−351.0	92	−87.9
$Ag(NH_3)_2^+$	−111.29	−17.12	245.2		HCO_3^-	−691.99	−586.77	91.2	
Al^{3+}	−531	−485	−321.7		HS^-	−17.6	12.08	62.8	
Ba^{2+}	−537.64	−560.77	9.6		HSO_3^-	−626.22	−527.73	139.7	
Br^-	−121.55	−103.96	82.4	−141.8	Hg^{2+}	171.1	164.40	−32.2	
CH_3COO^-	−486.01	−369.31	86.6		Hg_2^{2+}	172.4	153.52	84.5	
CN^-	150.6	172.4	94.1		I^-	−55.19	−51.57	111.3	−142.3
CO_3^{2-}	−677.14	−527.81	−56.9		K^+	−252.38	−283.27	102.5	21.8
$C_2O_4^{2-}$	−825.1	−673.9	45.6		La^{3+}	−707.1	−683.7	−217.6	−13
Ca^{2+}	−542.83	−553.58	−53.1		Li^+	−278.49	−293.31	13.4	68.6
Cd^{2+}	−75.9	−77.612	−73.2		Mg^{2+}	−466.85	−454.8	−138.1	
Ce^{3+}	−696.2	−672.0	−205		Mn^{2+}	−220.75	−228.1	−73.6	50
Ce^{4+}	−537.2	−503.8	−301		NH_4^+	−132.51	−79.31	113.4	79.9
Cl^-	−167.16	−131.228	56.5	−136.4	NO_2^-	−104.6	−32.2	123.0	−97.5
ClO^-	−107.1	−36.8	42		NO_3^-	−205.0	−108.74	146.4	−86.6
ClO_2^-	−66.5	−17.2	101.3		Na^+	−240.12	−261.905	59.0	46.4
ClO_3^-	−103.97	−7.95	162.3		Ni^{2+}	−54.0	−45.6	−128.9	

（续表）

离子	$\Delta_f H_m^{\ominus}$ /kJ ·mol^{-1}	$\Delta_f G_m^{\ominus}$ /kJ ·mol^{-1}	$S_m^{\ominus}$ /J·K^{-1} ·mol^{-1}	$C_{p,m}^{\ominus}$ /J·K^{-1} · mol^{-1}	离子	$\Delta_f H_m^{\ominus}$ /kJ ·mol^{-1}	$\Delta_f G_m^{\ominus}$ /kJ ·mol^{-1}	$S_m^{\ominus}$ /J·K^{-1} ·mol^{-1}	$C_{p,m}^{\ominus}$ /J · K^{-1} · mol^{-1}
ClO_4^-	−129.33	−8.52	182.0		OH^-	−229.994	−157.244	−10.75	−148.5
Co^{2+}	−58.2	−54.4	−113		PO_4^{3-}	−1277.4	−1018.7	−222	
$[Co(NH_3)_4]^+$	−145.2	−92.4	13		Pb^{2+}	−1.7	−24.43	10.5	
$[Co(NH_3)_6]^+$	−584.9	−157.0	14.6		S^{2-}	33.1	85.8	−14.6	
Cu^+	71.67	49.98	40.6		SCN^-	76.44	92.71	144.3	−40.2
Cu^{2+}	64.77	65.49	−99.6		SO_3^{2-}	−635.6	−486.5	−29	
$Cu(NH_3)_2^{2+}$	−142.3	−30.36	111.3		SO_4^{2-}	−909.27	−744.53	20.1	−293
$Cu(NH_3)_4^{2+}$	−348.5	−111.07	273.6		$S_2O_3^{2-}$	−648.5	−522.5	67	
F^-	−332.63	−278.79	−13.8	−106.7	Th^{4+}	−769.0	−705.1	−422.6	
Fe^{2+}	−89.1	−78.90	−137.7		Tl^+	5.36	−32.40	125.5	
Fe^{3+}	−48.5	−4.7	−315.9		Zn^{2+}	−153.89	−147.06	−112.1	46
H^+	0	0	0	0	VO^{2+}	−486.6	−446.4	−133.9	

9. 一些有机化合物的标准摩尔燃烧焓（298.15 K,100 kPa）

物　　质	$\Delta_c H_m^{\ominus}$ /kJ·mol^{-1}	物　　质	$\Delta_c H_m^{\ominus}$ /kJ·mol^{-1}
甲烷(g)　CH_4	−890.31	乙醛(l)　CH_3CHO	−1 166.4
乙烷(g)　C_2H_6	−1 559.8	丙醛(l)　C_2H_5CHO	−1 816.3
丙烷(g)　C_3H_8	−2 219.9	苯甲醛(l)　C_2H_5CHO	−3 527.9
戊烷(l)　C_5H_{12}	−3 509.5	丙酮(l)　$(CH_3)_2CO$	−1 790.4
戊烷(g)　C_5H_{12}	−3 536.1	苯乙酮(l)　$C_6H_5COCH_3$	−4 148.9
正己烷(l)　C_6H_{14}	−4 163.1	甲酸甲酯(l)　$HCOOCH_3$	−9 79.5
环丙烷(g)　C_4H_{10}	−2 091.5	乙酸乙酯(l)　$CH_3COOC_2H_5$	−2 238.1
环丁烷(l)　C_4H_{10}	−2 720.5	三甲胺(g)　C_3H_9N	−2 443.1
环戊烷(l)　C_4H_{10}	−3 290.0	吡啶(l)　C_5N_5N	−2 782.4
环己烷(l)　C_4H_{10}	−3 919.9	苯胺(l)　C_6H_7N	−3 392.8
乙烯(g)　C_2H_4	−1 411.0	蔗糖(s)　$C_{12}H_{22}O_{11}$	−5 640.9
乙炔(g)　C_2H_2	−1 299.6	甲酸(l)　$HCOOH$	−254.6

（续表）

物　质	$\Delta_c H_m^\ominus$ /kJ·mol^{-1}	物　质	$\Delta_c H_m^\ominus$ /kJ·mol^{-1}
苯(l)　C_6H_6	$-3\ 267.5$	乙酸(l)　CH_3COOH	-874.54
甲苯(l)　C_7H_8	$-3\ 910.3$	丙酸(l)　C_2H_5COOH	$-1\ 527.3$
萘(s)　$C_{10}H_8$	$-5\ 153.9$	正丁酸(l)　C_3H_7COOH	$-2\ 183.5$
甲醇(l)　CH_3OH	-726.51	丙二酸(s)　$C_3H_4O_4$	-861.2
乙醇(l)　C_2H_5OH	$-1\ 366.8$	丁二酸(s)　$(CH_2COOH)_2$	$-1\ 491.0$
正丙醇(l)　C_3H_7OH	$-2\ 019.8$	乙酸酐(l)　$(CH_3CO)_2O$	$-1\ 806.2$
正丁醇(l)　C_4H_9OH	$-2\ 675.8$	苯甲酸(s)　$C_7H_6O_2$	$-3\ 226.9$
乙二醇(l)　$C_2H_6O_2$	$-1\ 189.2$	邻苯二甲酸(s)　$C_6H_4(COOH)_2$	$-3\ 223.5$
甘油(l)　$C_3H_8O_3$	$-1\ 655.4$	苯甲酸甲酯(l)　$C_6H_5COOCH_3$	$-3\ 957.6$
苯酚(l)　C_6H_5OH	$-3\ 053.5$	氰化氢　$HCN(g)$	-671.5
甲乙醚(g)　$CH_3OC_2H_5$	$-2\ 107.4$	尿素(s)　$(NH_2)_2CO$	-631.7
乙醚(l)　$(C_2H_5)_2O$	$-2\ 751.1$	甲胺(l)　CH_3NH_2	$-1\ 060.6$
甲醛(g)　$HCHO$	-570.8	乙胺(l)　$C_2N_5NH_2$	$-1\ 713.3$

10. 标准电极电势表（298.15 K, 100 kPa）

电极反应	$\varphi^\ominus$/V	电极反应	$\varphi^\ominus$/V
$Li^+ + e^- = Li$	-3.045	$Ti^{2+} + 2e^- = Ti$	-1.630
$Rb^+ + e^- = Rb$	-2.93	$V^{2+} + 2e^- = V$	-1.19
$K^+ + e^- = K$	-2.925	$Mn^{2+} + 2e^- = Mn$	-1.180
$Cs^+ + e^- = Cs$	-2.923	$Cr^{2+} + 2e^- = Cr$	-0.91
$Ba^{2+} + 2e^- = Ba$	-2.906	$TiO^{2+} + 2H^+ + 4e^- = Ti + H_2O$	-0.882
$Sr^{2+} + 2e^- = Sr$	-2.892	$2H_2O + 2e^- = H_2 + 2OH^-$	-0.83
$Ca^{2+} + 2e^- = Ca$	-2.866	$Cd(OH)_2 + 2e^- = Cd^{2+} + OH^-$	-0.81
$Na^+ + e^- = Na$	-2.714	$Zn^{2+} + 2e^- = Zn$	$-0.762\ 8$
$Ce^{3+} + 3e^- = Ce$	-2.48	$Cr^{3+} + 3e^- = Cr$	-0.744
$Mg^{2+} + 2e^- = Mg$	-2.363	$U^{4+} + e^- = U^{3+}$	-0.61
$Sc^{3+} + 3e^- = Sc$	-2.077	$S + 2e^- = S^{2-}$	-0.49
$U^{3+} + 3e^- = U$	-1.79	$Fe^{2+} + 2e^- = Fe$	$-0.440\ 2$
$Be^{2+} + 2e^- = Be$	-1.70	$Cr^{3+} + e^- = Cr^{2+}$	-0.407
$Al^{3+} + 3e^- = Al$	-1.662	$Cd^{2+} + 2e^- = Cd$	-0.403

（续表）

电极反应	$\varphi^\ominus$/V	电极反应	$\varphi^\ominus$/V
$Ti^{3+}+e^-=Ti^{2+}$	-0.37	$NO_3^-+2H^++e^-=NO_2+H_2O$	0.795 9
$PbSO_4+2e^-=Pb+SO_4^{2-}$	$-0.358\ 8$	$Hg_2^{2+}+2e^-=2Hg$	0.789
$Tl^++e^-=Tl$	-0.34	$Ag^++e^-=Ag$	0.799 1
$Co^{2+}+2e^-=Co$	-0.277	$Hg^{2+}+2e^-=Hg$	0.86
$Ni^{2+}+2e^-=Ni$	-0.250	$2Hg^{2+}+2e^-=Hg_2^{2+}$	0.920
$AgI+e^-=Ag+I^-$	$-0.152\ 2$	$NO_3^-+3H^++2e^-=HNO_2+H_2O$	0.934
$Sn^{2+}+2e^-=Sn$	$-0.136\ 4$	$NO_3^-+4H^++3e^-=NO+2H_2O$	0.957
$Pb^{2+}+2e^-=Pb$	-0.126	$Br_2(液)+2e^-=2Br^-$	1.066
$Fe^{3+}+3e^-=Fe$	-0.04	$Cu^{2+}+2CN^-+e^-=Cu(CN)_2^-$	1.103
$2H^++2e^-=H_2$	0.000 0	$MnO_2+4H^++2e^-=Mn^{2+}+2H_2O$	1.23
$[Ag(S_2O_3)_2]^{3-}+e^-=Ag+2S_2O_3^{2-}$	0.017	$O_2+4H^++2e^-=2H_2O$	1.23
$CuBr+e^-=Cu+Br^-$	0.033	$O_3+H_2O+2e^-=O_2+2OH^-$	1.24
$TiO^{2+}+2H^++e^-=Ti^{3+}+H_2O$	0.06	$Cr_2O_7^{2-}+14H^++6e^-=2Cr^{3-}+7H_2O$	1.33
$AgBr+e^-=Ag+Br^-$	0.07	$Cl_2+2e^-=2Cl^-$	1.357 93
$CuCl+e^-=Cu+Cl^-$	0.137	$2BrO_3^-+12H^++10e^-=Br_2+6H_2O$	1.491
$S+2H^++2e^-=H_2S(aq)$	0.142	$MnO_4^-+8H^++5e^-=Mn^{2+}+4H_2O$	1.507
$Sb_2O_3+6H^++6e^-=2Sb+3H_2O$	0.144 5	$Mn^{3+}+e^-=Mn^{2+}$	1.51
$Sn^{4+}+2e^-=Sn^{2+}$	0.151	$2HBrO+2H^++2e^-=Br_2+2H_2O$	1.60
$Cu^{2+}+e^-=Cu^+$	0.153	$Ce^{4+}+e^-=Ce^{3+}$	1.61
$Bi^{3+}+3e^-=Bi$	0.20	$2HClO+2H^++2e^-=Cl_2+2H_2O$	1.63
$AgCl+e^-=Ag+Cl^-$	0.222 4	$Pb^{4+}+e^-=Pb^{2+}$	1.67
$Hg_2Cl_2+2e^-=2Hg+2Cl^-$	0.267 6	$Au^++e^-=Au$	1.68
$Cu^{2+}+2e^-=Cu$	0.337	$MnO_4^-+4H^++3e^-=MnO_2+2H_2O$	1.679
$Ag_2O+H_2O+2e^-=2Ag+2OH^-$	0.342	$Au^++e^-=Au$	1.69
$O_2+2H_2O+4e^-=4OH^-$	0.401	$PbO_2+SO_4^{2+}+4H^++2e^-=PbSO_4+2H_2O$	1.691 3
$Ag_2CrO_4+2e^-=2Ag+CrO_4^{2-}$	0.446 3	$H_2O_2+2H^++2e^-=2H_2O$	1.776
$Cu^++e^-=Cu$	0.521	$Co^{3+}+e^-=Co^{2+}$	1.81
$I_2+2e^-=2I^-$	0.536	$Ag^{2+}+e^-=Ag^+$	1.98
$MnO_4^-+e^-=MnO_4^{2-}$	0.56	$S_2O_8^{2-}+2e^-=2SO_4^{2-}$	2.05
$MnO_4^-+2H_2O+3e^-=MnO_2+4OH^-$	0.60	$O_3+2H^++2e^-=O_2+2H_2O$	2.076
$Hg_2SO_4+2e^-=2Hg+SO_4^{2-}$	0.62	$F_2+2e^-=2F^-$	2.87
$Fe^{3+}+e^-=Fe^{2+}$	0.771	$H_2XeO_6+2H^++2e^-=XeO_3+3H_2O$	3.0
$BrO^-+H_2O+2e^-=Br^-+2OH^-$	0.761		

习题参考答案

第1章 热力学第一定律及其应用

1. 160 J;18 kJ

2. 0;−2.49 kJ;−17.2 kJ

3. $Q=-5.00$ kJ;$W=-5.00$ kJ;$\Delta U=0$;$\Delta H=0$

4. $Q_p=16.622$ kJ;$W=-3.326$ kJ;$\Delta U=13.296$ kJ;$\Delta H=16.622$ kJ

5. $Q=-30.763$ kJ;$W=2.938$ kJ;$\Delta U=-27.825$ kJ;$\Delta H=-30.763$ kJ

6. $\Delta U=37.57$ kJ;$\Delta H=40.67$ kJ

7. $Q=2\,085$ kJ;$W=0$;$\Delta U=2\,085$ kJ;$\Delta H=2\,257$ kJ

8. 略

9. (1) $T=373.7$ K;$p=68\,400$ Pa;$\Delta U=1\,255$ J;$W=-419$ J (2) $Q=2\,828$ J;$W=-1\,573$ J;$\Delta U=1\,255$ J;$\Delta H=2\,092$ J

10. 略

11. $Q=\Delta H=12.97\times10^3$ kJ

12. $\Delta_{vap}H_m=43.82$ kJ·mol^{-1}

13. $T=565$ K;$p=9.39\times10^5$ Pa;$W=5\,500$ J;$\Delta U=5\,500$ J;$\Delta H=7\,769$ J

14. (1) $W=\Delta U=-4\,604$ J,$\Delta H=-6\,446$ J (2) $W=\Delta U=-1\,539$ J,$\Delta H=-2\,155$ J

15. (1) $p=100$ kPa;$Q=-W=1\,717$ J;$\Delta U=0$ (2) $p=62.85$ kPa;$Q=0$;$W=-1\,381$ J;$\Delta U=-1\,381$ J (3) $p=322.4$ kPa;$Q=11.52$ kJ;$W=-3\,239$ J;$\Delta U=8\,278$

16. $T=350.93$ K;$W=\Delta U=-369.2$ J

17. $\Delta H=-401$J;$\Delta H=0$

18. $T=0$ ℃;$m(水)=1.532$ kg;$m(冰)=0.268$ kg

19. (1) $\xi=0.078\,02$ mol (2) $\Delta_cU_m=-5\,149.0$ kJ·mol^{-1} (3) $\Delta_cH_m=-5\,153.9$ kJ·mol^{-1}

20. $\Delta_rH_m^\ominus(298.15\ \text{K})=206.2$ kJ·mol^{-1}

21. (1) $\Delta_fH_m^\ominus(298.15\ \text{K})=53.08$ kJ·mol^{-1} (2) $\Delta_rH_m^\ominus(298.15\ \text{K})=-32.58$ kJ·mol^{-1}

22. (1) $\Delta_rH_m^\ominus(298.15\ \text{K})=-562.6$ kJ·mol^{-1};$\Delta_rU_m^\ominus(298.15\ \text{K})=-558.9$ kJ·mol^{-1} (2) $\Delta_rH_m^\ominus(298.15\ \text{K})=-128$ kJ·mol^{-1};$\Delta_rU_m^\ominus(298.15\ \text{K})=-120.6$ kJ·mol^{-1} (3) $\Delta_rH_m^\ominus(298.15\ \text{K})=-847.7$ kJ·mol^{-1};$\Delta_rU_m^\ominus(298.15\ \text{K})=-847.7$ kJ·mol^{-1}

23. $\Delta_fH_m^\ominus(298.15\ \text{K})=-277.4$ kJ·mol^{-1}

24. $\Delta_rH_m^\ominus=135$ kJ·mol^{-1}

25. $Q=\Delta_r H_m=162.8\ kJ\cdot mol^{-1}$; $W=-10.6\ kJ$; $\Delta_r U_m=152.3\ kJ\cdot mol^{-1}$

26. $\Delta_r H_m^\ominus=-14.90\ kJ\cdot mol^{-1}$

第2章 热力学第二定律

1. $2.496\times10^{10}\ kJ$

2. $\Delta S=-95.72\ J\cdot K^{-1}$; $Q/T=-374.13\ J\cdot K^{-1}$

3. $\Delta S=2.052\ J\cdot K^{-1}$

4. $\Delta S=108.97\ J\cdot K^{-1}$; $Q/T=100.66\ J\cdot K^{-1}$

5. $\Delta S=-20.66\ J\cdot K^{-1}\cdot mol^{-1}$; $Q/T=-21.47\ J\cdot K^{-1}\cdot mol^{-1}$

6. $Q=-8\ 314\ J$; $W=8\ 314\ J$; $\Delta U=\Delta H=0$; $\Delta S=-14.407\ J\cdot K^{-1}$; $\Delta A=\Delta G=5\ 763\ J$

7. $\Delta U=37.56\ kJ$; $\Delta H=40.66\ kJ$; $\Delta A=-5.25\ kJ$; $\Delta G=-2.15\ kJ$

8. $\Delta G=-108.24\ J$

9. $p\geqslant2.91\times10^8\ Pa$

10. (1) $-237.19\ kJ\cdot mol^{-1}$ (2) $-190.53\ kJ\cdot mol^{-1}$ (3) $-115.47\ kJ\cdot mol^{-1}$

11. $\Delta_r G_m^\ominus(1)=68\ kJ\cdot mol^{-1}$; $\Delta_r G_m^\ominus(2)=163\ kJ\cdot mol^{-1}$

12. (1) $\Delta_r S_m=13.42\ J\cdot K^{-1}\cdot mol^{-1}$; $Q/T=-134.2\ J\cdot K^{-1}\cdot mol^{-1}$ (2) $W_{f,max}=-44\ 000\ J$

13. (1) $W_{f,max}=-2\ 748\ kJ\cdot mol^{-1}$ (2) $W_{max}=-2\ 739\ kJ\cdot mol^{-1}$

14. (1) $W=0$; $Q=27835\ J$ (2) $\Delta_{vap}S_m^\ominus(353\ K)=87.2\ J\cdot K^{-1}\cdot mol^{-1}$; $\Delta_{vap}G_m^\ominus(353\ K)=0\ J\cdot mol^{-1}$
(3) $Q/T=78.9\ J\cdot K^{-1}\cdot mol^{-1}$

15. (1) $p_{终态}=50\ 660\ Pa$ (2) $Q=0$; $W=0$; $\Delta U=0$; $\Delta S=5.763\ J\cdot K^{-1}$ (3) $Q=-1\ 718\ J$; $W=1\ 718\ J$

17. (1) 略 (2) $Q=-W=nRT\ln\dfrac{V_{m,2}-b}{V_{m,1}-b}$; $\Delta H=nb(p_2-p_1)$

18. $\Delta S=0$; $\Delta A=4\ 207.8\ J$; $\Delta G=3\ 867.0\ J$

19. $\Delta_r U_m=\Delta_r H_m=-63.9\ kJ\cdot mol^{-1}$; $\Delta_r S_m=-92.6\ J\cdot K^{-1}\cdot mol^{-1}$; $\Delta_r A_m=\Delta_r G_m=-36.3\ kJ\cdot mol^{-1}$

第3章 多组分系统热力学

1. $V_A=18.05\ cm^3\cdot mol^{-1}$; $V_B=24.59\ cm^3\cdot mol^{-1}$

2. $V=26.81\ cm^3$; $\Delta V=1.00\ cm^3$

3. (1) $-1.23\ kJ$ (2) $2.78\ kJ$

4. 略

5. 略

6. (1) $C_6H_5Cl,0.6$; $C_6H_5Br,0.4$ (2) $C_6H_5Cl,0.74$; $C_6H_5Br,0.26$

7. $3.161\ kPa$

8. $2.32\times10^{-3}\ K$

9. (1) $10.03\ K$ (2) $0.234\ K$

10. (1) 2.33 kPa (2) 466.3 kPa

11. 2.58 K·mol^{-1}·kg;34.1kJ·mol^{-1}

12. (1) 776.4 kPa (2) 103.1 g

13. $C_9H_{14}N_2$

14. 3.32×10^7 Pa

15. 0.181;0.630

16. (1) 0.350 (2) 132.5 ℃ (3) −2 517 J·mol^{-1}

第4章　相平衡

1. (1) 3 (2) 2 (3) 1

2. 略

3. 霜会升华;水蒸气分压等于或大于 401.4 Pa

4. (2) CO_2 喷出时有一个膨胀做功的过程,是一个吸热的过程,由于阀门是被缓慢打开的,所以在常温、常压下,喷出的还是呈CO_2(g)的相态。(3) 高压钢瓶的阀门迅速被打开,是一个快速减压的过程,来不及从环境吸收热量,近似为绝热膨胀过程,系统温度迅速下降,少量CO_2 会转化成CO_2(s),如雪花一样。实验室制备少量干冰就是利用这一原理。

5. (1) $y_{苯}$=0.747 6 (2) $x_{苯}$=0.319 7 (3) $x_{苯}$=0.461 3,$y_{苯}$=0.682 5,n(l)=3.022 mol,n(g)=1.709 mol

6. 略

7. (1) $y_{甲苯}$=0.45 (2) m=23.90 kg

8. (3) $m(l_1)$=367 g,$m(l_2)$=133 g

9—11. 略

12. 三相线上的相平衡关系如下:abc 线:$L_b \rightleftharpoons A(s)+C_1(s)$;$def$ 线:$L \rightleftharpoons C_1(s)+C_2(s)$;$ghi$ 线:$L \rightleftharpoons C_2(s)+B(s)$

13. 各相区的稳定相如图中所注。该相图有两条三相线,即 abc 线和 def 线,abc 线代表 $L+\alpha \rightleftharpoons C(s)$三相平衡,$def$ 线代表 $L+\beta \rightleftharpoons C(s)$三相平衡

14. (2) $m_{乙醇}$=1.101 kg (3) $m_{乙醇}$=0.375 kg;萃取效率=93.8%

15. 略

第5章　化学平衡

1. (1) 逆向 (2) 逆向 (3) 逆向

2. 135.76 kJ·mol^{-1};10.91

3. (1) 3.45×10^{-6},104.57 kJ·mol^{-1} (2) 5.38×10^2,−52.28 kJ·mol^{-1}

4. (1) 1.64×10^{-4} (2) 5 000 kPa

5. (1) 0.483 (2) 0.266

6. $K^\ominus$=20.16

7. 1.6×10^{-4}

8. $T=812.96$ K

9. (1) 0.39　(2) 0.832

10. (1) 增大　(2) 增大　(3) 不变　(4) 减小　(5) 减小

第6章　统计热力学初步

1. 5.76 J·K^{-1}

2. 3;3;74

3. 0.23

4. 2 354

5. 5.33×10^{-7}

6. (1) 2.2×10^{-70}　(2) 2.2×10^{4} K

7. (1) 10　(2) 66

8. 88

9. 5.76 J·K^{-1}·mol^{-1}

10. 1.75×10^{26}

12. 146.2 J·K^{-1}·mol^{-1}

15. 212.6 J·K^{-1}·mol^{-1};29.10 J·K^{-1}·mol^{-1}

第7章　电化学

1. $t(O_2)=2\,985$ s;$t(H_2)=1\,492.5$ s

2. $t=15\,236.5$ s$=4.23$ h

3. $t(Ag^+)=0.47$;$t(NO_3^-)=0.53$

4. $t(H^+)=0.83$;$t(Cl^-)=0.17$

5. $K_{cell}=95.4$ m^{-1};$G=9.88\times10^{-3}$ S;$\kappa=0.944$ S·m^{-1};$\Lambda_m=9.44\times10^{-3}$ S·m^2·mol^{-1}

6. (1) $\kappa(NaNO_3)=0.012\,1$ S·m^{-1}　(2) $K_{cell}=19.97$ m^{-1}　(3) $R(HNO_3)=473.2$ Ω,$\Lambda_m(HNO_3)=0.042\,2$ S·m^2·mol^{-1}

7. (1) $\alpha=1.345\%$　(2) $R(H_2O)=3.705\times10^{5}$ Ω

8. $\alpha=4.22\%$;$K^{\ominus}=1.86\times10^{-5}$

9. $c(Ba_2SO_4)=1.099\times10^{-2}$ mol·m^{-3}

10. $\kappa(饱和溶液)=3.950\times10^{-3}$ S·m^{-1}

11. (1) $I(NaCl)=0.025$ mol·kg^{-1}　(2) $I(MgCl_2)=0.075$ mol·kg^{-1}　(3) $I(CuSO_4)=0.10$ mol·kg^{-1}　(4) $I(LaCl_3)=0.15$ mol·kg^{-1}　(5) $I=0.175$ mol·kg^{-1}

12. (1) $I(HCl)=0.025$ mol·kg^{-1};$I(MgCl_2)=0.075$ mol·kg^{-1};$I(CuSO_4)=0.10$ mol·kg^{-1};$I[Al_2(SO_4)_3]=0.375$ mol·kg^{-1}　(2) $m_{\pm}(HCl)=0.025$ mol·kg^{-1};$m_{\pm}(MgCl_2)=0.039\,7$ mol·kg^{-1};$m_{\pm}(CuSO_4)=0.025$ mol·kg^{-1};$m_{\pm}[Al_2(SO_4)_3]=0.063\,8$ mol·kg^{-1}　(3) $\gamma_{\pm}(HCl)=0.831$;$\gamma_{\pm}(MgCl_2)=0.526$;$\gamma_{\pm}(CuSO_4)=0.227$;$\gamma_{\pm}[Al_2(SO_4)_3]=0.013\,5$　(4) $a_{\pm}(HCl)=2.078\times10^{-2}$;$a_B(HCl)=4.318\times10^{-4}$;$a_{\pm}(MgCl_2)=0.020\,9$,$a_B(MgCl_2)=9.129\times10^{-6}$;$a_{\pm}(CuSO_4)=5.675\times10^{-3}$;$a_B(CuSO_4)=3.221\times$

10^{-5}；$a_{\pm}[Al_2(SO_4)_3]=8.613\times10^{-4}$；$a_B[Al_2(SO_4)_3]=4.740\times10^{-16}$

13. (1) $m_{\pm}=0.0228\ mol\cdot kg^{-1}$；$a_{\pm}=0.0130$；$a_B=2.86\times10^{-8}$　(2) $m_{\pm}=0.159\ mol\cdot kg^{-1}$；$a_{\pm}=0.0348$；$a_B=4.21\times10^{-5}$　(3) $m_{\pm}=0.01\ mol\cdot kg^{-1}$；$a_{\pm}=4.44\times10^{-3}$；$a_B=1.97\times10^{-5}$

14. $\gamma_{\pm}=0.718$

15. (1) $m=4\times10^{-4}\ mol\cdot kg^{-1}$　(2) $m'=1.089\times10^{-3}\ mol\cdot kg^{-1}$

16. (1) AgCl 溶解度 $=1.87\times10^{-6}$　(2) AgCl 溶解度 $=3.08\times10^{-9}$　(3) AgCl 溶解度 $=2.10\times10^{-6}$

17. 略

18. 略

19. $\Delta_r G_m=-196.52\ kJ\cdot mol^{-1}$；$\Delta_r H_m=-199.40\ kJ\cdot mol^{-1}$；$\Delta_r S_m=-9.65\ J\cdot mol^{-1}\cdot K^{-1}$；$Q_r=-2.8757\ kJ\cdot mol^{-1}$

20. (1) 负极：$2Hg(l)+2Cl^-(a)\longrightarrow Hg_2Cl_2(s)+2e^-$；　正极：$Cl_2(g)+2e^-\longrightarrow 2Cl^-(a)$；　总反应：$2Hg(l)+Cl_2(g)=\!=\!=Hg_2Cl_2(s)$　(2) $\Delta_r G_m=-210.76\ kJ\cdot mol^{-1}$，$\Delta_r H_m=-156.54\ kJ\cdot mol^{-1}$，$\Delta_r S_m=-181.94\ J\cdot mol^{-1}\cdot K^{-1}$，$Q_r=54.22\ kJ\cdot mol^{-1}$；若只有 1 个电子得失，所有热力学函数的变化值和热效应都减半。　(3) 因为晗是状态函数，在电化学反应与热化学反应的始终态相同时，$\Delta_r H_m$ 是一样的，所以与热化学方程式的焓的变化值是相同的。但是，热效应不一样，电化学反应中在反应进度为 1 mol 时吸热 54.22 kJ，而在热化学反应中热效应与焓的变化值相同，放热 156.54 kJ。

21. (1) $E=-1.137\ V$　(2) $Q_r=17.30\ kJ$　(3) 温度系数 $6.02\times10^{-4}\ V\cdot K^{-1}$

22. (1) 负极：$H_2(p)-2e^-\longrightarrow 2H^+(a)$；　正极：$Hg_2Cl_2(s)+2e^-\longrightarrow 2Hg(l)+2Cl^-(a)$；　总反应：$H_2(p)+Hg_2Cl_2(s)=\!=\!=2H^+(a)+2Hg(l)+2Cl^-(a)$　(2) $E=0.4086\ V$　(3) $\varphi^{\ominus}_{Hg_2Cl_2/Hg}=0.2680\ V$

23. (1) Fe 先被氧化　(2) Cd 先被氧化

24. (2) $E^{\ominus}=0.5362\ V$；$K^{\ominus}=1.38\times10^{18}$

25. $\varphi^{\ominus}=0.609\ V$

26. (1) $Pt,H_2(p^{\ominus})\mid HCl(a=1)\mid Hg_2Cl_2(s),Hg(l)$；$E^{\ominus}=\varphi^{\ominus}(Hg_2Cl_2\mid Hg)-\varphi^{\ominus}(H^+\mid H_2)=\dfrac{RT}{ZF}\ln K^{\ominus}$

(2) $Hg(l)\mid Hg_2^{2+}(a_1)\mid\mid SO_4^{2-}(a_2)\mid Hg_2SO_4(s)+Hg(l)$；　$E^{\ominus}=\varphi^{\ominus}(Hg_2SO_4/Hg)-\varphi^{\ominus}(Hg^{2+}/Hg)=\dfrac{RT}{ZF}\ln K_{sp}$

(3) $Pt,H_2(p^{\ominus})\mid H^+(a_{H+}=1)\mid\mid OH^-(a_{OH-}=1)\mid H_2(p^{\ominus}),Pt$；　$E^{\ominus}=\varphi^{\ominus}(H_2/OH^-)-\varphi^{\ominus}(H_2/H^+)=\dfrac{RT}{ZF}\ln K_w$

(4) $Pt,H_2(p^{\ominus})\mid H^+(a_{H+}=1)\mid O_2(p^{\ominus}),Pt$；电池反应：$H_2(p^{\ominus})+1/2O_2(p^{\ominus})=\!=\!=H_2O(l)$；$\Delta_f G^{\ominus}_{mH_2O}=\Delta_f G^{\ominus}_m=-ZFE^{\ominus}$

(5) $Pt,O_2(p^{\ominus})\mid OH^-(a_q)\mid Ag_2O(s)+Ag(s)$；电池反应：$Ag_2O(s)=\!=\!=2Ag(s)+1/2O_2(p^{\ominus})$；$E^{\ominus}=\varphi^{\ominus}(Ag_2O/Ag)-\varphi^{\ominus}(O_2/OH^-)$；$\Delta_r G^{\ominus}_m=-ZFE^{\ominus}$

(6) $Pt,H_2(p^{\ominus})\mid HBr(0.01\ mol\cdot kg^{-1})\mid AgBr(s)+Ag(s)$；
电池反应：$1/2H_2(p^{\ominus})+AgBr(s)=H^+(a_{H+})+Br^-(a_{Br-})+Ag(s)$；

$$E=E^{\ominus}-\frac{RT}{F}\ln\frac{a_{H^+}a_{Br^-}}{(p_{H_2}/p^{\ominus})^{1/2}}=E^{\ominus}-\frac{RT}{F}\ln\gamma_{\pm}^2\left(\frac{m}{m^{\ominus}}\right)^2$$

27. (1) 负极：$Cu(s)-2e^-\longrightarrow Cu^{2+}(a_{Cu^{2+}})$；正极：$2AgAc(s)+2e^-\longrightarrow 2Ag(s)+2Ac^-(a_{Ac^-})$；

电池反应：$Cu(s)+2AgAc(s)=\!\!=\!\!=Cu^{2+}(a_{Cu^{2+}})+2Ag(s)+2Ac^-(a_{Ac^-})$ (2) $\Delta_r G_m=$ -71.80 kJ·mol^{-1}；$\Delta_r S_m=38.6$ J·K^{-1}·mol^{-1}；$\Delta_r H_m=-60.29$ kJ·mol^{-1}] (3) $K_{sp}=1.89\times10^{-3}$

28. $E=0.156$ V

29. $E_x=0.0233$ V

30. 应控制电流密度 j 大于 1.14×10^{-3} A·cm^{-2}

31. 铜首先析出,锌次之,氢最后析出。

32. (1) 阴极上首先析出的金属是 Cd (2) $[Cd^{2+}]=6.5\times10^{-14}$ mol·kg^{-1} (3) 若是惰性电极,H_2 (g)气有可能析出。但在 Cd(s)电极或 Zn(s)电极上,由于超电势的存在,H_2(g)气不可能析出,因为它的析出电势比 Zn^{2+} 和 Cd^{2+} 的析出电势都小。

33. (1) 阴极电位应控制在低于 0.3216 V 的范围内 (2) $[Cu^{2+}]$ 应小于 0.428 mol·kg^{-1}

第8章 化学动力学基础

1. 0.202 s,0.404 s

2. (1) 一级反应 (2) 0.096 h^{-1}；7.22 h (3) $t=6.72$ h

3. (1) 1.3×10^{-5} (2) 0.75

4. 7.86×10^{-5} dm^3·mol^{-1}·s^{-1}

5. 零级

6. 1.5；-1；0，2.5×10^{-2} (mol·dm^{-3})$^{0.5}$·s^{-1}

7. (1) $k=0.01$ mol·dm^{-3}·s^{-1}；$t_{1/2}=50$ s；$t=90$ s (2) $k=0.01$ s^{-1}；$t_{1/2}=69.32$ s；$t=230.3$ s (3) $k=0.01$ mol^{-1}·dm·s^{-1}；$t_{1/2}=100$ s，$t=900$ s

8. $k_+=6.37\times10^{-4}$ s^{-1}；$k_-=1.25\times10^{-4}$ s^{-1}

9. $k_2=7.28\times10^{-3}$ mol^{-1}·dm^3·s^{-1}；$k_{-2}=5.09\times10^{-3}$ mol^{-1}·dm^3·s^{-1}

10. (1) $t=137.3$ min (2) $c_A=0.587$ mol·dm^{-3}；$c_B=0.413$ mol·dm^{-3}

11. $T=511$ K

12. $t=0.274$ s

13. (1) $t=6.93$ min (2) 0.50 mol·dm^{-3}；0.25 mol·dm^{-3}；0.25 mol·dm^{-3}

14. 60，2.8×10^4

15. 1.67×10^{-3} s^{-1}

16. (1) 6.36×10^8 (mol·dm^{-3})$^{-1}$·s^{-1}；17 kJ·mol^{-1} (2) 45.7 s

17. (1) 96 997 J·mol^{-1} (2) 8.82×10^{-13}

18. $\dfrac{d[P]}{dt}=\dfrac{k_+k_2[A][B]}{k_-+k_2[B]}$

19. 略

20. 略

21. (1) $\alpha=1;\beta=0;k=0.351\,h^{-1}$ (2) 略 (3) 51.4 s

22. $E_a=326.5\,kJ\cdot mol^{-1}$

第9章　分子反应动力学

1. (1) 1.68% (2) 108%

2. (1) 1.79×10^{-7} (2) 5.64 10^{-3}

3. (1) 1.141×10^{8} (2) 0.106

4. 184.43 kJ $\cdot$ mol^{-1};180.41 kJ $\cdot$ mol^{-1};22.25 J/(mol $\cdot$ K);169.64 kJ $\cdot$ mol^{-1}

5. 0.0588

6. 19.14 J/(mol $\cdot$ K)

7. (1) 159.12 kJ $\cdot$ mol^{-1} (2) 154.96 kJ $\cdot$ mol^{-1};1.303 J/(mol $\cdot$ K)

8. (1) 0.200 0 (2) 47.88 kJ $\cdot$ mol^{-1};-49.06 J/(mol $\cdot$ K);62.50 kJ $\cdot$ mol^{-1}

9. 83.66 kJ $\cdot$ mol^{-1};81.18 kJ $\cdot$ mol^{-1};9.2 J/(mol $\cdot$ K);78.44 kJ $\cdot$ mol^{-1}

10. (1) $6.16\times10^{10}\,dm^3/(mol\cdot s)$ (2) $1.62\times10^{11}\,dm^3/(mol\cdot s)$

11. $k=\pi d_{AB}^2 L\sqrt{\dfrac{8RT}{\pi\mu_M}}\exp\left(-\dfrac{E_a}{RT}\right),k=\dfrac{k_B T}{h}e^2(c^\ominus)^{-1}\exp\left(\dfrac{\Delta_r^{\ne}S_m^\ominus}{R}\right)\exp\left(-\dfrac{E_a}{RT}\right)$,当二者的指前因子 A 值相同时,k 值也相同,但不合理。

12. 0.553

13. 0.065

14. $r=k_2\left(\dfrac{I_a}{2k_4}\right)^{1/2}[CH_3CHO];\Phi=k_2\left(\dfrac{1}{2k_4}\right)^{1/2}[CH_3CHO]$

15. (1) $2.778(mol/dm^3)^{-2}\cdot s^{-1}$ (2) 14.58 kJ $\cdot$ mol^{-1},46.98 kJ $\cdot$ mol^{-1},-108.72 J $\cdot$ mol$^{-1}\cdot$ K^{-1}

16. (2) 1.444×10^{-4} Pa$^{-1}\cdot$ s^{-1} (3) 1.32×10^{8} Pa

17. 1.54×10^{-5} mol $\cdot$ dm^{-3};2.04×10^{-7} mol $\cdot$ dm$^{-3}\cdot$ s^{-1}

18. 1.875×10^{9} (mol $\cdot$ dm^{-3})$^{-1}\cdot$ s^{-1};3.75×10^{9} (mol $\cdot$ dm^{-3})$^{-1}\cdot$ s^{-1}

第10章　胶体与界面化学

1. (1) $\dfrac{3}{r}$ (2) $3\left(\dfrac{4\pi\rho}{3m}\right)^{\frac{1}{3}}$ (3) $\dfrac{6}{l}$ (4) $6\left(\dfrac{\rho}{m}\right)^{\frac{1}{3}}$

2. $p_s=288$ kPa;$h=29.38$ m

3. 76.2 cm Hg

4. $R'=7.79\times10^{-10}$ m;$N=66$

5. $\Gamma=6.05\times10^{-8}$ mol $\cdot$ m^{-2}

6. $p=82$ kPa

7. $L=6.02\times10^{23}$ mol^{-1};$D=9.12\times10^{-13}$ m$^2\cdot$ s^{-1}

8. $\eta=1.02$ Pa$\cdot$s

9. $\zeta=0.636$ V

10. $v = 1.4 \times 10^{-6} \, \text{m} \cdot \text{s}^{-1}$

11. $AlCl_3$；$Na_3[Fe(CN)_6]$

12. $c(NaCl) = 0.512 \, \text{mol} \cdot \text{dm}^{-3}$；$c(Na_2SO_4) = 4.31 \times 10^{-3} \, \text{mol} \cdot \text{dm}^{-3}$；$c(Na_3PO_4) = 8.91 \times 10^{-4} \, \text{mol} \cdot \text{dm}^{-3}$

主要参考书目

[1] 傅献彩,沈文霞,姚天扬,侯文华. 物理化学(第五版). 北京:高等教育出版社,2005

[2] 范楼珍,王艳,方维海. 物理化学. 北京:北京师范大学出版社,2009

[3] 印永嘉,奚正楷,张树永. 物理化学简明教程(第四版). 北京:高等教育出版社,2007

[4] 韩德刚,高执棣,高盘良. 物理化学. 北京:高等教育出版社,2001

[5] 孙世刚. 物理化学. 厦门:厦门大学出版社,2008

[6] 朱志昂,阮文娟. 近代物理化学(第四版). 北京:科学出版社,2008

[7] 范康年. 物理化学(第二版). 北京:高等教育出版社,2005

[8] 朱传征,褚莹,许海涵. 物理化学(第二版). 北京:科学出版社,2008

[9] 万洪文,詹正坤. 物理化学(第二版). 北京:高等教育出版社,2010

[10] 上海师大等五校. 物理化学(第二版). 北京:高等教育出版社,1989

[11] 高执棣. 化学热力学基础. 北京:北京大学出版社,2006

[12] 韩德刚,高盘良. 化学动力学基础. 北京:北京大学出版社,1987

[13] 杨辉,卢文庆. 应用电化学. 北京:科学出版社,2001

[14] 沈钟,赵振国,王果庭. 胶体与表面化学(第三版). 北京:化学工业出版社,2004

[15] 赵国玺. 表面活性剂物理化学. 北京:北京大学出版社,1984

[16] 孙德坤,沈文霞,姚天扬,侯文华. 物理化学学习指导(第五版). 北京:高等教育出版社,2007

[17] 褚莹,朱传征. 物理化学习题精解(第二版). 北京:科学出版社,2006

[18] W. Adamson. Understanding Physical Chemistry (3rd Edition). The Benjiamin/Cummings Publishing Company ,Inc. , 1979

[19] Robert A. Alberty, Robert J. Silbey. Physical Chemistry. New York:Wiley, 1997

[20] Peter Atkins,Julio de Paula. Atkins' Physical Chemistry (8th Edition). Oxford, 2006